21世纪高等教育工程管理系列规划教材

建 筑 力 学

主 编 刘成云
副主编 李广军 顾爱军
参 编 何结兵 刘 香 刘书智 王琳鸽
主 审 徐道远

机 械 工 业 出 版 社

本书系统地阐明了建筑力学的基本理论与计算方法。全书内容包括绪论、力的概念与物体的受力分析、平面汇交力系与平面力偶系、平面任意力系、空间力系、杆件的内力、基本变形杆件的应力与变形、基本变形杆件的强度与刚度、应力状态和强度理论、组合变形、杆件的应力分析与强度计算、压杆稳定、静定结构的内力、静定结构的位移、超静定结构、影响线。各章均附有复习思考题、习题。书后还附有平面图形的几何性质、型钢表以及习题参考答案。

本书适合作为工程管理、建筑学等土建类非结构专业的教材，也可作为工程管理从业人员的学习参考书。

图书在版编目(CIP)数据

建筑力学/刘成云主编. —北京：机械工业出版社，2005.9(2025.8 重印)

(21 世纪高等教育工程管理系列规划教材)

ISBN 978-7-111-17498-1

Ⅰ. 建… Ⅱ. 刘… Ⅲ. 建筑力学—高等学校—教材 Ⅳ. TU311

中国版本图书馆 CIP 数据核字(2005)第 113111 号

机械工业出版社(北京市百万庄大街 22 号　邮政编码 100037)

责任编辑：冷　彬　版式设计：冉晓华　责任校对：陈延翔

责任印制：刘　媛

北京富资园科技发展有限公司印刷

2025 年 8 月第 1 版第 15 次印刷

169mm×239mm · 27.25 印张 · 529 千字

标准书号：ISBN 978-7-111-17498-1

定价：59.80 元

电话服务

客服电话：010-88361066

　　　　　010-88379833

　　　　　010-68326294

封底无防伪标均为盗版

网络服务

机 工 官 网：www.cmpbook.com

机 工 官 博：weibo.com/cmp1952

金 书 网：www.golden-book.com

机工教育服务网：www.cmpedu.com

序

随着 21 世纪我国建设进程的加快，特别是经济的全球化大发展和我国加入 WTO 以来，国家工程建设领域对从事项目决策和全过程管理的复合型高级管理人才的需求逐渐扩大，而这种扩大又主要体现在对应用型人才的需求上。这使得高校工程管理专业人才的教育培养面临新的挑战与机遇。

工程管理专业是教育部将原有本科专业目录中的建筑管理工程、国际工程管理、投资与工程造价管理、房地产经营管理（部分）等专业进行整合后，设置的一个具有较强综合性和较大专业覆盖范围的新专业。应该说，该专业的建设与发展还需要不断地改革与完善。

为了能更有利于推动工程管理专业教育的发展及专业人才的培养，机械工业出版社组织编写了一套该专业的系列教材。鉴于该学科的综合性、交叉性以及近年来工程管理理论与实践知识的快速发展，本套教材本着"概念准确、基础扎实、突出应用、淡化过程"的编写原则，力求做到既能够符合现阶段该专业教学大纲、专业方向设置及课程结构体系改革的基本要求，又可满足目前我国工程管理专业培养应用型人才目标的需要。

本套教材是在总结以往教学经验的基础上编写的，主要突出以下几个特点：

（1）专业的融合性 工程管理专业是个多学科的复合型专业，根据国家提出的"宽口径、厚基础"的高等教育办学思想，本套教材按照该专业指导委员会制定的四个平台课程的结构体系方案，即土木工程技术平台课程及管理学、经济学和法律专业平台课程来规划配套。编写时注意不同的平台课程之间的交叉、融合，不仅有利于形成全面、

完整的教学体系，同时可以满足于不同类型、不同专业背景的院校开办工程管理专业的教学需要。

（2）知识的系统性、完整性 因为工程管理专业人才是在国内外工程建设、房地产、投资与金融等领域从事相关管理工作，同时可能是在政府、教学和科研单位从事教学、科研和管理工作的复合型高级工程管理人才，所以本套教材所包含的知识点较全面地覆盖了不同行业工作实践中需要掌握的各方面知识，同时在组织和设计上也考虑了相邻学科与有关课程的关联与衔接。

（3）内容的实用性 教材编写遵循教学规律，避免大量理论问题的分析和讨论，提高可操作性和工程实践性，特别是紧密结合了工程建设领域实行的工程项目管理注册制的内容，与执业人员注册资格培训的要求相吻合，并通过具体的案例分析和独立的案例练习，使学生能够在建筑施工管理、工程项目评价、项目招投标、工程监理、工程建设法规等专业领域获得系统深入的专业知识和基本训练。

（4）教材的创新性与时效性 本套教材及时地反映工程管理理论与实践知识的更新，将本学科最新的技术、标准和规范纳入教学内容，同时在法规、相关政策等方面与最新的国家法律法规保持一致。

我们相信，本套系列教材的出版将对工程管理专业教育的发展及高素质的复合型工程管理人才的培养起到积极的作用，同时也为高等院校专业教育资源和机械工业出版社专业的教材出版平台的深入结合，实现相互促进、共同发展的良性循环而奠定基础。

前　言

本书为 21 世纪高等教育工程管理系列规划教材之一。

本教材涵盖了静力学、材料力学以及结构力学的主要内容。教材编写过程中坚持"重基本理论、基本概念，淡化过程推导，突出工程应用"的宗旨。本教材特别注意了基本概念、基本理论和基本方法的讲述，与工程实际联系较密切，较好地体现了应用型教材的特点。在内容的叙述上力求做到文字简练，概念准确；注意了循序渐进，逐步加深，便于进行启发式、互动式课堂教学。各章都选配有适当的例题、复习思考题和习题，便于读者复习巩固、掌握要点。

本教材适用于工程管理专业及土建类非结构专业的建筑力学课程，适合于 64 学时(4 学分)~88 学时(5.5 学分)使用。

本教材组织了具有丰富教学经验的教师编写而成，参加编写工作的有：扬州大学刘成云(绪论、第 2 章、第 3 章、第 4 章、第 10 章、附录 B、附录 C)；佳木斯大学李广军(第 13 章、附录 A)；扬州大学顾爱军(第 1 章、第 5 章、第 8 章)；扬州大学何结兵(第 6 章、第 7 章、第 9 章)；内蒙古科技大学刘香(第 14 章)；内蒙古科技大学刘书智(第 12 章)；平顶山工学院王琳鸽(第 11 章)。全书由刘成云担任主编，李广军、顾爱军担任副主编。

本书特邀请河海大学博士生导师徐道远教授担任主审，徐道远教授对本教材提出了许多宝贵的审稿意见，在此特向他表示衷心的感谢。

在编写过程中编者参阅了有关专家、学者的一些教材及文献，吸取了它们的许多长处，谨在此表示诚挚的感谢。

由于编者水平所限，本书一定有不妥和疏漏之处，敬请读者批评指正。

编　者

目　　录

主要符号表

符 号	含 义	符 号	含 义
A	面积	W	功，体系的计算自由度
D, d	直径	W_y, W_z	弯曲截面系数
E	弹性模量	W_P	扭转截面系数
F	集中力	w	挠度
F_P	重力，荷载	X	力法基本未知量
f_s	静摩擦因素	α	线膨胀系数
f	动摩擦因素	γ	切应变
F_{bs}	挤压力	Δ	位移
F_{cr}	临界力	Δl	伸长（缩短）变形
F_f	静摩擦力	δ	厚度，延伸（或伸长）率，
F_N	法向反力，轴力		虚位移，柔度系数
F_Q	剪力	ε	线应变
G	切变模量	ε_u	极限应变
I_y, I_z	惯性矩	θ	横截面转角，单位长度相
I_P	极惯性矩		对扭转角，体积应变
I_{yz}	惯性积	κ	弯曲应变
i	线刚度	λ	柔度，截面形状系数
i_y, i_z	惯性半径	μ	长度因数
k	劲度系数	ν	泊松比
M, M_y, M_z	力偶矩，弯矩	σ	正应力
M_x	扭矩	σ_b	强度极限
M_e	外力偶矩	σ_{bs}	挤压应力
n	安全因素，转速	σ_c	压应力
n_{st}	稳定安全因素	σ_{cr}	临界应力
p	总应力，压强	σ_e	弹性极限
P	功率	σ_p	比例极限
q	分布荷载集度	σ_r	相当应力
R, r	半径	σ_s	屈服极限
S_y, S_z	面积矩（静矩）	σ_t	拉应力
T	扭转外力偶矩	σ_u	极限应力
t	时间，温度	$[\sigma]$	许用正应力
V_ε	应变能	τ	切应力
ν_d	畸变能密度	$[\tau]$	许用切应力
ν_v	体积改变能密度	φ	相对扭转角，折减因数
ν_ε	应变能密度	φ_m	摩擦角

绪　　论

1. 建筑力学的研究对象

建筑力学的研究对象为建筑结构及其构件。

建筑结构如厂房、桥梁、闸、坝、电视塔等，是由工程材料制成的构件（如梁、柱等）按合理方式连接而成，它能承受和传递荷载，起骨架作用。而其中结构的各组成部分称为构件。结构一般是由多个构件连结而成，如桁架、框架等。最简单的结构则是单个构件，如单跨梁、独立柱等。

结构按其几何特征可分为三类：

（1）**杆系结构**　长度方向的尺寸远大于横截面上两个方向尺寸的构件称为杆件。由若干杆件通过适当方式相互连接而组成的结构体系称为杆系结构。例如：刚架、桁架等。

（2）**板壳结构**　也可称为薄壁结构，是指厚度远小于其他两个方向上尺寸的结构。其中：表面为平面形状者称为板；为曲面形状者称为壳（见图 0-1）。例如一般的钢筋混凝土楼面均为平板结构，一些特殊形体的建筑，如：悉尼歌剧院的屋面及一些穹形屋顶就为壳体结构。

（3）**实体结构**　也称块体结构，是指长、宽、高三个方向尺寸相仿的结构。如：重力式挡土墙（见图 0-2）、水坝、建筑物基础等均属于实体结构。

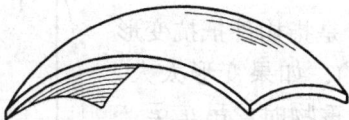

图 0-1　壳体结构

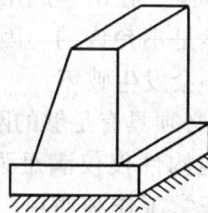

图 0-2　实体结构

组成结构的构件大多数可以视为杆件，如图 0-3 所示的厂房结构中组成屋架的构件以及梁和柱都是一些直的杆件。杆系结构可以分为平面杆系结构和空间杆系结构两类。凡组成结构的所有杆件的轴线都在同一平面内，并且荷载也作用于该平面内的结构，称为**平面杆系结构**。否则，为**空间结构**。对于空间结构，在进行计算时，常可根据其实际受力情况，将其分解为若干平面结构来分析，使计算得以简化。本书研究的对象主要是杆件及平面杆系结构。

2. 建筑力学的任务

建筑结构在承受荷载的同时还会受到支撑它的周围物体的反作用力，这些荷载和周围物体的反作用力都是建筑结构受到的外力。一般情况，结构在外力作用下，组成结构的各个构件都将受到力的作用，并且产生相应的变形。如房屋中的梁要承受楼板传给它的重力，同时还要受到支撑这个梁的柱子的反作用力，在这些力的共同作用下梁会产生一定的弯曲变形。如果构件受到的力太大，将会导致构件及整个建筑结构的破坏。

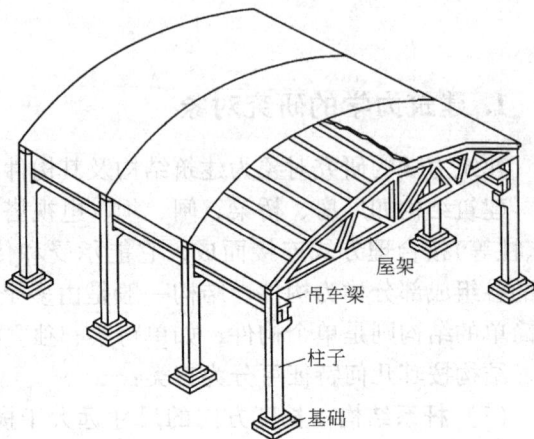

图 0-3 厂房结构

结构物若能正常工作，不被破坏，就必须保证在荷载作用下，组成结构的每一个构件都能安全、正常地工作。因此，结构物及其构件在力学上必须满足以下的要求：

1）结构各构件之间以及结构整体与支承结构的基础之间不发生相对运动，使结构能承受荷载并维持平衡。

2）构件必须具有足够的**强度**。所谓**强度**，是指构件抵抗破坏的能力。任何构件在正常工作情况下都不允许破坏，这就要求构件必须具有足够的强度。例如厂房中的吊车梁，在吊车起吊重物时可能因强度不足而发生弯曲断裂，这显然是不允许的。因此，在设计梁时就要保证它在正常工作情况时不会发生破坏。

3）构件必须具有足够的**刚度**。所谓**刚度**，是指构件抵抗变形的能力。结构构件仅仅满足强度要求是不够的，如果变形太大，也会影响其正常工作和使用。例如在吊车起吊重物时，吊车梁产生的弯曲变形太大，就会影响吊车沿吊车梁行走；屋面上的檩条变形过大时，就会引起屋面漏水。因此，构件在外力作用下，所发生的变形需要限制在正常工作所允许的范围内，即构件必须具有足够的刚度。

4）构件必须具有足够的**稳定性**。所谓**稳定性**，是指构件保持原有平衡形态的能力。有些构件在荷载作用下，其原有的平衡形态不能保持。可能丧失"稳定性"。例如图 0-4 所示的细长中心受

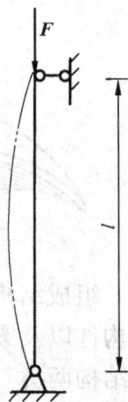

图 0-4 细长中心受压杆

压杆件，当压力 F 不太大时，它可以保持原有直线形态的平衡，这时杆件的平衡是稳定的。当压力 F 超过一定限度时，它就不能继续保持原有直线形态的平衡，而会突然从原来的直线形状变成弯曲形状，从而改变它原来中心受压的工作性质，导致构件丧失正常工作能力，这种现象称为丧失稳定（简称**失稳**）。显然，构件在外力作用下，必须能够始终保持原有的受力平衡形态，即具有足够的稳定性。

要满足第一个要求，除了作用于结构上的所有外力所构成的**力系**必须满足静力学的平衡条件以外，结构中的各构件还必须以合理的方式进行组合，结构与基础之间需以适当的方式进行连接。要满足强度、刚度及稳定性的要求，一般来说，可以为构件选用较好的材料和较大的截面尺寸，但是，这样又可能造成材料浪费和结构笨重。可见，安全与经济以及安全与重量之间存在矛盾。所以，如何合理地选用材料，如何恰当地确定构件的截面形状和尺寸，就成为构件设计中的重要问题。因此，**建筑力学的主要任务是研究力系的简化和力系的平衡问题；研究结构的几何组成规则；研究结构及其构件的强度、刚度、稳定性的问题，在既安全又经济的原则下为结构构件设计提供必要的理论基础和计算方法。**

3. 刚体与变形体的概念

所谓**刚体**是指无论受到什么样的力作用，其形状和大小都不会改变的物体。换句话说，刚体是指在任何情况下，物体内任意两点间的距离都不会改变的物体。这是一个理想化的力学模型。

事实上刚体是不存在的，任何固体都具有可变形性质，在受到力的作用时，都将发生不同程度的变形，所以又称为**变形固体**（简称**变形体**）。如房屋结构中的梁和柱，在受力后将分别产生弯曲变形和压缩变形。

在研究、分析力系的简化和力系的平衡问题时，我们往往将所研究的对象视为刚体，使问题的研究大为简化。这是因为构件的变形对于研究力系的简化和力系的平衡问题影响甚微，可略去不计，将其视为刚体。但是在研究构件的强度、刚度和稳定性方面的问题时，就需要与这些构件在荷载作用下的变形相联系，构件的变形虽然非常微小仍不能忽略，必须把它们看作变形体。另外，在对某些工程结构进行计算时，如果不考虑它们的变形，而仍使用刚体这一力学模型，则问题将成为不可解的。

4. 建筑力学的特点及学习方法

本书的主要内容为：第 1 章~第 4 章主要研究物体受力分析的基本方法、力系的简化和力系的平衡条件，这部分内容在力学上可归结为刚体静力学；第 5 章~第 10 章主要研究杆件的内力、强度、刚度及稳定性的计算问题，这部分内

容在力学上可归结为材料力学；第 11 章～第 14 章主要介绍静定结构(由静力平衡条件可以求解的结构)的内力和位移的计算以及超静定结构(不能完全由静力平衡条件求解的结构)的计算，这部分内容在力学上可归结为结构力学。

不难看出建筑力学内容的主线：分析和计算结构及其构件所受的外力→分析和计算静定结构及其构件的内力→杆件的强度、刚度及稳定性的计算→超静定结构的计算。由此可见建筑力学的主要特点：

(1) 内容的系统性比较强　由于内容的系统性较强，后面的内容总是以前面的为基础，因此，在学习过程中要及时掌握所学的概念、原理和方法。

(2) 与工程实际的联系比较密切　建筑力学必然会涉及到如何将工程实际问题上升到理论上进行研究，在理论分析时又如何考虑实际问题的情况等。例如，如何将实际的结构连同其所受荷载和支承等简化为可供计算的"力学模型"；在分析和计算时要考虑实际存在的主要因素以及设计建造上的方便性和经济性，等等。因此，读者需要多多注意观察工程上常遇到的一些结构，尝试用建筑力学方法去分析问题。

(3) 概念和公式较多　建筑力学中的基本概念，对于理解内容、分析问题及正确运用基本公式，以至于对今后从事工作时如何分析实际问题，都是很重要的，必须引起足够的重视。建筑力学中运算的工作量较大，公式不少，但基本的公式并不太多。只要能正确理解基本公式，用前后联系、互相对比的方法去学习，并多做思考题和习题，就能够做到融会贯通，掌握这些公式。在学习时切不可只满足于背条文、代公式、囫囵吞枣、不求甚解。做题也要避免各种弊病：不看书，不复习，埋头作题；只会对答数，不会自己校核；错题不改正，不会从中吸取教训等。

只要读者认真学习，勤思多练，善于发现问题，注意培养自己分析和解决问题的能力，同时注意培养一定的计算能力，就一定能学好这门课程。

第1章
力的概念与物体的受力分析

1

1.1　力的概念

1.1.1　力

　　力是物体间的相互机械作用，这种作用使物体的运动状态发生变化，或使物体产生变形。

　　从力的定义可以看出，力对物体可以产生两种效应，即**运动效应**和**变形效应**。运动效应（或称为外效应）是指力使物体运动状态发生改变，变形效应（或称为内效应）是指力使物体形状和尺寸发生改变。

　　力对物体的作用效应决定于力的三要素：大小、方向和作用点。

　　力的三要素可以通过一个矢量来表示，记为粗体字母 F。当作图表示时，用线段的长度（按所定的比例尺）表示矢量的大小，用箭头表示矢量的指向，用箭尾或箭头表示该力的作用点，如图1-1所示。

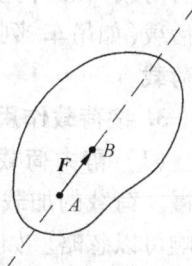

图1-1　力的三要素

　　度量力的大小通常采用国际单位制（SI），力的单位用牛顿（N）或千牛顿（kN）表示。

1.1.2　力的分类

　　在建筑力学中，通常将作用在物体上的力分为两大类，一类是使物体运动或使物体有运动趋势的**主动力**，如结构自重、作用在结构上的土压力、风压力等；另一类是阻碍物体运动的**被动力**，被动力又称为**约束反力**，如结构受基础的支持力。

通常把作用在结构上的主动力称为荷载，根据《建筑结构设计统一标准》及《建筑结构荷载规范》，作用在结构上的荷载可按下列原则分类：

1. 按荷载作用在结构上的分布情况划分

（1）**分布力**　指分布作用于物体体积内或物体表面上的荷载，前者称为**体力**，与物体体积有关，如重力；后者称为**面力**，由物体之间的接触来传递，如土压力、雪压力、风压力、人作用于楼板上的力等。当分布力的作用线彼此平行时，称为**平行分布力**。平行分布力若沿着一狭长范围分布，则称为**线分布力**，如梁的重力可简化为沿梁轴线分布的线分布力。单位长度或单位面积上所受的力，称为分布力在该处的**集度**。如果分布力的集度处处相同，则称为**均布力或均布荷载**；否则就称为非**均布力**或非**均布荷载**。

（2）**集中力**　作用在结构上的荷载一般总是分布在一定的面积上，当分布面积相对小到可以不计其大小时，就抽象成为一个点，作用于这一点的力称为集中力。

2. 按荷载作用时间的长短划分

（1）**恒载**（永久荷载）　是长期作用在结构上的不变荷载。如结构自重以及永久固定在结构上的设备重量等。

（2）**活载**（可变荷载）　是临时作用在结构上的可变荷载。如：人群、风、雪、吊车荷载等。在具体进行结构计算时，通常把恒荷载及有些活载（如人群、风雪荷载）在结构上的作用位置被视作是固定的，这类荷载又称为**固定荷载**。有些活载（如吊车、列车荷载）在结构上的作用位置是可动的，这类荷载又称为**移动荷载**。

3. 按荷载作用的性质划分

（1）**静力荷载**　静力荷载的大小、位置和方向不随时间而变化或变化极为缓慢。荷载的加载过程比较缓慢，不会使结构产生显著的加速度，因而加速度的影响可以忽略。如：结构自重就是静力荷载。

（2）**动力荷载**　动力荷载是随时间迅速变化，使结构或构件产生不可忽略的加速度的荷载。如地震、设备震动引起的荷载等。

1.1.3　力系

力系是指作用在物体上的一群力。若两个力系对同一物体产生的运动效应相同，则此二力系互为**等效力系**。如果用一个简单力系等效地替换一个复杂力系，则称为**力系的简化**。若一个力与一个力系等效，则该力称为此力系的**合力**，而力系中各个力则称为**分力**。若作用在物体上的力系使物体处于平衡状态，则该力系称为**平衡力系**。

1.2　静力学公理

所谓公理即公认的真理，是人们在长期的生活和生产实践中总结出来，又经反复实践检验，证明符合客观实际的普遍规律。力系的简化与平衡问题都是以静力学公理为基础的。

1.2.1　力的平行四边形法则

作用在物体上同一点的两个力，可合成一个合力，合力的作用点仍在该点，其大小和方向由以此两力矢为边构成的平行四边形的对角线确定，如图1-2a所示。

以 F_R 表示力矢 F_1 和 F_2 的合力矢，则有

$$F_R = F_1 + F_2 \qquad (1-1)$$

此公理给出了力系简化的基本方法。

图 1-2　力的平行四边形法则

由于合力 F_R 的作用点亦为 A 点，求合力的大小及方向实际上无需作出整个平行四边形，而只需画出平行四边形的一半，即用力三角形即可求出二力的合力矢。具体做法是将二力矢按其方向及大小首尾相连，则始点到终点的连线即为合力矢，此法也称为**力三角形法则**，如图1-2b、c 所示。

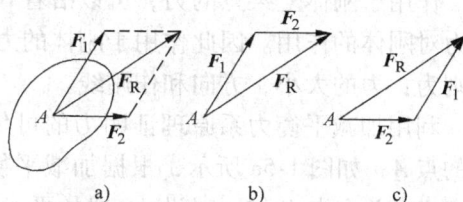

1.2.2　二力平衡条件

作用在刚体上的两个力，使刚体处于平衡状态的必要和充分条件是：两个力的大小相等，方向相反，作用在同一直线上，如图1-3所示，有

$$F_1 = -F_2 \qquad (1-2)$$

此公理揭示了最简单的力系的平衡条件。它是处理复杂力系平衡问题的基础。

图 1-3　二力平衡条件

只受两力作用而处于平衡的刚体称为二力体或二力构件，如图1-4所示。当构件为直杆时称为二力杆。

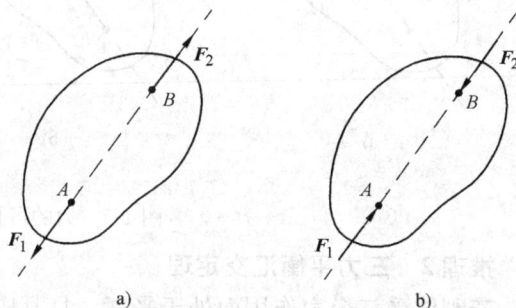

1.2.3 加减平衡力系原理

在已知力系上加上或减去任意平衡力系，并不改变原力系对刚体的作用。即原力系与加减平衡力系后得到的新力系等效。

此公理是研究力系等效的重要依据。

图 1-4 二力构件

推理1 力的可传性

作用于刚体上某点的力，可以沿着其作用线移到刚体内任意一点，并不改变该力对刚体的作用。因此作用于刚体的力为滑移矢量，作用于刚体上的力的三要素则为：力的大小、方向和作用线。

利用加减平衡力系原理证明力的可传性是非常简单的。设有力 F 作用在刚体的点 A，如图 1-5a 所示，根据加减平衡力系公理，可在力 F 的作用线上任取一点 B，并在点 B 加一对沿 AB 线的平衡力 F_1 和 F_2，使 $F_1 = -F_2 = F$，如图 1-5b 所示。由于力 F 和 F_2 也是一个平衡力系，故可除去，则剩下的力 F_1 与原力等效。这样就把原来作用在点 A 的力沿其作用线移到了点 B，如图 1-5c 所示。

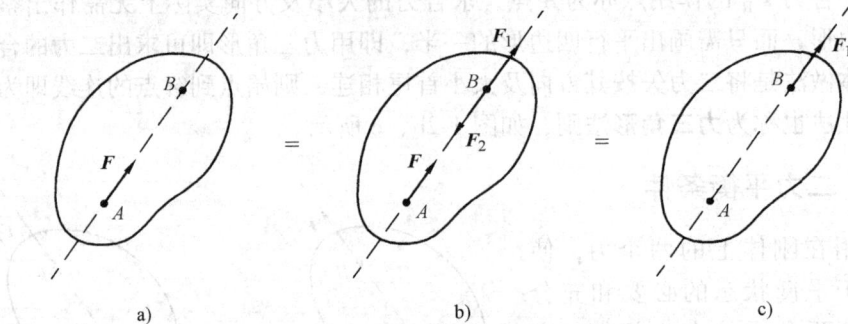

图 1-5 力的可传性

推理2 三力平衡汇交定理

若刚体受三个力作用而处于平衡，且其中二力作用线相交于一点，则这三个力必位于同一平面内，且第三个力的作用线通过该汇交点。

该定理的证明也很简单。如图 1-6a 所示，在刚体的 A、B、C 三点上分别作用三个相互平衡的力 F_1、F_2、F_3。利用力的可传性和力的平行四边形法则，可得 F_1 与 F_2 的合力 F_{R12}，如图 1-6b 所示，则力 F_3 应与 F_{R12} 平衡。根据二力平衡原理即可得证。

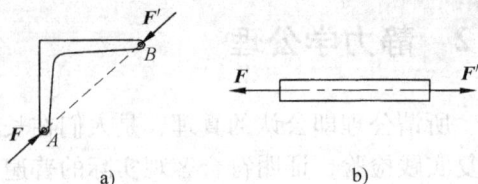

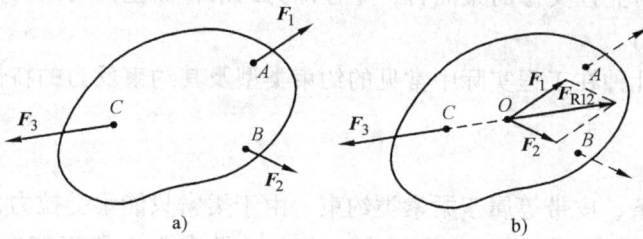

图 1-6　三力平衡汇交定理

1.2.4　作用与反作用定律

两物体间的相互作用力，总是大小相等，方向相反，作用线沿同一直线。

此公理概括了物体间相互作用的关系，表明作用力与反作用力成对出现，并分别作用在不同的物体上。下面举一个实例来分析。

如图 1-7 所示，放置在桌面上的小球受重力 F_P 和桌面的反力 F_N 的作用。重力 F_P 是地球对小球的吸引力，作用在小球上；同时，小球对地球也有一个吸引力 F_P' 作用在地球上（见图 1-7c），这两个力是作用力和反作用力，两者等值、反向、共线，有 $F_P = -F_P'$。此外，小球对桌面也作用一个压力 F_N'，它与 F_N 是作用力与反作用力关系，有 $F_N = -F_N'$。今后，作用力和反作用力用同一字母表示，但其中之一在字母的右上方加一"'"。

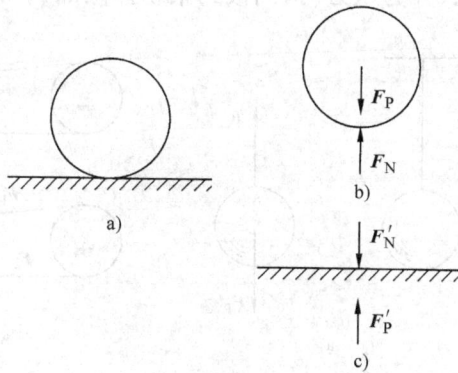

图 1-7　作用力与反作用力

必须强调指出，由于作用力与反作用力分别作用在两个物体上，因此，不能认为作用力与反作用力相互平衡。

1.3　约束和约束反力

在介绍约束的概念之前，首先应了解自由体与非自由体的概念。

自由体是指位移不受任何限制的物体。如在空中飞行的小鸟、发射升空的火箭等。相反，如果物体在某些方向的位移受到了限制，则为**非自由体**。如放在桌子上的茶杯、用绳索悬挂的重物、由立柱支撑的梁等。

约束则是指限制非自由体某些位移的周围物体。而约束对物体的作用力则称

为**约束反力**。对立柱支撑的梁而言，立柱即为约束，而立柱对梁的支持力即为梁
受到的约束反力。

下面介绍几种在工程实际中常见的约束类型及其约束反力的特性。

1.3.1　柔索

绳索、链条、皮带等属于柔索类约束。由于柔索只能承受拉力，所以柔索给
予所系物体的约束反力作用于接触点，方向沿柔索中心线而背离物体如图1-8
所示。

1.3.2　光滑接触面

当两物体接触面上的摩擦力可以忽略时，即可看作光滑接触面。这时，不论
接触面形状如何，只能阻止被约束物体上的接触点沿着通过该点的公法线趋向接
触面的运动。所以，光滑接触的约束反力通过接触点，沿接触面在该点的公法
线，并为压力（指向被约束物体内部），如图1-9所示。

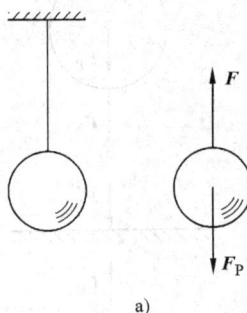

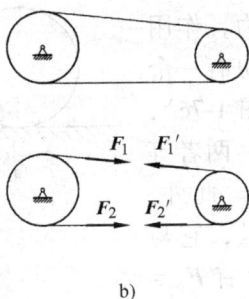

图 1-8　柔索约束　　　　　　图 1-9　光滑接触面约束

1.3.3　铰连接与铰支座

（1）**圆柱铰链与固定铰链支座**　两个构件用圆柱形光滑销钉连接起来，这
种约束称为铰链连接，简称**铰连接**，如图 1-10a 所示，销钉与构件上孔的接触可
画成如图 1-10b 所示的简图。构件可绕销钉轴线任意转动，也可沿销钉的轴线移
动；但是，销钉阻碍着构件沿销钉径向的位移。忽略摩擦，当销钉和孔在某点 A
光滑接触时，销钉对构件的约束反力 F_A 作用在接触点 A，且沿公法线指向构件。
但是，随着构件所受的主动力不同，销钉和孔的接触点的位置也随之不同。所
以，当构件上的主动力尚未确定时，约束反力的方向预先不能确定。然而，无论
约束反力朝向何方，它的作用线必垂直于销钉轴线并通过圆孔中心。这样一个方

向不能预先确定的约束反力，通常可用通过圆孔中心的两个大小未知的正交分力 F_{Ax}、F_{Ay} 来表示，如图 1-10c 所示。F_{Ax}、F_{Ay} 的指向暂可任意假定。

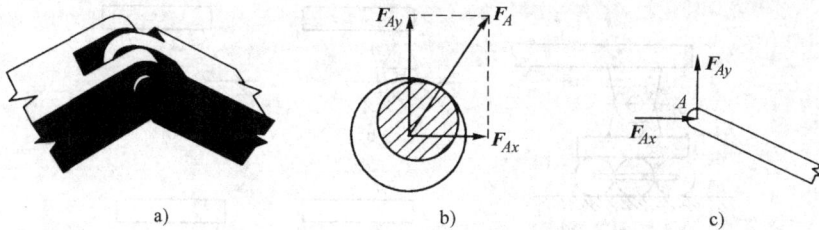

图 1-10　铰链连接

如果铰连接中有一个物体固定在地面或机架上作为支座，则这种约束称为**固定铰链支座**，简称固定铰支。图 1-11 所示的拱形桥，它是由两个拱形构件连接而成，其中 *C* 处为圆柱铰链连接，*A* 和 *B* 处为固定铰链支座。图 1-12a、b、c 是固定铰支座的常用简化表示法，其约束反力的表示法如图 1-12d 所示。

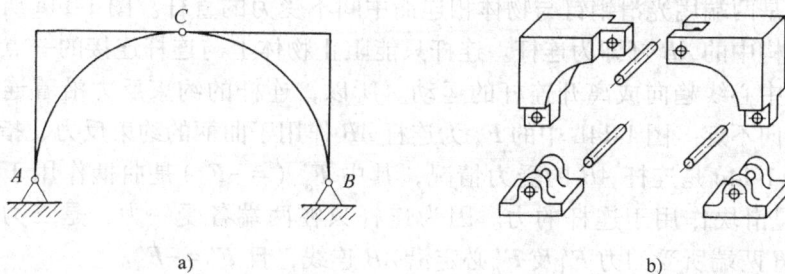

图 1-11　拱形桥中的圆柱铰链与固定铰链支座

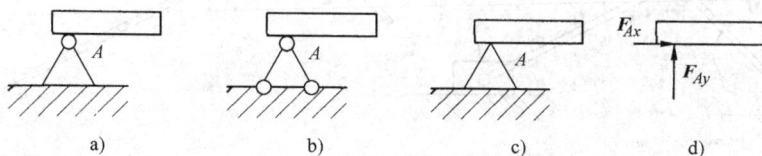

图 1-12　固定铰支座

（2）**活动铰支座或辊轴支座**　将构件用销钉与支座连接，而支座可以沿着支承面运动，就成为活动铰支座，或称辊轴支座。图 1-13a 是辊轴支座的示意图，图 1-13b、c、d 是辊轴支座的常用简化表示法。假设支承面是光滑的，辊轴支座就不能阻止被约束的构件沿着支承面运动，而一般能阻止物体与支座连接处向着支承面或离开支承面的运动。所以，辊轴支座的约束反力通过销钉中心，垂

直于支承面，指向不定(即可能是压力或拉力。图1-13e是辊轴支座约束反力的表示法。

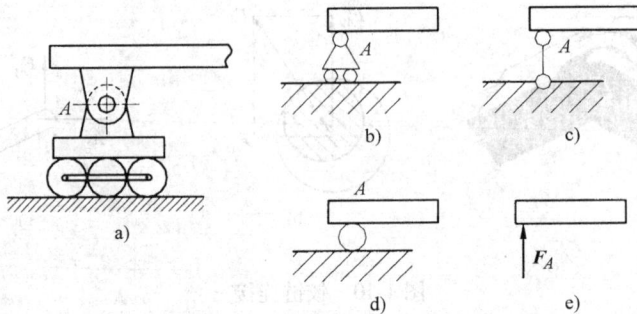

图1-13　活动铰支座

1.3.4　连杆

连杆是两端用光滑销钉与物体相连而中间不受力的直杆。图1-14a所示的曲柄连杆机构中的 AB 杆即为连杆。连杆只能阻止物体上与连杆连接的一点(如 A)沿着连杆中心线趋向或离开连杆的运动。所以，连杆的约束反力沿着连杆中心线，但指向不定。图1-14b 中的 F_A 为连杆 AB 作用于曲柄的约束反力，指向是假设的。图1-14c 是连杆 AB 的受力情况，其中 F'_A ($= -F_A$)是曲柄作用于连杆的力，F'_B 是滑块作用于连杆的力。因为连杆只在两端各受一力，是二力杆。所以，杆 AB 两端所受的力 F'_A 及 F'_B 必定沿 AB 连线，且 $F'_B = -F'_A$。

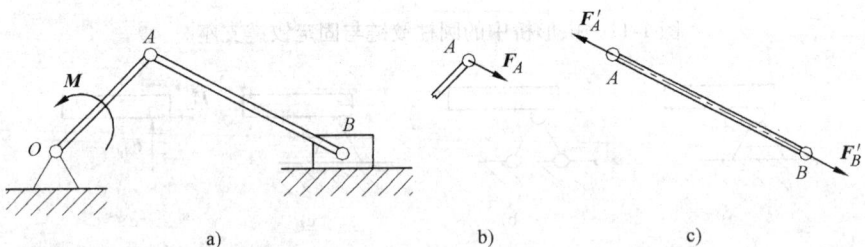

图1-14　连杆约束

如果连杆连接的两个物体中有一个固定在地面或机架上，则这种约束称为连杆支座。图1-13c 所示的活动铰支座即为连杆支座。

1.3.5　球铰支座

物体的一端做成球形，固定的支座做成一球窝，将物体的球形端置入支座的球窝内，则构成球铰支座，简称球铰见图 1-15a。球铰支座的示意简图如图 1-15b、c 所示。球铰支座是空间问题中的约束。不计摩擦，球窝给予球的约束反力必通过球心，但可取空间任何方向。因此可用三个相互正交的分力 F_x、F_y、F_z 来表示，见图 1-15d。

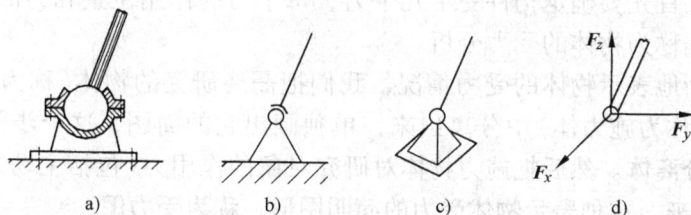

图 1-15 球铰支座

1.3.6 径向轴承与止推轴承

（1）**径向轴承** 机器中的径向轴承是转轴的约束，它允许转轴绕其轴线转动，但限制转轴沿垂直于轴线的任何方向的移动，如图 1-16a、b 所示。径向轴承的简化表示如图 1-16c 所示，其约束反力的特征与光滑圆柱铰链相同（见图1-10b），可用垂直于轴线的两个相互垂直的分力 F_{Ay} 和 F_{Az} 来表示，如图 1-16c 或 d 所示。

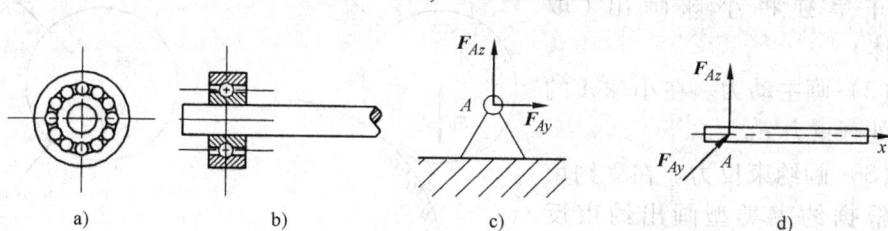

图 1-16 径向轴承

（2）**止推轴承** 止推轴承也是机器中常见的约束，与径向轴承不同之处是它还能限制转轴沿轴向的移动，如图 1-17a 所示。止推轴承的简化表示如图 1-17b所示，其约束反力增加了沿轴向的分力。

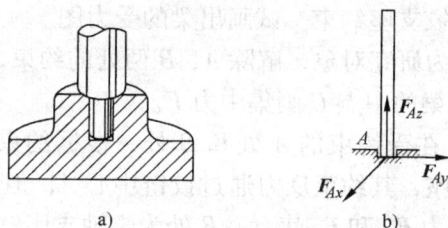

图 1-17 止推轴承

1.4 物体的受力分析和受力图

在工程实际中，为了求出未知的约束反力，需要根据已知力，应用平衡条件求解。为此，首先要确定构件受了几个力，每个力的作用位置和力的作用方向，这种分析过程称为物体的受力分析。

为了清晰地表示物体的受力情况，我们把需要研究的物体(称为受力体)从周围的物体(称为施力体)中分离出来，单独画出它的简图，这个步骤叫做**取研究对象或取分离体**。然后把施力物体对研究对象的作用力(包括主动力和约束反力)全部画出来。**这种表示物体受力的简明图形，称为受力图。**

正确地画出物体的受力图是分析解决力学问题的基础，不能省略，更不允许有任何错误，否则就会影响后续计算，导致计算结果错误，有时甚至会造成极严重的危害。因此，在学习力学时，必须养成良好习惯，认真地作受力图，再据以作进一步的分析计算。下面举例说明如何作受力图。

例 1-1 重力为 F_P 的小球 A 由光滑曲面及绳子支承，如图 1-18a 所示。试画出小球 A 的受力图。

解：(1) 取小球 A 为研究对象，并单独将小球画出（取分离体）。

(2) 画主动力。在小球 A 的重心处画重力 F_P。

(3) 画约束反力。在受约束处，根据约束类型画出约束反力。其中，绳子的拉力为 F_T，光滑接触面的法向支持力为 F_N，它们的作用线均通过球心。

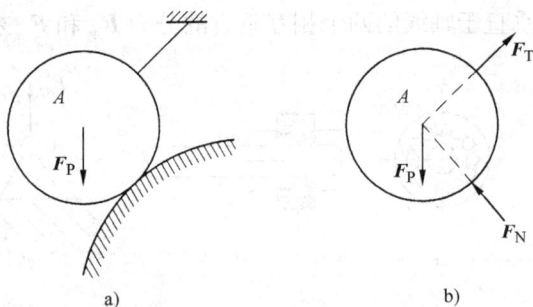

小球的受力如图 1-18b 所示。

图 1-18 例 1-1 图

例 1-2 如图 1-19a 示，简支梁 AB，跨中受集中力 F 的作用，A 端为固定铰支座约束，B 端为可动铰支座约束。试画出梁的受力图。

解：(1) 取 AB 梁为研究对象，解除 A、B 两处的约束，并画出其简图。

(2) 画主动力。在梁的中点 C 画集中力 F。

(3) 画约束反力。在受约束的 A 处和 B 处，根据约束类型画出约束反力。其中，A 处为固定铰支座，其约束反力通过铰链中心 A，但方向不能确定，可用两个大小未知的正交分力 F_{Ax} 和 F_{Ay} 表示。B 处为辊轴支座，约束反力垂直于支持面，用 F_B 表示。

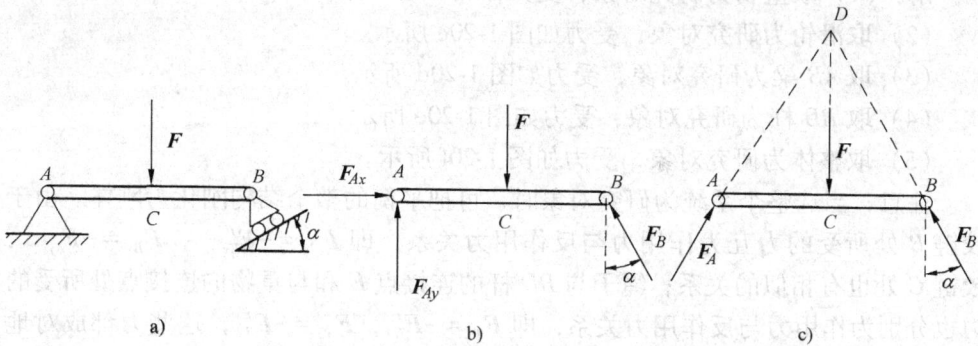

图 1-19 例 1-2 图

梁的受力如图 1-19b 所示。

此外，考虑到梁仅在 A、B、C 三点受到三个互不平行的力作用而平衡，根据三力平衡汇交定理，已知 F 与 F_B 相交于 D 点，故 A 处反力 F_A 也应相交于 D 点，从而确定 F_A 必沿 A、D 两点的连线，从而画出图 1-19c 所示的受力图。

例 1-3 如图 1-20a 所示结构中，AB 为一横梁，其上的 C 处安装一个滑轮，绳子绕过滑轮吊一重物。绳的另一端系于 BD 杆的 E 点。A、B、C、D 均为铰链，梁 AB 及杆 BD 重力不计。试画出重物、滑轮、AB 梁、BD 杆及整体的受力图。

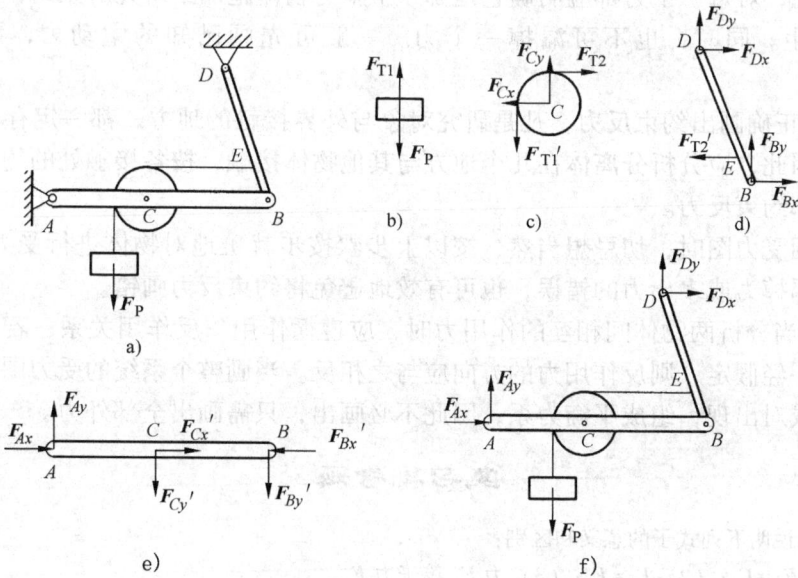

图 1-20 例 1-3 图

解：（1）取重物为研究对象，受力如图 1-20b 所示。

（2）取滑轮为研究对象，受力如图 1-20c 所示。

（3）取 AB 梁为研究对象，受力如图 1-20d 所示。

（4）取 BD 杆为研究对象，受力如图 1-20e 所示。

（5）取整体为研究对象，受力如图 1-20f 所示。

注意，当选整个系统为研究对象时，可把平衡的整个结构刚化为刚体。由于铰链 B 处所受的力互为作用力与反作用力关系，即 $F_{Bx} = -F'_{Bx}$，$F_{By} = -F'_{Ay}$，铰链 C 处也有相似的关系；绳子与 BD 杆的连接点 E 和与重物的连接点处所受的力也分别为作用力与反作用力关系，即 $F_{T1} = -F'_{T1}$，$F_{T2} = -F'_{T2}$，这些力都成对地作用在整个系统内，称为内力。内力对系统的作用效应相互抵消，因此可以除去，并不影响整个系统的平衡。故内力在受力图上不必画出。在受力图上只需画出系统以外的物体给系统的作用力，这种力称为外力。这里，重力 F_P 及解除约束处(即 A 处和 D 处)的约束反力都是作用于整个系统的外力。

正确地画出物体的受力图，是分析、解决力学问题的基础。画受力图时必须注意如下几点：

1）首先必须明确研究对象。根据求解需要，明确研究对象，并画出相应的分离体，以备画受力图。

2）正确画出研究对象所受的每一个外力。由于力是物体之间相互的机械作用，因此，对每一个力都应明确它是哪一个施力物体施加给研究对象的，决不能凭空产生。同时，也不可漏掉一个力。一般可先画已知的主动力，再画约束反力。

3）正确画出约束反力。凡是研究对象与外界接触的地方，都一定存在约束反力。因此，应分析分离体在几个地方与其他物体接触，按各接触处的约束特点画出全部约束反力。

在画受力图时，切忌想当然，按以上步骤按步就班地对物体进行受力分析，可避免漏掉力或多出力的错误，也可有效地避免将约束反力画错。

4）当分析两物体间相互的作用力时，应遵循作用、反作用关系；若作用力的方向一经假定，则反作用力的方向应与之相反。当画整个系统的受力图时，由于内力成对出现，组成平衡力系，因此不必画出，只需画出全部外力。

复习思考题

1-1　说明下列式子的意义和区别：

（1）$F_1 = F_2$；（2）$F_1 = F_2$；（3）力 F_1 等于力 F_2。

1-2　试区别 $F_R = F_1 + F_2$ 和 $F_R = F_1 + F_2$ 两个等式代表的意义。

1-3　二力平衡条件与作用和反作用定律都是说二力等值、反向、共线，问二者有什么区别？

1-4　什么叫二力构件？二力构件(或二力杆)的受力特点是什么？分析二力构件受力时与构件的形状有无关系。

1-5　三力平衡汇交时怎样确定第三个力的作用线方向？

1-6　在图 1-21 中，在求约束反力时，哪些情况可将力 F 沿其作用线移动而不影响结果？

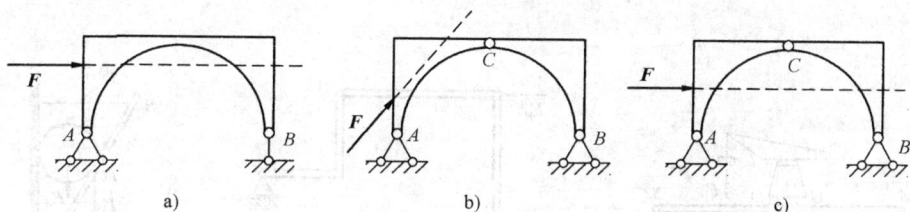

图 1-21　思考题 1-6 图

习　　题

1-1　画出下列物体 AB 或 ABCD 的受力图。物体重力除图 1-22 上已注明者外，均略去不计。假设接触处都是光滑的。

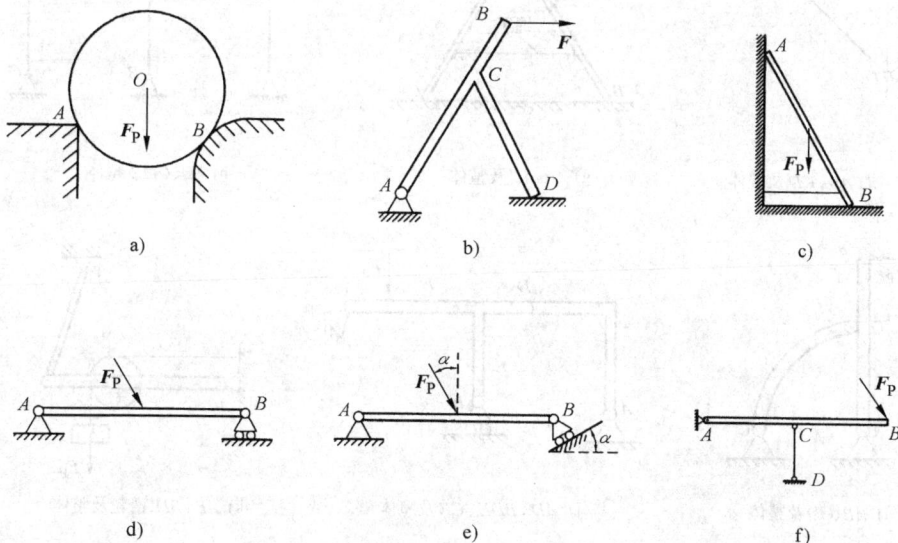

图 1-22　习题 1-1 图

1-2　画出下列指定物体的受力图。物体重力除图 1-23 上已注明者外，均略去不计。假设接触处都是光滑的。

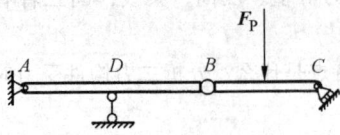

a) AB、BC 及整体

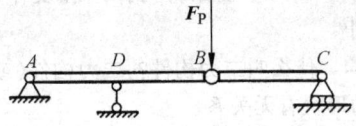

b) AB、BC 及整体

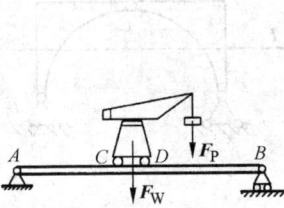

c) 吊车、梁及整体

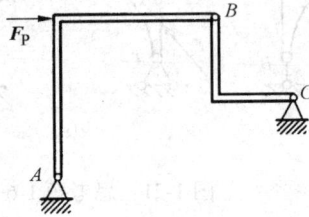

d) AB、BC 及整体

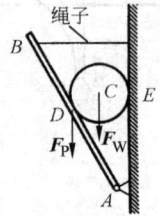

e) AB 及小球

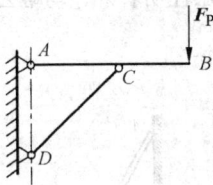

f) AB、CD 及整体

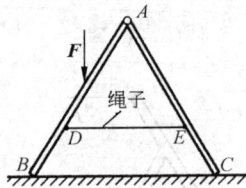

g) AB、AC 及整体

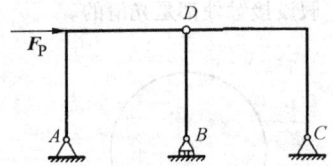

h) AD、CD 及整体

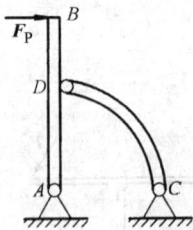

i) AB、CD 及整体

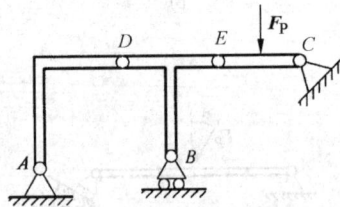

j) AD、BDE、CE 及整体

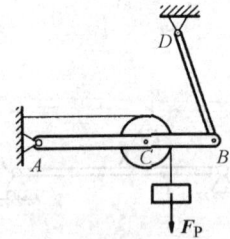

k) AB、BD、滑轮及整体

图 1-23　习题 1-2 图

第2章
平面汇交力系与平面力偶系

平面汇交力系与平面力偶系是两种简单力系，是研究复杂力系的基础。本章将分别用几何法和解析法研究平面汇交力系的合成与平衡问题；介绍平面力偶的基本特性以及平面力偶系合成与平衡问题。

2.1 平面汇交力系合成与平衡的几何法

几何法是利用几何作图的方法来研究力系的合成与平衡问题。

2.1.1 平面汇交力系合成的几何法

设某一刚体受到平面汇交力系 F_1, F_2, F_3, F_4 的作用，各力作用线汇交于 A 点，如图 2-1a 所示。根据力的可传性，可将各力沿其作用线滑移至汇交点 A，将该力系等效成为平面共点力系，如图 2-1b 所示。根据力的平行四边形法则，可得到合力 F_R 作用线的位置必通过力系的汇交点 A；为了较方便地求出合力 F_R 的大小与方向，可连续应用力三角形法则。任取一点 a，先作力三角形求出 F_1 与 F_2 的合力矢 F_{R1}，再作力三角形合成 F_{R1} 与 F_3 得 F_{R2}，最后合成 F_{R2} 与 F_4 得

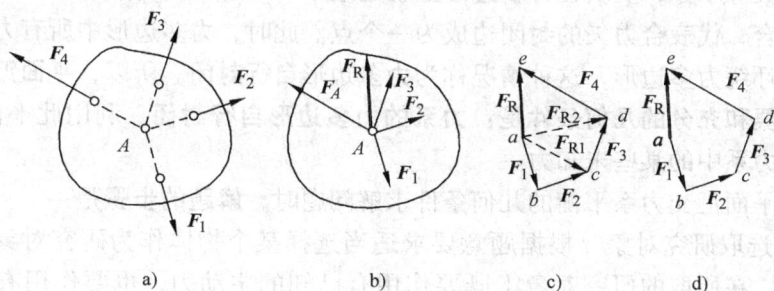

a)　　　　　b)　　　　　c)　　　　　d)

图 2-1　平面汇交力系合成的几何法

F_R，如图 2-1c 所示。多边形 abcde 称为此平面汇交力系的**力多边形**，矢量$\overrightarrow{ae}$称为此力多边形的**封闭边**。封闭边矢量$\overrightarrow{ae}$即表示此平面汇交力系合力 F_R 的大小与方向（即合力矢）。其简化画法见图 2-1d，这种求合力矢的几何作图法称为**力多边形法则**。

必须注意，力多边形中各分力矢量首尾相接沿着同一方向环绕力多边形。由此组成的力多边形 abcde 有一缺口，故为不封闭的力多边形，而合力矢则沿相反方向连接此缺口，构成力多边形的封闭边。根据矢量相加的交换律，若改变各分力矢的合成次序，则绘出的力多边形的形状亦会随之改变，但不会影响合力 F_R 的大小和方向。

总之，平面汇交力系可简化为一合力，其合力的大小与方向等于各分力的矢量和（几何和），合力的作用线通过力系的汇交点。设平面汇交力系含有 n 个力，以 F_R 表示它们的合力矢，则有

$$F_R = F_1 + F_2 + \cdots + F_n = \sum_{i=1}^{n} F_i \tag{2-1}$$

式中，$\sum\limits_{i=1}^{n} F_i$ 可简写为 $\sum F$。

2.1.2　平面汇交力系平衡的几何条件

根据平面汇交力系合成的几何法可知，一般情况下，平面汇交力系合成的结果是一个力，即力系的合力，它对刚体的作用与原力系等效。如果力系的合力为零，则表明刚体在该力系的作用下处于平衡状态，即力系是一平衡力系。反之，若作用于刚体的力系的合力不为零，则刚体不能处于平衡状态，该力系就不是平衡力系。由此得出结论：**平面汇交力系平衡的充分和必要条件是力系的合力矢等于零。**或力系中各力矢的矢量和等于零，即

$$\sum F = 0 \tag{2-2}$$

合力矢等于零，反映在力多边形上就是最末一个力矢的终点与第一个力矢的起点相重合，代表合力矢的封闭边成为一个点。此时，力多边形中所有力矢都沿同一方向环绕力多边形，这种情况称为**力多边形自行封闭**。所以，**平面汇交力系平衡的必要和充分的几何条件是：力系的力多边形自行封闭**。利用此平衡条件，可以求解力系中的某些未知力。

运用平面汇交力系平衡的几何条件求解问题时，**解题的步骤是：**

（1）选取研究对象　根据题意要求适当选择某个物体作为研究对象，并画出其简图。在所取的研究对象上既要作用有已知的主动力，也要作用有待求的未知量。

（2）画研究对象受力图　在研究对象的简图上画出它受到的全部外力（包括

主动力和约束反力）。作图要准确，特别是各个力的方向要准确。

（3）作力多边形图　选择适当的力比例尺作系的力多边形，先画已知力，然后应用力多边形自行封闭的条件画未知力。

（4）确定未知量　按力比例尺和量角器量出力多边形中未知力的大小及方向。如果力多边形是三角形，也可以用三角公式计算未知力的大小和方向。

例 2-1　支架的横梁 AB 与斜杆 DC 彼此以铰链 C 相联接，并各以铰链 A、D 连接于铅直墙上，如图 2-2a 所示。已知 $AC=CB$；杆 DC 与水平线夹 45°角；荷载 $F_P=10\text{kN}$，作用于 B 处。梁和杆的重力忽略不计，求铰链 A 的约束反力和杆 DC 所受的力。

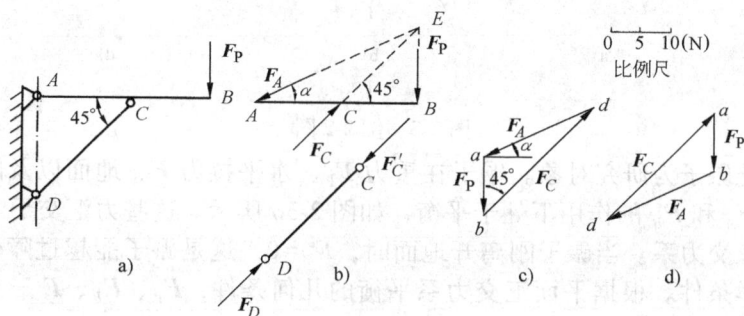

图 2-2　例 2-1 图

解：选取横梁 AB 为研究对象。横梁在 B 处受荷载 F_P 作用。DC 为二力杆，它对横梁 C 处的约束反力 F_C 的作用线必沿两铰链 D、C 中心的连线。铰链 A 的约束反力 F_A 的作用线可根据三力平衡汇交定理确定，即通过另两个力作用线的交点 E，如图 2-2b 所示。

根据平面汇交力系平衡的几何条件，这三个力应组成一个封闭的力三角形。按照图中力的比例尺，先画出已知力矢 $\overrightarrow{ab}=F_P$，再由点 a 作直线平行于 F_A，由点 b 作直线平行 F_C，这两直线相交于点 d，如图 2-2c 所示。由力三角形 abd 封闭，可确定 F_C 和 F_A 的指向。

在力三角形中，线段 $\overline{bd}$ 和 $\overline{da}$ 分别表示力 F_C 和 F_A 的大小，量出它们的长度，按比例尺换算得

$$F_C=28.3\text{kN}\qquad F_A=22.4\text{kN}$$

根据作用力和反作用力的关系，作用于杆 DC 的 C 端的力 F'_C 与 F_C 的大小相等，方向相反。由此可知，杆 DC 受压力，如图 2-2b 所示。

应该指出，封闭力三角形也可以如图 2-2d 所示，同样可求得力 F_C 和 F_A，且结果相同。

例 2-2　如图 2-3a 所示的压路机碾子，重 $F_P = 20kN$，半径 $r = 60cm$，若在其中心 O 作用一个水平拉力 F，欲将此碾子拉过高 $h = 8cm$ 的障碍物，试求此拉力 F 的大小和碾子对障碍物的压力；如果要使越过障碍物的拉力最小，试问应沿哪个方向拉？并求此最小力的大小。

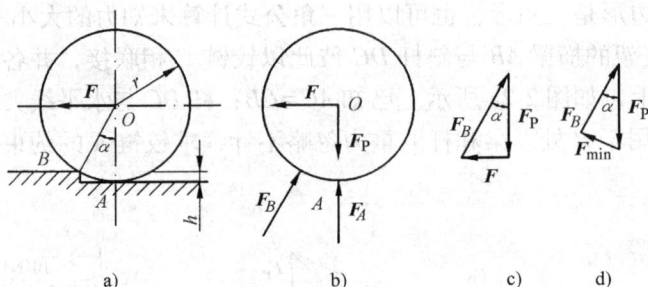

图 2-3　例 2-2 图

解：选碾子为研究对象。碾子在重力 F_P、水平拉力 F、地面以及障碍物的约束反力 F_A 和 F_B 的作用下处于平衡，如图 2-3b 所示。这些力汇交于 O 点，是一个平面汇交力系。当碾子刚离开地面时，$F_A = 0$，这是碾子能越过障碍物需要满足的力学条件。根据平面汇交力系平衡的几何条件，F_P、F_B、F 三个力应组成一个封闭的力三角形，如图 2-3c 所示。从图中可知力三角形为一直角三角形，应用三角公式，求得

$$F = F_P \tan\alpha, \quad F_B = \frac{F_P}{\cos\alpha}$$

由图中的几何关系，求得 $\tan\alpha = \sqrt{r^2 - (r-h)^2}/(r-h) = \sqrt{60^2 - (60-8)^2}/(60-8) \approx 0.577$，$\alpha \approx 30°$。将其代入 F、F_B 式中得

$$F = 11.5kN, \quad F_B = 23.1kN$$

由作用力和反作用力的关系，碾子对障碍物的压力也等于 23.1kN。

由于 F_P、F_B 方向不变，F_P 的大小也不变，依几何关系可知，若 F 与 F_B 垂直，则 F 之值最小，如图 2-3d 所示。F 最小值为

$$F_{min} = F_P \sin\alpha = (20\sin30°)kN = \left(20 \times \frac{1}{2}\right)kN = 10kN$$

2.2　平面汇交力系合成与平衡的解析法

解析法是利用力矢在坐标轴上的投影来研究力系的合成与平衡问题。

2.2.1　力在直角坐标轴上的投影与力的解析表达式

如图 2-4a 所示，已知力 F 与正交轴 x、y 的夹角分别为 α、β，则力 F 在 x、

y 轴上的投影分别为

$$
\left.\begin{array}{l}
F_x = F\cos\alpha \\
F_y = F\cos\beta
\end{array}\right\}
\tag{2-3}
$$

即力在某轴上的投影，等于力的模乘以力与投影轴正向间夹角的余弦。 式中 F 为力 F 的大小，恒为正值；α、β 分别是力 F 与 x、y 轴正向间不大于 180° 的锐角或钝角。力在轴上的投影为代数量。当力与投影轴正向间夹角为锐角时，其值为正；当夹角为钝角时，其值为负。

在实际计算中，常采用力与投影轴所夹的锐角来计算力在轴上投影的绝对值，而由直观观察来确定投影的正负号。如图 2-4b 所示，力 F 与 x 轴所夹锐角为 α'，由图可得：$F_x = -F\cos\alpha'$。

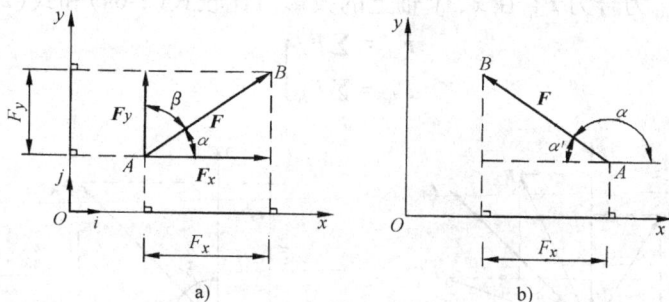

图 2-4　直角坐标系中力的投影与分解

由图 2-4a 可知，力 F 沿正交轴分解为两个分力 F_x 和 F_y 时，其分力与力的投影之间有下列关系

$$
F_x = F_x i, \quad F_y = F_y j
$$

其中 i、j 分别为沿 x、y 轴的单位矢量。由此可得**力的解析表达式**

$$
F = F_x i + F_y j
\tag{2-4}
$$

显然，已知力 F 在平面内两个正交轴上的投影 F_x 和 F_y 时，该力矢的大小和方向余弦分别为

$$
\left.\begin{array}{l}
F = \sqrt{F_x^2 + F_y^2} \\[2mm]
\cos(F, i) = \dfrac{F_x}{F}, \quad \cos(F, j) = \dfrac{F_y}{F}
\end{array}\right\}
\tag{2-5}
$$

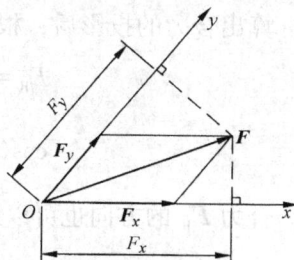

必须注意，当 x、y 两轴不相垂直时，如图 2-5 所示，力沿两轴的分力矢 F_x、F_y 的大小不等于力在两轴上的投影 F_x、F_y 的绝对值，则式（2-4）、式（2-5）不成立。

图 2-5　非直角坐标系中力的投影与分解

2.2.2　平面汇交力系合成的解析法

设平面汇交力系($F_1, F_2, \cdots, F_n$)作用在刚体上，以力系汇交点 O 为坐标原点，在力系作用面内建立直角坐标系 Oxy，求出各力在 x、y 轴上的投影，如图 2-6 所示。根据式(2-4)，将各力用解析式表示

$$F_i = F_{ix}i + F_{iy}j \quad (i = 1, 2, \cdots, n)$$

代入式(2-1)可得

$$F_R = \sum F_i = \sum F_{ix}i + \sum F_{iy}j \tag{2-6a}$$

而合力 F_R 的解析表达式为

$$F_R = F_{Rx}i + F_{Ry}j \tag{2-6b}$$

式中，F_{Rx}、F_{Ry} 为合力 F_R 在 x、y 轴上的投影。比较式(2-6a)和式(2-6b)可得到

$$\left. \begin{array}{l} F_{Rx} = \sum F_{ix} \\ F_{Ry} = \sum F_{iy} \end{array} \right\} \tag{2-7}$$

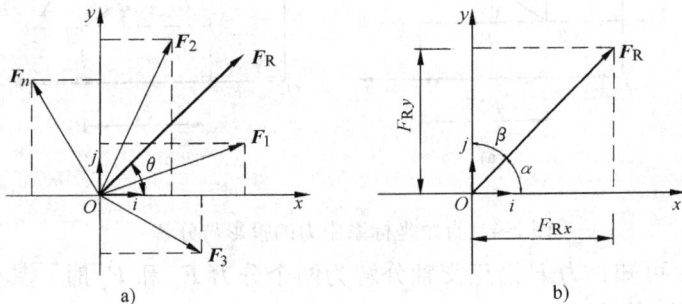

图 2-6　平面汇交力系合成的解析法

这表明：**力系的合力矢在任一轴上的投影，等于各分力矢在同一轴上投影的代数和**。这一关系称为**合力投影定理**。其实这种关系对于任何矢量都成立，称为**矢量投影定理**：即合矢量在某一轴上的投影等于各分矢量在同一轴上投影的代数和。

算出合力的投影后，根据式(2-5)可求得合力的大小与方向余弦为

$$\left. \begin{array}{l} F_R = \sqrt{F_{Rx}^2 + F_{Ry}^2} \\ \cos(F_R, i) = \dfrac{F_{Rx}}{F_R}, \quad \cos(F_R, j) = \dfrac{F_{Ry}}{F_R} \end{array} \right\} \tag{2-8}$$

合力 F_R 的方向也可以用它与 x 轴所夹锐角 θ(小于 90°)表示，即

$$\theta = \arctan \left| \frac{F_{Ry}}{F_{Rx}} \right| \tag{2-9}$$

但力 F_R 的指向还需由投影 F_{Rx}、F_{Ry} 的正负号来判定。

例 2-3　试用解析法求作用在图 2-7 所示支架上点 O 的三个力的合力的大小和方向。

解：建立直角坐标系 Oxy 如图所示。用式（2-7）求合力 F_R 在坐标轴上的投影

$$F_{Rx} = \sum F_{ix} = F_1\cos45° + F_2\cos30°$$
$$= （600×\cos45° + 700×\cos30°）N = 1030N$$

$$F_{Ry} = \sum F_{iy} = F_1\sin45° - F_2\sin30° - F_3$$
$$= （600×\sin45° - 700×\sin30° - 500）N = -426N$$

则用式（2-8）可求得合力的大小为

$$F_R = \sqrt{F_{Rx}^2 + F_{Ry}^2}$$
$$= \sqrt{1030^2 + (-426)^2}\ N$$
$$= 1115N$$

方向可由式（2-9）求得为

$$\tan\theta = \left|\frac{F_{Ry}}{F_{Rx}}\right| = \left|\frac{-426}{1030}\right| = 0.4136$$

$$\theta = 22.5°$$

角 θ 是合力 F_R 与 x 轴所夹的锐角。由于 F_{Rx} 是正值，F_{Ry} 是负值，所以合力 F_R 应指向右下方，与 x 轴成 22.5°角。

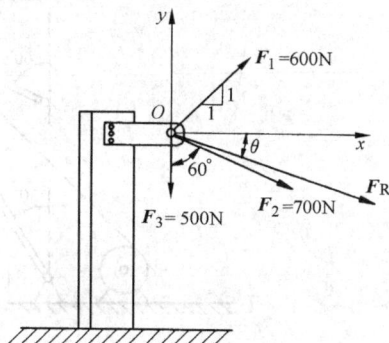

图 2-7　例 2-3 图

2.2.3　平面汇交力系的平衡方程

由 2.1.2 已知，平面汇交力系平衡的必要和充分条件是该力系的合力矢 F_R 等于零。由式（2-8）又可见，合力 F_R 如果等于零，必须有 $F_{Rx} = 0$、$F_{Ry} = 0$，即

$$\left.\begin{array}{r} \sum F_{ix} = 0 \\ \sum F_{iy} = 0 \end{array}\right\} \tag{2-10}$$

因此，用解析式表示的平面汇交力系平衡的必要和充分条件是：**各力在力系作用面内两个坐标轴上投影的代数和分别等于零**。式（2-10）又称为平面汇交力系的平衡方程。应该指出，虽然式（2-10）是由直角坐标系导出的，但并不失其一般性，当 x、y 轴是任意两个相交轴时，上述条件同样成立。由这两个独立的方程，可以求解两个未知量。

利用平衡方程求解平衡问题时，受力图中的未知力的指向可以任意假设。若计算结果为正值，表示假设的指向就是实际的指向；若计算结果为负值，表示假设的指向与实际指向相反。

用解析法求解平面汇交力系平衡问题的**解题的步骤**：

1）选取研究对象。

2）画研究对象受力图。

3）选投影轴，建立平衡方程。

4）求解未知量。

例 2-4　井架起重装置如图 2-8a 所示，重物通过卷扬机 D 由绕过滑轮 B 的钢索起吊。起重臂的 A 端支承可简化为固定铰支座，B 端用杆件 BC 支承。设重物 E 重 $F_P = 20\text{kN}$，起重臂的重力、滑轮的大小和重力以及钢索的重力均不计。试求当重物 E 匀速上升时起重臂 AB 和杆件 BC 所受的力。

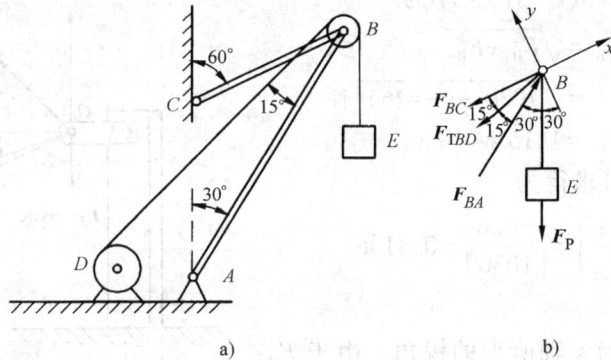

图 2-8　例 2-4 图

解：取滑轮 B 连同重物 E 一起为研究对象，作用在其上的力有：重物的重力 F_P；钢索 BD 的拉力 F_{TBD}，大小为 $F_{TBD} = F_P$；杆件 BC 的约束反力 F_{BC}（设为拉力）；起重臂 AB 的约束反力 F_{BA}（设为压力）。因滑轮大小不计，所以这四个力可看成为平面汇交力系，其受力如图 2-8b 所示。

取投影轴 Bx，By 如图所示，其中 x 轴沿 CB 方向，y 轴垂直于 F_{BC}。平衡方程为

$$\sum F_y = 0 \qquad F_{BA}\cos 60° - F_{TBD}\cos 75° - F_P\cos 30° = 0$$

$$F_{BA} = (F_{TBD}\cos 75° + F_P\cos 30°)/\cos 60°$$

$$= [20(\cos 75° + \cos 30°)/\cos 60°]\text{kN} = 45.0\text{kN}$$

$$\sum F_x = 0 \qquad -F_{BC} - F_{TBD}\cos 15° + F_{BA}\sin 60° - F_P\sin 30° = 0$$

$$F_{BC} = -F_{TBD}\cos 15° + F_{BA}\sin 60° - F_P\sin 30°$$

$$= (-20\cos 15° + 45\sin 60° - 20\sin 30°)\text{kN} = 9.65\text{kN}$$

算出 F_{BA} 和 F_{BC} 均为正值，说明图 2-8b 中所画力 F_{BA}、F_{BC} 的方向正确。由作用与反作用定律知，起重臂受压力 $F'_{BA} = 45.0\text{kN}$，BC 杆受拉力 $F'_{BC} = 9.65\text{kN}$。

例 2-5　如图 2-9a 所示的一桁架接头，由四根角钢材料铆接在连接板上而成。已知这四根杆件的轴线汇交于 O 点，作用在杆件 2 和 4 上的力分别为 $F_2 =$

4kN，$F_4 = 2$kN，求在平衡状态下，作用在杆件 1 和 3 上的力 F_1、F_3 的值。

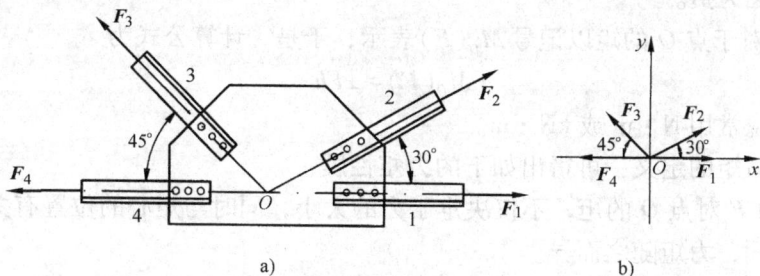

图 2-9　例 2-5 图

解：以接头为研究对象，设 1、3 杆受拉，受力如图 2-9a 所示。作用在接头上的四个力构成平面汇交力系，以力系的汇交点 O 为原点建立直角坐标系如图 2-9b 所示。平衡方程为

$$\sum F_y = 0 \qquad F_2 \sin 30° + F_3 \sin 45° = 0$$

得　　　$F_3 = -F_2 \sin 30° / \sin 45° = (4\sin 30° / \sin 45°)\,\text{kN} = -2.84\,\text{kN}$

$$\sum F_x = 0 \qquad F_1 + F_2 \cos 30° - F_3 \cos 45° - F_4 = 0$$

得　　　$F_1 = -F_2 \cos 30° + F_3 \cos 45° + F_4 = (-4\cos 30° - 2.84\cos 45° + 2)\,\text{kN} = -3.46\,\text{kN}$

由于算出的 F_1 和 F_3 均为负值，说明实际力 F_1 和 F_3 的指向与所假设的方向相反，1、3 两杆均受压力作用。

2.3　力对点的矩

力使物体产生的运动效应有两种：移动效应和转动效应。其中力对物体的移动效应取决于力的大小和方向，而力对物体的转动效应则取决于力对点的矩（简称力矩）。

2.3.1　力对点的矩的概念与计算

如图 2-10 所示，物体的某平面上作用一力 F，在同平面内任取一点 O，点 O 称为**矩心**，点 O 到力的作用线的垂直距离 h 称为**力臂**。力使物体绕 O 点的转动效应不仅与力 F 的大小成正比，还与力臂 h 成正比。而力使物体绕 O 点的转向不是逆时针转向就是顺时针转向。因而在平面问题中力对点的矩定义如下：

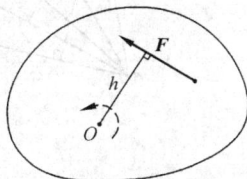

力对点的矩是一个代数量，它的绝对值等于力的大

图 2-10　力对点的矩

小与力臂的乘积，它的正负号可按下法确定：力使物体绕矩心逆时针转向转动时为正，反之为负。

力 F 对于点 O 的矩以记号 $M_O(F)$ 表示，于是，计算公式为

$$M_O(F) = \pm Fh \tag{2-11}$$

力矩的单位常用 N·m 或 kN·m。

根据力矩的定义，可得出如下的**力矩性质**：

1）力 F 对点 O 的矩，不仅决定于力的大小，同时与矩心的位置有关。矩心的位置不同，力矩随之而异。

2）力 F 沿其作用线移动，不改变它对点的矩。

3）力的大小等于零，或力的作用线通过矩心（即力臂 $h = 0$），则力矩等于零。

4）相互平衡的两个力对同一点的矩的代数和等于零。

2.3.2　合力矩定理

前面我们讨论了力矩的概念和计算式。在实际应用中，有时直接计算一力对某点的力臂的值较麻烦，因而不便于力矩的计算。如果该力的分力及其力臂易于求得，考虑到合力的作用应与其各分力的作用之和等效，则可应用合力矩定理来计算该力的力矩。

合力矩定理：平面汇交力系的合力对于平面内任一点之矩等于其分力对于同一点之矩的代数和。即

$$M_O(F_R) = M_O(F_1) + M_O(F_2) + \cdots + M_O(F_n) = \sum M_O(F) \tag{2-12}$$

证明：如图 2-11a 所示，设在刚体上的 A 点，作用一平面汇交力系 F_1、F_2、…、F_n，其合力为 F_R。任选一点 O 为矩心，从 O 点向各分力及合力作它们的垂线，得各力对 O 点的力臂 h_1、h_2、…、h_n 和 h_R，连接 AO，并将各分力及其合力作用

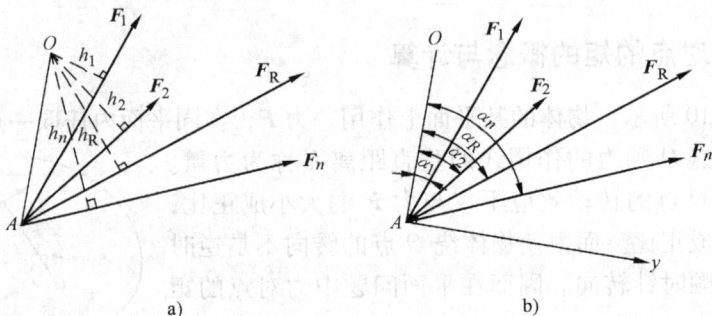

图 2-11　平面汇交力系合力矩定理

线与直线 AO 的夹角分别用 α_1、α_2、$\cdots$、α_n 和 α_R 表示（见图 2-11b）。由式 (2-11)可得力系的合力对 O 点的力矩为

$$M_O(\boldsymbol{F}_R) = F_R h_R = F_R AO\sin\alpha_R \tag{2-13a}$$

各分力对 O 点的力矩之和为

$$\begin{aligned}\sum M_O(\boldsymbol{F}) &= M_O(\boldsymbol{F}_1) + M_O(\boldsymbol{F}_2) + \cdots + M_O(\boldsymbol{F}_n)\\ &= F_1 AO\sin\alpha_1 + F_2 AO\sin\alpha_2 + \cdots + F_n AO\sin\alpha_n\\ &= AO(F_1\sin\alpha_1 + F_2\sin\alpha_2 + \cdots + F_n\sin\alpha_n)\end{aligned} \tag{2-13b}$$

另外，过 A 点作投影轴 y 垂直于 OA 连线，根据合力投影定理，力系的合力在 y 轴上的投影等于其各分力在 y 轴上投影的代数和，故有

$$F_R\sin\alpha_R = F_1\sin\alpha_1 + F_2\sin\alpha_2 + \cdots + F_n\sin\alpha_n \tag{2-13c}$$

将式(2-13c)两边乘以 AO 得

$$F_R AO\sin\alpha_R = AO(F_1\sin\alpha_1 + F_2\sin\alpha_2 + \cdots + F_n\sin\alpha_n)$$

比较式(2-13a)和式(2-13b)得

$$M_O(\boldsymbol{F}_R) = M_O(\boldsymbol{F}_1) + M_O(\boldsymbol{F}_2) + \cdots + M_O(\boldsymbol{F}_n) = \sum M_O(\boldsymbol{F})$$

于是定理得证。

例 2-6 图 2-12 所示挡土墙每 1m 长所受土压力的合力为 $\boldsymbol{F}_R$，它的大小为 $F_R = 150\text{kN}$，方向如图示。求土压力 $\boldsymbol{F}_R$ 使墙倾覆的力矩。

解：土压力 $\boldsymbol{F}_R$ 可使挡土墙绕墙趾 A 点倾覆，故求 $\boldsymbol{F}_R$ 使墙倾覆的力矩，就是求 $\boldsymbol{F}_R$ 对 A 点的力矩。由已知的尺寸求力臂 d 不方便，而它的两个分力 $\boldsymbol{F}_1$ 和 $\boldsymbol{F}_2$ 的力臂是已知的，故由式(2-12)可得

$$\begin{aligned}M_A(\boldsymbol{F}_R) &= M_A(\boldsymbol{F}_1) + M_A(\boldsymbol{F}_2) = F_1 a - F_2 b\\ &= (150\cos30° \times 2 - 150\sin30° \times 1.5)\text{kN}\cdot\text{m}\\ &= 147.3\text{kN}\cdot\text{m}\end{aligned}$$

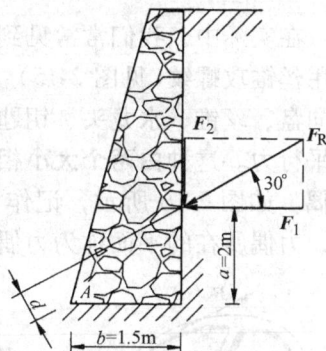

图 2-12 例 2-6 图

例 2-7 重力坝受力情况如图 2-13 所示。已知 $F_1 = 400\text{kN}$，$F_2 = 80\text{kN}$，$F_3 = 450\text{kN}$，$F_4 = 200\text{kN}$。试验算在此情况下重力坝会不会绕 A 点倾覆。

解：$\boldsymbol{F}_1$ 是使重力坝绕 A 点倾覆的力，它对 A 点产生的力矩是倾覆力矩；而阻止重力坝倾覆的力是 $\boldsymbol{F}_2$、$\boldsymbol{F}_3$、$\boldsymbol{F}_4$，它们对 A 点产生的力矩是抗倾覆力矩。分别计算如下：

由图 2-13 有

$$\tan\theta = \frac{5.7-3}{9} = 0.3$$

$$\theta = 16.7°$$

倾覆力矩为

$$M_A(\boldsymbol{F}_1) = -F_1 \times 2.8 = 400\text{kN} \times 2.8\text{m}$$
$$= -1120\text{kN} \cdot \text{m}$$

抗倾覆力矩为

$$M_A(\boldsymbol{F}_2, \boldsymbol{F}_3, \boldsymbol{F}_4)$$
$$= F_2 \times \frac{0.6}{\cos\theta} + F_3 \times (5.7 - 1.5) + F_4 \times 1.8$$
$$= \left[80 \times \frac{0.6}{\cos 16.7°} + 450 \times (5.7 - 1.5) + 200 \times 1.8 \right] \text{kN}$$
$$= 2300\text{kN} \cdot \text{m}$$

由于抗倾覆力矩大于倾覆力矩的绝对值，所以重力坝不会绕 A 点倾覆。

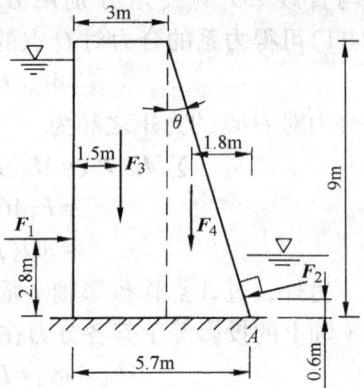

图 2-13　例 2-7 图

2.4　平面力偶理论

2.4.1　力偶与力偶矩

在实际中，我们常常见到司机用双手转动方向盘驾驶汽车(见图 2-14)，钳工用丝锥攻螺纹(见图 2-15)，人们用两个手指拧动水龙头、旋转钥匙等等，在方向盘、丝锥、水龙头、钥匙等物体上作用着两个大小相等、方向相反且不共线的平行力。这种**由两个大小相等、方向相反且不共线的平行力组成的力系**，称为**力偶**。如图 2-16 所示，记作($\boldsymbol{F}$、$\boldsymbol{F}'$)。力偶的两力之间的垂直距离 d 称为力偶臂，力偶所在的平面称为力偶作用面。

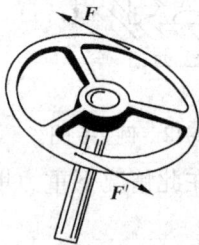

图 2-14　转动方向盘　　　图 2-15　丝锥攻螺纹　　　图 2-16　力偶

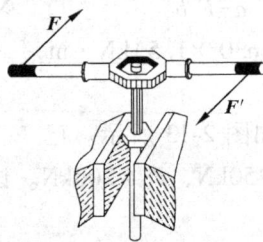

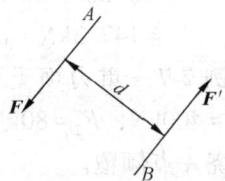

由于力偶中的两个力的矢量和等于零，因而力偶不可能使物体产生移动效应，又因为力偶中的两力不共线，所以也不能相互平衡。这样的两个力可以使物体产生纯转动效应。

由经验知，力偶使物体转动的效应，取决于力偶的两个反向平行力和力偶臂的大小以及力偶的转向。在平面力系问题中，力偶在力系作用面内的转向不是逆时针方向就是顺时针方向，因而可以把力偶中的力的大小 F 与力偶臂 d 的乘积加上适当的正负号作为度量力偶对物体转动效应的物理量，称为**力偶矩**，以符号 $M(\boldsymbol{F}、\boldsymbol{F}')$ 或 M 表示，即

$$M(\boldsymbol{F}、\boldsymbol{F}') = M = \pm Fd \qquad (2\text{-}14)$$

式中的正负号表示力偶的转向。通常规定，力偶逆时针旋转时，力偶矩为正；反之为负。有时简明地以一个带箭头的弧线表示力偶矩，标出其值如图 2-17 所示。力偶矩的单位和力矩的单位相同，也是 N·m 或 kN·m。在平面力系问题中，力偶矩是一个代数量。

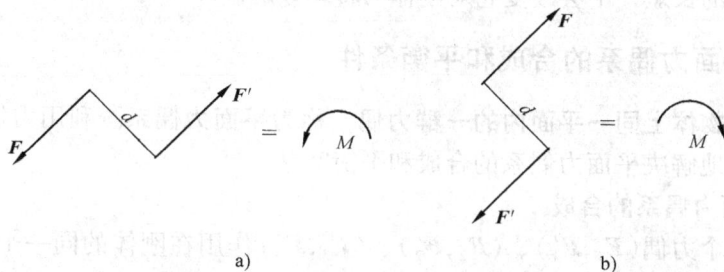

a)　　　　　　　　b)

图 2-17　力偶的简明表示

2.4.2　力偶的基本性质

根据前面的讲述，将**力偶的基本性质**归纳如下：

1）力偶没有合力，既不能与一个力等效也不能与一个力相平衡。

由于力偶中的两个力等值、反向，它们在任一坐标轴上的投影代数和等于零；另外还可以证明如果将此两力进行合成，则其合力的作用线在无穷远处。这说明力偶不存在合力。既然力偶没有合力，故力偶不能与一个力等效；力偶也不能与一个力相平衡，力偶必须用力偶来平衡。因此，力偶和力一样，也是力学中的基本力学量。

2）力偶对其作用面内任一点之矩恒等于力偶矩，而与矩心位置无关。

证明：设有一力偶（$\boldsymbol{F}$、$\boldsymbol{F}'$）作用在物体上，其力偶矩为 $M = Fd$，如图 2-18 所示。在力偶的作用面内任取一点 O 为矩心，显然，力偶使物体绕 O 点转动的效应等于组成力偶的两个力对 O 点转动的效应之和，可用这两力对 O 点之矩的代数和来表示。用 x 表示从 O 点到力 $\boldsymbol{F}'$ 的垂直距离，则力偶的两个力对 O 点之矩的代数和为

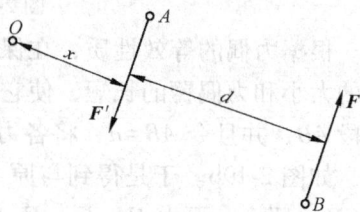

图 2-18　力偶对其作用面内任一点之矩

$$M_O(\boldsymbol{F}, \boldsymbol{F}') = F(d+x) - F'x = Fd = M$$

此值即等于力偶矩。

3）在同一平面内的两个力偶，如果它们的力偶矩大小相等，力偶的转向相同，则这两个力偶是等效的。称为力偶的等效性。

根据力偶的等效性，可得出下面两个推论：

推论 1：力偶可在其作用面内任意移动，而不改变它对刚体的转动效应。即力偶对刚体的转动效应与其在作用面内的具体位置无关。

推论 2：在保持力偶矩大小和转向不变的情况下，可任意改变力偶中力的大小和力偶臂的长短，不会改变它对刚体的转动效应。

2.4.3　平面力偶系的合成和平衡条件

作用在物体上同一平面内的一群力偶，称为**平面力偶系**。利用力偶的性质，可以很方便地解决平面力偶系的合成和平衡问题。

1. 平面力偶系的合成

设有三个力偶$(\boldsymbol{F}_1, \boldsymbol{F}_1')$、$(\boldsymbol{F}_2, \boldsymbol{F}_2')$、$(\boldsymbol{F}_3, \boldsymbol{F}_3')$作用在刚体的同一平面内，其力偶矩分别为$M_1 = F_1 d_1$、$M_2 = F_2 d_2$、$M_3 = -F_3 d_3$，如图 2-19a 所示，现求它们的合成结果。

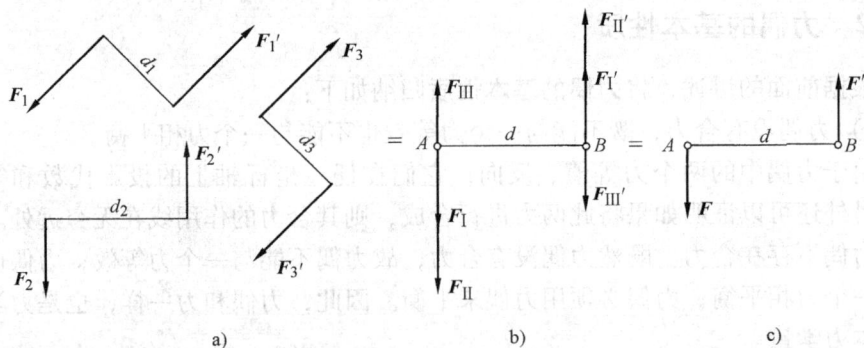

图 2-19　平面力偶系的合成

根据力偶的等效性质，在保持力偶矩不变的情况下，同时改变这三个力偶的力的大小和力偶臂的长短，使它们具有相同的臂长 d。在力偶作用面内任意取一线段 AB，并且令 $AB = d$，将各力偶在作用面内移转，使它们的力偶臂都与 AB 重合，如图 2-19b。于是得到与原力偶系等效的三个新力偶$(\boldsymbol{F}_{\mathrm{I}}, \boldsymbol{F}_{\mathrm{I}}')$、$(\boldsymbol{F}_{\mathrm{II}}, \boldsymbol{F}_{\mathrm{II}}')$和$(\boldsymbol{F}_{\mathrm{III}}, \boldsymbol{F}_{\mathrm{III}}')$。而力 $\boldsymbol{F}_{\mathrm{I}}$、$\boldsymbol{F}_{\mathrm{II}}$、$\boldsymbol{F}_{\mathrm{III}}$ 的大小为

$$F_{\mathrm{I}} = \frac{|M_1|}{d} \qquad F_{\mathrm{II}} = \frac{|M_2|}{d} \qquad F_{\mathrm{III}} = \frac{|M_3|}{d}$$

分别将作用在 A、B 两点的共线力合成。设 $F_{\mathrm{I}}+F_{\mathrm{II}}>F_{\mathrm{III}}$，得作用于 A 点的合力 $\boldsymbol{F}$ 和作用于 B 点的合力 $\boldsymbol{F}'$，大小分别为

$$F=F_{\mathrm{I}}+F_{\mathrm{II}}-F_{\mathrm{III}}$$

$$F'=F'_{\mathrm{I}}+F'_{\mathrm{II}}-F'_{\mathrm{III}}$$

由于力 $\boldsymbol{F}$ 与 $\boldsymbol{F}'$ 大小相等，方向相反，作用线平行而不重合，所以构成了与原力偶系等效的合力偶，如图 2-19c 所示。以 M 表示合力偶的矩，得

$$M=Fd=(F_{\mathrm{I}}+F_{\mathrm{II}}-F_{\mathrm{III}})d=F_{\mathrm{I}}d+F_{\mathrm{II}}d-F_{\mathrm{III}}d$$

即

$$M=M_1+M_2+M_3$$

推广到力偶系由 n 个力偶组成，同样用上述方法合成。于是可得结论：**平面力偶系可以合成为一个合力偶，合力偶矩等于各分力偶矩的代数和。**可表示为

$$M=M_1+M_2+\cdots+M_n=\sum_{i=1}^{n}M_i \tag{2-15}$$

2. 平面力偶系的平衡

平面力偶系可合成为一个合力偶，当合力偶矩等于零时，则力偶系中各力偶对物体的转动效应相互抵消，物体处于平衡状态；反之，若合力偶矩不等于零，则物体必有转动效应而不平衡。所以，**平面力偶系平衡的必要与充分条件是：力偶系中各力偶矩的代数和等于零。**可简单地表示为

$$\sum M=0 \tag{2-16}$$

对于平面力偶系的平衡问题，可用式（2-16）求解一个未知量。

例 2-8　如图 2-20 所示，在物体的某平面内受到三个力偶作用。已知 $F_1=300\mathrm{N}$，$F_2=600\mathrm{N}$，$M_e=100\mathrm{N\cdot m}$，求其合成结果。

解：由平面力偶系的合成结果可知此三个力偶合成的结果是一个合力偶。

各力偶矩分别为

$$M_1=F_1d_1=(300\times1)\mathrm{N\cdot m}=300\mathrm{N\cdot m}$$

$$M_2=F_2d_2=\left(600\times\frac{0.25}{\sin30^\circ}\right)\mathrm{N\cdot m}=300\mathrm{N\cdot m}$$

$$M_3=-M_e=-100\mathrm{N\cdot m}$$

图 2-20　例 2-8 图

由式（2-15）得合力偶矩为

$$M=M_1+M_2+M_3=(300+300-100)\mathrm{N\cdot m}=500\mathrm{N\cdot m}$$

即合力偶矩的大小等于 $500\mathrm{N\cdot m}$，转向为逆时针方向，与原力偶系共面。

例 2-9　不计重力的水平杆 AB，受到固定铰支座 A 和连杆 DC 的约束，如图 2-21a 所示。在杆 AB 的 B 端有一力偶（$\boldsymbol{F}$、$\boldsymbol{F}'$）作用，其力偶矩的大小为 $M=100\mathrm{N\cdot m}$。求固定铰支座 A 的反力 $\boldsymbol{F}_A$ 和连杆 DC 的反力 $\boldsymbol{F}_{DC}$。

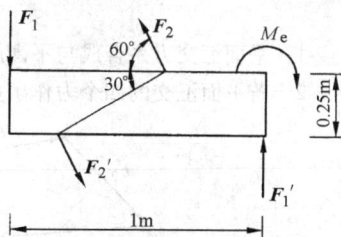

解： 以杆 AB 为研究对象。由于力偶必须由力偶来平衡，支座 A 与连杆 DC 的两个反力必定组成一个力偶来与力偶 $(F、F')$ 平衡。连杆 DC 的反力 F_{DC} 沿杆 DC 的轴线，固定铰支座 A 的反力 F_A 的作用线必定与 F_{DC} 平行，而且 $F_A = -F_{DC}$。假设它们的指向如图 2-21b 所示，它们的作用线之间的距离为

$$AE = AC\sin30° = 0.25\text{m}$$

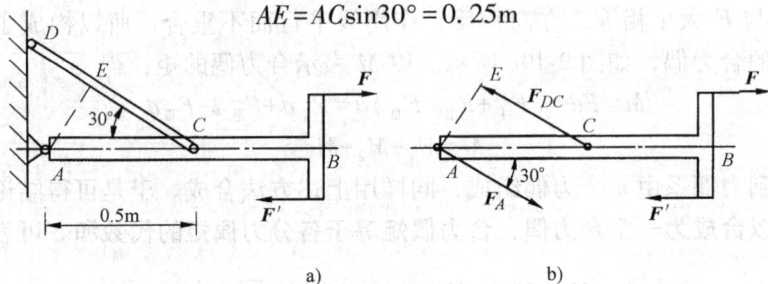

图 2-21　例 2-9 图

由平面力偶系的平衡条件，有

$$\sum M = 0 \qquad -M + F_A AE = 0$$

解得

$$F_A = \frac{M}{AE} = \left(\frac{100}{0.25}\right)\text{N} = 400\text{N}$$

因而

$$F_{DC} = 400\text{N}$$

求出 F_A 与 F_{DC} 的值为正值，说明 F_A 与 F_{DC} 的指向与图中假设的指向相同。

复习思考题

2-1　平面汇交力系合成与平衡所画出的两个力多边形有何不同？

2-2　若平面汇交的四个力作出如图 2-22 所示的图形，则此四个力的关系如何？

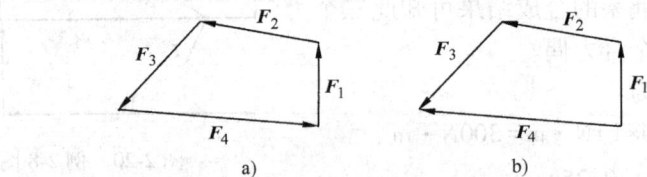

图 2-22　思考题 2-2 图

2-3　一个力在某轴上投影的绝对值一定等于此力沿该轴的分力的大小。此叙述对吗？

2-4　由力的解析表达式 $F = F_x\mathbf{i} + F_y\mathbf{j}$，能否确定力的作用线位置？

2-5　求平面汇交力系合力大小的计算式为 $F_R = \sqrt{(\sum F_x)^2 + (\sum F_y)^2}$，它对投影轴的选取有何要求？

2-6　用解析法求解平面汇交力系的平衡问题时，两个投影轴是否一定要相互垂直？

2-7　图 2-23 所示的两种结构，不计结构自重，忽略摩擦。如 B 处作用有相同的水平力 F，问铰链 A 的约束反力是否相同。

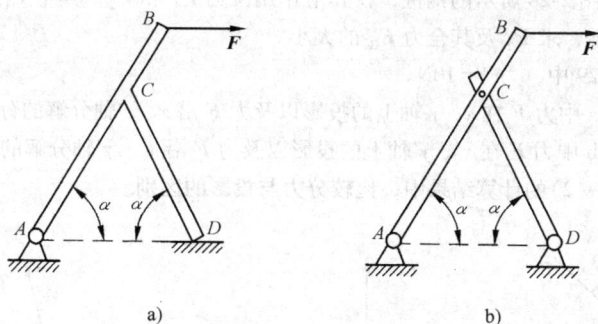

图 2-23　思考题 2-7 图

2-8　将某力沿其作用线滑移，是否会改变该力对已知点的力矩？为什么？

2-9　在刚体上 A、B、C、D 四点作用的四个力构成两个平面力偶(F_1，F_1')和(F_2，F_2')，其力多边形自行封闭，如图 2-24 所示。问刚体是否平衡？

2-10　力偶不能与一个力相平衡，为什么图 2-25 中的圆轮又可以平衡呢？

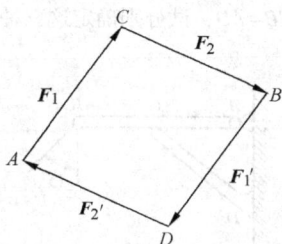

图 2-24　思考题 2-9 图

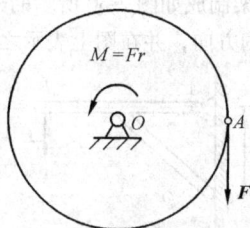

图 2-25　思考题 2-10 图

习　　题

2-1　如图 2-26 所示，一圆环固定在墙上，受两绳索的拉力作用，试用几何法求圆环所受合力的大小与方向，并在图上表示之。

2-2　图 2-27 所示的力系位于铅垂平面内，其中 F_1 水平，各力的大小分别为：$F_1 = 50N$，$F_2 = 80N$，$F_3 = 60N$，$F_4 = 100N$。试用解析法求该力系的合力，并表示在图上。

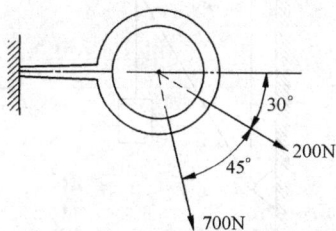

图 2-26　习题 2-1 图

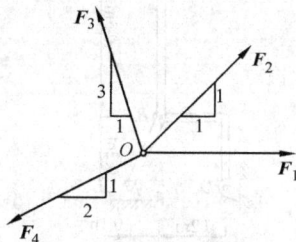

图 2-27　习题 2-2 图

2-3 欲拔出如图 2-28 所示的钢桩，在其上作用两力 F_1 和 F_2，其中 $F_1 = 6kN$。为使其合力铅直作用于钢桩上，求 F_2 及其合力 F_R 的大小。

2-4 已知图 2-29 中，力 $F = 10N$。

（1）试计算图 a 中力 F 在 x、y 轴上的投影以及力 F 沿 x、y 轴分解的分力的大小。

（2）试计算图 b 中力 F 在 x'、y' 轴上的投影以及力 F 沿 x'、y' 轴分解的分力的大小。

（3）试从（1）、（2）的计算结果中，比较分力与投影的区别。

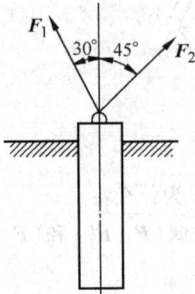

图 2-28 习题 2-3 图　　　　　　　　　图 2-29 习题 2-4 图

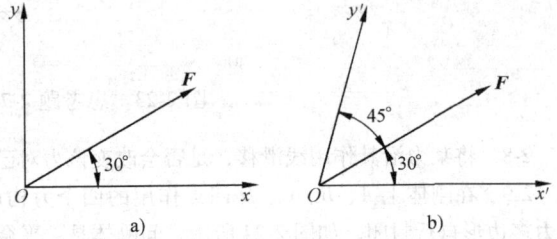

2-5 托架制成如图 2-30 所示的三种形式。已知 $AC = CB = AD$，试分别确定这三种形式中 A 处约束反力的方向，并在图上表示之。

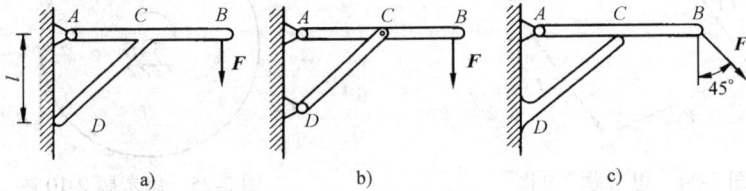

图 2-30 习题 2-5 图

2-6 已知作用在手柄 ABC 上 C 点的力 $F = 400N$，手柄在图 2-31 所示位置平衡。各杆自重不计，试求 A 处的约束反力。

2-7 AC 和 BC 两杆用铰链 C 连接，两杆的另一端分别铰支在墙上，如图 2-32 所示。在点 C 悬挂重 10kN 的物体。已知 $AB = AC = 2m$，$BC = 1m$。杆重不计，求两杆所受的力。

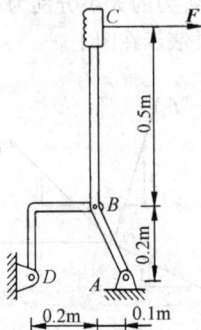

图 2-31 习题 2-6 图　　　　　　　　　图 2-32 习题 2-7 图

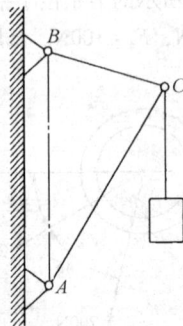

2-8　求图 2-33 所示三铰刚架在水平力 F 作用下，支座 A、B 的反力。不计刚架自重。

2-9　图 2-34 所示，悬臂梁的自由端作用两力 F_1 和 F_2。分别求两力对梁上 O 点的力矩。

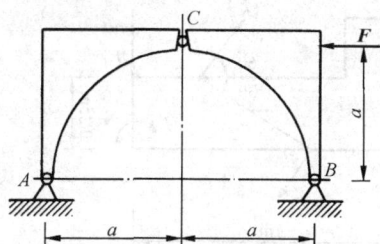

图 2-33　习题 2-8 图

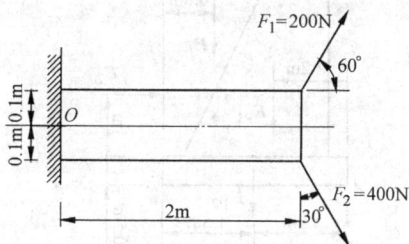

图 2-34　习题 2-9 图

2-10　试求图 2-35 所示，力 F 对点 A 的力矩。已知 $r_1 = 20cm$，$r_2 = 50cm$，$F = 300N$。

2-11　图 2-36 所示的 OA 杆，杆长 $l = 1m$，在杆的 A 端作用一铅直力 F_1，大小为 $F_1 = 100N$。试问：

（1）力 F_1 对 O 点的力矩等于多少？

（2）在 A 点施加一水平力 F_2，若使其产生与力 F_1 对 O 点相同的力矩，F_2 的大小是多少？

（3）若产生与力 F_1 对 O 点相同的力矩，在 A 点施加的最小力 F_{min} 为多少？方向如何？

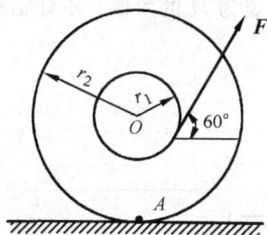

图 2-35　习题 2-10 图

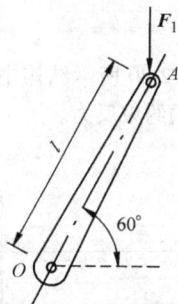

图 2-36　习题 2-11 图

2-12　一重力式挡土墙如图 2-37 所示。已知浆砌块石的墙身重 $F_{P1} = 130kN$，混凝土底板重 $F_{P2} = 36kN$，墙背所受的铅直土压力 $F_1 = 59kN$，水平土压力 $F_2 = 98kN$。试问：

（1）这四个力对前趾 A 的力矩分别是多少？

（2）哪些力矩有使墙绕点 A 倾覆的趋势，哪些力矩使墙保持稳定？

（3）判断该挡土墙是否会绕墙前趾 A 倾覆。

2-13　物体的某平面内作用有三个力偶，如图 2-38 所示。已知 $F_1 = 200N$，$F_2 = 600N$，$M = 100N \cdot m$，求此三力偶的合力偶矩。

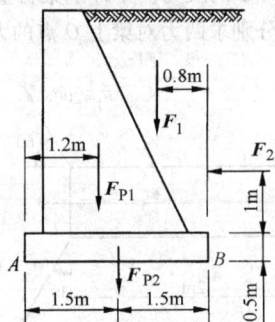

图 2-37　习题 2-12 图

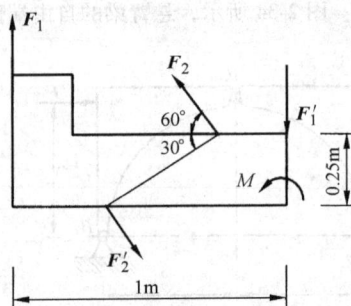

图 2-38　习题 2-13 图

2-14　已知梁 AB 上作用一力偶，力偶矩为 M，梁长为 l，不计梁重。求在图 2-39a、b、c 所示三种情况下，支座 A、B 的约束反力。

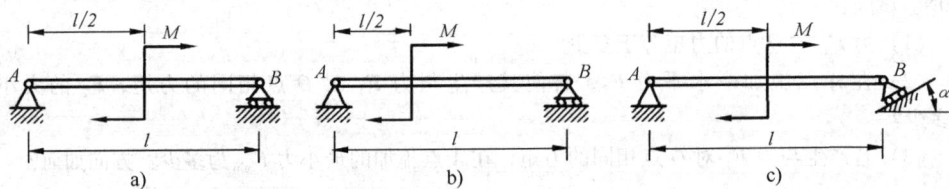

图 2-39　习题 2-14 图

2-15　在图 2-40 所示结构中，构件 AB 上作用一力偶矩为 M 的力偶，不计结构的自重，求支座 A 和 C 的约束反力。

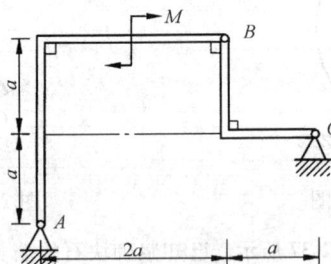

图 2-40　习题 2-15 图

第 3 章
平面任意力系

平面任意力系是指各力的作用线在同一平面内不完全汇交于一点也不完全相互平行的力系，也称为**平面一般力系**。本章将讨论平面任意力系的简化和平衡问题。

3.1 平面任意力系的简化

在工程实际中经常遇到平面任意力系的问题。如有些结构的厚度比其他两个方向的尺寸小得多，这种结构称为平面结构。在平面结构上作用的诸力，一般都在同一平面内，组成平面任意力系。例如图 3-1 所示的三角形屋架，它受到屋面传来的竖向荷载 F_P、风荷载 F_Q 以及支座的约束反力 F_{Ax}、F_{Ay}、F_B，如图 3-2 所示，这些力组成平面任意力系。

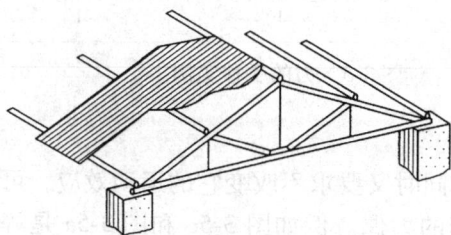

图 3-1 屋架

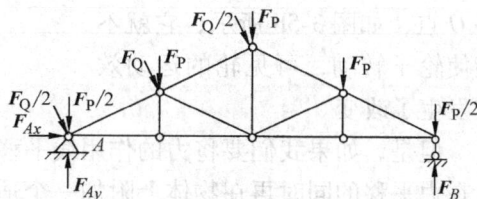

图 3-2 屋架受力图

还有些结构虽然不是受平面力系作用，但如果结构本身（包括支座）与所承受的荷载有一个共同的对称面。在这种情况下，作用在结构上的力系就可以简化为在对称面内的平面力系。例如图 3-3 所示的沿直线行驶的汽车，它受到的重力、空气阻力和前后轮的约束反力就可以简化到汽车的对称面内，组成平面任意力系。又如图 3-4a 所示的挡土墙，考虑到它的受力沿长度方向基本相同，在设

计计算时通常取 1m 长度的墙身作为研究对象，它受到的重力、土压力和地基的反力也都可以简化到 1m 长墙身的对称面上，组成平面任意力系，如图 3-4b 所示。

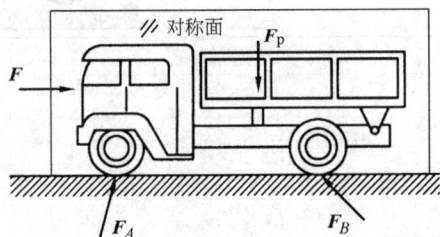

图 3-3　沿直线行驶的汽车　　　　　　　　图 3-4　挡土墙

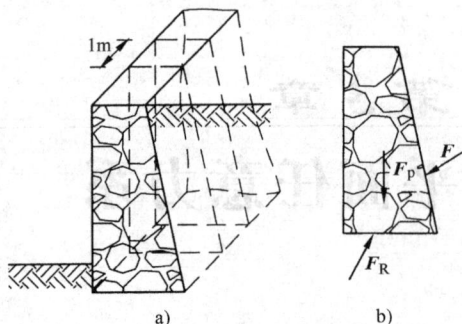

下面介绍平面任意力系简化的方法，此方法是以力的平移定理为理论基础的。

3.1.1　力的平移定理

作用在物体上的力对物体产生的运动效应取决于力的大小、方向和作用线。若将力的作用线随便平移，则会改变它对物体的运动效应。先看一个实例。如图 3-5a 所示设一力 F_A 作用在轮缘上的 A 点，此力可使轮子转动，如果将它平移到轮心 O 点，如图 3-5b 所示，它就不能使轮子转动，可见轮的运动效应发生了改变。

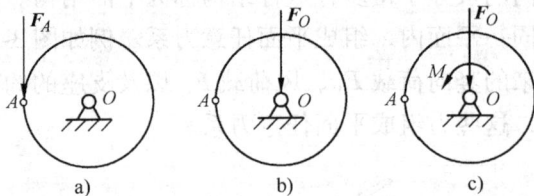

图 3-5　力的平移实例

但是，如果我们要将力的作用线平移，同时又要求不改变它的运动效应，可以在力平移的同时再在物体上附加一个适当的力偶。例如图 3-5c 和图 3-5a 是等效的。

在一般情况下，设一力 F_A 作用在刚体的 A 点，现在要把它等效地平移到刚体上的任一点 B（见图 3-6a）。为此，可以在 B 点加上大小相等、方向相反且与 F_A 平行的一对平衡力 F_B 和 F'_B（见图 3-6b），并使 $F_A = F_B = -F'_B$。根据加减平衡力系公理，力 F_A 与三个力 F_A、F_B 和 F'_B 等效。显然，F_A 和 F'_B 组成一个力偶，称为附加力偶，设其力偶臂为 d。这样，作用于 A 点的力 F_A，可由作用在 B 点的力 F_B 和一个附加力偶（F_A、F'_B）来代替。由于 $F_A = F_B$，这就相当于将力 F_A 平移到 B 点。可见，作用在 A 点的力 F_A 可以平移到刚体上任一指定点 B，但必须同时附加一个力偶。该力偶的力偶矩大小为

$$M = F_A d = M_B(F_A) \tag{3-1}$$

其作用面为力 F_A 与 B 点所确定的平面，如图 3-6c 所示。

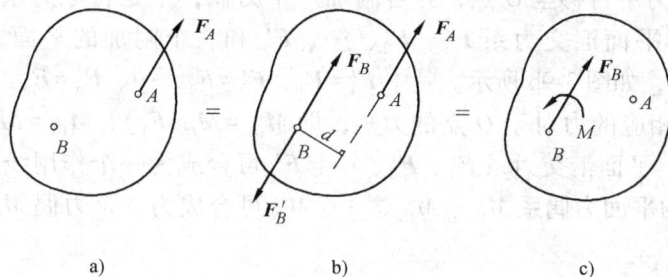

图 3-6 力的平移定理

由此可得**力的平移定理：作用在刚体上的力，可以等效地平移到刚体上任一指定点，但必须在该力与指定点所确定的平面内附加一个力偶，附加力偶的力偶矩等于原力对指定点的力矩。**根据上述力的等效平移的逆过程，可以得知共面的一个力和一个力偶总可以合成为一个力，此力的大小和方向与原力相同，但它的作用线与原力要相距一定的距离。

工程上有时也将力平行移动，以便了解其作用效应。例如，作用于立柱上 A 点的偏心力 F（见图 3-7a），可平移至立柱轴线上成为 F'，并附加一力偶矩为 $M = M_O(F)$ 的力偶（见图 3-7b），这样并不改变力 F 的总效应，但却容易看出，轴向力 F' 将使立柱压缩，而力偶 M 将使立柱弯曲。不过应当注意，一般说来，在研究变形问题时，力是不能移动的。例如图 3-8 所示的梁 A 端受一力 F，如将 F 平行移动至 B 点成为 F' 并附加一个力偶 M，其变形效果将不相同。

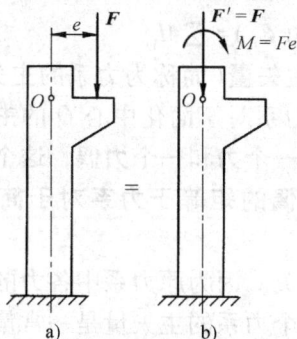

图 3-7 力线平移不改变运动效应

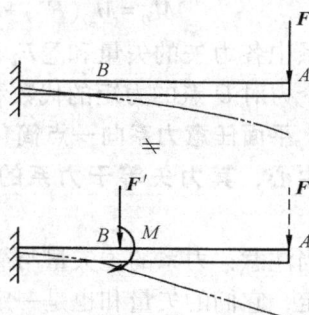

图 3-8 力线平移改变变形效应

3.1.2 平面任意力系向作用面内一点的简化

设有平面任意力系 F_1、F_2、$\cdots$、F_n，各力分别作用于 A_1、A_2、$\cdots$、A_n 各点，如图 3-9a 所示。为了简化这个力系，可在力系作用面内任取一点 O 作为简化中心，将各力平行移至 O 点，并各附加一个力偶，于是将原力系等效为一个作用于 O 点的平面汇交力系 F_1'、F_2'、$\cdots$、F_n' 和一个附加的平面力偶系 M_{O1}、M_{O2}、$\cdots$、M_{On}，如图 3-9b 所示。其中 $F_1'=F_1$、$F_2'=F_2$、$\cdots$、$F_n'=F_n$，各附加力偶的矩分别等于相应的力对于 O 点的力矩，即 $M_{O1}=M_O(F_1)$，$M_{O2}=M_O(F_2)$，$\cdots$，$M_{On}=M_O(F_n)$。平面汇交力系 F_1'、F_2'、$\cdots$、F_n' 可合成为一个作用线通过 O 点的力 F_R'，附加的平面力偶系 M_{O1}、M_{O2}、$\cdots$、M_{On} 可合成为一个力偶 M_O，如图3-9c所示。

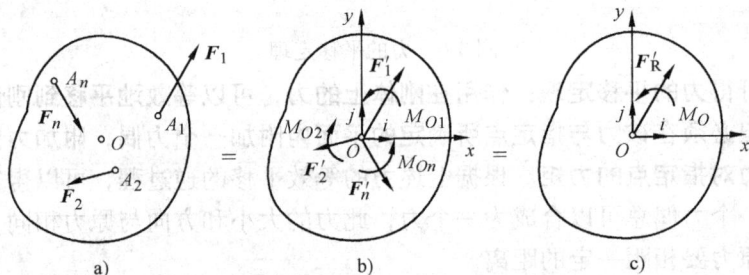

图 3-9 平面任意力系向作用面内一点的简化

力矢 F_R' 等于平面汇交力系中各力矢的矢量和，即 $F_R'=F_1'+F_2'+\cdots+F_n'$，亦即等于原力系中各力的矢量和

$$F_R'=F_1+F_2+\cdots+F_n=\sum F_i \tag{3-2}$$

力偶矩 M_O 等于各附加力偶矩的代数和，即 $M_O=M_{O1}+M_{O2}+\cdots+M_{On}$，亦即等于原力系中各力对于简化中心的力矩的代数和

$$M_O=M_O(F_1)+M_O(F_2)+\cdots+M_O(F_n)=\sum M_{Oi} \tag{3-3}$$

力系中各力矢的矢量和 $\sum F_i$ 称为该力系的**主矢量**（简称为力系的**主矢**），力系中各个力对 O 点的力矩的代数和 $\sum M_{Oi}$ 称为该力系对于简化中心 O 的主矩。于是可知，**平面任意力系向一点简化的结果一般是一个力和一个力偶，这个力作用于简化中心，其力矢等于力系的主矢；这个力偶的矩等于力系对于简化中心的主矩。**

应当注意：力系的主矢量与简化中心位置无关。因为原力系中各力的大小及方向一定，它们的矢量和也是一定的。所以，一个力系的主矢量是一常量，不随简化中心选取的不同而改变。但是，力系的主矩一般将随简化中心位置不同而改变。因为力系中各力对于不同的简化中心的力矩是不同的，因而它们的和一般说来也不相等。所以，说到力系的主矩时，必须指出是力系对于哪一点的主矩。

在力系作用面内取直角坐标系 Oxy，如图 3-9 所示，i、j 为沿 x、y 轴的单位矢量，则力系的主矢的解析表达式为

$$F'_R = F'_{Rx}i + F'_{Ry}j = \sum F_x i + \sum F_y j \tag{3-4}$$

于是有主矢 F'_R 的大小及方向余弦为

$$F'_R = \sqrt{\left(\sum F_x\right)^2 + \left(\sum F_y\right)^2}$$

$$\cos(F'_R, i) = \frac{\sum F_x}{F'_R}, \quad \cos(F'_R, j) = \frac{\sum F_y}{F'_R}$$

力系的主矩可直接应用式(3-3)计算。

作为平面一般力系简化方法的应用，现在分析一下平面固定端(插入端)约束的约束反力。

如图 3-10a 所示，梁的一端牢固地嵌入墙内而使梁固定，梁嵌入墙内的一端称为固定端或插入端，墙对梁的这种约束称为**固定端约束**。像一端深埋在地下的电线杆、牢固地浇筑在基础上的柱子等，受到的都是固定端约束。这种约束既能阻碍物体在平面内沿任何方向移动，又能阻碍物体在该平面内转动。固定端约束的简图如图 3-10b 所示。

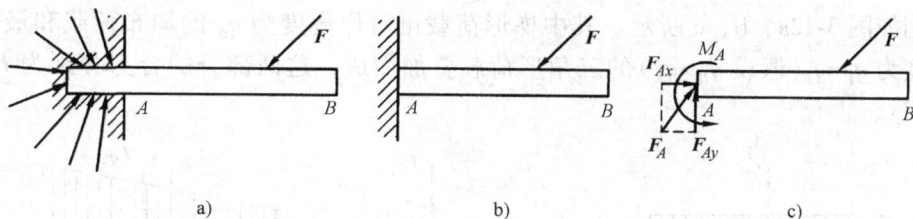

图 3-10   固定端约束反力的表示

现以梁的固定端为例，分析固定端约束的约束反力。当梁承受的荷载是平面力系时，墙作用在梁的固定端的约束反力是一平面任意力系，如图 3-10a 所示，可将这个约束反力系向点 A 简化为一个力 F_A 和一个力偶矩为 M_A 的力偶。F_A 的大小及方向均未知，可将它沿直角坐标轴分解为两个分力 F_{Ax} 和 F_{Ay}，那么墙对梁作用有 F_{Ax}、F_{Ay} 两个约束反力和一个力偶矩为 M_A 的约束反力偶，其中力的指向和力偶的转向均可任意假设，如图 3-10c 所示。在一般情况下，平面固定端约束有三个未知量：水平反力、铅直反力和反力偶。

3.1.3   沿直线分布的线荷载的合力

沿着一条线连续分布且相互平行的力系，称为平行线分布力，简称**线分布力**

或**线荷载**。这种荷载在工程实际中经常见到。例如梁的自重，可简化为沿梁的轴线分布的线荷载。某一单位长度上所受的分布力，称为分布力在该处的**集度**，通常用 q 表示，其单位是 N/m 或 kN/m。表示荷载集度分布情况的图形称为**荷载集度图**，简称**荷载图**。若荷载集度 q 为一常量，这种荷载称为**均布荷载**，均布荷载沿一直线分布时，其荷载图为一矩形，如图 3-11a 所示；若荷载集度 q 不为常量，则称为**非均布荷载**，图 3-11b 就是沿一直线分布的非均布荷载的荷载图。

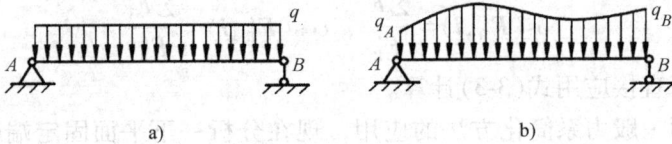

图 3-11　线荷载

可以证明：**沿直线且垂直于该直线分布的同向线荷载，其合力的大小等于荷载图的面积，作用线通过荷载图形的形心，合力的指向与分布力的指向相同。**由此可知，线荷载可以用一个集中力来替换，而不改变线荷载对刚体的效应。这种等效代换只适用于研究力对物体的运动效应。

工程中常见的均布荷载、三角形分布荷载和梯形荷载的合力及其作用线位置分别如图 3-12a、b、c 所示。其中梯形荷载可看作集度为 q_A 的均布荷载和最大集度为 q_B-q_A（假设 $q_B>q_A$）的三角形荷载叠加而成，这两部分的合力分别为 $\boldsymbol{F}_{q1}$ 和 $\boldsymbol{F}_{q2}$。

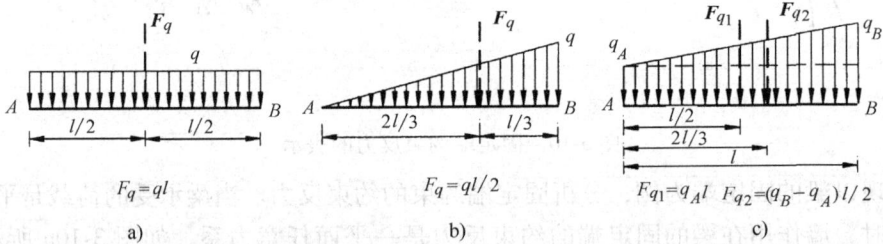

图 3-12　均布荷载、三角形荷载和梯形荷载的合力

3.1.4　平面任意力系简化结果分析

由上节可知，平面任意力系向一点简化后，一般来说可以得到一个力和一个力偶，这个力的矢量等于原力系的主矢，这个力偶的力偶矩等于原力系对简化中心的主矩，但这并不是平面任意力系简化的最后结果（即合成结果）。力系的主矢和主矩这两个量可能出现如下的四种情况，即①$F_R'=0$，$M_O \neq 0$；②$F_R' \neq 0$，$M_O=0$；③$F_R' \neq 0$，$M_O \neq 0$；④$F_R'=0$，$M_O=0$。下面根据这四种情况作进一步讨论。

1. 平面任意力系简化结果是一个力偶的情形

若 $F_R' = 0$，$M_O \neq 0$，此时原力系只与一个力偶等效，这个力偶就是原力系的合力偶。所以原力系简化的最后结果是一个合力偶，合力偶的矩等于原力系对简化中心的主矩。在这种情况下，主矩与简化中心的位置无关，因为力偶对任一点的矩恒等于力偶矩，而与矩心的位置无关，也就是说，原力系无论向哪一点简化都是一个力偶矩相同的力偶。

2. 平面任意力系简化结果是一个力的情形·合力矩定理

若 $F_R' \neq 0$，$M_O = 0$，此时原力系只与一个力等效，这个力就是原力系的合力。所以原力系简化的最后结果是一个合力，合力的矢量等于原力系的主矢，作用线通过简化中心 O。

若 $F_R' \neq 0$，$M_O \neq 0$，这时原力系简化为一个作用线通过简化中心 O 的力 F_R' 以及一个与此力共面的力偶 M_O，但这还不是力系合成的最后结果。如图 3-13a 所示，由力的等效平移的逆过程可知，这个力和力偶可以合成为一个合力，因此原力系简化的最后结果也是一个合力。为求此合力，将矩为 M_O 的力偶用两个力 F_R 和 F_R'' 表示，并且令 $F_R'' = F_R = F_R'$，使其中的一个力 F_R'' 与力 F_R' 共线、反向，如图 3-13b 所示。根据二力平衡公理，力 F_R'' 与力 F_R' 这对平衡力可以去掉，只剩下一个作用线通过某点 O' 的力 F_R 与原力系等效，这个力 F_R 就是原力系的合力，如图 3-13c 所示。显然，合力矢 F_R 等于原力系的主矢量 F_R'；合力作用线到简化中心 O 点的距离为

$$d = \frac{|M_O|}{F_R'} \tag{3-5}$$

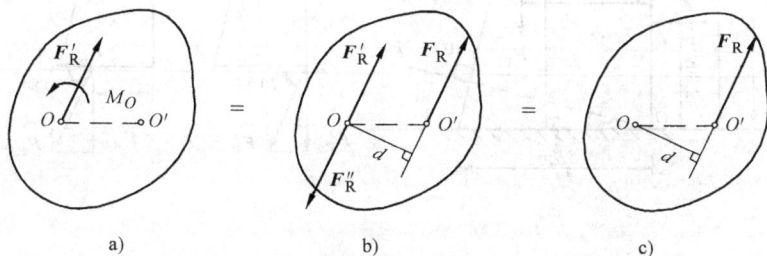

a)　　　　b)　　　　c)

图 3-13　合力矩定理

至于合力 F_R 在主矢 F_R' 的哪一侧，可由合力 F_R 对点 O 的矩的转向与主矩 M_O 的转向一致的原则来判定。由图 3-13b 知，合力 F_R 对点 O 的矩为

$$M_O(F_R) = F_R d = M_O = \sum M_O(F)$$

故有

$$M_O(F_R) = \sum M_O(F) \tag{3-6}$$

由于简化中心 O 点是任意选择的。因此上式具有普遍意义，即：**平面一般力系的合力对其作用面内任一点的力矩等于力系中各力对同一点的矩的代数和。这称为平面一般力系的合力矩定理。**这个定理无论在理论推导方面，还是在实际应用方面都具有重要的意义。

3. 平面任意力系平衡的情形

若 $F'_R = 0$，$M_O = 0$，则原力系是平衡力系，这种情形将在下一节中讨论。

综上所述，平面任意力系简化的最后结果可能是一个力偶，或者是一个合力，或者是处于平衡情况。

求解平面任意力系合成问题的具体步骤如下：

1）任选简化中心。

2）计算力系的主矢和对简化中心的主矩。

3）分析简化结果得到力系的合成结果。

例 3-1 重力坝受力情形如图 3-14a 所示，设 $F_{P1} = 450\text{kN}$，$F_{P2} = 200\text{kN}$，$F_1 = 300\text{kN}$，$F_2 = 70\text{kN}$。求力系的合力 F_R 的大小和方向余弦、合力与基线 OA 的交点到 O 点的距离 x。

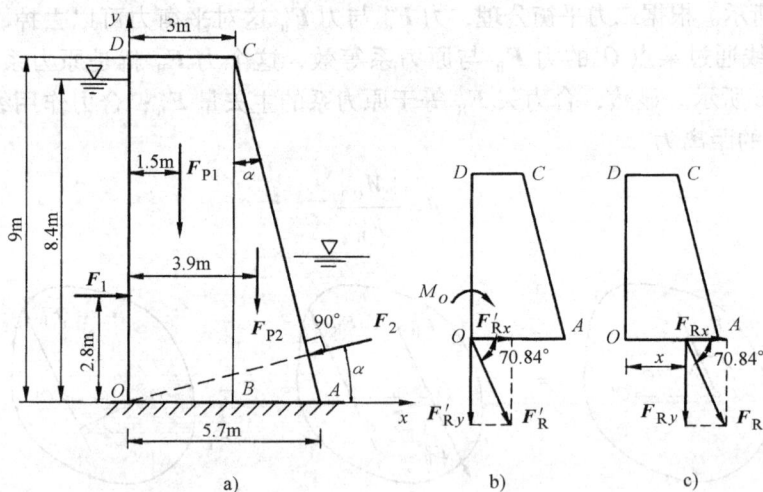

图 3-14 例 3-1 图

解：（1）首先将力系向 O 点简化，计算力系的主矢 F'_R 和主矩 M_O。由图 3-14a，有

$$\alpha = \arctan \frac{AB}{CB} = \arctan \frac{2.7}{9} = 16.7°$$

主矢 F'_R 在 x、y 轴上的投影为

$$F'_{Rx} = \sum F_x = F_1 - F_2 \cos\alpha = (300 - 70\cos 16.7°)\text{kN} = 232.9\text{kN}$$

$$F'_{Ry} = \sum F_y = -F_{P1} - F_{P2} - F_2 \sin\alpha = -(45° + 200 + 70\sin 16.7°)\text{kN} = -670.1\text{kN}$$

主矢 F_R' 的大小为

$$F_R' = \sqrt{(\sum F_x)^2 + (\sum F_y)^2} = \sqrt{(232.9)^2 + (-670.1)^2}\,\text{kN} = 709.4\text{kN}$$

主矢 F_R' 的方向余弦为

$$\cos(F_R', \boldsymbol{i}) = \frac{\sum F_x}{F_R'} = \frac{232.9}{709.4} = 0.3238$$

$$\cos(F_R', \boldsymbol{j}) = \frac{\sum F_y}{F_R'} = \frac{-670.1}{709.4} = -0.9446$$

由于 $F_{Rx}' > 0$，$F_{Ry}' < 0$，故主矢 F_R' 在第四象限内，与 x 轴的夹角为

$$\angle(F_R', \boldsymbol{i}) = -70.84°$$

力系的主矩为

$$M_O = \sum M_O(F) = -2.8F_1 - 1.5F_{P1} - 3.9F_{P2}$$
$$= -(2.8 \times 300 + 1.5 \times 450 + 3.9 \times 200)\text{kN} \cdot \text{m} = -2295\text{kN} \cdot \text{m}$$

因为主矢 $F_R' \neq 0$，主矩 $M_O \neq 0$，如图 3-14b 所示，所以力系还可以进一步合成为一个合力 F_R。

（2）合力 F_R 的大小和方向与主矢 F_R' 相同，其作用线位置的 x 值（见图 3-14c）可根据合力矩定理求得

$$M_O = M_O(F_R) = M_O(F_{Rx}) + M_O(F_{Ry})$$

其中

$$M_O(F_{Rx}) = 0$$

故

$$M_O = M_O(F_{Ry}) = F_{Ry}x$$

解得

$$x = \frac{M_O}{F_{Ry}} = \frac{-2295\text{kN} \cdot \text{m}}{-670.1\text{kN}} = 3.425\text{m}$$

3.2　平面任意力系的平衡

现在讨论平面任意力系的平衡条件和平衡方程。

3.2.1　平面任意力系的平衡条件

如果平面任意力系向任一点简化后的主矢和主矩都等于零，表明简化后的汇交力系和附加力偶系都自成平衡，则原力系必为平衡力系。所以，主矢和主矩都等于零是平面任意力系平衡的充分条件。反之，如果主矢和主矩中有一个量不为零，则原力系可合成为一个合力或一个力偶；如果主矢和主矩都不为零，则原力

系可进一步合成为一个合力。这些情况下力系一定不平衡，所以，只有当主矢和主矩都等于零时，力系才能平衡。因此，主矢和主矩都等于零又是力系平衡的必要条件。

于是，**平面任意力系平衡的必要和充分条件是：力系的主矢和力系对任一点的主矩都等于零。**即

$$\left.\begin{array}{l} F_R' = 0 \\ M_O = 0 \end{array}\right\} \tag{3-7}$$

3.2.2　平面任意力系的平衡方程

1. 基本形式的平衡方程

将平面任意力系的平衡条件式(3-7)用解析式表示，由式(3-4)和式(3-3)可知，当式(3-7)满足时，必有

$$\left.\begin{array}{l} \sum F_x = 0 \\ \sum F_y = 0 \\ \sum M_O = 0 \end{array}\right\} \tag{3-8}$$

式(3-8)称为平面任意力系基本形式的平衡方程。因方程中仅含有一个力矩方程，故又称为一矩式平衡方程。它表明**平面任意力系平衡的必要和充分条件为：力系中所有各力在力系作用面内两个坐标轴中每一轴上的投影的代数和等于零；力系中所有各力对于作用面内任一点的力矩的代数和等于零。**

2. 其他形式的平衡方程

平面任意力系的平衡方程，除了式(3-8)这种基本形式以外，还有如下两种形式：

（1）二矩式平衡方程

$$\left.\begin{array}{l} \sum F_x = 0 \\ \sum M_A = 0 \\ \sum M_B = 0 \end{array}\right\} \tag{3-9}$$

式中 A、B 两矩心的连线不能垂直于 x 轴。

力系如果满足 $\sum M_A = 0$，则不可能合成为力偶，只可能是通过 A 点的一个力，或者平衡。如果又满足 $\sum M_B = 0$，同理可以确定，力系只可能合成为通过 A、B 两点的一个力，或者平衡。再满足 $\sum F_x = 0$，且 x 轴不与 A、B 两点连线垂直，则力系也不能合成为一个力，因为一个力不可能既通过 A、B 两点而又垂直于 x 轴，因此，力系必然平衡。

（2）三矩式平衡方程

$$\left.\begin{array}{l} \sum M_A = 0 \\ \sum M_B = 0 \\ \sum M_C = 0 \end{array}\right\} \tag{3-10}$$

式中 A、B、C 三个矩心不能在同一直线上。

与上面讨论一样，如果 $\sum M_A = 0$ 和 $\sum M_B = 0$ 同时成立，则力系不可能合成为一个力偶，力系合成结果只可能是通过 A、B 两点的一个力，或者平衡。如果 $\sum M_C = 0$ 又成立，且 C 点不在 A、B 两点连线上，则力系就不可能合成为一个力，因为一个力不可能同时通过不在一直线上的三点，因此，力系必然平衡。

平面任意力系的平衡方程虽然有三种形式，但独立的平衡方程只有三个。任何第四个平衡方程都是力系平衡的必然结果而不再代表力系平衡的必要条件，故不是独立方程。因此，当物体在平面一般力系作用下处于平衡时，应用平衡方程，最多只能求解三个未知量。

应用平面任意力系平衡方程解题的步骤如下：

（1）确定研究对象　根据题意分析已知量和未知量，选取适当的研究对象。

（2）画研究对象受力图　在研究对象上画出它受到的所有主动力和约束反力。

（3）列平衡方程　选取适当形式的平衡方程、投影轴和矩心。选取哪种形式的平衡方程，完全取决于计算的简便与否，力求做到一个平衡方程中只包含一个未知量，以免求解联立方程。在应用投影方程时，选取的投影轴尽可能与较多的未知力的作用线垂直；应用力矩方程时，矩心尽可能取在未知力的交点上。计算力矩时，要善于运用合力矩定理，以简便计算。

（4）解平衡方程　求得未知量。

（5）校核计算结果　列出非独立的平衡方程，以检查解题的正确与否。

例 3-2　绞车通过钢丝绳牵引小车沿斜面轨道匀速上升，如图 3-15a 所示。已知小车重 $F_P = 10kN$，绳与斜面平行，$\alpha = 30°$，$a = 0.75m$，$b = 0.3m$，不计摩

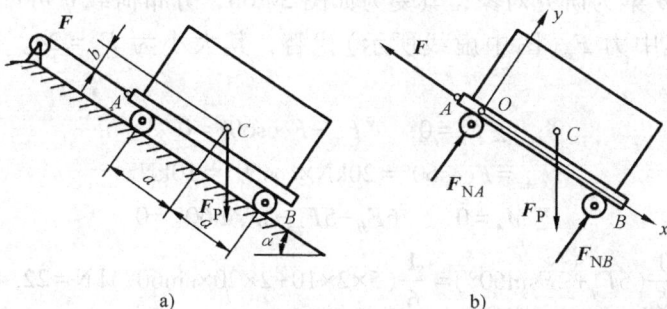

图 3-15　例 3-2 图

擦，求钢丝绳的拉力和轨道对于车轮的约束反力。

解：取小车为研究对象。作用于小车上的力有重力 F_P，钢丝绳拉力 F，轨道在 A、B 处的约束反力 F_{NA} 及 F_{NB}。小车沿轨道作匀速直线运动，则作用于小车上的力系必定满足平衡条件。取未知力 F 与 F_{NA} 的交点 O 为矩心，投影轴 x、y 如图 3-15b 所示，列平衡方程

$$\sum F_x = 0 \qquad -F + F_P \sin\alpha = 0 \qquad\qquad (a)$$

$$\sum F_y = 0 \qquad F_{NA} + F_{NB} - F_P \cos\alpha = 0 \qquad (b)$$

$$\sum M_O = 0 \qquad 2aF_{NB} - aF_P \cos\alpha - bF_P \sin\alpha = 0 \qquad (c)$$

由本题式（a）及式（c）可得

$$F = F_P \sin\alpha = 10\text{kN} \times \sin30° = 5\text{kN}$$

$$F_{NB} = F_P \frac{a\cos\alpha + b\sin\alpha}{2a} = \left(10 \times \frac{0.75\cos30° + 0.3\sin30°}{2 \times 0.75}\right)\text{kN} = 5.33\text{kN}$$

将 F_{NB} 之值代入本题式（b）得

$$F_{NA} = F_P \cos\alpha - F_{NB} = (10\cos30° - 5.33)\text{kN} = 3.33\text{kN}$$

为了检查计算结果是否正确，可用方程 $\sum M_C = 0$ 进行校核。

$$\sum M_C = F_{NB}a - F_{NA}a - Fb = (5.33 \times 0.75 - 3.33 \times 0.75 - 5 \times 0.3)\text{kN·m} = 0$$

说明前面计算正确。

例 3-3 简支梁受力如图 3-16a 所示。已知 $F = 20\text{kN}$，$q = 10\text{kN/m}$，不计梁自重，求 A、B 两处的支座反力。

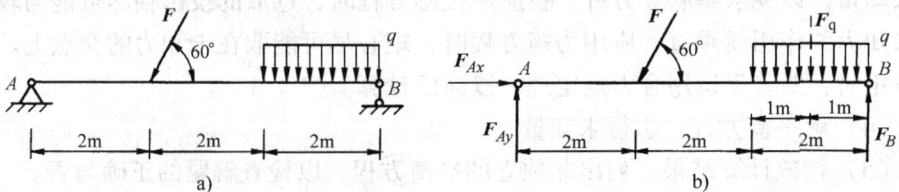

图 3-16 例 3-3 图

解：取 AB 梁为研究对象，其受力如图 3-16b，分布荷载 q 可用作用在分布荷载中心的集中力 F_q（图中虚线所示）代替，其大小为 $F_q = 2q$。列平衡方程并求解

$$\sum F_x = 0 \qquad F_{Ax} - F\cos60° = 0$$

$$F_{Ax} = F\cos60° = 20\text{kN} \times \cos60° = 10\text{kN}$$

$$\sum M_A = 0 \qquad 6F_B - 5F_q - 2F\sin60° = 0$$

$$F_B = \frac{1}{6}(5F_q + 2F\sin60°) = \frac{1}{6}(5 \times 2 \times 10 + 2 \times 20 \times \sin60°)\text{kN} = 22.4\text{kN}$$

$$\sum M_B = 0 \qquad 6F_{Ay} - 4F\sin60° - F_q = 0$$

$$F_{Ay} = \frac{1}{6}\left(4F\sin60°+F_q\right) = \frac{1}{6}\left(4\times20\sin60°+2\times10\right)\text{kN} = 14.9\text{kN}$$

检查计算结果是否正确，可用方程 $\sum F_y = 0$ 进行校核，请读者自行完成。

例 3-4 悬臂刚架尺寸和受力如图 3-17a 所示，求 A 支座的约束反力。

解： 取刚架为研究对象，其受力如图 3-17b 所示。由平衡方程求解

$$\sum F_x = 0 \qquad F_{Ax} = 0$$
$$\sum F_y = 0 \qquad F_{Ay} - 4\times3 - 5 = 0$$
$$F_{Ay} = (4\times3+5)\text{kN} = 17\text{kN}$$
$$\sum M_A = 0 \qquad M_A - 4\times3\times1.5 - 5\times3 = 0$$
$$M_A = (4\times3\times1.5+5\times3)\text{kN}\cdot\text{m} = 33\text{kN}\cdot\text{m}$$

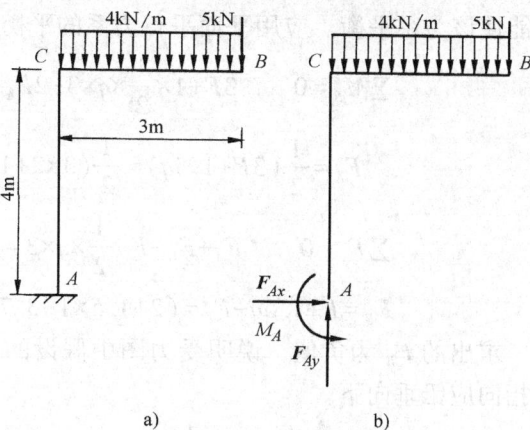

图 3-17 例 3-4 图

3.2.3 平面平行力系的平衡方程

平面平行力系是平面任意力系的一种特殊情形。如取 y 轴平行于各力，则在方程式(3-8)中 $\sum F_x \equiv 0$，因而平面平行力系的平衡方程成为

$$\left. \begin{aligned} \sum F_y &= 0 \\ \sum M_O &= 0 \end{aligned} \right\} \tag{3-11}$$

平面平行力系的平衡方程，也可以用二矩式方程的形式，即

$$\left. \begin{aligned} \sum M_A &= 0 \\ \sum M_B &= 0 \end{aligned} \right\} \tag{3-12}$$

其中 A、B 两点的连线不得与各力平行。

例 3-5 求图 3-18a 所示外伸梁 A、B 处的支座反力。

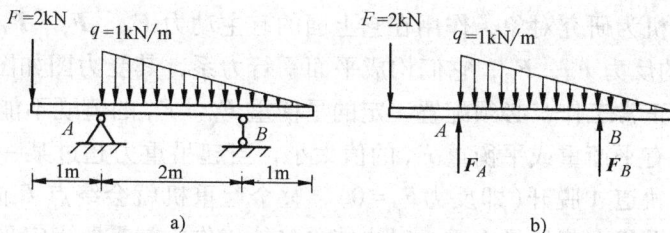

图 3-18 例 3-5 图

解：取外伸梁为研究对象，受力如图 3-18b 所示。由于梁上的集中荷载、分布荷载以及 B 处的约束反力相互平行，故 A 处的约束反力必定与各力平行，才可能使该力系平衡。应用平面平行力系的平衡方程求解两个未知量。

$$\sum M_B = 0 \qquad 3F + 1 \times \frac{1}{2} \times q \times 3 - 2F_A = 0$$

$$F_A = \frac{1}{2}(3F + 1.5q) = \frac{1}{2}(3 \times 2 + 1.5 \times 1)\,\text{kN} = 3.75\,\text{kN}$$

$$\sum F_y = 0 \qquad F_A + F_B - F - \frac{1}{2} \times q \times 3 = 0$$

$$F_B = F + 1.5q - F_A = (2 + 1.5 \times 1 - 3.75)\,\text{kN} = -0.25\,\text{kN}(\downarrow)$$

求出的 F_B 为负值，说明受力图中假设的 F_B 的指向与实际的指向相反，F_B 的指向应铅垂向下。

校核：$\sum M_A = F + 2F_B - 1 \times \frac{1}{2} \times q \times 3 = [2 + 2 \times (-0.25) - 1.5]\,\text{kN} \cdot \text{m} = 0$，可见计算正确。

例 3-6　可沿路轨移动的塔式起重机如图 3-19 所示。机身重 $F_W = 220\,\text{kN}$，作用线通过塔架的中心。已知最大起吊重力 $F_P = 50\,\text{kN}$，起重悬臂长 12m，轨道 A、B 的间距为 4m，平衡重 F_Q 到机身中心线的距离为 6m。试求：

（1）起重机满载时，要保持机身平衡，平衡重 F_Q 至少要有多大？

（2）起重机空载时，要保持机身平衡，平衡重 F_Q 最大不能超过多少？

（3）当 $F_Q = 30\,\text{kN}$，且起重机满载时，轨道 A、B 对起重机的反力是多少？

解：这是塔式起重机的平衡和翻倒

图 3-19　例 3-6 图

问题。以起重机为研究对象，作用在它上面的有主动力 F_W、F_P、F_Q，以及轨道 A、B 对轮子的反力 F_A，F_B，它们构成平面平行力系，其受力图如图 3-19 所示。要使起重机能正常工作，必须配置一定的平衡重 F_Q。F_Q 的值既不能太大，也不能太小。若没有平衡重或平衡重 F_Q 的值太小，当起吊重力超过某一限额时，左侧轮子就会与轨道 A 脱开（即反力 $F_A = 0$），整个起重机就会绕点 B 向右侧翻倒。因此，要使起重机在起吊最大重力时也能平稳地工作，就需要确定平衡重的最小重力 F_{Qmin}。但是如果 F_Q 太大，那么空载时右侧轮子又可能会与轨道 B 脱开（即

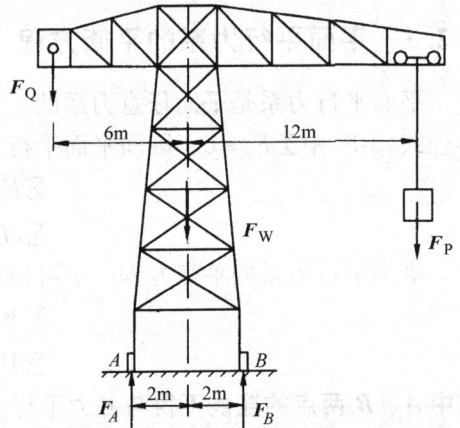

反力 $F_B = 0$），整个起重机就会绕点 A 向左侧翻倒，所以平衡重的最大重力 F_{Qmax} 也必须确定。

（1）求平衡重的最小值 F_{Qmin}。根据以上分析，满载时，$F_P = 50kN$，在临界平衡状态下，$F_A = 0$，此时求得的平衡重是最小值。故以点 B 为矩心写出力矩方程

$$\sum M_B = 0 \qquad F_{Qmin}(6+2) + F_W \times 2 - F_P(12-2) = 0$$

解得

$$F_{Qmin} = \frac{1}{8}(10F_P - 2F_W) = \frac{1}{8} \times (10 \times 50 - 2 \times 220)kN = 7.5kN$$

（2）求平衡重的最大值 F_{Qmax}。空载时，$F_P = 0$，在临界平衡状态下，$F_B = 0$，此时求得的平衡重是最大值。故以点 A 为矩心写出力矩方程

$$\sum M_A = 0 \qquad F_{Qmax}(6-2) - F_W \times 2 = 0$$

解得

$$F_{Qmax} = \frac{1}{2}F_W = \frac{1}{2} \times 220kN = 110kN$$

上面求出的 F_{Qmin} 和 F_{Qmax} 分别是在满载和空载而且是处于临界平衡状态下得出的。塔式起重机实际工作时，当然不能处于这种危险状态。因此配置的平衡重 F_Q 应在两者之间，即

$$7.5kN < F_Q < 110kN$$

这样，起重机在正常工作或空载时，才不致翻倒。

（3）当 $F_Q = 30kN$、$F_P = 50kN$ 时，求起重机此时反力 F_A 和 F_B 的大小。这是一个平面平行力系的平衡问题。力系有两个独立平衡方程。现分别以点 B 和 A 为矩心，建立力矩方程求解

$$\sum M_B = 0 \qquad (6+2)F_Q + 2F_W - (12-2)F_P - 4F_A = 0$$

解得

$$F_A = \frac{1}{4}(8F_Q + 2F_W - 10F_P) = \frac{1}{4} \times (8 \times 30 + 2 \times 220 - 10 \times 50)kN = 45kN$$

$$\sum M_A = 0 \qquad (6-2)F_Q - 2F_W - (12+2)F_P + 4F_B = 0$$

解得

$$F_B = \frac{1}{4}(-4F_Q + 2F_W + 14F_P) = \frac{1}{4} \times (-4 \times 30 + 2 \times 220 + 14 \times 50)kN = 255kN$$

如果沿铅垂方向取投影轴 y 轴，可由 $\sum F_y = 0$ 校核所得结果是正确的。

3.3 物体系统的平衡

由若干个物体以适当的方式连接而成的系统称为**物体系统**（简称**物系**）。物

体系统内部各物体之间通过一定的约束方式相互联系，整个系统又用适当的约束与其他物体相连接。当整个物体系统平衡时，组成该系统的每一个物体也必定平衡。

物体系统内部各物体之间的约束称为**内约束**，而物体系统以外的物体对该物体系统的约束称为**外约束**。当物体系统受到主动力作用时，无论是在内约束处还是在外约束处，一般都将产生约束反力。物体系统内各个物体之间的相互作用力，称为系统的**内力**。显然，内约束反力是物体系统的内力。物体系统以外的物体作用于该物体系统的力，称为系统的**外力**。例如图 3-20a 所示的三铰拱，是由 AC 与 CB 两部分用铰链 C 连接而成的物体系统，铰链 C 是内约束，支座 A、B 是外约束。对整个三铰拱来说，如图 3-20b 所示，铰链 C 处的约束反力 F_{Cx}、F_{Cy} 和 F'_{Cx}、F'_{Cy} 是内力（图上未画出）；主动力如集中力 F_1、F_2 以及 A、B 处的反力 F_{Ax}、F_{Ay}、F_{Bx}、F_{By} 则是外力。应当注意：所谓内力和外力是相对的，它们随着研究对象的不同而转化。如果取 AC 或 CB 为研究对象，如图 3-20c、d 所示，铰链 C 处的约束反力 F_{Cx}、F_{Cy} 或 F'_{Cx}、F'_{Cy} 就成为外力。

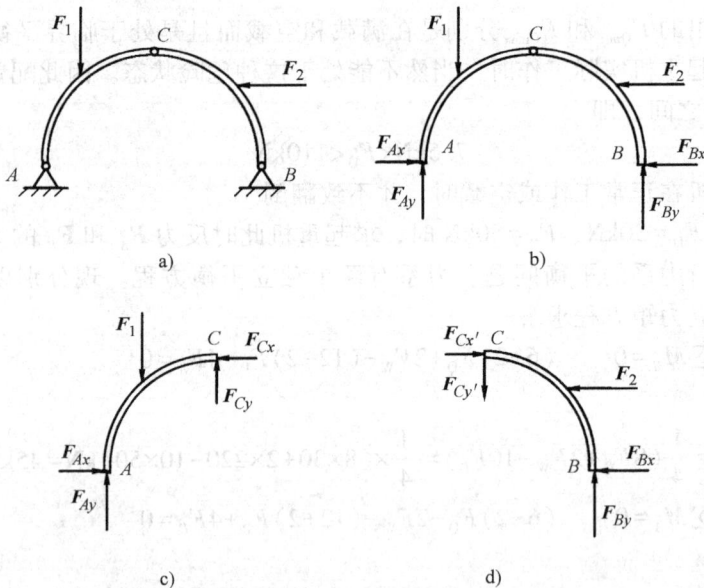

图 3-20　三铰拱

求解物体系统的平衡问题，就是计算出物体系统的内、外约束反力。解决问题的关键在于恰当地选取研究对象，往往需要通过几次选择，考察几个研究对象，才能求解出全部未知量。选取研究对象，一般有两种方法：

1）先以整个物体系统为研究对象，列出平衡方程，求得一部分未知量；然后再取物体系统中的某一部分物体或单个物体为研究对象，列出另外的平衡方程，求解剩下的未知量，直至求出全部未知量为止。

2）先取某一部分物体或单个物体为研究对象，再取其他部分物体或整体为研究对象。逐步列出平衡方程求得所有未知量。

在选择研究对象和列平衡方程时，应使每一个平衡方程中的未知量个数尽量少，最好是一个方程只含有一个未知量，以免求解联立方程。

应当指出，如果物体系统是由 n 个物体组成的，而且每一物体都受平面任意力系作用，则该物体系统共有 $3n$ 个独立平衡方程，可以求解 $3n$ 个未知量。如果物体系统中有的物体受平面力偶系或平面汇交力系或平面平行力系的作用，则独立平衡方程的数目以及能求解出的未知量的数目都会相应地减少。

当研究物体或物体系统的平衡问题时，如果问题中的未知量的数目小于或等于该物体或物体系统所能列出的独立平衡方程的数目，且全部未知量都可由平衡方程求得，这类问题称为**静定问题**。前面所举的例题都是静定问题，图 3-20a 所示的三铰拱的平衡问题也是静定问题，它由 *AC* 和 *CB* 两个物体构成，这两个物体均受平面任意力系作用，共可列出六个独立平衡方程，而该三铰拱总的未知量数目也是六个（F_{Ax}、F_{Ay}、F_{Bx}、F_{By}、F_{Cx}、F_{Cy}），这六个未知量可以由六个独立平衡方程全部解出。故像三铰拱这样全部未知量都可由平衡方程求得的结构也称为**静定结构**。如果问题中的未知量的数目大于独立平衡方程的数目，仅用平衡方程就不能求得全部未知量，这类问题称为**静不定问题**，或**超静定问题**。超静定问题的求解将在第 13 章中介绍。

下面举例说明物体系统（静定结构）平衡问题的解法。

例 3-7 组合梁支承和荷载情况如图 3-21a 所示。已知 $q = 10\text{kN/m}$，$F = 20\text{kN}$，梁自重不计，试求支座 *A*、*B*、*D* 的反力。

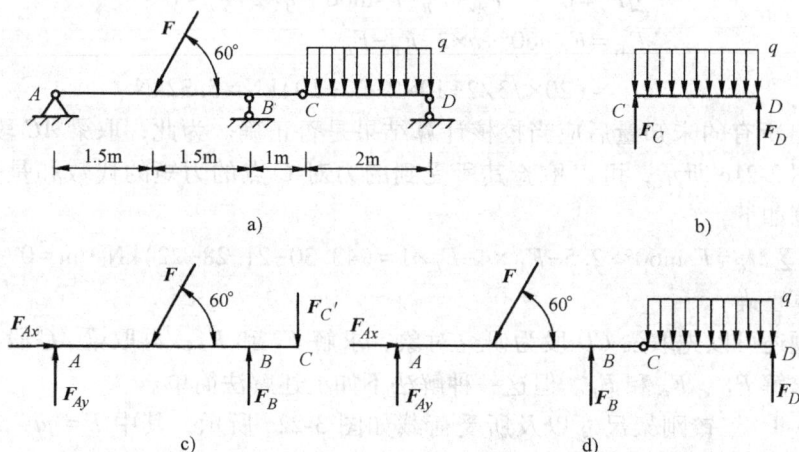

a)

b)

c)

d)

图 3-21 例 3-7 图

解：组合梁由两段 AC、CD 在 C 处用铰链连接并支承于三个支座上而构成。CD 受平面平行力系作用，可以列出 2 个平衡方程，AC 受平面任意力系作用，可以列出 3 个平衡方程，共计 5 个独立平衡方程，系统的未知量也是 5 个（F_{Ax}、F_{Ay}、F_B、F_C、F_D），属于静定结构。若取整个梁为研究对象，画其受力图如图 3-21d 所示。由受力图可知，它在平面任意力系作用下平衡，有 F_{Ax}、F_{Ay}、F_B 和 F_D 四个未知量，而独立的平衡方程只有三个，不能求解。因而需要将梁从铰 C 处拆开，由于不需要求 C 铰的约束反力，可以分别考虑 CD 段和整体的平衡。梁 CD 段的受力图如图 3-21b 所示，受平面平行力系作用，只有两个未知量，应用平衡方程可求得 F_D，F_D 求出后，再考虑整体平衡，就可求出 F_{Ax}、F_{Ay}、F_B。具体求法如下：

（1）取梁 CD 段为研究对象，受力如图 3-21b 所示，由平衡方程

$$\sum M_C = 0 \qquad F_D \times 2 - 2 \times q \times 1 = 0$$

得

$$F_D = 10 \text{kN}$$

（2）取整个组合梁为研究对象，受力如图 3-21d 所示，由平衡方程

$$\sum M_A = 0 \qquad F_B \times 3 + F_D \times 6 - F \sin 60° \times 1.5 - q \times 2 \times 5 = 0$$

得

$$F_B = \frac{1}{3}(F \sin 60° \times 1.5 + q \times 2 \times 5 - F_D \times 6)$$

$$= \frac{1}{3}(20 \times \sqrt{3}/2 \times 1.5 + 10 \times 2 \times 5 - 10 \times 6) \text{kN} = 22 \text{kN}$$

$$\sum F_x = 0 \qquad F_{Ax} - F \cos 60° = 0$$

得

$$F_{Ax} = F \cos 60° = 20 \text{kN} \times \frac{1}{2} = 10 \text{kN}$$

$$\sum F_y = 0 \qquad F_{Ay} + F_B - F \sin 60° - q \times 2 + F_D = 0$$

得

$$F_{Ay} = F \sin 60° + q \times 2 - F_B - F_D$$

$$= (20 \times \sqrt{3}/2 + 10 \times 2 - 22 - 10) \text{kN} = 5.32 \text{kN}$$

求出所有的未知量后应当校核计算结果是否正确。为此，取梁 AC 段研究，受力如图 3-21c 所示，可以检验其所受到的力对 C 点的力矩的代数和是否等于零。计算如下

$$\sum M_C = F \sin 60° \times 2.5 - F_{Ay} \times 4 - F_B \times 1 = (43.30 - 21.28 - 22) \text{kN} \cdot \text{m} = 0$$

可见计算正确。

本题还可以先取梁 CD 段为研究对象，求解 F_C 和 F_D；再取梁 AC 段为研究对象，求解 F_{Ax}、F_{Ay} 和 F_B。但这一种解法不如上述解法简单。

例 3-8　三铰刚架尺寸以及所受荷载如图 3-22a 所示，其中 $F = qa$，求支座 A、B 及铰 C 处的约束反力。

解：三铰刚架由左、右两半刚架用中间铰 C 连接而成的物体系统。作用在

每个半刚架上的力系都是平面任意力系，未知的反力有 6 个，而独立平衡方程也是 6 个，可以求解 6 个未知反力。分别分析整个三铰刚架和左、右两半刚架的受力，它们的受力图，分别如图 3-22b、c、d 所示。由图可见，不论是整个三铰刚架还是左、右半刚架都各有四个未知力，但是注意到图 3-22b 中虽有四个未知力，若分别以 A 和 B 为矩心，列出力矩方程，可以方便地求出 F_{By} 和 F_{Ay}。然后，再考虑一个半刚架的平衡，这时，每个半刚架都只剩下三个未知力，问题就迎刃而解了。计算如下：

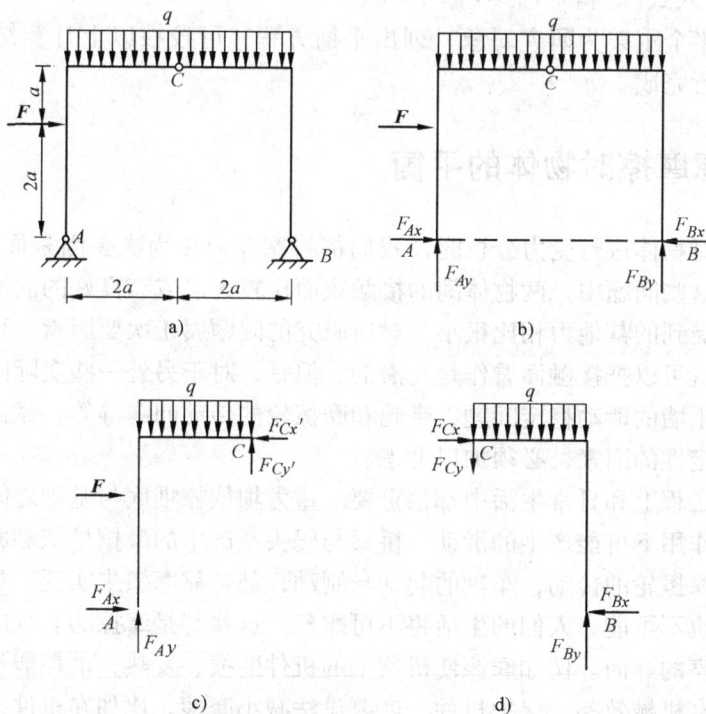

图 3-22　例 3-8 图

（1）取三铰刚架整体为研究对象，受力如图 3-22b 所示，列平衡方程

$$\sum M_B = 0 \qquad F_{Ay} \times 4a + F \times 2a - q \times 4a \times 2a = 0$$

得

$$F_{Ay} = \frac{1}{4a}(8qa^2 - 2qa^2) = 1.5qa$$

$$\sum M_A = 0 \qquad F_{By} \times 4a - F \times 2a - q \times 4a \times 2a = 0$$

得

$$F_{By} = \frac{1}{4a}(8qa^2 + 2qa^2) = 2.5qa$$

$$\sum F_x = 0 \qquad F_{Ax} + F - F_{Bx} = 0 \tag{a}$$

（2）取右半刚架为研究对象，受力如图 3-22d 所示，列平衡方程

$$\sum M_C = 0 \qquad F_{Bx} \times 3a + q \times 2a \times a - F_{By} \times 2a = 0$$

得

$$F_{Bx} = \frac{1}{3a}(F_{By} \times 2a - 2qa^2) = qa$$

$$\sum F_x = 0 \qquad F_{Cx} - F_{Bx} = 0$$

得

$$F_{Cx} = F_{Bx} = qa$$

$$\sum F_y = 0 \qquad F_{By} - F_{Cy} - q \times 2a = 0$$

得

$$F_{Cy} = F_{By} - 2qa = 0.5qa$$

将 F_{Bx} 的值带入式(a)得　$F_{Ax} = F_{Bx} - F = 0$。

再取左半个刚架为研究对象，列出平衡方程，可校核以上计算结果是否正确，读者自行完成。

3.4　考虑摩擦时物体的平衡

前面在对物体进行受力分析时，我们都将摩擦力作为次要因素而略去不计。这是因为在这些问题中，两物体间的接触表面比较光滑或有良好的润滑条件，摩擦力与物体受到的其他力相比很小，对所研究的问题属于次要因素，可以忽略不计。因而也就可以把接触面看作是光滑的。但是，对于另外一些实际问题，例如重力坝与挡土墙的滑动稳定问题，带轮和摩擦轮的传动问题等等，摩擦却是重要的甚至是决定性的因素，必须加以考虑。

摩擦在工程上和日常生活中都很重要。重力坝依靠坝底与基础之间的摩擦防止在水压力作用下可能产生的滑动，桥梁与码头基础中的摩擦桩依靠摩擦承受荷载，带轮和摩擦轮的传动，车辆的起动与制动，都是靠摩擦来实现。如果没有摩擦，连走路也不可能，人们的生活将不可想象。这些都是摩擦的有利的一面。摩擦也有其有害的一面。例如摩擦使机器上的机件磨损、发热，消耗能量，降低效率。为了提高机械效率，保护机件，就要设法减小摩擦。比如在机件接触面加润滑油或改善接触面状况(如增加光洁度)等。长期以来，人们在摩擦的理论和实验方面做了很多工作，目的就是为了认识有关摩擦的规律，以便设法减少或避免它有害的一面，而利用它有利的一面来为生产和生活服务。

按照接触物体之间相对运动的情况分类，摩擦可分为滑动摩擦与滚动摩擦两类。当两物体接触处有相对滑动或有相对滑动趋势时，在接触处的公切面内所受到的阻碍称为**滑动摩擦**。如活塞在汽缸中滑动，轴在滑动轴承中转动，都有滑动摩擦。当两物体有相对滚动或有相对滚动趋势时，物体间产生的对滚动的阻碍称为**滚动摩擦**。如车轮在地面上滚动，滚动轴承中的滚珠在轴承中滚动，都有滚动摩擦。

本节只讨论滑动摩擦的一些规律。

3.4.1　滑动摩擦定律

1. 静滑动摩擦定律

设将重 F_P 的物体放在水平面上，并对其施加一水平力 F_T，如图 3-23 所示。根据经验可知，当 F_T 的大小不超过某一数值时，物体虽有滑动的趋势，但仍可保持静止。这就表明水平面对物体除了有法向约束反力 F_N 外，还有一摩擦力 F_f。这时的摩擦力 F_f 称为**静摩擦力**。由于摩擦力阻碍两物体的相对滑动，因此它的方向总是与物体相对滑动或相对滑动的趋势方向相反。静摩擦力 F_f 的大小，根据物体的平衡条件求得：$F_f = F_T$。由此可见：如 $F_T = 0$，则 $F_f = 0$，即物体没有滑动趋势时，也就没有摩擦力；而当 F_T 增大时，静摩擦力 F_f 的值亦随着相应增大。但它与一般的约束反力不同，它不能随主动力 F_T 的增大而无限增大。当 F_T 增大到一定数值时，物体就将开始滑动。这说明静摩擦力的大小有一极限值。当静摩擦力达到极限值时，物体处于将动而未动的临界状态，这时的摩擦力称为**最大静摩擦力**。

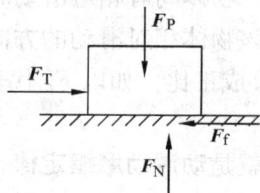

图 3-23　有滑动的摩擦问题

可见，**静摩擦力的方向与物体相对滑动的趋势方向相反；静摩擦力的大小，由平衡条件决定，但必定介于零与最大静摩擦力之间**。如以 F_{fmax} 表示最大静摩擦力的大小，则静摩擦力 F_f 的大小的变化范围为 $0 \leqslant F_f \leqslant F_{fmax}$。

根据大量实验结果，最大静摩擦力的大小可用如下的近似关系求得：最大静摩擦力的大小与接触面之间的正压力（即法向反力）F_N 成正比，即

$$F_{fmax} = f_s F_N \tag{3-13}$$

这就是**静滑动摩擦定律**，简称**静摩擦定律**，也称为**库伦摩擦定律**。式中 f_s 是量纲为 1 的比例常数，称为**静摩擦因数**。它的大小与两接触物体的材料以及接触面状况（粗糙度、湿度、温度等）有关。各种材料在不同表面情况下的静摩擦因数是由实验测定的，这些值一般可在一些工程手册中查到。表 3-1 列举了几种材料的静摩擦因数 f_s 的大约值供参考：

表 3-1　某些材料的静摩擦因数的约值

材料名称	钢与钢	钢与铸铁	砖与混凝土	土与木材	土与混凝土	皮革与铸铁	木材与木材
f_s 值	0.1~0.3	0.3	0.76	0.3~0.65	0.3~0.4	0.3~0.5	0.4~0.6

必须指出，式(3-13)所表示的关系只是近似的，它并没有反映出摩擦现象的复杂性。但由于公式简单，应用方便，用它求得的结果，对于一般工程问题来说，已能满足要求，故目前仍被广泛采用。摩擦因数的数值对工程的安全与经济

有着极为密切的关系。对于一些重要的工程，如采用式(3-13)必须通过具体测量与试验精确地测定静摩擦因数的值，作为设计计算的依据。例如某大型水坝与基础的摩擦因数的数值经过反复测试后决定比原来确定的数值提高0.01，则为了维持该坝体滑动稳定所需的自重，可相应地减少，从而节约混凝土数万立方米。可见精确地测定摩擦因数是一项十分重要的工作。

2. 动滑动摩擦定律

物体间有相对滑动时的摩擦力称为**动摩擦力**。物体所受到的动摩擦力的方向与该物体相对滑动的方向相反，动摩擦力的大小与接触面之间的正压力(法向反力)成正比。如以 F_f' 代表动摩擦力的大小，则有

$$F_f' = fF_N \tag{3-14}$$

这就是**动滑动摩擦定律**，简称**动摩擦定律**。式中 f 也是一个无量纲的比例常数，称为动摩擦因数。动摩擦因数 f 的值将随物体接触处相对滑动的速度而变，但由于它们之间的关系复杂，通常在一定速度范围内，可不考虑这种变化，而认为只与接触面的材料和表面状况有关。动摩擦因数一般比静摩擦因数略小。这就说明，为什么维持一个物体的运动比使其由静止进入运动要容易。在工程计算中，通常近似地认为 f 与 f_s 相同。

3.4.2　摩擦角与自锁现象

1. 摩擦角

在有摩擦时，支承面对平衡物体的约束反力包括法向反力 F_N 与静摩擦力 F_f，这两个力的合力用 F_R 表示，F_R 称为支承面对物体的全约束反力，它的作用线与接触面的公法线成一夹角 φ，如图 3-24a 所示。当静摩擦力 F_f 达到最大静摩擦力 F_{fmax} 时，F_R 与接触面的公法线所成的夹角 φ 也达到最大值 φ_m，如图3-24b所

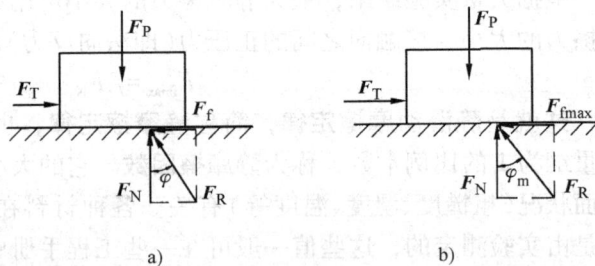

图 3-24　摩擦角

示。φ_m 称为静摩擦角，简称**摩擦角**。显然有 $0 \leqslant \varphi \leqslant \varphi_{max}$。由图可见，$F_{fmax} = F_N \tan\varphi_m$。根据式(3-13)有 $F_{fmax} = f_s F_N$，因此有

$$\tan\varphi_m = f_s \tag{3-15}$$

即摩擦角的正切等于静摩擦因数。

2. 自锁现象

物体平衡时，如果它的滑动趋势方向改变，全约束反力作用线的方位亦随

之改变，若通过接触点 A 在不同的方向作出在临界状态下的全约束反力的作用线，则这些直线将形成一个以 A 为顶点的锥面，称为**摩擦锥**。如沿接触面的各个方向的摩擦因数都相同，则摩擦锥是一个顶角为 $2\varphi_m$ 的圆锥，如图 3-25a 所示。

因为全约束反力 F_{RA} 与接触面法线所成的角不会大于 φ_m，也就是说 F_{RA} 作用线不可能超出摩擦锥，所以物体所受的主动力的合力 F_R 的作用线只要在摩擦锥内，即 F_R 与接触面法线所成的角 $\theta \leqslant \varphi_m$，如图 3-25b 所示，则不论它多大，总有全约束反力 F_{RA} 与它构成二力平衡，物体总能够保持静止，这种现象称为**自锁现象**。反之，物体受到的所有主动力的合力 F_R 的作用线在摩擦锥之外，即 F_R 与接触面法线所成的角 $\theta > \varphi_m$，如图 3-25c 所示，则不论它怎样小，物体一定会滑动，这样就可以避免自锁现象的发生。

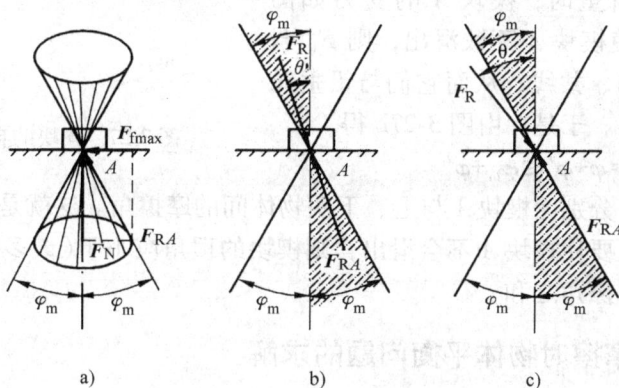

图 3-25　自锁现象

工程上常利用自锁现象设计一些机构或夹具。例如螺旋千斤顶顶起重物后不会自行下落就是自锁现象；用传送带输送物料时就是借助"自锁"以阻止物料相对于传送带的滑动等。而在另一些问题中，则要设法避免产生自锁现象。例如，在水闸闸门启闭时就应避免发生自锁，以防止闸门卡住；当机器正常工作时，各个零部件之间就不应发生自锁现象而被卡住不动。

下面给出斜面的自锁条件（即物体在铅直载重下不沿斜面下滑的条件）。设斜面的倾角为 α，物体与斜面之间的摩擦角为 φ_m，斜面的自锁条件为

$$\alpha \leqslant \varphi_m$$

即斜面的倾角小于或等于摩擦角。理由如下：如图 3-26 所示，由于物体 A 仅受到铅直载重 F_P 和全约束反力 F_{RA}

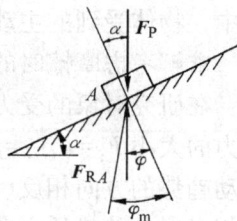

图 3-26　斜面的自锁条件

作用而平衡，所以 F_{RA} 与 F_P 应等值、反向、共线，因此 F_{RA} 必沿铅直线，F_{RA} 与斜面法线间的夹角 φ 等于斜面倾角 α。而当 $\varphi \leqslant \varphi_m$ 即 $\alpha \leqslant \varphi_m$ 时，物体必定平衡不会下滑。

为使读者对自锁现象能有所体会，再讨论楔块的自锁条件如下：

在现浇钢筋混凝土梁的施工过程中，模板需用立柱支承，并在立柱与底座间打入楔块 A 和 B 以便调节柱高而使它总能够顶住模板，如图 3-27a 所示。楔块 A 在上、下两物体的法向压力作用下有向左滑出的趋势，故在其上、下两接触面上均受到沿接触面向右的摩擦力的作用。如以 F_R 和 F_R' 分别表示上、下两物体对楔块 A 的全约束反力，则当不计楔块自重时，楔块 A 的受力如图 3-27b所示。要使楔块 A 不致滑出，则 F_R 与 F_R' 应等值、反向、共线，从而它们与铅垂线间的夹角应相等。于是，由图 3-27b 得

$$\alpha = \varphi + \varphi' \leqslant \varphi_m + \varphi_m'$$

式中，φ_m 和 φ_m' 分别为楔块 A 与上、下两物体间的摩擦角。这就是楔块 A 自锁的条件。它指出，要使楔块 A 不会滑出，则楔块的顶角应小于（最多等于）它与上、下两物体间的摩擦角之和。

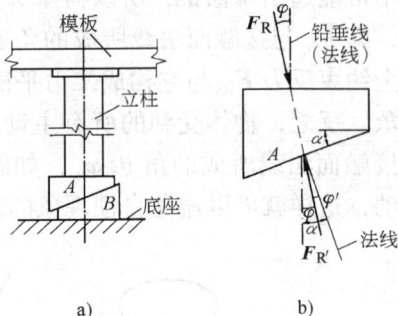

图 3-27　楔块的自锁条件

3.4.3　考虑摩擦时物体平衡问题的求解

在平衡问题中，作用在物体或物体系统上的力系必须满足平衡条件，考虑摩擦时的平衡问题也不例外。但是，考虑摩擦时的平衡问题也有它自己的特点：

1）由于静摩擦力的大小不可能超过最大静摩擦力，因此，在考虑摩擦时的平衡问题中，摩擦力除了要满足平衡方程外还必须满足它的取值范围（$0 \leqslant F_f \leqslant F_{fmax}$）。

2）由于静摩擦力可以在零和最大值之间变化，因而在考虑摩擦时的平衡问题中，物体受到的主动力以及物体的平衡位置也可以在一定范围内变化。

求解考虑摩擦时的平衡问题的方法、步骤与前几章所述的相同。值得注意的是：在研究对象的受力图中要画出摩擦力，若物体处于临界平衡状态时，应令摩擦力的大小 $F_f = F_{fmax} = f_s F_N$，摩擦力的指向不能任意假定，必须画成与物体相对滑动趋势的方向相反（请读者考虑为什么？）；因此在画摩擦力之前要正确确定物体相对滑动趋势的方向。与此类似，动摩擦力的指向也不能任意假设，而必须与相对滑动的方向相反。

例 3-9　重力为 F_P 的物块放在斜面上如图 3-28a 所示，已知物块与斜面间的

静摩擦因数为 f_s，且斜面的倾角 α 大于摩擦角 φ_m，如用一水平力 **F** 使物体平衡，求 **F** 的最大值和最小值。

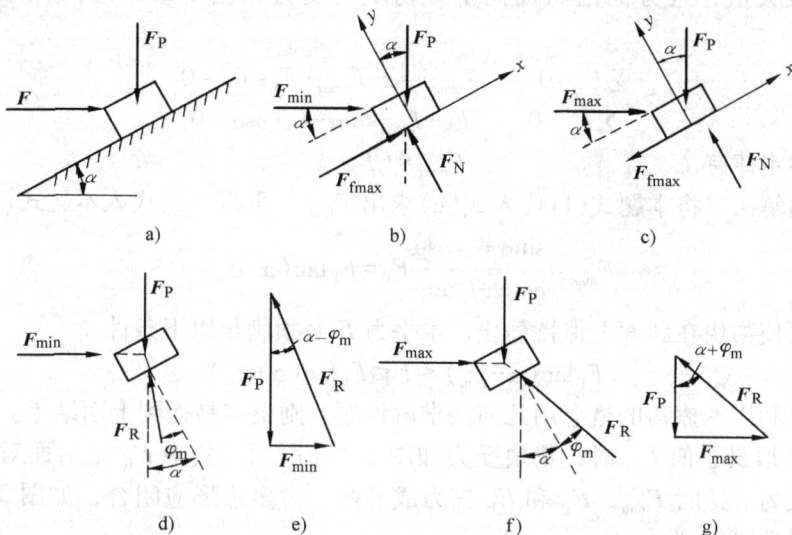

图 3-28 例 3-9 图

解：因 $\alpha > \varphi_m$，若没有水平力 **F** 或 **F** 太小，则物块将下滑；若 **F** 太大，又会使物块上滑，所以要使物体不滑动，水平力 **F** 的值应当在一定范围内。

（1）求水平力 **F** 的最小值 F_{min}

在水平力 F_{min} 作用下，物块处于沿斜面即将下滑的临界状态，作用在物块上的摩擦力达到最大值，且方向沿斜面向上。取物块为研究对象，其受力如图 3-28b 所示。列出平衡方程

$$\sum F_x = 0 \qquad F_{min}\cos\alpha + F_{fmax} - F_P\sin\alpha = 0 \qquad\qquad (a)$$

$$\sum F_y = 0 \qquad F_N - F_{min}\sin\alpha - F_P\cos\alpha = 0 \qquad\qquad (b)$$

又由摩擦定律有

$$F_{fmax} = f_s F_N \qquad\qquad (c)$$

将本题式（b）代入式（c）可得

$$F_{fmax} = f_s(F_P\cos\alpha + F_{min}\sin\alpha) \qquad\qquad (d)$$

将本题式（d）代入式（a）即得

$$F_{min} = \frac{\sin\alpha - f_s\cos\alpha}{\cos\alpha + f_s\sin\alpha}F_P$$

又 $f_s = \tan\varphi_m$，代入上式得

$$F_{min} = \frac{\sin\alpha - \tan\varphi_m\cos\alpha}{\cos\alpha + \tan\varphi_m\sin\alpha}F_P = F_P\tan(\alpha - \varphi_m)$$

（2）求水平力 F 的最大值 F_{max}

最大水平力 F_{max} 作用于物块时，物块处于即将上滑的临界状态，静摩擦力也达到最大值，且方向沿斜面向下。物块的受力如图 3-28c 所示。列出平衡方程

$$\sum F_x = 0 \qquad F_{max}\cos\alpha - F_{fmax} - F_P\sin\alpha = 0 \qquad\qquad (e)$$

$$\sum F_y = 0 \qquad F_N - F_{max}\sin\alpha - F_P\cos\alpha = 0 \qquad\qquad (f)$$

又由摩擦定律有 $\qquad\qquad F_{fmax} = f_s F_N \qquad\qquad\qquad\qquad\qquad (g)$

依照前面解法，将本题式（f）代入式（g）求出 F_{fmax}，再将 F_{fmax} 代入本题式（e）即得

$$F_{max} = \frac{\sin\alpha + f_s\cos\alpha}{\cos\alpha - f_s\sin\alpha}F_P = F_P\tan(\alpha + \varphi_m)$$

可见，要使物块在斜面上保持静止，水平力 F 必须满足以下条件

$$F_P\tan(\alpha - \varphi_m) \leq F \leq F_P\tan(\alpha + \varphi_m)$$

如果利用摩擦角的概念用几何法求解该题，则很容易得到上面结果。

当 F 取最小值 F_{min} 时，物块受力如图 3-28d 所示，其中 F_R 是斜面对物块的全约束反力。这时 F_{min}、F_P 和 F_R 三力成平衡，力多边形应闭合，如图 3-28e 所示，由图即可得到

$$F_{min} = F_P\tan(\alpha - \varphi_m)$$

当 F 取最大值 F_{max} 时，物块受力如图 3-28f 所示，其力三角形如图 3-28g 所示，于是可得到

$$F_{max} = F_P\tan(\alpha + \varphi_m)$$

应当注意，当力 F 在上述范围内而未达到极限值时，摩擦力的大小不等于 $f_s F_N$，应由平衡条件确定其大小，摩擦力的方向也应由平衡条件确定。

例 3-10　图 3-29 所示的均质物块重 $F_P = 6kN$，它与地面间的摩擦因数 $f_s = 0.4$。图中 $h = 2m$，$b = 1m$，$\alpha = 30°$。求：（1）当 B 处的拉力 $F = 1.2kN$ 时，物块是否平衡？（2）能保持物块平衡的最大拉力。

解：使物块保持平衡，必须满足两个要求：一是不发生滑动，即要求静摩擦力 $F_f \leq F_{fmax} = f_s F_N$；二是不绕 A 点翻倒，这就要求法向反力 F_N 的作用线到点 A 的距离 d 必须大于零，即 $d > 0$。

（1）取物块为研究对象，受力如图 3-29 所示，列平衡方程

图 3-29　例 3-10 图

$$\sum F_x = 0 \qquad F\cos\alpha - F_f = 0 \qquad\qquad\qquad (a)$$

$$\sum F_y = 0 \qquad F_N - F_P + F\sin\alpha = 0 \qquad\qquad (b)$$

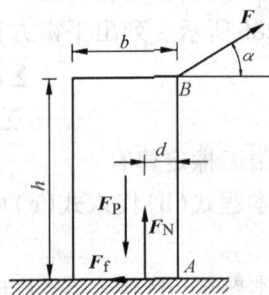

$$\sum M_A = 0 \qquad F_P \frac{b}{2} - F_N d - F\cos\alpha h = 0 \tag{c}$$

求解以上各方程，得

$$F_f = 1039\text{N}, \quad F_N = 5400\text{N}, \quad d = 0.171\text{m}$$

此时物块与地面间的最大摩擦力为

$$F_{f\max} = f_s F_N = 0.4 \times 5400\text{N} = 2160\text{N}$$

可见：$F_f < F_{f\max}$，物块不会滑动；$d > 0$，物块不会翻倒。因此，物块能保持平衡。

（2）为求保持平衡的最大拉力 F，可分别求出物块将要滑动时的临界拉力 F_1 和物块将要绕 A 点翻倒时的临界拉力 F_2。两者中的较小者，即为所求。

物块将要滑动的条件为

$$F_f = F_{f\max} = f_s F_N \tag{d}$$

由本题式（a）、式（b）、式（d）联立解求得

$$F_1 = \frac{f_s F_P}{\cos\alpha + f_s \sin\alpha} = \left(\frac{0.4 \times 6}{\cos 30° + 0.4 \times \sin 40°} \right) \text{kN} = 2.25\text{kN}$$

物块将绕 A 点翻倒的条件为 $d = 0$，代入本题式（c），得

$$F_2 = \frac{F_P b}{2h\cos\alpha} = \left(\frac{6 \times 1}{2 \times 2 \times \cos 30°} \right) \text{kN} = 1.73\text{kN}$$

由于 $F_2 < F_1$，所以保持物块平衡的最大拉力为

$$F = F_2 = 1.73\text{kN}$$

这说明，当拉力 F 逐渐增大时，物块将先翻倒而失去平衡。

复习思考题

3-1 力系的主矢是否就是力系的合力，为什么？

3-2 某平面力系向作用面内任一点简化的结果都相同，此力系简化的最后结果可能是什么？

3-3 某平面力系向作用面内不共线的三点 A、B、C 简化的主矩皆为零，此力系是否一定平衡？

3-4 若平面任意力系满足 $\sum M_O = 0$ 和 $\sum F_x = 0$，但不满足 $\sum F_y = 0$，试问该力系简化的最后结果是什么？

3-5 若某平面任意力系的力多边形恰好封闭，此力系是否一定平衡？

3-6 平面任意力系的平衡方程有几种形式？各有哪些限制条件？

3-7 若作用于物体系统上的所有外力的主矢量和主矩都为零，试问物体系统一定平衡吗？

3-8 某物体系统由 5 个刚体组成，其中的 2 个刚体受到平面汇交力系作用，其余 3 个受平面任意力系作用。试问该物体系统总独立平衡方程的数目是多少？

3-9 物块重 F_P，放置在粗糙的水平面上。要使物块沿水平面向右滑动，可沿 OA 方向施加拉力 F_1（见图 3-30a）。也可沿 BO 方向施加推力 F_2（见图 3-30b），试问哪种方法省力。

3-10 物块重 F_P，放置在粗糙的水平面上。一力 F 作用在摩擦角之外，如图 3-31 所示。已知 $\theta = 25°$，摩擦角 $\varphi_m = 20°$，$F = F_P$。问物块是否滑动？为什么？

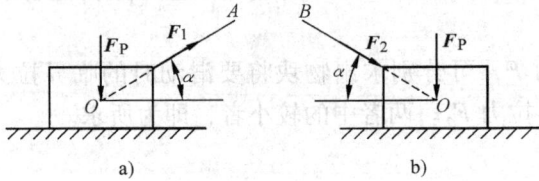

图 3-30 思考题 3-9 图

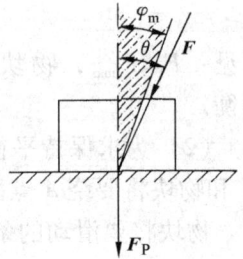

图 3-31 思考题 3-10 图

习 题

3-1 图 3-32 所示圆轮在 B 点受一力 F 作用，已知 $r_1 = 20\text{cm}$，$r_2 = 50\text{cm}$，$F = 300\text{N}$。求将力 F 向轮心 C 点简化的等效力系，并求其对 A 点的力矩。

3-2 试求图 3-33 所示力系主矢的大小以及该力系对 A 点的主矩。

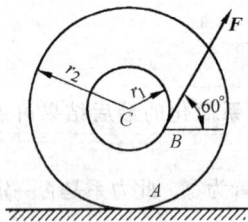

图 3-32 习题 3-1 图

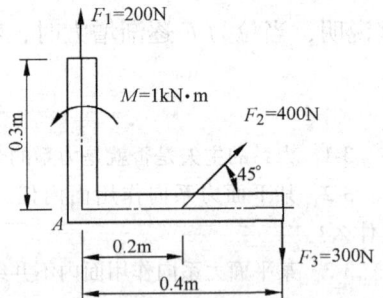

图 3-33 习题 3-2 图

3-3 立柱高 9m，柱上段 AB 重 $F_1 = 8\text{kN}$，下段 BO 重 $F_2 = 37\text{kN}$，柱顶水平力 $F_3 = 6\text{kN}$，各力作用位置如图 3-34 所示。试求力系向柱底中心 O 点的简化结果。

3-4 如图 3-35 所示，起重机的铅直支柱 AB 由 A 处的径向轴承和 B 处的止推轴承支持。起重机上有荷载 F_1 和 F_2 作用，它们与支柱的距离分别为 a 和 b。如 A、B 间的距离为 c，求在轴承 A 和 B 两处的支座反力。

3-5　重物悬挂如图 3-36 所示，已知 $F_P = 1.8\text{kN}$，其他重力不计。试求铰链 A 的约束反力和杆 BC 所受的力。

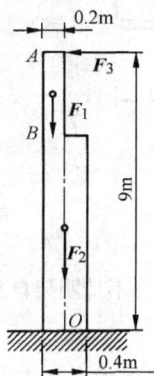

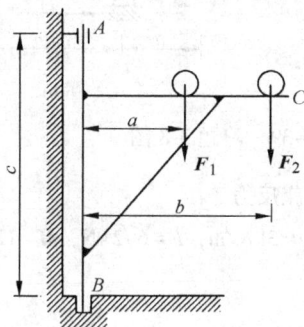

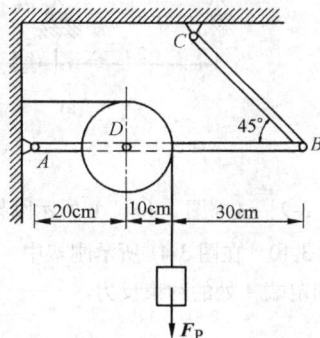

图 3-34　习题 3-3 图　　　图 3-35　习题 3-4 图　　　图 3-36　习题 3-5 图

3-6　试求图 3-37 所示各简支梁 A、B 处的支座反力。

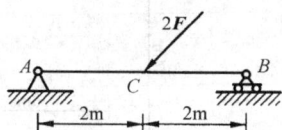

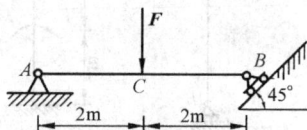

a)　　　　　　　　　　　　　b)

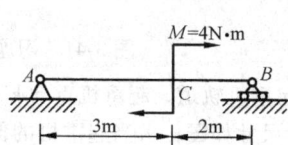

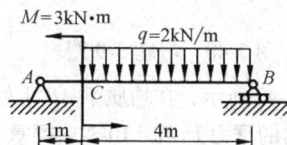

c)　　　　　　　　　　　　　d)

图 3-37　习题 3-6 图

3-7　试求图 3-38a、b 所示悬臂梁 A 处的约束反力。

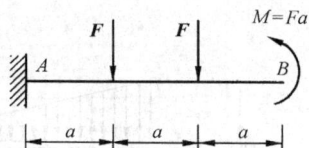

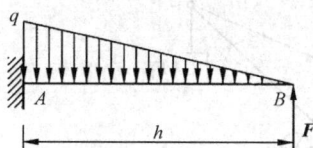

a)　　　　　　　　　　　　　b)

图 3-38　习题 3-7 图

3-8 试求图 3-39a、b 所示外伸梁 A、B 处的支座反力。

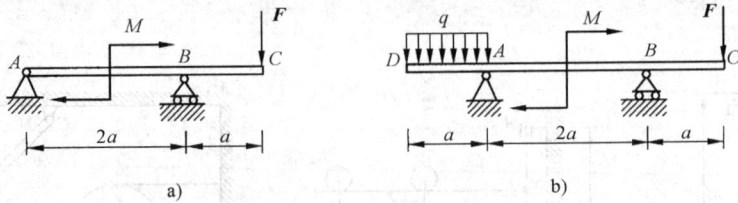

图 3-39 习题 3-8 图

3-9 试求图 3-40a、b 所示刚架的支座反力。

3-10 在图 3-41 所示刚架中，已知 $q=3\text{kN/m}$，$F=6\sqrt{2}\text{kN}$，$M=12\text{kN}\cdot\text{m}$，不计刚架自重，求固定端 A 处的约束反力。

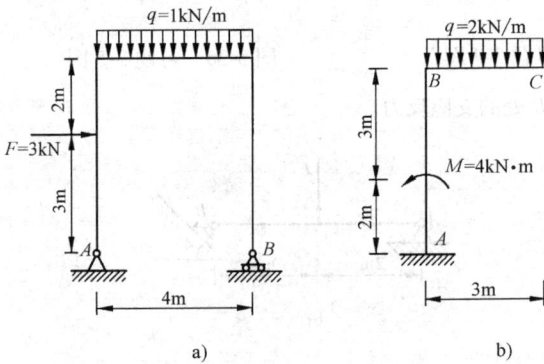

图 3-40 习题 3-9 图   图 3-41 习题 3-10 图

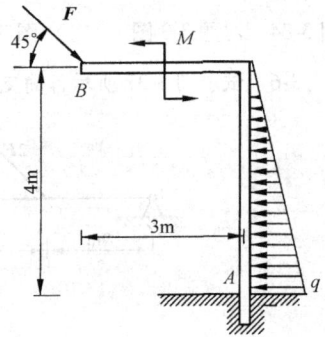

3-11 如图 3-42 所示，在均质梁 AB 上铺设有起重机轨道。起重机重 50kN，其重心在铅直线 CD 上，重物的重力为 $F_P=10\text{kN}$，梁重 30kN。尺寸如图，求当起重机的伸臂和梁 AB 在同一铅直面内时，支座 A 和 B 的反力。

3-12 外伸梁的荷载及尺寸如图 3-43 所示。$F=2\text{kN}$，三角形分布荷载的最大值 $q=1\text{kN/m}$。不计梁重，求支座反力。

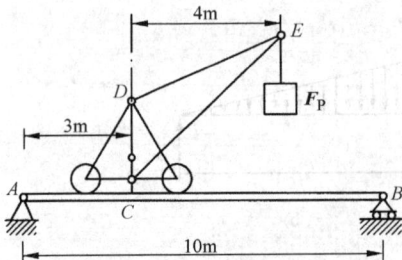

图 3-42 习题 3-11 图   图 3-43 习题 3-12 图

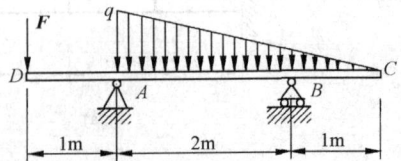

3-13　试求图 3-44a、b 所示连续梁的支座反力。

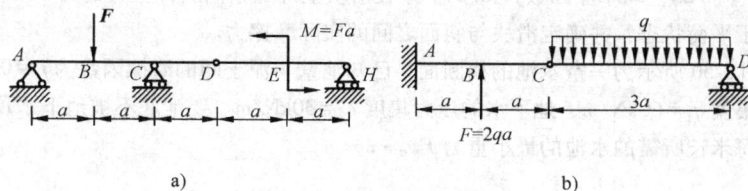

a)　　　　　　　　　　　　b)

图 3-44　习题 3-13 图

3-14　两跨刚架的荷载及尺寸如图 3-45 所示。$F = 30kN$，$q = 10kN/m$。不计刚架自重，求支座 A、B、D 的反力。

3-15　三铰拱如图 3-46 所示。已知 $F = 12kN$，$q = 4kN/m$，$a = 3m$。不计自重，求支座 A、B 的反力及铰链 C 的约束反力。

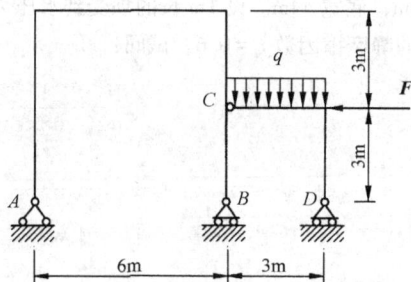

图 3-45　习题 3-14 图

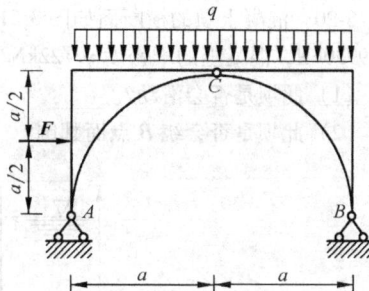

图 3-46　习题 3-15 图

3-16　梯子的两部分 AB 和 AC 在点 A 铰接，又在 D、E 两点用水平绳连接，如图所示。梯子放在光滑的水平面上，其一边作用有铅直力 F，尺寸如图 3-47 所示。如不计梯重，求绳的拉力 F_T。

3-17　图 3-48 所示桁架在 C 节点处受集中力 $F = 1kN$，求各杆所受的力。

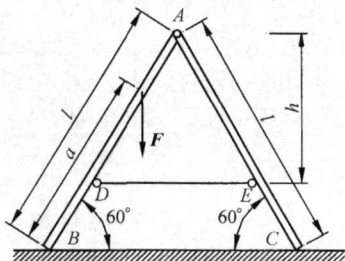

图 3-47　习题 3-16 图

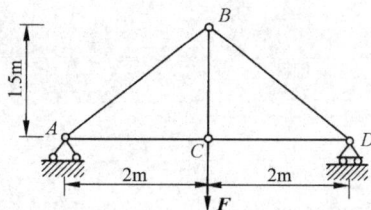

图 3-48　习题 3-17 图

3-18 如图 3-49 所示，滑块重力 $F_P = 30N$，放置在倾角为 30° 的斜面上，滑块与斜面间的静摩擦因数 $f_s = 0.25$，动摩擦因数 $f = 0.24$。今在滑块上外加指向斜面上方的力 $F = 10N$。试求：滑块是否处于平衡状态？并确定滑块与斜面之间的实际摩擦力。

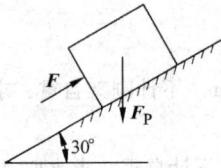

3-19 图 3-50 所示为一空水池的横断面，已知池壁与泥土间的摩擦因数为 $f_s = 0.10$，池底处的土压力集度 $q_1 = 60kN/m$，地下水的压力集度 $q_2 = 30kN/m$。要池底不被地下水顶起，试求沿水池纵向每米长所需的水池的最小重力 F_P。

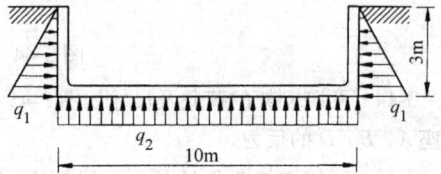

图 3-49 习题 3-18 图

图 3-50 习题 3-19 图

3-20 混凝土坝的横断面如图 3-51 所示，坝高 50m，底宽 44m。设 1m 长的坝受到水压力 $F = 9930kN$，混凝土的堆密度 $\gamma = 22kN/m^3$，坝与地面的静摩擦因数 $f_s = 0.6$。试问：

（1）此坝是否会滑动？

（2）此坝是否会绕 B 点而翻倒？

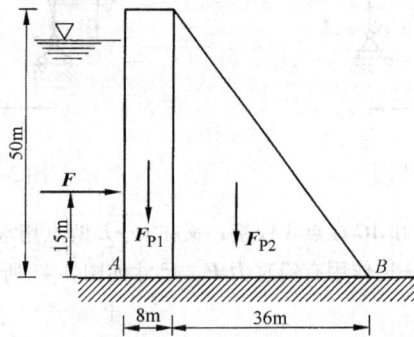

图 3-51 习题 3-20 图

第4章

空间力系

力系中各个力的作用线不完全在同一平面内，此力系称为**空间力系**。在工程实际中，常见的空间力系有空间汇交力系（见图 4-1 中的 *D* 结点）、空间平行力系（见图 4-2 所示的三轮推车）以及各个力的作用线既不完全汇交于一点也不完全平行的空间任意力系（见图 4-3 所示的带轮传动轴）。本章主要研究空间力系的平衡问题。空间力系的研究方法与平面力系的研究方法基本相同，只需在平面问题的基础上，将一些概念、理论加以引伸和推广。

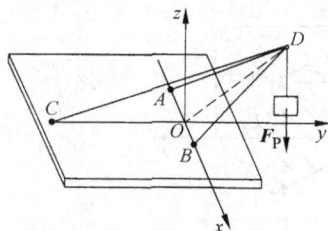

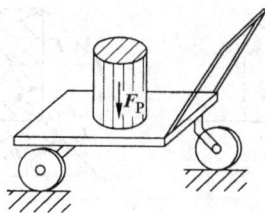

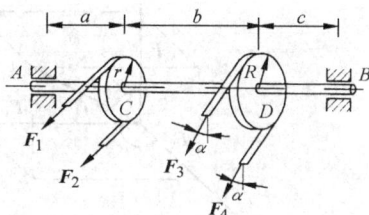

图 4-1　挂物支架　　　　图 4-2　三轮推车　　　　图 4-3　带轮传动轴

4.1　力沿空间直角坐标轴的分解与投影

4.1.1　力沿空间直角坐标轴的分解

在空间直角坐标系中可以将一个力分解为互相垂直的三个分力。根据具体情况，可用下面两种方法进行力的分解。

设力 F 作用于 O 点，取空间直角坐标系 $Oxyz$ 如图 4-4 所示。以力矢 $F = \overrightarrow{OA}$ 为对角线作一个正平行六面体，则沿三个坐标轴 Ox、Oy、Oz 的矢量 $\overrightarrow{OB}$、$\overrightarrow{OC}$ 和 $\overrightarrow{OD}$ 分别为力 F 沿三个直角坐标轴方向的分力 F_x、F_y 和 F_z。这种分解称为**直接**

分解法。另外，还可以先将力 F 分解为沿 z 轴方向以及在 Oxy 平面内的两个分力 F_z 和 F_{xy}，然后再将力 F_{xy} 分解为沿 x 轴和 y 轴方向的两个分力 F_x、F_y。显然 F_x、F_y 和 F_z 就是力 F 沿直角坐标轴方向的三个分力。这种分解称为**二次分解法**。

图 4-4　力沿空间直角坐标轴的分解

4.1.2　力在空间直角坐标轴上的投影

力 F 在空间直角坐标轴上的投影的计算，常用的方法也有两种：直接投影法和二次投影法。

1. 直接投影法

如果已知力 F 的作用线与空间直角坐标系的三个坐标轴 x、y、z 正向的对应夹角为 α、β 和 γ（见图 4-5a），则力 F 在三个坐标轴上的投影分别为

$$\left. \begin{array}{l} F_x = F\cos\alpha \\ F_y = F\cos\beta \\ F_z = F\cos\gamma \end{array} \right\} \tag{4-1}$$

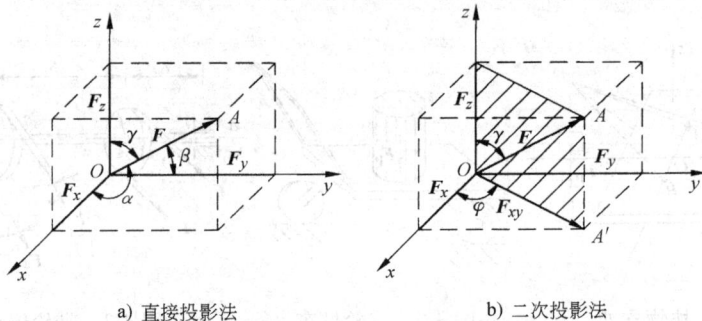

a) 直接投影法　　　　　　　　b) 二次投影法

图 4-5　力在空间直角坐标轴上的投影

2. 二次投影法

如图 4-5b 所示，如果已知角度 γ 和 φ，则可将力 F 先投影到 z 轴以及 Oxy 坐标面上，力 F 在 Oxy 面上的投影为矢量 F_{xy}（力在平面上的投影存在方向问题，故需用矢量表示），其大小为 $F_{xy} = F\sin\gamma$。然后再将矢量 F_{xy} 投影到 x、y 轴上。于是力 F 在 x、y、z 三个轴上的投影分别为

$$\left. \begin{array}{l} F_x = F\sin\gamma\cos\varphi \\ F_y = F\sin\gamma\sin\varphi \\ F_z = F\cos\gamma \end{array} \right\} \tag{4-2}$$

用式(4-2)计算时，一般取力 F 与 z 轴的夹角 γ 以及 F_{xy} 与 x 轴的夹角 φ 为锐

角，而三个投影 F_x、F_y 和 F_z 的正负号由直观判断。即力 F 在某轴上投影的指向与该轴的正向一致时，投影为正；反之，为负。

如果已知力 F 在 x、y、z 三个直角坐标轴上投影 F_x、F_y 和 F_z，则该力的大小及方向余弦为

$$\left.\begin{array}{l} F=\sqrt{F_x^2+F_y^2+F_z^2} \\ \cos\alpha=\dfrac{F_x}{F} \\ \cos\beta=\dfrac{F_y}{F} \\ \cos\gamma=\dfrac{F_z}{F} \end{array}\right\} \tag{4-3}$$

例 4-1 如图 4-6 所示，在长方体上作用有三个力 F_1、F_2、F_3，其大小分别为 $F_1=2\text{kN}$，$F_2=1\text{kN}$，$F_3=5\text{kN}$。尺寸 $a=1\text{m}$，试分别计算这三个力在坐标轴 x、y、z 上的投影。

解： 力 F_1 沿 z 轴，故其在坐标轴 x、y、z 上的投影为

$$F_{1x}=0,\ F_{1y}=0,\ F_{1z}=2\text{kN}$$

计算力 F_2 在 x、y、z 轴上的投影可用直接投影法，由式(4-1)可得

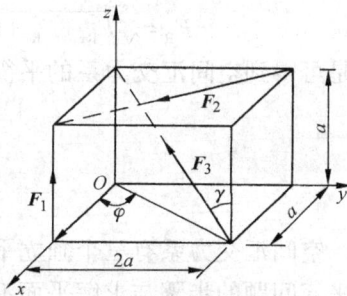

图 4-6 例 4-1 图

$$F_{2x}=F_2\frac{a}{\sqrt{5}a}=\left(1\times\frac{1}{\sqrt{5}}\right)\text{kN}=0.447\text{kN}$$

$$F_{2y}=-F_2\frac{2a}{\sqrt{5}a}=-\left(1\times\frac{2}{\sqrt{5}}\right)\text{kN}=-0.894\text{kN}$$

$$F_{2z}=0$$

力 F_3 与 x、y 轴之间的夹角不易求得，而与 z 轴的夹角 γ 以及它在 Oxy 平面上的投影与 x 轴的夹角 φ 却容易求得，可用二次投影法计算其在 x、z 轴上的投影，由式(4-2)可得

$$F_{3x}=-F_3\sin\gamma\cos\varphi=-F_3\frac{\sqrt{5}a}{\sqrt{6}a}\frac{a}{\sqrt{5}a}=-\frac{5}{\sqrt{6}}\text{kN}=-2.04\text{kN}$$

$$F_{3y}=-F_3\sin\gamma\sin\varphi=-F_3\frac{\sqrt{5}a}{\sqrt{6}a}\frac{2a}{\sqrt{5}a}=-\frac{2\times5}{\sqrt{6}}\text{kN}=-4.08\text{kN}$$

$$F_{3z}=F_3\cos\gamma=F_3\frac{\sqrt{5}a}{\sqrt{6}a}\frac{a}{\sqrt{5}a}=\frac{5}{\sqrt{6}}\text{kN}=2.04\text{kN}$$

4.2　空间汇交力系的平衡

与平面汇交力系相似，空间汇交力系也可以合成为一个合力，合力矢亦等于力系中各分力矢的矢量和，即 $F_R = \sum F$；空间汇交力系平衡的充要条件与平面汇交力系相同，仍然是力系的合力矢等于零，即 $F_R = \sum F = 0$。

根据矢量投影定理可知空间汇交力系的合力矢在直角坐标轴 x、y、z 上的投影分别为

$$\left. \begin{array}{l} F_{Rx} = \sum F_x \\ F_{Ry} = \sum F_y \\ F_{Rz} = \sum F_z \end{array} \right\}$$

由式(4-3)可得合力的大小为

$$F_R = \sqrt{F_{Rx}^2 + F_{Ry}^2 + F_{Rz}^2} = \sqrt{\left(\sum F_x\right)^2 + \left(\sum F_y\right)^2 + \left(\sum F_z\right)^2}$$

于是可得到空间汇交力系的平衡方程

$$\left. \begin{array}{l} \sum F_x = 0 \\ \sum F_y = 0 \\ \sum F_z = 0 \end{array} \right\} \tag{4-4}$$

空间汇交力系有三个独立平衡方程，可以求解三个未知量。求解空间汇交力系平衡问题的步骤与求解平面汇交力系问题相同。顺便指出：在应用式(4-4)时，三个投影轴不一定非要相互垂直，但是，这三个轴不能共面以及其中的任何两个轴不能相互平行。

例 4-2　图 4-7a 所示的 OC 杆高为 6m，在 O 处受到水平向下 20°角的拉力 F

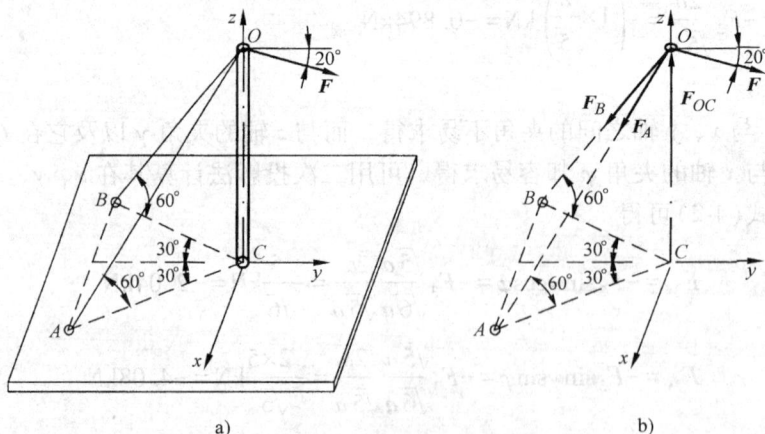

a)　　　　　　　　　　b)

图 4-7　例 4-2 图

作用，拉力的大小 $F = 15\text{kN}$，C 处因埋置较浅，可视为球铰支座。为保持 OC 杆的垂直平衡状态，用 OA、OB 两钢索固定如图。不计 OC 杆自重，试求每根钢索的拉力和 OC 杆所受的压力。

解：取结点 O 为研究对象，作用于 O 点的力有拉力 F、两钢索的拉力 F_A 和 F_B 以及 OC 杆的约束反力 F_{OC}。由于 OC 杆的两端可视为球铰，杆的自重不计，故为二力杆，反力 F_{OC} 必沿杆 OC 的轴线，其反作用力就是杆所受的压力。这些力构成一个如图 4-7b 所示的空间汇交力系。列平衡方程

$$\sum F_x = 0 \qquad F_A\cos 60° \sin 30° - F_B\cos 60° \sin 30° = 0$$

得

$$F_A = F_B$$

$$\sum F_y = 0 \qquad F\cos 20° - F_A\cos 60° \cos 30° - F_B\cos 60° \cos 30° = 0$$

将 $F = 15\text{kN}$ 以及 $F_A = F_B$ 代入上式，得钢索 OA、OB 的拉力为

$$F_A = F_B = 16.3\text{kN}$$

$$\sum F_z = 0 \qquad F_{OC} - F_A\sin 60° - F_B\sin 60° - F\sin 20° = 0$$

将 $F_A = F_B = 16.3\text{kN}$ 代入上式，得 OC 杆的约束反力为

$$F_{OC} = 33.7\text{kN}$$

故 OC 杆受到的压力为 33.7kN。

4.3　力对轴的矩·力偶矩的矢量表示

4.3.1　力对轴的矩的概念

力对轴的矩可以度量力使物体绕该轴转动的效应。例如，用力 F 去开门，在力 F 作用下，门可以从静止开始绕固定轴 z（铰链轴线）转动，这个转动效应可以用力 F 对 z 轴的力矩来度量，记为 $M_z(F)$，也可以简写为 M_z。

为了计算某力 F 对 z 轴的力矩，如图 4-8 所示，将力 F 分解为平行于 z 轴的分力 F_z 和垂直于 z 轴的分力 F_{xy}（此分力即为力 F 在垂直于 z 轴的 Oxy 平面上的投影）。由经验可知，分力 F_z 不能使静止的物体（如门）绕 z 轴转动，故分力 F_z 对 z 轴的矩为零；只有分力 F_{xy} 才能使物体绕 z 轴转动。分力 F_{xy} 使物体绕 z 轴转动的效应取决于

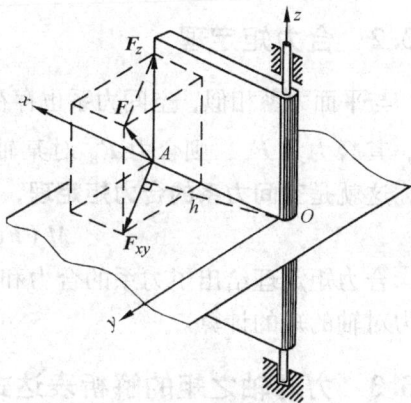

图 4-8　力对轴的矩

Oxy 平面上力 F_{xy} 对 O 点力矩。设 O 点到 F_{xy} 的垂直距离是 h，则有力 F 对 z 轴的力矩为

$$M_z(F) = M_O(F_{xy}) = \pm F_{xy}h \qquad (4\text{-}5)$$

即，**一个力对某轴的力矩等于这个力在垂直于该轴的平面上的投影对于该轴与该平面的交点的力矩。**

力对轴的矩是一个代数量，正负号确定如下：从 z 轴正端沿 z 轴看去，F_{xy} 绕 z 轴按逆时针转向转动，则取正号（见图 4-9a）；反之，取负号（见图 4-9b）。

力对轴的矩的单位与力对点的矩的单位相同，也是牛·米（N·m）或千牛·米（kN·m）等。

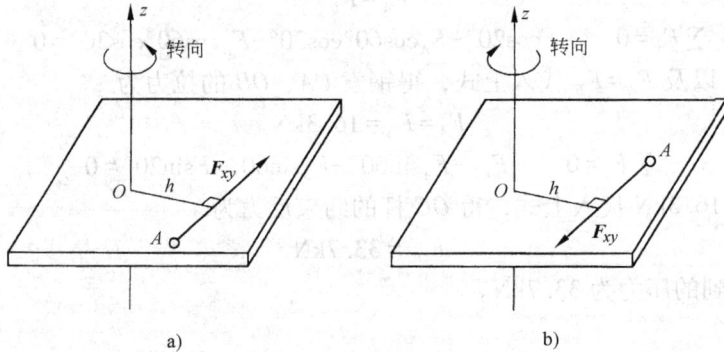

图 4-9   力对轴的矩的正负号确定

由式(4-5)可见，力与轴平行（此时 $F_{xy}=0$）或力与轴相交（此时 $h=0$）这两种情形下，力对轴的矩等于零。这两种情形可以合起来说：**当力与轴共面时，力对该轴的矩为零。**

4.3.2   合力矩定理

与平面力系相似，空间力系也存在合力矩定理。设有一空间力系 F_1、F_2、…、F_n，其合力为 F_R，则合力 F_R 对某轴 z 的矩等于其各分力对该轴的力矩的代数和，这就是**空间力系的合力矩定理**，其表达式为

$$M_z(F_R) = \sum M_z(F) \qquad (4\text{-}6)$$

合力矩定理给出了力系的合力和分力对同一个轴的矩之间的关系，常用来简化力对轴的矩的计算。

4.3.3   力对轴之矩的解析表达式

设力 F 在三个坐标轴上的投影分别为 F_x、F_y、F_z，其作用点 A 的坐标为 x、

y、z，如图 4-10 所示。由空间力系的合力矩定理，得

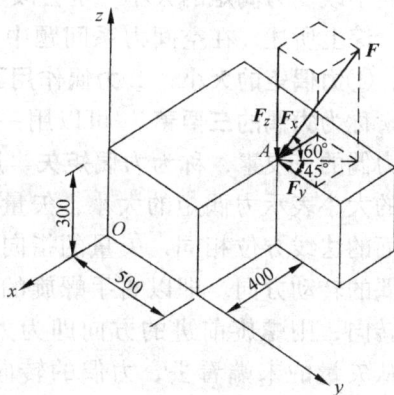

$$M_z(\boldsymbol{F}) = M_z(\boldsymbol{F}_x) + M_z(\boldsymbol{F}_y) + M_z(\boldsymbol{F}_z) = xF_y - yF_x$$

同理可得其余两式。将此三式合并写为

$$\left.\begin{array}{l} M_x = yF_z - zF_y \\ M_y = zF_x - xF_z \\ M_z = xF_y - yF_x \end{array}\right\} \tag{4-7}$$

这就是计算力对三个坐标轴之矩的解析式。注意在应用式(4-7)时，式中每一个量均需以代数值代入计算。

例 4-3　求图 4-11 中力 $\boldsymbol{F}$ 对三个坐标轴的力矩。已知 $F = 20\text{N}$，尺寸见图，单位：mm。

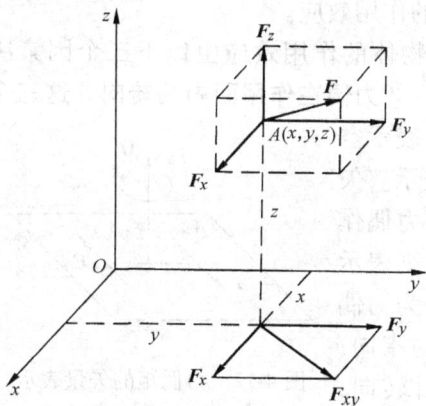

图 4-10　空间力系的合力矩定理　　　　图 4-11　例 4-3 图

解：本题应用合力矩定理求解较为方便。力 $\boldsymbol{F}$ 沿三个坐标轴的分力大小分别为

$$F_x = F\cos60°\sin45° = (20\cos60°\sin45°)\,\text{N} = 7.07\text{N}$$

$$F_y = F\cos60°\cos45° = (20\cos60°\cos45°)\,\text{N} = 7.07\text{N}$$

$$F_z = F\sin60° = (20\sin60°)\,\text{N} = 17.32\text{N}$$

由合力矩定理可得力 $\boldsymbol{F}$ 对三个坐标轴的力矩分别为

$$M_x = M_x(\boldsymbol{F}_y) - M_x(\boldsymbol{F}_z) = (7.07 \times 0.3 - 17.32 \times 0.5)\,\text{N} \cdot \text{m} = -6.54\text{N} \cdot \text{m}$$

$$M_y = M_y(\boldsymbol{F}_z) + M_y(\boldsymbol{F}_x) = (-17.32 \times 0.4 + 7.07 \times 0.3)\,\text{N} \cdot \text{m} = -4.81\text{N} \cdot \text{m}$$

$$M_z = M_z(\boldsymbol{F}_x) + M_z(\boldsymbol{F}_y) = (-7.07 \times 0.5 + 7.07 \times 0.4)\,\text{N} \cdot \text{m} = -0.71\text{N} \cdot \text{m}$$

本题也可以应用式(4-7)计算，请读者自行完成。

4.3.4　力偶矩的矢量表示

由 2.4.2 节中所述力偶的基本性质知道，只要保持力偶矩的大小和力偶的转向不变，力偶可以在它的作用面内任意移动；保持力偶矩的大小和力偶的转向不变，同时调节力偶中力的大小和力偶臂的长短，也不会改变力偶对刚体的作用效应。经验还告诉我们，力偶的作用面平行移动时同样不会改变力偶对刚体的作用效应。例如驾驶员转动方向盘时，只要作用在方向盘上的力偶矩的大小和力偶的转向保持不变，可以随意调节方向盘转轴的长短，而不会改变对方向盘的转动效应。改变方向盘转轴长短的同时，也就将力偶的作用面进行了平行移动。由此可知，**力偶的作用面可以平行移动，而不改变力偶对刚体的作用效应**。但是，如果改变力偶作用面的方位，或者说将力偶从所在的平面移到另一不平行的平面内，即使不改变力偶矩的大小，也会改变对刚体的作用效应。

综上所述，在空间力系问题中，力偶对物体的作用效应由以下三个因素决定：①力偶矩的大小；②力偶作用面的方位；③力偶在作用面内的转向。这三个因素称为**力偶的三要素**。可以用一个矢量来表示空间力偶的三要素，称为**力偶矩矢**，用 M 来表示。矢量的大小表示力偶矩的大小，矢量的方位与力偶作用面的法线方位相同，矢量的指向按右手规则表示力偶的转动方向。即以右手螺旋的转动方向为力偶的转向，则螺旋前进的方向即为力偶矩矢的指向；或从矢量的末端看去，力偶的转向是逆时针转向，如图 4-12 所示。

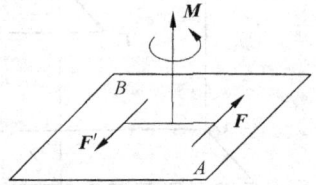

图 4-12　力偶矩的矢量表示

由于力偶可以在自身平面内任意移动，也可以在平行的平面内任意移动，而不改变它对刚体的作用效应，故力偶矩矢可以在空间任意平行移动，它是一个自由矢量。

4.4　空间任意力系的平衡

物体在空间任意力系作用下处于平衡状态时，必定既不发生移动，也不发生转动，也就是说，物体沿三个坐标轴的方向都不能发生移动，同时，物体绕三个坐标轴也都不发生转动。这就要求力系中所有各力在三个坐标轴的每一轴上投影的代数和都要等于零，以及力系中的各力对三个坐标轴的力矩的代数和也都要分别等于零，即

$$\left. \begin{array}{l} \sum F_x = 0 \\[4pt] \sum F_y = 0 \\[4pt] \sum F_z = 0 \\[4pt] \sum M_x = 0 \\[4pt] \sum M_y = 0 \\[4pt] \sum M_z = 0 \end{array} \right\} \tag{4-8}$$

空间任意力系若满足式(4-8)，就必定能使物体处于平衡状态；反之，则一定不能使物体平衡。所以式(4-8)表示的就是空间任意力系平衡的充要条件，即：**力系中所有各力在三个坐标轴上投影的代数和分别等于零，对三个坐标轴的力矩的代数和也分别等于零**。式(4-8)称为空间任意力系的平衡方程。

研究空间任意力系的平衡问题，有六个独立平衡方程，可以求解六个未知量。在应用平衡方程时，可自行建立使求解方程式简便的投影轴和力矩轴。例如，选投影轴与较多的未知力垂直，使这些力在轴上的投影为零；选力矩轴与较多未知力的作用线平行或相交，使这些力对该轴的力矩等于零。这样可尽量减少每个方程中的未知量，最好做到一个方程求解出一个未知量，以免求解联立方程。

顺便指出：空间任意力系的平衡方程除式(4-8)所示的三投影式和三力矩式的基本形式外，还有四力矩形式、五力矩形式和六力矩形式，与平面任意力系一样，对投影轴和力矩轴都有一定的限制条件。

空间任意力系是力系的一般情形，其他力系如平面任意力系、空间汇交力系、空间平行力系等，都是它的特殊形式。所以，这些力系的平衡方程都可以由空间任意力系的平衡方程式(4-8)导出。现由式(4-8)导出空间平行力系的平衡方程，其余力系的平衡方程读者可自行推导。

设物体受空间平行力系作用，如图4-13所示，令 z 轴与这些力平行，则各力都与 x、y 轴垂直，在 x、y 轴上的投影都等于零。又因为各力都与 z 轴平行，故各力对 z 轴的力矩也都等于零。因而，在平衡方程式(4-8)中，$\sum F_x = 0$、$\sum F_y = 0$、$\sum M_z = 0$ 三个方程将自动得到满足，无需列出。故空间平行力系只有三个平衡方程，即

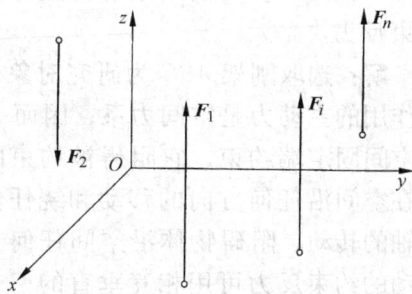

图 4-13　空间平行力系的平衡

$$\left. \begin{array}{l} \sum F_z = 0 \\[4pt] \sum M_x = 0 \\[4pt] \sum M_y = 0 \end{array} \right\} \tag{4-9}$$

例4-4 图4-14所示的小车,自重 $F_P = 8kN$,作用于 E 点,荷载 $F_{P1} = 10kN$,作用于 C 点。求小车静止时地面对车轮的反力。

解: 以小车为研究对象,受力如图4-14所示。其中 F_P 和 F_{P1} 是主动力,F_A、F_B 和 F_D 为地面的约束反力,此五个力组成空间平行力系。

建立坐标系 $Oxyz$ 如图,列平衡方程

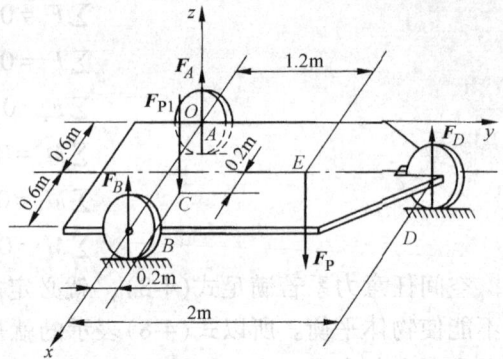

图4-14　例4-4图

$$\sum F_z = 0 \qquad -F_P - F_{P1} + F_A + F_B + F_D = 0 \qquad (a)$$

$$\sum M_x = 0 \qquad -0.2F_{P1} - 1.2F_P + 2F_D = 0 \qquad (b)$$

$$\sum M_y = 0 \qquad 0.8F_{P1} + 0.6F_P - 0.6F_D - 1.2F_B = 0 \qquad (c)$$

由本题式(b)解得

$$F_D = 5.8kN$$

代入本题式(c),解出

$$F_B = 7.8kN$$

代入本题式(a),解出

$$F_A = 4.4kN$$

例4-5 如图4-15所示悬臂刚架 ABC,A 端固定在基础上,在刚架的 C 点和 D 点分别作用有水平力 F_1 和 F_2,在 BC 段作用有集度为 q 的均布荷载,已知 h、H、l,略去刚架的自重,试求约束反力。

解: 选取刚架 ABC 为研究对象,其上作用的主动力是空间力系,因而 A 处为空间固定端约束,它阻碍被约束的物体在空间沿任何方向的移动和绕任何空间轴的转动。阻碍物体沿空间任何方向移动的约束反力可用相互垂直的三个分力 F_{Ax}、F_{Ay}、F_{Az} 来表示;阻碍物体绕任

图4-15　例4-5图

何空间轴转动的约束反力偶可用作用面相互垂直的三个分力偶 M_{Ax}、M_{Ay}、M_{Az} 来表示,刚架受力如图4-15所示,是一个空间一般力系。

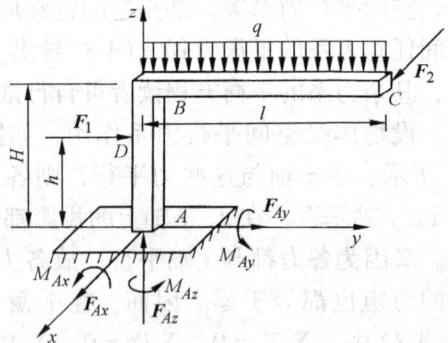

建立图示坐标系,列平衡方程并求解

$$\sum F_x = 0 \qquad F_{Ax} + F_2 = 0$$
$$F_{Ax} = -F_2$$
$$\sum F_y = 0 \qquad F_{Ay} + F_1 = 0$$
$$F_{Ay} = -F_1$$
$$\sum F_z = 0 \qquad F_{Az} - ql = 0$$
$$F_{Az} = ql$$
$$\sum M_x = 0 \qquad M_{Ax} - F_1 h - ql\frac{l}{2} = 0$$
$$M_{Ax} = F_1 h + \frac{1}{2}ql^2$$
$$\sum M_y = 0 \qquad M_{Ay} + F_2 H = 0$$
$$M_{Ay} = -F_2 H$$
$$\sum M_z = 0 \qquad M_{Az} - F_2 l = 0$$
$$M_{Az} = F_2 l$$

解出的负值表示该约束反力或约束反力偶的实际方向与受力图中假设的方向相反。

例 4-6 在图 4-16a 中，皮带轮的半径 $r_1 = 200$mm，$r_2 = 250$mm，距离 $a = 0.5$m，$b = 1$m。轮 C 上两边胶带水平，其拉力 $F_2 = 2F_1 = 5$kN；轮 D 上两边胶带与铅垂线夹角均为 $\alpha = 30°$，其大小为 $F_3 = 2F_4$。不计轮和轴自重，试求在平衡状态下胶带拉力 F_3、F_4 及轴承 A、B 的约束反力。

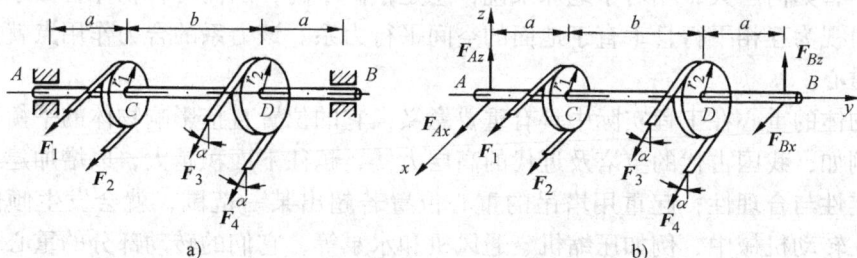

图 4-16 例 4-6 图

解：取传动轴连同带轮为研究对象，在研究对象上作用的力有胶带拉力 F_1、F_2、F_3、F_4 和 A、B 轴承反力 F_{Ax}、F_{Az}、F_{Bx}、F_{Bz}，它们组成一个空间任意力系，4-16b 所示为其受力图。

建立如图所示的坐标系，由于所有的力都与 y 轴垂直，故 $\sum F_y \equiv 0$，因而该力系只有五个独立平衡方程，连同条件 $F_3 = 2F_4$，可以求解六个未知量 F_3、F_4、F_{Ax}、F_{Ay}、F_{Bx}、F_{By}。列平衡方程

$$\sum F_x = 0 \qquad F_{Ax} + F_{Bx} + F_1 + F_2 + (F_3 + F_4)\sin\alpha = 0 \qquad (\text{a})$$

$$\sum F_z = 0 \qquad F_{Az} + F_{Bz} - (F_3 + F_4)\cos\alpha = 0 \qquad (\text{b})$$

$$\sum M_x = 0 \qquad F_{Bz}(2a+b) - (F_3 + F_4)\cos\alpha(a+b) = 0 \qquad (\text{c})$$

$$\sum M_y = 0 \qquad (F_3 - F_4)r_2 - (F_2 - F_1)r_1 = 0 \qquad (\text{d})$$

$$\sum M_z = 0 \qquad -F_{Bx}(2a+b) - (F_1 + F_2)a - (F_3 + F_4)\sin\alpha(a+b) = 0 \qquad (\text{e})$$

$$F_3 = 2F_4 \qquad (\text{f})$$

由本题式(d)与式(f)联立解得

$$F_3 = 4\text{kN} \qquad F_4 = 2\text{kN}$$

将 F_3、F_4 值代入本题式(e)与式(c)解得

$$F_{Bx} = -4.13\text{kN} \qquad F_{Bz} = 3.90\text{kN}$$

再由本题式(a)与式(b)可得

$$F_{Ax} = -6.37\text{kN} \qquad F_{Az} = 1.30\text{kN}$$

解出的 F_{Ax}、F_{Bx} 为负值,表明反力 $\boldsymbol{F}_{Ax}$、$\boldsymbol{F}_{Bx}$ 的实际指向与受力图中的相反。

4.5 物体的重心

4.5.1 重心的概念

物体的重力是指地球对物体的吸引力。物体可看作由无数微小的体积所组成,地球对物体各微小体积的吸引力应该都汇交于地球的中心,然而地球上的建筑物不管如何巨大,相对于地球来说,总是很渺小的,因而可将物体各微小体积的重力视为互相平行且垂直于地面的空间平行力系。该力系的合力作用点就是物体的**重心**。

物体的重心在工程实际中具有重要意义,它的位置直接影响物体的平衡和稳定。例如,我国古代的宝塔及近代的高层大楼,越往下面积越大,以增加建筑物的稳定性与合理性;起重用塔吊的重心位置若超出某一范围,就会发生倾倒事故;在转动机械中,例如压缩机、通风机和水泵等,它们的转动部分的重心若不在转动轴线上,就会产生强烈的振动,从而造成各种不良后果。所以确定重心的位置是很重要的。

4.5.2 物体的重心位置

设物体的重力为 $\boldsymbol{F}_P$,在图4-17所示的直角坐标系 $Oxyz$ 中,其重心 C 的坐标为 x_C、y_C、z_C。物体内任一微小部分的重力为 $\Delta\boldsymbol{F}_{Pi}$,其作用点 C_i 的坐标为 x_i、y_i、z_i。各微小部分的重力之和就是整个物体的重力,其大小 $F_P = \sum \Delta F_{Pi}$ 称为物体的重力。根据合力矩定理,物体的重力 $\boldsymbol{F}_P$ 对 y 轴的力矩等于各微小部分的重

力对 y 轴的力矩的代数和，即

$$F_\text{P} x_C = \sum \Delta F_{\text{P}i} x_i$$

所以有

$$x_C = \frac{\sum \Delta F_{\text{P}i} x_i}{F_\text{P}}$$

利用坐标轮换的方法，可得

$$y_C = \frac{\sum \Delta F_{\text{P}i} y_i}{F_\text{P}}$$

$$z_C = \frac{\sum \Delta F_{\text{P}i} z_i}{F_\text{P}}$$

从而得到物体**重心坐标的基本公式**

图 4-17　物体的重心坐标

$$\left. \begin{array}{l} x_C = \dfrac{\sum \Delta F_{\text{P}i} x_i}{F_\text{P}} \\[3mm] y_C = \dfrac{\sum \Delta F_{\text{P}i} y_i}{F_\text{P}} \\[3mm] z_C = \dfrac{\sum \Delta F_{\text{P}i} z_i}{F_\text{P}} \end{array} \right\} \tag{4-10}$$

对于均质物体，其密度 ρ 为常量，设任一微小部分的体积为 ΔV_i，整个物体的体积为 $V = \sum \Delta V_i$，则有

$$\Delta F_{\text{P}i} = \rho g \Delta V_i, \quad F_\text{P} = \sum \Delta F_{\text{P}i} = \rho g \sum \Delta V_i = \rho g V$$

代入式(4-10)中，消去 ρg，得到

$$\left. \begin{array}{l} x_C = \dfrac{\sum \Delta V_i x_i}{V} \\[3mm] y_C = \dfrac{\sum \Delta V_i y_i}{V} \\[3mm] z_C = \dfrac{\sum \Delta V_i z_i}{V} \end{array} \right\} \tag{4-11}$$

由式(4-11)可知，均质物体的重心位置与物体的重力无关，只决定于物体的几何形状和尺寸。式(4-11)所决定的 C 点就是物体的几何中心，叫做物体的几何形体的**形心**。可见均质物体的重心和形心是相重合的。

令 ΔV_i 趋近于零，在极限情况下，式(4-11)可写成积分形式，即

$$x_C = \frac{\int_V x \text{d}V}{V}, \quad y_C = \frac{\int_V y \text{d}V}{V}, \quad z_C = \frac{\int_V z \text{d}V}{V} \tag{4-12}$$

如果物体是均质等厚度的薄壳或薄板，以 A 表示壳或板的表面面积，ΔA_i 表

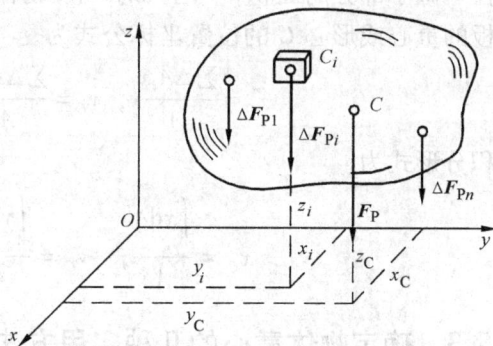

示任一微小部分的面积，与上面求均质物体重心的方法相同，可求得均质薄壳或薄板的重心或形心 C 的位置坐标公式为

$$x_C = \frac{\sum \Delta A_i x_i}{A}, \quad y_C = \frac{\sum \Delta A_i y_i}{A}, \quad z_C = \frac{\sum \Delta A_i z_i}{A} \tag{4-13}$$

其积分形式为

$$x_C = \frac{\int_A x \mathrm{d}A}{A}, \quad y_C = \frac{\int_A y \mathrm{d}A}{A}, \quad z_C = \frac{\int_A z \mathrm{d}A}{A} \tag{4-14}$$

4.5.3 确定物体重心的几种实用方法

1. 查表法

对于一些简单形状的均质物体(或几何形体)，其重心(或形心)的位置可查阅有关工程手册。表 4-1 列出了几种常见的简单均质物体的重心位置，供参阅。

表 4-1　简单均质物体重心的位置

图　形	重心位置	图　形	重心位置
三角形	在中线的交点 $y_C = \frac{1}{3}h$	部分圆环	$x_C = \frac{2(R^3 - r^3)\sin\alpha}{3(R^2 - r^2)\alpha}$ $y_C = 0$
圆弧	$x_C = \frac{R\sin\alpha}{\alpha}$ $y_C = 0$	半圆形	$x_C = \frac{4R}{3\pi}$ $y_C = 0$
扇形	$x_C = \frac{2R\sin\alpha}{3\alpha}$ $y_C = 0$	梯形	$y_C = \frac{h(a+2b)}{3(a+b)}$

（续）

图 形	重心位置	图 形	重心位置
抛物线面	$x_C = \dfrac{3}{8}a$ $y_C = \dfrac{3}{5}b$	正圆锥	$x_C = 0$ $y_C = 0$ $z_C = \dfrac{1}{4}h$

2. 对称判别法

许多形体往往具有对称面、对称轴或对称中心。由重心坐标的基本公式不难证明：**凡对称的均质形体，其重心必在其对称面、对称轴或对称中心上。** 如图 4-18 所示的圆球体，其球心是对称中心，它就是该球体的形心；矩形薄板和工字形薄板的形心在其两对称轴的交点上；而 T 形薄板和 ∩ 形薄板的形心在其对称轴上。如果上述各形体是均质连续的，则各自的形心与其重心相重合。

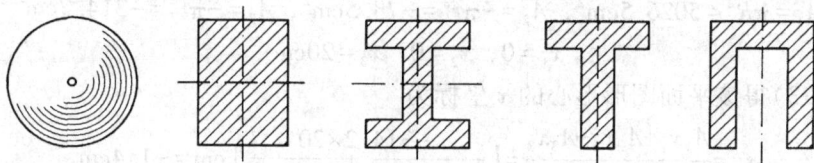

图 4-18　一些对称形体

3. 形体组合法

有些形体虽然比较复杂，但是它们往往可以看成是由一些简单的形体或有规则的形体所组成，而这些形体的形心通常可以直接求出或查表得到，于是整个形体的形心就可用式（4-11）或式（4-13）求得。这种方法也称为**分割法**。如果在规则形体上切去一部分，则在分割时，可以认为原来形体是完整的，然后再加上切去的部分，但是必须把切去部分的体积或面积取为负值。

例4-7　求图 4-19 所示均质等厚度 U 形薄板的重心位置，图中尺寸单位：mm。

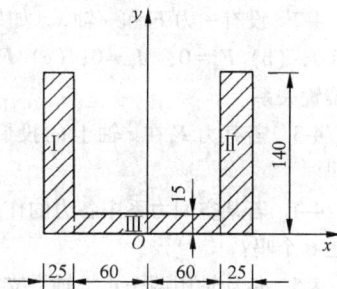

图 4-19　例 4-7 图

解：建立直角坐标系如图 4-19 所示。因 y 轴是对称轴，故该薄板的重心必在 y 轴上，即 $x_C = 0$。为确定重心坐标 y_C，将 U 形薄板按图中虚线分为三个矩形，如图所示。这三个矩形的面积和它们重心的 y 坐标分别为

$$A_1 = A_2 = (140 \times 25)\,\text{mm}^2 = 3500\,\text{mm}^2, \quad A_3 = (120 \times 15)\,\text{mm}^2 = 180\,\text{mm}^2$$

$$y_1 = y_2 = 70\,\text{mm}, \quad y_3 = 7.5\,\text{mm}$$

将上述数值代入式（4-13），得 U 形薄板重心的 y 坐标为

$$y_C = \frac{A_1 y_1 + A_2 y_2 + A_3 y_3}{A_1 + A_2 + A_3}$$

$$= \left(\frac{3500 \times 70 + 3500 \times 70 + 180 \times 7.5}{3500 + 3500 + 180} \right) \text{mm}$$

$$= 57.2\,\text{mm}$$

例 4-8　求图 4-20 所示平面图形的形心位置。已知 $R = 40\,\text{cm}$，$r_1 = 5\,\text{cm}$，$r_2 = 10\,\text{cm}$。

解：建立直角坐标系如图所示。因 x 轴是对称轴，故该平面图形的形心必在 x 轴上，有 $y_C = 0$。该图形看作是在一个大圆中挖去两个小圆而成。这三部分的面积和相应的形心坐标分别为

图 4-20　例 4-8 图

$$A_1 = \pi R^2 = 5026.5\,\text{cm}^2, \quad A_2 = -\pi r_1^2 = -78.5\,\text{cm}^2, \quad A_3 = -\pi r_2^2 = -314.2\,\text{cm}^2$$

$$x_1 = 0, \quad x_2 = 0, \quad x_3 = 20\,\text{cm}$$

由式（4-13）得该平面图形形心的 x 坐标为

$$x_C = \frac{A_1 x_1 + A_2 x_2 + A_3 x_3}{A_1 + A_2 + A_3} = \left(\frac{-314.2 \times 20}{5026.5 - 78.5 - 314.2} \right) \text{cm} = -1.4\,\text{cm}$$

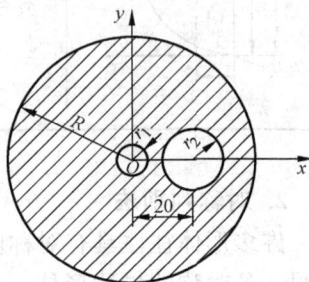

复习思考题

4-1　为什么力在平面上的投影需用矢量表示？

4-2　设有一力 F 和一轴 x，如果力在轴上的投影和力对轴的矩为下列情况：（a）$F_x \neq 0$，$M_x = 0$；（b）$F_x = 0$，$M_x \neq 0$；（c）$F_x \neq 0$，$M_x \neq 0$；试判断每一种情况下力 F 的作用线与 x 轴的位置关系。

4-3　若某力 F 在 z 轴上的投影等于零，对 z 轴的力矩也等于零，该力的大小一定是零吗？

4-4　若某空间力系中各力的作用线都平行于一固定平面，该力系的独立平衡方程的数目还是 6 个吗？

4-5　传动轴用两个止推轴承支撑，每个轴承有三个未知力，共有 6 个未知量，而空间任意力系恰好有 6 个平衡方程，是否可以求解出这 6 个未知量？

4-6　当物体的质量分布不均匀时，其重心与形心还重合吗？

4-7　一均质等截面直杆，若把它弯曲成圆弧形，弯曲前后重心的位置是否不变？

4-8 计算物体的重心位置时，若选取不同的坐标系，计算出的重心的坐标是否不同？物体的重心相对于该物体的位置是否随坐标系的选择不同而不同？

习 题

4-1 图 4-21 所示立柱上作用的力 $F = 100N$，力 F 与其在 yOz 平面内投影的夹角 $\alpha = 45°$，该投影与 z 轴的夹角 $\beta = 30°$。求力 F 在三坐标轴上的投影。

4-2 图 4-22 所示高为 28m 的立柱 AB 用 AC、AD、AE 及 AH 四根钢索拉住，每根钢索长为 35m。如每根钢索的拉力为 1kN，试问杆中的压力为多少？$CDEH$ 是以 B 为中心的正方形。

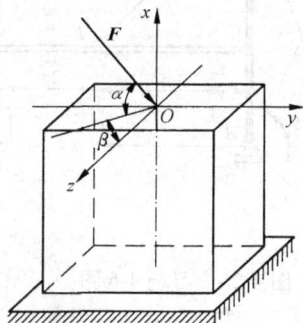

图 4-21 习题 4-1 图 　　　　　　　　图 4-22 习题 4-2 图

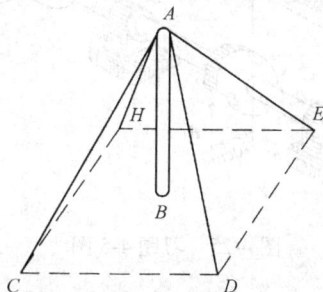

4-3 图 4-23 所示三杆 OA、OB 和 OC 在 O 点用球形铰连接，且在 A、B、C 处用球形铰固定在墙壁上。杆 OA 与 OB 位于水平面内，且 $\triangle AOB$ 为等边三角形，D 为 AB 中点。杆 OC 位于 $\triangle COD$ 所在的铅垂平面内，并与墙成 $30°$ 夹角。在 C 点悬挂重力为 F_P 的重物。试求三杆所受的力各为多少？

4-4 图 4-24 所示支架在 B、C 和 D 三点用铰链固定，在 A 点悬挂重物的重力为 $F_P = 10kN$，不计架重，求支座 B、C 和 D 的反力。

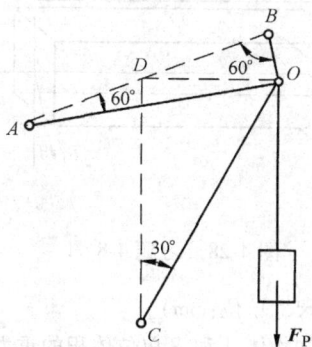

图 4-23 习题 4-3 图 　　　　　　　　图 4-24 习题 4-4 图

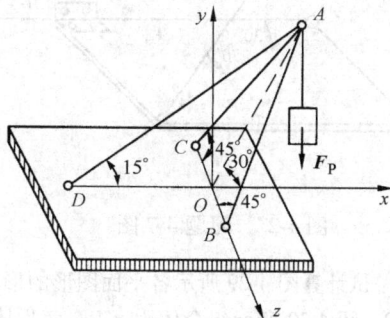

4-5　图 4-25 所示水平轴上装有两个凸轮,凸轮上分别作用有已知力 $F_1 = 800N$ 和未知力 F_2。如轴平衡,求力 F_2 的大小和轴承反力。

4-6　扒杆如图 4-26 所示,立柱 AB 用 BG 和 BH 两根缆风绳拉住,并在 A 点用球铰约束,臂杆的 D 端悬吊的重物重力 $F_P = 20kN$。求两缆风绳的拉力和支座的反力。

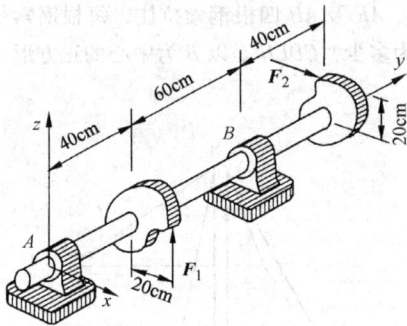

图 4-25　习题 4-5 图

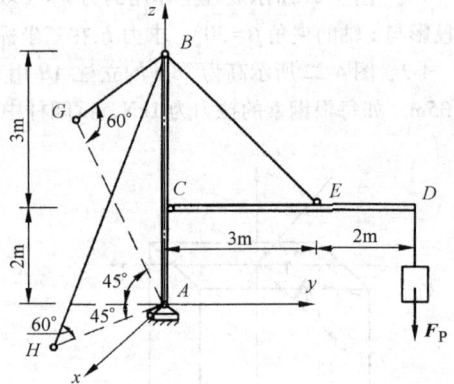

图 4-26　习题 4-6 图

4-7　图 4-27 所示均质长方形平板 ABCD 重 $F_P = 200N$,用球形铰 A 和蝶形铰 B 固定在墙上,并用绳 EC 维持在水平位置。试求绳的拉力和支座的反力。

4-8　图 4-28 所示悬臂梁长 $l = 2m$,在梁的自由端面上作用两个力。F_1 通过截面形心并与铅锤面夹角 $\alpha = 30°$,F_2 沿杆件的轴线,两力大小分别为 $F_1 = 20kN$,$F_2 = 10kN$,试求固定端的约束反力。

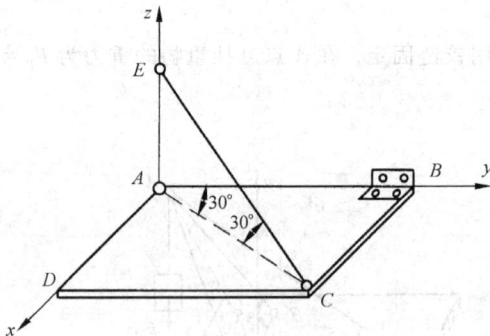

图 4-27　习题 4-7 图

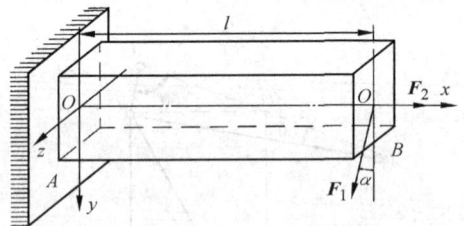

图 4-28　习题 4-8 图

4-9　试计算图 4-29 所示各平面图形的形心坐标(图中尺寸单位:mm)。

4-10　图 4-30 所示组合体由 A、B 两物体所组成,已知物体 A 和 B 单位体积的重力分别为 $\gamma_A = 19.6kN/m^3$ 和 $\gamma_B = 58.8kN/m^3$。试确定该组合体的重心坐标(图中尺寸单位:mm)。

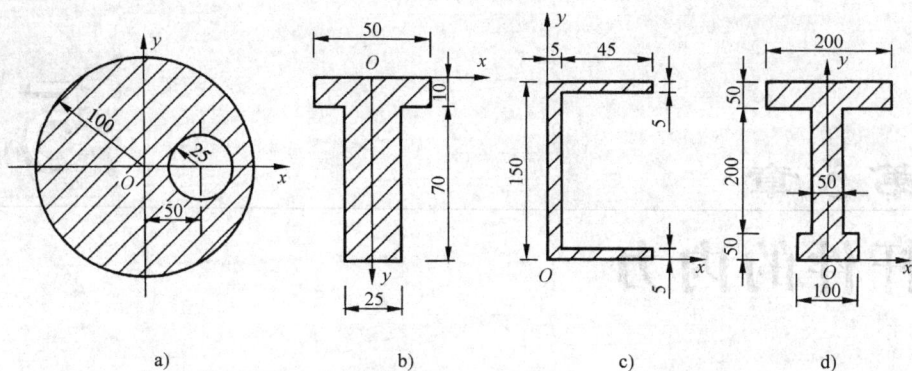

图 4-29 习题 4-9 图

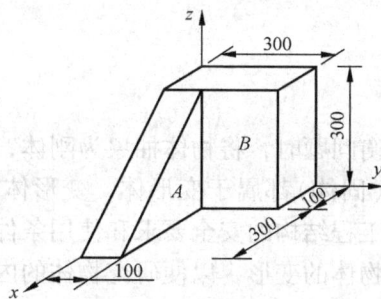

图 4-30 习题 4-10 图

5

第5章
杆件的内力

5.1 杆件变形的基本形式

5.1.1 变形体的概念

在前面研究物体的平衡问题时，将物体抽象为刚体，即认为物体在外力作用下不产生变形。实际物体(固体)都属于变形体，变形体在受力后产生变形并伴随着产生内力。为了满足工程结构的安全要求和使用条件，除了要研究物体的平衡外，还必须进一步考虑物体的变形，以便研究物体的内力。

5.1.2 内力与截面法

在前面介绍的力系平衡问题中，都只是讨论了物体所受到的外力。实际上物体在外力或其他荷载作用下将产生变形，体内各点发生相对移动，从而引起相邻部分间因力图恢复原有形状而产生的相互作用力，即**内力**。变形体力学中的内力不同于刚体静力学中物体系统各部分之间的相互作用力，也不同于物理学中基本粒子之间的相互作用力，变形体的内力是因变形而产生的，而内力又力图使变形消失。

求内力的方法通常采用**截面法**。如图5-1所示，用一假想的截面将物体截开，取其中一个部分为研究对象，画出其受力图。在画受力图时应注意，除原有的外力必须画出外，还应画出截面上的内力(对该分离体来说也是外力)。当变形体处于平衡状态时，从变形体上截取的任何一部分也必定是平衡的，即满足力系的平衡条件。故可利用平衡条件求出截面上的内力。

由于截面上的内力分布比较复杂，可根据力系简化理论，将截面上的分布内力向其形心简化得到内力主矢和主矩，如图5-2a所示。图中 F_R、M_O 分别为内力主矢和主矩。为了便于计算，常将主矢 F_R 和主矩 M_O 沿直角坐标轴分解，因

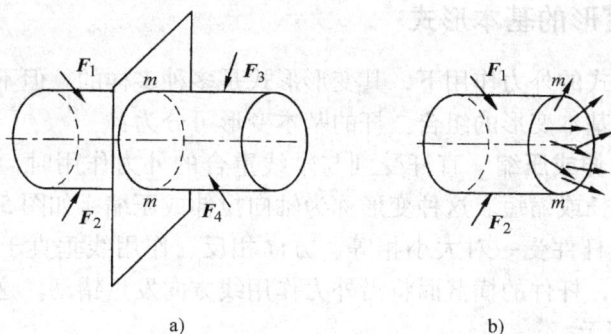

图 5-1 内力

此，过 O 点作直角坐标系 $Oxyz$，使横截面位于 yz 平面内，x 轴为杆轴线，其正向与截面的外法线一致，则 F_R 的三个分量为 F_x、F_y、F_z，M_O 的三个分量为 M_x、M_y、M_z，如图 5-2b 所示。

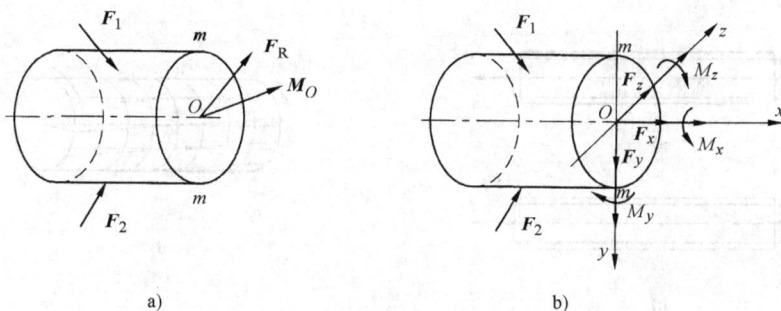

图 5-2 内力主矢、主矩

由截面上的分布内力简化而得到的六个分量 F_x、F_y、F_z、M_x、M_y、M_z 称为内力分量，简称为内力。力 F_x 垂直于截面，称为轴力；力 F_y、F_z 平行于截面，称为剪力；力偶 M_x 有使截面产生绕轴线转动的趋势，称为扭矩；力偶 M_y、M_z 分别有使截面绕 y 轴和 z 轴转动的趋势，称为弯矩。考察这一部分的平衡，即可求出该截面上的全部内力。

用截面法求内力可归纳为四个字：

1）截：欲求某一截面的内力，则沿该截面将构件假想地截成两部分。

2）取：取其中任意部分为研究对象，而弃去另一部分。

3）代：用作用于截面上的内力，代替弃去部分对留下部分的作用力。

4）平：建立平衡方程，即可求得截面上的内力。

5.1.3　杆件变形的基本形式

杆在各种形式的外力作用下，其变形形式是多种多样的。但不外乎是某一种基本变形或几种基本变形的组合。杆的基本变形可分为：

（1）**轴向拉伸或压缩**　直杆受到与轴线重合的外力作用时，杆的变形主要是轴线方向的伸长或缩短。这种变形称为轴向拉伸或压缩，如图 5-3a、b 所示。

（2）**剪切**　杆件受一对大小相等、方向相反、作用线垂直于杆轴线且距离很近的力作用时，杆件的横截面将沿外力作用线方向发生错动。这种变形称为剪切，如图 5-3c 所示。

（3）**扭转**　直杆在垂直于轴线的两平面内，受到大小相等、方向相反的力偶作用时，各横截面发生相对转动。这种变形称为扭转，如图 5-3d 所示。

（4）**弯曲**　直杆受到垂直于轴线的外力或在包含轴线的平面内的力偶作用时，杆的轴线发生弯曲。这种变形称为弯曲，如图 5-3e 所示。

杆在外力作用下，若同时发生两种或两种以上的基本变形，则称为组合变形。

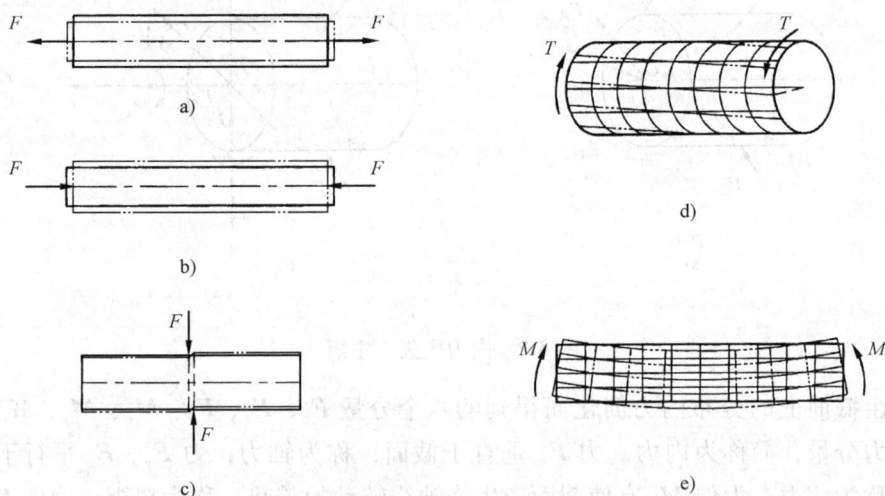

图 5-3　杆件的几种基本变形

5.2　轴力与轴力图

工程上有一些直杆，在外力作用下，其主要变形是沿轴线方向的伸长或缩短。如图 1-14 所示连杆机构中的连杆 *AB*，图 5-4 所示支架中的 *AC* 杆和 *BC* 杆等。尽管这些杆件端部的联接方式各有差异，但根据其受力和约束情况，均可用图 5-5 的力学计算简图来表示。其外力和变形特点是：

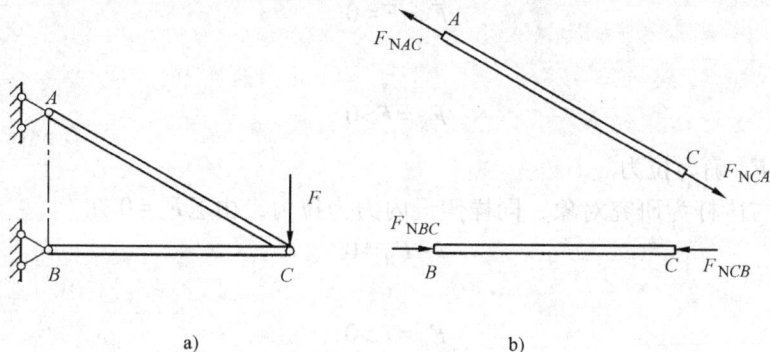

图 5-4　轴向拉压杆实例

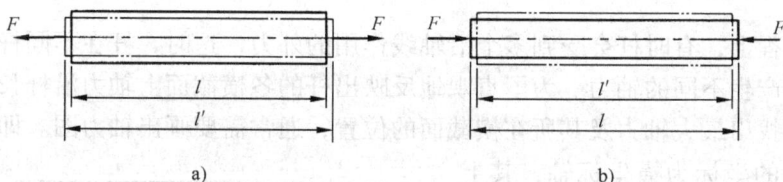

图 5-5　轴向受力杆

外力特点：外力的合力作用线与杆的轴线重合。图 5-5a 为轴向拉伸，图 5-5b 为轴向压缩。

变形特点：杆的主要变形是轴线方向的伸长或缩短，同时杆的横向（垂直于轴线方向）尺寸缩小或增大。图 5-5 中，实线表示杆受力前的形状、双点划线表示杆受力后的形状。

5.2.1　轴力的计算

现求任意横截面 m—m 上的内力。以图 5-6a 所示拉杆为例，应用截面法，假想沿横截面 m—m 处将杆截为两段，并取左段杆为研究对象，如图 5-6b 所示。

在轴向荷载 F 的作用下，杆件横截面上只有一个与轴线重合的内力分量，该内力（分量）称为**轴力**，一般用 F_N 表示。轴力或为拉力，或为压力，为区别起

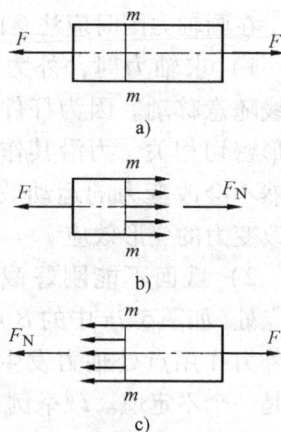

图 5-6　横截面上的内力

见，通常规定拉力为正，压力为负。以拉力 F_N 代替右段对左段的作用力（即假设内力为正），由平衡条件 $\sum F_x = 0$ 得

$$F_N - F = 0$$

于是

$$F_N = F > 0$$

说明轴力 F_N 确为拉力。

若取右段杆为研究对象，同样假设内力为拉力，由 $\sum F_x = 0$ 知

$$F - F_N = 0$$

得

$$F_N = F > 0$$

说明取右段杆为研究对象时，所求的轴力 F_N 仍为拉力。

5.2.2　轴力图

在工程上，有时杆会受到多个沿轴线作用的外力，这时，杆在不同杆段的横截面上将产生不同的轴力。为了直观地反映出杆的各横截面上轴力沿杆长的变化规律，并找出最大轴力及其所在横截面的位置，通常需要画出轴力图。即以平行于杆轴线的坐标为横坐标轴，其上各点表示横截面的位置，以垂直于杆轴线的纵坐标表示横截面上轴力的大小，画出的图线即为**轴力图**。正的轴力画在横坐标轴的上方，负的画在下方。

在画轴力图时应注意两个问题：

1）求轴力时，外力不能沿作用线随意移动。因为杆件的内力与变形密切相关，力沿其作用线移动虽然不会改变力的运动效应，但是会改变力的变形效应。

2）截面不能刚好截在外力作用点处（如图 5-7a 中的 B 点），因为在外力作用点处轴力发生突变，其值是一个不定值。现举例如下。

例 5-1　求图 5-7a 所示杆的轴力，并画轴力图。

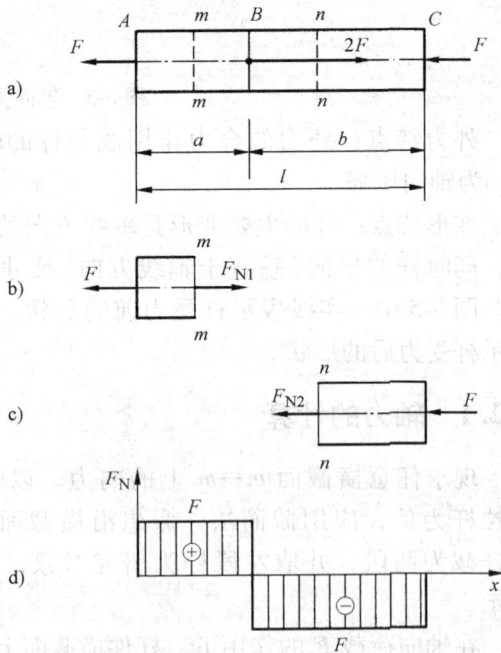

图 5-7　例 5-1 图

解：（1）分段求轴力

取 m—m 截面，并取左部分作为分离体进行受力分析。注意，轴力假设为正（见图 5-7b）。

由平衡方程 $\sum F_x = 0$ 得

$$F_{N1} = F$$

用类似的方法（见图 5-7c），可求得 n—n 截面上的内力为

$$F_{N2} = -F$$

（2）画轴力图

根据所求各段的轴力，即可画出杆的轴力图如图 5-7d 所示。

例 5-2 图 5-8a 所示的杆，在 A、B、C、D 四个截面各有一集中力作用，作杆的轴力图。

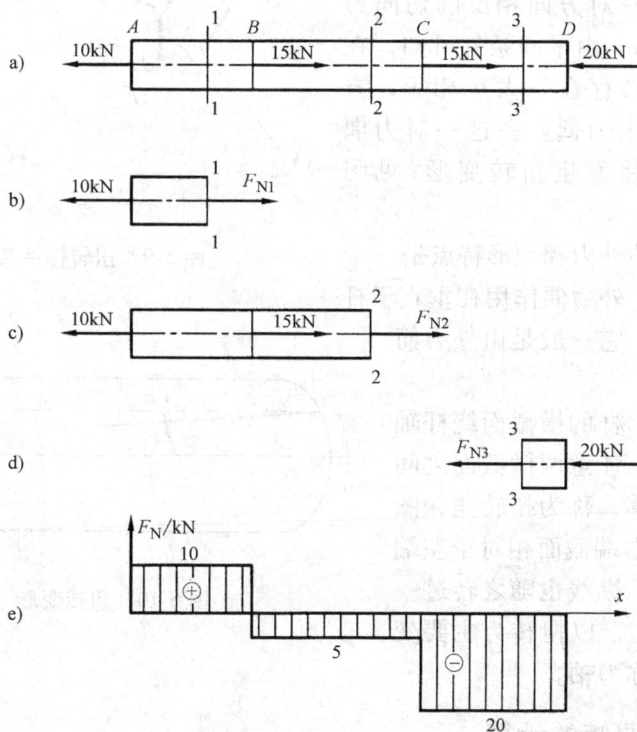

图 5-8 例 5-2 图

解：（1）分段求轴力

分别取 1—1 截面、2—2 截面和 3—3 截面，由分离体的平衡条件（见图 5-8b、c、d）不难求出 AB、BC 和 CD 段杆的轴力分别为

$$F_{N1} = 10\text{kN} \quad （拉力）$$

$$F_{N2} = -5\text{kN} \quad （压力）$$

$$F_{N3} = -20\text{kN} \quad （压力）$$

（2）画轴力图

杆的轴力图如图5-8e所示。

5.3　扭矩与扭矩图

工程上有这样一类直杆，它所受的外力经简化后是作用在垂直于杆轴线的平面内的力偶，在其作用下，杆将发生扭转。如图5-9a所示驾驶盘轴，在轮盘边缘作用一对方向相反的切向力**F**，构成一力偶。由平衡条件可知，在轴的另一端，必存在一大小相等，方向相反的反作用力偶。在这一对力偶的作用下，杆将发生扭转变形（见图5-9b）。

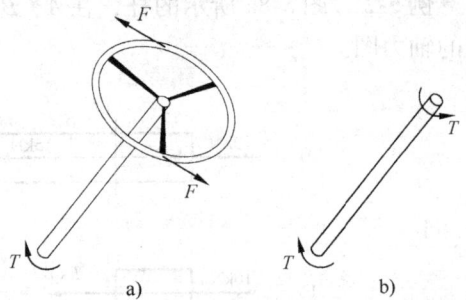

受扭杆件的外力和变形特点是：

外力特点：外力偶作用在垂直于杆轴线的平面内，它一般是由外力简化得到的。

变形特点：杆的横截面绕杆轴线作相对转动，任意两横截面之间产生相对角位移，称为扭转角，图5-10中的φ为右端截面相对于左端截面的扭转角；纵线也随之转过一角度γ。工程上，以扭转为主要变形的圆杆通常称为**轴**。

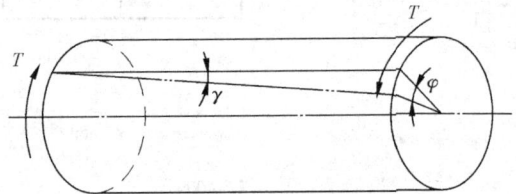

图 5-9　扭转杆件实例

图 5-10　扭转变形

5.3.1　外力偶矩的计算

要求受扭杆件中的内力，首先必须知道使轴发生扭转的外力偶矩T，而工程中常用的传动轴，往往只知道它所传递的功率P和转速n。因此，外力偶矩需要通过功率和转速的换算才能得到。

功率P的常用单位是kW，相当于每秒做功

$$W = 1000P(\text{N} \cdot \text{m}) \tag{5-1a}$$

而转速 n 是指每分钟转动 n 转，那么，每秒钟所转动的弧度为

$$\omega = \frac{2\pi n}{60}(\text{rad/s})$$

则外力偶矩每秒所作的功为

$$W = T\omega = T\frac{2\pi n}{60}(\text{N} \cdot \text{m}) \tag{5-1b}$$

式(5-1a)、式(5-1b)所表达的功是相同的，故

$$1000P = T\frac{2\pi n}{60}$$

得

$$T = \frac{1000 \cdot P \cdot 60}{2\pi n} = 9550\frac{P}{n}(\text{N} \cdot \text{m})$$

或

$$T = 9.55\frac{P}{n}(\text{kN} \cdot \text{m}) \tag{5-2}$$

5.3.2 扭矩的计算

外力偶矩确定后，即可应用截面法确定横截面上的内力。由静力平衡条件可知，杆件受外力偶矩作用发生扭转变形时，横截面上的内力必定为作用在横截面内的内力偶矩，即**扭矩**，用 M_x 表示。

图 5-11a 所示的圆杆 AB，两端受大小相等而转向相反的外力偶矩 T 的作用，现求任一横截面上的内力。

采用截面法，假想将杆在横截面 m—m 处截开，取左段杆为研究对象，并作受力图如图 5-11b 所示。由平衡条件 $\sum M_{ix} = 0$ 可知，横截面上的扭矩 M_x 为

$$M_x = T$$

该截面上的扭矩也可从右段杆的平衡求出，其值仍等于 T，但转向与图 5-11b 中的相反，如图 5-11c 所示。为使从两段杆所求得的同一横截面上的扭矩在正负号上一致，扭矩的正负号规定如下：按右手螺旋法则，以拇指代表横截面的外法线方向，则与其余四指的转向相同的扭矩为正，如图 5-12a 所示；反之为负，如图 5-12b 所示。图 5-11 中横截面 m—m 上的扭矩为正。

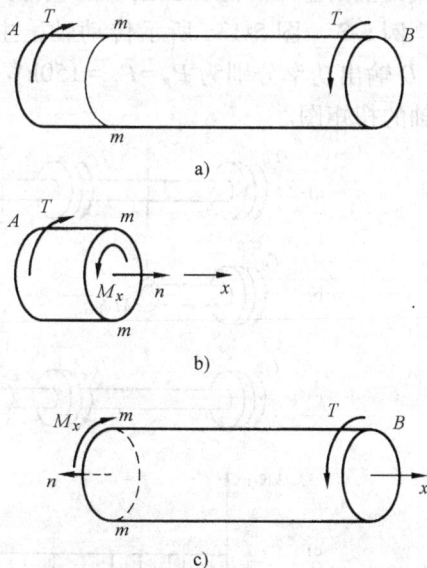

图 5-11 横截面上的扭矩

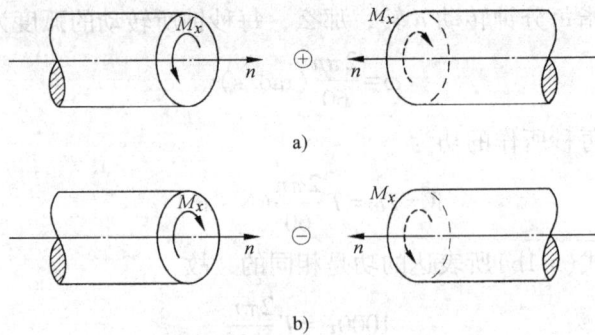

图 5-12　扭矩的正负号规定

5.3.3　扭矩图

若轴上受多个外力偶作用时，为了表示各横截面上的扭矩沿杆长的变化规律，并求出杆内的最大扭矩及所在截面的位置，与拉伸压缩问题中画轴力图一样，也可用图线来表示各横截面上扭矩沿轴线变化的情况，即以平行于杆轴线的坐标轴为横坐标轴，其上各点表示横截面的位置，以垂直于杆轴线的纵坐标表示横截面上的扭矩，这样画出的图线称为**扭矩图**。

例 5-3　图 5-13a 所示传动轴，主动轮 A 输入功率 $P_A = 500\text{kW}$，从动轮 B、C、D 输出功率分别为 $P_B = P_C = 150\text{kW}$，$P_D = 200\text{kW}$，轴的转速为 $n = 300$ 转/分。作轴的扭矩图。

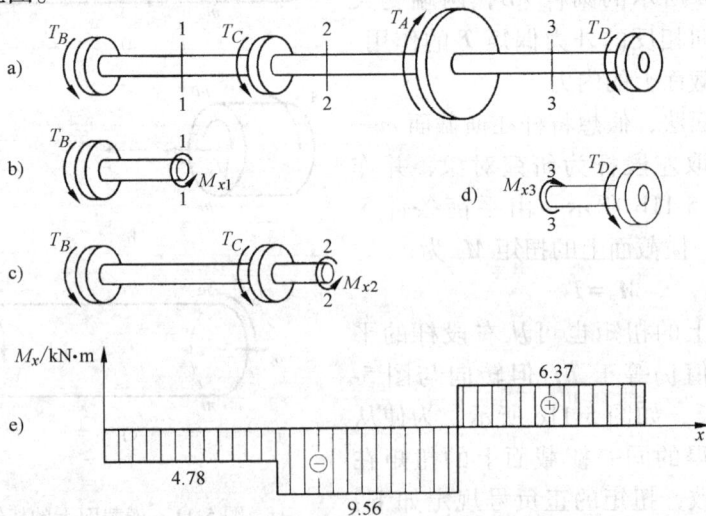

图 5-13　例 5-3 图

解：（1）求外力偶矩

$$T_A = 9.55\,\frac{P_A}{n} = \left(9.55 \times \frac{500}{300}\right) \text{kN} \cdot \text{m} = 15.9\text{kN} \cdot \text{m}$$

$$T_B = T_C = 9.55 \frac{P_B}{n} = \left(9.55 \times \frac{150}{300}\right) kN \cdot m = 4.78 kN \cdot m$$

$$T_D = 9.55 \frac{P_D}{n} = \left(9.55 \times \frac{200}{300}\right) kN \cdot m = 6.37 kN \cdot m$$

（2）求各段扭矩

仍采用截面法，并分别取图 5-13b、c、d 所示杆段为研究对象。由平衡方程，可求得 1—1、2—2 和 3—3 截面的扭矩分别为

$$M_{x1} = -T_B = -4.78 kN \cdot m$$

$$M_{x2} = -T_B - T_C = -9.56 kN \cdot m$$

$$M_{x3} = T_D = 6.37 kN \cdot m$$

（3）画扭矩图

正的扭矩画在横坐标轴的上方，负的画在下方。图 5-13a 所示杆的扭矩图如图 5-13e 所示。由图可见，该杆的最大扭矩发生在 AC 段，其值为 $|M_x|_{max} = 9.56 kN \cdot m$。

5.4 梁的内力与内力图

工程上有许多直杆，在外力作用下产生弯曲变形。如工地上小车推过跳板时，板便发生弯曲变形，如图 5-14a 所示；火车轮轴在车厢重力和轨道反力的共同作用下也将发生弯曲变形，如图 5-14b 所示。以弯曲为主要变形的杆，通常称为梁。

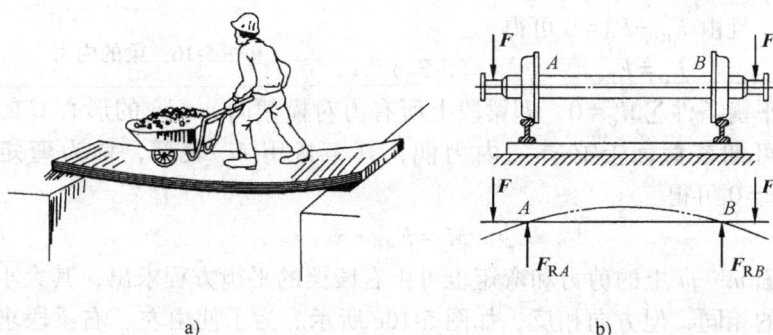

图 5-14 梁

工程问题中，绝大部分受弯杆件的横截面都有一根对称轴，因而整个杆件有一个包含轴线的纵向对称面，如图 5-15 所示。当作用在杆件上的所有外力都在纵向对称面内时，弯曲变形后的轴线也将是位于这个对称面内的一条曲线。这种

对称弯曲是弯曲问题中最常见的情况，其外力和变形特点是：

外力特点：作用在杆件上的所有外力都在纵向对称面内，这里外力包括集中力、分布力或集中力偶。

变形特点：杆的轴线弯成平面曲线。

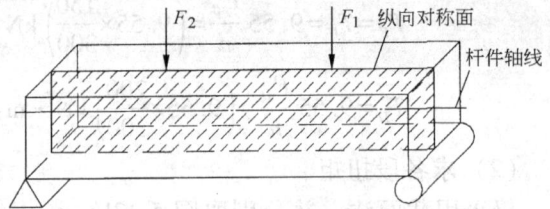

图 5-15　梁的受力特点

5.4.1　梁的内力——剪力和弯矩

1. 用截面法求某横截面的剪力和弯矩

现以图 5-16 所示的简支梁为例，说明梁的内力计算方法。

梁上作用有荷载 F_1 和 F_2，根据平衡方程，可求得支座反力，然后再用截面法分析和计算任一横截面上的内力。

设任一横截面 m—m 距左端支座的距离为 x，现假想沿该截面将梁截开，取左段梁为研究对象，如图 5-16b 所示。在该段梁上作用有支座反力 F_{RA}，由平衡条件 $\sum F_y = 0$ 可知，横截面 m—m 上必定存在与该截面平行的内力，通常用 F_Q 表示，称为**剪力**，且由 $F_{RA} - F_Q = 0$ 可得

$$F_Q = F_{RA} \qquad (5\text{-}3a)$$

图 5-16　梁的内力

又由平衡条件 $\sum M_C = 0$，即梁段上所有力对横截面 m—m 的形心 C 的力矩之和为零，可知该截面上必有一内力偶，其矩常用 M_z 表示，称为**弯矩**。且由 $M_z - F_{RA} \cdot x = 0$ 可得

$$M_z = F_{RA} \cdot x \qquad (5\text{-}3b)$$

横截面 m—m 上的剪力和弯矩也可由右段梁的平衡方程求出，其大小与由左段梁求得的相同，但方向相反，如图 5-16c 所示。为了使由左、右梁段求得的同一横截面上的内力有相同的正负号，现对剪力和弯矩的正、负号作如下规定：

剪力：考虑左段梁，作用于横截面上向下的剪力为正；考虑右段梁，作用于横截面上向上的剪力为正，如图 5-17a 所示，反之为负，如图 5-17b 所示。以上关于剪力正负号的规定也可以这样描述：作用于横截面上的剪力使研究对象有顺时针转动趋势的为正，反之为负。

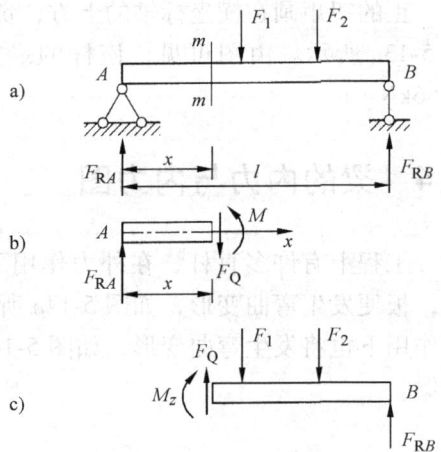

弯矩：作用在横截面上的弯矩使研究对象产生下凸趋势的为正，如图 5-17c 所示；反之为负，如图 5-17d 所示。

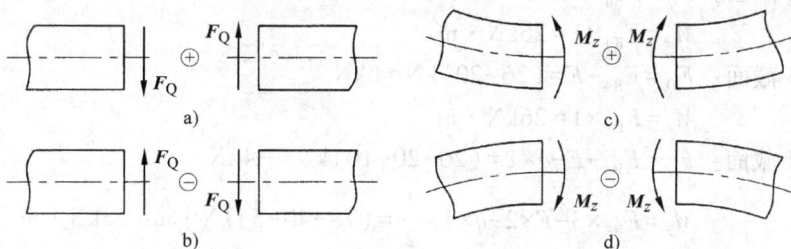

图 5-17　剪力、弯矩正负号的规定

按照上述正负号的规定，图 5-16 梁横截面 m—m 上的剪力和弯矩均为正。

根据上例中对剪力和弯矩的计算以及剪力和弯矩正负号的规定，可以总结出以下两条结论：

1) 任一横截面上的剪力在数值上等于该截面一侧（左侧或右侧）所有竖向外力的代数和。截面左边向上的外力（右边向下的外力）使截面产生正号的剪力。

2) 任一横截面上的弯矩在数值上等于该截面一侧（左侧或右侧）所有外力（包括外力偶）对该截面形心的力矩的代数和。截面左边的顺时针的力矩（右边逆时针的力矩）使截面产生正号的弯矩。

利用上述结论来计算某指定截面上的内力非常方便，此时也可不需要画分离体的受力图和列平衡方程，只要梁上的外力（包括约束反力）已知，任一横截面上的内力值均可根据梁上的外力逐项直接写出。

例 5-4　一简支梁受荷载如图 5-18 所示，已知 $F = 20kN$，$q = 10kN/m$，$M = 4kN \cdot m$，求 1—1 ~ 6—6 截面的剪力和弯矩。1—1 截面表示 A 点右侧非常靠近 A 点的截面。2—2 截面表示 F 力作用点的左侧非常靠近 F 力作用点的截面。余类推。

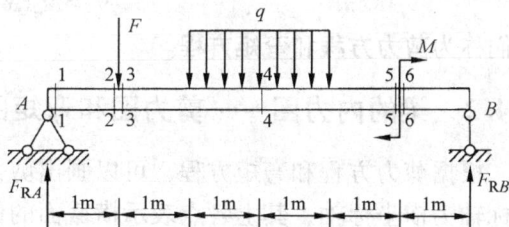

图 5-18　例 5-4 图

解：(1) 求支座反力

取简支梁整体为研究对象，画受力图，由平衡方程 $\sum M_A = 0$ 和 $\sum M_B = 0$，求得

$$F_{RA} = 26kN, \quad F_{RB} = 14kN$$

(2) 求各指定截面上的内力

1—1 截面：$F_Q = F_{RA} = 26\text{kN}$

　　　　$M_z = 0$

2—2 截面：$F_Q = F_{RA} = 26\text{kN}$

　　　　$M_z = F_{RA} \times 1 = 26\text{kN} \cdot \text{m}$

3—3 截面：$F_Q = F_{RA} - F = (26 - 20)\text{kN} = 6\text{kN}$

　　　　$M_z = F_{RA} \times 1 = 26\text{kN} \cdot \text{m}$

4—4 截面：$F_Q = F_{RA} - F - q \times 1 = (26 - 20 - 10)\text{kN} = -4\text{kN}$

　　　　$M_z = F_{RA} \times 3 - F \times 2 - q \times 1 \times \dfrac{1}{2} = (78 - 40 - 5)\text{kN} \cdot \text{m} = 33\text{kN} \cdot \text{m}$

5—5 截面：$F_Q = F_{RA} - F - q \times 2 = (26 - 20 - 20)\text{kN} = -14\text{kN}$

　　　　$M_z = F_{RA} \times 5 - F \times 4 - q \times 2 \times 2 = (130 - 80 - 40)\text{kN} \cdot \text{m} = 10\text{kN} \cdot \text{m}$

6—6 截面：$F_Q = F_{RA} - F - q \times 2 = (26 - 20 - 20)\text{kN} = -14\text{kN}$

　　　　$M_z = F_{RA} \times 5 - F \times 4 - q \times 2 \times 2 + M$

　　　　　$= (130 - 80 - 40 + 4)\text{kN} \cdot \text{m} = 14\text{kN} \cdot \text{m}$

由计算可知，在集中力 **F** 作用点左侧和右侧截面的剪力有一突变，突变值为该集中力 **F** 的大小，但弯矩无变化；在集中力偶 M 作用点左侧和右侧截面的弯矩有一突变。突变值为该集中力偶矩 M 的大小，但剪力无变化。

2. 剪力方程和弯矩方程

一般来说，梁的不同横截面上的剪力和弯矩是不同的。为了表明梁的各横截面上剪力和弯矩的变化规律，可将横截面的位置用 x 表示，把横截面上的剪力和弯矩写成 x 的函数，即

$$F_Q = F_Q(x)$$
$$M_z = M_z(x)$$

它们称为**剪力方程**和**弯矩方程**。

5.4.2　梁的内力图——剪力图和弯矩图

根据剪力方程和弯矩方程，可以画出剪力图和弯矩图，即以平行于梁轴线的坐标轴为横坐标轴，其上各点表示横截面的位置，以垂直于杆轴线的纵坐标表示横截面上的剪力或弯矩，画出的图线即为**剪力图**或**弯矩图**。正的剪力画在横坐标轴的上方，**正的弯矩画在横坐标轴的下方**（即弯矩图画在梁的受拉一侧）。由剪力图和弯矩图可以看出梁的各横截面上剪力和弯矩的变化情况，同时可找出梁的最大剪力和最大弯矩以及它们所在的截面。

例 5-5　一简支梁受均布荷载作用，如图 5-19a 所示。试列出剪力方程和弯矩方程，画剪力图和弯矩图。

解：（1）求支座反力

由平衡方程及对称性条件得到

$$F_{RA} = F_{RB} = \frac{ql}{2}$$

（2）列剪力方程和弯矩方程

将坐标原点取在梁的左端 A 点，距 A 点为 x 的任一横截面上的内力为

$$F_Q(x) = \frac{1}{2}ql - qx \quad (0 < x < l) \tag{a}$$

$$M_z(x) = \frac{1}{2}qlx - \frac{1}{2}qx^2 \quad (0 \le x \le l) \tag{b}$$

（3）画剪力图和弯矩图

由本题式（a）可见，剪力随 x 成线性变化，即剪力图是直线，求出两个截面的剪力后，即可画出该直线。

当 $x = 0$ 时，$F_Q = \frac{1}{2}ql$；

当 $x = l$ 时，$F_Q = -\frac{1}{2}ql$。

剪力图如图 5-19b 所示。

由本题式（b）可见，弯矩是 x 的二次函数，即弯矩图是二次抛物线。求出三个截面的弯矩后，即可画出弯矩图。

当 $x = 0$ 时，$M_z = 0$；

当 $x = l$ 时，$M_z = 0$。

由 $\dfrac{\mathrm{d}M_z(x)}{\mathrm{d}x} = 0$，可得弯矩有极值的截面位置为 $x = \dfrac{l}{2}$，该截面的弯矩为

$$M_z = \frac{1}{8}ql^2$$

弯矩图如图 5-19c 所示。

由剪力图和弯矩图看出，在支座 A 的右侧截面上和支座 B 的左侧截面上，剪力的值最大；在梁的中央截面上，弯矩值最大，它们分别为

$$(F_Q)_{\max} = \frac{1}{2}ql, \quad (M_z)_{\max} = \frac{1}{8}ql^2$$

画剪力图和弯矩图时，必须注明正、负号及一些主要截面的剪力值和弯矩值。

例 5-6　简支梁 AB 受一集中荷载作用，如图 5-20a 所示。试列出剪力方程

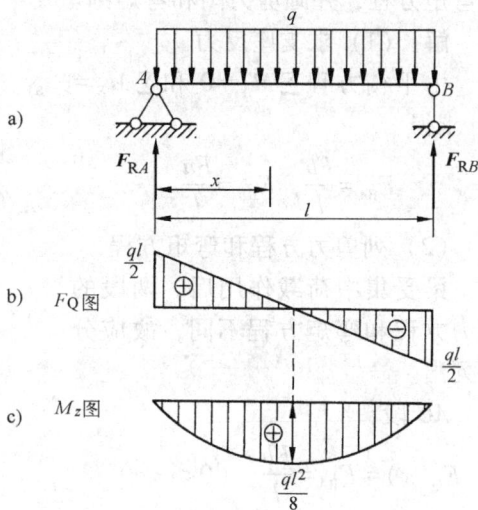

图 5-19　例 5-5 图

和弯矩方程，并画剪力图和弯矩图。

解：（1）求支座反力

由平衡方程 $\sum M_A = 0$ 和 $\sum M_B = 0$，求得

$$F_{RA} = \frac{Fb}{l}, \quad F_{RB} = \frac{Fa}{l}$$

（2）列剪力方程和弯矩方程

梁受集中荷载作用后，两段的剪力方程和弯矩方程不同，故应分段列出。

AC 段：

$$F_Q(x) = F_{RA} = \frac{Fb}{l} \quad (0 < x < a) \tag{a}$$

$$M_z(x) = F_{RA}x = \frac{Fb}{l}x \quad (0 \leqslant x \leqslant a) \tag{b}$$

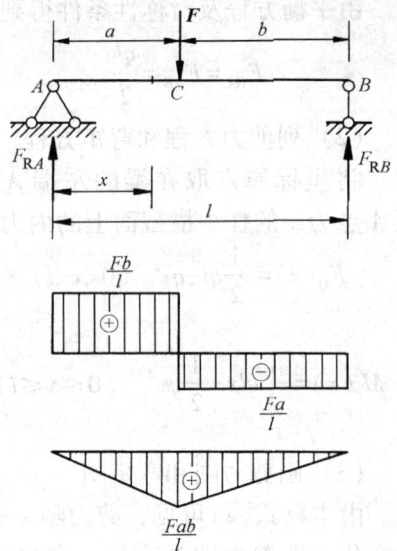

图 5-20　例 5-6 图

CB 段：

$$F_Q(x) = F_{RA} - F = \frac{Fb}{l} - F = -\frac{Fa}{l} \quad (a < x < l) \tag{c}$$

$$M_z(x) = F_{RA}x - F(x-a) = \frac{Fa}{l}(l-x) \quad (a \leqslant x \leqslant l) \tag{d}$$

（3）画剪力图和弯矩图

由本题式(a)和式(c)画出剪力图如图 5-20b 所示；由本题式(b)和式(d)，画出弯矩图如图 5-20c 所示。

由剪力图和弯矩图看出，集中力作用点 *C* 处，剪力图发生突变，弯矩图有尖角，$F_{QC左} = \frac{Fb}{l}$，$F_{QC右} = -\frac{Fa}{l}$，突变值为 *F*，等于该集中力的数值。

例 5-7　简支梁 *AB* 在 *C* 处受一矩为 M_e 的集中力偶作用，如图 5-21a 所示。试列出剪力方程和弯矩方程，并画剪力图和弯矩图。

解：（1）求支座反力

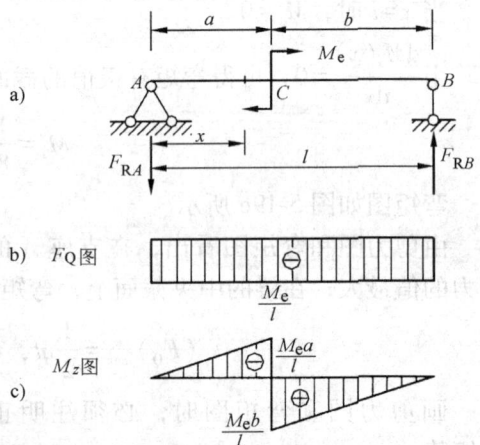

图 5-21　例 5-7 图

由平衡方程 $\sum M_A = 0$ 和 $\sum M_B = 0$，求得

$$F_{RA} = \frac{M_e}{l}, \quad F_{RB} = \frac{M_e}{l}$$

（2）列剪力方程和弯矩方程

AC 段：

$$F_Q(x) = -F_{RA} = -\frac{M_e}{l} \quad (0 < x \leqslant a) \tag{a}$$

$$M_z(x) = -F_{RA}x = -\frac{M_e}{l}x \quad (0 \leqslant x < a) \tag{b}$$

CB 段：

$$F_Q(x) = -F_{RA} = -\frac{M_e}{l} \quad (a \leqslant x < l) \tag{c}$$

$$M_z(x) = -\frac{M_e}{l}x + M_e = \frac{M_e}{l}(l - x) \quad (a < x \leqslant l) \tag{d}$$

（3）画剪力图和弯矩图

由本题式（a）～式（d），可画出剪力图和弯矩图如图 5-21b、c 所示。

由图可见，剪力图是一条水平线，即全梁各截面上的剪力值均相等；弯矩图是两条平行的斜直线。在集中力偶作用点 C 处，弯矩发生突变，突变值等于该集中力偶的数值。

5.4.3　剪力、弯矩和荷载集度之间的关系

由上节的例题可以看出，剪力图和弯矩图的变化有一定的规律性。事实上，剪力、弯矩和荷载集度之间存在一定的关系，如果能够了解并掌握这些关系，将给我们的作图带来极大的方便，甚至不用列内力方程就可以画出内力图来。现在就来导出剪力、弯矩和荷载集度之间的关系，并学会利用这种关系快速画出剪力图和弯矩图。

设一梁所受荷载如图 5-22a 所示。现在分布荷载作用的范围内，假想截出一长为 dx 的微段梁，如图 5-22b 所示。由于 dx 是微量，可假定其上分布荷载的集度为常量，并设 $q(x)$ 向上为正；在左、右横截上存在着剪力和弯矩，设它们均为正。在坐标为 x 的截面上剪力和弯矩分别为 $F_Q(x)$ 和 $M_z(x)$；在坐标为 $x + dx$ 的截面上剪力和弯矩分别为 $F_Q(x) + dF_Q(x)$ 和 $M_z(x) + dM_z(x)$。即右边横截面上的剪力和弯矩比左边横截面上的剪力和弯矩多一个增量。因为微段处于平衡状态，故由平衡方程 $\sum F_y = 0$ 和 $\sum M_C = 0$ 得

$$F_Q(x) + q(x)dx - [F_Q(x) + dF_Q(x)] = 0$$

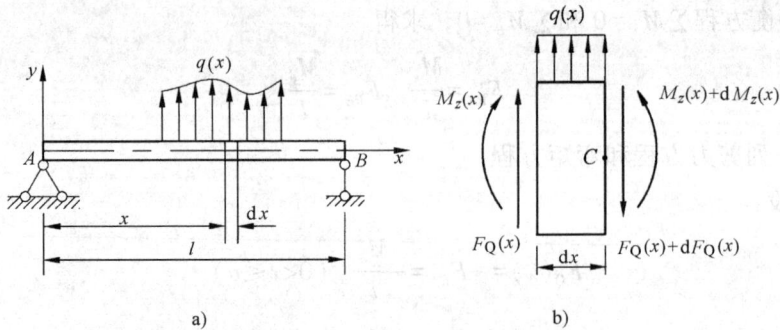

图 5-22 剪力、弯矩和荷载集度之间的关系

$$M_z(x)+F_Q(x)\,\mathrm{d}x+q(x)\,\mathrm{d}x\,\frac{\mathrm{d}x}{2}-\left[M_z(x)+\mathrm{d}M_z(x)\right]=0$$

省略第二式中的高阶微量 $q(x)\,\mathrm{d}x\,\dfrac{\mathrm{d}x}{2}$，整理后得出

$$\frac{\mathrm{d}F_Q(x)}{\mathrm{d}x}=q(x) \tag{5-4}$$

$$\frac{\mathrm{d}M(x)}{\mathrm{d}x}=F_Q(x) \tag{5-5}$$

即横截面上的剪力对 x 的导数，等于该横截面处分布荷载的集度，横截面上的弯矩对 x 的导数，等于该横截面上的剪力。

式(5-4)的几何意义是：剪力图上某点的切线斜率等于梁上与该点对应处的荷载集度。

式(5-5)的几何意义是：弯矩图上某点的切线斜率等于梁上与该点对应处的横截面上的剪力。

由式(5-4)和式(5-5)又可得

$$\frac{\mathrm{d}^2M(x)}{\mathrm{d}x^2}=q(x) \tag{5-6}$$

即横截面上的弯矩对 x 的二阶导数，等于该横截面处分布荷载的集度。式(5-6)可用来判断弯矩图的凹凸方向。

式(5-4)到式(5-6)即为剪力、弯矩和荷载集度之间的关系式，由这些关系式，可以得出下面一些推论，这些推论对绘制或校核剪力图和弯矩图是很有帮助的。

1) 梁的某段上如无分布荷载作用，即 $q(x)=0$，则在该段内，$F_Q(x)=$ 常数。故剪力图为水平直线(见图 5-20b)，弯矩图为斜直线(见图 5-20c)。弯矩图的倾斜方向，由剪力的正负决定。如剪力为正，则弯矩图下斜；如剪力为负，则弯矩图上斜。

2）梁的某段上如有均布荷载作用，即 $q(x)$＝常数，则在该段内 $F_Q(x)$ 为 x 的线性函数，而 $M_z(x)$ 为 x 的二次函数。故该段内的剪力图为斜直线，其倾斜方向由 $q(x)$ 是向上作用还是向下作用决定（见图 5-19b），如 $q(x)$ 向上，则剪力图上斜；$q(x)$ 向下，则剪力图下斜。该段的弯矩图为二次抛物线（见图 5-19c）。

3）由式（5-6）可知，当分布荷载向上作用时，弯矩图向上凸起；当分布荷载向下作用时，弯矩图向下凸起，如图 5-23 所示。

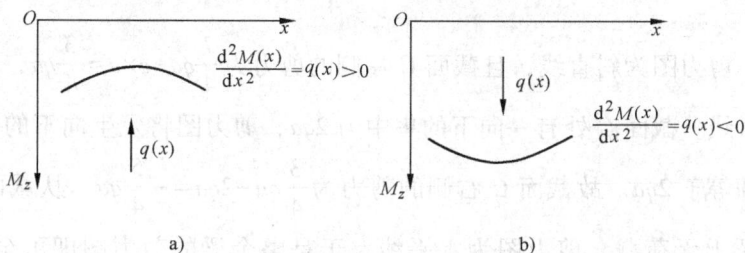

图 5-23 弯矩与分布荷载的关系

4）由式（5-5）可知，在分布荷载作用的一段梁内，$F_Q(x)=0$ 的截面上，弯矩具有极值，见例 5-5。

5）如分布荷载集度随 x 成线性变化，则剪力图为二次曲线，弯矩图为三次曲线。

利用上述规律，可以方便地画出剪力图和弯矩图，而不需列出剪力方程和弯矩方程。**具体做法是：先求出支座反力（如果需要的话），再由左至右求出几个控制截面（例如，支座处、集中荷载作用处、集中力偶作用处以及分布荷载变化处的截面）的剪力和弯矩。注意在集中力作用处，左右两侧截面上的剪力有突变；在集中力偶作用处，左右两侧截面上的弯矩有突变。在控制截面之间，利用以上关系式，可以确定剪力图和弯矩图的线型，最后得到剪力图和弯矩图。如果梁上某段内有分布荷载作用，则需求出该段内剪力 $F_Q=0$ 截面上弯矩的极值，最后标出具有代表性的剪力值和弯矩值。**

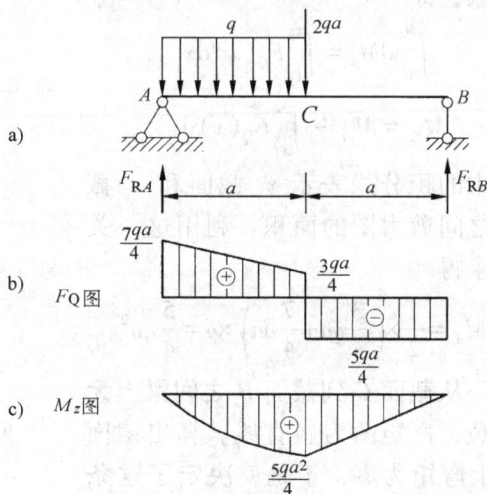

图 5-24 例 5-8 图

例 5-8 画图 5-24a 所示简支梁的剪力图和弯矩图。

解：（1）求支座反力
由平衡方程 $\sum M_A=0$ 和 $\sum M_B=0$，

求得

$$F_{RA} = \frac{7}{4}qa, \quad F_{RB} = \frac{5}{4}qa$$

（2）画剪力图

不需列剪力方程和弯矩方程，利用上述规律可直接画出剪力图和弯矩图。

在支座反力 F_{RA} 的右侧截面上，剪力为 $\frac{7}{4}qa$，截面 A 到截面 C 之间的荷载为均布荷载，剪力图为斜直线，且截面 C 左侧的剪力为 $\frac{7}{4}qa - q \times a = \frac{3}{4}qa$，于是可确定这条斜直线。截面 C 处有一向下的集中力 $2qa$，剪力图将发生向下的突变，变化的数值即等于 $2qa$。故截面 C 右侧的剪力为 $\frac{3}{4}qa - 2qa = -\frac{5}{4}qa$。从截面 C 到截面 B 之间梁上无荷载，剪力图为水平线。于是整个梁的剪力图即可全部画出。根据支座反力 F_{RB} 的值也可确定其左侧截面上的剪力为 $-\frac{5}{4}qa$，这一般被用来作为对剪力图的校核。

（3）画弯矩图

截面 A 上弯矩为零。从截面 A 到截面 C 之间梁上为均布荷载，弯矩图为抛物线。算出截面 C 上的弯矩为 $\frac{7}{4}qa \times a - q \times a \times \frac{a}{2} = \frac{5}{4}qa^2$。

也可用 AC 段剪力图的面积来计算这一值：由式（5-4）可得到剪力和弯矩的关系，即

$$\int_{M_1}^{M_2} dM_z = \int_{x_1}^{x_2} F_Q(x) \, dx$$

故

$$M_{z2} = M_{z1} + \int_{x_1}^{x_2} F_Q(x) \, dx$$

其中的积分式表示 x_1 截面和 x_2 截面之间剪力图的面积。利用这一关系求得

$$M_{zC} = \frac{1}{2} \times \left(\frac{3}{4}qa + \frac{7}{4}qa \right) \times a = \frac{5}{4}qa^2$$

从截面 C 到截面 B 之间梁上无荷载，弯矩图为斜直线。算出截面 B 上弯矩为零，于是就决定了这条直线。也可用该段梁上剪力图的面积来决定这条斜直线。

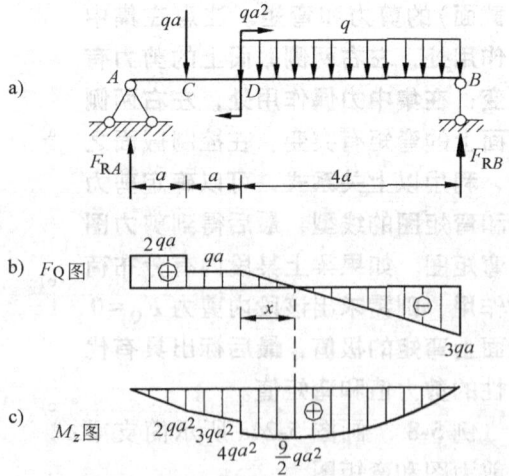

图 5-25 例 5-9 图

例 5-9　画图 5-25a 所示简支梁的剪力图和弯矩图。

解：（1）求支座反力

由平衡方程 $\sum M_A = 0$ 和 $\sum M_B = 0$，求得

$$F_{RA} = 2qa, \quad F_{RB} = 3qa$$

（2）画剪力图

在支座反力 F_{RA} 的右侧截面上，剪力为 $2qa$，截面 A 到截面 C 之间梁上无荷载，剪力图为水平线。截面 C 处有一向下的集中力 qa，剪力图将发生向下的突变，故截面 C 右侧的剪力将变为 qa。截面 C 到截面 D 之间梁上无荷载，剪力图也为水平线。截面 D 的左侧截面和右侧截面剪力无变化，均为 qa。从截面 D 到截面 B 之间梁上的荷载为均布荷载，剪力图为斜直线，且截面 B 左侧的剪力为 $qa - q \times 4a = -3qa$，于是可确定这条斜直线，整个梁的剪力图即可全部画出。根据支座反力 F_{RB} 可对该值作一校核。

（3）画弯矩图

截面 A 上弯矩为零。从截面 A 到截面 C 之间梁上无荷载，弯矩图为斜直线，算出截面 C 上的弯矩为 $2qa \times a = 2qa^2$。从截面 C 到截面 D 之间梁上也无荷载，弯矩图也是斜直线。算出截面 D 上的弯矩为 $2qa \times 2a - qa \times a = 3qa^2$。由于 AC 段和 CD 段上的剪力不相等，故这两段的弯矩图斜率也不同。截面 D 上有一顺时针方向集中力偶 qa^2，弯矩图突然变化，且变化的数值等于 qa^2。所以在截面 D 的右侧，$M_z = 3qa^2 + qa^2 = 4qa^2$。从 D 截面到 B 截面梁上为均布荷载，弯矩图为抛物线。该抛物线可这样决定：首先判断出 B 截面的弯矩为零，这样，抛物线两端的数值均已确定；其次，根据该段梁上均布荷载的方向判断出抛物线的凹凸方向为下凸；再次，在 DB 段内有一截面上的剪力 $F_Q = 0$，在此截面上的弯矩有极值。可利用 DB 段内剪力图上的两个相似三角形求出该截面的位置为 $x = a$，如图 5-25b 所示。再利用截面一侧的外力计算出该截面的弯矩，也可用相应段剪力图（三角形）的面积来计算这一值。在本例中，该值为 $M_{z\max} = \dfrac{9}{2}qa^2$。最后，根据 DB 段上三个截面的弯矩值描绘出该段的弯矩图。

5.4.4　多跨静定梁的剪力图和弯矩图

在工程实际中，由几根短梁联结而成的静定梁称为多跨静定梁，如图 5-26a 所示。多跨静定梁一般为主次结构，其中，依靠自身就能保持其几何不变性的部分称为基本部分，如图中 AB 部分；而必须依靠基本部分才能维持其几何不变性的部分称为附属部分，如图中 BC 部分。关于几何不变性的概念详见第 11 章的讨论。

主次结构的受力特点为，作用在基本部分的力不影响附属部分，而作用在附属部分的力会影响基本部分。因此，多跨静定梁的解题顺序为先附属部分后基本

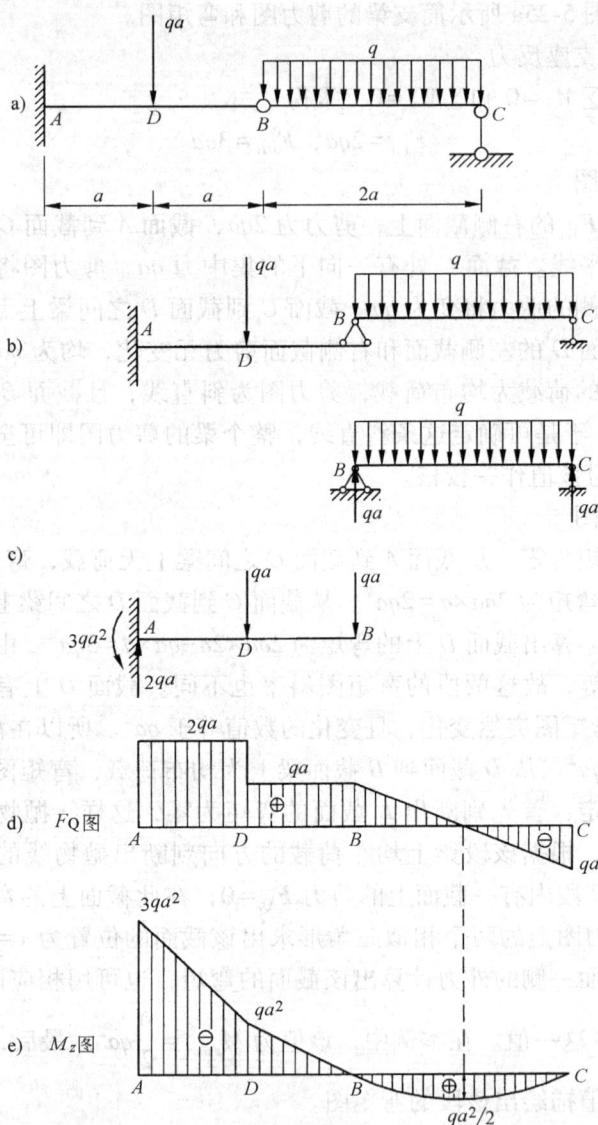

图 5-26　例 5-10 图

部分。为了更好地分析梁的受力，首先应能够分析出多跨静定梁中各个部分的相互依赖关系(见图 5-26b)。

因此，计算多跨静定梁时，应遵守以下原则：先计算附属部分后计算基本部分。将附属部分的支座反力反向指向，作用在基本部分上；把多跨梁拆成多个单跨梁，依次解决。将单跨梁的内力图连在一起，就是多跨梁的内力图。剪力图和弯矩图的画法与前述单跨梁相同。

例 5-10 画出图 5-26a 所示多跨静定梁的剪力图和弯矩图。

解：（1）分析各个部分的相互依赖关系

此梁的组成顺序为先固定梁 AB，再固定梁 BC，其相互依赖关系如图 5-26b。

（2）计算各单跨梁的支座反力

根据上述关系，将梁拆成单跨梁进行计算，先附属部分后基本部分，按顺序依次进行，求得各个单跨梁的支座反力（见图 5-26c）。

（3）画剪力图和弯矩图

可分别画出各个单跨梁的剪力图和弯矩图，再将它们组合到一起，便得到整个多跨静定梁的剪力图和弯矩图，也可以整个多跨静定梁为对象直接画出其剪力图和弯矩图。下面用后种方法画图。

在固定端 A 的右侧截面上，剪力为 $2qa$，截面 A 到截面 D 之间梁上无荷载，剪力图为水平线。截面 D 处有一向下的集中力 qa，剪力图将发生向下的突变，故截面 D 右侧的剪力将变为 qa。截面 D 到截面 B 之间梁上无荷载，剪力图也为水平线。截面 B 的左侧截面和右侧截面剪力无变化，均为 qa。从截面 B 到截面 C 之间梁上的荷载为均布荷载，剪力图为斜直线，且截面 C 左侧的剪力为 $qa-q \times 2a = -qa$，于是可确定这条斜直线，整个梁的剪力图即可全部画出，如图 5-26d 所示。

截面 A 上弯矩为 $-3qa^2$。从截面 A 到截面 D 之间梁上无荷载，弯矩图为斜直线，算出截面 D 上的弯矩为 $-3qa^2 + 2qa \times a = -qa^2$。从截面 D 到截面 B 之间梁上也无荷载，弯矩图也是斜直线。算出截面 B 上的弯矩为 $-3qa^2 + 2qa \times 2a - qa \times a = 0$。这也证明了在铰连接处弯矩为零。由于 AD 段和 DB 段上的剪力不相等，故这两段的弯矩图斜率也不同。从 B 截面到 C 截面梁上为均布荷载，弯矩图为抛物线。该抛物线可这样决定：首先判断出 C 截面的弯矩为零，这样，抛物线两端的数值均已确定；其次，根据该段梁上均布荷载的方向判断出抛物线的凹凸方向为下凸；再次，在 BC 段内中点截面上的剪力 $F_Q = 0$，在此截面上的弯矩有极值，该值为 $M_{z\max} = \dfrac{1}{8}q(2a)^2 = \dfrac{1}{2}qa^2$。最后，根据 BC 段上三个截面的弯矩值描绘出该段的弯矩图。整个梁的弯矩图如图 5-26e 所示。

5.4.5 用叠加法画弯矩图

在工程实际中，作用在梁上的荷载常常是几种荷载同时出现。此时，采用叠加法绘制弯矩图较为方便。所谓叠加法，是指在计算梁的内力时，因为梁的变形很小，不必考虑其跨长的变化。在这种情况下，内力和荷载成线性关系。于是可先分别画出每一种荷载单独作用下的弯矩图，然后将各个弯矩图叠加起来就得到总弯矩图。

例 5-11　试用叠加法作图 5-27a 所示简支梁在均布荷载 q 和集中力偶 M_e 作用下的弯矩图。设 $M_e = \dfrac{1}{6}ql^2$。

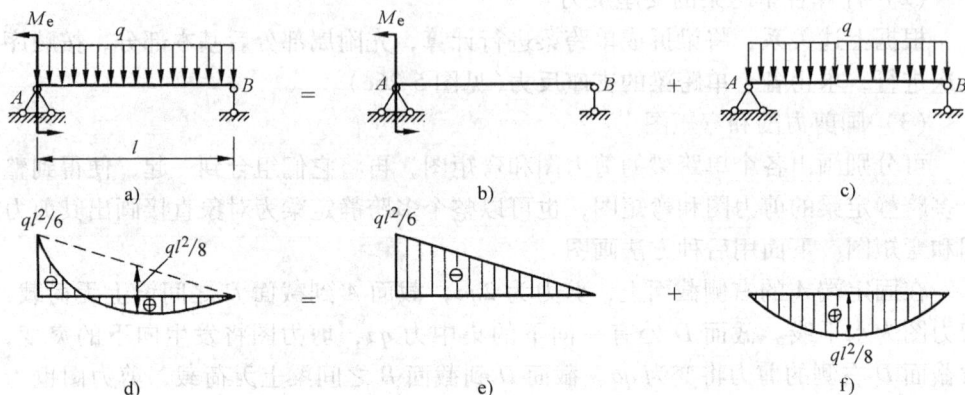

图 5-27　例 5-11 图

解：（1）先考虑梁上只有集中力偶 M_e 作用，画出弯矩图如图 5-27e 所示。

（2）再考虑梁上只有均布荷载 q 作用，画出弯矩图如图 5-27f 所示。

（3）将以上两个弯矩图中相同截面上的弯矩值相加，便得到总的弯矩图如图 5-27d 所示。

在叠加弯矩图时，也可以 e 图的斜直线（即 d 图中的虚线）为基线，画出均布荷载下的弯矩图。于是两图的共同部分正负抵消，剩下的即为叠加后的弯矩图。

用叠加法画弯矩图，一般要求各荷载单独作用时梁的弯矩图可以比较方便地画出，且梁上所受荷载也不能太复杂。如果梁上荷载复杂，还是按荷载共同作用的情况画弯矩图比较方便。此外，在分布荷载作用的范围内，用叠加法不能直接求出最大弯矩，如果要求最大弯矩，还需用前面介绍的方法。

复习思考题

5-1　何谓内力？一般情况下，横截面上的内力可用几个分量表示？如何用截面法求杆件内力？如何确定内力的正负号？

5-2　图示等截面圆轴上装有四个皮带轮，如何安排最合理？

5-3　如何根据剪力、弯矩和荷载集度之间的微分关系判断剪力图、弯矩图的正确性？

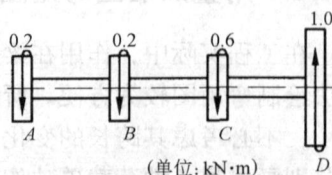

图 5-28　思考题 5-2 图

习　　题

5-1　试绘出下列各杆的轴力图。

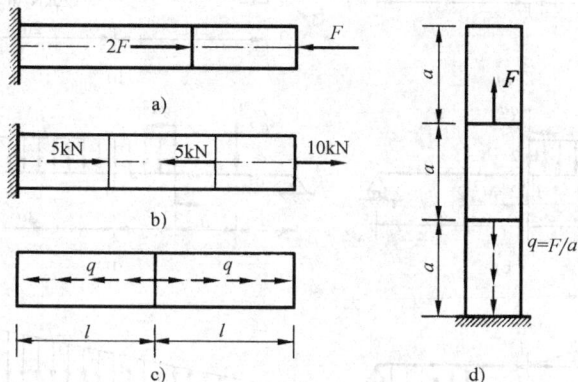

图 5-29　习题 5-1 图

5-2　试作下列各圆杆的扭矩图。

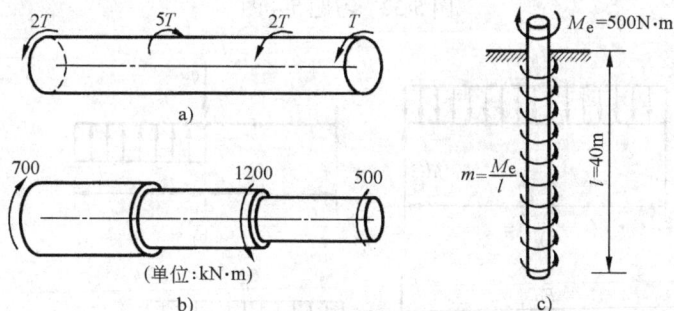

图 5-30　习题 5-2 图

5-3　某传动轴，转速 $n = 300 \text{r/min}$，轮 1 为主动轮，输入功率 $P_1 = 50 \text{kW}$，轮 2、轮 3 和轮 4 为从动轮，输出功率分别为 $P_2 = 10 \text{kW}$，$P_3 = P_4 = 20 \text{kW}$。试求：

（1）作轴的扭矩图。

（2）将 1、3 轮的位置对调，扭矩图有何变化。

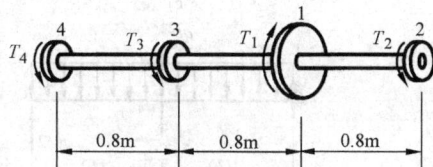

图 5-31　习题 5-3 图

5-4　求下列各梁指定截面上的剪力和弯矩。

5-5　写出下列各梁的剪力方程、弯矩方程，并作剪力图和弯矩图。

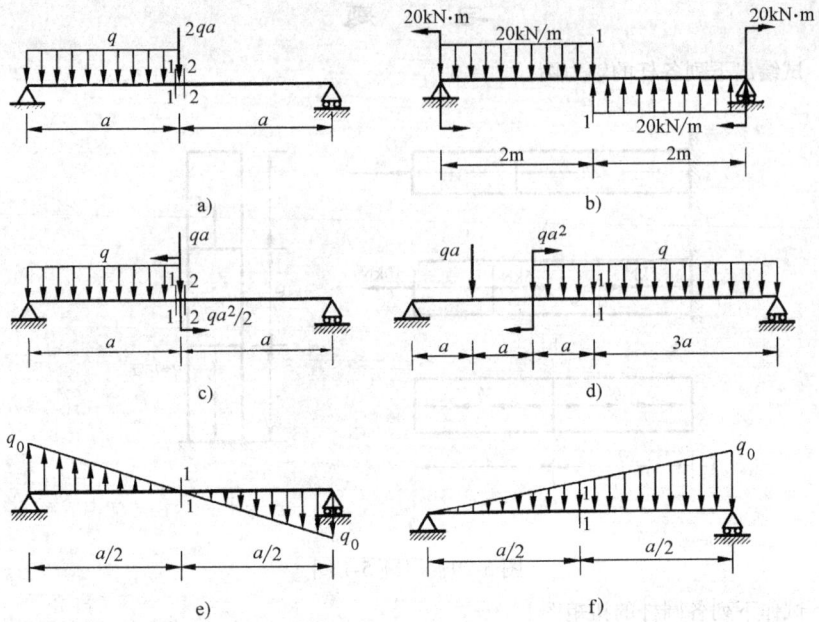

图 5-32 习题 5-4 图

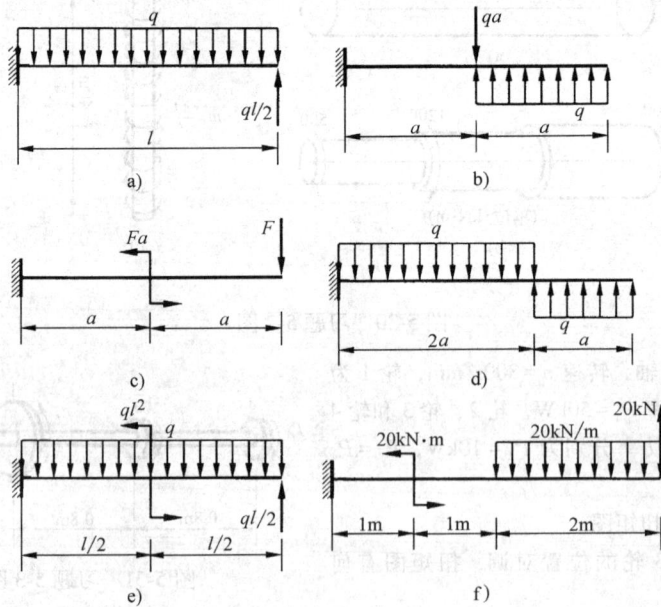

图 5-33 习题 5-5 图

5-6　利用剪力、弯矩和荷载集度的关系作下列各梁的剪力图和弯矩图。

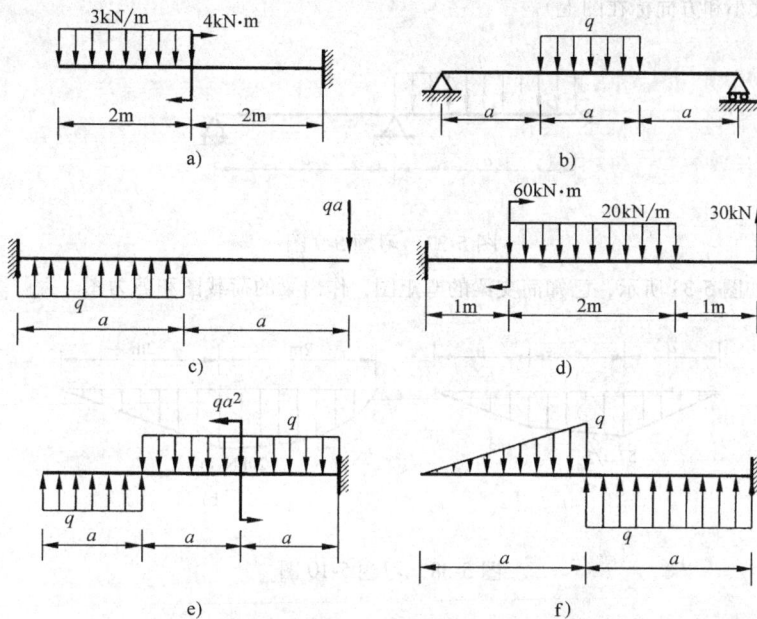

图 5-34　习题 5-6 图

5-7　作图示多跨静定梁的剪力图和弯矩图。

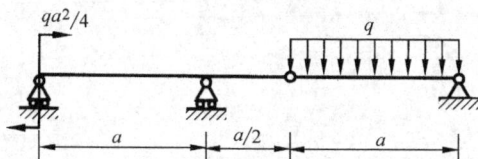

图 5-35　习题 5-7 图

5-8　用叠加法作下列各梁的弯矩图。

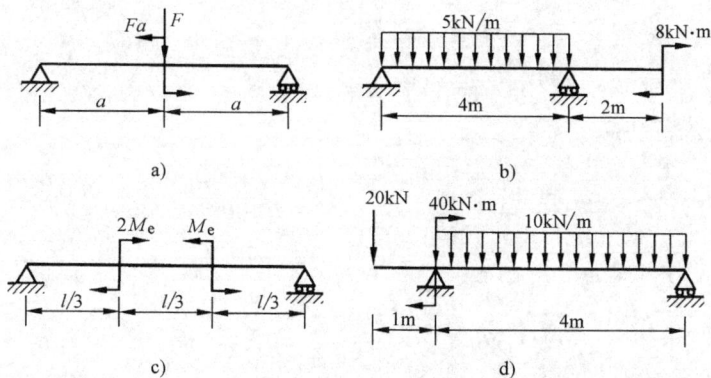

图 5-36　习题 5-8 图

5-9 外伸梁受载如图 5-37 所示，欲使 AB 中点的弯矩等于零时，需在 B 端加多大的集中力偶矩（将大小和方向标在图上）。

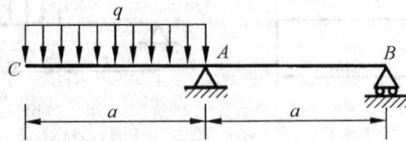

图 5-37 习题 5-9 图

5-10 如图 5-38 所示，已知简支梁的弯矩图，作出梁的荷载图和剪力图。

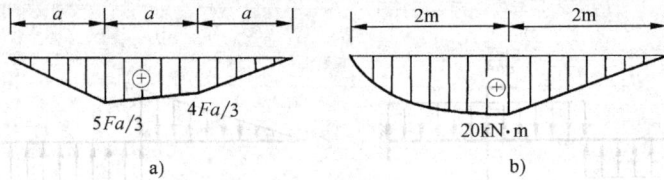

图 5-38 习题 5-10 图

第6章
基本变形杆件的应力与变形

6.1　变形固体基本假设及基本概念

6.1.1　变形固体及其基本假设

工程中实际材料的物质结构是各不相同，其物理性质也十分复杂，在进行应力和变形分析以及强度、刚度或稳定性计算时，通常略去一些次要因素，将它们抽象为理想的材料，然后进行理论分析。通常对变形固体作出下列基本假设：

1. 连续性假设

认为整个物体内部充满物质，没有任何空隙。而实际的物体内当然存在空隙，而且随着外力或其他外部条件的变化，这些空隙的大小将发生变化。但从宏观方面研究，只要这些空隙的大小比实际物体的尺寸小得多，就可不考虑空隙的存在，而认为物体是连续的。

2. 均匀性假设

认为物体内的任何部分，其力学性能是完全相同的。实际上，工程材料的力学性质都有一定程度的非均匀性。例如，金属材料由晶粒组成，各晶粒的性质不尽相同，晶粒与晶粒交界处的性质与晶粒本身的性质也不同；又如混凝土材料由水泥、砂和碎石组成，它们的性质也各不相同。但由于这些组成物质的大小和物体尺寸相比很小，而且是随机组成的，因此，从宏观上看，可以将物体的性质看作各组成部分性质的统计平均量，而认为物体的性质是均匀的。

3. 各向同性假设

认为材料在各个不同方向上的力学性能均相同。金属材料由晶粒组成，单个晶粒的性质有方向性，但由于晶粒交错排列，从统计观点看，金属材料的力学性质可认为是各个方向相同的。例如铸钢、铸铁、铸铜等均可认为是各向同性材料。同样，像玻璃、塑料、混凝土等非金属材料也可认为是各向同性材料。不过

对于经过辗压的钢材、冷扭的钢丝、纤维增强叠层复合材料以及纤维整齐的木材等，其整体的力学性能具有明显的方向性，应按各向异性材料考虑。

变形固体在荷载作用下均将发生变形。当荷载不超过一定的范围时，在卸除荷载后均可恢复原状，变形全部消失；但超过某一范围后，其变形不会全部消失，其中能消失的变形称为**弹性变形**，不能消失的变形称为**塑性变形**，或称为**残余变形**。变形固体受荷载作用后所产生变形的大小较物体原始尺寸小得多，这种变形称为小变形。在小变形情况下，研究构件的平衡以及内部受力等问题时，可不计这种小变形。对大多数的工程构件，工作时只产生弹性变形，其变形也多是小变形。

因此，工程实际材料可看作均匀、连续、各向同性的变形固体，在大多数场合下，可局限在弹性范围内和小变形条件下进行研究。

6.1.2 应力的概念

按静力学方法求出的内力只是截面上分布内力系的合力（力和力偶），而实际的物体总是从某些点处开始破坏的，因此要确定构件是否因强度不足而产生破坏，必须进一步确定截面上各点处分布内力的**集度**（即分布内力集中的程度）。为此，必须引入应力的概念。

应力是受力杆件某一截面上一点处的内力集度。考察图6-1a 中杆件截面上的微小面积 ΔA，假设分布在这一面积上内力的合力为 ΔF。则称 $\Delta F/\Delta A$ 为这一微小面积上的平均应力。如令 $\Delta A \to 0$，则比值 $\Delta F/\Delta A$ 的极限值为

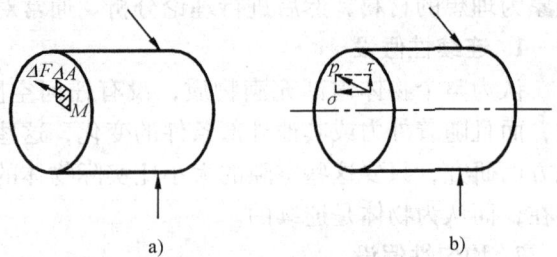

图 6-1 一点处的应力

$$p = \lim_{\Delta A \to 0} \frac{\Delta F}{\Delta A} = \frac{\mathrm{d}F}{\mathrm{d}A} \quad (6-1)$$

它表示一点处分布内力的集度，称为一点处的总应力。由此可见，**应力**是截面上一点处分布内力的集度。总应力 p 是一个矢量，一般既不与截面垂直，也不与截面相切。通常把应力 p 分解成垂直于截面的分量 σ 和相切于截面的分量 τ，如图6-1b 所示，σ 称为**正应力**，或称法向应力，τ 称为**切应力**，或剪应力。

应力的国际单位为 N/m^2，常用 Pa（帕斯卡）表示，且 $1N/m^2 = 1Pa$，在工程上多用 MPa（兆帕），也可用 GPa（吉帕），其关系为

$$1MPa = 10^6 Pa, \quad 1GPa = 10^3 MPa = 10^9 Pa$$

6.1.3 位移和应变

物体受力后，其形状和尺寸都要发生变化，即发生变形。为研究构件内一点处的变形，现引入位移和应变的概念。

1. 位移

线位移 物体中一点相对于原来位置所移动的直线距离称为线位移，如图 6-2 所示的直杆，受外力作用弯曲后，杆的轴线上任意一点 A 的线位移为 $\overline{AA'}$。

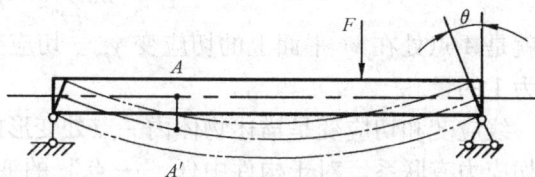

角位移 物体中某一直线或平面相对于原来位置所转过的角度称为角位移。如图 6-2 中，杆的右端截面的角位移为 θ。

图 6-2 杆件的变形位移

上述两种位移，是变形过程中物体内各点作相对运动所产生的，称为变形位移。变形位移可以表示物体的变形程度，但刚体的运动也可产生线位移与角位移，因此为了描述受力物体内各点处的变形程度，还须引入应变的概念。

2. 应变

设想在物体内一点 A 处取出一微小的长方体，它在 xy 平面内的边长为 Δx 和 Δy，如图 6-3 所示（图中未画出厚度）。物体受力后，长方体的位置、尺寸和形状都发生了改变，A 点位移至 A' 点，边长变为 $\Delta x'$ 和 $\Delta y'$，直角变为锐角（或钝角），从而引出下面两种表示该长方体变形的量：

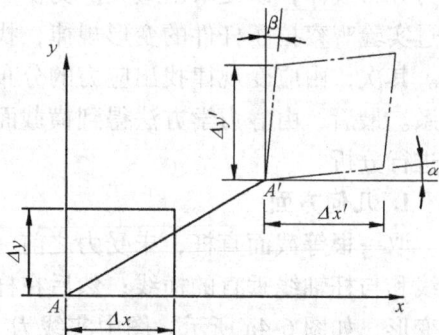

线应变 线段长度的改变量称为线变形，如图 6-3 中长方体直角边的线变形分别为 $\Delta x' - \Delta x$ 和 $\Delta y' - \Delta y$。但是线段长

图 6-3 一点处的应变

度的改变显然随线段原长的不同而变化。为避免线段原长的影响，现引入线应变（即相对变形）的概念。线应变用 ε 表示，定义为

$$\varepsilon_x = \lim_{\Delta x \to 0} \frac{\Delta x' - \Delta x}{\Delta x} \tag{6-2a}$$

$$\varepsilon_y = \lim_{\Delta y \to 0} \frac{\Delta y' - \Delta y}{\Delta y} \tag{6-2b}$$

式中 ε_x、ε_y——A 点处沿 x 和 y 方向的线应变，表示无限小长方体或一点处在

x 和 y 方向的线应变，同样 z 方向用 ε_z 表示。线应变是量纲为
1 的量。

切应变 通过一点处的互相垂直的两线段之间所夹直角的改变量称为角变形，如图 6-3 中长方体直角的改变量为 $\alpha+\beta$，当 $\Delta x \to 0$ 和 $\Delta y \to 0$ 时的直角改变量称为角应变，又称切应变，用 γ 表示，定义为

$$\gamma = \lim_{\Delta x \to 0, \Delta y \to 0} (\alpha+\beta) \tag{6-3}$$

这就是 A 点处在 xy 平面上的切应变 γ_{xy}。切应变通常用 rad（弧度）表示，也是量纲为 1 的量。

线应变和切应变是描述物体内一点处变形的两个基本量，它们分别和正应力与切应力有联系。对于构件中任"一点"的变形，只需用三个线应变和三个切应变就可以度量其变形程度。

6.2　轴向拉压杆件的应力和变形

6.2.1　拉压杆横截面上的正应力

轴向拉压杆件在横截面上的内力即轴力求出后，还应进一步研究横截面上的应力分布规律，以便求出最大应力。解决这一问题，要从三个方面考虑。首先，通过实验观察拉压杆件的变形规律，找出应变的变化规律，即确定变形的几何关系。其次，由应变规律找出应力的分布规律，也就是建立应力和应变之间的物理关系。最后，由静力学方法得到横截面上正应力的计算公式。以下就从这三个方面进行分析。

1. 几何方面

取一根等截面直杆，未受力之前，在杆的中部表面上画许多与杆轴线平行的纵线和与杆轴线垂直的横线；然后在杆的两端施加一对轴向拉力 F，使杆产生伸长变形，如图 6-4a 所示。图中实线为变形前的图线，双点划线为变形后的图线。由变形后的情况可见，纵线仍为平行于轴线的直线，各横线仍为直线并垂直于轴线，但产生了平行移动。横线可以看成是横截面的周线，因此，根据横线的变形情况去推测杆内部的变形，可以作出如下假设：变形前为平面的横截面，变形后仍为平面。这个假设称为**平截面假设**或**平面**

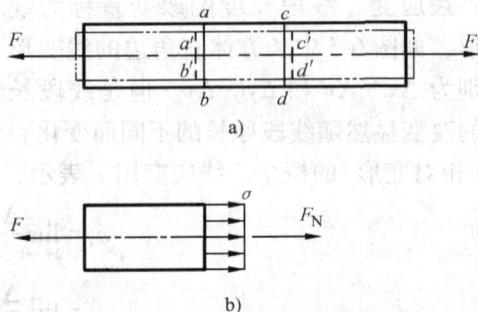

图 6-4　拉伸变形与应力

假设。

由平面假设，杆的表面上所画的各纵线均产生相同的变形。如果将这些纵线看作是"纤维"，则可假设杆的内部也是由"纤维"组成，并且所有的"纤维"变形均相同。而这些"纤维"原长相同，于是可推知它们的线应变相同，这就是变形的几何关系。

2. 物理方面

根据物理学知识，当变形为弹性变形时，变形和力成正比。因为各"纤维"的线应变 ε 相同，而各"纤维"的线应变只能由正应力 σ 引起，故可推知横截面上各点处的正应力相同，即在横截面上，各点处的正应力 σ 为均匀分布，如图 6-4b 所示。

3. 静力学方面

由静力学求合力的方法，可得

$$F_N = \int_A \sigma \, dA = \sigma \int_A dA = \sigma A$$

由此可得杆的横截面上任一点处正应力的计算公式为

$$\sigma = \frac{F_N}{A} \tag{6-4}$$

式中 A——杆的横截面面积。正应力的正负号与轴力的正负号相对应，即拉应力为正，压应力为负。

由式(6-4)可见正应力大小，只与横截面面积有关，与横截面的形状无关。对于横截面沿杆长连续缓慢变化的变截面杆，其横截面上的正应力也可用上式作近似计算。

例 6-1 一横截面为正方形的砖柱分上、下两段，其受力情况、各段横截面尺寸如图 6-5 所示，已知 $F_p = 50\text{kN}$，试求荷载引起的最大工作应力。

解： 首先作立柱的轴力图如图 6-5b 所示。

由于砖柱为变截面杆，故须利用式(6-4)分段求出每段横截面上的正应力，再进行比较确定全柱的最大的工作应力。

图 6-5 例 6-1 图

上段：$\sigma_{\text{上}} = \dfrac{F_{N\text{上}}}{A_{\text{上}}} = \left(\dfrac{-5 \times 10^3}{240 \times 240 \times 10^{-6}}\right) \text{N/m}^2$

$= -0.87 \times 10^6 \text{N/m}^2 = -0.87\text{MPa}(压应力)$

下段：$\sigma_{\text{下}} = \dfrac{F_{N\text{下}}}{A_{\text{下}}} = \left(\dfrac{-15 \times 10^3}{370 \times 370 \times 10^{-6}}\right) \text{N/m}^2$

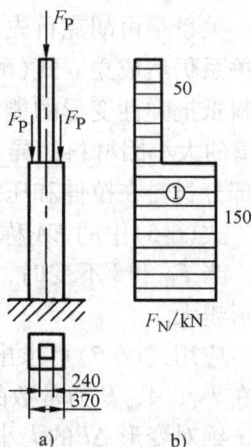

$$= -1.1 \times 10^6 \text{N/m}^2 = -1.1 \text{MPa}(\text{压应力})$$

由上述计算结果可见，砖柱的最大工作应力在柱的下段，其值为 1.1MPa，是压应力。

6.2.2　拉压杆件的变形

杆件受到轴向外力拉伸或压缩时，主要在轴线方向产生伸长或缩短，同时横向尺寸也缩小或增大，即同时发生纵向（轴向）变形和横向变形。例如图 6-6 所示的圆截面杆，长度为 l，直径为 d。当受到轴向外力拉伸后，l 增至 l'，d 缩小到 d'，现分别介绍这两种变形的计算。

图 6-6　拉伸变形

1. 轴向变形与胡克定律

杆的轴向伸长为 $\Delta l = l' - l$，称为杆的绝对伸长。实验表明，当杆的变形为弹性变形时，杆的轴向伸长 Δl 与拉力 F、杆长 l 成正比，与杆的横截面面积 A 成反比，即

$$\Delta l \propto \frac{Fl}{A}$$

引进比例常数 E，并注意到轴力 $F_N = F$，则上式可表示为

$$\Delta l = \frac{F_N l}{EA} \tag{6-5}$$

这一关系是由胡克首先发现的，通常称为**胡克定律**。当杆受轴向外力压缩时，这一关系仍然成立。式(6-5)中的 E 称为拉伸（或压缩）时材料的**弹性模量**，它表示材料抵抗弹性变形的能力。E 值越大，杆的变形越小；E 越小，杆的变形越大。E 值的大小因材料而异，可由试验测定。E 的常用单位是 MPa 或 GPa。工程上的大部分材料在拉伸和压缩时的 E 值可认为是相同的。

式(6-5)中的 EA 称为杆的拉伸（压缩）**刚度**，它表示杆件抵抗轴向变形的能力。当 F_N 和 l 不变时，EA 越大，则杆的轴向变形越小，EA 越小，则杆的轴向变形越大。

应用式(6-5)可求出杆的轴向变形，但需注意该式的适用条件，即该式只适用在 F_N、A、E 为常数的一段杆内，且材料的变形在线弹性范围内。

绝对变形 Δl 的大小与杆的长度 l 有关，不足以反映杆的变形程度。为了消除杆长 l 的响，将式(6-5)变换为

$$\frac{\Delta l}{l} = \frac{1}{E} \frac{F_N}{A}$$

式中，$\dfrac{\Delta l}{l} = \varepsilon$，称为轴向应变。又 $\dfrac{F_N}{A} = \sigma$，故上式可写为

$$\varepsilon = \frac{\sigma}{E} \quad 或 \quad \sigma = E\varepsilon \tag{6-6}$$

上式表示,当变形为弹性变形时,正应力和线应变成正比,这是胡克定律的另一种形式。这一关系式非常重要,在理论分析和实验中经常用到。

2. 横向应变

图 6-6 所示的杆,其横向尺寸缩小,故横向应变为

$$\varepsilon' = \frac{\Delta d}{d} = \frac{d'-d}{d}$$

显然,在拉伸时,ε 为正值,ε' 为负值;在压缩时,ε 为负值,ε' 为正值。由实验可知,当变形为弹性变形时,横向应变和轴向应变的比值的绝对值为一常数,即

$$v = \left| \frac{\varepsilon'}{\varepsilon} \right|, \quad 或 \quad \varepsilon' = -v\varepsilon \tag{6-7}$$

ν 称为**泊松比**,是由法国科学家泊松首先得到的,是一个量纲为 1 的量,其数值因材料而异,由实验测定。

弹性模量 E 和泊松比 ν,都是材料的弹性常数,表 6-1 给出了一些常用材料的 E,ν 值。

表 6-1 常用材料的 E,ν 值

材　料	E/GPa	ν	材　料	E/GPa	ν
钢	190～220	0.25～0.33	石灰岩	41	0.16～0.34
铜及其合金	74～130	0.31～0.36	混凝土	14.7～35	0.16～0.18
铸铁	60～165	0.23～0.27	橡胶	0.0078	0.47
铝合金	71	0.26～0.33	木材(顺纹)	9～12	
花岗岩	48	0.16～0.34	木材(横纹)	0.49	

例 6-2　一木柱受力如图 6-7 所示,柱的横截面为边长 200mm 的正方形,材料可认为服从胡克定律,其弹性模量 $E = 10$GPa,如不计柱的自重,试求木柱顶端 A 截面的位移。

解:首先作立柱的轴力图如图 6-7b 所示。

因为木柱下端固定,故顶端 A 截面的位移 ΔA 就等于全杆的总缩短变形 Δl。由于木柱 AB 段和 BC 段的内力不同,故应利用式(6-5)分别计算各段的变形,然后求其代数和,求得全杆的总变形。

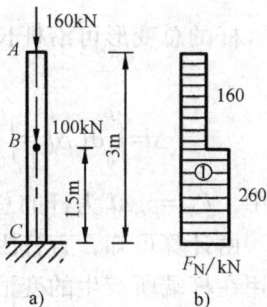

图 6-7 例 6-2 图

AB 段：$\Delta l_{AB} = \dfrac{F_{\text{NAB}} l_{AB}}{EA} = \left(\dfrac{-160 \times 10^3 \times 1.5}{10 \times 10^9 \times 200 \times 200 \times 10^{-6}} \right) \text{m}$

$\qquad\qquad\quad = -0.0006 \text{m} = -0.6 \text{mm}$

BC 段：$\Delta l_{BC} = \dfrac{F_{\text{NBC}} l_{BC}}{EA} = \left(\dfrac{-260 \times 10^3 \times 1.5}{10 \times 10^9 \times 200 \times 200 \times 10^{-6}} \right) \text{m}$

$\qquad\qquad\quad = -0.000975 \text{m} = -0.975 \text{mm}$

全杆的总变形为

$$\Delta l = \Delta l_{AB} + \Delta l_{BC} = (-0.6 - 0.975) \text{mm} = -1.575 \text{mm}$$

木柱顶端 A 截面的位移等于 -1.575mm，方向向下。

例 6-3　求图 6-8a 所示的等截面直杆由自重引起的杆的轴向变形。设该杆的横截面面积 A，材料的密度 ρ 和弹性模量 E 均已知。

解：自重为体积力。对于均质材料的等截面杆，可将杆的自重简化为沿轴线作用的均布荷载，其集度 $q = \rho g A l / l = \rho g A$。

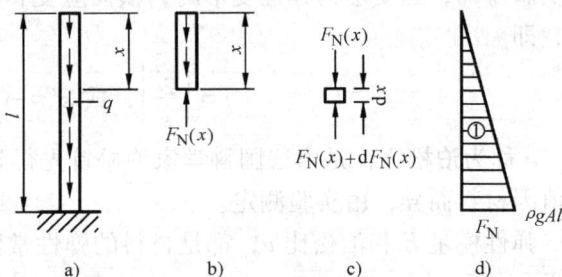

图 6-8　例 6-3 图

首先应用截面法，求得离杆顶端距离为 x 的横截面（见图 6-8b）上的轴力为

$$F_{\text{N}}(x) = -qx = -\rho g A x$$

并作出杆的轴力图如图 6-8d 所示。

由于杆的各个横截面上的内力均不同。因此，不能直接用式(6-5)计算变形。为此，先计算 $\text{d}x$ 长的微段（见图 6-8c）的变形 $\text{d}(\Delta l)$

$$\text{d}(\Delta l) = \frac{F_{\text{N}}(x)\,\text{d}x}{EA}$$

杆的总变形可沿杆长 l 积分得到，即

$$\Delta l = \int_0^l \text{d}(\Delta l) = \int_0^l \frac{F_{\text{N}}(x)\,\text{d}x}{EA} = \int_0^l \frac{-\rho g A x\,\text{d}x}{EA} = -\frac{\rho g A l \cdot l}{2EA} = -\frac{\dfrac{F_{\text{W}}}{2} l}{EA}$$

式中，$F_{\text{W}} = \rho g A l$ 为杆的总重。

由计算可知，直杆因自重引起的变形，在数值上等于将杆的总重的一半集中作用在杆端所产生的变形。

例 6-4　图 6-9 所示结构中 ABC 杆可视为刚性杆，BD 杆的横截面面积 $A = 400 \text{mm}^2$，材料的弹性模量 $E = 2.0 \times 10^5 \text{MPa}$。试求 B 点的竖直位移 Δ_{By}。

解：取刚性杆 ABC 为分离体（见图 6-9b），对 A 点应用力矩平衡方程可求得

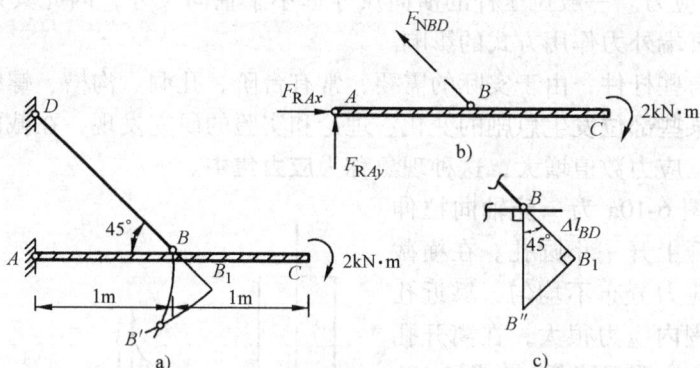

图 6-9 例 6-4 图

$$F_{NBD} = \frac{M}{l_{AB}\sin45°} = \left(\frac{2}{1\times\sin45°}\right) \text{kN} = 2.83\text{kN}$$

杆 BD 的变形为

$$\Delta l_{BD} = \frac{F_{NBD}l_{BD}}{EA} = \left(\frac{2.83\times10^3\times\sqrt{2}}{2.0\times10^5\times10^6\times400\times10^{-6}}\right)\text{m} = 5.0\times10^{-5}\text{m}$$

杆 BD 与刚性杆 ABC 在未受力之前 B 点铰结在一起，变形后还应铰结在一起，即满足变形的几何相容条件。变形后 B 点的新位置可由如下的方法确定：先假想地将两杆在 B 点处拆开，让 BD 杆自由变形，伸长 Δl 到 B_1 点，而杆 ABC 为刚性杆，不发生变形，故 AB 的长度不变，在分别以 A、D 为圆心，以 AB、DB_1 为半径作圆弧，它们的交点 B′ 即为 B 点的新位置，如图 6-9a 所示。但因变形微小，故可过 B_1、B 点分别作杆 BD、ABC 的垂线以代替上述所作的圆弧，此两垂线的交点 B″ 即为 B 点的新位置，如图 6-9c 所示。由图中的几何关系求得 B 点的竖直位移为

$$\Delta_{By} = \frac{\Delta l_{BD}}{\cos45°} = \left(\frac{5.0\times10^{-5}}{\cos45°}\right)\text{m} = 7.07\times10^{-5}\text{m} = 0.0707\text{mm}$$

6.2.3 圣文南原理与应力集中的概念

必须指出，杆端外力的作用方式不同时，例如分布力或集中力，对横截面上的应力分布是有影响的。但法国科学家圣文南指出，当作用于弹性体表面某一小区域上的力系，被另一静力等效的力系代替时，对该区域及其附近区域的应力和应变有显著的影响；而对远处的影响很小，可以忽略不计。这一结论称为**圣文南原理**。它已被许多计算结果和实验结果所证实。因此，杆端外力的作用方式不同，只对杆端附近的应力分布有影响。离杆端越近的横截面上，影响越大；在离杆端距离大于横向尺寸的横截面上，应力趋于均匀分布，在这些截面上，可用式

(6-4)计算正应力。一般拉压杆的横向尺寸远小于轴向尺寸，因此其计算正应力可不必考虑杆端外力作用方式的影响。

工程中有些杆件，由于实际的需要，常有台阶、孔洞、沟槽、螺纹等，使杆的横截面在某些部位发生急剧的变化。理论和实验的研究发现，在截面突变处的局部范围内，应力数值增大，这种现象称为**应力集中**。

例如，图 6-10a 为一受轴向拉伸的直杆，在杆上开一小圆孔。在横截面1—1上，应力分布不均匀，靠近孔边的局部范围内应力很大，在离开孔边稍远处，应力明显降低，如图6-10b所示。在离开圆孔较远的 2—2 截面上，应力仍为均匀分布，如图6-10c所示。可见 1—1 截面上小圆孔附近处存在应力集中现象。

设发生在应力集中截面上的最大应力、平均应力分别为 σ_{max}、σ_0，则比值

$$\alpha = \frac{\sigma_{max}}{\sigma_0} \qquad (6-8)$$

图 6-10 孔口应力分布图

称为应力集中系数，α 是大于 1 的数，它反映应力集中的程度。不同情况下的 α 值一般可在设计手册中查到。

6.2.4　材料在拉伸与压缩时的力学性能

材料在外力作用下，在强度和变形方面所表现出来的特性，称为材料的力学性质。认识材料的力学性质主要依靠试验的方法。材料最基本的力学性质通常是指材料在常温和静荷载作用下处于轴向拉伸和压缩时的力学性质。因为材料的力学性质不仅和材料内部的成分和组织结构有关，还受到加载速度、温度、受力状态以及周围介质的影响。

6.2.4.1　材料在拉伸时的力学性质

1. 低碳钢的拉伸试验

低碳钢是含碳量较低(在 0.25% 以下)的普通碳素钢，如 Q235 钢。低碳钢在工程上使用最为广泛，并且在拉伸试验时所反映的力学性质最为典型、也较为全面。因此，先来研究这种材料在拉伸时的力学性能。

(1) **标准试样**　材料的力学性质与试样的几何尺寸有关。为了便于比较试验结果，应将材料制成标准试样。对金属材料有两种标准试样可供选择。

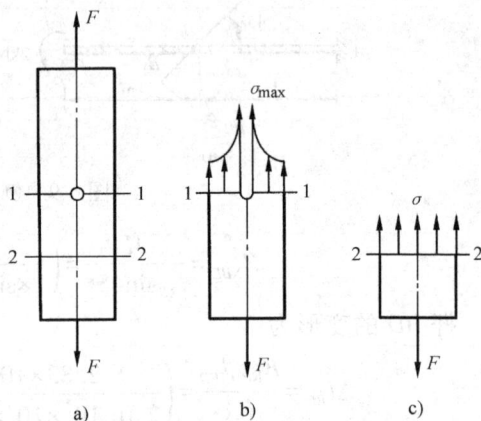

1）圆截面试样，如图 6-11 所示。在试样中部 A，B 之间的长度 l 称为标距，试验时用仪表测量该段的伸长。标距 l 与标距内横截面直径 d 的关系为 $l = 10d$，或 $l = 5d$。

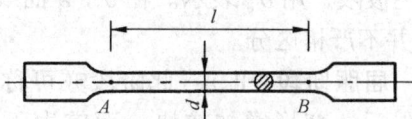

图 6-11　标准试样

2）矩形截面试样，标距 l 与横截面面积 A 的关系为 $l = 11.3\sqrt{A}$，或 $l = 5.65\sqrt{A}$。

（2）**拉伸图与应力-应变图**　试验时，将试样安装在万能试验机上，然后均匀缓慢地加载，使试样拉伸直至断裂。一般的万能试验机均有自动绘图设备，可以自动绘出试样在试验的过程中工作段的伸长与受力的关系曲线，即 $F—\Delta l$ 曲线，称为拉伸图，如图 6-12 所示。为了消除试样尺寸的影响，将拉力 F 除以试样的原横截面面积 A，伸长 Δl 除以原标距 l，得到材料的应力—应变图，即 $\sigma—\varepsilon$ 图，如图 6-13 所示。这一图形与拉伸图的图形相似，只是比例不同。

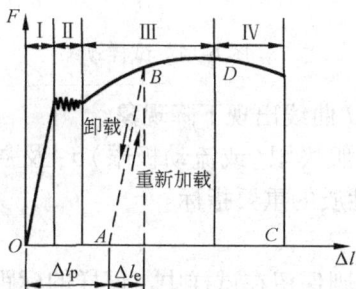

图 6-12　低碳钢拉伸图

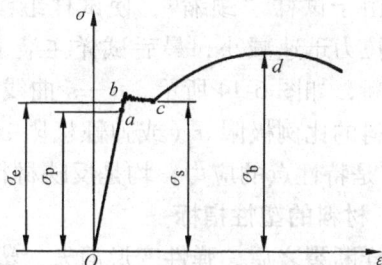

图 6-13　低碳钢 $\sigma—\varepsilon$ 图

（3）**低碳钢拉伸时的力学性质**　根据试验的结果，即绘制的拉伸图（见图 6-12）和应力—应变图（见图 6-13），以及试验过程中观察到的试样变形现象，低碳钢整个拉伸过程可分为四个阶段，其力学性质大致如下：

1）**拉伸过程中的四阶段及特点。**

弹性阶段（Ⅰ）：试样的变形完全是弹性的，即在这个阶段内，当卸去荷载后，变形完全消失。在弹性阶段内，Oa 线为直线，这表示应力和应变（或拉力和伸长变形）成线性关系，即材料服从胡克定律。材料的弹性模量可由直线 Oa 的斜率确定

$$E = \frac{\sigma}{\varepsilon} = \tan\alpha$$

a 点对应的应力称为比例极限，用 σ_p 表示。超过比例极限后，从 a 点到 b 点，σ 与 ε 之间的关系不再是直线，但变形仍然是弹性的。b 点对应的应力称为

弹性极限，用 σ_e 表示。在 $\sigma—\varepsilon$ 曲线图上，a、b 两点非常接近，在工程上 σ_p 与 σ_e 并不严格区分。

屈服阶段（Ⅱ）：此阶段亦可称为流动阶段。当增加荷载使应力超过弹性极限后，变形增加较快，而应力不增加或产生波动，在 $\sigma—\varepsilon$ 曲线上或 $F—\Delta l$ 曲线上呈锯齿形图线，这种现象称为材料的屈服或流动。在屈服阶段内的最高应力和最低应力分别称为屈服上限和屈服下限，屈服上限的数值与试件形状、加载速度有关，不稳定，通常把较稳定的屈服下限称为屈服极限或流动极限，用 σ_s 表示。

强化阶段（Ⅲ）：经过屈服阶段，材料的内部组织结构发生了调整，重新获得了抵抗变形的能力，因此要使试样继续增大变形，必须增加外力，这种现象称为材料的强化。强化阶段的最高点 d 所对应的应力称为强度极限，用 σ_b 表示。

破坏阶段（Ⅳ）：过 d 点以后，试样在某一局部范围内，横向尺寸突然急剧缩小，区域内的伸长急剧增加，试样横截面在这薄弱区域内显著缩小，形成了"颈缩"现象，由于试样"颈缩"，使试样继续变形所需的拉力迅速减小，最后试样在最小截面

图 6-14 试样颈缩

处被拉断，如图 6-14 所示，$\sigma—\varepsilon$ 曲线、$F—\Delta l$ 曲线出现下降现象。

材料的比例极限 σ_p（或弹性极限 σ_e）、屈服极限（或流动极限）σ_s 及强度极限 σ_b，是特性点的应力，均是反映材料力学性质的重要指标。

2）**材料的塑性指标**

试样断裂之后，弹性变形消失，塑性变形则保留在试样中。试样的标距由原来的 l 伸长为 l_1，断口处的横截面面积由原来的 A 缩小为 A_1。工程中常用如下两种指标来衡量材料的塑性性能，即

延伸（或伸长）率
$$\delta = \frac{l_1-l}{l} \times 100\%$$

断面收缩率
$$\Psi = \frac{A-A_1}{A} \times 100\%$$

工程中一般将 $\delta \geqslant 5\%$ 的材料称为塑性材料，$\delta < 5\%$ 的材料称为脆性材料。低碳钢的延伸（或伸长）率大约在 25% 左右，故为塑性材料。

3）**冷作硬化现象**

在材料的强化阶段中，如果卸去拉力，则卸载时拉力和变形之间仍为线性关系，如图 6-12 中近似平行于弹性阶段直线段的虚线 BA，由图可见，试样在强化阶段的变形包括弹性变形 Δl_e 和塑形变形 Δl_p。如卸载后重新加载，则拉力和变形之间大致仍按 AB 直线变化，到 B 点后又按原曲线 BD 变化。将 OBD 曲线和 ABD 曲线比较可看出，卸载后重新加载时，材料的比例极限得到了提高，但塑性变形和延

伸(或伸长)率却有所降低,而且不再有屈服现象,这一现象称为**冷作硬化现象**。

材料经过冷作硬化处理后,其比例极限提高,表明材料的强度可以提高,这是有利的一面。例如钢筋混凝土梁中所用的钢筋,常预先经过冷拉处理,起重机用的钢索也常预先进行冷拉。但另一方面,材料经冷作硬化处理后,其塑性降低,这在许多情况下又是不利的。例如,机器上的零件经冷加工后易变硬变脆,使用中容易断裂;在冲孔等工艺中,零件的孔口附近材料变脆,使用时孔口附近也容易开裂。因此,需对这些零件"退火"处理,以消除冷作硬化现象。又如用冷拉钢筋制成的钢筋混凝土梁,抵抗冲击荷载的能力会有所下降。

2. 其他塑性材料拉伸时的力学性质

图 6-15 给出了五种金属材料在拉伸时的应力—应变曲线。由图可见,这五种材料的伸长率都比较大($\delta \geqslant 5\%$)。45 钢和 Q235 钢的应力—应变曲线完全相似,有弹性阶段、屈服阶段和强化阶段。其他三种材料都没有明显的屈服阶段。

对于没有明显屈服阶段的塑性材料,通常以产生 0.2% 的塑性应变时的应力作为屈服极限,称为条件屈服极限,或名义屈服极限,用 $\sigma_{0.2}$ 表示,如图 6-16 所示。

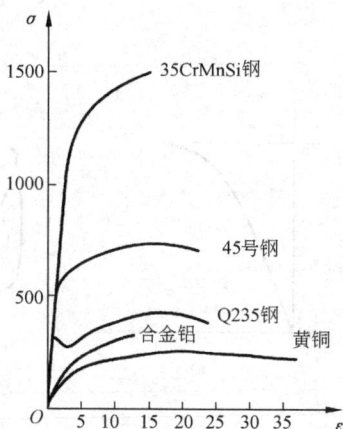

图 6-15　塑性材料 σ—ε 图

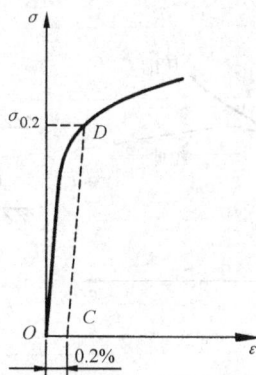

图 6-16　条件屈服极限

3. 铸铁的拉伸试验

图 6-17 示出铸铁拉伸时的应力—应变曲线,其特点为:

1) 应力—应变曲线上没有明显的直线段,即材料不服从胡克定律。但直至试样拉断为止,曲线的曲率都很小。因此,在工程上,曲线的绝大部分可用一割线(如图中虚线)代替,在这段范围内,认为材料近似服从胡克定律。

2) 变形很小,拉断后的残余应变只有 0.5%~0.6%,故铸铁为脆性材料。

3) 没有屈服阶段和"颈缩"现象。惟一的强度指标是

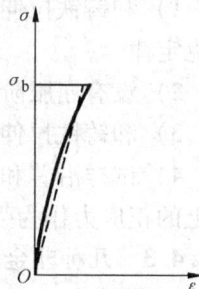

图 6-17　铸铁拉伸
σ—ε 图

拉断时的应力，即强度极限 σ_b，但强度极限很低。

6.2.4.2 材料在压缩时的力学性质

1. 低碳钢的压缩试验

低碳钢压缩试验的试样采用圆柱形。为了避免试样受压后发生弯曲，规定试样高度和直径关系为 $l=(1.5\sim3.0)d$。试验得到的低碳钢压缩的应力—应变曲线如图 6-18a 所示。由试验得知：

1）低碳钢压缩时的材料的比例极限 σ_p、屈服极限 σ_s 及弹性模量 E 都与拉伸时的相同。

2）当应力超过屈服极限之后，压缩试样产生很大的塑性变形，愈压愈扁，横截面面积不断增大，如图 6-18b 所示。虽然应力不断增加，但因试样不会断裂，故无法得到压缩的强度极限。

2. 铸铁压缩试验

铸铁压缩试验也采用圆柱形短试样。应力—应变曲线和试样破坏情况如图 6-19a、b 所示。由试验得知：

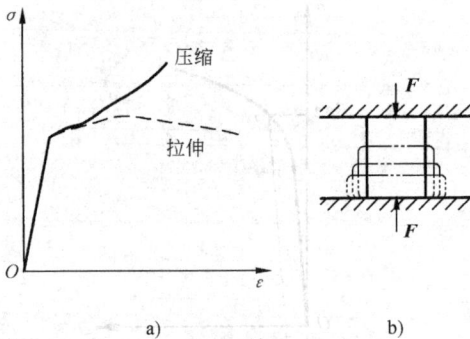

图 6-18　低碳钢压缩特性　　　　　图 6-19　铸铁压缩特性

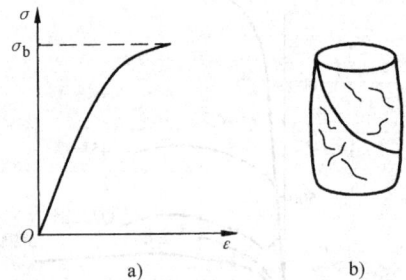

1）和铸铁拉伸试验相似，应力—应变曲线上没有直线段，材料只近似服从胡克定律。

2）没有屈服阶段。

3）和铸铁拉伸相比，破坏后的轴向应变较大，约为 5%～10%。

4）试样沿着和横截面大约 45°～50°的斜截面剪断。通常以试样剪断时横截面上的正应力作为强度极限 σ_b。铸铁压缩强度极限比拉伸强度极限高 4～5 倍。

6.2.4.3 几种非金属材料的力学性质

1. 混凝土

混凝土构件一般用以承受压力，故混凝土常需做压缩试验以了解压缩时的力学性质。混凝土压缩试样常用边长为 150mm 的立方块。试样成型后，在一定条件下养护 28 天后进行试验。

混凝土的抗压强度与试验方法有密切关系。在压缩试验中，若试样上下两端面不加润滑剂，由于两端面与试验机平面之间的摩擦力，使得试样横向变形受到阻碍，提高了抗压强度。随着压力的增加，中部四周逐渐剥落，最后试样剩下两个相连的截顶角锥体而破坏，如图 6-20a 所示。若在两个端面加润滑剂，则减少了两端面间的摩擦力，使试样易于横向变形，因而降低了抗压强度。最后试样沿受压方向裂成几块而破坏，如图 6-20b 所示。

标准的压缩试验是在试样的两端面之间不加润滑剂。试验得到混凝土的压缩应力—应变曲线如图 6-21 所示。但是一般在普通的试验机上做试验时，只能得到 OA 曲线。在这一范围内，当荷载较小时，应力—应变曲线几乎为直线；继续增加荷载后，应力—应变关系为曲线；直至加载到材料破坏，得到混凝土受压的强度极限 σ_b。

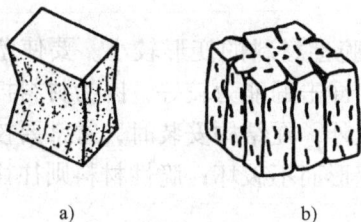

图 6-20　混凝土压缩破坏　　　　　图 6-21　混凝土压缩全曲线

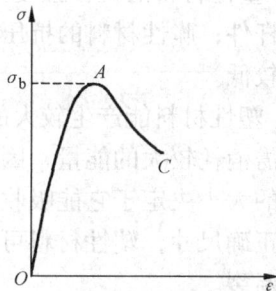

根据近代的试验研究发现，若采用控制变形速率的加载设备，或采用刚度很大的试验机，可以得到应力—应变曲线上强度极限以后的下降段 AC。在 AC 段范围内，试样变形不断增大，但承受压力的能力逐渐减小，这一现象称为材料的软化。整个曲线 OAC 称为应力—应变全曲线，它对混凝土结构的应力和变形分析有重大意义。

用试验方法也可得到混凝土的拉伸强度以及受拉应力—应变全曲线，即混凝土受拉时也存在材料的软化现象。

2. 木材

木材顺纹方向和横纹方向压缩时，得到不同的应力—应变曲线，如图 6-22 所示。由试验可知，木材沿顺纹方向压缩时的强度极限比横纹方向压缩时的强度极限大 10 倍左右；在荷载和横截面尺寸相同的条件下，顺纹方向压缩时的变形比横纹方向压缩时的变形小得多。因此，木材为各向异性材料。

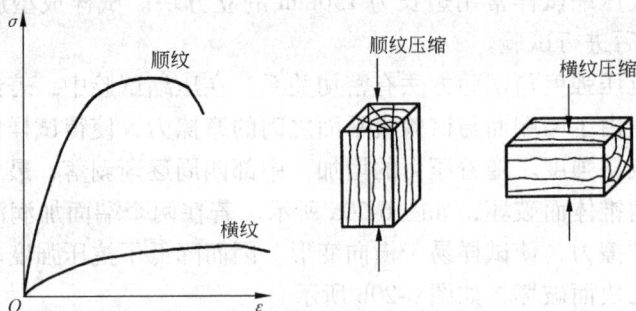

图 6-22　木材压缩特性

6.2.4.4　塑性材料和脆性材料的比较

从以上介绍的各种材料的试验结果看出，塑性材料和脆性材料在常温和静荷载下的力学性质有很大差别，现概要地加以比较。

1）塑性材料的抗拉强度比脆性材料的抗拉强度高，故塑性材料一般用来制成受拉杆件；脆性材料的抗压强度比抗拉强度高，故一般用来制成受压构件，而且成本较低。

2）塑性材料能产生较大的塑性变形，而脆性材料的变形较小。要使塑性材料破坏需消耗较大的能量，因此这种材料抵抗冲击的能力较好，因为材料抵抗冲击能力的大小决定于它能吸收多大的动能。此外，在结构安装时，常常要校正构件的不正确尺寸，塑性材料可以产生较大的变形而不破坏；脆性材料则往往会由此引起断裂。

3）当构件中存在应力集中时，塑性材料对应力集中的敏感性较小。

必须指出，材料的塑性或脆性，实际上与工作温度、变形速度、受力状态等因素有关。例如，低碳钢在常温下表现为塑性，但在低温下表现为脆性；石料通常认为是脆性材料，但在各向受压的情况下，却表现出很好的塑性。

6.3　扭转杆件的应力和变形

6.3.1　扭转圆杆横截面上的应力

圆杆扭转时，横截面上的内力为扭矩 M_x，扭矩只能由切向微内力 τdA 合成，所以扭转圆杆横截面上只有切应力 τ。为了确定横截面上的切应力分布规律，首先也要通过实验观察扭转杆件的变形情况，并确定变形的几何关系，再利用物理方面和静力学方面的关系综合进行分析。

1. 几何方面

取一等直圆杆，在表面上画一系列的圆周线和垂直于圆周线的纵线，它们组成许多矩形网格，如图 6-23 所示。然后在其两端施加一对大小相等、转向相反的力偶矩，使其发生扭转。当变形很小时，可以观察到：①变形后所有圆周线的大小、形状和间距均未改变，只是绕杆的轴线作相对的转动；②所有的纵线都转过了同一角度 γ，因而所有的矩形网格都变成了平行四边形。

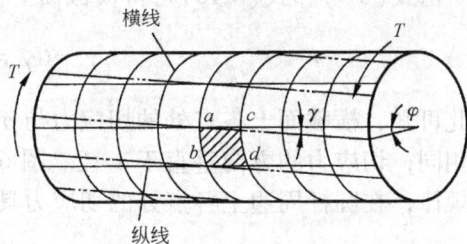

图 6-23　扭转变形

根据以上的表面现象去推测杆内部的变形，可作出如下假设：变形前为平面的横截面，变形后仍为平面，并如同刚片一样绕杆轴旋转。这样，横截面上任一半径始终保持为直线。这一假设称为平截面假设或平面假设。

在上述假设的基础上，再研究微体的变形。从图 6-23 所示的杆中，截取长为 $\mathrm{d}x$ 的一段轴，其扭转后的相对变形情况如图 6-24 所示。2—2 截面相对于 1—1 截面像刚性平面一样地绕杆轴线转动了一个角度 $\mathrm{d}\varphi$，因此其上的任意半径 $O'c$ 也转动了同一角度 $\mathrm{d}\varphi$，由图6-23可见，在圆杆表面上的矩形 $abcd$ 变为平行四边形，但边长不变，而直角改变了一个 γ 角，即 ac 纵向线倾斜了一个 γ 角，γ 即为 a 点处的切应变，在圆杆内

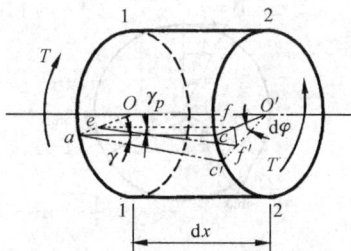

图 6-24　圆轴扭转变形分析

部，距圆心为 ρ 处的 ef 纵向线也倾斜了一个 γ_ρ 角，即 e 点的切应变为 γ_ρ。

则由几何关系可以得到

$$\gamma_\rho \approx \tan\gamma_\rho = \frac{\overline{ff'}}{\mathrm{d}x} = \frac{\rho\mathrm{d}\varphi}{\mathrm{d}x} = \rho\theta \tag{6-9}$$

式中，$\theta = \dfrac{\mathrm{d}\varphi}{\mathrm{d}x}$ 为单位长度杆的相对扭转角。对于同一横截面，θ 为一常量，故由式(6-9)可见，切应变 γ_ρ 与 ρ 成正比。

2. 物理方面

切应变是由于矩形的两侧相对错动而引起的，发生在垂直于半径的平面内，所以与它对应的切应力的方向也垂直于半径。由试验可知(见 6.3.4 节)，当杆只产生弹性变形时，切应力和切应变之间存在着如下关系

$$\tau = G\gamma \tag{6-10}$$

这一关系称为剪切胡克定律。式中 G 为**切变模量**，量纲与 E 相同，常用单位为

MPa 或 GPa。G 值的大小因材料而异，可由试验测定。

由式(6-9)和式(6-10)可得横截面上任一点处的切应力为

$$\tau_\rho = G\gamma_\rho = G\rho \frac{\mathrm{d}\varphi}{\mathrm{d}x} \tag{6-11}$$

由此可知，横截面上各点处的切应力与 ρ 成正比，ρ 相同的圆周上各点处的切应力相同，切应力的方向垂直于半径。图 6-25 示出实心圆杆横截面上的切应力分布规律，在圆杆周边上各点处的切应力具有相同的最大值，在圆心处，$\tau = 0$。

式(6-11)虽确定了切应力的分布规律，但 $\frac{\mathrm{d}\varphi}{\mathrm{d}x}$ 还不知道，故无法计算切应力。因此，还需利用静力学方法求解。

3. 静力学方面

图 6-26 所示横截面上的扭矩 M_x，是由无数个微面积 $\mathrm{d}A$ 上的微内力 $\tau_\rho \mathrm{d}A$ 对圆心 O 点的力矩合成得到，即

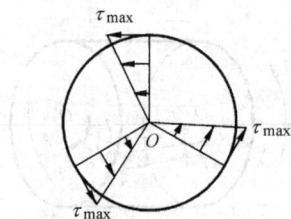

图 6-25　扭转圆杆横截面切应力分布图　　　　图 6-26　圆杆横截面应力的合成

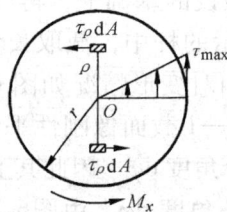

$$M_x = \int_A \rho \tau_\rho \mathrm{d}A \tag{6-12}$$

式中 A 为横截面面积。将式(6-11)代入式(6-12)，得

$$M_x = \int_A G\rho^2 \frac{\mathrm{d}\varphi}{\mathrm{d}x}\mathrm{d}A = G\frac{\mathrm{d}\varphi}{\mathrm{d}x}\int_A \rho^2 \mathrm{d}A = G\frac{\mathrm{d}\varphi}{\mathrm{d}x}I_\mathrm{p}$$

式中 $I_\mathrm{p} = \int_A \rho^2 \mathrm{d}A$ 为横截面对 O 点的极惯性矩（参见附录 A.2），故上式可写为

$$\frac{\mathrm{d}\varphi}{\mathrm{d}x} = \frac{M_x}{GI_\mathrm{p}} \tag{6-13}$$

将式(6-13)代入式(6-11)，得到等直圆杆横截面上任一点处的切应力公式

$$\tau_\rho = \frac{M_x \rho}{I_\mathrm{p}} \tag{6-14}$$

横截面上最大的切应力发生在 $\rho = r$ 处，其值为

$$\tau_{max} = \frac{M_x r}{I_\mathrm{p}}$$

令

$$W_{\mathrm{p}} = \frac{I_{\mathrm{p}}}{r}$$

则

$$\tau_{\max} = \frac{M_x}{W_{\mathrm{p}}} \tag{6-15}$$

式中 W_{p}——扭转截面系数，其量纲为 L^3，常用单位为 mm^3 或 m^3。

6.3.2 切应力互等定理

从上面的分析可知，圆杆扭转时，横截面上各点处存在切应力。下面证明，在圆杆的纵截面(径向平面)上也存在着切应力，这两个截面上的切应力有一定的关系。在图 6-27a 所示圆杆表面 A 点周围，沿横截面、纵截面及垂直于径向的平面截出一无限小的长方体，称为单元体，设其边长为 dx、dy、dz，如图 6-27b 所示。该单元体的左、右两个面属于横截面，作用有切应力 τ；前面的一个面为外表面，其上没有应力，与它平行的平面，由于相距很近，也认为没有应力。从平衡的观点看，如果单元体上只有左、右两个面上有切应力，则该单元体将会转动，不能平衡，所以在上、下两个纵截面上必定存在着图示的切应力，由于各面的面积很小，可认为切应力在各面上均匀分布。由平衡方程 $\sum M_{OO'} = 0$ 得到

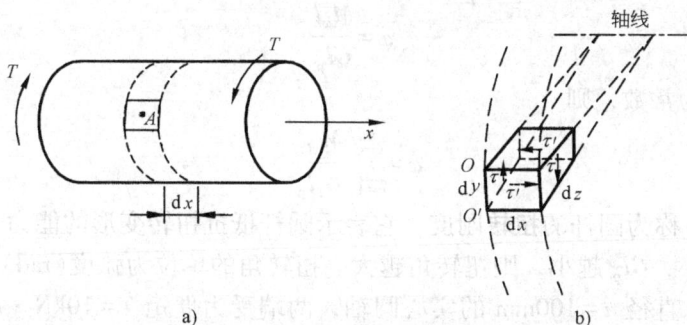

图 6-27 切应力互等分析

$$(\tau \mathrm{d}y\mathrm{d}z)\,\mathrm{d}x = (\tau'\mathrm{d}x\mathrm{d}z)\,\mathrm{d}y$$

由此可得

$$\tau = \tau' \tag{6-16}$$

式(6-16)所表示的关系称为切应力互等定理。即过一点的互相垂直的两个截面上，垂直于两截面交线的切应力大小相等，并均指向或背离这一交线。

切应力互等定理在应力分析中有很重要的作用。例如，在圆杆扭转时，当已知横截面上的切应力及其分布规律后，由切应力互等定理便可知道纵截面上的切

应力及其分布规律，如图 6-28 所示。切应力
互等定理除在扭转问题中成立外，在其他的
变形情况下也同样成立。但须特别指出，这
一定理只适用于一点处或在一点处所取的单
元体。如果边长不是无限小的单元体或一点
处两个不相正交的方向上，便不能适用。切
应力互等定理具有普遍性，若单元体的各面
上还同时存在正应力时，也同样适用。

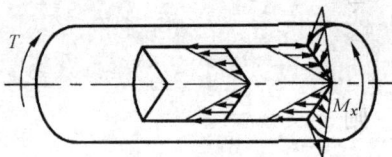

图 6-28　纵截面切应力分布

6.3.3　等直圆杆扭转时的变形

圆杆扭转时，其变形可用横截面之间的相对角位移 φ，即**扭转角**表示。

由式(6-13)，单位长度的扭转角为

$$\frac{\mathrm{d}\varphi}{\mathrm{d}x} = \frac{M_x}{GI_\mathrm{p}}$$

若杆长为 l，则两端截面的相对扭转角为

$$\varphi = \int_l \mathrm{d}\varphi = \int_0^l \frac{M_x}{GI_\mathrm{p}} \mathrm{d}x$$

当杆长之 l 内的 M_x、G、I_p 为常数时，则

$$\varphi = \frac{M_x l}{GI_\mathrm{p}} \tag{6-17}$$

若分段为常数，则

$$\varphi = \sum_{i=1}^n \frac{M_{xi} l_i}{G_i I_{\mathrm{p}i}} \tag{6-18}$$

乘积 GI_p 称为圆杆的**扭转刚度**，它表示圆杆抵抗扭转变形的能力，GI_p 越大，则扭转角越小，GI_p 越小，则扭转角越大。扭转角的单位为弧度(rad)。

例 6-5　直径 $d = 100\mathrm{mm}$ 的实心圆轴，两端受力偶矩 $T = 10\mathrm{kN} \cdot \mathrm{m}$ 作用而扭转，求横截面上的最大切应力。若改用内、外直径比值为 0.5 的空心圆轴，且横截面面积和实心圆轴横截面面积相等，问最大切应力是多少？

解：圆轴各横截面上的扭矩均为 $M_x = T = 10\mathrm{kN} \cdot \mathrm{m}$。

(1) 实心圆截面

$$W_\mathrm{p} = \frac{\pi d^3}{16} = \left(\frac{3.14 \times 100^3 \times 10^{-9}}{16} \right) \mathrm{m}^3 = 1.96 \times 10^{-4} \mathrm{m}^3$$

$$\tau_{\max} = \frac{M_x}{W_\mathrm{p}} = \left(\frac{10 \times 10^3}{1.96 \times 10^{-4}} \right) \mathrm{N/m}^2 = 51 \times 10^6 \mathrm{Pa} = 51.0 \mathrm{MPa}$$

(2) 空心圆轴

令空心圆截面的内、外直径分别为 d_1、D。由面积相等及内外径比值 $\alpha = \dfrac{d_1}{D}$ =0.5 的条件，可求得空心圆截面的内、外直径。即有

$$\frac{1}{4}\pi d^2 = \frac{1}{4}\pi(D^2 - d_1^2) = \frac{1}{4}\pi D^2(1-\alpha^2)$$

根据上式可求得

$$d_1 = 57.5\text{mm}, \quad D = 115\text{mm}$$

$$W_p = \frac{\pi D^3}{16}(1-\alpha^4) = \left[\frac{3.14 \times 115^3 \times 10^{-9}}{16} \times (1-0.5^4)\right]\text{m}^3 = 2.8 \times 10^{-4}\text{m}^3$$

$$\tau_{\max} = \frac{M_x}{W_p} = \left(\frac{10 \times 10^3}{2.8 \times 10^{-4}}\right)\text{N/m}^2 = 35.7 \times 10^6\text{Pa} = 35.7\text{MPa}$$

计算结果表明，空心圆截面上的最大切应力比实心圆截面上的小。这是因为在面积相同的条件下，空心圆截面的 W_p 比实心圆截面的大。此外，扭转切应力在截面上的分布规律表明，实心圆截面中心部分的切应力很小，这部分面积上的微内力 $\tau_\rho\text{d}A$ 离圆心近，力臂小，所以组成的扭矩也小，材料没有被充分利用。而空心圆截面的材料分布得离圆心较远，截面上各点的应力也较均匀，微内力对圆心的力臂大，在组成相同扭矩的情况下，最大切应力必然减小。

例 6-6　一圆轴 AC 受力如图 6-29a 所示。AB 段为实心，直径为 50mm；BC 段为空心，外径为 50mm，内径为 35mm。试求 C 截面的扭转角。设 $G = 80\text{GPa}$。

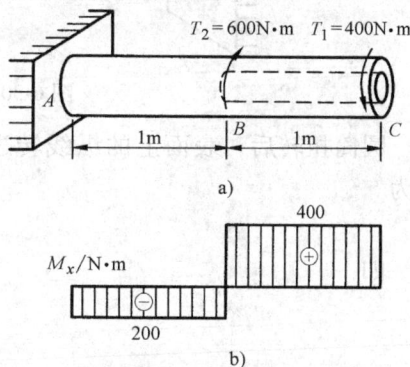

图 6-29　例 6-6 图

解：由截面法可求得 AB、BC 段扭矩分别为：$M_{x1} = -200\text{N}\cdot\text{m}$；$M_{x2} = 400\text{N}\cdot\text{m}$，作圆杆的扭矩图，如图 6-29b 所示。

AB、BC 段扭矩及极惯性矩不同，求 C 截面的扭转角，应分段考虑。

$$\varphi_{AB} = \frac{M_{x1}l_1}{GI_{p1}} = \left(\frac{-200 \times 400 \times 10^{-3}}{80 \times 10^9 \times \dfrac{\pi}{32} \times 50^4 \times 10^{-12}}\right)\text{rad} = -0.00163\text{rad}$$

$$\varphi_{BC} = \frac{M_{x2}l_2}{GI_{p2}} = \left(\frac{400 \times 400 \times 10^{-3}}{80 \times 10^9 \times \dfrac{\pi}{32}(50^4 - 35^4) \times 10^{-12}}\right)\text{rad} = 0.00429\text{rad}$$

$$\varphi_{AC} = \varphi_{AB} + \varphi_{BC} = (-0.00163 + 0.00429)\text{rad} = 0.00266\text{rad}$$

由于 A 端固定，因此 C 截面的扭转角即为 C 端相对于 A 端的扭转角。

6.3.4 扭转试验

通过扭转试验，可以找出切应力与切应变之间的关系，并确定极限切应力。为此取一薄壁圆筒，一端固定，在自由端受外力偶矩 T 作用，如图 6-30a 所示。由于筒壁很薄，故圆筒扭转后，可认为横截面上的切应力 τ 沿壁厚均匀分布，如图 6-30b 所示。

由静力学求合力的方法，可得

$$(\tau 2\pi r_0 \delta)r_0 = M_x = T$$

即

$$\tau = \frac{T}{2\pi r_0^2 \delta} \tag{6-19a}$$

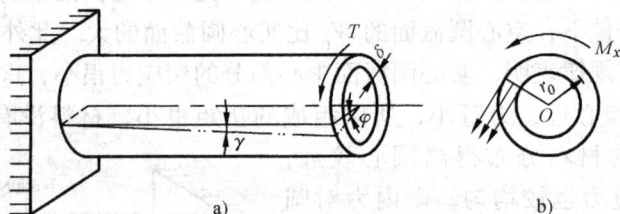

图 6-30 薄壁圆筒扭转

圆筒扭转后，表面上的纵线转过角度 γ，此即切应变，它和扭转角 φ 的关系为

$$\gamma l = r_0 \varphi$$

即

$$\gamma = \frac{r_0}{l}\varphi \tag{6-19b}$$

扭转试验时逐渐增加外力偶矩，并测得与之相应的扭转角 φ，可画出 $T\text{—}\varphi$ 曲线；再通过式（6-19a）和式（6-19b），可画出 $\tau\text{—}\gamma$ 曲线。

低碳钢的 $\tau\text{—}\gamma$ 曲线如图 6-31 所示。由图可见，当切应力不超过 a 点的切应力时，切应力 τ 与切应变 γ 之间成线性关系，因此得到

$$\tau = G\gamma$$

这就是 6.3.1 节中所提到的剪切胡克定律式（6-10）。a 点的切应力称为剪切比例极限，用 τ_p 表示。当切应力超过 τ_p 以后，材料将发生屈服，b 点的切应力称为剪切屈服极

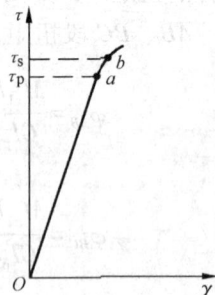

图 6-31 低碳钢的 $\tau\text{—}\gamma$ 曲线

限，用 τ_s 表示。但低碳钢的薄壁圆筒扭转试验不易测得剪切屈服极限，因为在材料屈服前，圆筒壁可能会发生皱折。

实心圆杆铸铁的 τ—γ 曲线如图 6-32 所示。曲线上没有成直线的一段，故一般用割线代替，而认为剪切胡克定律近似成立；此外，铸铁扭转时没有屈服阶段，但可测得剪切强度极限 τ_b。

弹性模量 E、泊松比 ν 和切变模量 G，是材料的三个弹性常数，经试验验证和理论证明，它们之间存在如下关系

$$G = \frac{E}{2(1+\nu)} \tag{6-20}$$

图 6-32 铸铁的 τ—γ 曲线

因此，这三个常数中，只有两个是独立的。只要知道其中两个常数，便可由式(6-20)求得第三个常数。

对于绝大多数各向同性材料，泊松比 ν，一般大于 0，小于 0.5，因此，G 的值为 E 的 1/2~1/3。

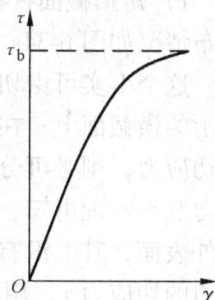

6.3.5 矩形截面杆的扭转

工程上常遇到一些非圆截面杆的扭转问题，杆的横截面形状有矩形、工字形、槽形等。取一矩形截面杆，如图 6-33a 所示，在其侧面上画上纵向线和横向周线；扭转变形后发现横向周线已变为空间曲线，如图 6-33b 所示，这表明变形后杆的横截面不再保持为平面，而变为曲面，这种现象称为翘曲。截面发生翘曲是由于杆扭转后，横截面上各点沿杆轴方向产生了不同位移造成的。由于截面翘曲，因此根据平面假设建立起来的圆杆扭转公式，在非圆截面杆中不再适用。

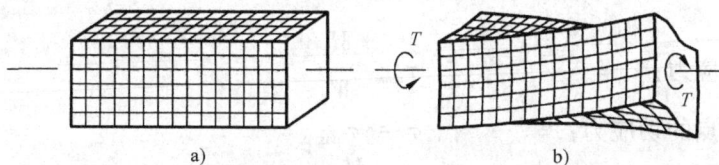

图 6-33 矩形截面杆扭转变形

非圆截面杆扭转时，若截面翘曲不受约束，例如两端自由的直杆，受一对外力偶矩扭转时，则各截面翘曲程度相同，这时杆的横截面上只有切应力而没有正应力，这种扭转称为自由扭转。若杆端存在约束或杆的各截面上扭矩不同，这时，横截面的翘曲受到限制，因而各截面上翘曲程度不同，这时杆的横截面上除有切应力外，还伴随着产生正应力，这种扭转称为约束扭转。由约束扭转产生的正应力，在实体截面杆中很小，可不予考虑；但在薄壁截面杆中，却不能忽略。本节只介绍矩形截面杆的自由扭转问题。

矩形截面杆扭转时，由于截面翘曲，无法用材料力学的方法分析杆的应力和变形。现在介绍由弹性力学分析所得到的一些主要结果。

1）矩形截面杆扭转时，横截面上沿截面周边、对角线及对称轴上的切应力分布情况如图 6-34a 所示。由图可见，横截面周边上各点处的切应力平行于周边。这个事实可由切应力互等定理及杆表面无应力的情况得到证明。如图 6-34b 所示的横截面上，在周边上任一点 A 处取一单元体，在单元体上若有任意方向的切应力，则必可分解成平行于周边的切应力 τ 和垂直于周边的切应力 τ'。由切应力互等定理可知，当 τ' 存在时，则单元体的左侧面上必有 τ''，但左侧面是杆的外表面，其上没有切应力，故 $\tau''=0$，由此可知，$\tau'=0$，于是该点只有平行于周边的切应力 τ。用同样的方法可以证明凸角处无切应力存在。由图还看出，长边中点处的切应力是整个横截面上的最大切应力。

2）切应力和单位长度扭转角的计算公式为

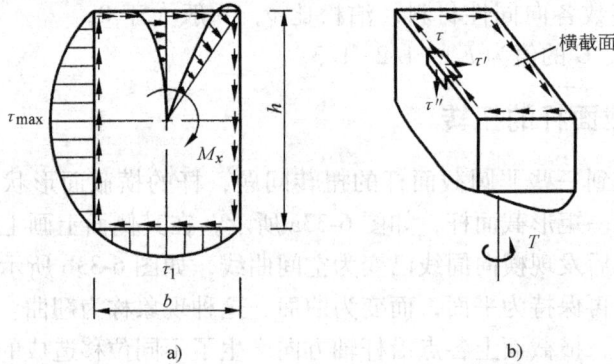

图 6-34 矩形截面杆横截面切应力分析

最大切应力：
$$\tau_{\max} = \frac{M_x}{W_T} \tag{6-21}$$

短边中点的切应力：
$$\tau_1 = \gamma \tau_{\max} \tag{6-22}$$

单位长度杆的扭转角：
$$\theta = \frac{M_x}{GI_T} \tag{6-23}$$

式中，$W_T = \alpha b^3$，$I_T = \beta b^4$，α、β 和 γ 的数值见表 6-2。表中 h 和 b 分别为矩形截面的长边和短边的长度。

表 6-2 矩形截面杆自由扭转的系数 α、β 和 γ

$m = \dfrac{h}{b}$	1.0	1.2	1.5	2.0	2.5	3.0	4.0	6.0	8.0	10.0
α	0.208	0.263	0.346	0.493	0.645	0.801	1.150	1.789	2.456	3.12
β	0.140	0.199	0.294	0.457	0.622	0.790	1.123	1.789	2.456	3.12
γ	1.000	0.930	0.858	0.796	0.766	0.753	0.745	0.743	0.743	0.74

3）对于狭长矩形截面$\left(m=\dfrac{h}{b}\geq 10\right)$，由上表可知

$$\alpha = \beta \approx \frac{1}{3}m$$

于是

$$\left.\begin{array}{l} W_T = \dfrac{m}{3}b^3 = \dfrac{1}{3}hb^2 \\[2mm] I_T = \dfrac{m}{3}b^4 = \dfrac{1}{3}hb^3 \end{array}\right\} \qquad (6\text{-}24)$$

截面上的切应力分布规律如图 6-35 所示。

最大切应力和单位长度杆扭转角的计算公式为

最大切应力

$$\tau_{\max} = \frac{M_x}{W_T} = \frac{3M}{hb^2} \qquad (6\text{-}25)$$

单位长度杆的扭转角

$$\theta = \frac{M_x}{GI_T} = \frac{3M_x}{Ghb^3} \qquad (6\text{-}26)$$

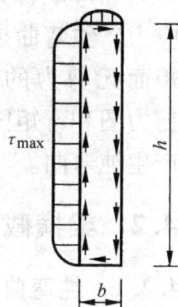

图 6-35　狭长矩形
截面扭转切应力
分布

6.4　平面弯曲杆件的应力和变形

6.4.1　基本概念

1. 平面弯曲的概念

工程中最常见的梁，其横截面都具有一纵向对称轴，同时，梁上所有的外力（或外力的合力）均作用在包含此对称轴的纵向对称平面内。由于梁的几何、物理性质和外力均对称于梁的纵向对称面，因此梁的变形也是对称的，梁的轴线将在此平面内弯曲成一条平面曲线，如图 6-36 所示，这种弯曲称为**平面弯曲**，或称为**对称弯曲**。

2. 纯弯曲的概念

由梁的内力分析可知，在一般情况下，梁的横截面上同时存在着剪力和弯矩。剪力只能由微内力 $\tau\mathrm{d}A$ 合成；而弯矩只能由微内力 $\sigma\mathrm{d}A$ 合成。因此，一般情况下，梁的横截面上同时存在着正应力和切应力。因为正

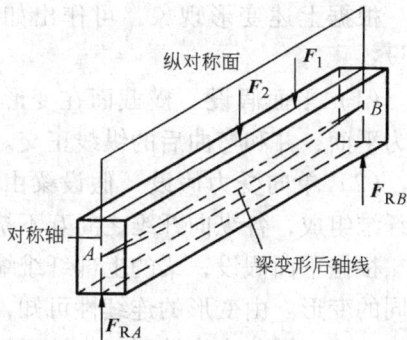

图 6-36　平面弯曲

应力只和弯矩有关,所以可由纯弯曲的情况分析正应力。**纯弯曲**是指梁弯曲时,各横截面上只有弯矩而无剪力的情况。例如图 6-37 所示的梁,由剪力图和弯矩图(将 M_z 简写为 M)可见,在 CD 段产生纯弯曲。

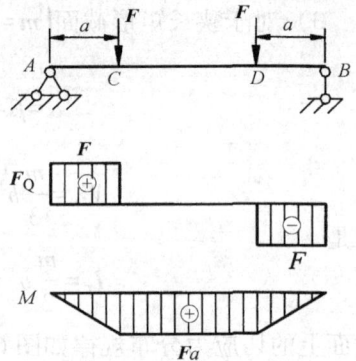

图 6-37 纯弯曲

6.4.2 梁横截面上的正应力公式

6.4.2.1 纯弯曲时梁横截面上的正应力公式

首先研究梁具有纵向对称面、且外力均作用在此对称面内而发生纯弯曲这一种特殊情况。与杆在轴向拉压和扭转时分析横截面上应力的方法相同,分析梁的正应力也需要从几何、物理和静力学三个方面综合研究。

1. 几何方面

首先观察纯弯曲实验的变形现象。取一矩形横截面直梁,在其表面画许多横线和纵线如图 6-38a 所示。当纯弯曲梁,发生弯曲变形后,如图 6-38b 所示,可观察到以下变形现象:

1)横线在变形后仍为直线,但旋转了一个角度,并与弯曲后的纵线正交;

2)梁上部的纵线缩短,下部的纵线伸长;

3)梁上部的横向尺寸略有增加,下部的横向尺寸略有减小。

根据上述变形现象,可作出如下假设:

(1)平面假设 横截面在变形后仍为平面,并和弯曲后的纵线正交。

(2)单向受力假设 假设梁由纵向纤维组成,各纵向纤维之间互不挤压,即每根纤维受单向拉伸或单向压缩。

图 6-38 纯弯曲变形

根据平面假设,梁的上部纤维缩短,下部纤维伸长,在同一高度上的纤维有相同的变形。由变形的连续性可知,在梁的中间,必有一层纤维既不伸长,也不缩短。这一层称为中性层。中性层与横截面的交线称为中性轴,如图 6-38c 所示。

由以上假设,可进一步找出纵向线应变的变化规律。取长为 dx 的一微段梁,

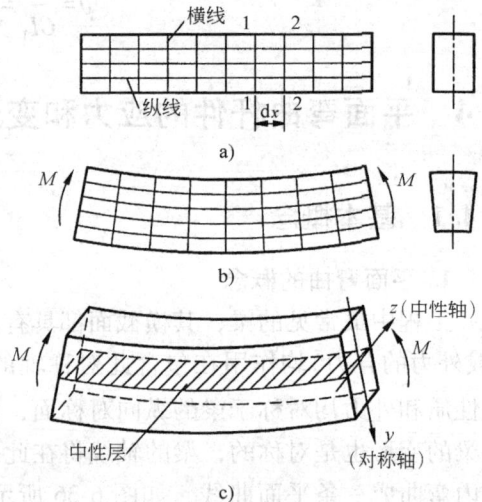

如图 6-39a 所示。其横截面如图 6-39b 所示。取 y 轴为横截面的对称轴，z 轴为中性轴，中性轴的位置暂时还不知道。微段梁变形后如图 6-39c 所示。现研究图 6-39a 距中性层为 y 处的任一条纤维 ab 的变形。设图 6-39c 中的 $\mathrm{d}\theta$ 为 1—1 和 2—2 截面的相对转角，ρ 为中性层的曲率半径。

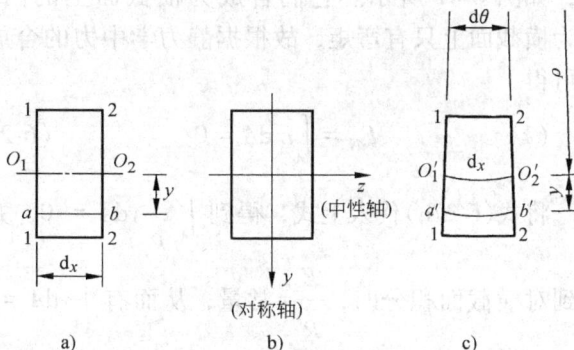

图 6-39　微段梁及其变形

由于 $\overline{O_1O_2}$ 长度不变，即 $\overline{ab}$ $=\overline{O_1O_2}=\widehat{O_1'O_2'}=\rho\mathrm{d}\theta$，微段变形后，$\overline{ab}$ 弯成 $\widehat{a'b'}$，$\widehat{a'b'}=(\rho+y)\mathrm{d}\theta$，故纤维 ab 的线应变为

$$\varepsilon = \frac{\widehat{a'b'}-\overline{ab}}{\overline{ab}} = \frac{(\rho+y)\mathrm{d}\theta-\rho\mathrm{d}\theta}{\rho\mathrm{d}\theta} = \frac{y}{\rho} \qquad (6\text{-}27\mathrm{a})$$

对同一横截面，ρ 是常量，故式(6-27a)表明，横截面上任一点处的纵向线应变与该点到中性轴的距离 y 成正比。

2. 物理方面

因假设每根纤维受单向拉伸或压缩，利用胡克定律式(6-6)，并将式(6-27a)代入后，得到

$$\sigma = E\varepsilon = \frac{Ey}{\rho} \qquad (6\text{-}27\mathrm{b})$$

由式(6-27b)可见，横截面上各点处的正应力与 y 成正比，而与 z 无关，即正应力沿高度方向呈线性分布，沿宽度方向均匀分布。为了清晰地表示横截面上的正应力分布状况，对横截面为矩形的梁，画出横截面上的正应力分布如图 6-40a所示。通常可简单地用图 6-40b 或图 6-40c 表示。

但是，由式(6-27b)还不能计算出正应力，因曲率半径 ρ 和中性轴的位置还不知道，必须再从静力学方面分析。

3. 静力学方面

横截面上各点处的法向微内力 $\sigma\mathrm{d}A$ 组成空间平行力

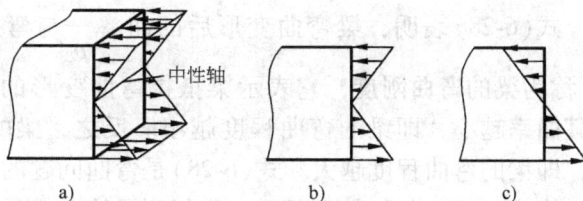

图 6-40　梁横截面正应力分布

系，如图 6-41 所示。它们合成为横截面上的内力。
因为横截面上只有弯矩，故根据静力学中力的合成原
理可得

（1）
$$F_N = \int_A \sigma dA = 0 \qquad (6-27c)$$

将式(6-27b)代入上式，得到 $\int_A \dfrac{E}{\rho} y dA = 0$，并注

图 6-41　梁段的静力平衡

意到对横截面积分时，$\dfrac{E}{\rho} =$ 常量，从而有 $\int_A y dA = 0$，

此表示横截面对中性轴(即 z 轴)的面积矩(参见附录 A.1)等于零。因此，中性
轴必定通过横截面的形心，这就确定了中性轴的位置。

（2）
$$M_y = \int_A z\sigma dA = 0 \qquad (6-27d)$$

将式(6-27b)代入上式得

$$\frac{E}{\rho} \int_A yz dA = 0$$

上式中的积分即为横截面对 y、z 轴的惯性积 I_{yz}(参见附录 A.2)。因为 $\dfrac{E}{\rho} =$
常量，故上式表明，当梁发生平面弯曲时，$I_{yz} = 0$。这是梁产生平面弯曲的条件。
对现在所研究的情况，因为 y 轴为对称轴，故这一条件必定满足。

（3）
$$M_z = \int_A y\sigma dA = M \qquad (6-27e)$$

将式(6-27b)代入上式，得

$$\frac{E}{\rho} \int_A y^2 dA = M$$

上式中的积分即为横截面对中性轴 z 的惯性矩 I_z(参见附录 A.2)。故上式可
写为

$$\frac{1}{\rho} = \frac{M}{EI_z} \qquad (6-28)$$

式(6-28)表明，梁弯曲变形后的曲率 $\dfrac{1}{\rho}$ 与弯矩 M 成正比，与 EI_z 成反比。
EI_z 称为梁的**弯曲刚度**，它表示梁抵抗弯曲变形的能力。如梁的弯曲刚度越大，
则其曲率越小，即梁的弯曲程度越小。反之，梁的弯曲刚度越小，则其曲率越
大，即梁的弯曲程度越大。式(6-28)是弯曲问题的一个基本公式。

将式(6-28)代入式(6-27b)，即得到梁的横截面上任一点处正应力的计算公式

$$\sigma = \frac{My}{I_z} \qquad (6-29)$$

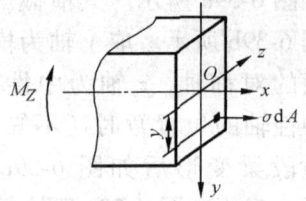

式中　M——横截面上的弯矩；

　　　I_z——截面对中性轴 z 的惯性矩；

　　　y——所求正应力的点到中性轴 z 的距离。

　　梁弯曲时，横截面被中性轴分为两个区域。在一个区域内，横截面上各点处产生拉应力，而在另一个区域内产生压应力。那么由式（6-29）所计算出的某点处的正应力究竟是拉应力还是压应力？有两种方法确定：①将坐标 y 及弯矩 M 连同正负号代入式（6-29），如果求出的应力是正，则为拉应力，反之为压应力；②根据弯曲变形的形状确定，即以中性层为界，梁弯曲后，凸出边的应力为拉应力，凹入边的应力为压应力，通常按照后面这一方法确定比较方便。

　　由式（6-29）可知，当 $y = y_{max}$ 时，即在横截面上离中性轴最远的边缘上各点处，正应力有最大值。当中性轴为横截面的对称轴时，最大拉应力和最大压应力的数值相等。横截面上的最大正应力为

$$\sigma_{max} = \frac{M y_{max}}{I_z}$$

令

$$W_z = \frac{I_z}{y_{max}} \tag{6-30}$$

则

$$\sigma_{max} = \frac{M}{W_z} \tag{6-31}$$

式中　W_z——**弯曲截面系数**，其值与截面的形状和尺寸有关，也是一种截面几
　　　　　何性质，其量纲为 L^3，常用单位为 m^3 或 mm^3。

6.4.2.2　正应力公式的推广

　　式（6-28）、式（6-29）和式（6-31）是在纯弯曲情况下，根据平面假设和纵向纤维之间互不挤压的假设导出的，已为纯弯曲实验所证实。但当梁受横向外力作用时，一般来说，横截面上既有弯矩又有剪力。横截面上存在剪力时的弯曲称为**剪切弯曲**或**横力弯曲**。在这种情况下，由纯弯曲导出的正应力公式是否适用呢？根据实验和弹性力学的理论分析，当存在剪力时，横截面在变形后已不再是平面；而且由于横向外力的作用，纤维之间将互相挤压。但分析结果表明，对于跨长与横截面高度之比大于 5 的梁，影响很小；而工程上常用的梁，其跨高比远大于5。因此，用纯弯曲正应力公式（6-29）计算，可满足工程上的精度要求。但在剪切弯曲情况下，由于各横截面的弯矩是截面位置 x 的函数，因此式（6-28）、式（6-29）和式（6-31）应改写为

$$\frac{1}{\rho(x)} = \frac{M(x)}{E I_z} \tag{6-32}$$

$$\sigma = \frac{M(x) y}{I_z} \tag{6-33}$$

$$\sigma_{\max} = \frac{M(x)}{W_z} \qquad\qquad (6\text{-}34)$$

例 6-7 一简支梁及其所受荷载如图 6-42a 所示。若分别采用截面面积相同的矩形截面、圆形截面和工字形截面，试求以上三种截面梁的最大拉应力。设矩形截面高为 140mm，宽为 100mm，面积为 $14 \times 10^3 \, mm^2$。

解： 首先作梁的弯矩图，如图 6-42b 所示，该梁 C 截面的弯矩最大，$M_{\max} = 30 kN \cdot m$，故全梁的最大拉应力发生在该截面的最下边缘处，现计算最大拉应力的数值。

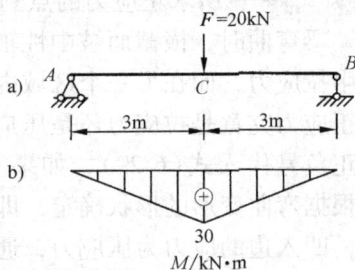

图 6-42 例 6-7 图

（1）矩形截面

$$W_{z1} = \frac{1}{6}bh^2 = \left(\frac{1}{6} \times 100 \times 140^2\right) mm^3 = 3.27 \times 10^5 mm^3$$

$$\sigma_{\max 1} = \frac{M_{\max}}{W_{z1}} = \left(\frac{30 \times 10^3}{3.27 \times 10^5 \times 10^{-9}}\right) Pa = 91.7 \times 10^6 Pa = 91.7 MPa$$

（2）圆形截面

当圆形截面的面积和矩形截面的面积相同时，圆形截面的直径为 $d = 133.5mm$

$$W_{z2} = \frac{1}{32}\pi d^3 = \left(\frac{\pi}{32} \times 133.5^3\right) mm^3 = 2.34 \times 10^5 mm^3$$

$$\sigma_{\max 2} = \frac{M_{\max}}{W_{z2}} = \left(\frac{30 \times 10^3}{2.34 \times 10^5 \times 10^{-9}}\right) Pa = 128.2 \times 10^6 Pa = 128.2 MPa$$

（3）工字形截面

由附录 B 型钢表，选用 50C 工字钢，其截面面积为 $139 cm^2$，与矩形面积近似相等。其抗弯截面系数

$$W_{z3} = 2080 cm^3$$

$$\sigma_{\max 3} = \frac{M_{\max}}{W_{z3}} = \left(\frac{30 \times 10^3}{2080 \times 10^{-6}}\right) Pa = 14.4 \times 10^6 Pa = 14.4 MPa$$

以上计算结果表明，在承受相同荷载、截面面积相同（即用料相同）的条件下，工字形截面梁所产生的最大拉应力最小，矩形次之，圆形最大。反过来说，使三种截面的梁所产生的最大拉应力相同时，工字梁所能承受的荷载最大。这是因为在面积相同的条件下，工字形截面的 W_z 最大。此外，弯曲正应力在截面上的分布规律表明，靠近中性轴部分的正应力很小，这部分面积上的微内力 σdA 离中性轴近，

力臂小，所以组成的力矩也小，材料没有被充分利用。工字形截面的材料分布离中性轴较远，在组成相同弯矩的情况下，最大正应力必然减小。因此，工字形截面最为经济合理，矩形截面次之，圆形截面最差。但必须指出这仅是从用料这个角度来说的，实际工程中具体采用何种截面考虑的因素很多，如施工工艺，美观等。

例6-8　一 T 形截面外伸梁及其所受荷载如图 6-43a 所示。试求最大的拉应力及最大的压应力。已知截面的惯性矩 $I_z = 186.6 \times 10^{-6} \mathrm{m}^4$。

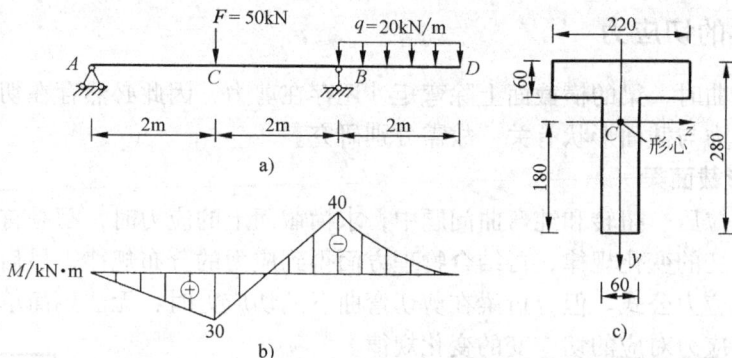

图 6-43　例 6-8 图

解： 首先作梁的弯矩图，如图 6-43b 所示，由图可见最大的正弯矩在 C 截面上，最大的负弯矩在 B 截面上，其值分别为

$$M_C = 30 \mathrm{kN \cdot m}, \quad M_B = 40 \mathrm{kN \cdot m}$$

虽然 B 截面弯矩的绝对值大于 C 截面弯矩，但该梁的截面不对称于中性轴，横截面上下边缘到中性轴的距离不相等（设其到中性轴的距离分别为 y_1 和 y_2），故需分别计算 B、C 截面的最大拉应力和最大压应力，然后进行比较。

（1）B 截面

B 截面弯矩为负，该截面上边缘各点处产生最大拉应力，下边缘各点处产生最大压应力。其值分别为

$$\sigma^t_{max} = \frac{M_B y_1}{I_z} = \left(\frac{40 \times 10^3 \times 100 \times 10^{-3}}{186.6 \times 10^{-6}} \right) \mathrm{Pa} = 21.4 \times 10^6 \mathrm{Pa} = 21.4 \mathrm{MPa}$$

$$\sigma^c_{max} = \frac{M_B y_2}{I_z} = \left(\frac{40 \times 10^3 \times 180 \times 10^{-3}}{186.6 \times 10^{-6}} \right) \mathrm{Pa} = 38.6 \times 10^6 \mathrm{Pa} = 38.6 \mathrm{MPa}$$

（2）C 截面

C 截面弯矩为正，该截面下边缘各点处产生最大拉应力，上边缘各点处产生最大压应力。其值分别为

$$\sigma^t_{max} = \frac{M_C y_2}{I_z} = \left(\frac{30 \times 10^3 \times 180 \times 10^{-3}}{186.6 \times 10^{-6}} \right) \mathrm{Pa} = 28.9 \times 10^6 \mathrm{Pa} = 28.9 \mathrm{MPa}$$

$$\sigma_{\max}^{c} = \frac{M_C y_1}{I_z} = \left(\frac{30 \times 10^3 \times 100 \times 10^{-3}}{186.6 \times 10^{-6}}\right) \text{Pa} = 16.1 \times 10^6 \text{Pa} = 16.1 \text{MPa}$$

由计算可知，全梁最大的拉应力为 28.9MPa，发生在 C 截面下边缘各点处；最大的压应力为 38.6MPa，发生在 B 截面下边缘各点处。若将截面倒置，则最大的拉应力和压应力又为多少，读者可按此法计算，并分析何种放置承载能力更大。

6.4.3 梁的切应力

剪切弯曲时，梁的横截面上除弯矩外还存在剪力，因此必然存在切应力。由于梁的切应力与截面形状有关，故需分别研究。

1. 矩形截面梁

在轴向拉压、扭转和纯弯曲问题中，求横截面上的应力时，都是首先由平面假设得到应变的变化规律，再结合物理方面得到应力的分布规律，最后利用静力学方面得到应力公式。但分析梁在剪切弯曲下的切应力时，无法用简单的几何关系确定与切应力对应的切应变的变化规律。

为了简化分析，对于矩形截面梁的切应力，可首先作出以下两个假设：

图 6-44 矩形截面梁横截面上的切应力

1）横截面上各点处的切应力平行于侧边。因为根据切应力互等定理，横截面两侧边上的切应力必平行于侧边。

2）切应力沿横截面宽度方向均匀分布。图 6-44 画出横截面上切应力沿宽度方向均匀分布的情况。

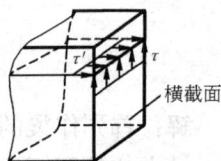

宽高比愈小的横截面，上述两个假设愈接近实际情况。根据上述假设，仍然无法求得切应力沿横截面高度的变化情况以及各点处切应力的大小。但由切应力互等定理可知，如果横截面上某一高度处有竖直方向的切应力 τ 时，则在同一高度处，梁的水平面上靠近横截面处必有与之大小相等的切应力 τ'，如图 6-44 所示。如果知道了 τ' 的大小，就可知道 τ 的大小。在受横向外力作用的梁上，假想沿 m—m 和 n—n 截面将梁截开，取出长度为 dx 的一段梁，并假设 m—m 截面上的弯矩为 M，n—n 截面上的弯矩为 $M+dM$，如图 6-45a 所示。为了求出距中性轴 z 为 y 处水平面上的切应力，假想沿水平面再将梁截开，取 $abnma'b'n'm'$ 这一部分进行分析，如图 6-45b、c 所示。

由于 $amm'a'$ 和 $bnn'b'$ 两截面上高度相同的点处的正应力不同，故该两截面上的由法向微内力 $\sigma'dA$、$\sigma''dA$ 合成的内力 F_{N1} 和 F_{N2} 不相等，且 $F_{N1} < F_{N2}$。但该部分处于平衡状态，故 $abb'a'$ 截面上必存在切应力 τ'。设其合力为 dF，指向左方。由平衡方程得到

$$F_{N2} - F_{N1} = dF \tag{6-35a}$$

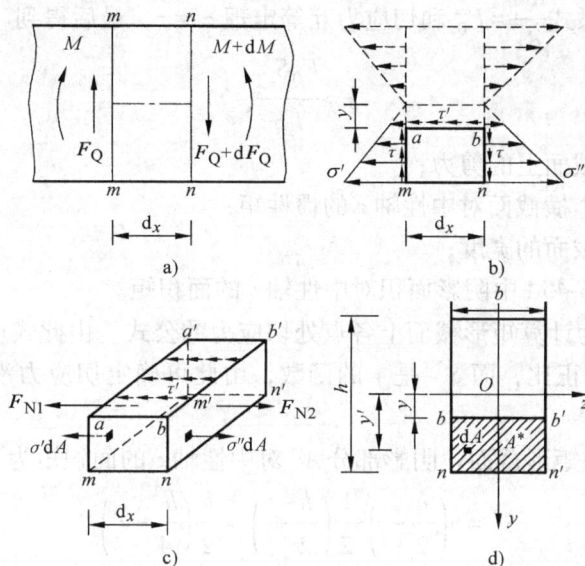

图 6-45 微段梁受力图

F_{N1} 是 $amm'a'$ 面上法向微内力的合力，现设距中性轴 z 为 y' 处的法向微内力为 $\sigma' dA$，则

$$F_{N1} = \int_{A^*} \sigma' dA = \int_{A^*} \frac{M}{I_z} y' dA = \frac{M}{I_z} \int_{A^*} y' dA$$

式中 A^* 表示 $amm'a'$ 的面积；积分 $\int_{A^*} y' dA$ 表示该面积对中性轴 z 的面积矩，用 S_z^* 表示。因此，上式可写为

$$F_{N1} = \frac{M}{I_z} S_z^* \qquad (6\text{-}35b)$$

同理可得

$$F_{N2} = \frac{M + dM}{I_z} S_z^* \qquad (6\text{-}35c)$$

在面积 $abb'a'$ 上，因 dx 为微量，可认为沿 dx 方向各点处 τ' 相等。又根据假设 2），沿横截面宽度方向各点处 τ' 也相等。因此，该截面上 τ' 均匀分布，故

$$dF = \tau' b dx \qquad (6\text{-}35d)$$

将式（6-35b、c、d）代入式（6-35a），得到

$$\tau' = \frac{dM}{dx} \frac{S_z^*}{I_z b}$$

引用微分关系式 $\dfrac{\mathrm{d}M}{\mathrm{d}x}=F_Q$ 和切应力互等定理 $\tau'=\tau$，最后得到

$$\tau=\frac{F_Q S_z^*}{I_z b} \tag{6-36}$$

式中　F_Q——横截面上的剪力；

　　　I_z——整个横截面对中性轴 z 的惯性矩；

　　　b——横截面的宽度；

　　　S_z^*——图 6-45d 中阴影面积对中性轴 z 的面积矩。

式（6-36）即为计算矩形截面上各点处切应力的公式。由此式可见，横截面上的切应力与 S_z^* 成正比，而 S_z^* 是 y 的函数，由此可确定切应力沿横截面高度的分布规律。

图 6-46a 是一矩形截面，阴影部分 A^* 对中性轴 z 的面积矩为

$$S_z^*=b\left(\frac{h}{2}-y\right)\frac{1}{2}\left(\frac{h}{2}+y\right)=\frac{b}{2}\left(\frac{h^2}{4}-y^2\right)$$

矩形截面的惯性矩为 $I_z=\dfrac{1}{12}bh^3$，故由式（6-36），得到距中性轴 z 为 y 的各点处的切应力为

$$\tau=\frac{6F_Q}{bh^3}\left(\frac{h^2}{4}-y^2\right)$$

上式表明，矩形截面梁的横截面上，切应力沿横截面高度按二次抛物线规律变化。

当 $y=\pm\dfrac{h}{2}$ 时 $\qquad\qquad\qquad \tau=0$

当 $y=0$ 时 $\qquad \tau=\tau_{\max}=\dfrac{3}{2}\dfrac{F_Q}{bh}$ $\qquad$ （6-37）

式（6-37）表明，矩形截面中性轴上各点处的切应力最大，其值等于横截面上平均切应力的 1.5 倍。横截面上切应力沿高度的分布如图 6-46b 所示。

关于梁横截面上切应力的正负号规定，与横截面上剪力的正负号规定是一致的。

2. 工字形截面梁

图 6-47a 示一工字形截面，它可看作由三块矩形截面组成。上、下两块称为翼缘，中间一块称为腹板。现研究工字形截面上的切应力。

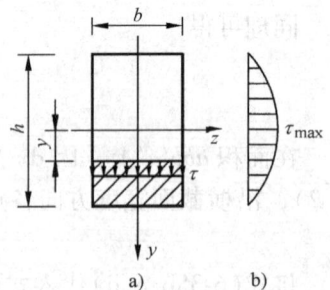

图 6-46　矩形截面梁横截面切应力分布

（1）腹板　腹板是一狭长矩形，前述对矩形截面梁的切应力所作的两个假设在此仍然适用。用与矩形截面相同的分析方法，可导出切应力公式为

$$\tau = \frac{F_Q S_z^*}{I_z d} \tag{6-38}$$

式中　d——腹板的宽度；

$\quad F_Q$——横截面上的剪力；

$\quad I_z$——整个横截面对中性轴 z 的惯性矩；

$\quad S_z^*$——图 6-47a 中阴影面积对中性轴 z 的面积矩。计算 S_z^* 时，可将阴影面积分为翼缘和腹板两部分，分别计算后相加。求得

图 6-47　工字形截面梁横截面的切应力分布

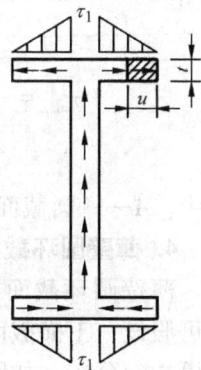

$$S_z^* = \frac{b}{2}\left(\frac{h^2}{4} - \frac{h_1^2}{4}\right) + \frac{d}{2}\left(\frac{h_1^2}{4} - y^2\right)$$

将其代入式（6-38），得到

$$\tau = \frac{F_Q}{I_z d}\left[\frac{b}{2}\left(\frac{h^2}{4} - \frac{h_1^2}{4}\right) + \frac{d}{2}\left(\frac{h_1^2}{4} - y^2\right)\right]$$

当 $y = \pm\dfrac{h_1}{2}$ 时　$\tau_{min} = \dfrac{F_Q}{I_z d}\left(\dfrac{bh^2}{8} - \dfrac{bh_1^2}{8}\right)$

当 $y = 0$ 时　$\tau_{max} = \dfrac{F_Q}{I_z d}\left(\dfrac{bh^2}{8} - \dfrac{bh_1^2}{8} + \dfrac{dh_1^2}{8}\right)$

由此可见，切应力沿腹板高度按二次抛物线规律变化，如图 6-47b 所示。最大切应力发生在中性轴上各点处。但在腹板顶、底，即与翼缘交界各点处，切应力并不为零。

对于工字形型钢，计算最大切应力时，可直接利用附录 B 的型钢表中给出的 I_z/S_z 计算。这里的 S_z 为中性轴任一边的半个截面面积对中性轴的面积矩，即最大面积矩 S_{zmax}。

（2）翼缘　根据计算，腹板上切应力所组成的剪力占横截面上总剪力的 95% 左右，通常近似地认为腹板上的剪力 $F_{Q'} \approx F_Q$。而翼缘上的竖直切应力很小，可不必计算。但是，在翼缘上存在着水平切应力 τ_1，如图 6-48 所示。也可仿照与

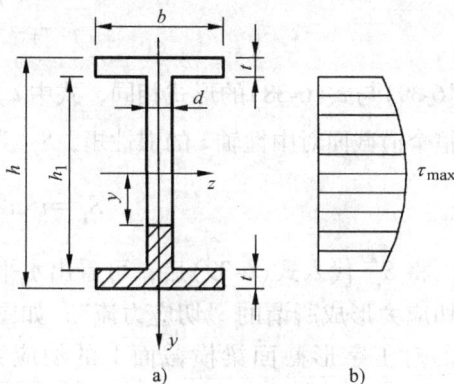

图 6-48　工字形截面梁横截面的切应力流图

矩形截面相同的分析方法，导出切应力 τ_1 公式为

$$\tau_1 = \frac{F_Q S_z^*}{I_z t} \qquad (6\text{-}39)$$

式(6-39)与式(6-38)的形式相同，式中 t 为翼缘的厚度，F_Q 为横截面上的剪力，I_z 为整个横截面对中性轴 z 的惯性矩，S_z^* 为图 6-48 中阴影面积对中性轴 z 的面积矩。

$$S_z^* = t \times u \times \frac{1}{2}(h-t)$$

将 S_z^* 代入式(6-39)后，可看出水平切应力与 u 成正比。整个工字形截面上的切应力形成所谓的"切应力流"，如图 6-48 所示。

对工字形截面梁横截面上的切应力的分析和计算，同样适用于 T 形、槽形和箱形等截面梁。

3. 圆形截面梁

由切应力互等定理可知，圆形截面周边上各点处的切应力方向必与周边相切。因此，当剪力 F_Q 与对称轴 y 重合时，任一弦线两端点处的切应力延长线必相交于一点 A，弦线中点处的切应力也通过 A 点。由此可假设弦线上各点处的切应力延长线均通过点 A，如图 6-49 所示。此外，假设弦线上各点处切应力的竖直分量相等。这样，就可用矩形截面梁的切应力公式(6-36)计算各点处切应力的竖直分量。最大切应力仍产生在中性轴上各点处，方向与 y 轴平行。将半个圆截面面积对中性轴的面积矩代入式(6-36)后得到

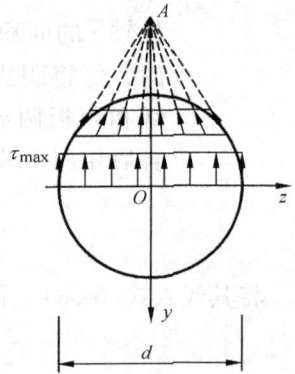

图 6-49　圆形截面梁横截面切应力分布

$$\tau_{max} = \frac{F_Q S_z^*}{I_z b} = \frac{F_Q \dfrac{\pi d^2}{8} \times \dfrac{2d}{3\pi}}{\dfrac{\pi}{64}d^4 d} = \frac{4}{3}\frac{F_Q}{A} \qquad (6\text{-}40)$$

式中　A——圆截面的面积。

4. 薄壁圆环截面梁

薄壁圆环截面由于壁厚 t 与平均半径 R_0 相比很小，故可假设：①横截面上切应力与圆周相切；②切应力沿壁厚均匀分布，如图 6-50 所示。最大切应力仍产生在中性轴上各点处，方向与 y 轴平行，可用式(6-36)计算其值，但应将该式中 b 变为 $2t$，将半个圆环截面面积对中性轴的面积矩 $S_z^* = 2R_0^2 t$ 及惯性矩 $I_z = \pi R_0^3 t$ 代入后得到

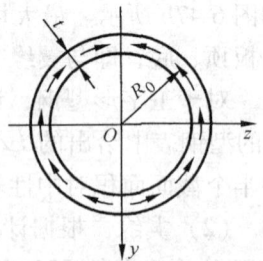

图 6-50　薄壁圆环截面切应力分布

$$\tau_{\max} = \frac{F_Q S_z^*}{I_z b} = \frac{F_Q S_z^*}{I_z \times 2t} = \frac{F_Q \times 2R_0^2 t}{\pi R_0^3 t \times 2t} = 2\frac{F_Q}{A} \tag{6-41}$$

例 6-9　一矩形截面梁如图 6-51 所示(尺寸单位：mm)，该梁某一截面上所受的剪力 $F_Q = 200$kN，试计算该截面最大的切应力及 A、B 点的切应力。若分别改用截面面积相同圆形截面($d = 133.5$mm)和工字形截面(50C)，试求最大的切应力。

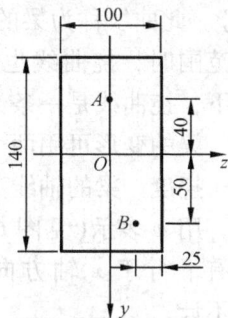

解：(1) 由式(6-37)可计算矩形截面梁最大的切应力为

$$\tau_{\max} = \frac{3}{2}\frac{F_Q}{bh} = \left(\frac{3}{2}\times\frac{200\times10^3}{100\times140\times10^{-6}}\right)\text{Pa}$$

$$= 21.4\times10^6\text{Pa} = 21.4\text{MPa}$$

图 6-51　例 6-9 图

(2) 由式(6-36)可计算矩形截面梁 A、B 点的切应力 τ_A、τ_B

$$I_z = \frac{1}{12}bh^3 = \left(\frac{1}{12}\times100\times140^3\right)\text{mm}^4 = 2.29\times10^7\text{mm}^4$$

$$S_{zA} = 100\times(70-40)\times\left(\frac{70-40}{2}+40\right)\text{mm}^3 = 165000\text{mm}^3$$

$$S_{zB} = 100\times(70-50)\times\left(\frac{70-50}{2}+50\right)\text{mm}^3 = 120000\text{mm}^3$$

$$\tau_A = \frac{F_Q S_{zA}}{I_z b} = \left(\frac{200\times10^3\times165000\times10^{-9}}{2.29\times10^7\times10^{-12}\times100\times10^{-3}}\right)\text{Pa} = 14.4\times10^6\text{Pa} = 14.4\text{MPa}$$

$$\tau_B = \frac{F_Q S_{zB}}{I_z b} = \left(\frac{200\times10^3\times120000\times10^{-9}}{2.29\times10^7\times10^{-12}\times100\times10^{-3}}\right)\text{Pa} = 10.4\times10^6\text{Pa} = 10.4\text{MPa}$$

(3) 由式(6-40)可求圆形截面最大的切应力

$$\tau_{\max} = \frac{4}{3}\frac{F_Q}{A} = \left(\frac{4}{3}\times\frac{200\times10^3}{\frac{1}{4}\times\pi\times133.5^2\times10^{-6}}\right)\text{Pa} = 19.1\times10^6\text{Pa} = 19.1\text{MPa}$$

(4) 由附录 B 型钢表，50C 工字钢 $I_z/S_z = 41.8$cm，其最大的切应力由式(6-38)计算

$$\tau_{\max} = \frac{F_Q S_z}{I_z d} = \frac{F_Q}{(I_z/S_z)d} = \left(\frac{200\times10^3}{41.8\times10^{-2}\times16\times10^{-3}}\right)\text{Pa} = 29.9\times10^6\text{Pa} = 29.9\text{MPa}$$

6.4.4　梁的挠度和转角

6.4.4.1　基本概念

梁受外力作用后将产生弯曲变形。在平面弯曲情况下，梁的轴线在形心主惯

性平面(即各截面形心主轴(见附录 A.4)所组成的平面)内弯成一条平面曲线,如图 6-52 所示(图中 xAy 平面为形心主惯性平面)。此曲线称为梁的**挠曲线**。当材料在弹性范围时,挠曲线也称弹性曲线。一般情况下,挠曲线是一条光滑连续的曲线。

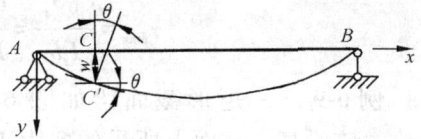

图 6-52　梁的挠度和转角

梁的变形可用两个位移分量度量,现分述如下:

挠度　梁的轴线上任一点 C 在垂直于 x 轴方向的位移 CC',称为该点的挠度,用 w 表示(见图 6-52)。实际上,轴线上任一点除有垂直于 x 轴的位移外,还有平行于 x 轴方向的位移。但在小变形情况下,后者是二阶微量,可略去不计。

转角　根据平面假设,梁变形后,其任一横截面将绕中性轴转过一个角度,这一角度称为该截面的转角,用 θ 表示(见图 6-52)。此角度等于挠曲线上该点的切线与 x 轴的夹角。

在图 6-52 所示坐标系中,挠曲线可用下式表示

$$w = w(x)$$

该式称为挠曲线方程或挠度方程。式中 x 为梁变形前轴线上任一点的横坐标,w 为该点的挠度。挠曲线上任一点的斜率为 $w' = \tan\theta$,在小变形情况下,$\tan\theta \approx \theta$,所以

$$\theta = w' = w'(x)$$

即挠曲线上任一点的斜率 w' 就等于该处横截面的转角。该式称为转角方程。由此可见,只要确定了挠曲线方程,梁上任一点的挠度和任一横截面的转角均可确定。

挠度和转角的正负号与所取坐标系有关。在图 6-52 所示的坐标系中,向下的挠度为正,向上的挠度为负;顺时针转的转角为正,逆时针转的转角为负。

6.4.4.2　梁的挠曲线近似微分方程

梁的挠度和转角,与梁变形后的绕曲线曲率有关。在剪切弯曲的情况下,曲率既和梁的刚度相关,也和梁的剪力与弯矩有关。对于一般跨高比较大的梁,剪力对梁变形的影响很小,可以忽略,因此可以只考虑弯矩对梁变形的作用。由式(6-32),有

$$\frac{1}{\rho(x)} = \frac{M(x)}{EI_z} \tag{6-42a}$$

另由高等数学得知,平面曲线的曲率为

$$\frac{1}{\rho(x)} = \pm \frac{w''}{(1+w'^2)^{3/2}} \tag{6-42b}$$

由式（6-42a、b）两式得

$$\pm \frac{w''}{(1+w'^2)^{3/2}} = \frac{M(x)}{EI_z} \qquad (6\text{-}42c)$$

式中左边的正负号取决于坐标系的选择和弯矩的正负号规定。取图 6-53 所示的坐标系，则上凸的曲线 w'' 为正值，下凸的为负值，按弯矩正负号的规定，负弯矩对应着正的 w''，正弯矩对应着负的 w''，分别如图 6-53a、b 所示，故式（6-42c）左边应取负号，即

$$\frac{M(x)}{EI_z} = -\frac{w''}{(1+w'^2)^{3/2}} \qquad (6\text{-}42d)$$

在小变形情况下，$w' = \mathrm{d}w/\mathrm{d}x$ 是一个很小的量，$w' < 1$，可略去不计，故式（6-42d）简化为

$$w'' = -\frac{M(x)}{EI_z} \qquad (6\text{-}43)$$

图 6-53　M、w'' 的正负号规定

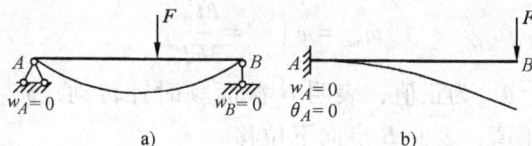

这就是梁的挠曲线的近似微分方程。

对于 EI 为常量的等直梁（将 I_z 简写为 I），上式可写为

$$EIw'' = -M(x) \qquad (6\text{-}44)$$

式（6-43）或式（6-44）是计算梁变形的基本方程。

6.4.4.3　用积分法计算梁的变形

对于等直梁，可以通过对式（6-44）直接积分，计算梁的挠度和转角。

将式（6-44）积分一次，得到

$$EIw' = EI\theta = -\int M(x)\,\mathrm{d}x + C \qquad (6\text{-}45)$$

再积分一次，得到

$$EIw = -\int \left[\int M(x)\,\mathrm{d}x \right] \mathrm{d}x + Cx + D \qquad (6\text{-}46)$$

式（6-45）和式（6-46）中的积分常数 C 和 D，由梁支座处的已知位移条件即边界条件确定。图 6-54a 所示的简支梁，边界条件是左、右两支座处的挠度 w_A 和 w_B 均应为零；图 6-54b 所示的悬臂梁，边界条件是固定端处的挠度 w_A 和转角 θ_A 均应为零。

图 6-54　边界条件

积分常数 C，D 确定后，就

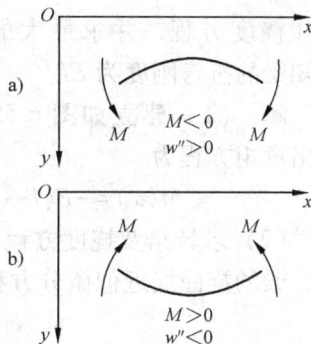

可由式（6-45）和式（6-46）得到梁的转角方程和挠度方程，并可计算任一横截面的转角和梁轴线上任一点的挠度。这种求梁变形的方法称为积分法。

例 6-10 一悬臂梁在自由端受集中力 F 作用，如图 6-55 所示，试求梁的转角方程和挠度方程，并求最大的转角和挠度。已知梁的抗弯刚度为 EI。

解：（1）建立如图 6-55 所示坐标系。列出弯矩方程为

$$M(x) = -F(l-x)$$

图 6-55 例 6-10 图

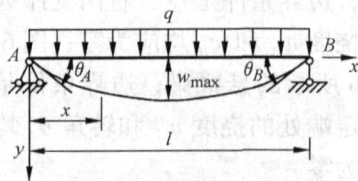

（2）求转角及挠度方程

梁的挠曲线近似微分方程为

$$EIw'' = -M(x) = F(l-x)$$

积分两次分别得到

$$EIw' = EI\theta = Flx - \frac{Fx^2}{2} + C \tag{a}$$

$$EIw = \frac{Flx^2}{2} - \frac{Fx^3}{2 \times 3} + Cx + D \tag{b}$$

将悬臂梁的边界条件 $\theta\big|_{x=0} = 0$，$w\big|_{x=0} = 0$ 代入本题式（a）、式（b），得到积分常数 $C=0$ 和 $D=0$，再回代入式（a）、式（b）得到该梁的转角方程和挠度方程为

$$w' = \theta = \frac{Flx}{EI} - \frac{Fx^2}{2EI} \tag{c}$$

$$w = \frac{Flx^2}{2EI} - \frac{Fx^3}{6EI} \tag{d}$$

梁的挠曲线形状如图 6-55 所示。

（3）求最大的转角和挠度

转角及挠度的最大值均发生在自由端 B 处，以 $x=l$ 代入本题式（c）、式（d）得到

$$\theta_{\max} = \theta\big|_{x=l} = \frac{Fl^2}{2EI}$$

$$w_{\max} = w\big|_{x=l} = \frac{Fl^3}{3EI}$$

$\theta_{\max}$ 为正值，表明 B 截面顺时针转动；$w_{\max}$ 为正值，表明 B 点向下位移。

例 6-11 一简支梁受均布荷载 q 作用，如图 6-56 所示，试求梁的转角方程和挠度方程，并求最大的挠度和 A、B 截面的转角。已知梁的

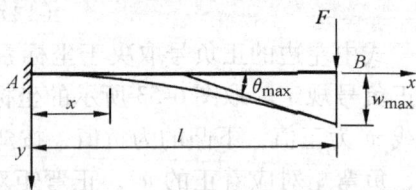

图 6-56 例 6-11 图

抗弯刚度为 EI。

解：（1）建立如图 6-56 所示坐标系。列出弯矩方程为

$$M(x) = \frac{qlx}{2} - \frac{qx^2}{2}$$

（2）求转角及挠度方程

梁的挠曲线近似微分方程为

$$EIw'' = -M(x) = -\frac{qlx}{2} + \frac{qx^2}{2}$$

积分两次分别得到

$$EIw' = EI\theta = -\frac{ql}{2} \times \frac{x^2}{2} + \frac{qx^3}{2 \times 3} + C \qquad (a)$$

$$EIw = -\frac{ql}{2} \times \frac{x^3}{2 \times 3} + \frac{qx^4}{2 \times 3 \times 4} + Cx + D \qquad (b)$$

将悬臂梁的边界条件 $w\big|_{x=0} = 0$，$w\big|_{x=l} = 0$ 分别代入本题式（a）、式（b），得到积

分常数 $C = \dfrac{ql^3}{24}$ 和 $D = 0$，再回代入式（a）、式（b）得到该梁的转角方程和挠度方程为

$$w' = \theta = -\frac{qlx^2}{4EI} + \frac{qx^3}{6EI} + \frac{ql^3}{24EI} \qquad (c)$$

$$w = -\frac{qlx^3}{12EI} + \frac{qx^4}{24EI} + \frac{ql^3 x}{24EI} \qquad (d)$$

梁的挠曲线形状如图 6-56 所示。

（3）求最大的挠度和 A、B 截面的转角

由对称性可知，跨中挠度最大。以 $x = l/2$ 代入本题式（d）得到

$$w_{\max} = w\big|_{x=\frac{l}{2}} = \frac{5ql^4}{384EI}$$

以 $x = 0$ 和 $x = l$ 代入本题式（c）得到 A、B 截面的转角

$$\theta_A = \theta\big|_{x=0} = \frac{ql^3}{24EI}$$

$$\theta_B = \theta\big|_{x=l} = -\frac{ql^3}{24EI}$$

例 6-12　一简支梁 AB 在 D 点受集中力 F 作用，如图 6-57 所示，试求梁的转角方程和挠度方程，并求最大的挠度。已知梁的抗弯刚度为 EI。

解：（1）建立如图 6-57 所示坐标系。分段列出弯矩方程为

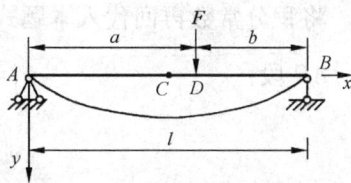

图 6-57　例 6-12 图

AD 段　（$0 \leqslant x \leqslant a$）：　　　　$M_1(x) = \dfrac{Fb}{l}x$

DB 段　（$a \leqslant x \leqslant l$）：　　　　$M_2(x) = \dfrac{Fb}{l}x - F(x-a)$

（2）根据梁的挠曲线近似微分方程及变形条件求转角及挠度方程

AD 段：　　　　　$EIw_1'' = -M_1(x) = -\dfrac{Fb}{l}x$

$$EIw_1' = EI\theta_1 = -\dfrac{Fb}{l}\dfrac{x^2}{2!} + C_1 \tag{a}$$

$$EIw_1 = -\dfrac{Fb}{l}\dfrac{x^3}{3!} + C_1 x + D_1 \tag{b}$$

DB 段：　　　　　$EIw_2'' = -M_2(x) = -\dfrac{Fb}{l}x + F(x-a)$

$$EIw_2' = EI\theta_2 = -\dfrac{Fb}{l}\dfrac{x^2}{2!} + \dfrac{F(x-a)^2}{2!} + C_2 \tag{c}$$

$$EIw_2 = -\dfrac{Fb x^3}{l\ 3!} + \dfrac{F(x-a)^3}{3!} + C_2 x + D_2 \tag{d}$$

对于该段梁的挠曲线近似微分方程进行积分时，对含有 $(x-a)$ 的项是以 $(x-a)$ 作为自变量的，这样可使下面确定积分常数的工作得到简化。

本题式（a）~式（d）中有四个积分常数，可由该梁四个变形条件确定。由于梁的挠曲线是光滑连续的，故由式（a）、式（b）求出的 D 截面的转角和挠度，应与由式（c）、式（d）求出的 D 截面的转角和挠度相等，即

$$\theta_1 \Big|_{x=a} = \theta_2 \Big|_{x=a}$$

$$w_1 \Big|_{x=a} = w_2 \Big|_{x=a}$$

这两个条件称为连续条件。4 个积分常数可由该梁的边界条件和连续条件确定。

该简支梁的边界条件为 $w_1 \Big|_{x=0} = 0$，$w_2 \Big|_{x=l} = 0$。

将连续条件和边界条件代入式（a）~式（d）可得到

$$D_1 = D_2 = 0，\ C_1 = C_2 = \dfrac{Fb}{6l}(l^2 - b^2)$$

将积分常数再回代入本题式（a）~式（d）得到该梁的转角方程和挠度方程为

AD 段：　　　　$w_1' = \theta_1 = \dfrac{Fb(l^2 - b^2)}{6EIl} - \dfrac{Fb x^2}{2EIl} \tag{a'}$

$$w_1 = \dfrac{Fb(l^2 - b^2)x}{6EIl} - \dfrac{Fb x^3}{6EIl} \tag{b'}$$

DB 段：

$$w_2' = \theta_2 = \frac{Fb(l^2-b^2)}{6EIl} - \frac{Fbx^2}{2EIl} + \frac{F(x-a)^2}{2EI} \tag{c'}$$

$$w_2 = \frac{Fb(l^2-b^2)x}{6EIl} - \frac{Fbx^3}{6EIl} + \frac{F(x-a)^3}{6EI} \tag{d'}$$

梁的挠曲线形状如图 6-57 所示。当 $a>b$ 时，最大挠度发生在较长的 AD 段内，其位置由 $w_1'=0$ 的条件确定。由式(a')，令 $w_1'=0$，得到

$$x_0 = \sqrt{\frac{l^2-b^2}{3}} \tag{e}$$

将本题式(e)代入式(b')，得到最大的挠度

$$w_{max} = \frac{Fb}{9\sqrt{3}\,EIl}\sqrt{(l^2-b^2)^3} \tag{f}$$

由式(e)可见，当 $b=l/2$ 时，即集中力 F 作用于梁的中点时，$x_0=l/2$，即最大挠度发生在梁的中点，此时显然有 $w_{max}=w_C$，当集中力 F 向右移动时，最大挠度发生的位置将偏离梁的中点。在极端情况下，集中力 F 靠近右端支座，即 $b\to 0$ 时，由式(e)有 $x_0=\sqrt{\dfrac{l^2}{3}}=0.577l$，即最大挠度的位置距梁的中点仅 $0.077l$。由本题式(f)有

$$w_{max} = \frac{Fb(l^2-b^2)^{3/2}}{9\sqrt{3}\,EIl} \approx \frac{Fbl^2}{9\sqrt{3}\,EI} = 0.0642\frac{Fbl^2}{EI}$$

将 $x=\dfrac{l}{2}$ 代入式(b)，当 $b\to 0$ 时，可得中点 C 的挠度为

$$w_C = \frac{Fb}{48EIl}(3l^2-4b^2) \approx \frac{Fbl^2}{16EI} = 0.0625\frac{Fbl^2}{EI}$$

w_{max} 与 w_C 仅相差 3%，因此，受任意荷载作用的简支梁，只要挠曲线上无拐点其最大挠度值都可采用梁跨中点的挠度值来代替，其计算精度可以满足工程计算要求。

6.4.4.4　用叠加法计算梁的变形

在梁的弯曲问题中，由于变形很小，可以不考虑其长度的变化，且材料在弹性范围内工作。因此，梁的变形和外加荷载成线性关系。于是，也可用**叠加法**计算梁的变形。当梁上有多个荷载作用时产生的转角或挠度，等于各个荷载单独作用所产生的转角或挠度的叠加，这是叠加法的最直接应用。此外，叠加法还可应用于将某段梁上由荷载引起的挠度或转角和该段边界位移引起的挠度或转角相叠加的情况。

为了便于应用叠加法计算梁的转角或挠

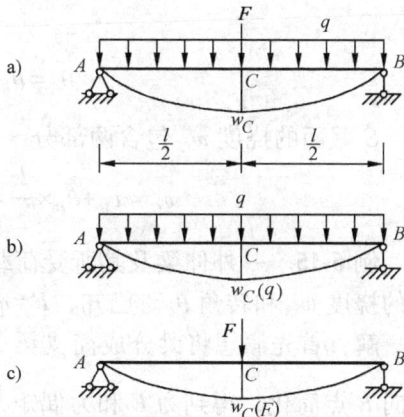

图 6-58　例 6-13 图

度，在表 6-3 中列出了几种类型的梁在简单荷载作用下的转角和挠度。

例 6-13 一简支梁及其所受荷载如图6-58a所示。试用叠加法求梁中点的挠度 w_C 和梁左端截面的转角 θ_A。已知梁的抗弯刚度为 EI。

解：先分别求出集中荷载和均布荷载单独作用所引起的变形，然后叠加，即得两种荷载共同作用下所引起的变形。由表 6-3 查得简支梁在 q 和 F 分别作用下的变形，叠加后得到

$$w_C = w_C(q) + w_C(F) = \frac{5ql^4}{384EI} + \frac{Fl^3}{48EI} = \frac{5ql^4 + 8Fl^3}{384EI}$$

$$\theta_A = \theta_A(q) + \theta_A(F) = \frac{ql^3}{24EI} + \frac{Fl^2}{16EI} = \frac{2ql^3 + 3Fl^2}{48EI}$$

例 6-14 一悬臂梁及其所受荷载如图6-59所示。试用叠加法求梁自由端的挠度 w_C 和转角 θ_C。已知梁的抗弯刚度为 EI。

解：悬臂梁 BC 段不受荷载作用，它仅随 AB 段的变形作刚性转动，只产生刚体位移。自由端 C 点的变形根据 B 点的变形得到。由表 6-3 查得悬臂梁在 q 作用下 B 点的变形

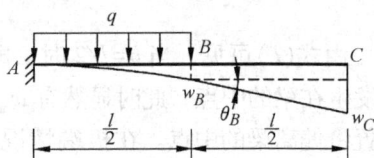

图 6-59   例 6-14 图

$$\theta_B = \frac{q\left(\dfrac{l}{2}\right)^3}{6EI} = \frac{ql^3}{48EI}$$

$$w_B = \frac{q\left(\dfrac{l}{2}\right)^4}{8EI} = \frac{ql^4}{128EI}$$

BC 段没有发生变形，故自由端 C 截面的转角与 B 截面转角相等，即

$$\theta_C = \theta_B = \frac{q\left(\dfrac{l}{2}\right)^3}{6EI} = \frac{ql^3}{48EI}$$

C 截面的挠度 w_C 包含两部分，分别由 w_B 和 θ_B 引起。

$$w_C = w_B + \theta_B \times \frac{l}{2} = \frac{ql^4}{128EI} + \frac{ql^3}{48EI} \times \frac{l}{2} = \frac{7ql^4}{384EI}$$

例 6-15 一外伸梁及其所受荷载如图 6-60a 所示。试用叠加法求梁外伸端 C 点的挠度 w_C 和转角 θ_C。已知，$F = ql$，梁的抗弯刚度为 EI。

解：首先假想将梁分成简支梁 AB 和悬臂梁 BC，如图 6-60b、c 所示。将 F 力向 B 点简化，得到力 F 和力偶矩 $M_B = \dfrac{Fl}{2}$，简化后，对简支梁 AB 段的变形没有影响，但对 BC 段有影响，BC 段的变形包括两部分：一部分是由 AB 段的变形引

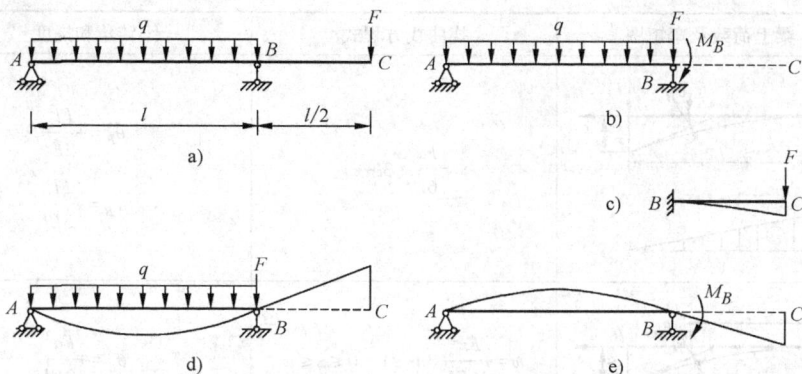

图 6-60　例 6-15 图

起的 BC 段的刚体位移，AB 段的变形又可分解为图 6-60d、e 两种情况叠加；另一部分是悬臂梁 BC 由 F 力引起的变形，如图 6-60c 所示。因此，C 点的转角和挠度可由图 6-60c、d 及 e 三部分转角和挠度变形叠加求得。

$$\theta_C = \theta_C(F) + \theta_C(q) + \theta_C(M_B) = \theta_C(F) + \theta_B(q) + \theta_B(M_B)$$

$$= \frac{F\left(\dfrac{l}{2}\right)^2}{2EI} - \frac{ql^3}{24EI} + \frac{M_B l}{3EI} = \frac{ql^3}{8EI} - \frac{ql^3}{24EI} + \frac{ql^3}{6EI} = \frac{ql^3}{4EI}$$

$$w_C = w_C(F) + w_C(q) + w_C(M_B) = w_C(F) + \theta_B(q)\frac{l}{2} + \theta_B(M_B)\frac{l}{2}$$

$$= \frac{F\left(\dfrac{l}{2}\right)^3}{3EI} - \frac{ql^3}{24EI} \times \frac{l}{2} + \frac{M_B l}{3EI} \times \frac{l}{2} = \frac{ql^4}{24EI} - \frac{ql^4}{48EI} + \frac{ql^4}{12EI} = \frac{5ql^4}{48EI}$$

此题的求解过程，实质上是先单独考虑梁的一部分变形效果，而让其他部分刚性化以求得某一指定处的位移，然后按照此法求出其余各部分变形在指定处引起位移，最后把所得的结果叠加。对于本题可先将 AB 部分刚性化，求 C 截面的变形，即图 6-60c 所示的情况，然后将 BC 部分刚性化，求 C 截面的变形，即图 6-60b 所示的情况，图 6-60b 又可分成图 6-60d、e 两种情况的叠加。最后将三种情况叠加，即可得到 C 截面的转角和挠度。

表 6-3　简单荷载作用下梁的挠度和转角

	梁上荷载及弯矩图	挠曲线方程式	转角和挠度
1		$w = \dfrac{mx^2}{2EI}$	$\theta_B = +\dfrac{ml}{EI}$ $w_B = +\dfrac{ml^2}{2EI}$

（续）

梁上荷载及弯矩图	挠曲线方程式	转角和挠度
2	$$w=\dfrac{Fx^2}{6EI}(3l-x)$$	$\theta_B=+\dfrac{Fl^2}{2EI}$ $w_B=+\dfrac{Fl^3}{3EI}$
3	$$w=+\dfrac{Fx^2}{6EI}(3a-x),\ 0\leqslant x\leqslant a$$ $$w=+\dfrac{Fa^2}{6EI}(3x-a),\ a\leqslant x\leqslant l$$	$\theta_B=+\dfrac{Fa^2}{2EI}$ $w_B=+\dfrac{Fa^2}{6EI}(3l-a)$
4	$$w=\dfrac{qx^2}{24EI}(6l^2-4lx+x^2)$$	$\theta_B=+\dfrac{ql^3}{6EI}$ $w_B=+\dfrac{ql^4}{8EI}$
5	$$w=\dfrac{q_0l^4}{120EI}\left(-\dfrac{x^5}{l^5}+5\dfrac{x^4}{l^4}-\right.$$ $$\left.10\dfrac{x^3}{l^3}+10\dfrac{x^2}{l^2}\right)$$	$\theta_B=+\dfrac{q_0l^3}{24EI}$ $w_B=+\dfrac{q_0l^4}{30EI}$
6	$$w=\dfrac{m_Ax}{6EIl}(l-x)(2l-x)$$	$\theta_A=+\dfrac{m_Al^2}{3EI}\quad \theta_B=-\dfrac{m_Al^2}{6EI}$ $w_C=+\dfrac{m_Al^2}{16EI}$ C 点为 AB 跨的中点，下同
7	$$w=-\dfrac{mx}{6EIl}(l^2-x^2-3b^2)$$ $$0\leqslant x\leqslant a$$ $$w=\dfrac{m}{6EIl}\big[x^3-3l(x-a)^2-$$ $$(l^2-3b^2)x\big]$$ $$a\leqslant x\leqslant l$$	$\theta_A=-\dfrac{m}{6EIl}(l^2-3b^2)$ $\theta_B=-\dfrac{m}{6EIl}(l^2-3a^2)$ $w_D=-\dfrac{ma}{6EIl}(l^2-a^2-3b^2)$

（续）

梁上荷载及弯矩图	挠曲线方程式	转角和挠度
8	$w=\dfrac{qx}{24EI}(l^3-2lx+x^3)$	$\theta_A=+\dfrac{ql^3}{24EI}$　$\theta_B=-\dfrac{ql^3}{24EI}$ $w_C=+\dfrac{5ql^4}{384EI}$
9	$w=\dfrac{qb^2x}{24EIl}(2l^2-b^2-2x^2)$ $0\leqslant x\leqslant a$ $w=\dfrac{qb^2}{24EIl}\Big[(2l^2-b^2-2x^2)x+$ $\dfrac{l}{b^2}(x-a)^4\Big]$ $a\leqslant x\leqslant l$	$\theta_A=\dfrac{qb^2}{24EIl}(2l^2-b^2)$ $\theta_B=-\dfrac{qb^2}{24EIl}(2l-b)^2$ $w_D=\dfrac{qb^2a}{24EIl}(2l^2-b^2-2a^2)$
10	$w=\dfrac{Fx}{48EI}(3l^2-4x^2)$ $0\leqslant x\leqslant\dfrac{l}{2}$	$\theta_A=+\dfrac{Fl^2}{16EI}$　$\theta_B=-\dfrac{Fl^2}{16EI}$ $w_C=+\dfrac{Fl^3}{48EI}$
11	$w=+\dfrac{Fbx}{6EIl}(l^2-x^2-b^2)$ $0\leqslant x\leqslant a$ $w=\dfrac{Fb}{6EIl}\Big[\dfrac{l}{b}(x-a)^3+$ $(l^2-b^2)x-x^3\Big]$ $a\leqslant x\leqslant l$	$\theta_A=+\dfrac{Fab(l+b)}{6EIl}$ $\theta_B=-\dfrac{Fab(l+a)}{6EIl}$ $w_C=+\dfrac{Fb(3l^2-4b^2)}{48EI}$ 当 $a>b$ 时

复习思考题

6-1　应力与内力、应变与位移有何区别？又有何联系？

6-2　两根直杆，其横截面面积相同，长度相同，两端所受轴向外力也相同，而材料的弹性模量不同。分析它们的内力、应力、应变、伸长是否相同。

6-3　有人说："受力杆件的某一方向上有应力必有应变，有应变必有应力"。此话对吗？为什么？

6-4　低碳钢试样，拉伸至强化阶段时，在拉伸图上如何量测其弹性伸长量和塑性伸长

量？当试样拉断后，又如何量测？

6-5　在低碳钢试样的拉伸图上，试样被拉断时的应力为什么反而比强度极限(或抗拉强度)低？

6-6　长为 l、直径为 d 的两根由不同材料制成的圆轴，在其两端作用相同的扭转力偶矩 T，问：

(1) 最大切应力 τ_{max} 是否相同？为什么？

(2) 相对扭转角 φ 是否相同？为什么？

6-7　若在圆轴表面上画一小圆，试分析圆轴受扭后小圆将变成什么形状？使小圆产生如此变形的是什么应力？

6-8　图 6-61a 所示圆杆，在外力偶矩 T 作用下发生扭转。现沿横截面 ABE，CDF 和水平纵截面 $ABCD$ 截出杆的一部分，如图 6-61b 所示。根据切应力互等定理可知，水平截面 $ABCD$ 上的切应力分布情况如图 6-61b 所示，其上的切向分布内力 $\tau' dA$ 将组成一合力偶。试分析此合力偶与杆的这部分中什么合力偶相平衡。

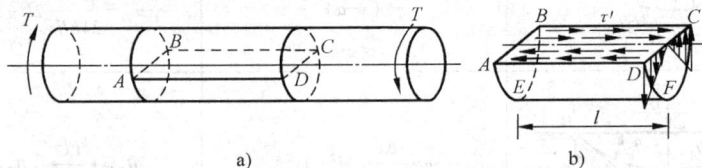

图 6-61　思考题 6-8

6-9　静定梁的内力与梁的以下哪些条件有关？哪些无关？为什么？

(1) 跨度；(2) 荷载；(3) 支承情况；(4) 材料；(5) 横截面尺寸。

6-10　梁横截面中性轴上的正应力是否一定为零？切应力是否一定为最大？试举例说明。

6-11　梁的最大应力一定发生在内力最大的横截面上吗？为什么？

6-12　梁的横截面上中性轴两侧的正应力的合力之间有什么关系？这两个力最终合成的结果是什么？

6-13　有水平对称轴截面的梁与无水平对称轴截面的梁上的最大拉、压应力计算方法是否相同？

6-14　梁的切应力公式与正应力公式推导过程有何不同？

6-15　梁的挠曲线形状与哪些因素有关？

6-16　悬臂梁在自由端受一集中力偶 M 作用，其挠曲线应为一圆弧，但用积分法计算出的挠曲线方程为 $w = \dfrac{Mx^2}{2EI}$ 是一条抛物线方程，为什么？

习　题

6-1　求下列各杆内的最大正应力。

(1) 图 6-62a 为阶梯形杆，AB 段杆横截面积为 $80mm^2$，BC 段杆横截面积为 $20mm^2$，CD 段杆横截面积为 $120mm^2$，不计自重；

（2）图 6-62b 为变截面拉杆，上段 AB 的横截面积为 40mm²，下段 BC 的横截面积为 30mm²，杆材料的 $\rho g = 78kN/m^3$。

6-2 求图 6-63 所示铰接构架中，直径为 20mm 的拉杆 CD 中的正应力。

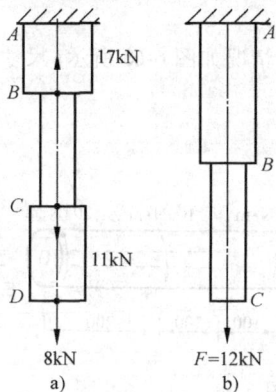

图 6-62 习题 6-1 图

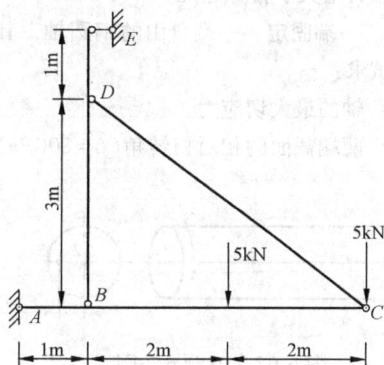

图 6-63 习题 6-2 图

6-3 一直径为 15mm，标距为 200mm 的合金钢杆，在比例极限内进行拉伸试验，当轴向荷载从零缓慢地增加到 58.4kN 时，杆伸长了 0.9mm，直径缩小了 0.022mm，试确定材料的弹性模量 E、泊松比 ν。

6-4 图 6-64 所示短柱，上段为钢制，截面尺寸为 100mm×100mm；下段为铝制，截面尺寸为 200mm×200mm。当柱顶受 F 力作用时，柱子总长度减少了 0.4mm，试求 F 值。已知 $E_钢 = 200GPa$，$E_铝 = 70GPa$。

6-5 图 6-65 所示结构中，ABC 可视为刚性杆，BD 杆的截面面积 $A = 400mm^2$，材料的弹性模量 $E = 200GPa$；求 C 点的竖直位移 Δ_{Cy}。

6-6 图 6-66 所示结构中，AB 为水平放置的刚性杆，1、2、3 杆材料相同，其弹性模量 $E = 210GPa$，已知 $l = 1m$，$A_1 = A_2 = 100mm^2$，$A_3 = 150mm^2$，$F = 20kN$。试求 C 点的水平位移和竖直位移。

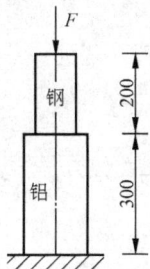

图 6-64 习题 6-4 图

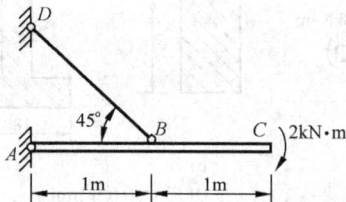

图 6-65 习题 6-5 图

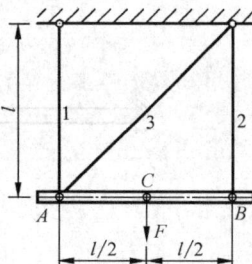

图 6-66 习题 6-6 图

6-7　一直径 $d=60$mm 的圆杆，其两端受外力偶矩 $T=2$kN·m 的作用而发生扭转，如图 6-67所示。试求横截面上1、2、3点处的切应力和最大切应变，并在此三点处画出切应力的方向（已知切变模量 $G=80$GPa）。

6-8　从直径为 300mm 的受扭实心轴中镗出一个直径为 150mm 的通孔而成为空心轴，问最大切应力增大了百分之几?

6-9　一端固定、一端自由的钢圆轴，其几何尺寸及受力情况如图 6-68 所示（尺寸单位：mm），试求：

（1）轴的最大切应力。

（2）两端截面的相对扭转角（$G=80$GPa）。

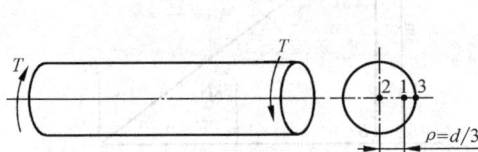

图 6-67　习题 6-7 图

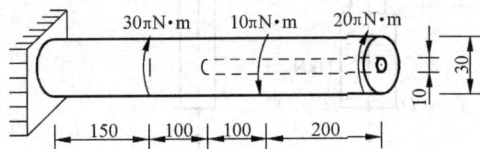

图 6-68　习题 6-9 图

6-10　一圆轴 AC 如图 6-69 所示。AB 段为实心，直径为 50mm；BC 段为空心，外径为 50mm，内径为 35mm。要使杆的总扭转角为 0.12°，试确定 BC 段的长度 a。设 $G=80$GPa。

6-11　图 6-70 所示合金圆杆 ABC，$G=27$GPa，直径 $d=150$mm，BC 段内的最大切应力为 120MPa。试求：

（1）在 BC 段内的任一横截面上 $\rho=0$ 和 $\rho=40$mm 间部分面积上所承受的扭矩大小?

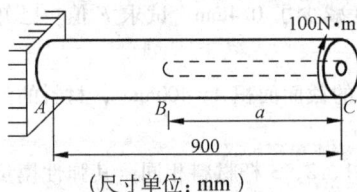

（2）B 截面的扭转角。

图 6-69　习题 6-10 图

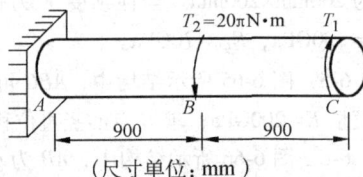

图 6-70　习题 6-11 图

6-12　图 6-71a 所示钢梁（$E=2.0\times10^5$MPa），具有图 6-71b、c 两种截面形式，试分别求出

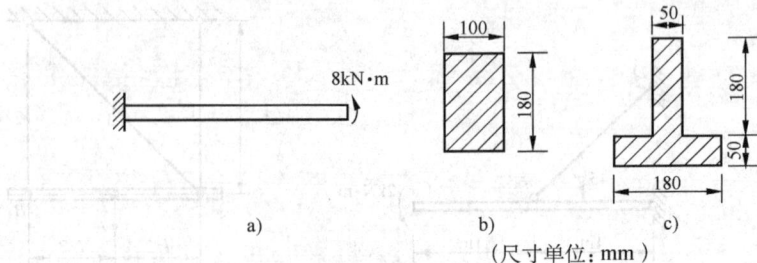

图 6-71　习题 6-12 图

两种截面形式下梁的曲率半径，最大拉、压应力及其所在位置。

6-13　处于纯弯曲情况下的矩形截面梁，高 120mm，宽 60mm，绕水平形心轴弯曲。如梁最外层纤维中的正应变 $\varepsilon = 7 \times 10^{-4}$，求该梁的曲率半径。

6-14　图 6-72 所示二梁的横截面（尺寸单位:mm），其上均受绕水平中性轴转动的弯矩。若横截面上的最大正应力为 40MPa，试问：

（1）当矩形截面挖去虚线内面积时，弯矩减小百分之几？

（2）工字形截面腹板和翼缘上，各承受总弯矩的百分之几？

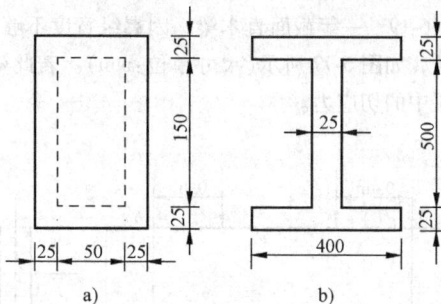

图 6-72　习题 6-14 图

6-15　如图 6-73 所示一矩形截面悬臂梁，具有如下三种截面形式：（a）整体；（b）两块上、下叠合；（c）两块并排。试分别计算梁的最大正应力，并画出正应力沿截面高度的分布规律。

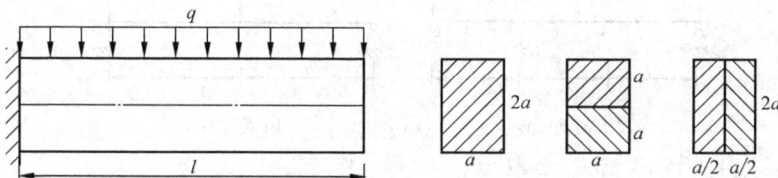

图 6-73　习题 6-15 图

6-16　如图 6-74 所示截面为 45a 号工字钢的简支梁，测得 A、B 两点间的伸长为 0.012mm，问施加于梁上的 F 力多大？设 E = 200GPa。

6-17　如图 6-75 所示一槽形截面悬臂梁，长 6m，受 q = 5kN/m 的均布荷载作用，求距固定端为 0.5m 处的截面上，距梁顶面 100mm 处 b—b 线上的切应力及 a—a 线上的切应力。

6-18　一梁由两个 18 号槽钢背靠背组成一

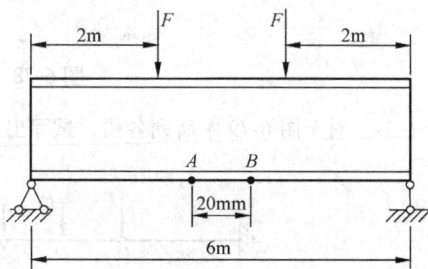

图 6-74　习题 6-16 图

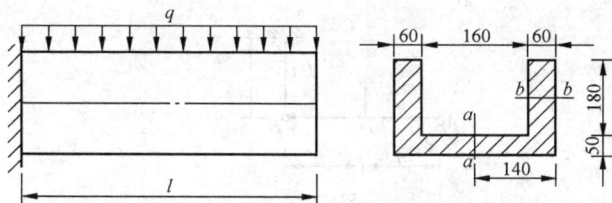

图 6-75　习题 6-17 图

整体，如图 6-76 所示。在梁的 a—a 截面上，剪力为 18kN、弯矩为 55kN·m，求 b—b 截面中性轴以下 40mm 处的正应力和切应力。

6-19 一等截面直木梁，因翼缘宽度不够，在其左右两边各粘结一条截面为 50×50mm 的木条，如图 6-77 所示（尺寸单位:mm）。若此梁危险截面上受有竖直向下的剪力 20kN，试求粘结层中的切应力。

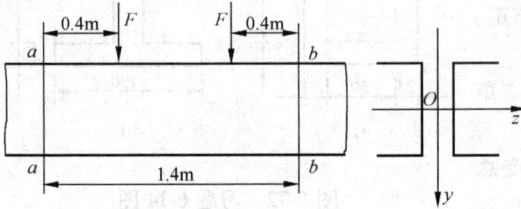

图 6-76 习题 6-18 图　　　　　图 6-77 习题 6-19 图

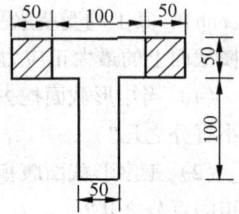

6-20 用积分法求图 6-78 中所列各梁指定截面处的转角和挠度。

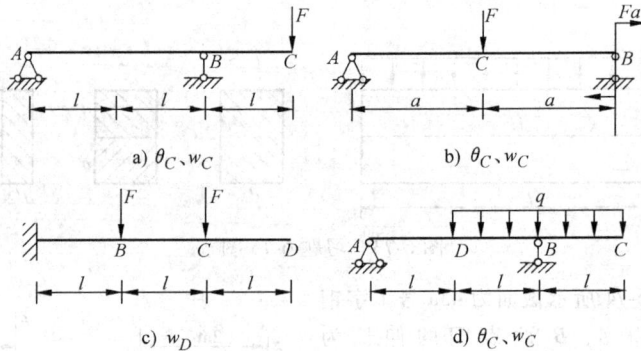

a) θ_C、w_C　　　　　b) θ_C、w_C

c) w_D　　　　　d) θ_C、w_C

图 6-78 习题 6-20 图

6-21 对于图 6-79 中所列各梁，试写出用积分法求梁变形时的边界条件和连续光滑条件。

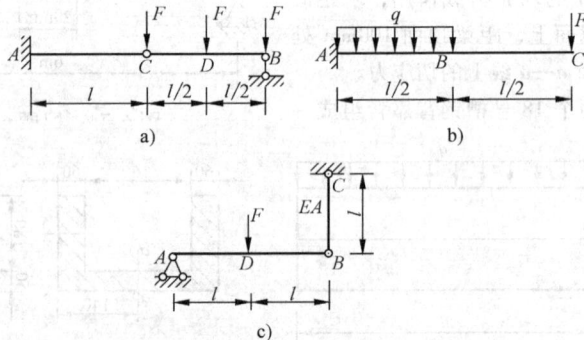

a)　　　　　b)

c)

图 6-79 习题 6-21 图

6-22 用叠加法求图 6-80 中所列各梁指定截面上的转角和挠度。

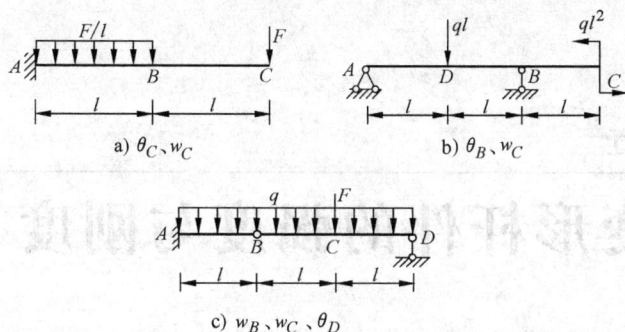

a) θ_C、w_C　　　　　b) θ_B、w_C

c) w_B、w_C、θ_D

图 6-80 习题 6-22 图

第 7 章
基本变形杆件的强度与刚度

7.1 基本概念

7.1.1 强度计算基本概念

强度计算是工程杆件设计中首先要进行的。强度计算的目的是保证所设计的杆件在外力作用下不发生强度破坏(强度失效)。由材料的力学性质可知,当材料发生断裂或屈服时将认为杆件发生强度破坏。在常温、静载下,强度破坏不仅与材料类型(脆性还是塑性)有关,而且还与材料所处的应力状态有关。

传统的强度计算方法是认为杆件的强度破坏总是从某些最大应力点处开始的,这些点称为**危险点**。为保证杆件不发生强度破坏,就必须使危险点处的应力满足一定的条件,这种条件称为**强度条件**。由危险点处应力的强度条件来进行杆件强度计算的方法,称为许用**应力法**。

本章介绍与许用应力法有关的强度计算问题,通常包括以下三种类型的强度计算:①校核强度;②设计截面;③求许用荷载。

7.1.2 刚度计算基本概念

在某些情况下,为了使结构或机器能正常工作,需要限制杆件的弹性变形在工程所许用的范围内,也就是说,要求杆件有足够的刚度。因此,杆件的变形也必须满足一定的条件,这种条件称为**刚度条件**。按刚度条件就可以进行杆件的刚度计算。刚度计算通常也包括三种类型:①校核刚度;②设计截面;③求许用荷载。

7.1.3 许用应力和安全因数

由材料的拉伸和压缩试验得知,当脆性材料的应力达到强度极限(或抗拉强

度)时，材料将会破坏(拉断或剪断)；当塑性材料的应力达到屈服极限时，材料将产生较大的塑性变形。工程上的构件，既不允许破坏，也不允许产生较大的塑性变形。因为较大塑性变形的出现，将改变原来的设计状态，往往会影响杆件的正常工作。因此，将脆性材料的强度极限(或抗拉强度)σ_b 和塑性材料的屈服极限 σ_s(或条件屈服极限 $\sigma_{0.2}$)作为材料的极限正应力，用 σ_u 表示。要保证杆件安全而正常地工作，其最大工作应力不能超过材料的极限应力。但是，考虑到一些实际存在的不利因素，设计时不能使杆件的最大工作应力等于极限应力，而必须小于极限应力。这些不利因素主要有：

1) 计算荷载难以估计准确，因而杆件中实际产生的最大工作应力有可能超过计算出的数值。

2) 计算时所作的简化不完全符合实际情况。

3) 实际的材料不像标准试件那样质地均匀，因此，实际的极限应力往往小于试验所得的结果。

4) 其他因素如杆件的尺寸由于制造等原因引起的不准确，加工过程中杆件受到损伤，杆件长期使用受到磨损或材料受到腐蚀等等。

此外，还要给杆件必要的强度储备。因此，工程上将极限正应力除以一个大于 1 的安全因数 n，作为材料的许用正应力，即

$$[\sigma] = \frac{\sigma_u}{n} \tag{7-1}$$

对于脆性材料，$\sigma_u = \sigma_b$，对于塑性材料，$\sigma_u = \sigma_s$(或 $\sigma_{0.2}$)。

安全因数 n 的选取，除了需要考虑前述因素外，还要考虑其他很多因素。例如工程的重要性，杆件损伤所引起后果的严重性以及经济效益等。因此，要根据实际情况选取安全因数。在通常情况下，对静荷载问题，塑性材料一般取 $n = 1.5\sim2.0$，脆性材料一般取 $n = 2.0\sim2.5$。

几种常用材料的许用正应力的数值列于表 7-1。

表 7-1　几种常用材料的许用正应力值　　　　(单位:MPa)

材料名称	许用应力值	
	许用拉应力$[\sigma_t]$	许用压应力$[\sigma_c]$
低碳钢	170	170
低合金钢	230	230
灰口铸铁	35~54	160~200
松木顺纹	6~8	9~11
松木横纹	—	1.5~2
混凝土	0.4~0.7	7~11

利用扭转试验，可以得到塑性材料的剪切屈服极限 τ_s 和脆性材料的剪切强

度极限 τ_b，统称为材料的极限切应力 τ_u，将其除以安全因数，即可得到许用切应力 $[\tau]$ 的数值。根据大量试验，许用切应力和许用拉应力之间存在着下列关系：

$$塑性材料 \quad [\tau] = (0.5 \sim 0.6)[\sigma]$$

$$脆性材料 \quad [\tau] = (0.8 \sim 1.0)[\sigma] \tag{7-2}$$

因此，只要知道材料的许用拉应力，就可以确定其许用切应力。

7.2 拉压杆件的强度计算

为确保轴向拉压杆件有足够的强度，要求工作应力不超过材料的许用应力，故其强度条件为

$$\sigma_{max} \le [\sigma] \tag{7-3}$$

对于等直截面杆，拉压杆的强度条件可由上式改写为

$$\frac{F_{Nmax}}{A} \le [\sigma] \tag{7-4}$$

式中　F_{Nmax}——为杆的最大轴力，即危险截面上的轴力。

利用式(7-4)，可以进行三种类型的强度计算。

（1）**校核强度**　当杆的横截面面积 A、材料的许用正应力 $[\sigma]$ 及杆所受荷载为已知时，可由式(7-4)校核杆的最大工作应力是否满足强度条件的要求。如杆的最大工作应力超过了许用应力，工程上规定，只要超过的部分在许用应力的 5%以内，仍可以认为杆是安全的。

（2）**设计截面**　当杆所受荷载及材料的许用正应力 $[\sigma]$ 为已知时，可由式(7-4)选择杆所需的横截面面积，即

$$A \ge \frac{F_{Nmax}}{[\sigma]}$$

再根据不同的截面形状，确定截面的尺寸。

（3）**求许用荷载**　当杆的横截面面积 A 及材料的许用正应力 $[\sigma]$ 为已知时，可由式(7-4)求出杆所许用产生的最大轴力为

$$F_{Nmax} \le A[\sigma]$$

再由此可确定杆所许用承受的荷载。

例 7-1　图 7-1 所示用两根钢索吊起一扇平面闸门。已知闸门的启门力共为 60kN，钢索材料的许用拉应力 $[\sigma] = 160\text{MPa}$，试求钢索所需的直径 d。

解：每根钢索的轴力为 $F_N = 30\text{kN}$。

由强度条件式(7-4)，得

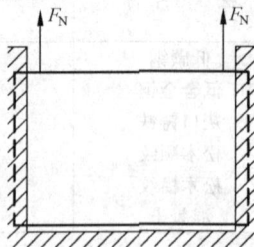

图 7-1　例 7-1 图

$$A = \frac{1}{4} \pi d^2 \geqslant \frac{F_N}{[\sigma]} = \left(\frac{30 \times 10^3}{160 \times 10^6} \right) \text{m}^2$$

故

$$d \geqslant 15.5 \text{mm}$$

例 7-2　图 7-2 所示的结构由两根杆组成。
AC 杆的截面面积为 450mm^2，BC 杆的截面面积为 250mm^2。设两杆材料相同，许用拉应力 $[\sigma] = 100 \text{MPa}$，试求许用荷载 $[F]$。

解：（1）确定各杆的轴力和 F 的关系
由节点 C 的平衡方程

$\sum F_x = 0$　　$F_{N_{BC}} \sin 45° - F_{N_{AC}} \sin 30° = 0$

$\sum F_y = 0$　　$F_{N_{BC}} \cos 45° + F_{N_{AC}} \cos 30° - F = 0$

联立求解得

$$F_{N_{AC}} = 0.732F, \quad F_{N_{BC}} = 0.517F$$

（2）求许用荷载 F
由强度条件式(7-4)，得

$$F_{N_{AC}} = 0.732F \leqslant A[\sigma]$$
$$= (450 \times 10^{-6} \times 100 \times 10^6) \text{N}$$

故　$F \leqslant 61.48 \text{kN}$

$$F_{N_{BC}} = 0.517F \leqslant A[\sigma]$$
$$= (250 \times 10^{-6} \times 100 \times 10^6) \text{N}$$

故　$F \leqslant 48.36 \text{kN}$

在所得的两个 F 值中，应取小值。故结构的许用荷载为

$$[F] = 48.36 \text{kN}$$

结构在这一荷载作用下，BC 杆的应力恰好等于许用应力，而 AC 杆的应力小于许用应力，说明 AC 杆的强度没有得到充分利用，故该结构可以进一步优化，使得 AC 杆、BC 杆的应力同时达到许用应力，充分利用材料。

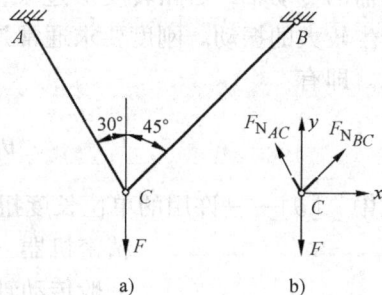

图 7-2　例 7-2 图

7.3　扭转杆件的强度和刚度计算

等直圆杆在扭转时，其强度条件是横截面上的最大工作切应力 τ_{max} 不超过材料的许用切应力 $[\tau]$。即，强度条件为

$$\tau_{max} = \frac{M_{xmax}}{W_p} \leqslant [\tau] \tag{7-5}$$

式中 $M_{x\max}$——危险截面上的扭矩。

利用式(7-5)可进行三种类型的强度计算:强度校核、设计截面及求许用荷载。

等直圆杆在扭转时,除了要满足强度条件外,有时还需满足刚度条件。例如机器的传动轴,若扭转变形过大,将会使轴在某些运转(如启动或刹车)情况下产生较大的振动。刚度要求通常是限制轴的最大单位长度扭转角不超过规定的数值。即有

$$\theta_{\max} = \frac{M_{x\max}}{GI_p} \leqslant [\theta] \tag{7-6}$$

式中 $[\theta]$——许用的单位长度扭转角,其值可在工程设计手册中查到。例如:

精密机器 $[\theta] = (0.15 \sim 0.3)°/m$

一般传动轴 $[\theta] = (0.5 \sim 2.0)°/m$

钻杆 $[\theta] = (2.0 \sim 4.0)°/m$

利用式(7-6)可进行三种类型的刚度计算:刚度校核、设计截面及求许用荷载。

对于非圆截面杆,同样可利用其最大切应力及变形的计算公式建立类似的强度及刚度条件,并进行三种类型的强度及刚度计算。

例 7-3 一电机的传动轴直径 $d = 40mm$,轴的传动功率 $P = 30kW$,转速 $n = 1400r/min$,轴的材料为 45 号钢,其 $G = 80GPa$,$[\tau] = 40MPa$,$[\theta] = 2°/m$,试校核此轴的强度和刚度。

解: (1) 计算外力偶矩及横截面上的扭矩

$$M_x = T = 9.55 \frac{P}{n} = \left(9.55 \times \frac{30}{1400}\right) N \cdot m = 204N \cdot m$$

(2) 计算极惯性矩及抗扭截面系数

$$I_p = \frac{\pi d^4}{32} = \left(\frac{\pi \times 40^4}{32}\right) mm^4 = 25.1 \times 10^{-8} m^4$$

$$W_p = \frac{\pi d^3}{16} = \left(\frac{\pi \times 40^3}{16}\right) mm^3 = 12.55 \times 10^{-6} m^3$$

(3) 强度校核

由式(7-5),得

$$\tau_{\max} = \frac{M_x}{W_p} = \left(\frac{204}{12.55 \times 10^{-6}}\right) Pa = 16.3MPa < [\tau] = 40MPa$$

由此可见,该轴满足强度条件。

(4) 刚度校核

由式(7-6),得

$$\theta_{max} = \frac{M_x}{GI_p} = \left(\frac{204}{8 \times 10^{10} \times 25.1 \times 10^{-8}} \right) \text{rad/m}$$

$$= \left(\frac{204}{8 \times 10^{10} \times 25.1 \times 10^{-8}} \times \frac{180}{\pi} \right)^{\circ} \Big/ \text{m} = 0.58^{\circ}/\text{m} < [\theta] = 2^{\circ}/\text{m}$$

由此可见，该轴满足刚度条件。

7.4　梁的强度和刚度计算

7.4.1　梁的强度计算

一般来说，梁的横截面上同时存在弯矩和剪力两种内力，因此也同时有正应力和切应力。对等直梁，最大弯矩截面是危险截面，其顶、底处各点为正应力危险点，最大工作应力由式(6-31)计算；而最大剪力截面也是危险截面，其中性轴处各点为切应力危险点，最大工作切应力由式(6-36)计算。

因此，等直梁的正应力强度条件为

$$\sigma_{max} = \frac{M_{max}}{W_z} \leqslant [\sigma] \tag{7-7}$$

式中　M_{max}——危险截面上的弯矩；

　　　$[\sigma]$——弯曲许用正应力，作为近似处理，可取材料在轴向拉压时的许用正应力作为弯曲许用正应力。

必须指出，若材料的许用拉应力等于许用压应力，这时只需对绝对值最大的正应力作强度计算；若材料的许用拉应力和许用压应力不相等，则需分别对最大拉应力和最大压应力作强度计算。利用式(7-7)，可对梁作三种类型的正应力强度计算：校核强度、设计截面和求许用荷载。

而等直梁的切应力强度条件为

$$\tau_{max} = \frac{F_{Qmax} S^*_{zmax}}{I_z b} \leqslant [\tau] \tag{7-8}$$

式中　F_{Qmax}——梁的最大剪力。

一般说来，在梁的设计中，正应力强度计算起控制作用，不必校核切应力强度。但在下列情况下，需要校核切应力强度：

1）梁的最大弯矩较小而最大剪力较大时，例如集中荷载作用在靠近支座处的情况；

2）焊接或铆接的组合截面(如工字形)钢梁，当腹板的厚度与梁高之比小于工字形型钢截面的相应比值时；

3）木梁，由于木材顺纹方向抗剪强度较低，故需校核其顺纹方向的切应力

强度。

例 7-4 图 7-3 所示一简支梁及其所受的荷载。设材料的许用正应力 $[\sigma]$ = 10MPa，许用切应力 $[\tau]$ = 2MPa，梁的截面为矩形，宽度 b = 80mm，试求所需的截面高度。

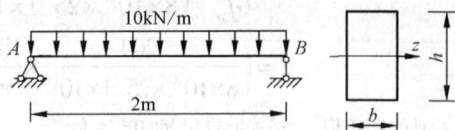

图 7-3 例 7-4 图

解：（1）由正应力强度条件确定截面高度

该梁的最大弯矩为

$$M_{max} = \frac{1}{8}ql^2 = \left(\frac{1}{8}\times 10\times 2^2\right)kN\cdot m = 5kN\cdot m$$

由式（7-7），得

$$W_z \geq \frac{M_{max}}{[\sigma]} = \left(\frac{5\times 10^3}{10\times 10^6}\right)m^3 = 5\times 10^{-4}m^3$$

对于矩形截面

$$W_z = \frac{1}{6}bh^2$$

由此得到

$$h \geq \left(\sqrt{\frac{6\times 5\times 10^{-4}}{0.08}}\right)m = 0.194m$$

可取 h = 200mm。

（2）切应力强度校核

该梁的最大剪力为

$$F_{Q\,max} = \frac{1}{2}ql = \left(\frac{1}{2}\times 10\times 2\right)kN = 10kN$$

由矩形截面梁的最大切应力公式（6-37），得

$$\tau_{max} = \frac{3}{2}\frac{F_Q}{bh} = \left(\frac{3}{2}\times\frac{10\times 10^3}{0.08\times 0.2}\right)Pa = 0.94MPa < [\tau] = 2MPa$$

可见由正应力强度条件所确定的截面尺寸能满足切应力强度要求。

例 7-5 一 T 形截面铸铁梁所受荷载如图 7-4a 所示。已知 b = 2m，I_z = $5493\times 10^4 mm^4$，铸铁的许用拉应力 $[\sigma_t]$ = 30MPa，许用压应力 $[\sigma_c]$ = 90MPa，试求此梁的许用荷载 $[F]$。

解：（1）作弯矩图并判断危险截面

弯矩图如图 7-4b 所示，铸铁梁截面关于中心轴不对称，中性轴到上下边缘的距离分别为

$$y_1 = 134mm，\quad y_2 = 86mm$$

全梁的最大拉应力和最大的压应力点不一定都发生在最大弯矩截面上，故 B、C 截面都可能是危险截面。

$$M_B = \frac{Fb}{2}, \quad M_C = \frac{Fb}{4}$$

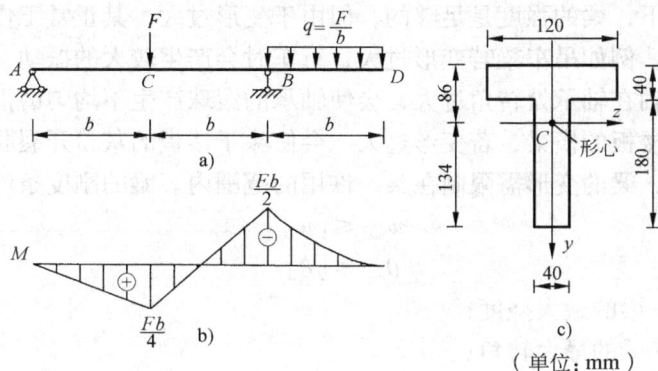

图 7-4　例 7-5 图

（2）求许用荷载 $[F]$

C 截面的下边缘各点处产生最大的拉应力，上边缘各点处产生最大的压应力。

由

$$\sigma_{tmax} = \frac{M_C y_1}{I_z} = \frac{\dfrac{F}{4} \times 2 \times 0.134}{5493 \times 10^{-8}} \leqslant [\sigma_t] = 30 \times 10^6 \text{Pa}$$

求得

$$F \leqslant 24.6 \text{kN}$$

由

$$\sigma_{cmax} = \frac{M_C y_2}{I_z} = \frac{\dfrac{F}{4} \times 2 \times 0.086}{5493 \times 10^{-8}} \leqslant [\sigma_c] = 90 \times 10^6 \text{Pa}$$

求得

$$F \leqslant 115 \text{kN}$$

B 截面的上边缘各点处产生最大的拉应力，下边缘各点处产生最大的压应力。

由

$$\sigma_{tmax} = \frac{M_B y_2}{I_z} = \frac{\dfrac{F}{2} \times 2 \times 0.086}{5493 \times 10^{-8}} \leqslant [\sigma_t] = 30 \times 10^6 \text{Pa}$$

求得

$$F \leqslant 19.2 \text{kN}$$

由

$$\sigma_{cmax} = \frac{M_B y_1}{I_z} = \frac{\dfrac{F}{4} \times 2 \times 0.0134}{5493 \times 10^{-8}} \leqslant [\sigma_c] = 90 \times 10^6 \text{Pa}$$

求得

$$F \leqslant 36.9 \text{kN}$$

比较所得结果，得

$$[F] = 19.2 \text{kN}$$

若将此铸铁梁截面倒置，读者再试求其许用荷载，并比较何种放置更为合理。

7.4.2 梁的刚度计算

有些情况下，梁的强度是足够的，但由于变形过大，其正常工作条件往往也就得不到保证。例如吊车梁若变形过大，行车时会产生较大的振动，使吊车行使不平稳；传动轴在轴承处转角过大，会使轴承的滚珠产生不均匀磨损，缩短轴承的使用寿命；楼板的横梁，若变形过大，会使涂于楼板的灰粉开裂脱落等。由此在这些情况下，梁的变形需限制在某一许用的范围内。梁的刚度条件为

$$w_{max} \leqslant [w] \tag{7-9}$$

$$\theta_{max} \leqslant [\theta] \tag{7-10}$$

式中　w_{max}——梁的最大挠度；

　　　θ_{max}——梁的最大转角；

　　　$[w]$——规定的许用挠度；

　　　$[\theta]$——规定的许用转角。

$[w]$、$[\theta]$在工程设计手册中可查到，利用式(7-9)、式(7-10)，可对梁进行三种类型的刚度计算：校核刚度、设计截面和求许用荷载。

例 7-6　工字形截面悬臂梁承受均布荷载如图 7-5 所示。已知 $E = 2.1 \times 10^5$MPa，许用正应力 $[\sigma] = 170$MPa，许用切应力 $[\tau] = 100$MPa，许用最大挠度与梁的跨度比值 $[w_{max}/l] = 1/200$，试由强度条件及刚度条件确定工字钢的型号。

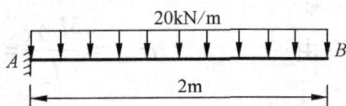

图 7-5　例 7-6 图

解： （1）计算危险截面内力

该梁固定端截面内力最大，为危险截面，且

$$M_{max} = \frac{1}{2}ql^2 = \left(\frac{1}{2} \times 20 \times 2^2\right) kN \cdot m = 40 kN \cdot m$$

$$F_{Qmax} = ql = (20 \times 2) kN = 40 kN$$

（2）由正应力强度条件设计截面

由式(7-7)，得

$$W_z \geqslant \frac{M_{max}}{[\sigma]} = \left(\frac{40 \times 10^3}{170 \times 10^6}\right) m^3 = 235.3 cm^3$$

查型钢表，选用 20a 工字钢，其 $W_z = 237 cm^3$，$I_z = 2370 cm^4$。

（3）校核切应力强度

查型钢表，知 20a 工字钢 $I_z/S_z^* = 17.2$cm，$d = 7$mm，故梁的最大工作切应力为

$$\tau_{max} = \frac{F_{Qmax}}{(I_z/S_z^*) \times d} = \left(\frac{40 \times 10^3}{17.2 \times 10^{-2} \times 7 \times 10^{-3}}\right) Pa$$

$$= 33.2 MPa < [\tau] = 100 MPa$$

满足切应力强度要求。

（4）校核刚度

悬臂梁自由端挠度最大，为

$$w_{max} = \frac{ql^4}{8EI}$$

于是有

$$\frac{w_{max}}{l} = \frac{ql^3}{8EI} = \frac{20 \times 10^3 \times 2^3}{8 \times 2.1 \times 10^{11} \times 2370 \times 10^{-8}} = \frac{1}{248.9} < \left[\frac{w_{max}}{l}\right] = \frac{1}{200}$$

满足刚度要求。

7.4.3　提高梁承载能力的措施

杆件除了必须满足强度和刚度要求外，还需要考虑如何充分利用材料，使设计更为合理。即在一定的外力作用下，怎样能使杆件的用料最少（几何尺寸最小），或者说，在一定的用料情况下，如何提高杆件的承载能力。

例如圆杆扭转时，在不改变材料用量的情况下，用空心圆截面比用实心圆截面能承受更大的扭矩；当传动轴的各段扭矩不同时，采用各段直径不同的阶梯形圆轴更为合理。当考虑受压杆件自重时，也是采用阶梯形杆较为合理。

梁弯曲时，可以采用多种措施提高其承载能力。

1. 强度方面考虑

（1）选择合理的截面形状　由式(7-7)，得

$$M_{max} \leqslant W_z[\sigma]$$

可见梁所能承受的最大弯矩与弯曲截面系数 W_z 成正比。所以在截面面积相同的情况下，W_z 越大的截面形式越是合理。例如矩形截面，$W_z = \frac{1}{6}bh^2$，在面积相同的条件下，增加高度可以增加 W_z 数值。但梁的高宽比也不能太大，否则梁受力后会发生侧向失稳。

对各种不同形状的截面，可用 W_z/A 的值来比较它们的合理性。现比较圆形、矩形和工字形三种截面。为了便于比较，设三种截面的高度均为 h。对圆形截面，$\frac{W_z}{A} = \frac{\pi h^3}{32} \Big/ \frac{\pi h^2}{4} = 0.125h$；对矩形截面，$\frac{W_z}{A} = \frac{bh^2}{6} \Big/ bh = 0.167h$；对工字形截面，$W_z/A = (0.27 \sim 0.34)h$。由此可见，矩形截面比圆形截面合理，工字形截面比矩形截面合理。

从梁的横截面上正应力沿梁高的分布看，因为离中性轴越远的点处，正应力越大，在中性轴附近的点处，正应力很小。所以为了充分利用材料，应尽可能将材料移置到离中性轴较远的地方。上述三种截面中，工字形截面最好，圆形截面最差，道理就在于此。

在选择截面形式时，还要考虑材料的性能。例如由塑性材料制成的梁，因拉伸和压缩的许用应力相同，宜采用中性轴为对称轴的截面。由脆性材料制成的梁，因许用拉应力远小于许用压应力，宜采用 T 形或冂形等中性轴为非对称轴的截面，并使最大拉应力发生在离中性轴较近的边缘上。

（2）采用变截面梁　梁的截面尺寸一般是按最大弯矩设计并做成等截面。但是，等截面梁并不经济，因为在其他弯矩较小处，不需要这样大的截面。为了节约材料和减轻重量，常常采用变截面梁。

最合理的变截面梁是**等强度梁**。所谓等强度梁，就是每个截面上的最大正应力都达到材料的许用应力的梁。如设图 7-6a 所示的简支梁的高度 h = 常数，利用强度条件可以求得梁宽度 $b(x)$ 的表达式为

$$b(x) = \frac{3F}{h^2 [\sigma]} x$$

截面宽度沿梁长变化的形状如图 7-6b 所示，b 的最小值由剪切强度条件确定。

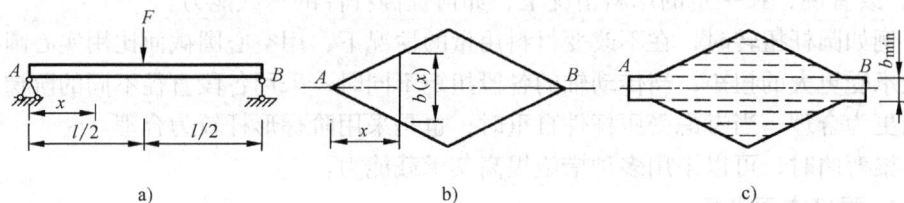

图 7-6　等强度梁

如设图 7-6a 所示的简支梁的宽度 b = 常数，用同样的方法可以求得梁高 $h(x)$ 的表达式为

$$h(x) = \sqrt{\frac{3Fx}{b[\sigma]}}$$

有些吊车梁常采用图 7-7 所示的鱼腹梁，它也是根据等强度梁的概念设计的。

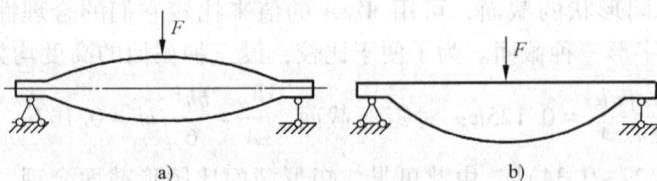

图 7-7　鱼腹梁

　　但是，等强度梁不便于施工，所以工程上多使用逐段变化的变截面梁。例如在汽车底座下放置的叠板弹簧梁，如图 7-8 所示，在汽车底座下放置这种梁，还可以减小汽车的振动。

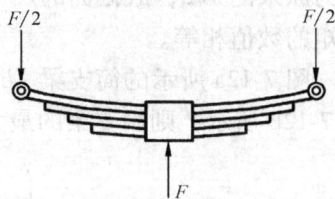

图 7-8　叠板弹簧梁

　　例如图 7-9a 中的简支梁，由工字钢制成。在梁的中间部分，弯矩较大，可以在工字钢上加一至二块盖板，各段截面如图 7-9b 所示；机器中的传动轴，往往采用图 7-10 的阶梯形圆轴。

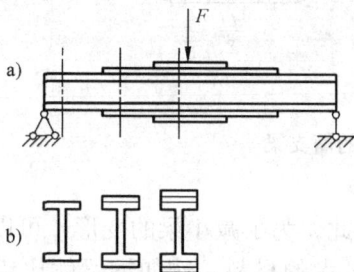

图 7-9　变截面梁

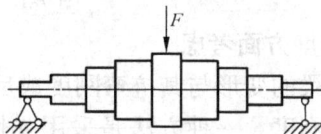

图 7-10　阶梯形圆轴

　　（3）改善梁的受力状况　图 7-11a 所示的简支梁，受均布荷载作用时，各截面均产生正弯矩，最大弯矩为

$$M_{max} = \frac{ql^2}{8}$$

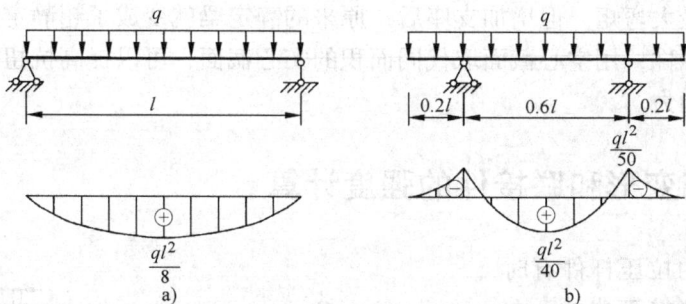

图 7-11　不同支座位置的梁

如将两端支座分别向内移动 0.2l，如图 7-11b，则最大弯矩为

$$M_{max} = \frac{ql^2}{40}$$

仅为原来的 1/5，故截面的尺寸可以减小很多。最合理的情况是，使最大正、负弯矩的数值相等。

图 7-12a 所示的简支梁 AB，在跨中受一集中荷载作用。若加一辅梁 CD，如图 7-12b 所示，则简支梁的最大弯矩减小一半。

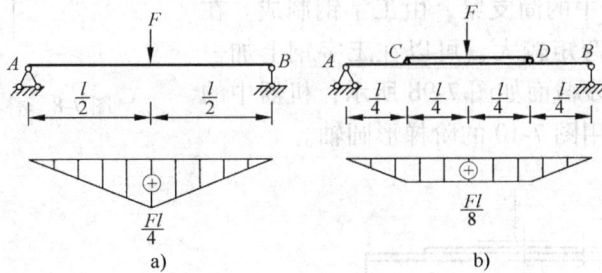

图 7-12　加辅梁的简支梁

2. 刚度方面考虑

由于梁的变形与其抗弯刚度成反比，因此，为了减小梁的变形，可以设法增加其抗弯刚度。一种方法是采用弹性模量 E 大的材料，例如钢梁就比铝梁的变形小。但对于钢梁来说，用高强度钢代替普通低碳钢并不能减小梁的变形，因为二者弹性模量相差不多。另一种方法是增大截面的惯性矩 I_z，即在截面积相同的条件下，使截面面积分布在离中性轴较远的地方，如工字形截面、空心截面等，以增大截面的惯性矩。

调整支座位置以减小跨长，如图 7-11 所示；或增加辅助梁，如图 7-12 所示，都可以减小梁的变形。增加梁的支座，也可以减小梁的变形，并可减小梁的最大弯矩。例如在悬臂梁的自由端或简支梁的跨中增加支座，都可以减小梁的变形，并减小梁的最大弯矩。但增加支座后，原来的静定梁就变成了超静定梁。

对扭转杆件，用空心截面取代同面积的实心截面，可以提高抗扭刚度，从而可提高承载能力。

7.5　剪切变形和联接件的强度计算

工程中的拉压杆件有时是由几部分联接而成的。在联接部位，一般要有起联接作用的部件，这种部件称为**联接件**。例如图 7-13a 所示两块钢板用铆钉（也可用螺

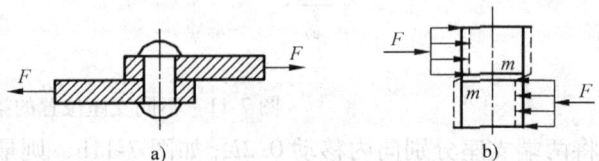

图 7-13　联接和联接件

栓或销钉)联接成一根拉杆,其中的铆钉(螺栓或销钉)就是联接件。

为了保证联接后的杆件或构件能够安全地工作,除杆件或构件整体必需满足强度、刚度和稳定性的要求外,联接件本身也应具有足够的强度。

铆钉、螺栓等联接件的主要受力和变形特点如图 7-13b 所示。作用在联接件两侧面上的一对外力的合力大小相等,均为 F,而方向相反,作用线相距很近;并使各自作用的部分沿着与合力作用线平行的截面 m—m(称为剪切面)发生相对错动。这种变形称为**剪切变形**。它与以前所讲述的拉压、扭转、弯曲等变形均不相同。

联接件本身不是细长直杆,其受力和变形情况很复杂,因而要精确地分析计算其内力和应力很困难。工程上对联接件通常是根据其实际破坏的主要形态,对其内力和相应的应力分布作一些合理的简化,并采用**实用计算法**计算出相应的名义应力,作为强度计算中的工作应力。而材料的许用应力,则是通过对联接件进行破坏试验,并用相同的计算方法由破坏荷载计算出相应的极限应力,再除以适当的安全因数而获得。实践证明,只要简化得当,并有充分的实验依据,按这种实用计算法得到的工作应力和许用应力建立起来的强度条件,在工程上是可以应用的。

此外,工程上还有一些杆件或构件的联接采用焊接、胶接、榫接或键接等。

7.5.1　简单铆接接头

如图 7-14a 所示的铆接接头,是用一个铆钉将两块钢板以搭接形式联接成一拉杆。两钢板通过铆钉相互传递作用力。这种接头可能有三种破坏形式:①铆钉

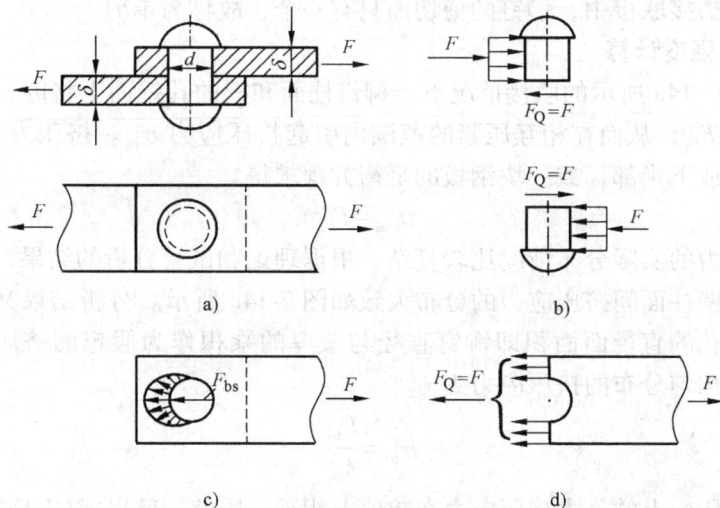

图 7-14　搭接铆接接头剪切强度计算

沿横截面剪断，称为剪切破坏；②铆钉与板孔壁相互挤压在铆钉柱表面和孔壁柱面的局部范围内发生显著的塑性变形，称为挤压破坏；③板在钉孔位置由于截面削弱被拉断，称为拉断破坏。因此，在铆接强度计算中，对这三种可能的破坏情况均应考虑。

1. 剪切强度计算

在图 7-14a 示的联接情况下，铆钉的受力情况如图 7-14b 所示。应用截面法，可求得铆钉中间横截面的内力为剪力 F_Q。这个横截面就是剪切面。铆钉将可能沿这个横截面发生剪切破坏。由铆钉上半部或下半部的平衡方程可求得

$$F_Q = F \tag{7-11}$$

在联接件的实用计算中，假定剪切面上只有切应力且均匀分布，因此，剪切面上的名义切应力为

$$\tau = \frac{F_Q}{A_Q} \tag{7-12}$$

式中 A_Q——剪切面面积，若铆钉直径为 d，则 $A_Q = \pi d^2/4$。

为使铆钉不发生剪切破坏，铆钉需满足的剪切强度条件为

$$\tau = \frac{F_Q}{A_Q} \leqslant [\tau] \tag{7-13}$$

式中 $[\tau]$——铆钉的许用切应力。如将铆钉按上述实际受力情况进行剪切破坏
试验，量测出铆钉在剪断时的极限荷载 F_u，并由式（7-11）和式
（7-12）计算出铆钉剪切破坏的极限切应力 τ_u，再除以安全因数 n，
就可得到 $[\tau]$。对于钢材，通常取 $[\tau] = (0.6 \sim 0.8)[\sigma]$。

在这种搭接联接中，铆钉的剪切面只有一个，故称为单剪。

2. 挤压强度计算

在如图 7-14a 所示的联接情况下。铆钉柱面和板的孔壁面上将因相互压紧而产生挤压力 F_{bs}，从而在相互压紧的范围内引起挤压应力 σ_{bs}。挤压力 F_{bs} 也可由铆钉上半部或下半部，或一块钢板的平衡方程求得

$$F_{bs} = F \tag{7-14}$$

挤压应力的实际分布情况比较复杂。根据理论和试验分析的结果，半个铆钉圆柱面与孔壁柱面间挤压应力的分布大致如图 7-14c 所示。分析结果又表明，如果以铆钉或孔的直径面面积即铆钉直径与板厚的乘积作为假想的挤压面积 A_{bs}，则该截面上均匀分布的挤压应力为

$$\sigma_{bs} = \frac{F_{bs}}{A_{bs}} \tag{7-15}$$

它与实际挤压面上的最大挤压应力在数值上相近。因此，就以式（7-15）计算出的挤压应力作为实用计算中的名义挤压应力。若铆钉的直径为 d，板的厚度为 δ，

则式(7-15)中的 $A_{bs}=d\delta$。

为使铆钉或孔壁不发生挤压破坏，铆接需满足的挤压强度条件为

$$\sigma_{bs}=\frac{F_{bs}}{A_{bs}}\leqslant[\sigma_{bs}] \tag{7-16}$$

式中　$[\sigma_{bs}]$——许用挤压应力。$[\sigma_{bs}]$也可由通过挤压破坏试验得到的极限挤压
　　　　　应力 σ_{ubs} 除以安全因数 n 得到。对于钢材而言，通常$[\sigma_{bs}]$取为
　　　　　许用正应力$[\sigma]$的 $1.7\sim2.0$ 倍。当铆钉与板的材料不相同时，
　　　　　应对$[\sigma_{bs}]$较小者进行挤压强度计算。

3. 拉伸强度计算

图 7-14a 所示的联接情况下，板中有一铆钉孔，板的横截面面积在钉孔处受
到削弱，并以钉孔直径处的横截面面积为最小。故该横截面为板的危险截面。假
想将板在该截面处截开，则板的受力情况如图 7-14d 所示。根据平衡方程，可以
求出该截面的轴力为

$$F_N=F \tag{7-17}$$

在实用计算中，假定该截面的拉应力是均匀分布的，因此可计算出该截面的名义
拉应力为

$$\sigma_t=\frac{F_N}{A_t} \tag{7-18}$$

式中　A_t——板的受拉面面积。若铆钉直径为 d，板的厚度为 δ，宽度为 b，则 A_t
　　　　　$=(b-d)\delta$。

为使板在该截面不发生拉断破坏，铆接需满足的拉伸强度条件为

$$\sigma_t=\frac{F_N}{A_t}\leqslant[\sigma] \tag{7-19}$$

式中　$[\sigma]$——为板的许用拉应力。

为保证铆接接头的强度，应同
时满足强度条件式（7-13）、式
(7-16)和式(7-19)。根据这三个强
度条件可校核铆接接头的强度、设
计铆钉直径和计算许用荷载。

7.5.2　对接铆接接头

如图 7-15a 所示的铆接接头，
是在上、下各加一块盖板，左、右
各用一个铆钉，将对置的两块钢板
联接起来。两被联接的钢板称为主

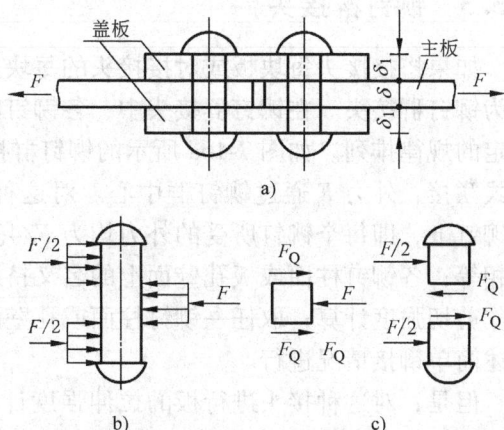

图 7-15　对接铆接接头

板。两主板通过铆钉及盖板相互传递作用力。

在这种对接联接中，任一铆钉的受力情况如图 7-15b 所示。它有两个剪切面，称为双剪。在实用计算中，假定两个剪切面上的剪力相等，均为 $F_Q = F/2$，则左边一个铆钉的受力情况如图 7-15c 所示。每一剪切面上的名义切应力也假定相等，均为

$$\tau = \frac{F}{2A_Q} \tag{7-20}$$

式中 A_Q——单个剪切面的面积。

在这种对接联接中，主板的厚度 δ 通常小于两盖板厚度 δ_1 之和，即 $\delta < 2\delta_1$，因而需要校核铆钉中段圆柱面与主板孔壁间的相互挤压。铆钉中段圆柱面与主板孔壁间的相互挤压力为 $F_{bs} = F$。因此，相应的名义挤压应力为

$$\sigma_{bs} = \frac{F_{bs}}{A_{bs}} \tag{7-21}$$

式中 A_{bs}——挤压面面积。

在这种对接联接中，由于 $\delta < 2\delta_1$，故只需计算主板的拉伸强度。主板被钉孔削弱后，过铆钉直径的横截面为危险截面，该截面上的轴力为 $F_N = F$，名义拉应力为

$$\sigma_t = \frac{F_N}{A_t} \tag{7-22}$$

式中 A_t——板的受拉面面积。

对这种对接联接的剪切强度、挤压强度和拉伸强度计算，仍可按强度条件式 (7-13)、式 (7-16) 和式 (7-19) 进行。

7.5.3 铆钉群接头

如果搭接接头每块板或对接接头的每块主板中的铆钉超过一个，这种接头就称为铆钉群接头。在铆钉群接头中，各铆钉的直径通常相等，材料也相同，并按一定的规律排列。如图 7-16a 所示的铆钉群接头，是用 4 个铆钉将两块板以搭接形式联接，外力 F 通过铆钉群中心。对这种接头，通常假定外力均匀分配在每个铆钉上，即每个铆钉所受的外力均为 $F/4$。从而，各铆钉剪切面上名义切应力将相等；各铆钉柱面或板孔壁面上的名义挤压应力也将相等。因此，可取任一铆钉作剪切强度计算；取任一铆钉柱面或孔壁面作挤压强度计算。具体方法可参照上述简单铆接情况进行。

但是，对这种接头进行板的拉伸强度计算时，要注意铆钉的实际排列情况。图 7-16a 所示的接头，上面一块板的受力图和轴力图分别如图 7-16b 和 c 所示。该板的危险截面要综合考虑钉孔削弱后的截面面积和轴力大小两个因素。只要确

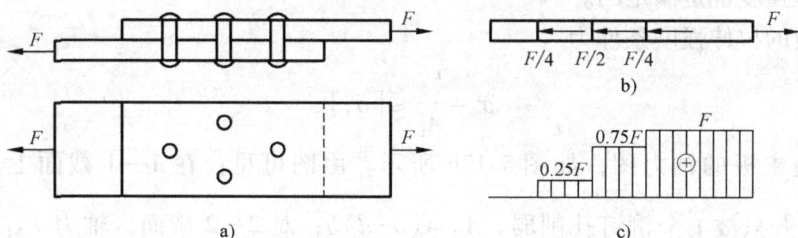

图 7-16　铆钉群接头

定了危险截面并计算出板的最大名义拉应力，则板的拉伸强度计算也可参照简单铆接情况进行。

例 7-7　图 7-17a 所示一对接铆接头。每边有 3 个铆钉，受轴向拉力 $F = 130$kN 作用。已知主板及盖板宽 $b = 110$mm，主板厚 $\delta = 10$mm，盖板厚 $\delta_1 = 7$mm，铆钉直径 $d = 17$mm。材料的许用应力分别为 $[\tau] = 120$MPa，$[\sigma] = 160$MPa，$[\sigma_{bs}] = 300$MPa。试校核铆接头的强度。

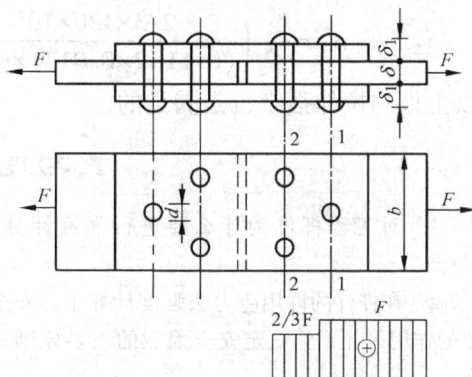

图 7-17　例 7-7 图

解：由于主板所受外力 F 通过铆钉群中心，故每个铆钉受力相等，均为 $F/3$。由于对接，铆钉受双剪，由式(7-13)，铆钉的剪切强度条件为

$$\tau = \frac{F_Q}{A_Q} = \frac{F/3}{2 \times \pi d^2/4} \leqslant [\tau]$$

将已知数据代入，得

$$\tau = \left(\frac{130 \times 10^3/3}{2 \times \pi \times 0.017^2/4} \right) \text{Pa} = 95.5 \text{MPa} < [\tau]$$

所以铆钉的剪切强度是足够的。由于 $\delta < 2\delta_1$，故需校核主板(或铆钉)中间段的挤压强度，由式(7-16)可知，强度条件为

$$\sigma_{bs} = \frac{F_{bs}}{A_{bs}} = \frac{F/3}{\delta d} \leqslant [\sigma_{bs}]$$　将已知数据代入，得

$$\sigma_{bs} = \left(\frac{130 \times 10^3/3}{0.01 \times 0.017} \right) \text{Pa} = 254.9 \text{MPa} < [\sigma_{bs}]$$

所以挤压强度也是满足的。

主板的拉伸强度条件为

$$\sigma_t = \frac{F_N}{A_t} \le [\sigma_t]$$

作出右边主板的轴力图,如图 7-17b 所示。由图可见:在 1—1 截面上,轴力 $F_{N1} = F$,并只被 1 个铆钉孔削弱,$A_{t1} = (b-d)\delta$;对 2—2 截面,轴力 $F_{N1} = \frac{2}{3}F$,但被两个钉孔削弱,$A_{t2} = (b-2d)\delta$,无法直观判断哪一个是危险截面,故应对两个截面都进行拉伸强度校核。由已知数据,求得这两个横截面上的拉伸应力为

$$\sigma_{t1} = \frac{F_{N1}}{A_{t1}} = \left(\frac{130 \times 10^3}{(0.11 - 0.017) \times 0.01} \right) Pa = 139.8 MPa < [\sigma_t]$$

$$\sigma_{t2} = \frac{F_{N2}}{A_{t2}} \left(\frac{2/3 \times 130 \times 10^3}{(0.11 - 2 \times 0.017) \times 0.01} \right) Pa = 114.0 MPa < [\sigma_t]$$

所以主板的拉伸强度也是满足的。

复习思考题

7-1 对工程杆件为什么要进行强度计算和刚度计算?这两种计算各依据什么条件来进行?

7-2 在杆件的许用应力法强度计算中,安全因数的作用是什么?确定安全因数的主要原则是什么?

7-3 直径相同的铸铁圆截面杆,可设计成图 7-18a 和图 7-18b 所示的两种结构。问哪种结构所承受的荷载 F 大?大多少?

7-4 横截面积相同的空心圆轴与实心圆轴,哪一个的强度、刚度较好?

7-5 对联接件的强度计算采用"实用计算"的依据是什么?

7-6 挤压与压缩有何区别?为什么挤压许用应力比许用压应力要大?

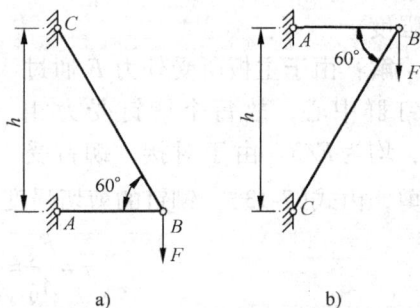

图 7-18 思考题 7-3 图

习 题

7-1 图 7-19 所示结构中的 CD 杆为刚性杆,AB 杆为钢杆,直径 $d = 30mm$,许用应力 $[\sigma] = 160MPa$,弹性模量 $E = 2.0 \times 10^5 MPa$。试求结构的许用荷载 F。

7-2 已知混凝土的堆密度 $\gamma = 2220 kN/m^3$,许用压应力 $[\sigma] = 2MPa$。试按强度条件确定图 7-20 所示混凝土柱上、下两段所需的横截面面积 A_1 和 A_2。

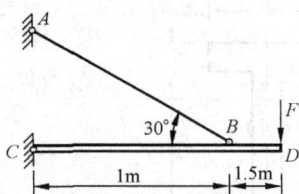

图 7-19　习题 7-1 图

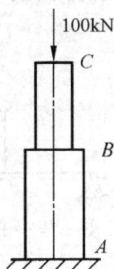

图 7-20　习题 7-2 图

7-3　图 7-21 所示传动轴的转速为 200r/min，从主动轮 3 上输入的功率是 80kW，由 1、2、4、5 轮分别输出的功率为 25、15、30 和 10kW。设 $[\tau]=20$MPa，$[\theta]=1°/$m，$G=8\times10^4$MPa。

（1）试按强度条件选定轴的直径。

（2）若轴改用变截面，试分别定出每一段轴的直径。

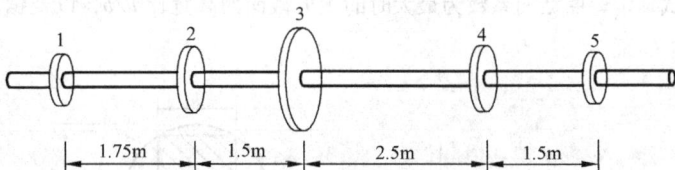

图 7-21　习题 7-3 图

7-4　图 7-22 所示传动轴的转速为 $n=500$ 转/分，主动轮输入功率 $P_1=500$kW，从动轮 2、3 分别输出功率 $P_2=200$kW，$P_3=300$kW。已知 $[\tau]=70$MPa，$[\theta]=1°/$m，$G=8\times10^4$MPa。

（1）确定 AB 段的直径 d_1 和 BC 段的直径 d_2。

（2）若 AB 和 BC 两段选用同一直径，试确定直径 d。

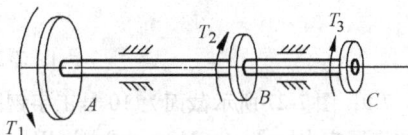

图 7-22　习题 7-4 图

7-5　如图 7-23 所示，一实心圆钢杆，直径 $d=100$mm，受外力偶矩 T_1 和 T_2 作用。若杆的许用切应力 $[\tau]=80$MPa；900mm 长度内的许用扭转角 $[\varphi]=0.014$rad，求 T_1 和 T_2 的值。已知 $G=8\times10^4$MPa。

7-6　图 7-24 所示梁的许用应力 $[\sigma]=8.5$MPa，若单独作用 30kN 的荷载时，梁内的应力将超过许用应力，为使梁内应力不超过许用值，试求 F 的最小值。

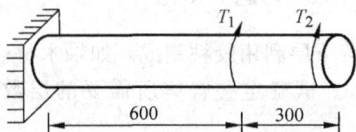

图 7-23　习题 7-5 图

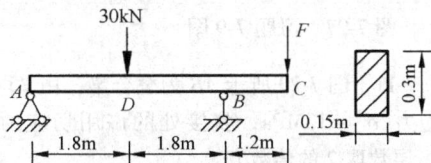

图 7-24　习题 7-6 图

7-7 图 7-25 所示铸铁梁，若 $[\sigma_t] = 30MPa$，$[\sigma_c] = 60MPa$，试校核此梁的强度。已知 $I_z = 764 \times 10^{-8} m^4$。

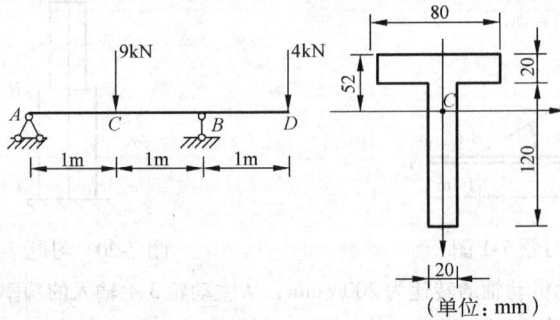

图 7-25 习题 7-7 图

7-8 如图 7-26 所示，一矩形截面简支梁，由圆柱形木料锯成。已知 $F = 8kN$，$l = 1.5m$，$[\sigma] = 10MPa$。试确定弯曲截面系数为最大时的矩形截面的高宽比 h/b，以及锯成此梁所需要木料的最小直径 d。

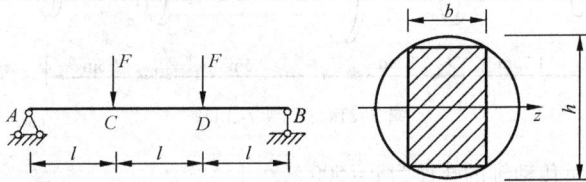

图 7-26 习题 7-8 图

7-9 图 7-27 所示截面为 10 号工字钢的 AB 梁，C 点由 $d = 20mm$ 的圆钢杆 CD 吊拉，梁及杆的许用应力 $[\sigma] = 160MPa$，试求许用均布荷载 q。

7-10 图 7-28 所示悬臂梁，许用应力 $[\sigma] = 160MPa$，许用挠度 $[w] = l/400$，截面为两个槽钢组成，试选择槽钢的型号。设 $E = 200GPa$。

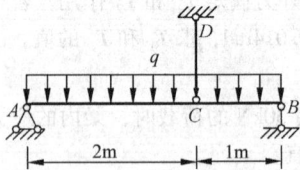

图 7-27 习题 7-9 图

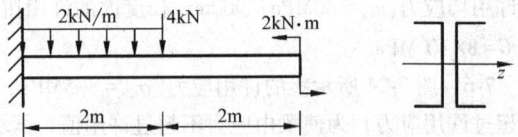

图 7-28 习题 7-10 图

7-11 图 7-29 所示 AB 为叠合梁，由 $25 \times 100mm^2$ 木板若干层利用胶粘制成。如果木材许用应力 $[\sigma] = 13MPa$，胶接处的许用切应力 $[\tau] = 0.35MPa$。试确定叠合梁所需要的层数。（注：层数取 2 的倍数）

7-12 试校核图 7-30 所示销钉的剪切强度。已知 $F = 120kN$，销钉直径 $d = 30mm$，材料的许用切应力$[\tau] = 70\text{MPa}$。若强度不够,应改用多大直径的销钉?

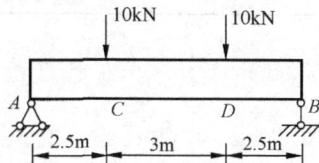

图 7-29　习题 7-11 图

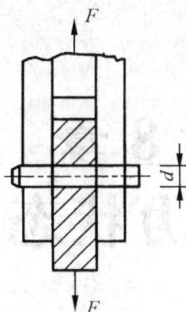

图 7-30　习题 7-12 图

7-13　两块钢板搭接,铆钉直径为 25mm,排列如图 7-31 所示(尺寸单位:mm)。已知$[\tau]$ $= 100\text{MPa}$, $[\sigma_{bs}] = 280\text{MPa}$,板①的许用应力$[\sigma] = 160\text{MPa}$,板②的许用应力$[\sigma] = 140\text{MPa}$, 求拉力 F 的许用值,如果铆钉排列次序相反,即自上而下,第一排是两个铆钉,第二排是三 个铆钉,则 F 值如何改变?

7-14　图 7-32 所示两块厚度$\delta = 10\text{mm}$ 的钢板,通过两块厚度$\delta_1 = 6\text{mm}$ 的盖板用铆钉进行 对接。材料的许用应力$[\tau] = 100\text{MPa}$, $[\sigma_{bs}] = 280\text{MPa}$。若钢板承受拉力$F = 200\text{kN}$,试问共需 直径为$d = 17\text{mm}$ 的铆钉多少只?

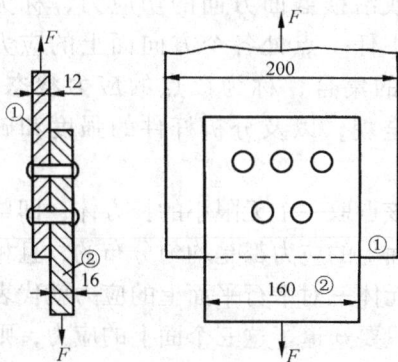

图 7-31　习题 7-13 图

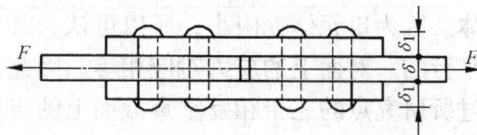

图 7-32　习题 7-14 图

*第8章
应力状态和强度理论

8.1 应力状态的概念

在前一章中，分析了拉压杆、扭转杆和平面弯曲杆件横截面上各点处的应力。但不同材料在各种荷载作用下的破坏实验表明，杆件的破坏并不总是沿横截面发生，有时是沿斜截面发生的。因此，应进一步讨论斜截面上的应力。

就杆件中的一点而言，通过该点的截面可以有不同的方位，或者说，受力杆件中的任一点，既可以看作是横截面上的点，也可看作是任意斜截面上的点。前面所讨论的与横截面垂直的正应力或沿横截面方向的切应力，称为横截面上的应力。在一般情况下，受力杆件中任一点处各个方向面上的应力情况是不相同的。一点处各方向面上的应力的集合，称为该点的**应力状态**。研究应力状态，对全面了解受力杆件的应力全貌，以及分析杆件的强度和破坏机理，都是必需的。

为了研究一点处的应力状态，通常是围绕该点取一个无限小的长方体，即**单元体**。因为单元体无限小，所以可认为其每个面上的应力都是均匀分布的，且相互平行的一对面上的应力对应相等。因此，单元体三对平行平面上的应力就代表通过所研究点的三个相互垂直截面上的应力，只要知道了这三个面上的应力，则其他任意截面上的应力都可通过截面法求出，该点的应力状态也就完全确定了。因此，可用单元体的三个相互垂直平面上的应力来表示一点的应力状态。

若单元体某个面上，不存在切应力，这个面称为**主平面**。主平面上的正应力称为**主应力**。若在单元体的三对面上都不存在切应力，即单元体的三对面均为主平面，这样的单元体称为**主单元体**。可以证明，受载体上任意一点处总可以切出一个主单元体。主单元体上的三个主应力分别记为 σ_1、σ_2 和 σ_3，其中 σ_1 表示代数值最大的主应力，σ_3 表示代数值最小的主应力。例如某点处的三个主应力为 50MPa、-80MPa 和 0，则 $\sigma_1 = 50$MPa、$\sigma_2 = 0$、$\sigma_3 = -80$MPa。

一点处的三个主应力中，若一个不为零，其余两个为零，这种情况称为**单向应力状态**；有两个主应力不为零，而另一个为零的情况称为**二向应力状态**；三个主应力都不为零的情况称**三向应力状态**。单向和二向应力状态合称为**平面应力状态**，三向应力状态称为**空间应力状态**。二向及三向应力状态又统称为**复杂应力状态**。

在工程实际中，平面应力状态最为普遍，空间应力状态问题虽也大量存在，但全面分析较为复杂。所以本章主要研究平面应力状态的基本理论，应力、应变间的一般关系，以及应变能的分析计算，并以此为基础，介绍材料在复杂应力状态作用下的破坏或失效规律，建立复杂应力状态下的强度理论。

8.2 平面应力状态分析

8.2.1 任意方向面上的应力

现在来讨论在二向应力状态下，已知通过一点的某个单元体上各个面的应力后，如何确定通过这一点的其他截面上的应力。

如图 8-1a 所示单元体，左、右两个方向面的外法线和 x 轴重合，称为 x 面，x 面上的正应力和切应力分别用 σ_x 和 τ_x 表示；上、下两个方向面的外法线和 y 轴重合，称为 y 面，y 面上的正应力和切应力分别用 σ_y 和 τ_y 表示；前、后两个方向面上没有应力。所有的应力均在同一平面（xy 平面）内，是平面应力状态的一般情况。现用图 8-1b 所示的平面图形表示该单元体。应力正负号的规定与本书前述一致。根据这些已知的应力，可求出任意方向面（其法线在 xy 平面内）上的应力。

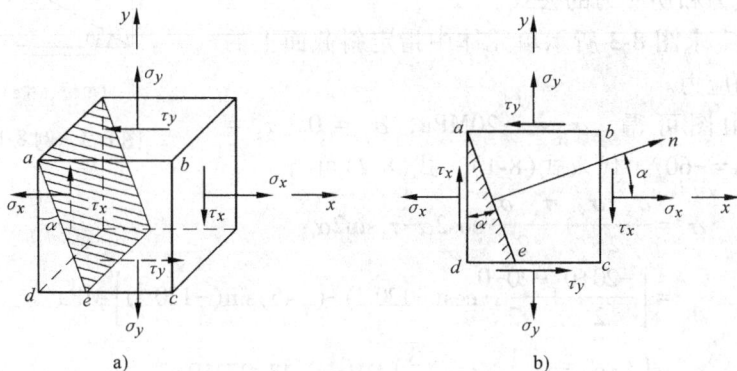

图 8-1 平面应力状态下的单元体

设 ae 为任一方向面，其外法线和 x 轴夹 α 角，称为 α 面，如图 8-1b 所示，α

角自正 x 轴起，转到斜面外法线 n 止，以逆时针转向为正，顺时针转向为负。为了求该方向面上的应力，可以应用截面法。假设沿 ae 面将单元体截开，取左部分进行研究，如图 8-2 所示。在 ae 面上一般作用有正应力和切应力，用 σ_α 及 τ_α 表示，并设 σ_α 及 τ_α 为正。设 ae 的面积为 $\mathrm{d}A$，则 ad 和 de 的面积分别是 $\mathrm{d}A\cos\alpha$ 和 $\mathrm{d}A\sin\alpha$。取 n 轴和 t 轴为投影轴，写出该部分的平衡方程

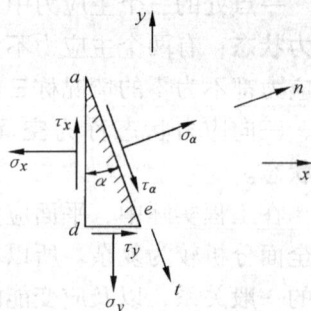

图 8-2　斜截面上的应力

$$\begin{cases} \sum F_n = 0 \\ \sum F_t = 0 \end{cases}$$

即

$$\begin{cases} \sigma_\alpha \mathrm{d}A - (\sigma_x \mathrm{d}A\cos\alpha)\cos\alpha + (\tau_x \mathrm{d}A\cos\alpha)\sin\alpha \\ \quad - (\sigma_y \mathrm{d}A\sin\alpha)\sin\alpha + (\tau_y \mathrm{d}A\sin\alpha)\cos\alpha = 0 \\ \tau_\alpha \mathrm{d}A - (\sigma_x \mathrm{d}A\cos\alpha)\sin\alpha - (\tau_x \mathrm{d}A\cos\alpha)\cos\alpha \\ \quad + (\sigma_y \mathrm{d}A\sin\alpha)\cos\alpha + (\tau_y \mathrm{d}A\sin\alpha)\sin\alpha = 0 \end{cases}$$

整理得

$$\begin{cases} \sigma_\alpha = \sigma_x \cos^2\alpha + \sigma_y \sin^2\alpha - 2\tau_x \sin\alpha\cos\alpha \\ \tau_\alpha = (\sigma_x - \sigma_y)\sin\alpha\cos\alpha + \tau_x(\cos^2\alpha - \sin^2\alpha) \end{cases}$$

由切应力互等定理可知，τ_x 和 τ_y 大小相等，再对上式进行三角变换，得到

$$\sigma_\alpha = \frac{\sigma_x + \sigma_y}{2} + \frac{\sigma_x - \sigma_y}{2}\cos2\alpha - \tau_x \sin2\alpha \tag{8-1}$$

$$\tau_\alpha = \frac{\sigma_x - \sigma_y}{2}\sin2\alpha + \tau_x \cos2\alpha \tag{8-2}$$

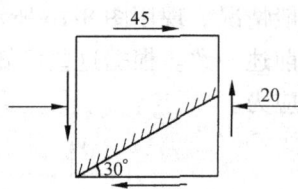

式(8-1)和式(8-2)就是平面应力状态下求任意方向面上正应力和切应力的公式。

例 8-1　求图 8-3 所示单元体中指定斜截面上的正应力和切应力。

（单位：MPa）

图 8-3　例 8-1 图

解： 由图可得，$\sigma_x = -20\mathrm{MPa}$，$\sigma_y = 0$，$\tau_x = -45\mathrm{MPa}$，$\alpha = -60°$，代入式(8-1)、式(8-2)可得

$$\sigma_\alpha = \frac{\sigma_x + \sigma_y}{2} + \frac{\sigma_x - \sigma_y}{2}\cos2\alpha - \tau_x \sin2\alpha$$

$$= \left[\frac{-20+0}{2} + \frac{-20-0}{2}\cos(-120°) - (-45)\sin(-120°)\right]\mathrm{MPa}$$

$$= \left(-10 + 10 \times \frac{1}{2} - 45 \times \frac{\sqrt{3}}{2}\right)\mathrm{MPa} = -43.97\mathrm{MPa}$$

$$\tau_\alpha = \frac{\sigma_x - \sigma_y}{2}\sin2\alpha + \tau_x \cos2\alpha$$

$$= \left[\frac{-20-0}{2}\sin(-120°) -45\cos(-120°) \right] MPa$$

$$= \left(10 \times \frac{\sqrt{3}}{2} +45 \times \frac{1}{2} \right) MPa = 31.16 MPa$$

8.2.2　应力圆

以上是用解析公式对一点的应力状态进行分析，该分析也可利用图解法即应力圆法进行。由式(8-1)和式(8-2)可见，当 σ_x、σ_y 和 τ_x 已知时，σ_α 和 τ_α 都是以 2α 为参变量的参数方程。将式(8-1)改写为

$$\sigma_\alpha - \frac{\sigma_x+\sigma_y}{2} = \frac{\sigma_x-\sigma_y}{2}\cos 2\alpha -\tau_x\sin 2\alpha$$

将上式与式(8-2)两边分别平方后相加，消去参变量 2α，得到

$$\left(\sigma_\alpha - \frac{\sigma_x+\sigma_y}{2} \right)^2 +\tau_\alpha^2 = \left(\frac{\sigma_x-\sigma_y}{2} \right)^2 +\tau_x^2 \tag{8-3}$$

若以直角坐标系的横轴为 σ 轴，纵轴为 τ 轴，则上式是以 σ_α 和 τ_α 为变量的圆方程，称为应力圆或莫尔圆。应力圆的圆心坐标为 $\left(\frac{\sigma_x+\sigma_y}{2},0 \right)$，半径为 $\sqrt{\left(\frac{\sigma_x-\sigma_y}{2} \right)^2 +\tau_x^2}$。

应力圆的作法如下：设一单元体及各面上的应力如图 8-4a 所示。在 $\sigma—\tau$ 平面内，与 x 截面对应的点位于 $D_1(\sigma_x,\tau_x)$，与 y 截面对应的点位于 $D_2(\sigma_y,\tau_y)$。由于 $\tau_x=-\tau_y$，因此，直线 D_1D_2 与 σ 轴的交点 C 的坐标为 $\left(\frac{\sigma_x+\sigma_y}{2},0 \right)$，即为应力圆的圆心。$CD_1=CD_2= \sqrt{\left(\frac{\sigma_k-\sigma_y}{2} \right)^2 +\tau_x^2}$，它等于应力圆的半径。于是，以 C 为圆心，CD_1 或 CD_2 为半径作圆，即为相应的应力圆，如图 8-4b 所示。

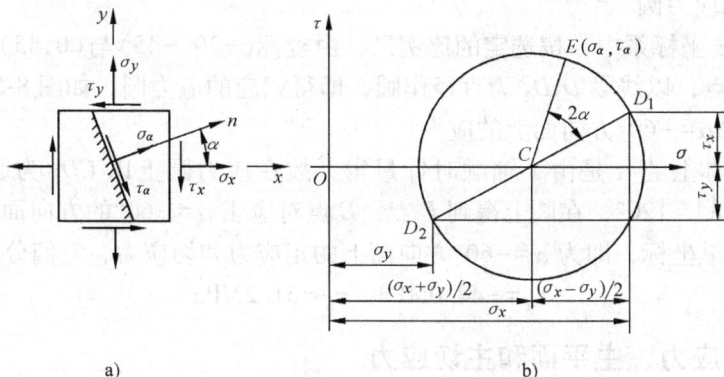

图 8-4　平面应力状态应力圆

由上述作图过程不难看出，平面应力状态单元体相互垂直的一对面上的应力与应力圆上点的坐标值之间有如下对应关系：

1）点面对应：应力圆上某点的坐标值对应着单元体某方向面上的正应力和切应力值。

2）两倍角对应：单元体某方向面转过某个角度到另一个方向面时，应力圆上对应点的半径转过该角度的2倍到达与另一个方向面对应的点。

例如，利用应力圆求任意 α 方向面上的应力时，由于 α 角是从 x 面的外法线量起的，所以取 CD_1 为起始半径，按 α 的转动方向量取 2α 角，得到半径 CE。则 E 点对应于 α 方向面，E 点的横坐标和纵坐标就代表 α 方向面上的正应力和切应力，如图 8-4b 所示。

例 8-2　用应力圆法求解例 8-1。

解：由图 8-5a 可得

$\sigma_x = -20\text{MPa}$，$\tau_x = -45\text{MPa}$，$\sigma_y = 0$，$\tau_y = 45\text{MPa}$，$\alpha = -60°$

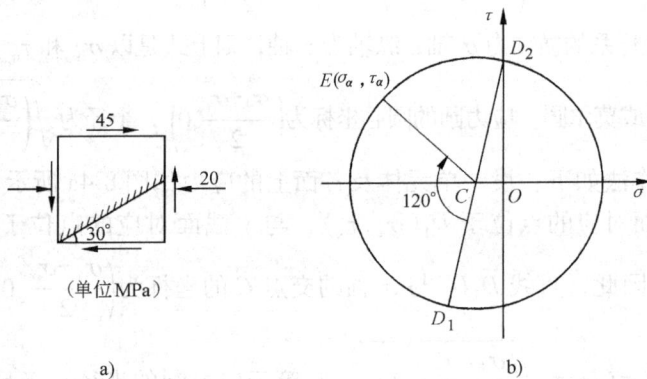

图 8-5　例 8-2 图

（1）画应力圆

在 σ—τ 坐标系中，按选定的比例尺，由坐标 $(-20, -45)$ 与 $(0, 45)$ 分别确定 D_1 点和 D_2 点，以线段 D_1D_2 为直径作圆，即得相应的应力圆，如图 8-5b 所示。

（2）求 $\alpha = -60°$ 方向面上的应力

因单元体上的 α 是由 x 轴顺时针量得，故在应力圆上以 CD_1 为起始半径，顺时针转 $|2\alpha| = 120°$，在圆上得到 E 点，E 点对应于 $\alpha = -60°$ 的方向面。量 E 点的横坐标及纵坐标，即为 $\alpha = -60°$ 方向面上的正应力和切应力，它们分别为

$$\sigma_\alpha = -44.0\text{MPa}，\quad \tau_\alpha = 31.2\text{MPa}$$

8.2.3　主应力、主平面和主切应力

对任意给定的应力状态，可以根据式（8-1）、式（8-2），或者通过应力圆计算

出通过该点的任意斜截面上的应力 σ_α 和 τ_α。但是对杆的强度计算来说，更关心的是杆件中的最大正应力和最大切应力及其所在的位置，这实际上就是主应力、主平面和主切应力的问题。

1. 主平面、主应力

图 8-6a 表示一平面应力状态单元体，相应的应力圆如图 8-6b 所示。由应力圆可以清楚地看出，该圆与坐标轴 σ 的交点 A_1 和 A_2 为正应力极值点，说明这两点对应面的正应力达到极值，其正应力的大小分别为

$$\left.\begin{array}{l}\sigma_{\max}\\\sigma_{\min}\end{array}\right\} = \overline{OC} \pm \overline{CA_1} = \frac{\sigma_x + \sigma_y}{2} \pm \sqrt{\left(\frac{\sigma_x - \sigma_y}{2}\right) + \tau_x^2} \tag{8-4}$$

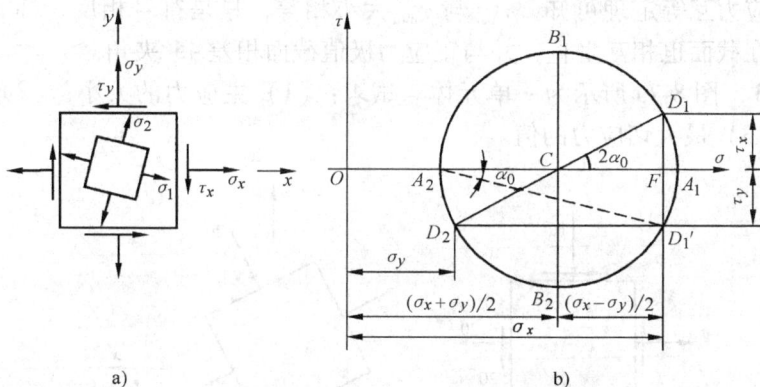

图 8-6　主平面和主应力

同时，A_1 和 A_2 点的纵坐标为零，表明这两点对应面的切应力为零，这两个面就是主平面，而上述两个正应力极值即为主应力。将上式中的 $\sigma_{\max}$、$\sigma_{\min}$ 及第三方向主应力（为零）按代数值从大到小排列，即为 σ_1、σ_2 和 σ_3。

主平面的方位角 α_0 可由下式确定

$$\tan 2\alpha_0 = -\frac{\overline{D_1 F}}{\overline{CF}} = -\frac{\tau_x}{\dfrac{\sigma_x - \sigma_y}{2}} = -\frac{2\tau_x}{\sigma_x - \sigma_y} \tag{8-5}$$

或

$$2\alpha_0 = \arctan\left(\frac{-2\tau_x}{\sigma_x - \sigma_y}\right) \tag{8-6}$$

式中，负号表示由 x 面转至最大正应力面为顺时针方向（见图 8-6b）。

由此式可求出两个相差 90° 的 $\alpha_0(\alpha_0、\alpha_0 + 90°)$，即相互垂直的两个主平面。

由图 8-6b 中可以看出，直线 $A_2 D_1'$ 所示方向即最大正应力 $\sigma_{\max}$ 的方向，因此，方位角 α_0 也可由下式确定

$$\tan\alpha_0 = -\frac{\overline{FD'_1}}{\overline{A_2 F}} = -\frac{\tau_x}{\sigma_x - \sigma_{\min}} = -\frac{\tau_x}{\sigma_{\max} - \sigma_y} \tag{8-7}$$

求出主应力及主平面后，即可将主应力单元体画于原始单元体内，以便直观地表示一点的应力状态，如图 8-6a 所示。

2. 主切应力

由图 8-6b 所示应力圆还可以看出，应力圆上存在 B_1、B_2 两个极值点。这表明，在垂直于 xy 平面的各截面中，最大与最小切应力分别为

$$\left.\begin{array}{r}\tau_{\max} \\ \tau_{\min}\end{array}\right\} = \pm\sqrt{\left(\frac{\sigma_x - \sigma_y}{2}\right)^2 + \tau_x^2} \tag{8-8}$$

由切应力互等定理可知，$\tau_{\max}$ 与 $\tau_{\min}$ 大小相等，只是符号相反，称为主切应力，其所在截面也相互垂直，并与正应力极值截面相差 45°夹角。

例 8-3 图 8-7a 所示为一单元体。试求：（1）主应力的大小；（2）主平面的位置；（3）最大切应力的值。

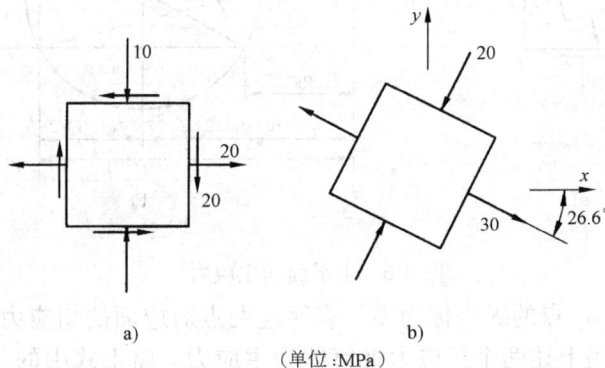

a)   b)

（单位：MPa）

图 8-7 例 8-3 图

解：根据正应力和切应力的正负号规定，有

$$\sigma_x = 20\text{MPa}, \quad \sigma_y = -10\text{MPa}, \quad \tau_x = 20\text{MPa}$$

（1）将 σ_x、σ_y 及 τ_x 的数值代入式（8-4）得

$$\left.\begin{array}{r}\sigma_{\max} \\ \sigma_{\min}\end{array}\right\} = \left[\frac{20-10}{2} \pm \sqrt{\left(\frac{20-(-10)}{2}\right)^2 + 20^2}\right]\text{MPa} = \left\{\begin{array}{r}30 \\ -20\end{array}\right.\text{MPa}$$

于是可得

$$\sigma_1 = 30\text{MPa}, \quad \sigma_2 = 0, \quad \sigma_3 = -20\text{MPa}$$

（2）由式（8-7），主应力的作用面的方位角 α_0 为

$$\alpha_0 = \arctan\left(-\frac{\tau_x}{\sigma_{\max} - \sigma_y}\right) = \arctan\left(-\frac{20}{30+10}\right) = -26.6°$$

其相应的主应力状态的单元体如图 8-7b。

（3）由式（8-8）可求出最大切应力为

$$\tau_{\max} = \sqrt{\left(\frac{\sigma_x - \sigma_y}{2}\right)^2 + \tau_x^2} = \sqrt{\left(\frac{20-(-10)}{2}\right)^2 + 20^2} = 25\text{MPa}$$

例 8-4 纯切应力状态的单元体如图 8-8a 所示。试用应力圆法求主应力的大小和方向。

解： 在 σ—τ 坐标系中，按选定的比例尺，由坐标 $(0, \tau)$ 与 $(0, -\tau)$ 分别确定 D_1 点和 D_2 点，以线段 $\overline{D_1 D_2}$ 为直径作圆，即得相应的应力圆，如图 8-8b 所示。

因为起始半径 $\overline{OD_1}$ 顺时针旋转 $90°$ 至 $\overline{OA_1}$，故 σ_1 所在主平面的外法线和 x 轴成 $-45°$，σ_3 所在主平面的外法线和 x 轴成 $+45°$。由应力圆显然可见，$\sigma_1 = \tau$，$\sigma_3 = -\tau$。主应力单元体画在图 8-8a 的原始单元体内。可见该单元体为二向应力状态。

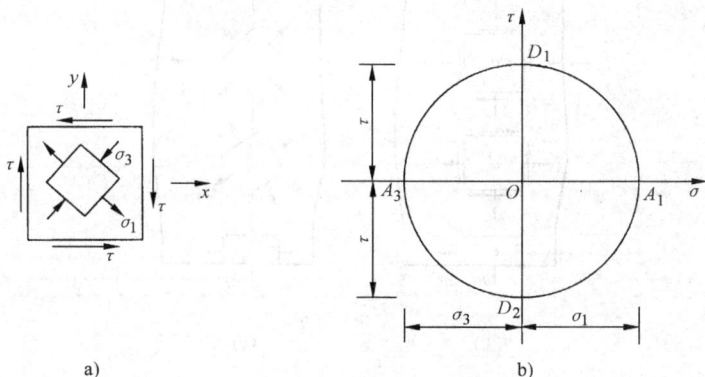

图 8-8 例 8-4 图

例 8-5 图 8-9a 所示一矩形截面简支梁，试分析任一横截面 m—m 上各点处的主应力，并进一步分析全梁的情况。

解：（1）截面 m—m 上各点处的主应力

截面 m—m 上，各点处的弯曲正应力与切应力可按 6.4 中的相应公式进行计算。在截面上下边缘的 a 点和 e 点（见图 8-9b），处于单向应力状态；中性轴上的 c 点，处于纯切应力状态；而在其间的 b 点和 d 点，则同时承受弯曲正应力 σ 和弯曲切应力 τ。

由式（8-4）和式（8-5）可知，梁内部任一点处的主应力及其方位角可由下式确定

$$\sigma_1 = \frac{1}{2}\left(\sigma + \sqrt{\sigma^2 + 4\tau^2}\right) > 0 \tag{a}$$

$$\sigma_3 = \frac{1}{2}\left(\sigma - \sqrt{\sigma^2 + 4\tau^2}\right) < 0 \tag{b}$$

$$\sigma_2 = 0$$

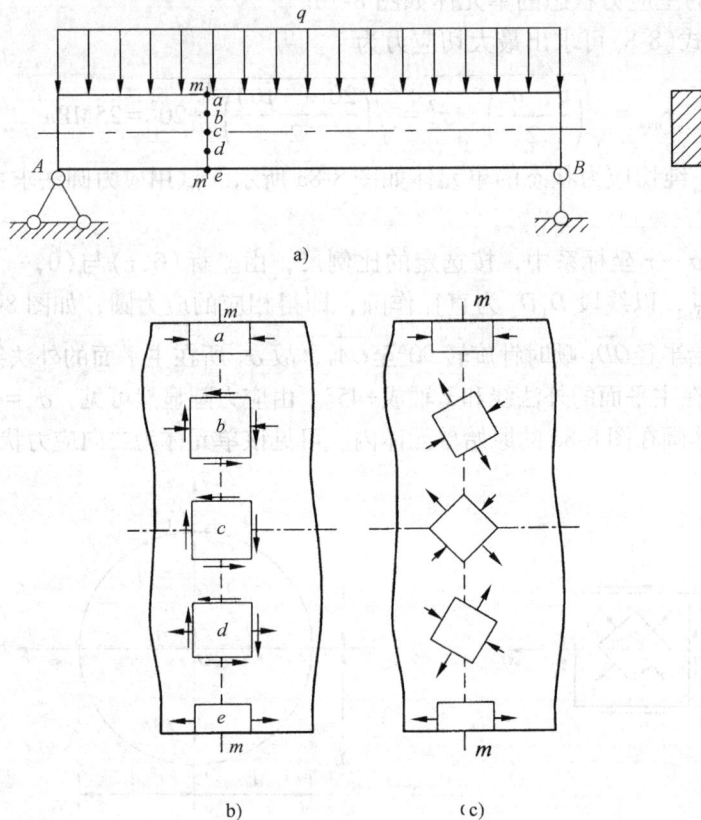

图 8-9 梁内各点的应力状态

$$\tan 2\alpha_0 = -\frac{2\tau}{\sigma}$$

本题式(a)和式(b)表明，在梁内部任一点处的最大和最小主应力中，其一必为拉应力，而另一则必为压应力。

(2) 主应力迹线

根据梁内各点处的主应力方向，可在梁的平面内绘制两组曲线。在一组曲线上，各点的切向即为该点的主拉应力方向；而在另一组曲线上，各点的切向则为该点的主压应力方向。由于各点处的主拉应力与主压应力相互垂直，所以，上述两组曲线相互正交。上述曲线族称为梁的主应力迹线。

均布荷载作用下梁的主应力迹线如图 8-10 所示。图中，实线代表主拉应力

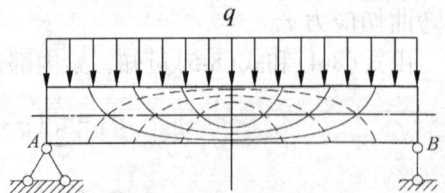

图 8-10 梁的主应力迹线

迹线，虚线代表主压应力迹线。在梁的轴线上，所有迹线与梁轴线均成45°夹角，而在梁的上、下边缘，由于该处弯曲切应力为零，因而主应力迹线与边缘相切或垂直。

主应力迹线在工程中是非常有用的。在钢筋混凝土梁中，主要承力钢筋均大致沿主应力迹线配置，以使钢筋承担拉应力，从而提高混凝土梁的承载能力。

8.3　三向应力状态的最大应力

受力构件中一点处的三个主应力都不为零时，该点处于三向应力状态。本节仅研究三向应力状态的最大应力。并以一单元体受三个主应力的作用（见图8-11a）这一特例进行研究。

在平行于主应力 σ_1 方向的任意方向面 I 上，正应力和切应力都与 σ_1 无关。因此，在研究这一组方向面上的应力时，所研究的应力状态可视为图8-11b所示的平面应力状态。由 σ_2 和 σ_3，可在 σ—τ 直角坐标系中画出应力圆，如图8-12中的 A_2A_3 圆。

同样，在平行于主应力 σ_2 方向的任意方向面 II 上，正应力和切应力都与 σ_2 无关，在平行于主应力 σ_3 方向的任意方向面 III 上，正应力和切应力都与 σ_3 无关，相应地，所研究的应力状态可分别视为图8-11c、d所示的平面应力状态。由 σ_1 和 σ_3，可画出应力圆 A_1A_3；由 σ_1 和 σ_2，可画出应力圆 A_1A_2，如图8-12所示。

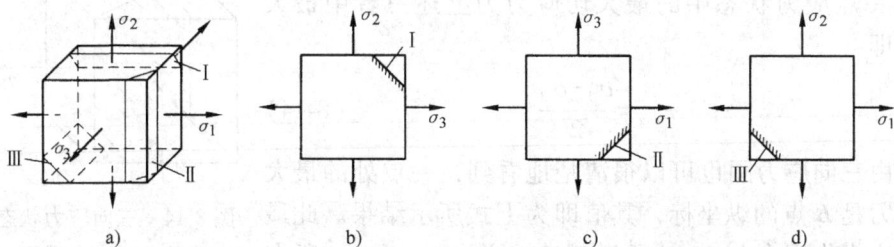

图 8-11　三组平面内的最大切应力

图8-12所示的三个应力圆即构成了对应于三向应力状态的三向应力圆。进一步的研究可以证明，图8-13所示单元体中，和三个主应力均不平行的任意方向面上的应力，可由图8-12所示阴影面中各点的坐标决定。

由图8-12的三向应力圆可以看到，一点处的最大正应力为 σ_1，最小正应力为 σ_3，即

$$\sigma_{max} = \sigma_1 \tag{8-9}$$

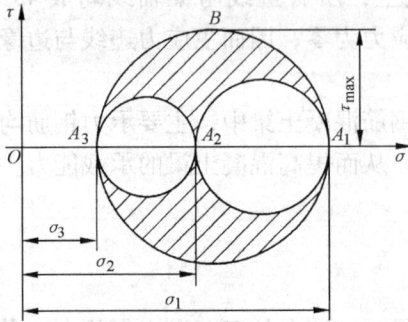

图 8-12　三向应力圆

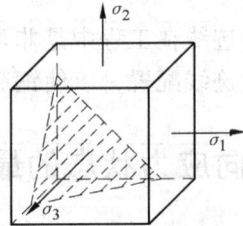

图 8-13　三向应力状态的任意方向面

$$\sigma_{\min} = \sigma_3 \tag{8-10}$$

由式(8-8)所确定的 $\tau_{\max}$，是在垂直于 xy 平面的一组方向面中的最大切应力，称之为面内最大切应力。对应于图 8-11 所示三种情况下的面内最大切应力分别为

$$\tau'_{\max} = \frac{\sigma_2 - \sigma_3}{2} \tag{8-11}$$

$$\tau''_{\max} = \frac{\sigma_1 - \sigma_3}{2} \tag{8-12}$$

$$\tau'''_{\max} = \frac{\sigma_1 - \sigma_2}{2} \tag{8-13}$$

一点应力状态中的最大切应力为上述三者中最大的，即

$$\tau_{\max} = \frac{\sigma_1 - \sigma_3}{2} \tag{8-14}$$

由三向应力圆也可以很清楚地看到，一点处的最大切应力是 B 点的纵坐标，其值即为上式所示结果。此最大切应力作用在与 σ_2 主平面垂直、并与 σ_1 和 σ_3 所在的主平面成 45°角的截面上，如图 8-14 中的阴影面。

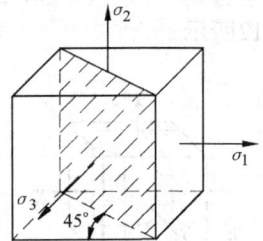

图 8-14　三向应力状态的最大切应力平面

8.4　广义胡克定律

在第 7 章中，已经介绍了单向应力状态下的胡克定律为

$$\sigma = E\varepsilon \quad \text{或} \quad \varepsilon = \frac{\sigma}{E}$$

下面进一步研究在三向应力状态下的应力和应变之间的关系。仍以单元体受

三个主应力的作用这一特例进行研究。如图 8-15a 所示，为了求出单元体在三向应力状态下的应变，可运用叠加原理将它等价于图 8-15b、c 和 d 三种情况的叠加。

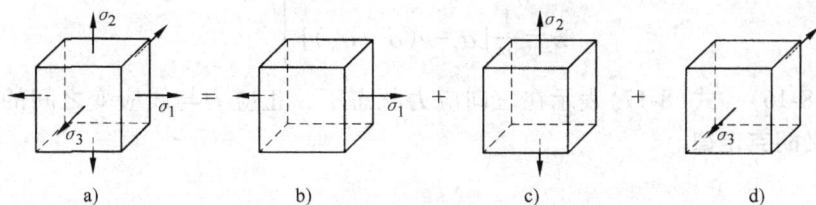

图 8-15 单元体应力状态的分解

首先求 σ_1 方向的应变。在 σ_1 单独作用时（见图 8-15b），单元体沿主应力 σ_1 方向的线应变为

$$\varepsilon_1' = \frac{\sigma_1}{E} \tag{8-15a}$$

在 σ_2 单独作用时（见图 8-15c），单元体沿 σ_1 方向的线应变为

$$\varepsilon_1'' = -\nu \frac{\sigma_2}{E} \tag{8-15b}$$

在 σ_3 单独作用时（见图 8-15d），单元体沿 σ_1 方向的线应变为

$$\varepsilon_1''' = -\nu \frac{\sigma_3}{E} \tag{8-15c}$$

将式（8-15a、b、c）三式相加，即得 σ_1 方向的总应变为

$$\varepsilon_1 = \varepsilon_1' + \varepsilon_1'' + \varepsilon_1''' = \frac{\sigma_1}{E} - \nu \frac{\sigma_2}{E} - \nu \frac{\sigma_3}{E}$$

同理可求出 σ_2、σ_3 方向的应变，合并写为

$$\left. \begin{aligned} \varepsilon_1 &= \frac{1}{E} [\sigma_1 - \nu(\sigma_2 + \sigma_3)] \\ \varepsilon_2 &= \frac{1}{E} [\sigma_2 - \nu(\sigma_3 + \sigma_1)] \\ \varepsilon_3 &= \frac{1}{E} [\sigma_3 - \nu(\sigma_1 + \sigma_2)] \end{aligned} \right\} \tag{8-16}$$

式中，ε_1、ε_2、ε_3 分别为沿主应力 σ_1、σ_2、σ_3 方向的应变，称为**主应变**。

对于三向应力状态的一般情况（单元体上既作用有正应力，又作用有切应力），可以证明，在小变形条件下，正应力与线应变之间的关系具有类似的形式，即

$$\left.\begin{array}{l} \varepsilon_x = \dfrac{1}{E}[\sigma_x - \nu(\sigma_y + \sigma_z)] \\[2mm] \varepsilon_y = \dfrac{1}{E}[\sigma_y - \nu(\sigma_z + \sigma_x)] \\[2mm] \varepsilon_z = \dfrac{1}{E}[\sigma_z - \nu(\sigma_x + \sigma_y)] \end{array}\right\} \qquad (8\text{-}17)$$

式(8-16)、式(8-17)表示在三向应力状态下，正应力与线应变之间的关系，称为**广义胡克定律**。

8.5　应变能和应变能密度

8.5.1　应变能和应变能密度

物体在外力作用下产生弹性变形时，外力将做功，同时，根据能量守恒原理，外力所作的功，将以能量的形式储存于物体内。这种能量称为**弹性应变能**，简称**应变能**，用 V_ε 表示。单位体积内所积蓄的应变能称为**应变能密度**，用 ν_ε 表示。

单向拉伸或压缩时，如应力 σ 和应变 ε 的关系是线性的，利用应变能和外力做功在数值上相等的关系，可得应变能密度 ν_ε 为

$$\nu_\varepsilon = \frac{1}{2}\sigma\varepsilon \qquad (8\text{-}18)$$

在三向应力状态下，设单元体的边长分别为 dx、dy、dz，主应力和主应变分别为 σ_1、σ_2、σ_3 和 ε_1、ε_2、ε_3。假定应力和应变都同时自零开始按同比例逐渐增加至终值，则根据叠加原理，可将单元体总的应变能看成每个主应力单独作用时单元体内的应变能之和，于是可得三向应力状态下单元体的应变能密度为

$$\nu_\varepsilon = \frac{1}{2}(\sigma_1\varepsilon_1 + \sigma_2\varepsilon_2 + \sigma_3\varepsilon_3) \qquad (8\text{-}19)$$

将广义胡克定律式(8-16)代入式(8-19)，可得

$$\nu_\varepsilon = \frac{1}{2E}[\sigma_1^2 + \sigma_2^2 + \sigma_3^2 - 2\nu(\sigma_1\sigma_2 + \sigma_2\sigma_3 + \sigma_3\sigma_1)] \qquad (8\text{-}20)$$

此即为用三个主应力表示的应变能密度表达式。

8.5.2　体积改变能密度与畸变能密度

在三向应力状态下，当单元体发生变形时，其体积变为

$$dV' = (1+\varepsilon_1)(1+\varepsilon_2)(1+\varepsilon_3)dxdydz$$

$$= (1+\varepsilon_1)(1+\varepsilon_2)(1+\varepsilon_3)\,\mathrm{d}V$$

式中，$\mathrm{d}V$ 表示单元体变形之前的体积。展开上式，并略去高阶微量，得

$$\mathrm{d}V' = (1+\varepsilon_1+\varepsilon_2+\varepsilon_3)\,\mathrm{d}V$$

由此得单元体的体积应变为

$$\theta = \frac{\mathrm{d}V'-\mathrm{d}V}{\mathrm{d}V} = \varepsilon_1+\varepsilon_2+\varepsilon_3$$

将广义胡克定律式(8-16)代入上式，得

$$\theta = \frac{1-2\nu}{E}(\sigma_1+\sigma_2+\sigma_3) \tag{8-21}$$

在外力作用下，单元体的体积与形状一般均发生改变。与单元体体积改变相应的那部分应变能密度称为**体积改变能密度**，用 ν_V 来表示；与单元体形状改变相应的那部分应变能密度称为**畸变能密度**，用 ν_d 来表示，则有

$$\nu_\varepsilon = \nu_V + \nu_d \tag{8-22}$$

为了求得这两部分应变能密度，可将图 8-16a 所示的应力状态分解为图 8-16b 和图 8-16c 所示的两种应力状态。其中，σ_m 称为平均应力

$$\sigma_m = \frac{1}{3}(\sigma_1+\sigma_2+\sigma_3) \tag{8-23}$$

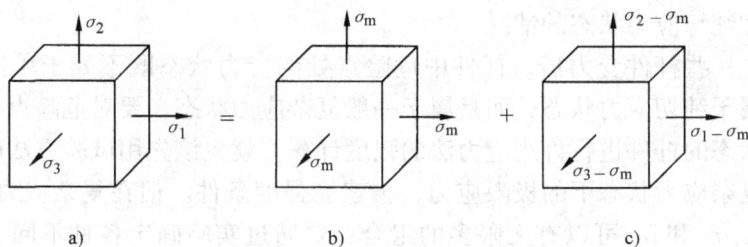

图 8-16 三向应力状态分解

显然，图 8-16b 所示的单元体只发生体积改变而无形状变化。利用式(8-21)可以证明，图 8-16c 所示的单元体只发生形状改变而无体积变化。

对于图 8-16b 所示的单元体，由式(8-19)可知其体积改变能密度为

$$\nu_V = \frac{3}{2}\sigma_m\varepsilon_m \tag{8-24a}$$

式中 ε_m 由式(8-16)求得为

$$\varepsilon_m = \frac{1-2\nu}{E}\sigma_m = \frac{1-2\nu}{3E}(\sigma_1+\sigma_2+\sigma_3) \tag{8-24b}$$

将式(8-23)及式(8-24b)代入式(8-24a)，简化后可得体积改变能密度为

$$\nu_V = \frac{1-2\nu}{6E}(\sigma_1+\sigma_2+\sigma_3)^2 \tag{8-25}$$

而对于图 8-16c 所示的单元体，由式（8-25）可得体积改变能密度为零。故上式即为图 8-16a 单元体的体积改变能密度。

将式（8-20）和式（8-25）代入式（8-22），简化后可得单元体的畸变能密度为

$$\nu_{\mathrm{d}} = \nu_{\varepsilon} - \nu_{\mathrm{V}} = \frac{1+\nu}{6E} [(\sigma_1 - \sigma_2)^2 + (\sigma_2 - \sigma_3)^2 + (\sigma_3 - \sigma_1)^2] \tag{8-26}$$

8.6　强度理论

8.6.1　概述

在上一章基本变形杆件的强度计算中，拉压杆件、扭转杆件和梁所用的强度条件分别为

$$\sigma_{\max} \leqslant [\sigma] \quad 或 \quad \tau_{\max} \leqslant [\tau]$$

从上面的应力状态分析可知，拉压杆件的危险点和梁的正应力危险点是处于单向应力状态，而扭转杆件的危险点和梁的切应力危险点是处于纯切应力状态。所以，许用正应力 $[\sigma]$ 和许用切应力 $[\tau]$ 都可直接由相应的试验所得的极限应力除以安全因数得到。上述两个强度条件也只能分别适用于杆件中危险点处于单向应力状态和纯切应力状态的情况。

但是，一些杆件受力后，杆件中危险点处的应力状态既不属于单向应力状态，也不属于纯切应力状态，而是属于一般复杂应力状态。要对危险点处于一般复杂应力状态的杆件进行许用应力法的强度计算，就应该先用试验方法确定材料在对应的复杂应力状态下的极限应力，再建立强度条件。但在复杂应力状态下，主应力 σ_1、σ_2 和 σ_3 可以有无限多的组合，要通过实验确定各种不同主应力组合下的极限应力是难以做到的。而且在复杂应力状态下，试验设备和试验方法都比较复杂。因此，研究材料在复杂应力状态下的破坏或失效的规律，找出使材料破坏的共同原因就极为必要。

大量实验结果表明，无论应力状态多么复杂，材料在常温、静载作用下的失效形式主要有两种：一种是断裂，例如铸铁杆件拉伸时，试件最后是沿横截面断裂；铸铁圆轴扭转时，试件最后是沿与杆轴线成 45°倾角的螺旋面断裂。另一种是屈服，例如低碳钢试件拉伸屈服时，在与杆轴线成 45°的方向出现滑移线。

上述情况表明，材料的失效是存在一定规律的。17 世纪以来，人们通过观察和分析这种失效规律，提出了各种关于破坏的共同原因的假说，并利用单向应力状态的试验结果，建立起复杂应力状态下的强度条件。这些假说和由此建立的强度条件通常就称为强度理论。经过多年来的实践检验，已经发现有的强度理论带有很大的片面性，它们相继被淘汰；另外一些强度理论则逐渐显示出了它们的

相对真理性，并在一定范围内得到应用。下面将介绍在工程实际中应用较广的四种主要的强度理论。

8.6.2　关于断裂的强度理论

1. 第一强度理论（最大拉应力理论）

这一理论认为，最大拉应力是引起材料断裂破坏的共同原因。不论构件内的危险点处于何种应力状态，只要构件内危险点处的最大拉应力达到某一共同的极限值时，材料便发生脆性断裂破坏。

这个极限值就是材料受轴向拉伸发生断裂破坏时的极限应力 σ_b。因此破坏条件为

$$\sigma_1 = \sigma_b \tag{8-27}$$

将 σ_b 除以安全因数后，得到材料的许用拉应力 $[\sigma]$，故强度条件为

$$\sigma_1 \leqslant [\sigma] \tag{8-28}$$

第一强度理论对于铸铁、砖、岩石、混凝土和陶瓷等脆性材料，在二向或三向受拉断裂时，也比较吻合。而且因为计算简单，所以应用较广。但是它没有考虑 σ_2 和 σ_3 两个主应力对破坏的影响。

2. 第二强度理论（最大拉应变理论）

这一理论认为，最大拉应变是引起材料断裂破坏的共同原因。不论构件内的危险点处于何种应力状态，只要构件内危险点处的最大拉应变达到某一极限值时，材料便发生脆性断裂破坏。这个极限值是材料受轴向拉伸发生断裂破坏时的极限应变。因此破坏条件为

$$\varepsilon_1 = \varepsilon_u \tag{8-29}$$

若材料直至破坏都处于弹性范围，则在复杂应力状态下，由广义胡克定律式 (8-16)，并注意 $\varepsilon_u = \dfrac{\sigma_b}{E}$，这一破坏条件可用主应力表示为

$$\sigma_1 - \nu(\sigma_2 + \sigma_3) = \sigma_b \tag{8-30}$$

将 σ_b 除以安全因数后，得到许用拉应力 $[\sigma]$，故强度条件为

$$\sigma_1 - \nu(\sigma_2 + \sigma_3) \leqslant [\sigma] \tag{8-31}$$

这一理论与部分脆性材料的实验结果，如混凝土试件或石料试件受压时的破坏现象比较吻合。

8.6.3　关于屈服的强度理论

1. 第三强度理论（最大切应力理论）

这一理论认为，最大切应力是引起材料屈服破坏的共同原因。不论构件内的危险点处于何种应力状态，只要构件内危险点处的最大切应力达到某一共同的极

限值时，材料便发生屈服破坏。这个极限值是材料受轴向拉伸发生屈服时的最大切应力。因此屈服条件为

$$\tau_{\max} = \tau_s \tag{8-32}$$

在复杂应力状态下，由（8-14）式，并注意 $\tau_s = \dfrac{\sigma_s}{2}$，这一屈服条件可用主应力表示为

$$\sigma_1 - \sigma_3 = \sigma_s \tag{8-33}$$

将 σ_s 除以安全因数后，得到许用拉应力 $[\sigma]$，故强度条件为

$$\sigma_1 - \sigma_3 \leqslant [\sigma] \tag{8-34}$$

最大切应力理论较为满意地解释了塑性材料的屈服现象。例如，低碳钢拉伸屈服时，沿与轴线成 45° 的方向出现滑移线，是材料内部沿这一方向滑移的痕迹，沿这一方向的斜面上切应力也恰为最大值。因此，这一理论在工程中广泛应用。但是，这一强度理论没有考虑中间主应力 σ_2 对屈服破坏的影响。

2. 第四强度理论（畸变能密度理论）

这一理论认为，畸变能密度是引起材料屈服破坏的共同原因。不论构件的危险点处于何种应力状态，只要构件内危险点处的畸变能密度达到某一共同的极限值时，材料便发生屈服破坏。这一极限值是材料受轴向拉伸发生屈服时的畸变能密度。因此破坏条件为

$$\nu_d = \nu_{du} \tag{8-35}$$

由式（8-26），在复杂应力状态下

$$\nu_d = \frac{1+\nu}{6E}[(\sigma_1-\sigma_2)^2 + (\sigma_2-\sigma_3)^2 + (\sigma_3-\sigma_1)^2] \tag{8-36}$$

在轴向拉伸试验中，测得材料的拉伸屈服点 σ_s 后，令上式中的 $\sigma_1 = \sigma_s$，$\sigma_2 = \sigma_3 = 0$，便得到材料受轴向拉伸发生屈服时的畸变能密度为

$$\nu_{du} = \frac{1+\nu}{3E}\sigma_s^2 \tag{8-37}$$

故屈服条件可用主应力表示为

$$\sqrt{\frac{1}{2}[(\sigma_1-\sigma_2)^2 + (\sigma_2-\sigma_3)^2 + (\sigma_3-\sigma_1)^2]} = \sigma_s \tag{8-38}$$

将 σ_s 除以安全因数后，得到许用拉应力 $[\sigma]$，故强度条件为

$$\sqrt{\frac{1}{2}[(\sigma_1-\sigma_2)^2 + (\sigma_2-\sigma_3)^2 + (\sigma_3-\sigma_1)^2]} \leqslant [\sigma] \tag{8-39}$$

第四强度理论由于全面考虑了三个主应力的影响，所以比第三强度理论更符合实验结果。但由于第三强度理论的数学表达式比较简单，因此，第三和第四强度理论在工程中均得到广泛应用。

8.6.4 强度理论的应用

上面介绍了四种主要的强度理论及每种强度理论的强度条件，如式(8-28)、式(8-31)、式(8-34)、式(8-39)。这些强度条件可以写成统一的形式，即

$$\sigma_r \leqslant [\sigma]$$

式中 σ_r 称为**相当应力**。上述四种强度理论的相当应力分别为

第一强度理论： $\sigma_{r1} = \sigma_1$

第二强度理论： $\sigma_{r2} = \sigma_1 - \nu(\sigma_2 + \sigma_3)$

第三强度理论： $\sigma_{r3} = \sigma_1 - \sigma_3$

第四强度理论： $\sigma_{r4} = \sqrt{\dfrac{1}{2}[(\sigma_1 - \sigma_2)^2 + (\sigma_2 - \sigma_3)^2 + (\sigma_3 - \sigma_1)^2]}$

各相当应力只是杆件危险点处主应力的组合。

有了强度理论的强度条件，就可对危险点处于任意应力状态的杆件进行强度计算。但必须注意，在进行强度计算时，一方面要保证所用强度理论与在这种应力状态下发生的破坏形式(脆性断裂或塑性屈服)相对应；另一方面要求用来确定许用应力 $[\sigma]$ 的极限应力，也必须是相应于该破坏形式(脆性断裂或塑性屈服)的极限值。否则理论应用失去依据，所算结果也将失去实际意义。

例 8-6 已知一锅炉的平均直径 $D = 1000\text{mm}$，壁厚 $\delta = 10\text{mm}$，如图 8-17a 所示。锅炉材料为低碳钢，其许用应力 $[\sigma] = 170\text{MPa}$。设锅炉内蒸汽压力的压强 $p = 3.6\text{MPa}$，试用第四强度理论校核锅炉壁的强度。

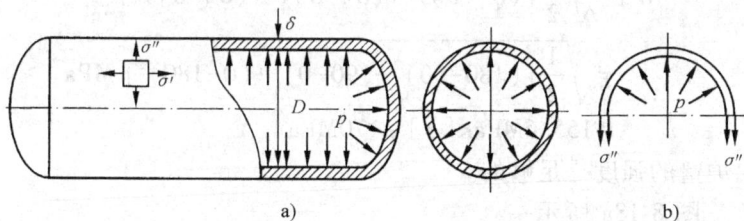

图 8-17 例 8-6 图

解：(1) 锅炉壁的应力分析

可以看出，作用在锅炉底端的压力，在锅炉横截面上引起轴向正应力 σ'；同时，蒸汽压力使锅炉壁均匀扩张，在锅炉的径向纵截面上要产生周向正应力 σ''。当筒壁很薄时，可以认为应力 σ' 与 σ'' 均沿壁厚均匀分布。

先求轴向应力 σ'。已知内压的压强为 p，则作用在两端的总压力均为 $p\pi D^2/4$，因此，锅炉横截面上的轴向正应力为

$$\sigma' = \frac{p\pi D^2}{4}\frac{1}{\pi D\delta}$$

由此得

$$\sigma' = \frac{pD}{4\delta}$$

将 p, D 和 δ 的数据代入上式，得

$$\sigma' = 90\text{MPa}$$

再求周向应力 σ''。假想将锅炉壁沿纵向直径平面截开，留取上部分，并沿长度方向取一段单位长度，如图 8-17b 所示。可以证明，作用在保留部分上的总压力为 $p(1 \times D)$，它与径向纵截面上的内力 $2\sigma''(1 \times \delta)$ 平衡，即

$$2\sigma''\delta - pD = 0$$

由此得

$$\sigma'' = \frac{pD}{2\delta}$$

将已知数据代入，得

$$\sigma'' = 180\text{MPa}$$

若在锅炉的筒壁内表面处取一单元体可以发现，该单元体上除了有 σ' 和 σ'' 外，还有蒸汽压力作用，所以是三向应力状态。但是，蒸汽压力的大小远远小于 σ' 和 σ''，通常不予考虑，而认为锅炉筒壁上任一点处是二向应力状态（见图 8-17a）。因此，主应力 $\sigma_1 = \sigma'' = 180\text{MPa}$，$\sigma_2 = \sigma' = 90\text{MPa}$，$\sigma_3 = 0$。

（2）强度校核

由第四强度理论，相当应力为

$$\sigma_{r4} = \sqrt{\frac{1}{2}\left[(\sigma_1 - \sigma_2)^2 + (\sigma_2 - \sigma_3)^2 + (\sigma_3 - \sigma_1)^2\right]}$$

$$= \sqrt{\frac{1}{2}\left[(180-90)^2 + (90-0)^2 + (0-180)^2\right]} \text{ MPa}$$

$$= 155.6\text{MPa} < [\sigma] = 170\text{MPa}$$

所以锅炉壁的强度是足够的。

例 8-7 图 8-18a 所示一受扭圆轴，表面上一点 K 处与轴线成 45°方向的线应变 $\varepsilon_{45°}$ $= 260 \times 10^{-6}$，材料的 $E = 200\text{GPa}$，泊松比 $\nu = 0.3$，$[\sigma]$ $= 160\text{MPa}$，试用第三强度理论校核其强度。

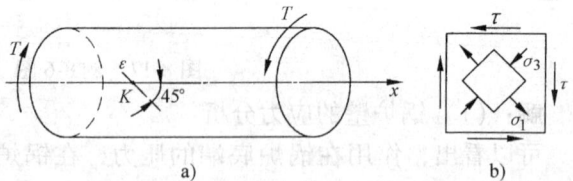

图 8-18 例 8-7 图

解： 对于受扭圆轴任一点处的单元体来说，左右面为杆件横截面的一部分。由于该单元体只在左右、上下两对面上有数值相等的切应力 τ，故处于纯切应力状态。于是可画出圆轴表面上 K 点的应力状态如图 8-18b 所示。由例 8-4 可得主

应力的大小为

$$\begin{cases} \sigma_1 = \tau \\ \sigma_3 = -\tau \\ \sigma_2 = 0 \end{cases}$$

σ_1 所在平面与 x 面的夹角为 $-45°$，主应力单元体亦在图 8-18b 中画出。

由上述分析可知，$\varepsilon_{45°}$ 即为 ε_1。因此根据广义胡克定律式 (8-16) 可得

$$\varepsilon_1 = \frac{1}{E} [\sigma_1 - \nu(\sigma_2 + \sigma_3)]$$

即

$$\varepsilon_{45°} = \frac{1}{E} [\tau - \nu(0 - \tau)]$$

$$260 \times 10^{-6} = \frac{1}{200 \times 10^9} (1 + 0.3) \tau$$

$$\tau = 40 \times 10^6 \text{Pa} = 40 \text{MPa}$$

所以

$$\begin{cases} \sigma_1 = \tau = 40 \text{MPa} \\ \sigma_3 = -\tau = -40 \text{MPa} \\ \sigma_2 = 0 \end{cases}$$

将其代入第三强度理论的强度条件，得

$$\sigma_{r3} = \sigma_1 - \sigma_3 = 80 \text{MPa} < [\sigma] = 160 \text{MPa}$$

故该圆轴强度是安全的。

复习思考题

8-1　何谓一点处的应力状态？研究一点应力状态的意义是什么？

8-2　单元体最大正应力面上的切应力恒等于零，最大切应力面上的正应力是否也恒等于零？

8-3　一单元体处于单向、二向或三向应力状态是如何判断的？图 8-19 所示单元体处于何种应力状态？

8-4　试定性画出轴向拉伸、轴向压缩、扭转圆轴、一般受弯杆件危险点处的应力单元体。

8-5　纯剪切是一种常见的应力状态。试对纯剪切应力状态单元体进行分析，求出主应力的大小和方位，并确定最大切应力的值。

8-6　试证明无论选用哪一个强度理论，对处于单向应力状态的点，强度条件总是 $\sigma_{max} \leqslant [\sigma]$；对处于纯切应力状态的点，强度条件总是 $\tau_{max} \leqslant [\tau]$。

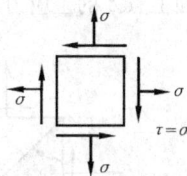

图 8-19　思考题 8-3 图

习　　题

8-1　用解析法求图 8-20 所示单元体上指定斜截面上的应力。

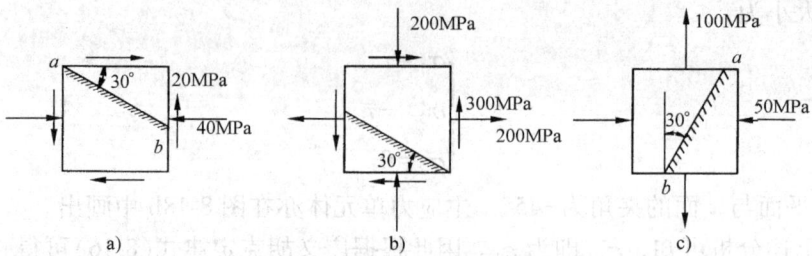

图 8-20 习题 8-1 图

8-2 如图 8-21 所示，一轴向受力杆件，在 α 截面上的应力为 $\sigma_\alpha = 80\text{MPa}$，$\tau_\alpha = 30\text{MPa}$。试求 α 角和 σ_x。

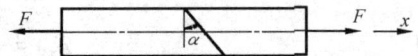

8-3 试用解析法和应力圆法求图 8-22 所示单元体的主应力及其方向角，并确定最大切应力值。

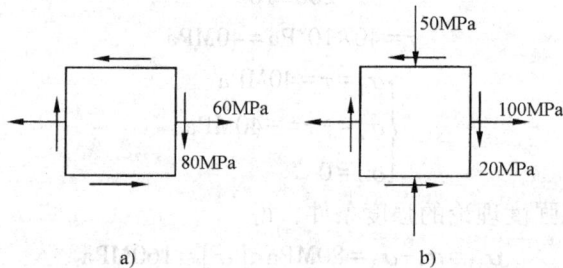

图 8-21 习题 8-2 图

图 8-22 习题 8-3 图

8-4 已知平面应力状态 $\sigma_x = 120\text{MPa}$，$\sigma_y = 40\text{MPa}$，又知其中两个主应力为零。试求另一主应力和 τ_x。

8-5 某点应力情况如图 8-23 所示。已知 $\sigma_x = 60\text{MPa}$，且 AB 上无应力，求该点处的主应力。

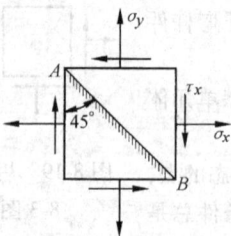

8-6 如图 8-24 所示受力杆件中，已知 $F = 20\text{kN}$，$T = 0.8\text{kN} \cdot \text{m}$，直径 $d = 40\text{mm}$。试求外表面上点 A 的主应力。

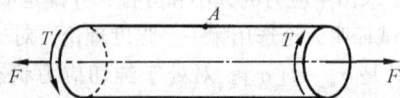

图 8-23 习题 8-5 图

图 8-24 习题 8-6 图

8-7 如图 8-25 所示封闭薄壁圆筒，内径 $d = 100\text{mm}$，壁厚 $t = 2\text{mm}$，承受内压 $p = 4\text{MPa}$，

外力偶矩 $T = 0.192$kN·m。求靠圆筒内壁任一点处的主应力。

8-8 如图 8-26 所示，已知传动轴的直径 $d = 320$mm，今用试验方法测得其 $45°$ 方向的 $\sigma_{max} = 89$MPa。问传动轴受的外力偶 T 是多少？

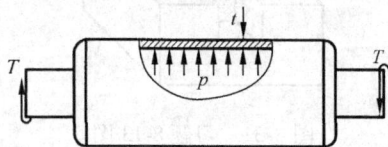

图 8-25 习题 8-7 图   图 8-26 习题 8-8 图

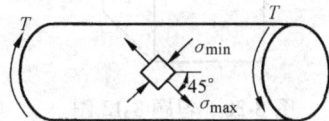

8-9 某点的应力状态如图 8-27 所示，试求该点的主应力及最大切应力。

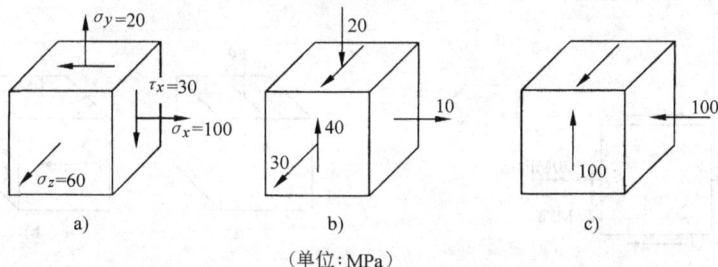

（单位：MPa）

图 8-27 习题 8-9 图

8-10 如图 8-28 所示单元体，已知 $\sigma_x = 100$MPa，$\sigma_y = 40$MPa 及该点的最大主应力 $\sigma_1 = 120$MPa。求该点的 τ_x 及另外两个主应力 σ_2、σ_3 及最大切应力。

8-11 如图 8-29 所示木梁截面 1—1 点 B 与水平方向成 $45°$ 角方向的线应变 $\varepsilon_{45°}$。已知 $F = 10$kN，$l = 4$m，$h = 2b = 200$mm，材料的弹性模量 $E = 1 \times 10^4$MPa，泊松比 $\nu = 0.25$。

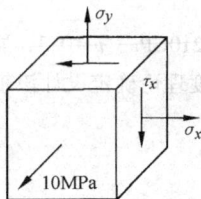

图 8-28 习题 8-10 图   图 8-29 习题 8-11 图

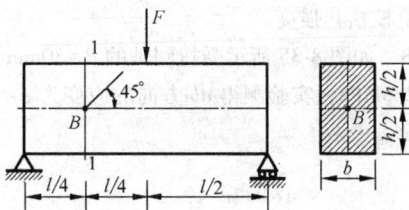

8-12 如图 8-30 所示，已知材料的弹性模量 $E = 200$GPa，泊松比 $\nu = 0.25$，求单元体的三个主应变。

8-13 如图 8-31 所示，一体积为 $10 \times 10 \times 10$mm³ 的立方铝块，将其放入宽为 10mm 的刚性槽中。已知铝的泊松比 $\nu = 0.33$，求铝块的三个主应力。

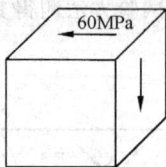

图 8-30 习题 8-12 图

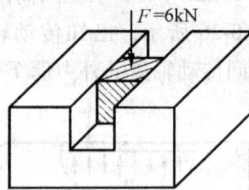

图 8-31 习题 8-13 图

8-14 如图 8-32 所示危险点的应力状态，材料为铸铁，$[\sigma_t] = 30\text{MPa}$，试用第一强度理论校核该点的强度。

8-15 两个单元体的应力状态分别如图 8-33a、b 所示，σ 和 τ 数值相等。试根据第四强度理论比较两者的危险程度。

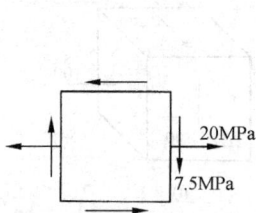

图 8-32 习题 8-14 图

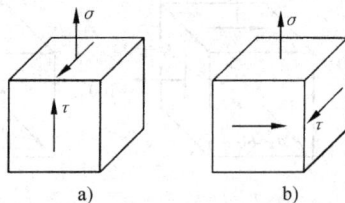

图 8-33 习题 8-15 图

8-16 对给定的一点的应力状态：$\sigma_x = 87\text{MPa}$，$\sigma_y = -87\text{MPa}$，$\sigma_1 = \sigma_z = 200\text{MPa}$，$\tau_x = 50\text{MPa}$，确定材料是否失效。

（1）对脆性材料用最大拉应力理论，已知材料的 $\sigma_b = 300\text{MPa}$；

（2）对塑性材料用最大切应力理论及畸变能密度理论，已知材料的 $\sigma_s = 500\text{MPa}$。

8-17 已知某构件危险点的应力状态如图 8-34 所示，许用应力 $[\sigma] = 160\text{MPa}$。试用第三强度理论校核其强度。

8-18 如图 8-35 所示受扭圆轴的 $d = 30\text{mm}$，材料的弹性模量 $E = 210\text{GPa}$，$\nu = 0.3$，屈服极限 $\sigma_s = 240\text{MPa}$，实验测得 ab 方向的应变为 $\varepsilon = 0.0002$。试按第三强度理论确定设计该轴时采用的安全因数。

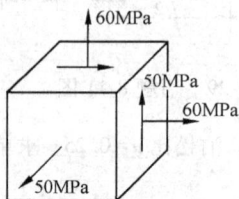

图 8-34 习题 8-17 图

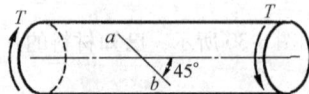

图 8-35 习题 8-18 图

第 9 章

组合变形杆件的应力分析
与强度计算

9

9.1 基本概念与工程实例

在工程实际问题中，有很多杆件在外力作用下，常常产生两种或两种以上的基本变形。例如，图 9-1a 所示屋架上的檩条，它受到屋面传来的荷载 F 作用，将产生两个方向的平面弯曲；图 9-1b 所示的烟囱，在自重和水平风力作用下，将产生压缩和弯曲；图 9-1c 所示的厂房柱子，在偏心外力作用下，将产生偏心压缩（压缩和弯曲）；图 9-1d 所示的传动轴，在传动带拉力作用下，将产生弯曲和扭转。这些杆件同时发生两种或两种以上基本变形，且不能略去其中的任何一种，称为**组合变形杆件**。

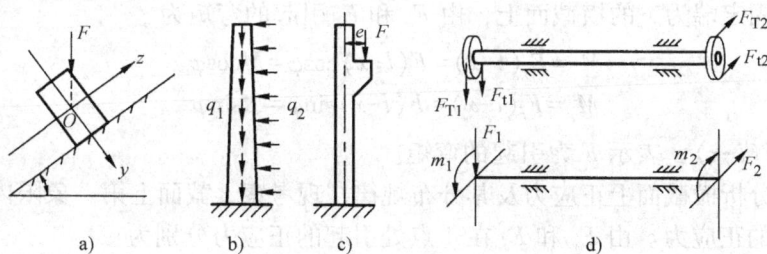

图 9-1 组合变形

计算杆在组合变形下的应力和变形时，如杆的材料处于弹性范围，且在小变形的情况下，则可将作用在杆上的荷载分解或简化成几组荷载，使杆在每组荷载作用下，只产生一种基本变形。然后，单独计算出每一种基本变形下的内力、应力和变形，由叠加原理就可得到杆在组合变形下的内力、应力和变形。本章主要介绍杆在斜弯曲、拉伸（压缩）和弯曲、偏心压缩（偏心拉伸）以及弯曲和扭转等

组合变形下的应力和强度计算。

9.2　斜弯曲

在前面研究的弯曲问题中,外力作用在梁的纵向对称平面内,梁发生平面弯曲,梁变形后轴线位于外力作用平面内。但工程中常有一些梁,外力不作用在纵向对称平面(或形心主惯性平面)内,梁变形后轴线不位于外力作用平面内,这种弯曲称为**斜弯曲**。

现以图9-2所示矩形截面悬臂梁为例,研究具有两个相互垂直的对称面的梁在斜弯曲情况下的应力和强度计算。

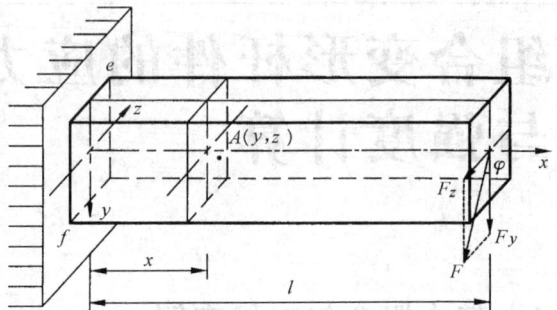

图 9-2　斜弯曲梁

9.2.1　正应力计算

设 F 力作用在梁自由端截面的形心,并与竖向形心主轴夹 φ 角。现将 F 力沿两形心主轴分解,得

$$F_y = F\cos\varphi, \quad F_z = F\sin\varphi$$

杆在 F_y 和 F_z 单独作用下,将分别在 xy 平面和 xz 平面内产生平面弯曲。由此可见,斜弯曲是两个相互正交的平面弯曲的组合。

在距固定端为 x 的横截面上,由 F_y 和 F_z 引起的弯矩为

$$M_z = F_y(l-x) = F(l-x)\cos\varphi = M\cos\varphi$$
$$M_y = F_z(l-x) = F(l-x)\sin\varphi = M\sin\varphi$$

式中 $M = F(l-x)$,表示 F 力引起的弯矩。

为了分析横截面上正应力及其分布规律,现考察 x 截面上第一象限内任一点 $A(y,z)$ 处的正应力。由 F_y 和 F_z 在 A 点处引起的正应力分别为

$$\sigma' = -\frac{M_z y}{I_z} = -\frac{M\cos\varphi}{I_z}y$$

$$\sigma'' = \frac{M_y z}{I_y} = \frac{M\sin\varphi}{I_y}z$$

显然,σ' 和 σ'' 分别沿高度和宽度是线性分布的。至于 σ' 和 σ'' 这两种正应力的正负号,由杆的变形情况确定比较方便。在这一问题中,由于 F_z 的作用,横

截面上 y 轴以右的各点处产生拉应力，以左的各点处产生压应力；由于 F_y 的作用，横截面上 z 轴以上的各点处产生拉应力，以下的各点处产生压应力。所以 A 点处由 F_y 和 F_z 引起的正应力分别为压应力和拉应力。由叠加法，得 A 点处的正应力为

$$\sigma = \sigma' + \sigma'' = M\left(-\frac{\cos\varphi}{I_z}y + \frac{\sin\varphi}{I_y}z\right) \tag{9-1}$$

9.2.2　中性轴的位置、最大正应力和强度条件

由式(9-1)可见，横截面上的正应力是 y 和 z 的线性函数，即在横截面上，正应力为平面分布。因此，为了确定最大正应力，首先要确定中性轴的位置。设中性轴上任一点的坐标为 y_0 和 z_0。因中性轴上各点处的正应力为零，所以将 y_0 和 z_0 代入式(9-1)后，可得

$$\sigma = M\left(-\frac{\cos\varphi}{I_z}y_0 + \frac{\sin\varphi}{I_y}z_0\right) = 0$$

因 $M \neq 0$，故

$$-\frac{\cos\varphi}{I_z}y_0 + \frac{\sin\varphi}{I_y}z_0 = 0$$

这就是中性轴的方程。它是一条通过横截面形心的直线。设中性轴与 z 轴成 α 角，则由上式得到

$$\tan\alpha = \frac{y_0}{z_0} = \frac{I_z}{I_y}\tan\varphi \tag{9-2}$$

上式表明，中性轴和外力作用线在相邻的象限内，如图 9-3a 所示。由式(9-2)可见，对于像矩形截面这类 $I_y \neq I_z$ 的截面，$\alpha \neq \varphi$，即中性轴与 F 力作用方向不垂直。这是斜弯曲的一个重要特征。但是对圆形、正多边形等截面，由于任意一对形心轴都是主轴，且截面对任一形心轴的惯性矩都相等，所以 $\alpha = \varphi$，即中性轴与 F 力作用方向垂直。这表明，对这类截面，通过截面形心的横向力，不管作用在什么方向，梁只产生平面弯曲，而不可能发生斜弯曲。

横截面上的最大正应力，发生在离中性轴最远的点。对于有凸角的截面由应力分

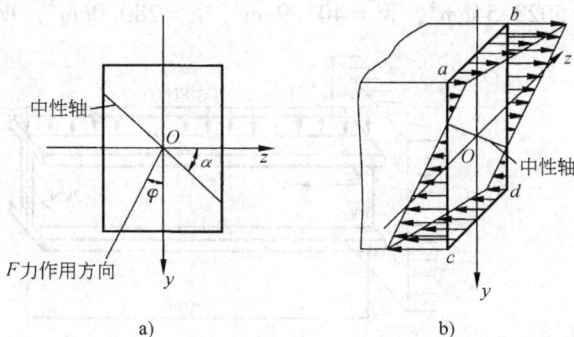

图 9-3　有凸角截面的中性轴与应力分布

布图可见，角点 b 产生最大拉应力，角点 c 产生最大压应力，由式（9-1），它们分别为

$$\sigma_{\text{tmax}} = M\left(\frac{\cos\varphi}{I_z}y_{\text{max}} + \frac{\sin\varphi}{I_y}z_{\text{max}}\right) = \frac{M_z}{W_z} + \frac{M_y}{W_y} \tag{9-3a}$$

$$\sigma_{\text{cmax}} = -\left(\frac{M_z}{W_z} + \frac{M_y}{W_y}\right) \tag{9-3b}$$

实际上，对于有凸角的截面，例如矩形、工字形截面，根据斜弯曲是两个平面弯曲组合的情况，最大正应力显然产生在角点上，如图 9-3b 所示。根据变形情况，即可确定产生最大拉应力和最大压应力的点。对于没有凸角的截面，可用作图法确定产生最大正应力的点。例如图 9-4 所示的椭圆形截面，当确定了中性轴位置后，作平行于中性轴并切于截面周边的两条直线，切点 D_1 和 D_2 即为产生最大正应力的点。以该点的坐标代入式（9-1），即可求得最大拉应力和最大压应力。

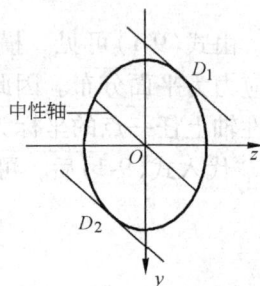

图 9-2 所示的悬臂梁，在固定端截面上，弯矩最大，为危险截面；该截面上的角点 e 和 f 为危险点。由于角点处切应力为零，故危险点处于单向应力状态。因此，强度条件为

图 9-4　无凸角截面的
最大正应力点的位置

$$\sigma_{\text{tmax}} \leqslant [\sigma_{\text{t}}] \tag{9-4}$$
$$\sigma_{\text{cmax}} \leqslant [\sigma_{\text{c}}]$$

据此，就可进行斜弯曲梁的强度计算。

例 9-1　图 9-5a 所示悬臂梁，采用 25a 号工字钢。在竖直方向受均布荷载 $q = 5\text{kN/m}$ 作用，在自由端受水平集中力 $F = 2\text{kN}$ 作用。已知截面的几何性质为：$I_z = 5023.54\text{cm}^4$，$W_z = 401.9\text{cm}^3$，$I_y = 280.0\text{cm}^4$，$W_y = 48.28\text{cm}^3$。试求：梁的最大

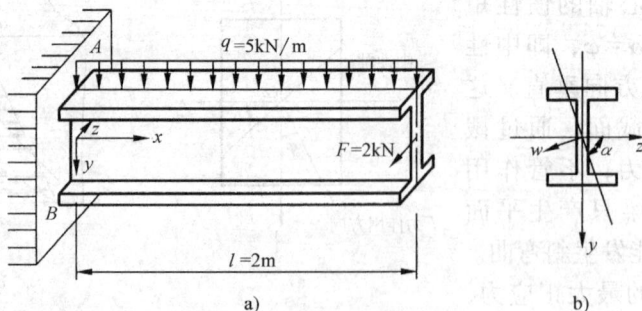

图 9-5　例 9-1 图

拉应力和最大压应力。

解： 均布荷载 q 使梁在 xy 平面内弯曲，集中力 F 使梁在 xz 平面内弯曲，故为双向弯曲问题。两种荷载均使固定端截面产生最大弯矩，所以固定端截面是危险截面。由变形情况可知，在该截面上的 A 点处产生最大拉应力，B 点处产生最大压应力，且两点处应力的数值相等。由式(9-3)

$$\sigma_A = \frac{M_y}{W_y} + \frac{M_z}{W_z} = \frac{Fl}{W_y} + \frac{\frac{1}{2}ql^2}{W_z}$$

$$= \left(\frac{2 \times 10^3 \times 2}{48.28 \times 10^{-6}} + \frac{\frac{1}{2} \times 5 \times 10^3 \times 2^2}{401.9 \times 10^{-6}} \right) N/m^2 = 107.7 MPa$$

$$\sigma_B = -\frac{M_z}{W_z} - \frac{M_y}{W_y} = -107.7 MPa$$

9.3　轴向拉压与弯曲的组合变形

当杆受轴向力和横向力共同作用时，将产生拉伸(压缩)和弯曲组合变形。例如图 9-1b 中的烟囱就是一个实例。

如果杆的弯曲刚度很大，所产生的弯曲变形很小，则由轴向力所引起的附加弯矩很小，可以略去不计。因此，可分别计算由轴向力引起的拉压正应力和由横向力引起的弯曲正应力，然后用叠加法，即可求得两种荷载共同作用引起的正应力。现以图 9-6a 所示的杆，受轴向拉力及横向均布荷载的情况为例，说明拉伸(压缩)和弯曲组合变形下的正应力及强度计算方法。

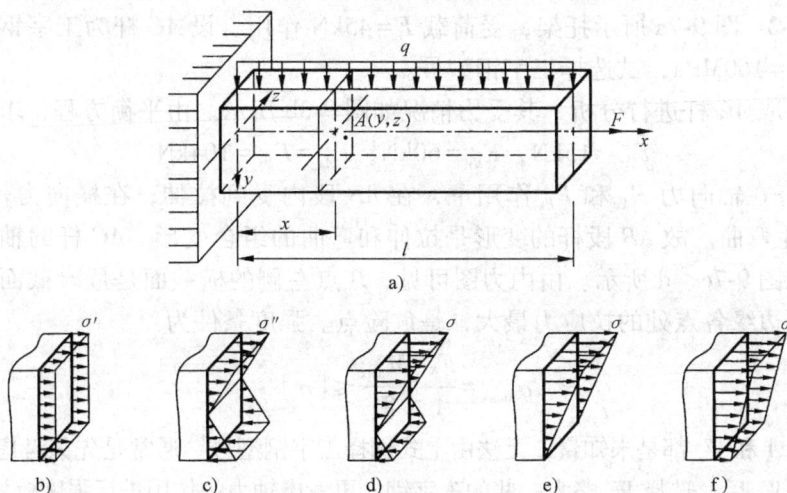

图 9-6　拉伸与弯曲组合变形杆

该杆受轴向力 F 拉伸时，任一横截面上的正应力为

$$\sigma' = \frac{F_N}{A}$$

杆受横向均布荷载作用时，距固定端为 x 的任意横截面上的弯曲正应力为

$$\sigma'' = -\frac{M(x)y}{I_z}$$

叠加得 x 截面上第一象限中一点 $A(y,z)$ 处的正应力为

$$\sigma = \sigma' + \sigma'' = \frac{F_N}{A} - \frac{M(x)y}{I_z}$$

显然，固定端截面为危险截面。该横截面上正应力 σ' 和 σ'' 的分布如图 9-6b、c 所示。由应力分布图可见，该横截面的上、下边缘处各点可能是危险点。这些点处的正应力为

$$\left.\begin{array}{c}\sigma_{tmax}\\[4pt]\sigma_{min}\end{array}\right\} = \frac{F_N}{A} \pm \frac{M(x)y_{max}}{I_z} \qquad (9\text{-}5)$$

当 $\sigma''_{max} > \sigma'$ 时，该横截面上的正应力分布如图 9-6d 所示，上边缘的最大拉应力数值大于下边缘的最大压应力数值。当 $\sigma''_{max} = \sigma'$ 时，该横截面上的应力分布如图 9-6e 所示，下边缘各点处的正应力为零，上边缘各点处的拉应力最大。当 $\sigma''_{max} < \sigma'$ 时，该横截面上的正应力分布如图 9-6f 所示，上边缘各点处的拉应力最大。在这三种情况下，横截面的中性轴分别在横截面内、横截面边缘和横截面以外。

杆在拉伸（压缩）和弯曲组合变形下的强度条件为

$$\left.\begin{array}{c}\sigma_{tmax} \leqslant [\sigma_t]\\[4pt]\sigma_{cmax} \leqslant [\sigma_c]\end{array}\right\} \qquad (9\text{-}6)$$

据此，就可进行拉（压）与弯曲组合变形杆件的强度计算。

例 9-2 图 9-7a 所示托架，受荷载 $F = 45\text{kN}$ 作用。设 AC 杆为工字钢，许用应力 $[\sigma] = 160\text{MPa}$，试选择工字钢型号。

解：取 AC 杆进行分析，其受力情况如图 9-3b 所示。由平衡方程，求得

$$F_{Ay} = 15\text{kN}, \quad F_{By} = 60\text{kN}, \quad F_{Ax} = F_{Bx} = 104\text{kN}$$

AC 杆在轴向力 F_{Ax} 和 F_{Bx} 作用下，在 AB 段内受到拉伸；在横向力作用下，AC 杆发生弯曲。故 AB 段杆的变形是拉伸和弯曲的组合变形。AC 杆的轴力图和弯矩图如图 9-7c、d 所示。由内力图可见，B 点左侧的横截面是危险截面。该横截面的上边缘各点处的拉应力最大，是危险点。强度条件为

$$\sigma_{tmax} = \frac{F_N}{A} + \frac{M_{max}}{W_z} \leqslant [\sigma]$$

因为 A 和 W_z 都是未知量，无法由上式选择工字钢型号，通常是先只考虑弯曲应力，求出 W_z 后，选择 W_z 略大一些的工字钢，再考虑轴力的作用进行强度校核。

由弯曲正应力强度条件，求出

$$W_z \geq \frac{M_{\max}}{[\sigma]} = \left(\frac{45 \times 10^3}{160 \times 10^6} \right) \text{m}^3 = 2.81 \times 10^{-4} \text{m}^3 = 281 \text{cm}^3$$

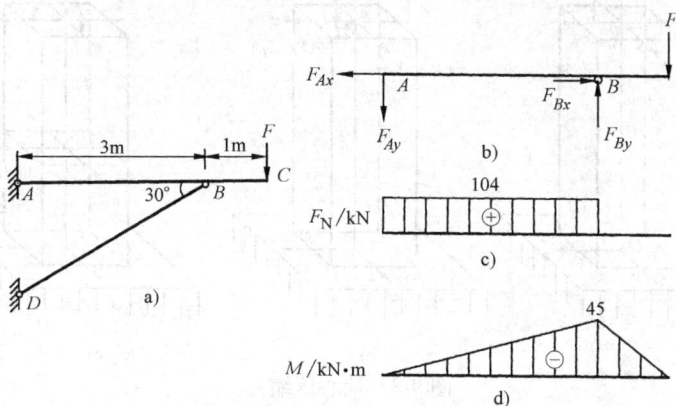

图 9-7　例 9-2 图

由型钢表，试选 22a 号工字钢，$W_z = 309 \text{cm}^3$，$A = 42.0 \text{cm}^2$。考虑轴力后，最大拉应力为

$$\sigma_{\text{tmax}} = \frac{F_N}{A} + \frac{M_{\max}}{W_z} = \left(\frac{104 \times 10^3}{42 \times 10^{-4}} + \frac{45 \times 10^3}{309 \times 10^{-6}} \right) \text{N/m}^2$$
$$= 170.4 \times 10^6 \text{N/m}^2 = 170.4 \text{MPa} > [\sigma]$$

最大拉应力超过许用应力，不满足强度条件，可见 22a 号工字钢截面还不够大。现重新选择 22b 号工字钢，$W_z = 325 \text{cm}^3$，$A = 46.6 \text{cm}^2$。此时的最大拉应力为

$$\sigma_{\text{tmax}} = \frac{F_N}{A} + \frac{M_{\max}}{W_z} = \left(\frac{104 \times 10^3}{46.4 \times 10^{-4}} + \frac{45 \times 10^3}{325 \times 10^{-6}} \right) \text{N/m}^2$$
$$= 160.9 \times 10^6 \text{N/m}^2 = 160.9 \text{MPa} > [\sigma]$$

此时，最大拉应力虽然超过许用应力，但超过不到 5%，工程上认为仍能满足强度要求。

9.4　偏心压缩（拉伸）

当杆受到与其轴线平行，但不与轴线重合的纵向外力作用时，杆将产生偏心压缩（拉伸）。例如图 9-1c 所示的柱子，就是偏心压缩的一个实例。偏心压缩又可分为单偏和双偏两种情况，分别如图 9-8a、b 所示。现研究杆在偏心压缩（拉伸）时，横截面上的正应力和强度计算方法。

图 9-8b 所示一下端固定的矩形截面杆，设在杆的上端截面的 $A(y_F, z_F)$ 点，作用一平行于杆轴线的 F 力。A 点到截面形心 C 的距离 e 称为偏心距。将 F 力向 C 点简化，得到通过杆轴线的压力 F 和力偶矩 $M = Fe$。再将力偶矩矢量沿 y 轴和

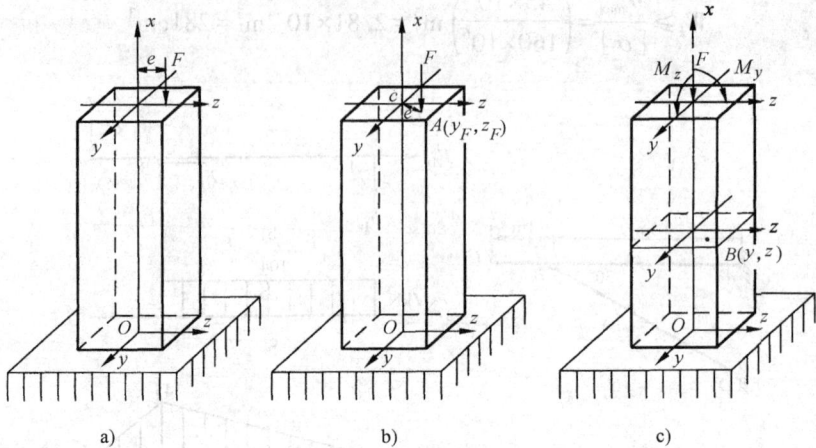

图 9-8　偏心压缩柱

z 轴分解，可分别得到作用于 xz 平面内的力偶矩 $M_y = Fz_F$ 和作用于 xy 平面内的力偶矩 $M_z = Fy_F$。因此，和作用在 A 点的 F 力等效的力系为作用在杆端截面形心的 F 力和力偶矩 M_y 和 M_z，如图 9-8c 所示。由此可知，杆将产生轴向压缩和在平面 xz 及 xy 平面内的平面弯曲。杆的各横截面上的内力均为

$$F_N = F, \quad M_y = Fz_F, \quad M_z = Fy_F$$

现考察任意横截面上第一象限中的任意点 $B(y, z)$ 处的应力。对应于上述三个内力，B 点处的正应力分别为

$$\sigma' = -\frac{F_N}{A} = -\frac{F}{A}$$

$$\sigma'' = -\frac{M_z y}{I_z} = -\frac{Fy_F y}{I_z}$$

$$\sigma''' = -\frac{M_y z}{I_y} = \frac{Fz_F z}{I_y}$$

在 F_N、M_z、M_y 单独作用下，横截面上应力分布分别如图 9-9a、b、c 所示。

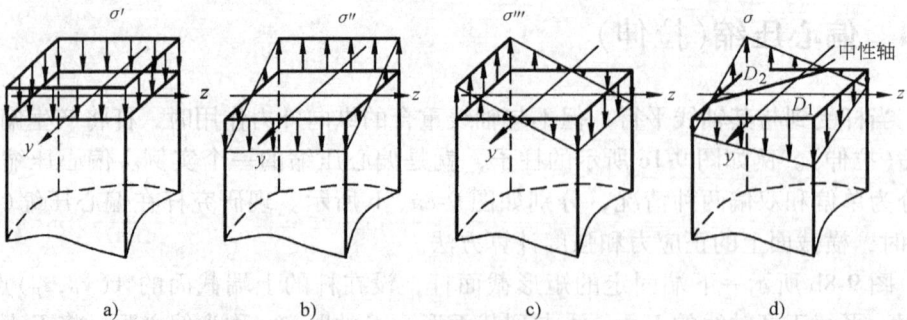

图 9-9　应力分布图

叠加得 B 点处的总应力为

$$\sigma = \sigma' + \sigma'' + \sigma'''$$

即

$$\sigma = -\left(\frac{F}{A} + \frac{Fy_F y}{I_z} + \frac{Fz_F z}{I_y}\right) \qquad (9\text{-}7)$$

令

$$I_y = Ai_y^2, \quad I_y = Ai_z^2$$

i_y，i_z 分别称为截面对 y 轴和 z 轴的惯性半径(参见附录 A.2)

代入上式后，得

$$\sigma = -\frac{F}{A}\left(1 + \frac{y_F y}{i_z^2} + \frac{z_F z}{i_y^2}\right) \qquad (9\text{-}8)$$

由式(9-7)或式(9-8)可见，横截面上的正应力为平面分布，如图 9-9d 所示。为了确定横截面上正应力最大的点，需确定中性轴的位置。设 y_0 和 z_0 为中性轴上任一点的坐标，将 y_0 和 z_0 代入式(9-8)后，得到的应力应等于零，即

$$\sigma = -\frac{F}{A}\left(1 + \frac{y_F y_0}{i_z^2} + \frac{z_F z_0}{i_y^2}\right) = 0$$

即

$$1 + \frac{y_F y_0}{i_z^2} + \frac{z_F z_0}{i_y^2} = 0 \qquad (9\text{-}9)$$

这就是中性轴方程。可以看出，中性轴是一条不通过横截面形心的直线。令式(9-9)中的 z_0 和 y_0 分别等于 0，可以得到中性轴在 y 轴和 z 轴上的截距

$$\left.\begin{aligned} a_y = y_0 \bigg|_{z_0=0} = -\frac{i_z^2}{y_F} \\ a_z = z_0 \bigg|_{y_0=0} = -\frac{i_y^2}{z_F} \end{aligned}\right\} \qquad (9\text{-}10)$$

式中负号表明，中性轴的位置和外力作用点的位置总是分别在横截面形心的两侧。横截面上中性轴的位置如图 9-9d 所示。中性轴一边的横截面上产生拉应力，另一边产生压应力。

最大正应力发生在离中性轴最远的点处。对于有凸角的截面，最大正应力一定发生在角点处。角点 D_1 产生最大压应力，角点 D_2 产生最大拉应力，如图 9-9d 所示。实际上，对于有凸角的截面，可不必求中性轴的位置，即可根据变形情况，确定产生最大拉应力和最大压应力的角点。对于没有凸角的截面，当中性轴位置确定后，作与中性轴平行并切于截面周边的两条直线，切点 D_1 和 D_2 即为产生最大压应力和最大拉应力的点，如图 9-10 所示。

杆受偏心压缩(拉伸)时的强度条件为

$$\sigma_{\text{tmax}} \leqslant [\sigma_t]$$

$$\sigma_{\text{cmax}} \leqslant [\sigma_c] \tag{9-11}$$

据此，就可进行偏心压缩（拉伸）杆件的强度计算。

例9-3 一端固定并有切槽的杆，如图9-11a所示。试求最大正应力。

图9-10 无凸角截面的最大
正应力点的位置

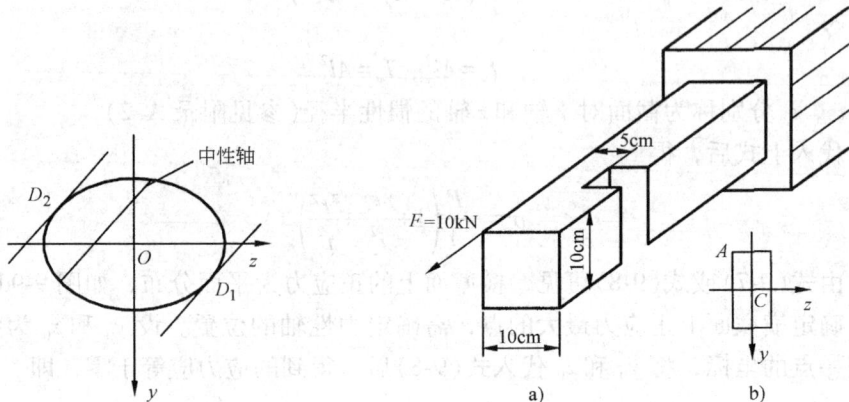

图9-11 例9-3图

解： 由观察判断，切槽处杆的横截面是危险截面，如图9-11b所示。对于该截面，F力是偏心拉力。现将F力向该截面的形心C简化，得到截面上的轴力和弯矩分别为

$$F_N = F = 10\text{kN}$$

$$M_z = F \times 0.05\text{m} = (10 \times 0.05)\text{kN} \cdot \text{m} = 0.5\text{kN} \cdot \text{m}$$

$$M_y = F \times 0.025\text{m} = (10 \times 0.025)\text{kN} \cdot \text{m} = 0.25\text{kN} \cdot \text{m}$$

A点为危险点，该点处的最大拉应力为

$$\sigma_{\text{tmax}} = \frac{F_N}{A} + \frac{M_z}{W_z} + \frac{M_y}{W_y}$$

$$= \left(\frac{10 \times 10^3}{0.1 \times 0.05} + \frac{0.5 \times 10^3}{\frac{1}{6} \times 0.05 \times 0.1^2} + \frac{0.25 \times 10^3}{\frac{1}{6} \times 0.1 \times 0.05^2} \right) \text{Pa} = 14\text{MPa}$$

9.5 截面核心

由中性轴的截距式（9-10）可以看出，当偏心荷载作用点的位置（y_F、z_F）改变时，中性轴在两轴上的截距a_y与a_z亦随之改变，且荷载作用点离横截面形心越近时，中性轴离横截面形心越远；当偏心荷载作用点离横截面形心越远时，中性

轴离横截面形心越近。随着偏心荷载作用点位置的变化，中性轴可能在横截面以内、或与横截面周边相切、或在横截面以外。在后两种情况下，若杆件受偏心压力作用，横截面上就只产生压应力。工程上有些材料，例如混凝土、砖、石等，其抗拉强度很小，因此，由这类材料制成的杆，主要用于承受压力；当用于承受偏心压力时，要求杆的横截面上不产生拉应力。为了满足这一要求，压力必须作用在横截面形心周围的某一区域内，使中性轴与横截面周边相切或在横截面以外。这一区域称为**截面核心**。

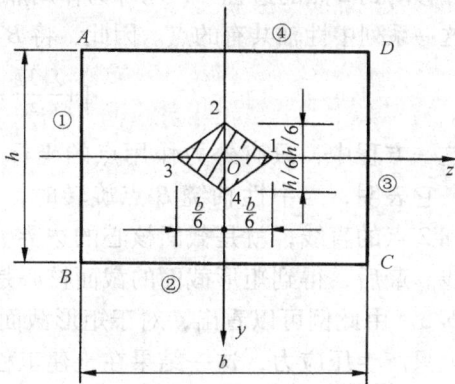

图 9-12　例 9-4 图

例 9-4　试确定图 9-12 所示矩形截面的截面核心。

解：矩形截面的对称轴 y 和 z 是形心主轴，且

$$i_y^2 = \frac{I_y}{A} = \frac{b^2}{12}, \quad i_z^2 = \frac{I_z}{A} = \frac{h^2}{12}$$

显然，要使整个横截面上只受同一符号的应力，则中性轴至少应与截面周边相切。先将与 AB 边重合的直线①作为中性轴，它在 y、z 轴上的截距分别为

$$a_{y1} = \infty, \quad a_{z1} = -\frac{b}{2}$$

由式(9-10)，得到与之对应的 1 点的坐标为

$$y_{F1} = -\frac{i_z^2}{a_{y1}} = -\frac{h^2/12}{\infty} = 0, \quad z_{F1} = -\frac{i_y^2}{a_{z1}} = -\frac{b^2/12}{-b/2} = \frac{b}{6}$$

同理可求得当中性轴②与 BC 边重合时，与之对应的 2 点的坐标为

$$y_{F2} = -\frac{h}{6}, \quad z_{F2} = 0$$

中性轴③与 CD 边重合时，与之对应的 3 点的坐标为

$$y_{F3} = 0, \quad z_{F3} = -\frac{b}{6}$$

中性轴④与 DA 边重合时，与之对应的 4 点的坐标为

$$y_{F4} = \frac{h}{6}, \quad z_{F4} = 0$$

确定了截面核心边界上的 4 个点后，还要确定这 4 个点之间截面核心边界的形状。为了解决这一问题，现研究中性轴从与一个周边相切，转到与另一个周边

相切时，外力作用点的位置变化的情况。例如，当外力作用点由 1 点沿截面核心边界移动到 2 点的过程中，与外力作用点对应的一系列中性轴将绕 B 点旋转，B 点是这一系列中性轴共有的点。因此，将 B 点的坐标 y_B 和 z_B 代入式(9-9)，即得

$$1+\frac{y_F y_B}{i_z^2}+\frac{z_F z_B}{i_y^2}=0$$

在这一方程中，只有外力作用点的坐标 y_F 和 z_F 是变量，所以这是一个直线方程。它表明，当中性轴绕 B 点旋转时，外力作用点沿直线移动。因此，联接 1 点和 2 点的直线，就是截面核心的边界。同理，2 点、3 点和 4 点之间也分别是直线。最后，得到矩形截面的截面核心是一个菱形，其对角线的长度分别是 $h/3$ 和 $b/3$。由此例可以看出，对于矩形截面杆，当压力作用在上述菱形以内时，截面上只产生压应力，这一结果在土建工程中经常用到。其他截面形状，也可用同样的方法确定。

*9.6 弯曲与扭转的组合

弯曲与扭转的组合是机械工程中常见的一种组合变形。例如图 9-1d 所示的传动轴就是一个实例。现以图 9-13a 所示的钢制直角曲拐中的圆杆 AB 为例，研究杆在弯曲和扭转组合变形下，应力和强度计算的方法。

首先，将力 F 向 AB 杆 B 端截面形心简化，得到一横向力 F 及力偶矩 $T=Fa$，如图 9-13b 所示。力 F 使 AB 杆弯曲，力偶矩 T 使 AB 杆扭转，故 AB 杆同时产生弯曲和扭转两种变形。AB 杆的弯矩图和扭矩图如图 9-13c、d 所示。由内力

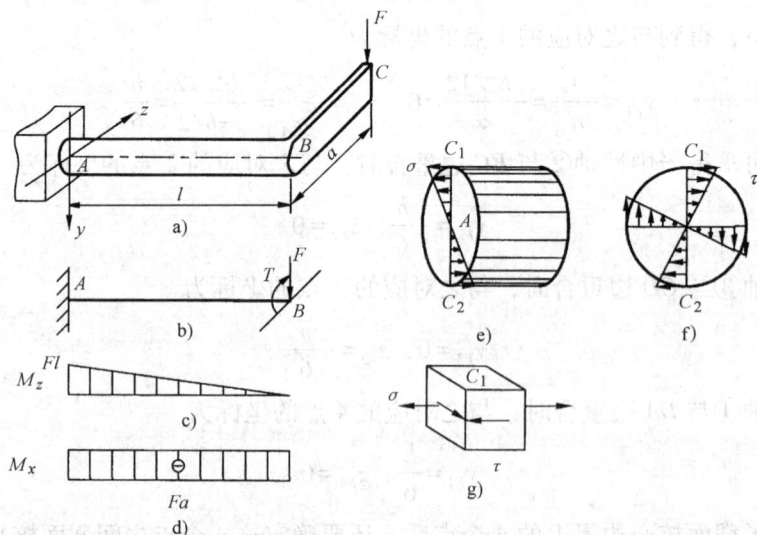

图 9-13 弯扭组合变形杆

图可见，固定端截面 A 截面是危险截面，其弯矩和扭矩值分别为

$$M_z = Fl, \quad M_x = Fa$$

在该截面上，弯曲正应力和扭转切应力的分布分别如图 9-13e、f 所示。从应力分布图可见，横截面的上、下两点 C_1 和 C_2 是危险点。考虑塑性杆抗拉压性质相同，故两点危险程度也相同，只需对其中任一点作强度计算。现对 C_1 点进行分析。在该点处取出一单元体，其各面上的应力如图 9-13g 所示。由于该单元体处于一般二向应力状态，所以需用强度理论来建立强度条件。该点处的弯曲正应力和扭转切应力分别为

$$\sigma = \frac{M_z}{W_z} \tag{9-12a}$$

$$\tau = \frac{M_x}{W_p} \tag{9-12b}$$

该点处的主应力为

$$\begin{matrix} \sigma_1 \\ \sigma_3 \end{matrix} = \frac{\sigma}{2} \pm \sqrt{\left(\frac{\sigma}{2}\right)^2 + \tau^2}, \quad \sigma_2 = 0 \tag{9-12c}$$

将其代入相当应力的计算式，经简化可得第三强度理论和第四强度理论的强度条件分别为

$$\sigma_{r3} = \sqrt{\sigma^2 + 4\tau^2} \leqslant [\sigma] \tag{9-13}$$

$$\sigma_{r4} = \sqrt{\sigma^2 + 3\tau^2} \leqslant [\sigma] \tag{9-14}$$

在工程实际中，对产生弯曲和扭转组合变形的圆截面杆，常用弯矩和扭矩表示强度条件。将式（9-12a）和式（9-12b）代入式（9-13）和式（9-14），并注意到圆截面的 $W_p = 2W_z$，则第三强度理论和第四强度理论的强度条件又分别为

$$\sigma_{r3} = \frac{1}{W_z}\sqrt{M_z^2 + M_x^2} \leqslant [\sigma] \tag{9-15}$$

$$\sigma_{r4} = \frac{1}{W_z}\sqrt{M_z^2 + 0.75M_x^2} \leqslant [\sigma] \tag{9-16}$$

例 9-5　一钢质圆轴，直径 $d = 8\text{cm}$，其上装有直径 $D = 1\text{m}$、重为 5kN 的两个带轮，如图 9-14a 所示。已知 A 处轮上的传动带拉力为水平方向，C 处轮上的传动带拉力为竖直方向。设钢的 $[\sigma] = 160\text{MPa}$，试按第三强度理论校核轴的强度。

解：将轮上的传动带拉力向轮心简化后，得到作用在圆轴上的集中力和力偶；此外，圆轴还受到轮重作用。简化后的外力如图 9-14b 所示。

在力偶作用下，圆轴的 AC 段内产生扭转，扭矩图如图 9-14c 所示。在横向力作用下，圆轴在 xy 和 xz 平面内分别产生弯曲，两个平面内的弯矩图如图 9-14d、e 所示。因为轴的横截面是圆形，不会发生斜弯曲，所以应将两个平面

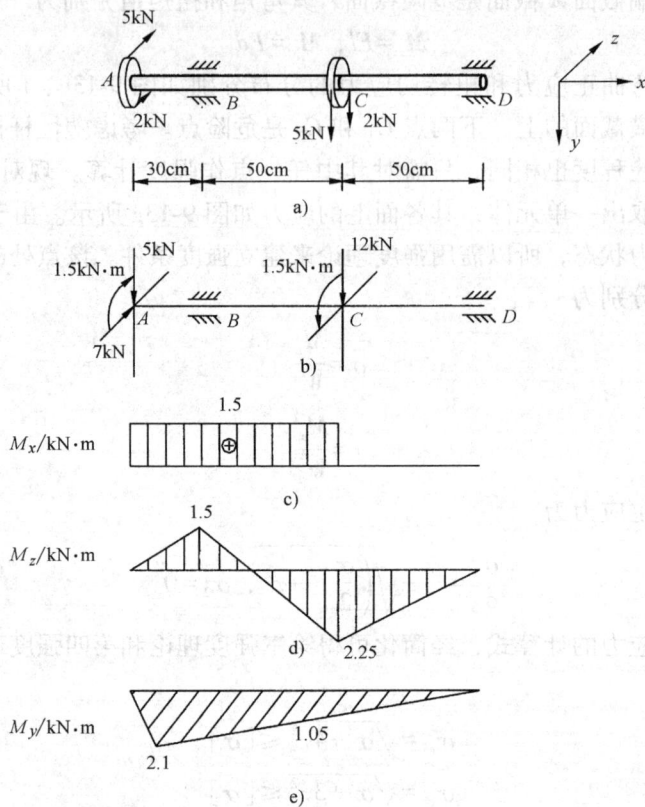

图 9-14　例 9-5 图

内的弯矩合成而得到横截面上的合成弯矩。由弯矩图可见，可能危险的截面是 B 截面和 C 截面。现分别求出这两个截面的合成弯矩为

$$M_B = \sqrt{M_{By}^2 + M_{Bz}^2} = \left(\sqrt{2.1^2 + 1.5^2}\right) \text{kN} \cdot \text{m} = 2.58 \text{kN} \cdot \text{m}$$

$$M_C = \sqrt{M_{Cy}^2 + M_{Cz}^2} = \left(\sqrt{1.05^2 + 2.25^2}\right) \text{kN} \cdot \text{m} = 2.48 \text{kN} \cdot \text{m}$$

因为 $M_B > M_C$，且 B、C 截面的扭矩相同，故 B 截面为危险截面。将 B 截面上的弯矩和扭矩值代入式（9-15），得到第三强度理论的相当应力为

$$\sigma_{r3} = \frac{1}{W_z}\sqrt{M_B^2 + M_x^2} = \left(\frac{1}{\frac{\pi}{32} \times 8^3 \times 10^{-6}} \times \sqrt{2.58^2 + 1.5^2}\right) \text{N/m}^2$$

$$= 59.3 \times 10^6 \text{N/m}^2 = 59.3 \text{MPa} < [\sigma] = 160 \text{MPa}$$

所以圆轴是安全的。

复习思考题

9-1　杆件发生斜弯曲时，横截面上的弯曲正应力是如何分布的？中性轴位于何处？如何计算最大弯曲正应力？

9-2　拉(压)与弯曲组合变形时，在什么情况下可按叠加原理计算横截面上的最大正应力？

9-3　偏心拉伸(压缩)和拉伸(压缩)与弯曲组合变形有何区别和联系？

9-4　何为组合变形？研究组合变形的方法是什么？其应用条件是什么？

9-5　圆杆受力如图 9-15 所示，试指出危险截面和危险点的位置，画出危险点的单元体。如果按第三强度理论进行强度计算，危险点的相当应力公式是否为

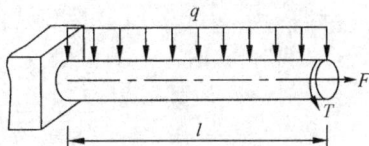

图 9-15　思考题 9-5 图

$$\sigma_{r3} = \frac{F}{A} + \sqrt{\left(\frac{M_z}{W_z}\right)^2 + 4\left(\frac{T}{W_p}\right)^2}$$

为什么？

习　题

9-1　矩形截面梁受荷载如图 9-16 所示，已知跨度 $l = 4\text{m}$，$b \times h = 110\text{mm} \times 160\text{mm}$，设材料为杉木，许用应力 $[\sigma] = 10\text{MPa}$，试校核该梁的强度。

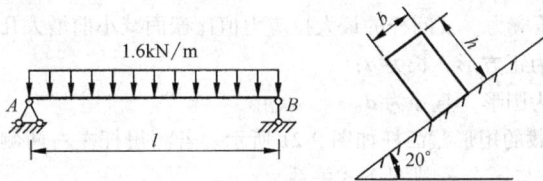

图 9-16　习题 9-1 图

9-2　图 9-17 所示悬臂梁在两个不同截面上分别受有水平力 F_1 和竖直力 F_2 的作用。若 $F_1 = 800\text{N}$，$F_2 = 1600\text{N}$，$l = 1\text{m}$，试求以下两种情况下，梁内最大正应力并指出其作用位置：

(1) 宽 $b = 90\text{mm}$，高 $h = 180\text{mm}$，截面为矩形，如图 9-17a 所示。

(2) 直径 $d = 130\text{mm}$ 的圆截面，如图 9-17b 所示。

9-3　如图 9-18 所示，一楼梯的扶手梁 AB，长度 $l = 4\text{m}$，截面为 $h \times b = 0.2\text{m} \times 0.1\text{m}$ 的矩形，$q = 2\text{kN/m}$。试作此梁的轴力图和弯矩图；并求梁跨中横截面上的最大拉应力和最大压应力。

9-4　图 9-19 所示的混凝土坝，右边一侧受水压力作用。试求当混凝土不出现拉应力时，所需的宽度 b。设混凝土的材料密度是 $2.4 \times 10^3 \text{kg/m}^3$。

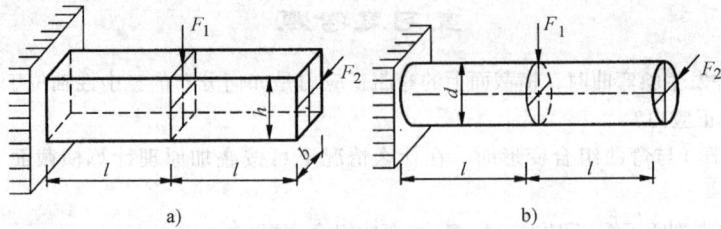

图 9-17 习题 9-2 图

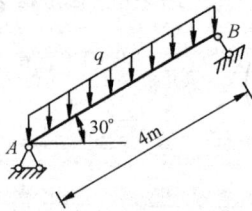

图 9-18 习题 9-3 图

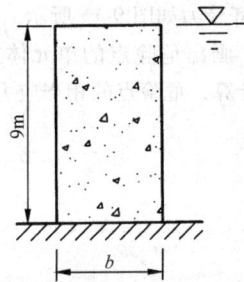

图 9-19 习题 9-4 图

9-5 图 9-20 所示杆件在中间处开一切槽，使其横截面面积减小一半，求 m—m 截面上的最大拉应力和最大的压应力。又问杆的最大拉应力值比截面减小前增大几倍？已知

（1）杆的原截面为正方形，长为 a；

（2）杆的原截面为圆形，直径为 d。

9-6 承受偏心荷载的矩形截面杆如图 9-21 所示。若测得杆左右两侧面的纵向应变 ε_1 和 ε_2，试证明：偏心距 e 与 ε_1、ε_2 满足下式关系

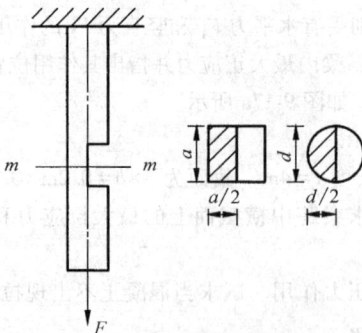

图 9-20 习题 9-5 图

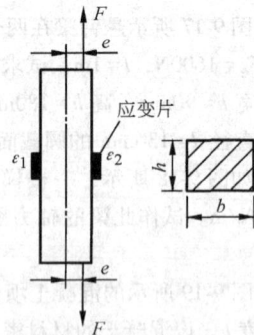

图 9-21 习题 9-6 图

$$e = \frac{\varepsilon_1 - \varepsilon_2}{\varepsilon_1 + \varepsilon_2} \cdot \frac{b}{6}$$

9-7 图 9-22 所示厂房的边柱，受屋顶传来的荷载 $F_1 = 120$kN 及吊车传来的荷载 $F_2 = 100$kN 作用，柱子的自重 $F_W = 77$kN，求柱底截面上左、右两侧边的正应力。

9-8 图 9-23 所示短柱受荷载 $F_1 = 25$kN 和 $F_2 = 5$kN 的作用，试求固定端截面上角点 A、B、C 及 D 的正应力，并确定其中性轴的位置。

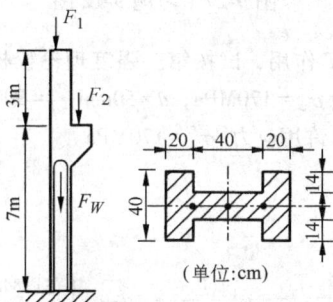

图 9-22 习题 9-7 图   图 9-23 习题 9-8 图

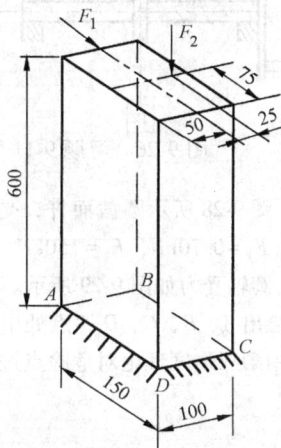

9-9 短柱承载如图 9-24 所示，现测得 A 点的纵向正应变 $\varepsilon_A = 500 \times 10^{-6}$，试求 F 力的大小。设 $E = 1.0 \times 10^4$MPa。

9-10 试确定图 9-25 所示各截面图形的截面核心。

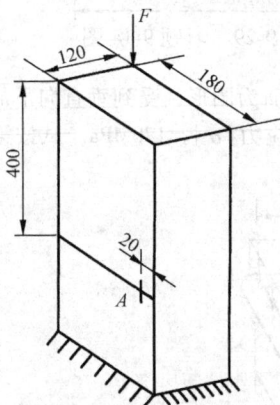

图 9-24 习题 9-9 图   图 9-25 习题 9-10 图

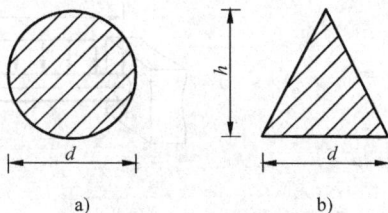

9-11 手摇绞车如图 9-26 所示，轴的直径 $d = 30$mm，材料的许用应力 $[\sigma] = 80$MPa。试按第三强度理论求绞车的最大起吊重力 W。

9-12 图 9-27 所示铁道路标圆形信号板，装在外径 $D = 60$mm 的空心圆柱上。受到最大水

平风荷载 $p=2kN/m^2$，圆柱材料的许用应力 $[\sigma]=60MPa$。试按第三强度理论选定空心圆柱的厚度 δ。

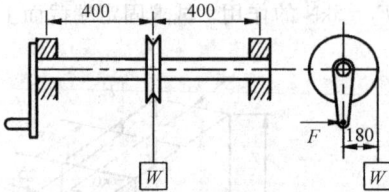

图 9-26 习题 9-11 图

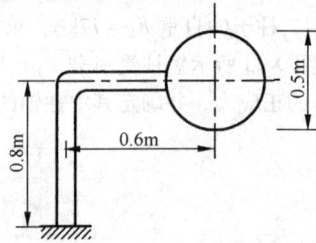

图 9-27 习题 9-12 图

9-13 图 9-28 所示圆截面杆，受荷载 F_1、F_2 和 T 作用，试按第三强度理论校核杆的强度。已知：$F_1=0.70kN$，$F_2=150kN$，$T=1.2kN\cdot m$，$[\sigma]=170MPa$，$d=50mm$，$l=900mm$。

9-14 圆轴受力如图 9-29 所示。直径 $d=100mm$，许用应力 $[\sigma]=170MPa$。

（1）绘出 A、B、C、D 四点处单元体上的应力；

（2）用第三强度理论对危险点进行强度校核。

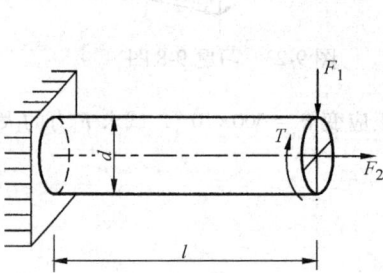

图 9-28 习题 9-13 图

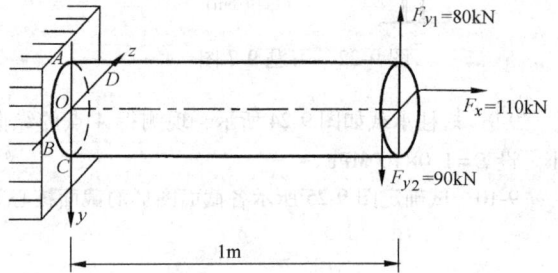

图 9-29 习题 9-14 图

9-15 图 9-30 所示一水平面内的等截面直角曲拐，截面为圆形，受到垂直向下的均布荷载 q 作用。已知：$l=800mm$，$d=40mm$，$q=1kN/m$，许用应力 $[\sigma]=170MPa$。试按第三强度理论校核曲拐强度。

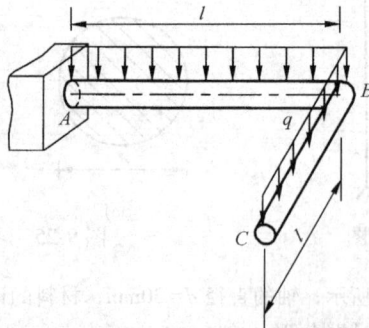

图 9-30 习题 9-15 图

第 10 章

压 杆 稳 定

10.1 概念与工程实例

工程上经常遇到直线形状的轴向受压杆件，如中心受压的立柱、桁架中的受压杆、脚手架中的压杆等等。承受轴向压力的细长杆，当压力达到或超过某一界限值时，往往在因强度不足而破坏以前，就已不能保持其原有直线形态的平衡，而产生骤然屈曲，使杆件丧失正常功能，这种现象称为压杆原有的直线平衡形式丧失了稳定性，简称**失稳**。由于受压杆失稳后将丧失继续承受原设计荷载的能力，而且失稳现象又常是突然发生的，所以，结构中受压杆件的失稳常会造成严重的后果，甚至导致整个结构物的坍塌。例如1907 年北美的魁比克圣劳伦斯河上一座 548m 的钢桥在施工中突然倒塌，就是由于其桁架中的一根受压杆失稳造成的，而该杆的强度却是足够的。工程上出现的较大的工程事故中，有相当一部分是因受压构件失稳所致，因此，对受压杆件平衡状态的稳定问题不容忽视。

为了说明平衡状态的稳定性，取两端铰支的细长中心受压杆件，其上作用轴向压力 F，并使杆在微小横向干扰力作用下弯曲，如图 10-1a 所示。当压力 F 较小时，撤去横向干扰力以后，杆件便来回摆动最后恢复到原来的直线形状的平衡（见图 10-1b）。所以在较小的压力 F 作用时，杆件原有的直线形状的平衡是稳定的。如果增大压力 F，使其超过某个定值 F_{cr} 时，压杆只要受到微小的横向干扰力，即使将干扰力立即撤去，也不能回复到原来的直线平衡状态，而变为曲线形状的平衡（见

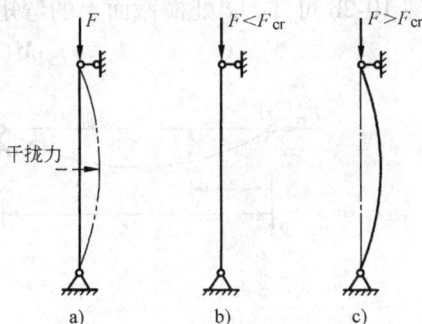

图 10-1 压杆稳定平衡与不稳定平衡

图 10-1c）。这时压杆原来的直线形状的平衡是不稳定的，如果再增大压力 F，则杆件继续弯曲直至最后折断。从稳定平衡过渡到不稳定平衡时，轴向压力的界限值 F_{cr}，称为**临界压力**。由此可见，同一杆件其直线状态的平衡是否稳定，决定于压力 F 的大小。当 F 小于临界压力 F_{cr} 时，直线状态的平衡是稳定的，当 F 大于临界压力 F_{cr} 时，便是不稳定的，即发生失稳现象。

以上所述是限于理想的中心受压杆件的情况，实际上压杆受到的荷载很难刚好作用在杆的轴线上，所以有初偏心存在；同时杆件的材料不可能绝对均匀，并且制造上的误差会存在初曲率，这些"偶然偏心"因素起着干扰作用。因此，实际上当轴向压力接近临界压力时，压杆就突然发生弯曲，不能正常工作。因而对于工程中的受压杆件，应使其轴向工作压力低于其临界压力，并留有一定的安全储备。本章主要介绍压杆临界压力的计算方法以及压杆的稳定安全计算方法。

10.2　细长压杆的临界压力

细长压杆的临界压力计算公式随压杆支承条件不同而异，本节着重研究两端铰支情况下细长压杆临界压力公式，并给出其他支承条件下压杆的临界压力的计算通式。

10.2.1　两端铰支细长压杆的临界压力

设长为 l，两端铰支（球铰）的细长压杆在临界压力 F_{cr} 作用下保持微弯平衡状态，如图 10-2a 所示。如果此时压杆的应力不超过材料的比例极限，在确定临界压力时，可以从研究压杆在微弯平衡状态下的挠曲线入手，应用梁挠曲线的近似微分方程。取图 10-2a 所示坐标系，并假设压杆在临界压力作用下在 xy 面内处于微弯平衡状态。压杆挠曲线方程 $w = w(x)$ 应满足下式关系

$$EIw'' = -M(x)$$

由图 10-2b 可知，x 处横截面上的弯矩为

$$M(x) = F_{cr}w$$

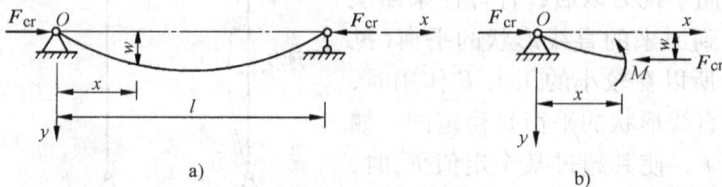

图 10-2　两端铰支细长压杆

代入得压杆挠曲线近似微分方程为

$$EIw'' + F_{cr}w = 0 \tag{10-1a}$$

令

$$k^2 = F_{cr}/EI \tag{10-1b}$$

代入式(10-1a)得

$$w'' + k^2 w = 0 \tag{10-1c}$$

这是一个二阶齐次常微分方程，其通解为

$$w = A\sin kx + B\cos kx \tag{10-1d}$$

式中 A、B 为积分常数。根据边界条件，当 $x=0$ 时，$w=0$，得 $B=0$，于是

$$w = A\sin kx \tag{10-1e}$$

又当 $x=l$ 时，$w=0$，代入式(10-1e)得

$$A\sin kl = 0 \tag{10-1f}$$

这就要求 $A=0$ 或 $\sin kl = 0$。若 $A=0$，则 $w=0$，由式(10-1e)可知，压杆各横截面的挠度均为零，即压杆的轴线为直线，这与压杆处于微弯平衡状态的前提不相符，因而只能是 $\sin kl = 0$。要满足这一条件，则要求

$$kl = n\pi \quad (n = 0, 1, 2, 3, \cdots)$$

由此得

$$k = \sqrt{\frac{F_{cr}}{EI}} = \frac{n\pi}{l}$$

故

$$F_{cr} = \frac{n^2\pi^2 EI}{l^2} \quad (n = 0, 1, 2, 3, \cdots) \tag{10-1g}$$

由于临界压力是使压杆在微弯状态下保持平衡的最小轴向压力，所以，应取 $n=1$，代入式(10-1g)，即得两端球形铰支的细长压杆的临界压力公式为

$$F_{cr} = \frac{\pi^2 EI}{l^2} \tag{10-2}$$

式(10-2)通常称为**欧拉公式**。式中 EI 为杆的弯曲刚度，I 为截面的形心主惯性矩(参见附录 A.4)。应当指出，式(10-2)是以两端为球铰约束的细长压杆导出的，当压杆失稳时，杆将绕 I 值最小的轴的方向弯曲，所以式中 I 应取 I_{min}。例如图 10-3 所示的两端均为球铰的矩形截面细长压杆，在用式(10-2)计算临界压力 F_{cr} 时，I 应取 I_z。

由于取 $n=1$，则 $kl = \pi$，代入式(10-1e)得该压杆的挠曲线方程为

$$w = A\sin\frac{\pi x}{l} \quad (0 \leqslant x \leqslant l) \tag{10-3}$$

式中，x 取值范围在 0 到 l 之间，可见该压杆的挠曲线为一个半波正弦曲线。

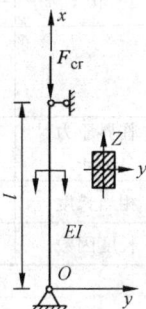

图 10-3 矩形截面细长压杆

10.2.2 其他支承情况下细长压杆的临界压力

细长压杆的临界压力随两端的支承条件不同而异，对于各种不同支承情况下的压杆的临界压力计算公式，都可以采取与两端铰支相同的方法导出。现将四种常见支承情况下细长压杆的临界压力计算公式推导结果列于表 10-1 中。这些公式基本相似，只是分母中 l 前面的系数不同。若 l 前面的系数用 μ 表示，则这些公式可写成如下通式

$$F_{cr} = \frac{\pi^2 EI}{(\mu l)^2} \tag{10-4}$$

式中 μ ——长度因数；

μl ——相当长度。

长度因数表示压杆的支承条件对临界压力的影响；压杆的**相当长度**表示该压杆临界状态时微弯变形曲线中的一个正弦半波相当的杆长。例如长度为 l，一端自由、一端固定的压杆(见表 10-1)，其临界状态时微弯变形曲线相当于半个正弦半波，因此它的一个正弦半波相当的杆长为 $\mu l = 2l$，故其 $\mu = 2$。而两端铰支的细长压杆，临界状态时微弯变形曲线刚好为一个正弦半波，故 $\mu l = l$，$\mu = 1$。

表 10-1 各种支承情况下细长压杆的临界压力公式

支承情况	两端铰支	一端自由一端固定	两端固定	一端铰支一端固定
挠曲线形状				
临界压力公式	$F_{cr} = \dfrac{\pi^2 EI}{l^2}$	$F_{cr} = \dfrac{\pi^2 EI}{(2l)^2}$	$F_{cr} = \dfrac{\pi^2 EI}{(0.5l)^2}$	$F_{cr} = \dfrac{\pi^2 EI}{(0.7l)^2}$
相当长度	l	$2l$	$0.5l$	$0.7l$
长度因数	$\mu = 1$	$\mu = 2$	$\mu = 0.5$	$\mu = 0.7$

由表 10-1 可以看出，中心受压直杆的临界压力 F_{cr} 与杆端的支承约束情况有关，杆端约束的刚度越大，则长度因数 μ 值越小，相应的临界压力也就越大，反之，杆端约束刚度越小，则 μ 值就越大，相应的临界压力也就越小。但表10-1所列的只是几种典型支承的情形，而工程中实际问题的支承约束情况是比较复杂

的。因此，必须根据受压杆的实际支承情况，将其恰当地简化为典型形式，或参照有关设计规范中的规定，从而确定出适当的长度因数。

例 10-1 一细长圆截面连杆，两端可视为铰支，长度 $l = 1\text{m}$，直径 $d = 20\text{mm}$，材料为 Q235 钢，其弹性模量 $E = 200\text{GPa}$，屈服极限 $\sigma_s = 235\text{MPa}$。试计算连杆的临界压力以及使连杆压缩屈服所需的轴向压力。

解：（1）计算临界压力

根据公式（10-2）可知，其临界压力为

$$F_{cr} = \frac{\pi^2 EI}{l^2} = \frac{\pi^3 E d^4}{64 l^2} = \left(\frac{\pi^3 \times 200 \times 10^9 \times 0.02^4}{64 \times 1^2} \right) \text{N} = 15.5\text{kN}$$

（2）使连杆压缩屈服所需的轴向压力为

$$F_s = A\sigma_s = \frac{\pi d^2 \sigma_s}{4} = \left(\frac{\pi \times 0.02^2 \times 235 \times 10^6}{4} \right) \text{N} = 73.8\text{kN}$$

F_s 远远大于 F_{cr}，所以对于细长杆来说，其承压能力是由稳定性要求确定的。

10.3 欧拉公式的适用范围·临界应力总图

10.3.1 临界应力与柔度的概念

压杆在临界压力作用下，横截面上的平均压应力称为压杆的**临界应力**，用 σ_{cr} 表示。对于细长压杆，临界压力由欧拉公式（10-4）式给出，将其除以压杆面积 A 可得临界应力

$$\sigma_{cr} = \frac{F_{cr}}{A} = \frac{\pi^2 EI}{(\mu l)^2 A} = \frac{\pi^2 E}{(\mu l)^2} \frac{I}{A} \tag{10-5a}$$

上式中比值 $\dfrac{I}{A}$ 是一个仅与横截面的形状及尺寸有关的几何量，用 i^2 表示，由附录 A.2 可知，i 为截面图形的**惯性半径**，即

$$i^2 = \frac{I}{A} \quad \text{或} \quad i = \sqrt{\frac{I}{A}} \tag{10-5b}$$

将式（10-5b）代入式（10-5a）得

$$\sigma_{cr} = \frac{\pi^2 E}{(\mu l)^2} i^2 = \frac{\pi^2 E}{\left(\dfrac{\mu l}{i} \right)^2} = \frac{\pi^2 E}{\lambda^2} \tag{10-6}$$

式（10-6）称为**欧拉临界应力公式**。式中

$$\lambda = \frac{\mu l}{i} \tag{10-7}$$

λ 是一个量纲为 1 的量，称为压杆的**柔度**，或称为**长细比**。它综合反映了压杆的杆端约束情况(μ)、杆的长度(l)及横截面的形状和尺寸(i)等因素对压杆临界应力的影响。对于由一定材料制成的细长压杆来说，其临界应力仅与柔度 λ 有关，而且，柔度愈大，杆就相对愈细长，其临界应力愈小。所以柔度是压杆稳定计算中的一个重要参数。

10.3.2　欧拉公式的应用范围

由于欧拉公式即式(10-2)是根据挠曲线近似微分方程导出的，它只适用于杆内应力不超过材料的比例极限 σ_p 的弹性情况，因此临界应力也就不能超过材料的比例极限。即

$$\sigma_{cr} = \frac{\pi^2 E}{\lambda^2} \leqslant \sigma_p \quad \text{或写成} \quad \lambda \geqslant \sqrt{\frac{\pi^2 E}{\sigma_p}}$$

令

$$\lambda_p = \sqrt{\frac{\pi^2 E}{\sigma_p}} \tag{10-8}$$

故欧拉公式的适用范围为

$$\lambda \geqslant \lambda_p \tag{10-9}$$

只有当压杆的柔度 $\lambda \geqslant \lambda_p$ 时，才能用欧拉公式计算压杆的临界压力或临界应力。$\lambda \geqslant \lambda_p$ 的这类压杆称为**大柔度杆**，或称为**细长杆**。λ_p 的大小取决于材料的力学性质(σ_p 与 E)。例如 Q235 钢 $E = 206\text{GPa}$，$\sigma_p = 200\text{MPa}$，则

$$\lambda_p = \sqrt{\frac{\pi^2 E}{\sigma_p}} = \pi\sqrt{\frac{206 \times 10^9}{200 \times 10^6}} \approx 100$$

即由 Q235 钢制成的压杆，只有当压杆的柔度 $\lambda \geqslant 100$ 时，才属于细长压杆，才能用欧拉公式计算压杆的临界压力或临界应力。

例 10-2　图 10-4 所示各杆均为圆形截面的细长压杆。已知各杆所用的材料及直径 d 均相同，各杆的长度如图所示。试问承受压力的能力最大和最小的杆分别是哪根？（只考虑在纸平面内失稳）。

解：本题实际上是比较四根杆的临界压力大小。因各杆均为细长杆，故均可用欧拉公式计算临界压力。又因为这四根杆所用材料相同(E 值相同)，截面的形状、尺寸也相同，因而各杆横截面上 i 的数值也相同，故

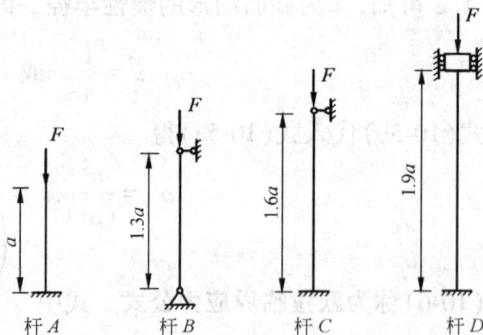

图 10-4　例 10-2 图

只需比较各杆的 μl 值。A、B、C、D 四根杆的 μl 值分别为

$$杆\ A \quad \mu l = 2a \quad (\mu = 2)$$
$$杆\ B \quad \mu l = 1.3a \quad (\mu = 1)$$
$$杆\ C \quad \mu l = 0.7 \times 1.6a = 1.12a \quad (\mu = 0.7)$$
$$杆\ D \quad \mu l = 0.5 \times 1.9a = 0.95a \quad (\mu = 0.5)$$

杆 D 的 μl 值最小（即 λ 值亦最小），杆 A 的 μl 值最大（即 λ 值亦最大）。故杆 D 承受压力的能力最大，杆 A 承受压力的能力最小。

通过上面例题看到：当用欧拉公式计算临界力时，应注意该公式的适用范围。即应首先根据所用材料确定压杆的 $\lambda_p \left(\sqrt{\pi^2 E / \sigma_p} \right)$ 值，只有压杆的柔度 λ 满足 $\lambda \geqslant \lambda_p$ 时，方可用之；另外，有些压杆可能在不同平面内有不同的支承情况，计算此类压杆的临界压力或验算稳定性时，应根据支承情况计算和比较不同平面内的 λ 值，压杆总是在 λ 值大的平面内失稳。

例 10-3　一端固定、一端自由的中心受压立柱，长 $l = 1\text{m}$，材料为 Q235 钢，弹性模量 $E = 200\text{GPa}$，试计算图 10-5 所示两种截面的临界压力。一种截面为 $45\text{mm} \times 6\text{mm}$ 的角钢，另一种截面是由两个 $45\text{mm} \times 6\text{mm}$ 的角钢组成。

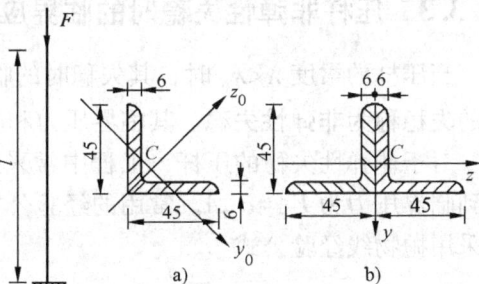

图 10-5　例 10-3 图

解：（1）计算压杆的柔度

单个角钢的截面，查型钢表得：$I_{min} = I_{y0} = 3.89\text{cm}^4 = 3.89 \times 10^{-8}\ \text{m}^4$，$i_{min} = i_{y0} = 8.8\text{mm}$，压杆的柔度为

$$\lambda = \frac{\mu l}{i_{y0}} = \frac{2 \times 1000}{8.8} = 227$$

由两个角钢组成的截面，由型钢表查得：$I_{min} = I_z = 2 \times 9.33\text{cm}^4 = 18.66 \times 10^{-8}$ m^4，$i_{min} = i_z = 13.6\text{mm}$，其柔度为

$$\lambda = \frac{\mu l}{i_z} = \frac{2 \times 1000}{13.6} = 147$$

这两种截面的压杆其柔度均大于 λ_p，都属于细长杆，可用欧拉公式计算临界压力。

（2）计算压杆的临界压力

单个角钢的截面，其临界压力为

$$F_{cr} = \frac{\pi^2 E I_{min}}{(\mu l)^2} = \left[\frac{\pi^2 \times 200 \times 10^9 \times 3.89 \times 10^{-8}}{(2 \times 1)^2} \right] \text{N} = 19.18\text{kN}$$

由两个角钢组成的截面，临界压力为

$$F_{cr} = \frac{\pi^2 EI_{min}}{(\mu l)^2} = \left[\frac{\pi^2 \times 200 \times 10^9 \times 18.66 \times 10^{-8}}{(2 \times 1)^2}\right] N = 91.99 kN$$

讨论：这两根杆的临界压力之比等于惯性矩之比，其比值为

$$\frac{F_{cr(2)}}{F_{cr(1)}} = \frac{I_{min(2)}}{I_{min(1)}} = \frac{18.66}{3.89} = 4.8$$

用两个角钢组成的截面比单个角钢的截面在面积增大一倍的情形下，临界压力可增大 4.8 倍。所以临界压力与截面的尺寸和形状均有关。此例可启发我们思考细长压杆在杆件的材料、长度、支撑情况以及截面面积不改变的情况下，如何提高它的临界压力？

10.3.3　压杆非弹性失稳时的临界应力

当压杆的柔度 $\lambda < \lambda_p$ 时，其失稳时的临界应力大于材料的比例极限，这类压杆的失稳称为**非弹性失稳**。其临界压力和临界应力都不能按照欧拉公式计算。

对于非弹性失稳的压杆，工程中常采用经验公式计算其临界应力 σ_{cr}，进而得到临界压力为 $F_{cr} = \sigma_{cr} A$。常用的经验公式有直线型和抛物线型，我国在建筑上常采用抛物线经验公式

$$\sigma_{cr} = a - b\lambda^2 \tag{10-10}$$

式中　λ——压杆的柔度；

a、b——与压杆材料有关的常数，其值随材料不同而异。

例如：Q235 钢　　　　$\sigma_{cr} = (235 - 0.00668\lambda^2) MPa$　（$\lambda < 123$）

　　　　Q345 钢　　　　$\sigma_{cr} = (343 - 0.0142\lambda^2) MPa$　（$\lambda < 102$）

10.3.4　临界应力总图

根据压杆处于弹性阶段与非弹性阶段的临界应力表达式式（10-6）、式（10-10），其临界应力 σ_{cr} 均为杆之柔度 λ 的函数，可在 σ_{cr}—λ 坐标系中画出 $\sigma_{cr} = f(\lambda)$ 曲线，临界应力 σ_{cr} 与柔度 λ 的关系曲线称为临界应力总图。

图 10-6 为 Q235 钢的临界应力总图。图中，曲线 ACB 是按照欧拉公式绘制的（双曲线），曲线 CD 是按经验公式绘制的（抛物线），两曲线交于 C 点，C 点的横坐标为 $\lambda_C = 123$，纵坐标为 $\sigma_C = 134 MPa$。这里以 $\lambda_C = 123$ 而不是以 $\lambda_p = 100$ 作为两曲线的分界点，这是因为欧拉公式是以理想的中心受压

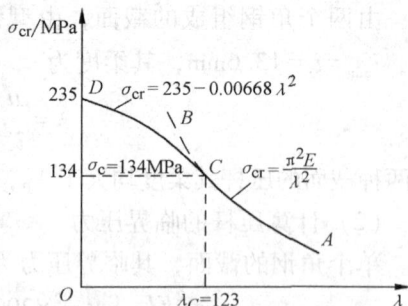

图 10-6　Q235 钢临界应力总图

杆导出的，其与实际存在着差异，因而将分界点作了修正，这样更能反映压杆的实际情况。所以，在实用中，对 Q235 钢制成的压杆，当 $\lambda \geqslant \lambda_C (\ = 123)$ 时才按照欧拉公式计算临界应力(或临界压力)，而 $\lambda < 123$ 时，用经验公式计算。

对于 Q345 钢，其临界应力总图中，欧拉曲线与抛物线分界点处的柔度为 $\lambda_C = 102$，相应的临界应力为 $\sigma_C = 195\text{MPa}$。

例 10-4 Q235 钢制成的矩形截面杆的受力及两端约束情况如图 10-7 所示，其中图 10-7a 为正视图，图 10-7b 为俯视图。在 A、B 两处用螺栓夹紧。已知 $l = 2.3\text{m}$，$b = 40\text{mm}$，$h = 60\text{mm}$，材料的弹性模量 $E = 205\text{GPa}$。试求此杆的临界压力。

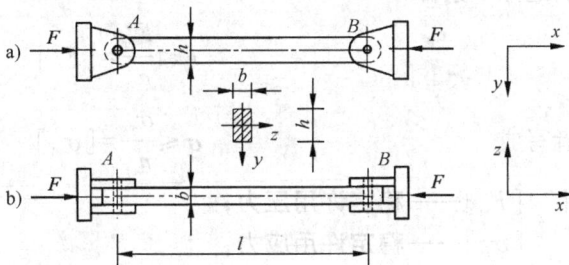

图 10-7　例 10-4 图

解： 压杆在 A、B 两端的约束不同于球铰。在正视图所在的 xy 平面内失稳时，A、B 两处可以自由转动，相当于铰链约束。在俯视图所在的 xz 平面内失稳时，A、B 两处不能转动，相当于固定约束。因此，压杆在两个平面内失稳时，其柔度不同。为确定临界压力，需先计算压杆在两个平面内的柔度并加以比较，判定压杆在哪一平面内容易失稳。

在正视图平面内：

$$\mu = 1, \quad i_z = \sqrt{\frac{I_z}{A}} = \frac{h}{2\sqrt{3}} = \left(\frac{60}{2\sqrt{3}}\right)\text{mm} = 17.32\text{mm}$$

于是有

$$\lambda_z = \frac{\mu l}{i_z} = \frac{1 \times 2300}{17.32} = 132.8$$

在俯视图平面内：

$$\mu = 0.5, \quad i_y = \sqrt{\frac{I_y}{A}} = \frac{b}{2\sqrt{3}} = \left(\frac{40}{2\sqrt{3}}\right)\text{mm} = 11.55\text{mm}$$

于是有

$$\lambda_y = \frac{\mu l}{i_y} = \frac{0.5 \times 2300}{11.55} = 99.6$$

由于 $\lambda_z > \lambda_y$，因此压杆将在正视图平面内失稳。对于 Q235 钢，$\lambda_z = 132.8$ 属于细长压杆，故可用欧拉公式计算临界压力。即

$$F_{\text{cr}} = \sigma_{\text{cr}} A = \frac{\pi^2 E}{\lambda^2} bh = \left(\frac{\pi^2 \times 205 \times 10^9}{132.8^2} \times 0.04 \times 0.06\right)\text{N} = 275\text{kN}$$

10.4　压杆的稳定计算

10.4.1　压杆的稳定条件

为了保证压杆在轴向压力 F 作用下不致失稳，并具有一定的安全储备，必须满足如下条件

$$F \leqslant \frac{F_{cr}}{n_{st}} = [F_{st}] \qquad (10\text{-}11)$$

或者写成

$$\sigma \leqslant \frac{\sigma_{cr}}{n_{st}} = [\sigma_{st}] \qquad (10\text{-}12)$$

式中　$[F_{st}]$——稳定许用压力；

　　　$[\sigma_{st}]$——稳定许用应力；

　　　n_{st}——规定的稳定安全因数，考虑到"偶然偏心"，其值要比强度安全因数 n_s 或 n_b 大一些；

　　　σ——压杆工作时横截面上的正应力，称为工作应力，其大小为 $\sigma = F/A$。

与强度计算类似，利用**稳定条件**式（10-11）或式（10-12），可以校核压杆的稳定性、确定压杆的横截面面积以及确定压杆的许用压力等。应该指出，由于压杆的稳定性取决于整个杆件的抗弯刚度，因此，在确定压杆的临界压力或临界应力时，可不必考虑杆件局部削弱（例如铆钉孔、油孔等）的影响，而可按未削弱的横截面尺寸来计算惯性矩 I 和横截面面积 A。但对于受削弱的横截面，应进行强度校核。

压杆的稳定计算常用的方法有安全因数法和折减因数法两种。

10.4.2　安全因数法

当压杆受轴向压力为 F 时，它实际具有的**稳定工作安全因数**为

$$n = \frac{F_{cr}}{F} = \frac{\sigma_{cr}}{\sigma}$$

则式（10-11）和式（10-12）可改写为

$$n \geqslant n_{st} \qquad (10\text{-}13)$$

此式是用安全因数表示的稳定条件。表明只有当压杆的实际稳定工作安全因数不小于规定的稳定安全因数时，压杆才能正常工作。

用这种方法对压杆进行稳定计算时，必须计算压杆的临界压力或临界应力，而且应给出规定的稳定安全因数。而为了计算 F_{cr} 或 σ_{cr}，应首先计算压杆的柔度

λ，再按 λ 所属的范围选用合适的公式计算。

例 10-5 某千斤顶螺杆材料为 Q235 钢，杆长 $l=400\text{mm}$，直径 $d=40\text{mm}$，上端自由，下端可视为固定，受轴向压力 $F=80\text{kN}$ 作用，如图 10-8 所示。若规定的稳定安全因数 $n_{\text{st}}=3$，试校核螺杆的稳定性。

解：（1）计算压杆柔度

压杆长度因数 $\mu=2$，截面的惯性半径 $i=\sqrt{\dfrac{I}{A}}=\dfrac{d}{4}=\dfrac{40\text{mm}}{4}=10\text{mm}$，可得到压杆的柔度为

$$\lambda=\frac{\mu l}{i}=\frac{2\times 400}{10}=80$$

（2）计算临界压力

由于 $\lambda<\lambda_C(=123)$，故应由经验公式计算其临界应力，从而得到临界压力。螺杆的临界应力为

$$\sigma_{\text{cr}}=235-0.00668\lambda^2=(235-0.00668\times 80^2)\,\text{MPa}=192\text{MPa}$$

由此可得到螺杆的临界压力为

$$F_{\text{cr}}=\sigma_{\text{cr}}A=\left(192\times 10^6\times\frac{\pi}{4}\times 0.04^2\right)\text{N}=241\text{kN}$$

（3）校核螺杆的稳定性

螺杆的稳定工作安全因数为

$$n=\frac{F_{\text{cr}}}{F}=\frac{241}{80}=3.01>n_{\text{st}}$$

所以螺杆满足稳定条件。

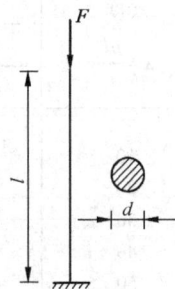

图 10-8 例 10-5 图

10.4.3 折减因数法

将式(10-12)中的稳定许用应力值写成如下形式

$$[\sigma_{\text{cr}}]=\frac{\sigma_{\text{cr}}}{n_{\text{st}}}=\varphi[\sigma] \tag{10-14a}$$

由该式可知，φ 值为

$$\varphi=\frac{\sigma_{\text{cr}}}{n_{\text{st}}[\sigma]}=\frac{\sigma_{\text{cr}}n}{n_{\text{st}}\sigma_{\text{u}}} \tag{10-14b}$$

式中　σ_{u}——强度极限应力；

　　　　n——强度安全因数；

　　　　φ——**折减因数**或**稳定因数**。由于 $\sigma_{\text{cr}}<\sigma_{\text{u}}$ 而 $n_{\text{st}}>n$，故 φ 值小于 1 且大于 0。

将式(10-14a)代入式(10-12)，则有

$$\sigma=\frac{F}{A}\leqslant\varphi[\sigma] \tag{10-15}$$

此式即为压杆需要满足的稳定条件。

由式(10-14b)可知，当$[\sigma]$一定时，φ决定于σ_{cr}与n_{st}。由于临界应力σ_{cr}值随压杆的柔度λ而改变，而不同柔度的压杆其规定的稳定安全因数n_{st}的值不相同，也就是说σ_{cr}与n_{st}均随柔度λ而变。所以当压杆的材料一定时，折减因数φ仅决定于柔度λ之值，它是λ的函数。钢结构设计规范（GBJ 17—1988），根据我国常用构件的截面形式、尺寸和加工条件等因素，将压杆的折减因数φ与柔度λ之间的关系归并为不同材料的a，b，c三类不同截面分别给出（有关截面分类情况请参阅《钢结构设计规范》），表10-2中仅列出其中一部分。介于表列相邻λ值之间的压杆，其折减因数可按内插法求得。

表 10-2 压杆的折减因数

柔度 $\lambda = \dfrac{\mu l}{i}$	φ 值				
	Q235 钢		Q345 钢		铸铁
	a 类截面	b 类截面	a 类截面	b 类截面	
0	1.000	1.000	1.000	1.000	1.00
10	0.995	0.992	0.993	0.989	0.97
20	0.981	0.970	0.973	0.956	0.91
30	0.963	0.936	0.950	0.913	0.81
40	0.941	0.899	0.920	0.863	0.69
50	0.916	0.856	0.881	0.804	0.57
60	0.883	0.807	0.825	0.734	0.44
70	0.839	0.751	0.751	0.656	0.34
80	0.783	0.688	0.661	0.575	0.26
90	0.714	0.621	0.570	0.499	0.20
100	0.638	0.555	0.487	0.431	0.16
110	0.563	0.493	0.416	0.373	—
120	0.494	0.437	0.358	0.324	—
130	0.434	0.387	0.310	0.283	—
140	0.383	0.345	0.271	0.249	—
150	0.339	0.303	0.239	0.221	—
160	0.302	0.276	0.212	0.197	—
170	0.270	0.249	0.189	0.176	—
180	0.243	0.225	0.169	0.159	—
190	0.220	0.204	0.153	0.144	—
200	0.199	0.186	0.138	0.131	—

表10-2还给出铸铁材料不同λ的折减因数φ值。

对于木制压杆的折减因数φ与柔度λ之间的关系，由木结构设计规范（GBJ 5—1988），按不同树种的强度等级由下列两组公式计算：

树种强度等级为 TC17，TC25 及 TB20 时

$$\lambda \leq 75, \quad \varphi = \cfrac{1}{1+\left(\cfrac{\lambda}{80}\right)^2} \qquad (10\text{-}16a)$$

$$\lambda > 75, \quad \varphi = \cfrac{3000}{\lambda^2} \qquad (10\text{-}16b)$$

树种强度等级为 TC13，TC11，TB17 及 TB15 时

$$\lambda \leq 91, \quad \varphi = \cfrac{1}{1+\left(\cfrac{\lambda}{65}\right)^2} \qquad (10\text{-}17a)$$

$$\lambda > 91, \quad \varphi = \cfrac{2800}{\lambda^2} \qquad (10\text{-}17b)$$

树种的强度等级 TC17 有柏木、东北落叶松等；TC25 有红杉、云杉等；TC13 有红松、马尾松等；TC11 有西北云杉、冷杉等；TB20 有栎木、桐木等；TB17 有水曲柳等；TB15 有桦木、栲木等。代号后的数字为树种的抗弯强度(MPa)。

由于折减因数 φ 可依 λ 值直接从有关设计规范中查到，因而按稳定条件式 (10-15) 进行稳定计算时十分简便。此方法又称为**实用计算方法**。

应该注意：$[\sigma_{cr}]$ 与 $[\sigma]$ 虽然都是"许用应力"，但二者却有很大的区别：$[\sigma]$ 只决定于材料，当材料一定时，其为定值；而 $[\sigma_{cr}]$ 除与材料有关外，还与压杆的柔度有关，因此，相同材料制成的不同柔度的压杆，其 $[\sigma_{cr}]$ 值是各不相同的。

例 10-6 图 10-9 所示桁架中，上弦杆 *AB* 由 Q235 工字钢制成，截面类型为 b 类，工字钢的型号 28a，材料的许用应力 $[\sigma] = 170$MPa，已知该杆受到的轴向压力 $F_N = 250$kN，试校核该杆的稳定性。

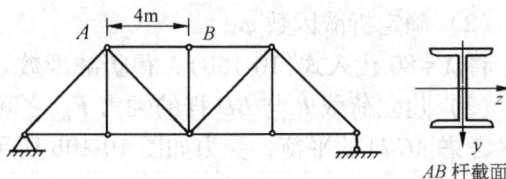

图 10-9　例 10-6 图

解：(1) 计算柔度 λ

杆件两端为铰链约束，长度因数 $\mu = 1$，由型钢表查得杆的横截面面积 $A = 55.45 \times 10^{-4} \mathrm{m}^2$，最小惯性半径为 $i_y = 24.95$mm，其柔度为

$$\lambda = \frac{\mu l}{i_y} = \frac{1 \times 4000}{24.95} = 160.3$$

(2) 确定折减因数 φ

由表 10-2，并用内插法求得杆的折减因数为

$$\varphi = 0.276 - \frac{0.276 - 0.249}{10} \times (160.3 - 160) = 0.275$$

(3) 校核稳定性

$$\sigma = \frac{F_N}{A} = \left(\frac{250 \times 10^3}{55.45 \times 10^{-4}}\right) \text{Pa} = 45.09 \text{MPa} < \varphi[\sigma] = 46.75 \text{MPa}$$

故稳定性满足要求。

例 10-7 图 10-10a 所示承载结构中，BD 杆为 TC17 长方形截面的木杆，已知 $l = 2\text{m}$，$a = 0.1\text{m}$，$b = 0.15\text{m}$，木材的许用应力 $[\sigma] = 10\text{MPa}$，试从 BD 杆的稳定考虑，计算该结构所能承受的最大荷载 F_{max}。

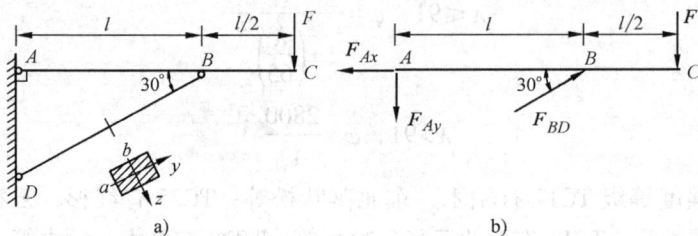

图 10-10 例 10-7 图

解： （1）计算柔度 λ

BD 杆长度为 $l_{BD} = l/\cos 30° = 2.31\text{m}$，柔度为

$$\lambda = \frac{\mu l_{BD}}{i_y} = \frac{\mu l_{BD}}{\sqrt{\dfrac{I_y}{A}}} = \frac{\mu l_{BD}}{a\sqrt{\dfrac{1}{12}}} = \frac{1 \times 2.31}{0.1 \times \sqrt{\dfrac{1}{12}}} = 80$$

（2）确定折减因数 φ

将 $\lambda = 80$ 代入式（10-16b），得折减因数 $\varphi = 0.469$。

（3）建立荷载 F 与 BD 杆的轴力 F_{BD} 之间的关系

考虑 AC 杆的平衡，受力如图 10-10b 所示，由

$$\sum M_A = 0 \qquad F_{BD}\sin 30° l - F \times \frac{3}{2} l = 0$$

得

$$F = \frac{1}{3}F_{BD}$$

（4）求结构所能承受的最大荷载

依照稳定条件，压杆 BD 所能承受的最大压力为

$$F_{BD} = A\varphi[\sigma]$$

所以结构能承受的最大荷载为

$$F_{\text{max}} = \frac{1}{3}F_{BD} = \frac{1}{3}A\varphi[\sigma] = \left(\frac{1}{3} \times 0.1 \times 0.15 \times 0.469 \times 10 \times 10^6\right)\text{N} = 23.4\text{kN}$$

例 10-8 长度为 $l = 3\text{m}$，两端球铰约束的工字钢压杆，截面类型为 b 类，受到轴向压力 $F = 400\text{kN}$ 的作用，在杆中间截面 C 处开一个直径 $d = 50\text{mm}$ 的圆孔，

如图 10-11 所示。材料的许用应力 $[\sigma]$ = 160MPa。试选择工字钢的型号。

解： 由稳定条件式（10-15）可知，压杆的横截面面积应满足下式

$$A \geqslant \frac{F}{\varphi[\sigma]} \qquad (a)$$

图 10-11　例 10-8 图

由于折减因数 φ 须依 λ 值获得，而 λ 值又与横截面面积 A 有关，因此式（a）中有两个未知量，必须采用试算法。

第一次试算：取 $\varphi_1 = 0.5$，代入本题式（a）算得

$$A \geqslant \frac{F}{\varphi_1[\sigma]} = \frac{400 \times 10^3}{0.5 \times 160 \times 10^6} \mathrm{m}^2 = 50 \mathrm{cm}^2$$

据此由型钢表中选用 25b 工字钢，它的截面面积 $A = 53.5 \mathrm{cm}^2$，最小惯性半径 $i_{\min} = 24 \mathrm{mm}$，相应的柔度为

$$\lambda_1 = \frac{\mu l}{i_{\min}} = \frac{1 \times 3000}{24} = 125$$

由表 10-2 查得折减因数 $\varphi_1' = 0.412$，它与 φ_1 还有一定差距，再进行第二次试算。

第二次试算：取 $\varphi_2 = \dfrac{\varphi_1 + \varphi_1'}{2} = \dfrac{0.5 + 0.412}{2} = 0.456$，代入本题式（a）算得

$$A \geqslant \frac{F}{\varphi_2[\sigma]} = \left(\frac{400 \times 10^3}{0.456 \times 160 \times 10^6} \right) \mathrm{m}^2 = 54.8 \mathrm{cm}^2$$

据此查型钢表，需选用 28a 工字钢，它的截面面积 $A = 55.4 \mathrm{cm}^2$，最小惯性半径 $i_{\min} = 25 \mathrm{mm}$，相应的柔度为

$$\lambda_2 = \frac{\mu l}{i_{\min}} = \frac{1 \times 3000}{25} = 120$$

查得折减因数 $\varphi_2' = 0.437$，此值与 $\varphi_2 = 0.456$ 相差仍过大，再作第三次试算。

第三次试算：取 $\varphi_3 = \dfrac{\varphi_2 + \varphi_2'}{2} = \dfrac{0.456 + 0.437}{2} = 0.447$，代入本题式（a）算得

$$A \geqslant \frac{F}{\varphi_3[\sigma]} = \left(\frac{400 \times 10^3}{0.447 \times 160 \times 10^6} \right) \mathrm{m}^2 = 56 \mathrm{cm}^2$$

查型钢表，需选用 28b 工字钢，它的截面面积 $A = 61 \mathrm{cm}^2$，最小惯性半径 $i_{\min} = 25 \mathrm{mm}$，相应的柔度为

$$\lambda_3 = \frac{\mu l}{i_{\min}} = \frac{1 \times 3000}{25} = 120$$

查得折减因数 $\varphi_3' = 0.437$，此值与 $\varphi_3 = 0.447$ 相差不大，故可选用 28b 工字钢，

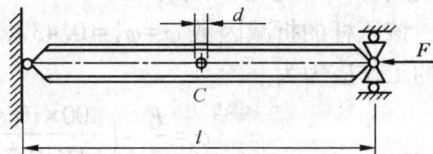

并按式(10-15)校核其稳定性。

该压杆的折减因数 $\varphi=\varphi_3'=0.437$，故 $\varphi[\sigma]=0.437\times160\mathrm{MPa}=69.9\mathrm{MPa}$。压杆的工作应力为

$$\sigma=\frac{F}{A}=\left(\frac{400\times10^3}{61\times10^{-4}}\right)\mathrm{Pa}=65.6\mathrm{MPa}<\varphi[\sigma]$$

满足稳定性要求。

由于压杆所开的圆孔使局部截面削弱，还应进行强度校核。削弱截面上的工作应力为

$$\sigma=\frac{F}{A}=\left(\frac{400\times10^3}{61\times10^{-4}-0.05\times0.0085}\right)\mathrm{Pa}=70.5\mathrm{MPa}<[\sigma]$$

故削弱的截面具有足够的强度。

10.5　提高压杆稳定性的措施

提高压杆的稳定性，就是要提高压杆的临界压力或临界应力。因此，必须综合考虑杆长、端部支承情况、压杆截面的形状和尺寸以及材料性质等因素的影响。

（1）**尽量减小压杆的支承长度**　压杆的临界应力随着杆长的增加而减小，因此，在条件允许的情况下，通过改进结构或增加中间支承点，从而尽可能减小杆长，以提高压杆的稳定性。

（2）**改善约束情况**　尽可能改善杆端约束情况，加强杆端约束的刚性。使压杆的长度因数 μ 值减小，临界应力相应增大，从而提高压杆的稳定性。

（3）**选择合理的截面形状**　由于压杆的临界应力随柔度 λ 的减小而增大，而 λ 又与惯性半径 i 成反比，因此对于一定长度和支承方式的压杆，在横截面面积一定的前提下，应尽可能使材料远离截面形心，以加大 i，使 λ 减小。例如用环形截面代替圆形实心截面或用空心正方形截面代替其他实心截面。若压杆在各个纵向平面内的支承情况相同（如球铰支座和固定支座），则应尽可能使截面的最大和最小两个轴惯性矩相等（即 i 相等），使压杆在各纵向平面内具有相同的 λ 值。当压杆端部在两个互相垂直的纵向平面内，其支承情况或相当长度（μl）不同时（参见例 10-4），应采用最大与最小轴惯性矩不等的截面（如矩形截面），并使轴惯性矩较小的平面内具有刚性较大的支承，尽量使压杆在两个纵向平面内的柔度 λ 接近或相等。

（4）**合理选用材料**　由于各种钢材的 E 值大致相等，因此，对细长杆选用高强度钢意义不大。对非弹性失稳的压杆，因其临界应力与材料的强度有关，选用高强度钢能使其临界应力有所提高。

复习思考题

10-1 说明临界压力和临界应力的意义。压杆的临界压力越大越容易失稳，对吗？

10-2 影响细长压杆临界应力大小的因素有哪些？

10-3 若把细长压杆的长度增加一倍，其他条件不变，其临界应力和临界压力的数值将有何变化？

10-4 影响压杆柔度的因素有哪些？压杆的柔度越大其临界应力越大，对吗？

10-5 说明欧拉公式的适用范围，若超过这一范围时如何计算压杆的临界应力和临界压力？

10-6 对于柔度 $\lambda < \lambda_p$ 的压杆，若用欧拉公式计算其临界压力，将会导致什么后果？

10-7 若压杆在各个纵向平面内的支承情况相同（如球铰支座和固定支座），对其截面的惯性矩如何要求最为有利？

10-8 在其他条件不变的情况下，若将一细长压杆的圆截面改为面积相同的正方形截面，杆的临界压力是增大还是减小？

10-9 由 1、2 两根杆件按照两种不同的方式组成的结构分别如图 10-12a、b 所示，试问它们的承载能力是否相同？

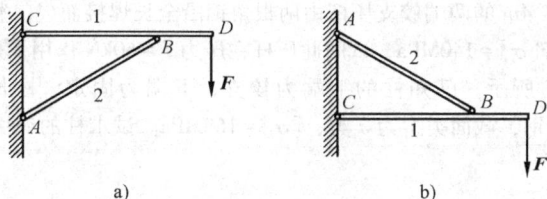

图 10-12 思考题 10-9 图

10-10 提高压杆稳定性的措施有哪些？

习 题

10-1 试用欧拉公式计算下列细长压杆的临界压力。杆件两端均为球铰支座，弹性模量均为 $E = 200\text{GPa}$。

（a）圆形截面，$d = 25\text{mm}$，$l = 2.0\text{m}$。

（b）矩形截面，$h = 2b = 40\text{mm}$，$l = 1.0\text{m}$。

（c）No. 18 工字钢，$l = 2.0\text{m}$。

10-2 截面为 $100\text{mm} \times 150\text{mm}$ 的矩形木柱，一端固定，另一端铰支。杆长 $l = 5\text{m}$，材料的 $E = 10\text{GPa}$，$\lambda_p = 110$。试求此木柱的临界压力。

10-3 图 10-13 所示两圆截面压杆的材料均为 Q235 钢，试判断哪一根杆容易失稳。

10-4 图 10-14 所示三根圆截面杆的直径及所用的材料均相同，试问哪根杆的临界压力最大，哪根杆最小（图 10-14c 所示杆在中间支承处不能转动）？

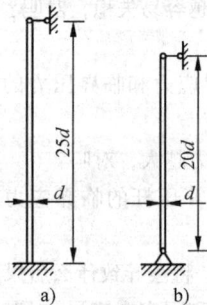

图 10-13 习题 10-3 图   图 10-14 习题 10-4 图

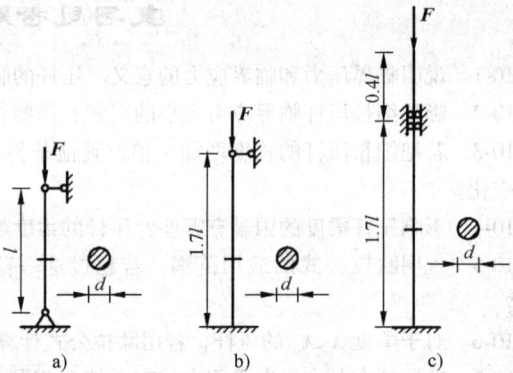

10-5 图 10-15 所示两端铰支压杆，材料为 Q235 钢，具有图示 4 种横截面形状，截面面积均为 $4.0 \times 10^3 \text{mm}^2$，试比较它们的临界荷载值。设 $d_2 = 0.7 d_1$。

10-6 两端均为球铰约束的中心受压圆木柱，直径 $d = 150 \text{mm}$，长度 $l = 5\text{m}$，$E = 10\text{GPa}$，稳定安全因数 $n_{st} = 4$，试求柱的临界压力 F_{cr} 及许用荷载 $[F]$（已知柱为细长杆）。

10-7 长度为 $l = 3.4\text{m}$ 的两端铰支压杆由两根角钢沿全长焊接而成，截面类型为 b 类，截面如图 10-16 所示。若 $[\sigma] = 140\text{MPa}$，试问此压杆在压力 $F = 60\text{kN}$ 作用下是否安全？

10-8 如图 10-17 所示，已知柱的上端为铰支，下端为固定，柱长 $l = 9\text{m}$，直径 $D = 150 \text{mm}$，材料为 Q235 钢，截面类型为 a 类，$[\sigma] = 160\text{MPa}$。试求柱的许用荷载 $[F]$。

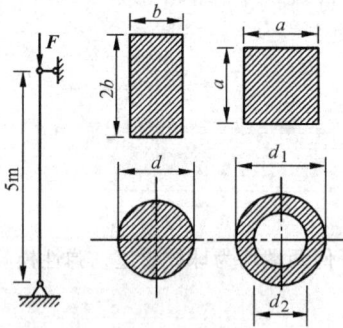

图 10-15 习题 10-5 图   图 10-16 习题 10-7 图   图 10-17 习题 10-8 图

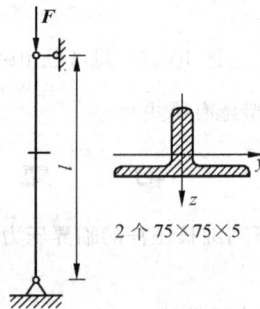

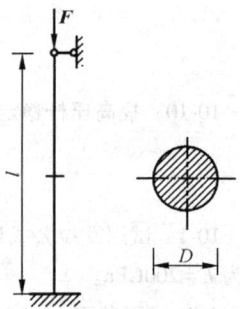

第 11 章

静定结构的内力

11.1　结构的计算简图

实际结构的几何形状及受力情况一般是很复杂的，如果完全按照实际结构的工作状态进行分析，往往都比较困难，同时也是不必要的，因而在对实际结构进行力学计算之前，需要作出某些简化和假设。略去一些次要因素的影响，反映出实际结构的主要受力特征，用一个简化的图形来代替实际结构，这种图形称为结构的**计算简图**。在力学计算中，结构的计算简图就是实际结构的代表。结构计算简图的合理选择，在结构分析中是一个极为重要的环节，也是必须首要解决的问题。

结构计算简图选择的原则：

1) 尽可能符合实际：保留主要因素，略去次要因素，使计算简图尽可能符合实际结构的工作状态及主要受力特征，即"存本去末"的简化原则。

2) 尽可能简便直观：计算简图在符合实际的情况下应尽可能简单，便于力学分析和计算，即"计算简便"的简化原则。

需要说明的是，对于同一结构，计算简图不是惟一不变的。计算简图的选择与结构的重要性、设计阶段、计算问题的性质有关，随着人们认识水平的提高、科学水平的进步及计算目的、手段不同，同一结构可能出现不同的结构计算简图。例如在初步设计阶段可选取较为粗糙的计算简图，便于初步力学分析。在施工设计阶段可选取较为精细的计算简图，以保证结构设计精度；采用手算时可选取较为简单的计算简图，采用电算时可选取较为精确的计算简图；在动力计算时，由于计算比较复杂，可选取较为简单的计算简图；在静力计算时，由于计算相对简单，可选取较为精确的计算简图等。

在确定计算简图时，需要对实际结构的情况进行多方面的简化，一般包括下面几个方面的内容。

11.1.1 结构体系的简化

结构体系的简化包含了平面简化、杆件的简化及结点的简化等内容。

1. 平面简化

杆系结构可分为平面杆系结构和空间杆系结构两大类。实际结构一般都是空间结构，这样才能抵御来自各个方面的荷载。但在多数情况下常可以忽略一些次要的空间约束或是将这种空间约束作用转化到平面内，从而将实际结构简化为平面结构，使计算大大简化。

2. 杆件简化

杆系结构的杆件，在计算简图中均用杆件的轴线来表示，轴线的长度一般可用轴线交点间的距离表示。

3. 结点的简化

杆件间相互连接处称为结点。尽管实际结构的结点构造是复杂的、多样化的，但一般可简化为铰结点、刚结点和组合结点三种类型。

（1）**铰结点** 铰结点的特征是所连接各杆可以绕该结点作自由转动，但不能相对移动，同时假定不存在转动摩擦。铰结点能传递力但不能传递力矩。这种理想情况在实际工程中并不存在，例如图 11-1a 所示为木屋架下弦中间结点构造图，显然各杆并不能完全自由地转动，但是由于杆件间的联结对于相对转动的约束不强，受力时杆件发生微小的转动还是可能的，其变形、受力特征与此近似。因此，把这种结点近似地作为铰结点处理后（见图11-1b），不致引起大的误差。

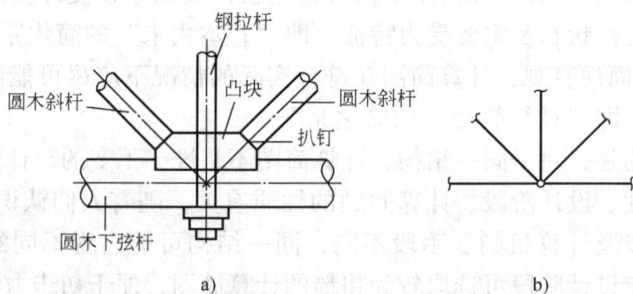

钢拉杆
凸块
圆木斜杆 圆木斜杆
扒钉
圆木下弦杆

a) b)

图 11-1 铰结点

（2）**刚结点** 刚结点的特征是与刚结点相连接的各杆件在连接处既不能相对转动，也不能相对移动，各杆件之间的夹角在变形前后保持不变。刚接点既能传递力，也能传递力矩。如图 11-2a 所示现浇混凝土框架结点，由于柱子与横梁间为整体浇筑，同时横梁的受力钢筋伸入柱内并满足锚固长度的要求，这样就保证了柱子与横梁能相互牢固地联结在一起，构成了刚结点，其计算简图如图 11-2b 所示。

（3）**组合结点**　如图 11-3 所示是组合结点的计算简图，它同时具有以上两种结点的几何特征。图中水平杆与竖杆铰接，但水平杆保持本身完整性，没有被铰分截开来。

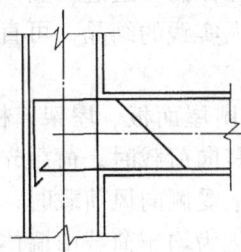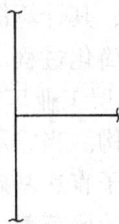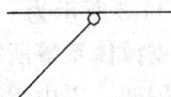

a)　　　　　　　　　　　　　b)

图 11-2　刚结点图　　　　　　　　　　图 11-3　组合结点

11.1.2　支座的简化

在第 1 章和第 3 章中，我们已经介绍了几种常见的支座类型，如**可动铰支座**、**固定铰支座**、**固定支座**等，实际结构中，还会遇到**定向支座**（亦称为**滑动支座**）如图 11-4a 所示，其特点是能限制结构的转动和沿一个方向上的移动，但允许结构在另一个方向上滑动。支座反力为一约束力矩 M_A 和垂直于支承面的约束反力 F_{Ay}。可将定向支座简化为两根平行的支杆，如图 11-4b 所示。

上述四种支座均建立在支座本身是不能变形的假设之上，计算简图中相应的支杆也被认为其本身是不能变形的刚性链杆，这类支座称为刚性支座。若考虑支座本身的变形，如井字楼盖的交叉梁系之间及桥梁结构的纵梁支承于横梁上的情况，这时支座主

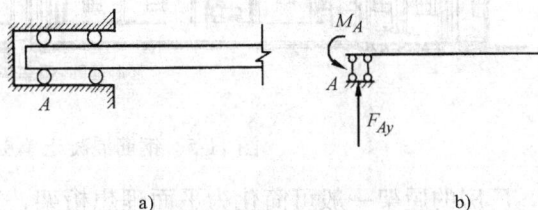

a)　　　　　　　　　　　　　b)

图 11-4　定向支座

要约束结构的某种位移，同时其本身又要产生一定的位移，这类支座称为**弹性支座**，其约束反力与位移有关。

11.1.3　荷载的简化

在杆系结构中，分布在杆件一定长度上的力可简化为线分布荷载；当分布力作用长度远小于杆长时，则可简化为集中荷载。在一般的结构受力分析中，不论体力还是表面力，均可简化为作用于杆轴上的线荷载、集中荷载和力偶。

在工程实际中，要选择好一个结构的计算简图，要求有丰富的结构设计、施工经验和力学知识，对于一些新结构形式的计算简图，往往需要通过反复试验和实践才能确定，对于常用的结构型式，其计算简图是前人实践的结晶，可直接采用。下面通过实例来说明实际结构的简化过程。

如图 11-5 所示为一钢筋混凝土单层工业厂房，它是由屋面板、屋架、柱子、吊车梁和支撑体系等所构成的空间结构。当它承受屋面竖向荷载时，荷载先由屋面板传给屋架，再由屋架两端传给柱子直达基础。当它承受侧向风荷载时，屋面上的风荷载由屋架传至柱顶，侧墙上的风荷载一般可转化为均布荷载由墙体传至柱身，最后传至基础。以上两种荷载分别作用时，厂房除端部外的各榀横向结构的受力和变形情况基本相同，因而可以取出其中的一榀进行计算，这样可将空间结构转化为平面结构来分析。

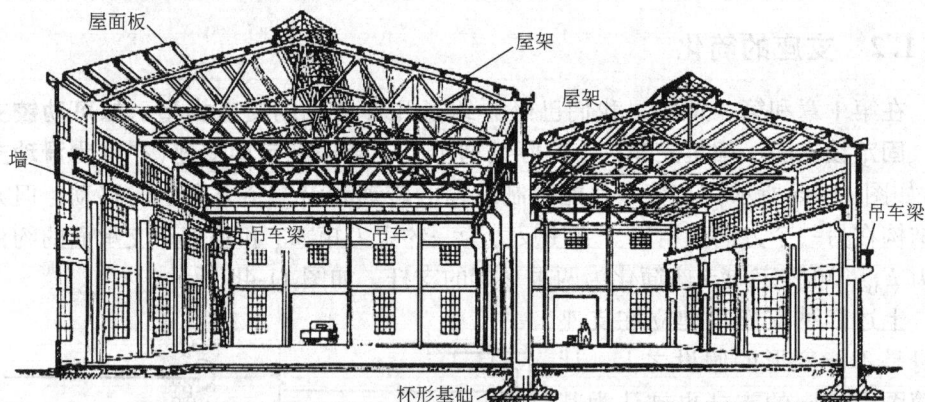

图 11-5　钢筋混凝土单层工业厂房

厂房的屋架一般可简化为平面理想桁架，柱子与屋架之间是通过预埋钢板，在吊装就位以后焊接在一起的，其连接构造可使屋架端部与柱顶不能发生相对线位移，但仍可能发生微小的转动。在计算屋架各杆的内力时，可把它单独取出，用铰支座代替其与柱子之间的相互连接作用，计算简图分别如图 11-6a、b 所示，在分析柱子的内力时，可以用实体水平杆代替原屋架，取计算简图为图 11-6c 所示的排架体系。

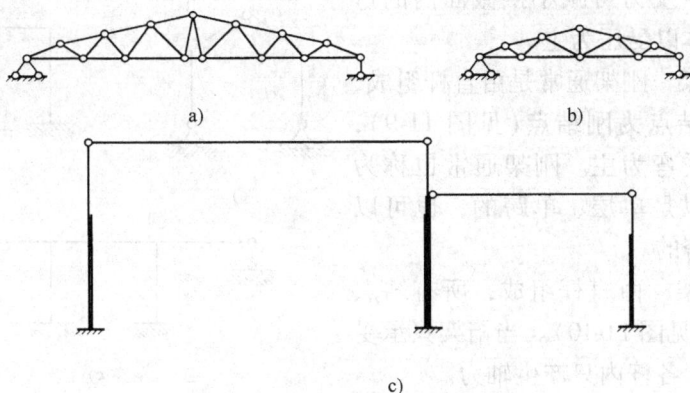

图 11-6 钢筋混凝土单层工业厂房计算简图

11.2 平面杆系结构的分类

本书研究的主要对象是平面杆系结构，常见的平面杆系结构有如下几种类型：

（1）**梁** 梁是一种受弯构件，其轴线一般为直线，水平梁在竖向荷载作用下不产生水平支座反力，其截面内只有弯矩和剪力。梁可以是单跨的（见图 11-7a），也可以是多跨的（见图 11-7b）。

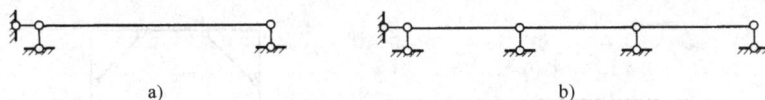

图 11-7 梁

（2）**拱** 拱的轴线为曲线，在竖向荷载作用下会产生水平反力（见图 11-8）。

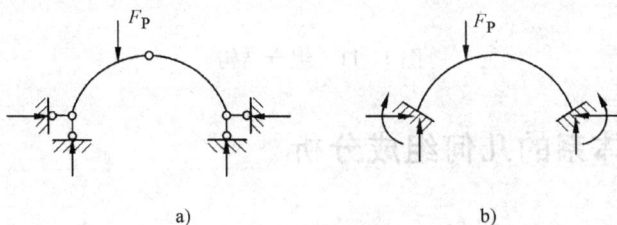

图 11-8 拱

由于水平反力可减小拱截面内的弯矩，所以拱体以受压为主。

（3）**刚架** 刚架通常是由直杆组成，全部或部分结点为刚结点（见图 11-9），各杆内力以受弯为主。刚架通常也称为**框架**，它可以是单层、单跨的，也可以是多层、多跨的。

（4）**桁架** 由直杆组成，所有结点均为铰接点（见图 11-10）。当桁架只承受结点荷载时，各杆内只产生轴力。

（5）**组合结构** 组合结构是由桁架杆件与梁（见图 11-11a）或桁架杆件与刚架（见图 11-11b）组合在一起的结构。其受力特点是桁架杆件只承受轴力，其余受弯杆件同时承受轴力、剪力和弯矩。

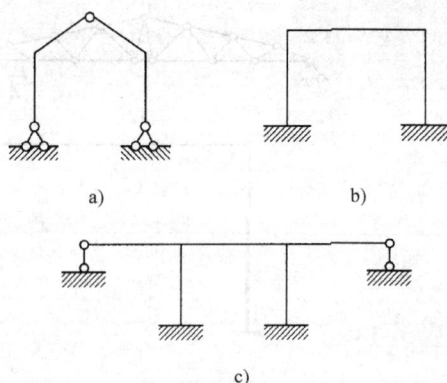

图 11-9 刚架

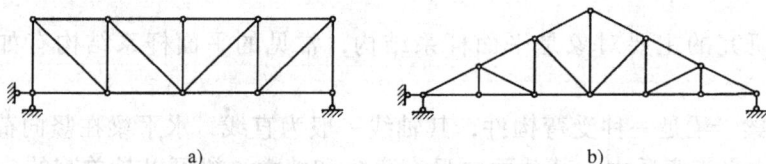

图 11-10 桁架

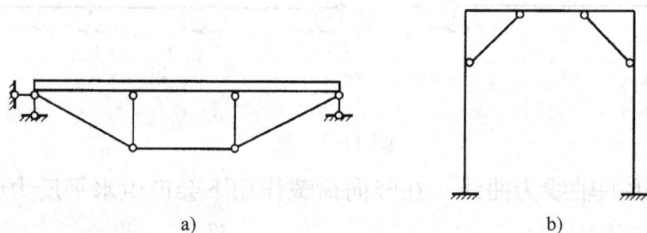

图 11-11 组合结构

11.3 平面体系的几何组成分析

11.3.1 几何组成分析的目的

若干个杆件以某种方式相互联结，并与基础相联，构成杆件体系。如果体系

的所有杆件和联系及外部作用均在同一平面内，则称为平面体系。那么若干杆件是否随意组合都能成为结构呢？

实际结构在承受荷载后不可避免地会产生内力与变形，但对工程结构来说，一般不允许其相对于基础存在刚体运动的可能性。如图 11-12a、b 所示体系，受到荷载作用后，在不计材料变形的前提下，体系的位置和几何形状不会发生变化时，称为**几何不变体系**。再如图 11-12c 所示铰接四边形，在同样不考虑材料变形的前提下，即使荷载很小，也会引起体系的位置和几何形状的改变，这类体系称为**几何可变体系**。土建工程中几何不变体系才能做结构。为确定体系是否几何不变所进行的分析，称为体系的**几何组成分析**。

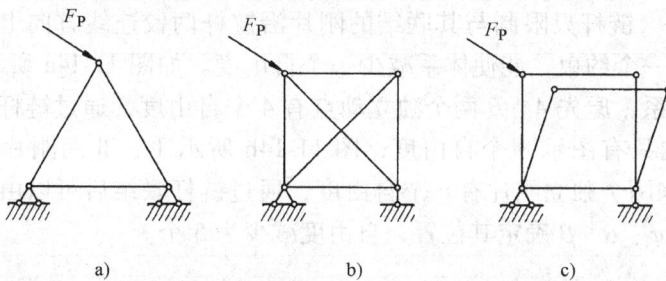

图 11-12 几何不变及可变体系

体系几何组成分析的目的在于：

1）判别体系是否为几何不变体系，从而决定它能否作为结构。

2）研究几何不变体系的组成规则，改善和提高结构的性能，便于设计出合理的结构。

3）为正确区分静定和超静定结构，以及进行结构的内力计算打下基础。

11.3.2　相关基本概念

刚片　平面内的刚体称为刚片。在几何组成分析中，由于不考虑材料的变形，可以把一根梁、一根杆件、地基基础、几何不变体系均视为刚片。

自由度　平面体系的自由度，是指体系在运动时，用以确定体系在平面内的位置所需要的独立坐标的数目。如图 11-13a 一个点在平面内自由运动时，它的位置需要两个坐标 x、y 来确定，因此一个动点在平面内的自由度是 2。再如图 11-13b 所示，一个刚片在平面内自由运动时，它的位置用其上任一点 A 的坐标 x、y 和过 A 点的任一直线 AB 的倾角 φ 完全可以确定，所以一个平面刚片的自由度是 3。

约束　第 1 章已指出，约束是指限制非自由体某些位移的周围物体。换言之，约束是使体系的自由度减小的装置，也称为**联系**。减少一个自由度的约束装

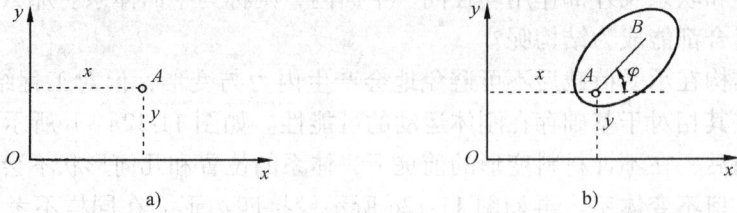

图 11-13　平面上点和刚片的自由度

置称为一个约束或一个联系。建筑结构中常见的约束装置有三种：链杆、铰、刚性联结。

（1）**链杆**　链杆只限制与其联结的刚片沿链杆两铰连线方向上的运动，因此链杆相当于一个约束，能使体系减少一个自由度。如图 11-14a 所示，AB 两点间有一链杆联系，原先 A、B 两个独立动点有 4 个自由度，通过链杆联结后成为 AB 杆在平面内只有图示 3 个自由度；图 11-14b 所示 Ⅰ、Ⅱ 两刚片间由一链杆 BC 联结，原来两个独立刚片有 6 个自由度，通过链杆联结后可以由图示 5 个独立坐标 x、y、φ、α、β 确定其位置，自由度减少为 5 个。

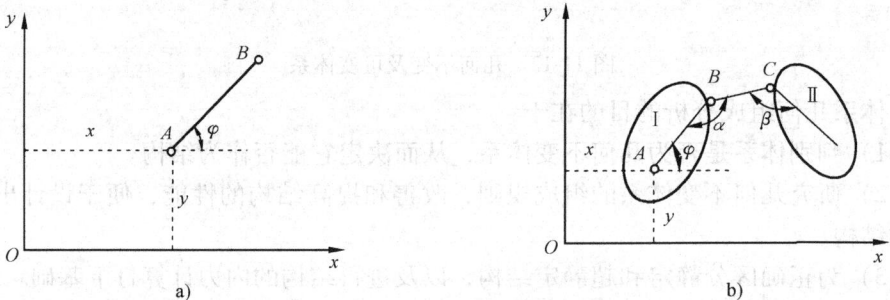

图 11-14　链杆约束

（2）**铰**　如图 11-15a 所示两个刚片在 B 点用铰联结，联结之前两个刚片有 6 个自由度，联结之后的自由度减为 4 个。图 11-15b 所示为三个刚片之间用一个铰联结的情况，联结之后的自由度为 5，共计减少了 4 个自由度。一般称联结两个刚片的铰为**单铰**，联结两个以上刚片的铰为**复铰**。一个单铰相当于两个链杆的约束作用，可用两根链杆等效代替。联结三个刚片的复铰的约束作用相当于两个单铰。由此类推，从减少自由度的这点来看，联结 n 个刚片的复铰可以当作 $n-1$ 个单铰，将减少 $2(n-1)$ 个自由度。

若联接两刚片的两链杆始终相交于一个铰，则该铰称为**实铰**，如图 11-16a 中的 O 点。两链杆的交叉点或延长线的交点称为**虚铰**，如图 11-16b、c 中的 O

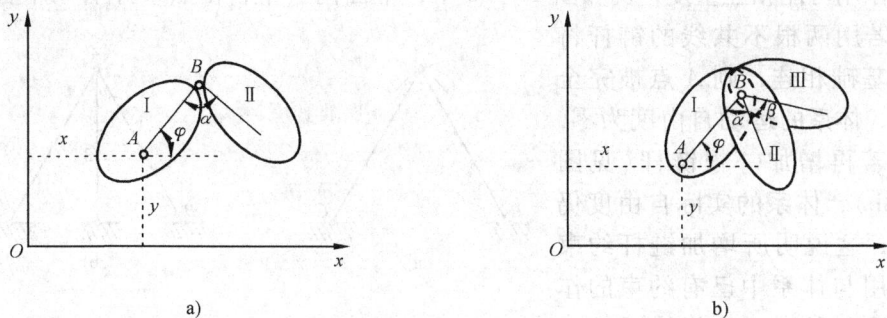

图 11-15 单铰和复铰

点。此时，两刚片只能绕 O 点作相对转动，O 点也称为刚片 I 和刚片 II 的相对转动瞬心，这个瞬心的位置随两刚片的微小转动而改变，故又称这个铰为**瞬铰**。图 11-16d 所示的情况是虚铰在无限远处的情况。

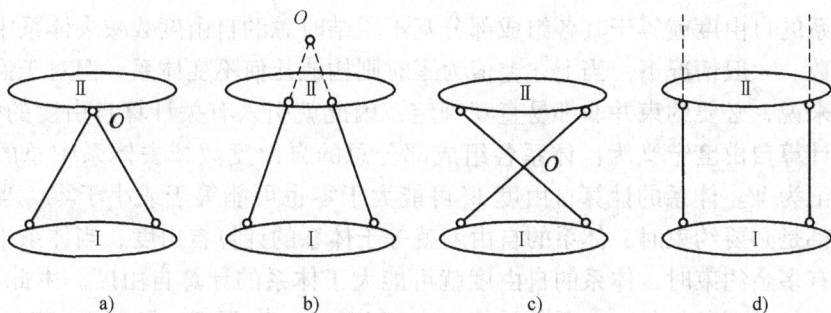

图 11-16 铰的类型

（3）**刚性联结** 图 11-17a 所示为刚片 I 和刚片 II 间的刚性联结方式。当两个刚片单独存在时，它们的自由度为 6，两者通过刚性联结后，刚片 I、II 间不发生任何相对运动，构成了一个刚片，这时它自由度是 3。所以一个刚性联结相当于三个约束。这三个约束也可以用三根链杆代替（见图 11-17b、c）。

应当注意的是，并非所有的约束都能减少体系的自由度。或者说，体系中约

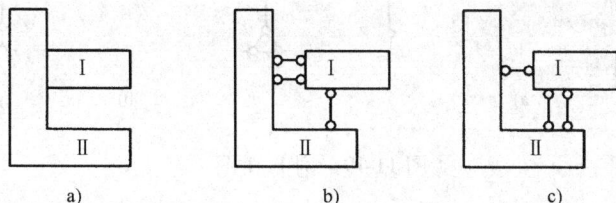

图 11-17 刚性联结

束的作用可能相互重复，例如图 11-18a 中，平面内一个自由点 A 原有两个自由
度，若用两根不共线的链杆将
其与基础相连，则 A 点被完全
固定，体系的运动自由度为零，
此时若再增加一根链杆（见图
11-18b），体系的实际自由度仍
为零，这说明所增加链杆约束
的作用与体系中已有约束的作
用是重复的。一般把体系的自
由度减少为零所需要的最少约

图 11-18　必要约束与多余约束

束称为**必要约束**。若在一个体系中增加一个约束，而体系的自由度并不因而减
少，则所增加的这一约束称为**多余约束**。值得一提的是，必要约束与多余约束经
常是相对而言的。图 11-18b 所示体系中 AB、AC 和 AD 三根链杆中的任意两根均
可认为是必要约束，剩余的一根则为多余约束。

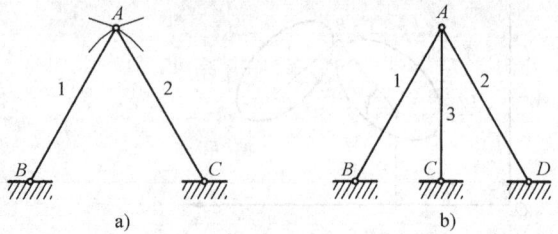

　　体系的自由度就等于其各组成部分互不联结时总的自由度数减去体系中的必
要约束数。一般情况下，当上述差值为零时则构成几何不变体系。但对于许多复
杂体系来说，必要约束并非都易直观判定，因此就引入有关计算自由度的概念。
体系的**计算自由度**定义为：体系各组成部分总的自由度数减去体系中总的约束
数，可记为 W。体系的计算自由度 W 可能大于零也可能等于或小于零。当所有
约束全都是必要约束时，体系的自由度就等于体系的计算自由度，当体系中的约
束包含有多余约束时，体系的自由度就可能大于体系的计算自由度。由此可见，
几何不变的必要条件是：体系的计算自由度 $W \leqslant 0$。若 $W>0$，则体系一定是几何
可变的。所以，确定计算自由度 W 的数目就成为体系几何可变性判定的手段之
一。

　　例 11-1　试求图 11-19a 所示平面体系的计算自由度。

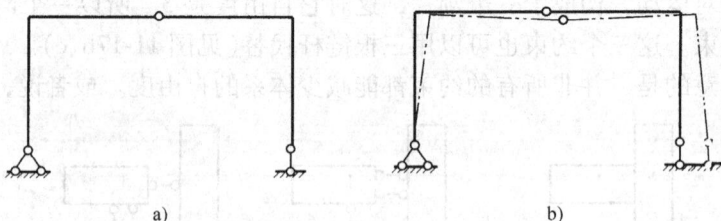

图 11-19　例 11-1 图

　　解：该体系刚片数为 2，单铰数为 1，支座链杆数为 3，因而有

$$W = 2 \times 3 - 1 \times 2 - 3 = 1$$

说明该体系不满足几何不变的必要条件，则体系是几何可变的。图 11-19b 所示为体系可能发生的刚体位移形态。

11.3.3 平面几何不变体系的基本组成规则

（1）**三刚片规则** 三刚片用不在同一直线上的三个铰两两相连，组成的体系为几何不变体系，且无多余约束。

图 11-20a 所示铰结体系，每两个刚片间均用一个铰相连，故称"两两相连"。组成三角形，其形状不会改变。因此，这样的体系是几何不变体系。

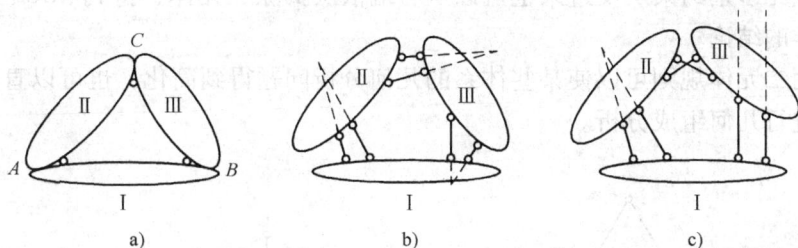

图 11-20 三刚片规则

当然，"两两相连"的铰也可能是由两根链杆构成的实铰或虚铰，如图 11-20b、c 所示。

（2）**两刚片规则** 两刚片用一个铰和一根延长线不通过该铰的链杆相联，或者两刚片用三根既不完全平行也不交于一点的链杆相联，组成的体系为几何不变体系，且无多余约束，如图 11-21a、b、c 所示。

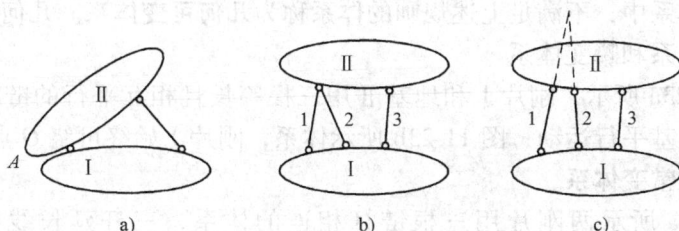

图 11-21 两刚片规则

图 11-21a 所示体系，显然也是按"三刚片规则"构成的。只需要将图 11-20a 所示体系的 *BC* 看作链杆，则此体系则与图 11-21a 所示体系完全等效。这当然是几何不变体系。

前面已知，两根链杆的约束作用相当于一个铰的约束作用。因此，若将图 11-21a 所示体系中的铰 *A* 用两根链杆来代替即成为如图 11-21b、c 所示的两刚片

用三根不全平行也不交于一点的链杆相联，这当然也是几何不变体系。

（3）**二元体规则**　所谓二元体是指由两根不在同一直线的链杆铰接产生一个新结点的装置。平面内新增加一个点就会产生两个自由度，而新增加的两根不共线的链杆又限制了点的运动，故体系自由度无变化。如图 11-22a 所示，在一个体系上增加一个二元体并不改变原体系的自由度。同理，在一个已知体系上拆去一个二元体，也不改变其自由度。由此，二元体规则可表述为：在体系中增加或减少二元体，不改变体系的几何不变性或几何可变性。

图 11-22b 的三角形桁架是基本三角形 *AEG* 依次增加二元体得到的几何不变体系，且无多余约束。反过来也可以从右端依次拆除二元体，得到 *AEG* 三角形，得到同样的结论。

利用二元体规则可以使某些体系的几何分析问题得到简化，也可以直接对某些体系进行几何组成分析。

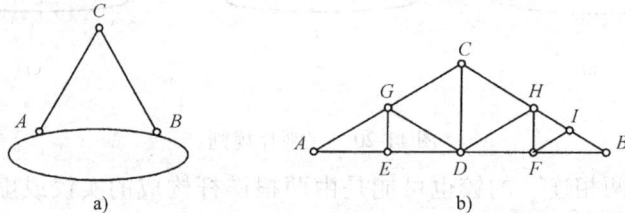

图 11-22　二元体规则

11.3.4　常变体与瞬变体

在平面体系中，不满足上述规则的体系称为**几何可变体系**。几何可变体系又可分为常变体系和瞬变体系。

如图 11-23a 所示，刚片 I 和地基 II 用三根等长且相互平行的链杆相连，刚片 I 可相对地基平行运动；图 11-23b 所示体系，刚片 I 始终可绕 *O* 点任意转动，这类体系称为**常变体系**。

图 11-24a 所示两刚片用三根链杆相连的体系，三杆延长线交于 *O* 点，不满足两刚片规则，体系是几何可变的。当刚片绕 *O* 点作微小转动后，三杆延长线不再交于 *O* 点，此时体系为几何不变，把这种原为几何可变，产生微小位移后变为几何不变的体系称为**瞬变体系**。如图 11-24b、c 所示体系也是瞬变体系。

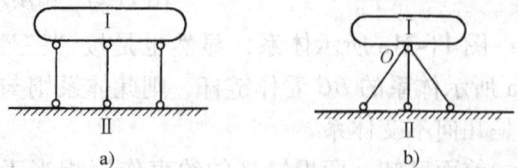

图 11-23　几何常变体系

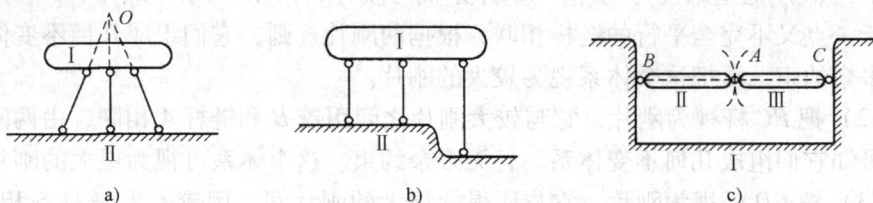

图 11-24　几何瞬变体系

从瞬变体系的定义可以看出，瞬变体系在产生微小移动后，即成为几何不变体系。那么瞬变体系是否可以作为结构呢？我们通过一简单问题来加以讨论。图 11-25 所示体系。因为 A 点位移微小，所以角 θ 也很小，由 A 点力的平衡条件很容易得到链杆 AB、AC 的内力为 $F_N = F_P/2\sin\theta$ 当 $\theta \approx 0$ 时，内力 F_N 将趋于无穷大。因此工程中不允许采用瞬变体系作为结构，也不允许采用接近瞬变体系的几何不变体系作为结构使用。

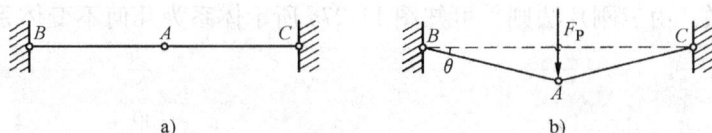

图 11-25　瞬变体系内力分析

11.3.5　平面体系几何组成分析举例

对体系进行组成分析时，可按下列思路进行：

1）对简单体系可直接用几何组成规则进行分析。

2）对稍微复杂的体系，先对体系进行简化。简化的方法：一是可拆除或增加二元体再进行体系几何分析；二是将已确定为几何不变的部分视为一个刚片。

3）凡体系只通过三根既不完全平行也不完全交于一点的支座链杆与基础相联结，可只对体系进行几何组成分析来判定其是否几何不变。

4）注意应用一些约束等价代换关系。其一，是把只有两个铰与外界联结的刚片看成一个链杆约束，反之链杆约束也可看成刚片；其二，是两刚片之间的两根链杆构成的实铰或虚铰与一个单铰等价。这里的链杆不得重复使用。

例 11-2　试对图 11-26 所示体系进行几何组成分析。

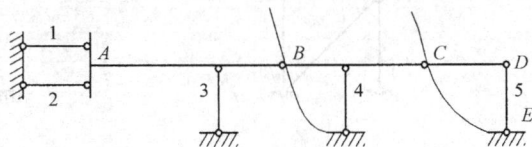

图 11-26　例 11-2 图

解：（1）把基础视为刚片，*AB* 杆亦视为刚片，两刚片间用1、2、3 三根既不交于一点又不完全平行的链杆相联，根据两刚片规则，它们组成几何不变体系且无多余约束，再把这个体系视为较大的刚片。

（2）把 *BC* 杆视为刚片，它与较大刚片之间用铰 *B* 和链杆 4 相联，由两刚片规则可知它们组成几何不变体系，且无多余约束。这个体系可视为更大的刚片。

（3）把 *CD* 杆视为刚片，它与所得的更大的刚片间，用铰 *C* 和链杆 5 相联，再用两刚片法则，可知它们组成几何不变体系，且无多余约束。

由此可以看出图 11-26 所示的体系为几何不变体系且无多余约束。

本题也可看成依次拆除二元体后得到刚片 *AB* 和基础由两刚片规则判断为几何不变体系且无多余约束。实际上，无论用什么规则分析得到的结论都是一致的。

例 11-3 试对图 11-27a 所示体系进行几何组成分析。

解：（1）先分析基础以上部分。划分三刚片如图 11-27b 所示。

（2）刚片Ⅰ、Ⅱ、Ⅲ由不在一直线上的三个铰（Ⅰ，Ⅱ）、（Ⅱ，Ⅲ）、（Ⅰ，Ⅲ）两两相联，由三刚片法则，可知图 11-27a 所示体系为几何不变体系且无多余约束。

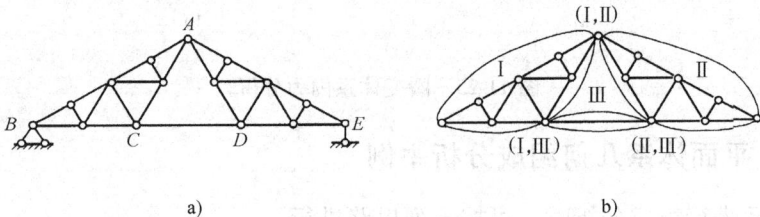

图 11-27   例 11-3 图

例 11-4 试分析图 11-28a 所示体系的几何构造。

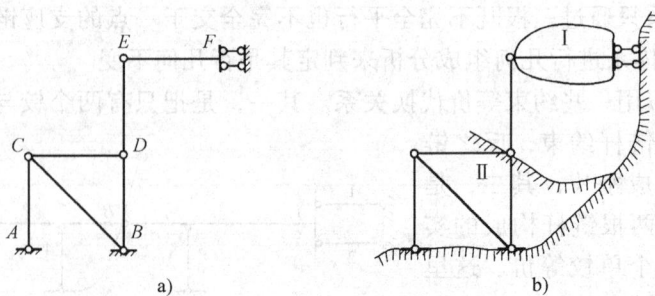

图 11-28   例 11-4 图

解：扩大基础至铰 D 如图 11-28b 所示，刚片Ⅰ、Ⅱ由不相交于一点也不平行的三根链杆相联，符合几何不变体系的组成规则。所以原体系为几何不变体系且无多余约束。

例 11-5 试对图 11-29 所示体系进行几何组成分析。

解：把 BCE 视为刚片Ⅰ，地基视为刚片Ⅱ。两刚片之间，用杆 AB、CD 及杆链 EF 相联结，杆 AB 和 CD 可用图中虚线所示的链杆代替，这三根链杆的延长线相交于一点 O。所以此体系是一个瞬变体系。

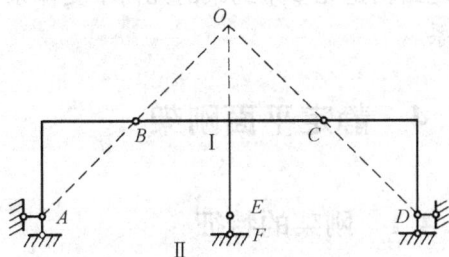

例 11-6 试分析图 11-30a 所示体系的几何构造。

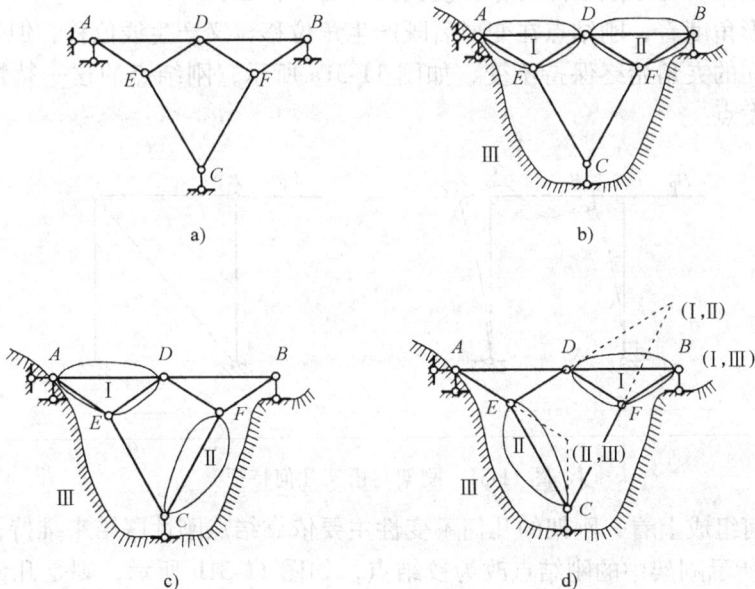

图 11-29 例 11-5 图

图 11-30 例 11-6 图

解：本例若按图 11-30b 或图 11-30c 所示的刚片划分，则刚片Ⅱ与基础刚片Ⅲ之间均只有一根支座链杆直接联系，另一个为间接联系，不好直接套用三刚片规则。若采用图 11-30d 所示的刚片划分，此时刚片Ⅰ、Ⅱ之间通过链杆 ED 和 CF 相联，其延长后形成虚铰（Ⅰ、Ⅱ）；Ⅰ、Ⅲ之间通过 AD 杆和 B 支座链杆相联，形成虚铰（Ⅰ、Ⅲ）；Ⅱ、Ⅲ之间通过 AE 杆和 C 支座链杆相联，形成虚铰

（Ⅱ,Ⅲ）。可见刚片Ⅰ、Ⅱ、Ⅲ是由不在一直线上的三个铰（Ⅰ、Ⅱ）、（Ⅰ、Ⅲ）和（Ⅱ,Ⅲ）两两相联，所以体系是几何不变的，并且无多余约束。

通过上面的例子可以看出，结构的静定性与几何组成之间有着必然的联系。**静定结构**是无多余约束的几何不变体系，而**超静定结构**是有多余约束的几何不变体系。

11.4　静定平面刚架

11.4.1　刚架的特征

刚架（亦称框架）是由梁和柱组成的结构，其特点是具有刚结点（全部或部分）。如果刚架所有杆件的轴线都在同一平面内，且荷载也作用在该平面内，这样的刚架称为平面刚架。

对于刚架，由于刚结点的存在使其具有如下特征：

从变形角度看，刚结点在变形后既产生角位移，又产生线位移，但变形前后各杆端之间的夹角始终保持不变，如图 11-31a 所示，刚结点的这一特性是刚架分析的出发点。

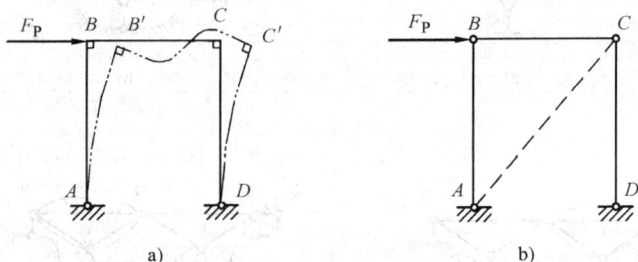

图 11-31　刚架与桁架几何特征

从几何组成上看，刚架的几何不变性主要依靠结点刚性联结来维持，如果把图 11-31a 所示刚架中的刚结点改为铰结点，如图 11-31b 所示，则是几何可变体系。要使它成为几何不变体系则需增加图中虚线所示的 AC 杆，可见，刚架依靠刚结点可用较少的杆件便能保持其几何不变性，而且可以使结构的内部具有较大的净空便于使用。

从内力角度看，刚结点往往使得杆件的内力分布变得均匀些。图 11-32a、b 分别给出了同高、同跨度的简支梁和刚架在均布荷载作用下的弯矩图。从中可以看出，由于刚结点可以承受和传递弯矩，故使横梁跨中弯矩的峰值得到削减。通常刚架各杆均为直杆，制作加工也方便，因此，刚架在工程中得到广泛的应用。

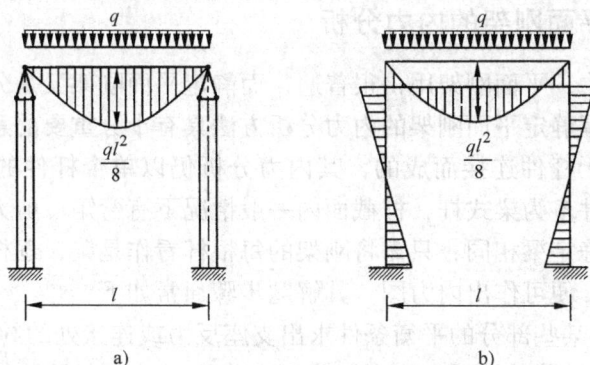

图 11-32　刚架与桁架受力特征

11.4.2　静定平面刚架的类型

凡由静力平衡条件即可确定全部反力和内力的平面刚架，称为静定平面刚架。其常用的类型主要有以下四种：

（1）**悬臂刚架**　如图 11-33a 所示。刚架本身为几何不变体系且无多余联系，它用固定端支座与地基相连。常用于火车站台、雨棚等。

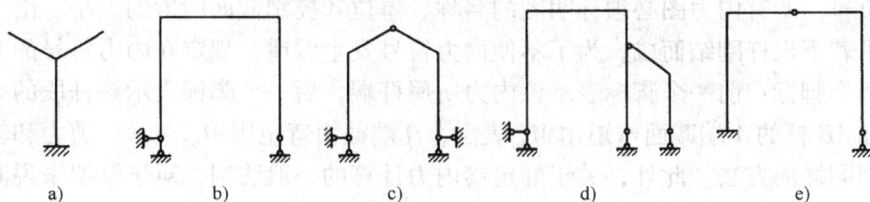

图 11-33　刚架

（2）**简支刚架**　如图 11-33b 所示，刚架本身为几何不变体系，且无多余联系，它用一个固定铰支座和一个可动铰支座与地基相连，常用于起重机的钢支架等。

（3）**三铰刚架**　如图 11-33c 所示，刚架本身由两构件组成，中间用铰相连，其底部用两个固定铰支座与地基相连，常用于小型厂房、仓库、食堂等结构。

（4）**组合刚架**　如图 11-33d、e 所示，在此刚架中，一般有前述三种刚架中的一种作为基本部分，另一部分是根据几何不变体系的组成规则连接上去作为附属部分。

11.4.3 静定平面刚架的内力分析

在土建工程中，平面刚架用得很普遍，而静定平面刚架又是分析超静定刚架的基础。所以掌握静定平面刚架的内力分析方法具有十分重要的意义。

刚架是由若干杆件连接而成的，其内力分析仍以单个杆件的内力分析为基础。刚架中的杆件多为梁式杆，杆截面内一般情况下有弯矩、剪力和轴力三种内力。计算方法与静定梁相同，只需将刚架的每根杆看作是梁，逐杆用截面法计算控制截面的内力，便可作出内力图。其解题步骤通常如下：

1）由整体或某些部分的平衡条件求出支座反力或连接处的约束反力。

2）根据结构及荷载情况，将刚架分解为若干杆段，由平衡条件求出各杆端内力。

3）由杆端内力并运用叠加原理逐杆绘制内力图，从而得到整个刚架的内力图。（有关梁的内力图的形状特征描述和按叠加法作弯矩图等，同样适用于刚架中各杆）。

在土建工程中，内力符号通常作以下规定：弯矩的正负不作硬性规定。弯矩图绘在杆件受拉纤维一侧，图中不标正、负号。剪力和轴力的正负号规定与第5章的规定相同，即剪力以使所在杆段产生顺时针转动效果为正，反之为负；轴力以拉力为正，压力为负。剪力图和轴力图可画在杆件的任意一侧，但必须标明正、负号。所有内力图必须标明图的名称、单位和控制截面内力的大小。由于刚架是由若干根杆刚结而成，为了不使内力符号发生混淆，规定在内力符号的右下角用两个脚标：前一个脚标表示该内力所属杆端，后一个脚标表示该杆段的另一端。如 AB 杆的 A 端截面弯矩用 M_{AB} 表示，B 端截面弯矩用 M_{BA} 表示。剪力和轴力也采用同样的方法。此外，关于静定梁内力计算的一般法则，对于刚架来说同样是适用的。

下面通过例题说明静定刚架内力图的作法。

例 11-7 试作图 11-34a 所示悬臂刚架的内力图。

分析：悬臂刚架的计算与悬臂梁相似，可直接从自由端开始，逐个地计算各控制截面上的内力，并绘出相应的内力图。

解：悬臂杆 CD 自由端 D 处的弯矩为零。即

$$M_{DC} = 0$$

取图 11-34b 所示隔离体，根据 CD 杆的平衡条件，由 $\sum M_C = 0$ 求得

$$M_{CD} = 20 \times 1 \text{kN} \cdot \text{m} = 20 \text{kN} \cdot \text{m} \quad （外侧受拉）$$

取隔离体如图 11-34c 所示，由平衡方程 $\sum M_C = 0$ 可得

$$M_{CE} = 20 \text{kN} \cdot \text{m} \quad （外侧受拉）$$

再取隔离体 BCD 如图 11-34d 所示，由 $\sum M_B = 0$ 求得

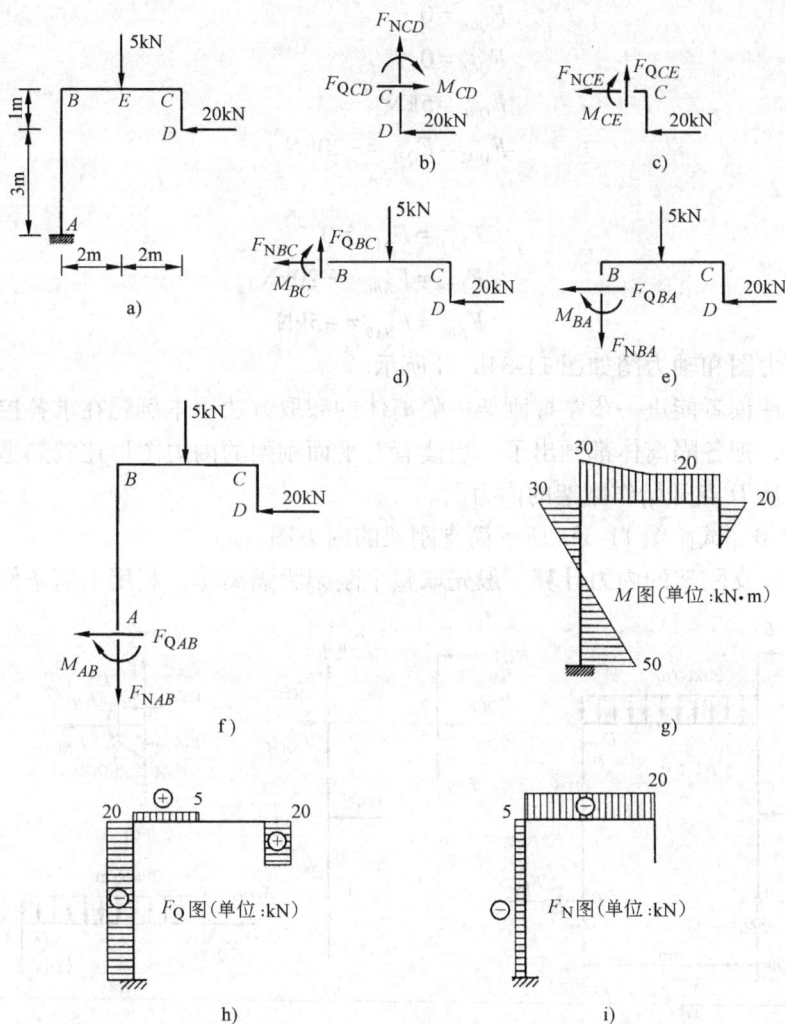

图 11-34 例 11-7 图

$$M_{BC} = (20 \times 1 + 5 \times 2) \text{kN} \cdot \text{m} = 30 \text{kN} \cdot \text{m} \quad (\text{外侧受拉})$$

取隔离体 BCD 如图 11-34e 所示，由 $\sum M_B = 0$ 求得

$$M_{BA} = 30 \text{kN} \cdot \text{m} \quad (\text{外侧受拉})$$

最后，取图 11-34f 所示的隔离体，由 $\sum M_A = 0$ 求得

$$M_{AB} = (20 \times 3 - 5 \times 2) \text{kN} \cdot \text{m} = 50 \text{kN} \cdot \text{m} \quad (\text{内侧受拉})$$

由上述数值即可作出刚架的弯矩图，如图 11-34g 所示。

根据上述的各隔离体，不难求出各控制截面上的剪力为

$$F_{QDC} = F_{QCD} = 20 \text{kN}$$

$$F_{QCE} = 0$$

$$F_{QCB} = 0$$

$$F_{QBC} = 5\text{kN}$$

$$F_{QBA} = F_{QAB} = -20\text{kN}$$

轴力为

$$F_{NDC} = F_{NCD} = 0$$

$$F_{NCB} = F_{NBC} = -20\text{kN}$$

$$F_{NBA} = F_{NAB} = -5\text{kN}$$

刚架的剪力图和轴力图如图 11-34h、i 所示。

为了使读者能进一步掌握刚架中隔离体的截取方法，本例题在求各控制截面的内力时，把各隔离体都画出了。当读者对平面刚架的内力图形比较熟悉时，也可以直接从 D 点开始作刚架的内力图。

例 11-8 试作图 11-35a 所示简支刚架的内力图。

解： 简支刚架的内力计算一般先取整个刚架为隔离体，利用平衡条件求出支

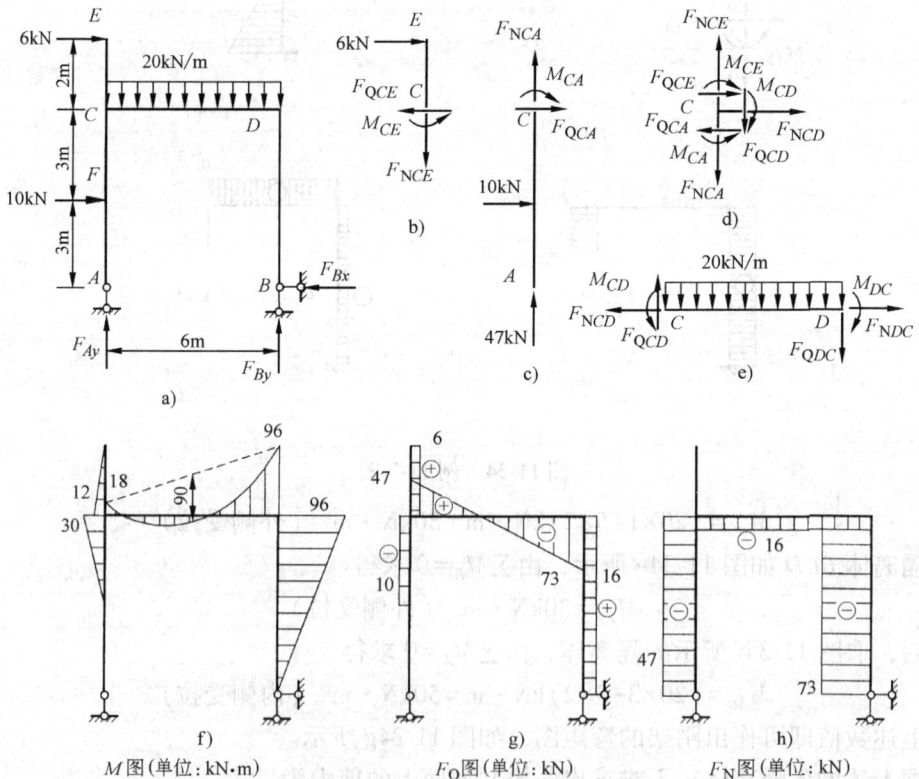

图 11-35　例 11-8 图

座反力。然后取各杆段为隔离体，分别计算各杆端的内力。最后，根据各杆端内力作出内力图。

（1）求支座反力

取整个刚架为隔离体，利用平衡条件有

$\sum F_x = 0$ $6+10-F_{Bx}=0$, $F_{Bx}=16kN(\leftarrow)$

$\sum M_B = 0$ $F_{Ay}\times6+6\times8+10\times3-20\times6\times3=0$, $F_{Ay}=47kN(\uparrow)$

$\sum M_A = 0$ $6\times8+10\times3+20\times6\times3-F_{By}\times6=0$, $F_{By}=73kN(\uparrow)$

（2）求杆端内力

在计算杆端内力时，可以截取刚架的结点或构件作为隔离体，例如图 11-35 b~e 所示。按平衡条件依次求得。例如利用 CE 段的隔离体图（见图 11-35b），由平衡条件得

$$M_{CE}=(6\times2)kN\cdot m=12kN\cdot m(左侧受拉)，\quad F_{QCE}=6kN，\quad F_{NCE}=0$$

利用 AC 段的隔离体图（见图 11-35c），得

$$M_{CA}=(10\times3)kN\cdot m=30kN\cdot m(左侧受拉)，\quad F_{QCA}=-10kN，\quad F_{NCA}=-47kN$$

再利用 C 结点的隔离体图（见图 11-35d），由 $\sum M=0$、$\sum F_y=0$ 和 $\sum F_x=0$ 得

$$M_{CD}=M_{CA}-M_{CE}=18kN \quad （上侧受拉）$$

$$F_{QCD}=-F_{NCA}=47kN$$

$$F_{NCD}=F_{QCA}-F_{QCE}=-16kN$$

以此类推可以求得其余各杆端内力。

（3）根据杆件内力的变化规律与特点作刚架的内力图

弯矩图、剪力图、轴力图分别如图 11-35f、g、h 所示。

例 11-9 试作图 11-36a 所示三铰刚架的内力图。

解： 三铰刚架的内力计算和简支刚架基本相同，即先计算支座反力，再计算杆端内力。所不同的是三铰刚架在求支座反力时，由于它有四个未知的反力，因此，除取刚架整体为隔离体建立三个平衡方程外，还要取半刚架（左半刚架或右半刚架）为隔离体，建立平衡方程，从而求得全部支座反力。

（1）求支座反力

取刚架整体为隔离体，利用平衡条件有

$$\sum M_A=0 \qquad F_{By}=80kN$$

$$\sum F_y=0 \qquad F_{Ay}=80kN$$

$$\sum F_x=0 \qquad F_{Ax}=F_{Bx}$$

取铰 C 右边部分为隔离体，利用平衡条件有

$$\sum M_C=0 \qquad F_{Ax}=F_{Bx}=20kN$$

（2）求杆端内力

a)

b)

c)

d)

e)   f)   g)

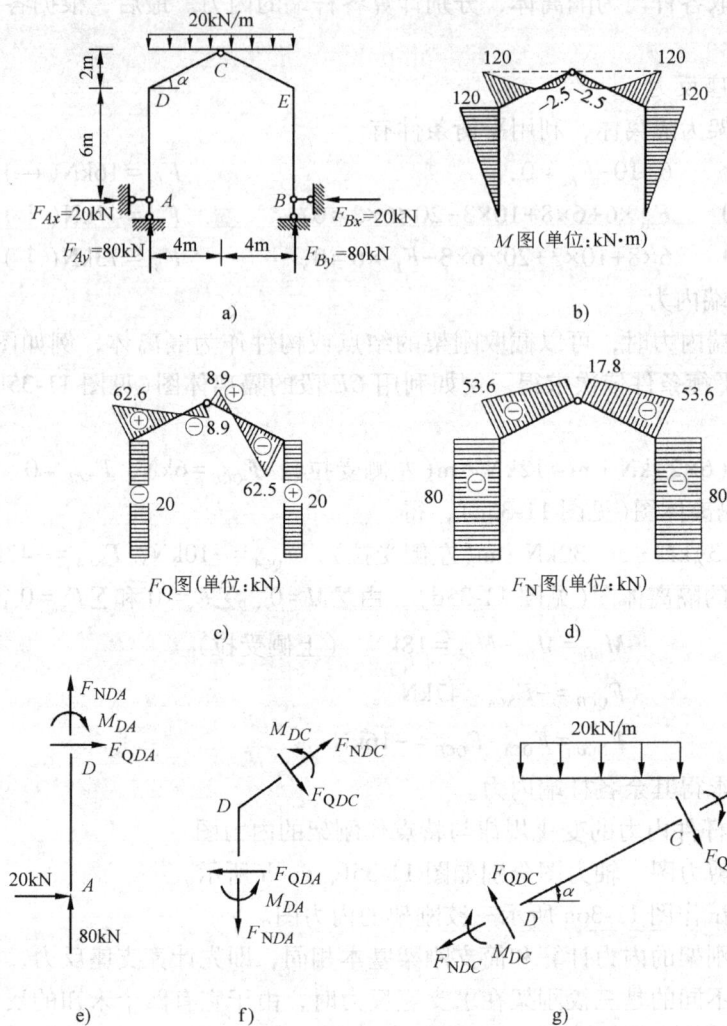

图 11-36 例 11-9 图

取 AD 段为隔离体,如图 11-36e 所示,利用平衡条件有

$$\sum M_D = 0 \qquad M_{DA} = 120 \text{kN} \cdot \text{m} \quad (左侧受拉)$$

$$\sum F_x = 0 \qquad F_{QDA} = -20 \text{kN}$$

$$\sum F_y = 0 \qquad F_{NDA} = -80 \text{kN}$$

取结点 D 为隔离体,如图 11-36f 所示,利用平衡条件得

$$\sum M_D = 0 \qquad M_{DC} = 120 \text{kN} \cdot \text{m} \quad (外侧受拉)$$

沿 F_{NDC} 方向应用投影方程有

$$F_{NDC} = -20\cos\alpha - 80\sin\alpha = \left(-20\times\frac{2}{\sqrt{5}} - 80\times\frac{1}{\sqrt{5}}\right) kN = -53.6kN$$

沿 F_{QDC} 方向应用投影方程有

$$F_{QDC} = 80\cos\alpha - 20\sin\alpha = \left(80\times\frac{2}{\sqrt{5}} - 20\times\frac{1}{\sqrt{5}}\right) kN = 62.6kN$$

取 DC 段为隔离体，如图 11-36g 所示，沿 F_{NDC} 方向应用投影方程有

$$F_{NDC} = (-53.6 + 20\times4\sin\alpha) kN = -17.8kN$$

沿 F_{QDC} 方向应用投影方程有

$$F_{QDC} = (62.6 - 20\times4\cos\alpha) kN = -8.9kN$$

同理，另一半刚架的各杆端内力为

$M_{EC} = 120kN \cdot m$（外侧受拉）　　$F_{NEC} = -53.6kN$　　$F_{QEC} = -62.6kN$

$M_{EB} = 120kN \cdot m$（右侧受拉）　　$F_{NEB} = -80kN$　　$F_{QEB} = 20kN$

（3）作内力图

根据以上求得的各杆端内力，作出弯矩图、剪力图和轴力图，如图 11-36b、c、d 所示。

例 11-10　试作图 11-37a 所示组合刚架的内力图。

解：组合刚架的内力计算，首先要分清基本部分和附属部分，计算次序是先附属部分，后基本部分。在图 11-37a 所示的组合刚架中，ADEB 部分为基本部分，而 FGC 部分为附属部分。

（1）求附属部分的支座反力

取 FGC 部分为隔离体，如图 11-37b 所示，利用平衡条件有

$$\sum M_F = 0 \qquad F_{Cy} = 22.5kN(\uparrow)$$
$$\sum F_x = 0 \qquad F_{Fx} = 45kN(\rightarrow)$$
$$\sum F_y = 0 \qquad F_{Fy} = 22.5kN(\downarrow)$$

（2）求附属部分各杆端内力

分别取 FG 段、结点 G 和 GC 段为隔离体，如图 11-37f 所示，利用平衡条件得

$M_{GF} = 101.25kN \cdot m$（上侧受拉）　　$F_{QGF} = -22.5kN$　　$F_{NGF} = -45kN$

$M_{GC} = 101.25kN \cdot m$（右侧受拉）　　$F_{QGC} = 45kN$　　$F_{NGC} = -22.5kN$

（3）分析基本部分

将附属部分与基本部分联接处的支座反力反向后作用于基本部分上，此时，要解决的问题是计算简支刚架的支座反力和内力，这部分内容已在前面例题中作过详细介绍，这里不再赘述。

（4）作内力图

a)

b)

c)

M 图(单位:kN·m)

d)

F_Q 图(单位:kN)

e)

F_N 图(单位:kN)

f)

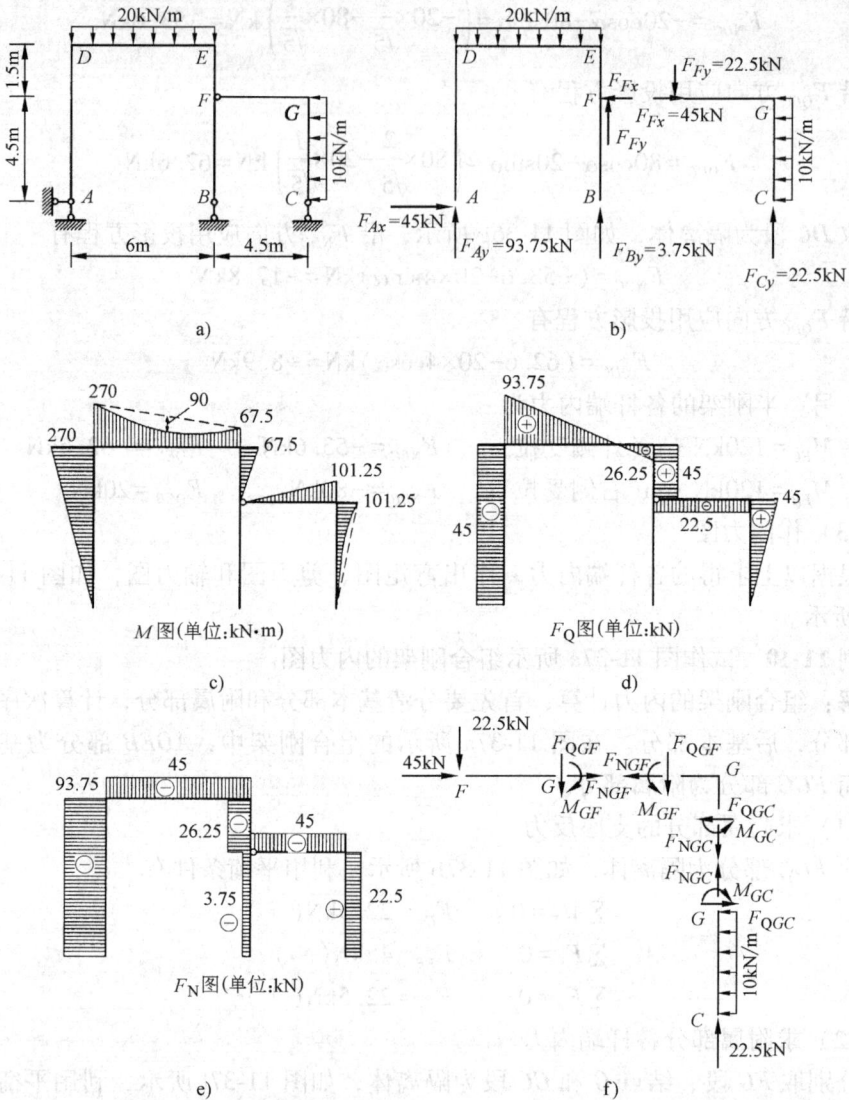

图 11-37　例 11-10 图

根据以上计算的各杆端内力，即可绘制弯矩图、剪力图和轴力图，如图 11-37b、c、d 所示。

11.4.4　快速作刚架内力

静定刚架的内力计算，是重要的基本内容，它不仅是静定刚架强度计算的依据，而且是位移计算和分析超静定刚架的基础。尤其是弯矩图的绘制，以后将用得很多。绘制弯矩图时应注意：

1）刚结点处力矩应平衡。

2）铰结点处若无集中力偶作用弯矩必为零。

3）无荷载作用的区段弯矩图为直线。

4）有均布荷载作用的区段，弯矩图为曲线，曲线的凸向与均布荷载指向一致。

5）集中力偶处弯矩图发生突变，突变的值等于集中力偶的大小；集中力作用处，弯矩图发生转折。

6）运用叠加法。

如能熟练的运用上述几条注意事项。常常可以在不求或仅求出个别少数支座反力的情况下，快速绘出弯矩图。

如作图 11-38a 所示刚架的弯矩图，先从悬臂端开始画。

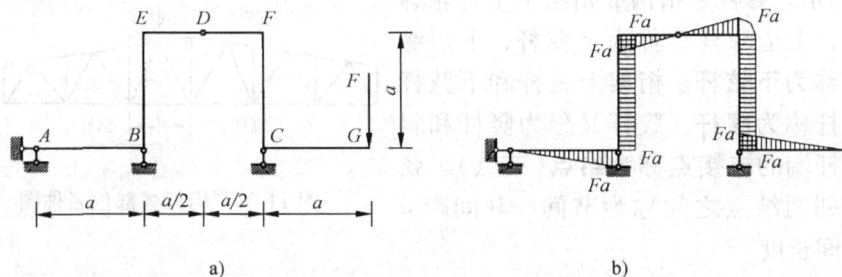

图 11-38　快速作刚架弯矩图

CG 段为悬臂端，易求得 $M_{GC}=0$，$M_{CG}=Fa$（上拉）无载区弯矩图为直线。

CF 段：由刚结点 C 弯矩平衡，得 $M_{CF}=M_{CG}=Fa$（右拉）；由于 F 平行于 CF 杆轴，使 CF 杆各截面弯矩为常量。

EF 段：由刚结点 F 弯矩平衡得 $M_{FD}=M_{FC}=Fa$（上拉）；且铰 D 处弯矩为零。整个 EF 段为无载区，弯矩图为直线。

EB 段：由刚结点 E 弯矩平衡得 $M_{EB}=M_{ED}=Fa$（右拉），且 BE 段 M 为常数，弯矩图为平行与杆轴的线。

AB 段：由结点 B 弯矩平衡得 $M_{BA}=Fa$（下拉），A 铰处 M 为零。无载区弯矩图为直线。

整个刚架的弯矩图如图 11-38b 所示。

此题反复利用刚结点弯矩平衡和铰结点弯矩为零的条件，未求支座反力而直接画出了弯矩图。

又例如在作例题 11-8 中图 11-35a 所示刚架的弯矩图时，根据 A 支座竖向反力不会使 AC 杆产生弯矩的特征，CE 和 AC 杆的弯矩图可一目了然，B 支座的水

平反力易求得，乘以杆长即得杆端弯矩 M_{DB}，并有 $M_{DC}=M_{DB}$；根据 C 结点的力矩平衡的条件可求得杆端弯矩 M_{CD}，然后以 M_{DC} 和 M_{CD} 的连线为基线叠加简支梁的弯矩图则得到刚架的最终弯矩图。

11.5 静定平面桁架

11.5.1 桁架的概念

桁架是工业与民用建筑屋盖的主要承重结构之一，还广泛用于桥梁、塔架等结构物上。

桁架是由若干直杆在其两端用铰连接而成的结构，是大跨度结构常用的一种结构形式。桁架的杆件，依其所在位置的不同，可分为弦杆和腹杆两类，如图 11-39 所示。**弦杆**是指构成桁架上下外轮廓的杆件，上边缘杆件称为**上弦杆**，下边缘的杆件称为**下弦杆**。桁架上弦杆和下弦杆之间的杆称为**腹杆**，腹杆又分为竖杆和斜杆。各杆端的连接点称为**结点**(节点)。弦杆上相邻两结点之间称为**节间**，其间距 d 称为节间长度。

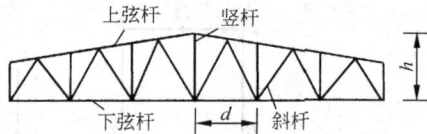

图 11-39 桁架各部位名称图

实际桁架的结构和受力都比较复杂，在分析桁架的内力时，必须抓住矛盾的主要方面，选择既能反映桁架本质又便于计算的计算简图。实践和理论分析表明，当荷载作用在结点上时，桁架中各杆内力主要是轴力，而弯矩和剪力很小，可忽略不计。因此在计算桁架的内力时，为了简化计算，对实际桁架通常采用如下假定：

1）各杆两端用绝对光滑而无摩擦的理想铰相互连接；

2）各杆轴线均为直线，且通过铰的几何中心；

3）荷载和支座反力都作用在结点上。

在上述假定的理想情况下，桁架各杆均为两端铰接的直杆，仅在两端受约束反力作用，均为二力杆，只产生轴力，这种桁架称为**理想桁架**。

实际工程中的桁架与上述假定是有差别的。例如：在钢屋架中，各杆件是用焊接或铆接连接的，在钢筋混凝土屋架中各杆件是浇筑在一起的，因此杆件在结点处还具有一定的刚性，各杆之间的夹角几乎不能变动。在木屋架中，各杆是用螺栓连接或榫接，它们在结点处可能有些相对转动，其结点也不完全符合理想铰的情况。另外，施工时各杆件也不可能绝对平直，在结点处各杆的轴线不一定全交于一点，实际的荷载(如自重)不一定都作用在结点上等。所以实际桁架在荷

载作用下，除产生轴力外，还会产生一定的弯矩和剪力。通常把桁架在理想情况下计算出来的内力称为**主内力**，把由于不满足理想假定而产生的附加内力称为**次内力**。实践和理论分析表明，结点的刚性等因素对桁架的影响一般来说是次要的，起主要作用的还是轴力，在一般情况下，用理想桁架计算可以得到令人满意的结果。因而本章只讨论主内力计算问题，取理想桁架作为计算简图。

11.5.2　平面桁架的分类

若桁架中所有杆件的轴线都在同一平面内，则称为平面桁架。平面桁架按其几何组成可分为简单桁架、联合桁架和复杂桁架。

简单桁架　由基础或一基本铰接三角形开始，依此增加二元体所组成的桁架（见图 11-40a）。

联合桁架　由几个简单桁架按几何不变体系组成规则所连成的桁架（见图 11-40b）。

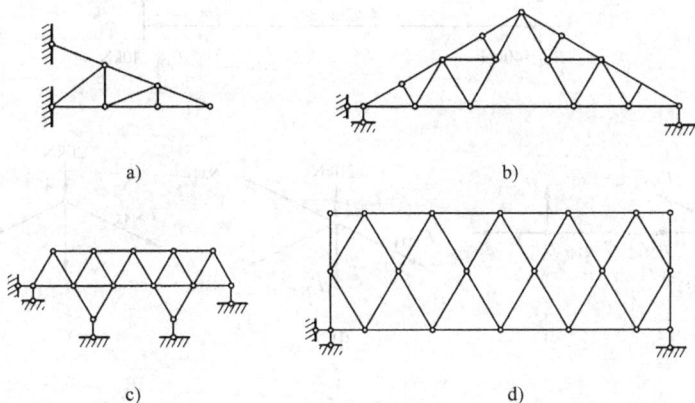

图 11-40　桁架按几何组成分类图

复杂桁架　不按上述两种方式所组成的其他桁架（见图 11-40c、d）。

11.5.3　静定平面桁架的内力计算

静定平面桁架的内力计算方法有结点法、截面法和这两种方法的联合应用。现分别介绍如下：

1. 结点法

结点法是逐个地选取桁架中的各个结点为隔离体，利用结点的平衡条件来计算各杆轴力。因为每个结点上所截各杆的轴力及结点上的荷载组成一平面汇交力系，所以对每个结点可建立两个平衡方程。结点法适用于简单桁架的轴力计算。

计算时，通常先假定杆件轴力为拉力，若计算结果为负，则为压力。

下面举例说明结点法的应用。

例 11-11 试用结点法分析图 11-41 所示桁架各杆的轴力。

解：由于桁架和荷载都是对称的，相应的杆件轴力和支座反力也必然是对称的，故取半个桁架计算即可。

（1）计算支座反力

$$F_{x1}=0, F_{y1}=F_{y8}=\frac{1}{2}(10+20+20+20+10)\text{kN}=40\text{kN}$$

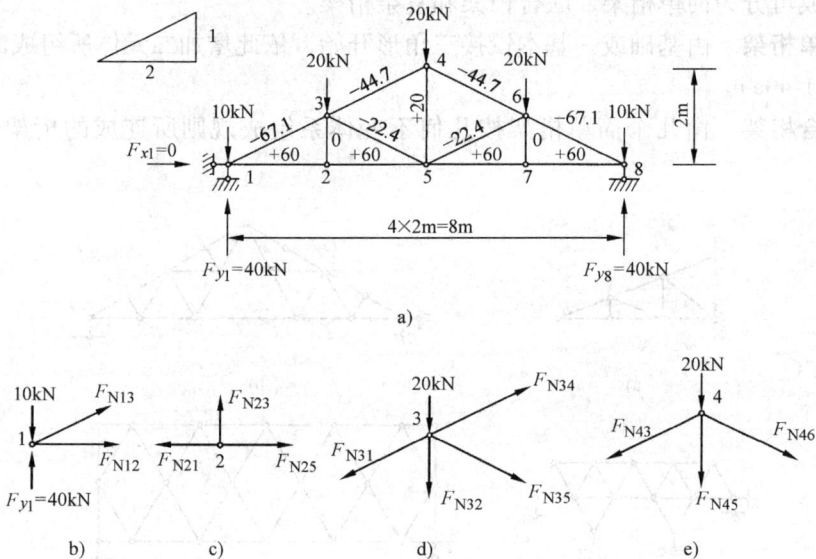

a)

b)　　　　c)　　　　d)　　　　e)

图 11-41　例 11-11 图

（2）计算各杆轴力

反力求出后，可截取各结点解算各杆的轴力。依次分析只含两个未知力的结点，现在计算左半桁架，从结点 1 开始。

取结点 1 为隔离体，其受力如图 11-41b 所示。由平衡条件得

$$\sum F_y=0, \quad F_{N13}\frac{1}{\sqrt{5}}+40-10=0$$

$$F_{N13}=-67.1\text{kN} \quad （压力）$$

$$\sum F_x=0, \quad F_{N13}\frac{2}{\sqrt{5}}+F_{N12}=0$$

$$F_{N12}=60\text{kN} \quad （拉力）$$

取结点 2 为隔离体，其受力如图 11-41c 所示。由平衡条件易得

$$F_{N25} = 60\text{kN} \quad （拉力）$$

$$F_{N23} = 0$$

取结点 3 为隔离体，其受力如图 11-41d 所示。由平衡条件得

$$\sum F_x = 0, \quad \left(F_{N34} + F_{N35} - F_{N31}\right)\frac{2}{\sqrt{5}} = 0$$

$$\sum F_y = 0, \quad \left(F_{N34} - F_{N35} - F_{N31}\right)\frac{1}{\sqrt{5}} - 20 - F_{N32} = 0$$

其中 $F_{N31} = -67.1\text{kN}$，$F_{N32} = 0$。对二式联立求解得

$$F_{N34} = -44.7\text{kN} \quad （压力）$$

$$F_{N35} = -22.4\text{kN} \quad （压力）$$

取结点 4 为隔离体，如图 11-41e 所示，由平衡条件得

$$\sum F_x = 0, \quad F_{N46} = -44.7\text{kN} \quad （压力）$$

$$\sum F_y = 0, \quad F_{N45} = 20\text{kN} \quad （拉力）$$

最后，将桁架各杆的轴力集中标在相应杆件中的一侧，如图 11-41a 所示，其中正号表示拉力，负号表示压力。

用结点法计算桁架内力时应当注意，只有当所截取的每个结点上的未知力不超过两个时，应用结点法才显得方便，否则就要解联立方程。因此，用结点法计算一般从未知力不超过两个的结点开始，依次推算，直到把桁架中全部杆件内力都算出。

桁架中有时会出现轴力等于零的杆件，称为**零杆**。在计算之前，若能预先判别出零杆，常会给计算带来很大的方便。

（1）**L 形结点** 不共线的两杆结点称为 L 形结点。当 L 形结点上无荷载作用时（见图 11-42a），两杆均为零杆；当荷载沿其中的一根杆的方向作用时，该杆轴力与荷载大小相等，而另一根杆为零杆。

（2）**T 形结点** 即三杆汇交的结点，其中两杆共线。当结点上无荷载作用时（见图 11-42b），第三杆必为零杆，而共线两杆的轴力必大小相等且性质相同（即同为拉力或同为压力）；当荷载沿第三杆方向作用时，则第三杆轴力与荷载大小相等。

（3）**X 形结点** 四杆结点两两共线（见图 11-42c），当结点上无荷载时，则共线两杆轴力相等且性质相同。

（4）**K 形结点** 即四杆结点，其中两杆共线，而另外两杆在该直线同侧且交角相等，当结点上无荷载时，不共线两杆轴力大小相等，但其一为拉力，另一为压力。共线两杆轴力不等（见图 11-42d）；若该结点在对称轴上，则不共线两

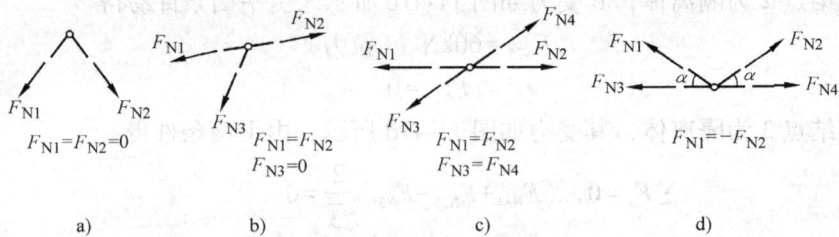

图 11-42 特殊结点受力分析图

杆为零杆，共线两杆轴力相等，性质相同。

利用以上结论，可以看出图 11-43a、b 虚线所示的各杆均为零杆，于是剩下的工作量大为减少。

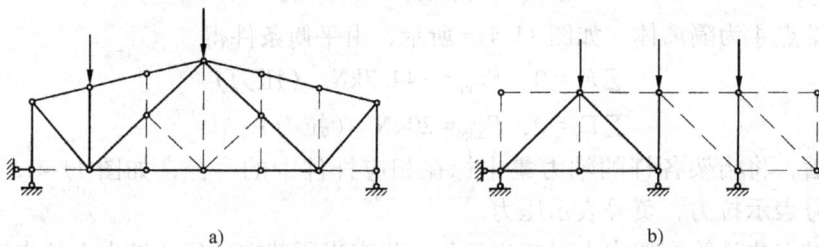

图 11-43 零杆判断图

2. 截面法

所谓截面法，就是用一适当的截面截取桁架的某一部分（至少包括两个结点）为隔离体。此时，隔离体上的荷载、反力及杆件内力组成一个平面一般力系，若隔离体上未知力数目不多于三个，且它们既不相交于一点，也不彼此平行，则可利用平面一般力系的三个平衡方程，求出未知力。为了避免解联立方程组，对平衡方程应加以选择。

截面法适用于联合桁架的计算及简单桁架中求指定杆件内力的情况。现举例说明截面法的应用。

例 11-12 试求图 11-44a 所示桁架中 a、b 和 c 三杆的内力。

解：先求出桁架的支座反力，为

$$F_{Ay} = 80\text{kN}, \quad F_{By} = 40\text{kN}$$

为求杆 a 和 b 的内力，作截面 I—I 并取左边部分为隔离体（见图 11-44b）。求杆 a 的内力 F_{Na} 时，取杆 b 与杆 24 的交点 4 为矩心，由力矩平衡方程 $\sum M_4 = 0$ 求得

$$F_{Na} = -123.69\text{kN} \quad （压力）$$

求杆 b 的内力 F_{Nb} 时，取杆 a 与杆 24 的交点 O 为矩心。先由几何关系确定 O 点的位置如图，由力矩平衡方程 $\sum M_O = 0$ 求得

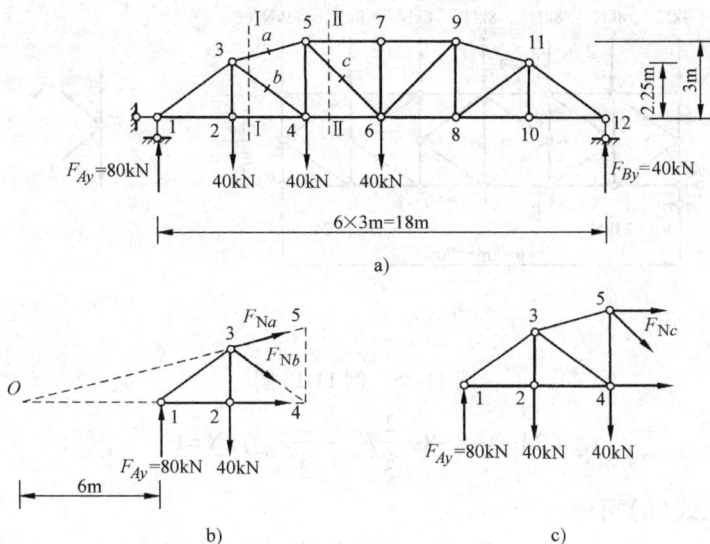

图 11-44 例 11-12 图

$$F_{Nb} = 16.67 \text{kN}$$

为求杆 c 的内力 F_{Nc}，作截面 II—II 并取左边部分为隔离体(见图 11-44c)。因杆 46 和 57 都位于水平方向，两杆内力均无竖向分力，由平衡方程 $\sum F_y = 0$ 得

$$F_{Nc} = 0$$

3. 结点法与截面法的联合应用

结点法和截面法是计算桁架内力的两种常用方法。对简单桁架来说，无论用哪一种方法都方便，对于某些复杂桁架，一般需要联合使用结点法和截面法才能求出杆件内力。

另外，在某些情况下只须计算少数指定杆件的内力时，联合使用结点法与截面法很方便。例如图 11-45a 所示简单桁架，用结点法可以算出所有的内力。但若只求指定杆的内力，单用结点法，工作量太大，单用截面法又不能一次解出，联合使用截面法和结点法可以较为简便的解决。

例 11-13 试求图 11-45a 所示桁架中 a、b 和 c 三杆的内力。

解： 先求出桁架支座反力如图。为求杆 a 的内力，作截面 I—I 并取其左部为隔离体。此时因截断了四根杆件，故仅由此截面尚不能求解。为此，可截取结点 K 为隔离体(图 11-45b)，由 K 形结点的平衡特性可确定 a、c 两杆内力之间的关系，为

$$F_{Na} = -F_{Nc} \tag{a}$$

再根据截面 I—I 左部隔离体 $\sum F_y = 0$，有

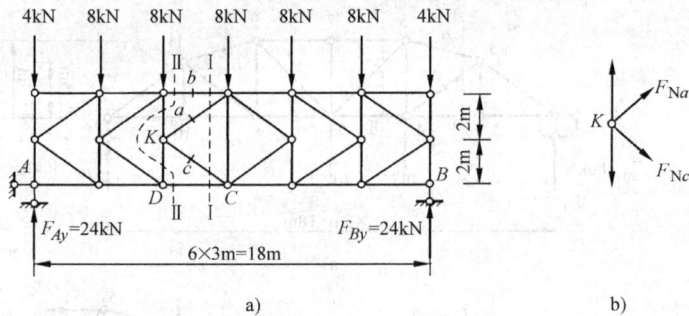

图 11-45 例 11-13 图

$$\left(24-4-8-8+\frac{2}{\sqrt{3}}F_{Na}-\frac{2}{\sqrt{3}}F_{Nc}\right)kN=0 \tag{b}$$

将式（a）代入式（b）可解得

$$F_{Na}=-3.61kN（压力）$$

由比例关系得

$$F_{Nc}=-F_{Na}=3.61kN$$

求解 F_{Nb} 较为简捷的方法是取截面Ⅱ—Ⅱ。此时虽截断了四根杆件，但除杆 b 之外其余三杆都通过 D 点，列出截面左部隔离体的力矩平衡方程 $\sum M_D=0$ ，有

$$(24\times6-4\times6-8\times3+F_{Nb}\times4)kN\cdot m=0$$

得

$$F_{Nb}=-24kN \quad （压力）$$

11.6 三铰拱

11.6.1 概述

在拱结构中，杆轴为曲线，在竖向荷载作用下支座处将产生水平反力（或称水平推力），这是拱的主要特征。如图 11-46a 所示具有两个固定铰支座的曲杆结构，在竖向荷载作用下，有水平反力产生，故属于拱结构。在竖向荷载作用下，是否产生水平反力，是区分拱还是梁的重要依据。如图 11-46b 所示简支曲杆结构，杆轴虽然是曲线，但在竖向荷载作用下，并不产生水平反力，所以只称为**曲梁**。

由于水平反力的存在将会使拱的弯矩大大减少，拱内的弯矩比相应的梁小，主要承受轴向压力。故可用抗压性能好而又相对廉价的脆性材料（如砖、石、混凝土等）来建造。而且拱式结构有利于营造曲线美，并能提供较大的净空高度。所

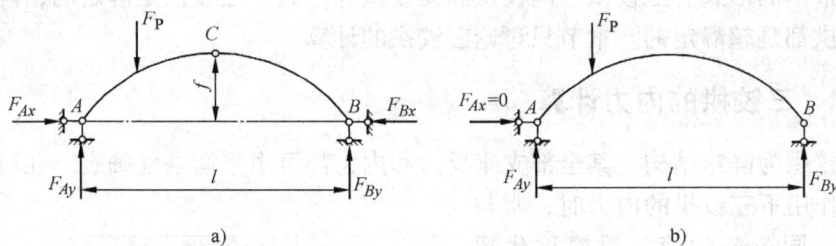

图 11-46　拱与曲梁比较图

以拱被广泛地应用于桥梁、涵洞、地下建筑和房屋中。特别是大跨度结构，拱要比梁用材省、自重轻。

拱式结构的缺点是：由于杆件是曲的，故施工较麻烦；其次是由于水平反力的存在，所以对拱脚处的地基要求高，基础要大。如果拱脚支承在柱子上，则柱就要承受较大的推力，这是不利的。所以当支座处地基的水平抗力较弱时，常在两支座间设置水平拉杆（见图 11-47），此时支座水平推力将改由拉杆内所产生的拉力承担。在竖向荷载作用下，支座只产生竖向反力，从而克服了由水平反力所产生的不利影响，拱体的受力情况仍与一般三铰拱完全相同，故称为**带拉杆的三铰拱**。

拱的各部分名称如图 11-48 所示，拱各横截面形心的连线称为**拱轴线**。拱轴的最高点称为**拱顶**，三铰拱的拱顶通常是安置中间铰的位置。拱的两端与支座联结处称为**拱趾**。拱趾位于同一标高的拱称为**平拱**，位于不同标高的拱称为**斜拱**。两个拱趾间的水平距离 l 称为**跨度**。两拱趾之间的连线称为**起拱线**，拱顶到起拱线的竖向距离 f 称为**拱高**或**矢高**。拱高与跨度之比 l/f 称为拱的**高跨比**（矢跨比），它是与拱的受力性能有关的一个重要几何参数。工程中常用拱的高跨比一般在 1/10 到 1 之间。

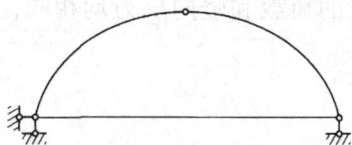

图 11-47　带拉杆的拱

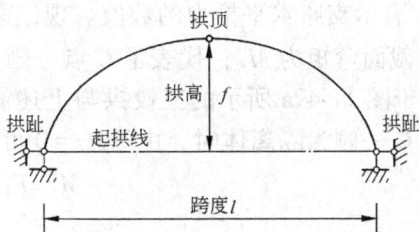

图 11-48　拱各部位名称

拱常用的形式有三铰拱、两铰拱和无铰拱等，其中三铰拱是静定的，两铰拱和无铰拱都是超静定的。本节只讨论三铰拱的计算。

11.6.2 三铰拱的内力计算

三铰拱为静定结构，其全部支座反力和内力都可由平衡条件确定。在讨论竖向荷载作用下三铰拱的内力时，常与同跨度、同荷载的简支梁简称**代梁**（见图 11-49b）的内力加以比较，找出两者的内力关系，以便说明拱的受力特点。现以土建结构中最为常见的承受竖向荷载作用、且两拱趾位于同一水平面上的三铰拱（见图 11-49a）为例，介绍三铰拱的受力分析方法和受力特性。

1. 支座反力的计算

三铰拱的两端都是固定铰支座，其支座反力共有四个，可以利用三个整体平衡方程，再加上顶铰处弯矩为零的条件，即顶铰一侧隔离体力矩平衡方程惟一确定。

图 11-49 拱与相应简支梁受力比较

当仅有竖向荷载作用时，因两拱趾位于同一水平线上，利用整体平衡方程 $\sum M_B = 0$ 和 $\sum M_A = 0$ 即可直接解得两支座的竖向反力 F_{Ay} 和 F_{By}。可见，此时三铰拱支座竖向反力的计算与相应简支梁支座反力 F_{Ay}^0 和 F_{By}^0 的计算完全相同，即有

$$F_{Ay} = F_{Ay}^0 \tag{11-1}$$

$$F_{By} = F_{By}^0 \tag{11-2}$$

再由整体平衡条件 $\sum F_x = 0$，可得

$$F_{Ax} = F_{Bx} = F_H$$

F_H 表示支座水平推力的数值。现记图 11-49b 所示简支梁相应三铰拱顶铰位置 C 的截面弯矩为 M_C^0，代表了 C 点一侧支座反力和竖向荷载对 C 点力矩的代数和。由于图 11-49a 所示的三铰拱与上述简支梁的荷载和竖向反力均相同，当取拱顶铰 C 一侧为隔离体时，由 $\sum M_C = 0$ 可得

$$M_C^0 - F_H f = 0$$

于是有

$$F_H = \frac{M_C^0}{f} \tag{11-3}$$

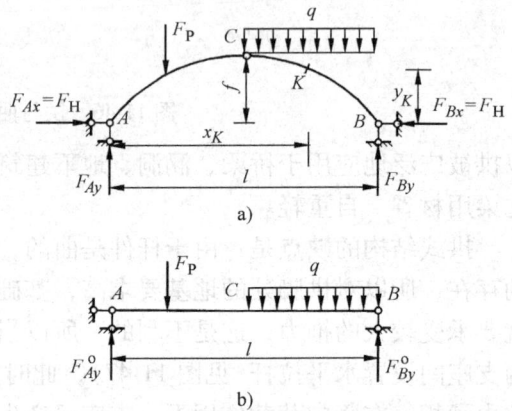

这就是三铰平拱在竖向荷载作用下支座水平推力的计算公式。

由以上的分析可知：1）在给定的荷载作用下，三铰拱的支座反力仅与三个铰的位置有关，而与拱轴的形状无关；2）在竖向荷载的作用下，三铰平拱的支座竖向反力与相应简支梁反力相同，而水平推力 F_H 与拱高（矢高）f 成反比。当荷载和跨度不变时，f 愈大推力 F_H 愈小，反之 f 愈小则推力 F_H 愈大。

2. 内力的计算

计算拱的内力仍采用截面法。拱轴是条曲线，所取截面应与拱轴垂直。拱内任一横截面 K 的位置可由形心的坐标 x_K、y_K 和该处拱轴切线的倾角 φ_K 确定，如图 11-50 所示，截面 K 的内力有弯矩 M_K、剪力 F_{QK} 和轴力 F_{NK}。在拱中，弯矩的符号规定使拱体的内侧受拉为正，反之为负；剪力还是以绕分离体顺时针转为正，反之为负；由于拱体一般都是受压的，**通常规定轴力以受压为正，拉力为负**。求任一截面 K 的内力时，取 K 截面一侧为隔离体，如图 11-50 所示。

由 $\sum M_K = 0$ 求得弯矩

图 11-50 任意截面内力分析

$$M_K = M_K^0 - F_H y_K \tag{11-4}$$

即拱内任一截面的弯矩，等于相应简支梁对应截面上的弯矩 M_K^0 减去由支座水平推力引起的弯矩。由此可见，由于推力的存在，拱的弯矩比梁的要小。在计算 K 截面的轴力 F_{NK} 和剪力 F_{QK} 时，可将 B 支座反力和作用于隔离体上的外荷载沿 K 点拱轴线的切线和法线方向进行分解，再分别由这两个方向上力的平衡条件求得截面上的剪力和轴力。即

$$F_{QK} = F_{QK}^0 \cos\varphi_K - F_H \sin\varphi_K \tag{11-5}$$

$$F_{NK} = F_{QK}^0 \sin\varphi_K + F_H \cos\varphi_K \tag{11-6}$$

三铰拱的内力值不但与荷载有关，而且与拱轴线的形状有关，当拱轴方程已知时，根据上述式（11-1）~式（11-6）可以计算拱中任一截面的内力。绘制内力图时，为了方便起见，通常是沿跨长或沿拱轴选取若干截面，计算出这些截面的内力，然后以拱轴线的水平投影为基线，绘出内力图。需要指出的是，式（11-5）及式（11-6）中的倾角 φ_K 在左半拱取正值，而在右半拱取负值。

例 11-14 试绘制图 11-51a 所示三铰拱的内力图。已知拱轴为一抛物线，当坐标原点设在支座 A 处时，拱轴线方程为

$$y = \frac{4f}{l^2} x(l-x)$$

解： 支座的竖向反力与相应简支梁反力相同，即

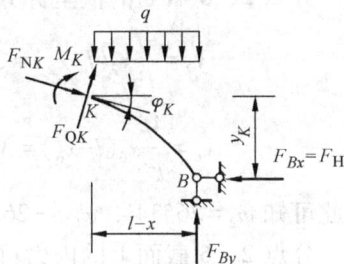

$$F_{Ay} = F_{Ay}^0 = 28\text{kN}, \quad F_{By} = F_{By}^0 = 20\text{kN}$$

由式(11-3)可求得支座处的水平推力

$$F_H = \frac{M_C^0}{f} = 24\text{kN}$$

为绘制内力图,可将拱跨分成若干等分,然后列表求出各分点截面上的内力值。现如图将拱跨沿水平方向分成八等分,以分点 2、6 截面为例,说明内力计算方法。

分点 2、6 截面的横坐标分别为 $x_2 = 4\text{m}$,$x_6 = 12\text{m}$,由拱轴方程可得

$$y_2 = \frac{4f}{l^2}x_2(l-x_2) = 3\text{m}, \quad \tan\varphi_2 = \frac{\mathrm{d}y}{\mathrm{d}x}\bigg|_{x=x_2} = \frac{4f}{l^2}(l-2x_2) = 0.5$$

$$y_6 = \frac{4f}{l^2}x_6(l-x_6) = 3\text{m}, \quad \tan\varphi_6 = \frac{\mathrm{d}y}{\mathrm{d}x}\bigg|_{x=x_6} = \frac{4f}{l^2}(l-2x_6) = -0.5$$

由此可知 $\varphi_2 = 26°34'$,$\varphi_6 = -26°34'$。

分点 2、6 截面上的内力可采用隔离体方法(见图 11-51b、c)计算如下

$$M_2 = M_2^0 - F_H y_2 = 80\text{kN} \cdot \text{m} - 24\text{kN} \times 3\text{m} = 8\text{kN} \cdot \text{m}$$

$$F_{Q2} = (F_{Ay} - qx_2)\cos\varphi_2 - F_H\sin\varphi_2$$

$$= (28\text{kN} - 4\text{kN/m} \times 4\text{m}) \times 0.894 - 24\text{kN} \times 0.447 = 0\text{kN}$$

$$F_{N2} = (F_{Ay} - qx_2)\sin\varphi_2 + F_H\cos\varphi_2$$

$$= (28\text{kN} - 4\text{kN/m} \times 4\text{m}) \times 0.447 + 24\text{kN} \times 0.894 = 26.8\text{kN}$$

分点 6 处因有集中荷载的作用,截面上的剪力和轴力均有突变,所以需分别求出分点左侧和右侧截面的剪力 F_{Q6}^L、F_{Q6}^R 和轴力 F_{N6}^L、F_{N6}^R 为

$$M_6 = M_6^0 - F_H y_6 = 80\text{kN} \cdot \text{m} - 24\text{kN} \times 3\text{m} = 8\text{kN} \cdot \text{m}$$

$$F_{Q6}^L = (F_P - F_{By})\cos\varphi_6 - F_H\sin\varphi_6$$

$$= (16\text{kN} - 20\text{kN}) \times 0.894 - 24\text{kN} \times (-0.447) = 7.15\text{kN}$$

$$F_{Q6}^R = -F_{By}\cos\varphi_6 - F_H\sin\varphi_6$$

$$= -20\text{kN} \times 0.894 - 24\text{kN} \times (-0.447) = -7.15\text{kN}$$

$$F_{N6}^L = (F_P - F_{By})\sin\varphi_6 + F_H\cos\varphi_6$$

$$= (16\text{kN} - 20\text{kN}) \times (-0.447) + 24\text{kN} \times 0.894 = 23.24\text{kN}$$

$$F_{N6}^R = -F_{By}\sin\varphi_6 + F_H\cos\varphi_6$$

$$= -20\text{kN} \times (-0.447) + 24\text{kN} \times 0.894 = 30.40\text{kN}$$

其余分点截面上的内力可按相同的方法计算。根据各分点计算结果可以画出三铰拱的弯矩图、剪力图和轴力图,如图 11-51d、e、f 所示。

11.6.3 三铰拱的合理拱轴

为了充分利用材料的潜力,应设法减小拱截面上的弯矩,以使其处于均匀受

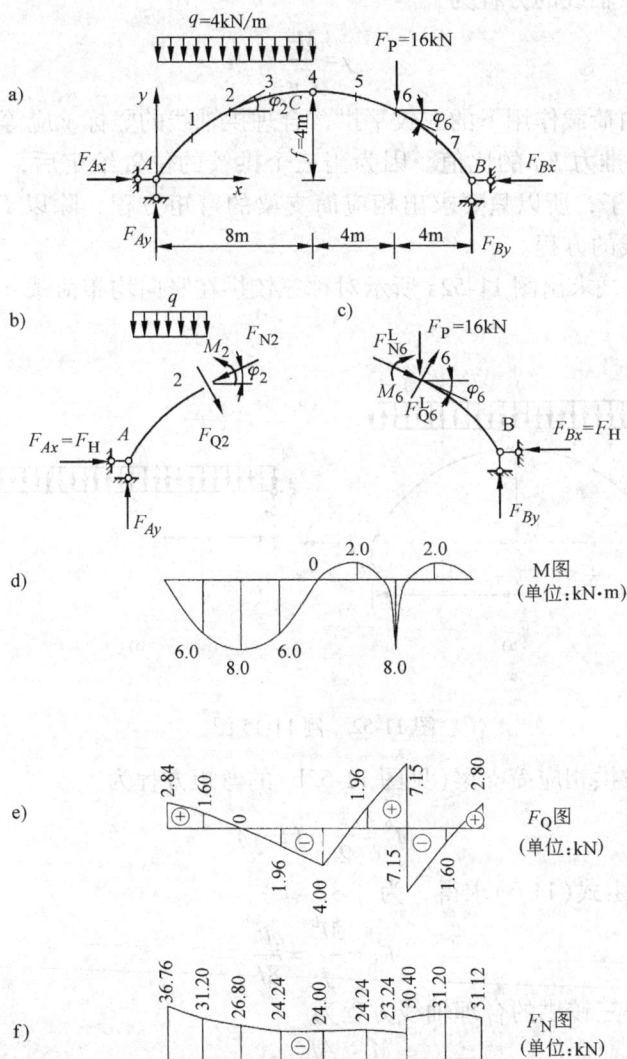

图 11-51 例 11-14 图

压状态。最理想的情况是使拱轴上所有截面的弯矩全等于零(当然相应的剪力也等于零),从而使拱只承受压力的作用。在给定的荷载作用下,如果三铰拱所有截面上的弯矩全等于零,只有轴力,则该拱轴就称为该荷载作用下的合理拱轴。

在竖向荷载作用下,由公式(11-4)可知,三铰平拱任意截面 K 上的弯矩为

$$M_K = M_K^0 - F_H y_K$$

当为合理拱轴线时,按上述定义有

$$M = M^0 - F_H y = 0$$

由此得到合理拱轴线的方程为

$$y = \frac{M^0}{F_H} \qquad (11\text{-}7)$$

这说明对于竖向荷载作用下的三铰平拱,合理拱轴线的竖标 y 应等于相应简支梁弯矩 M^0 与支座推力 F_H 的比值。因为当三个拱铰的位置给定后,三铰拱的支座推力 F_H 便确定了,所以只要求出相应简支梁的弯矩方程,除以 F_H 即可求得三铰拱合理拱轴线的方程。

例 11-15 试求出图 11-52a 所示对称三铰拱在竖向均布荷载 q 作用下的合理轴线。

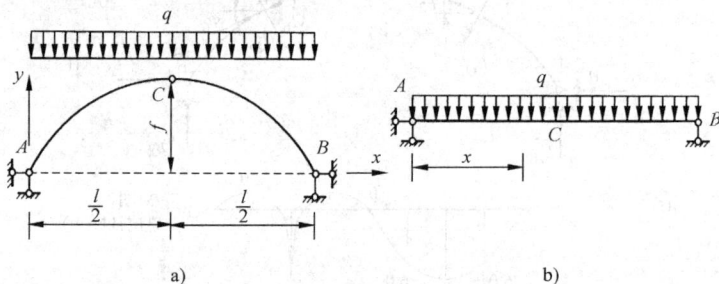

图 11-52 例 11-15 图

解:该三铰拱相应简支梁(见图 11-52b)的弯矩方程为

$$M_K^0 = \frac{1}{2}qx(l-x)$$

支座推力 F_H 可由式(11-3)求得,为

$$F_H = \frac{M_C^0}{f} = \frac{ql^2}{8f}$$

故由式(11-7)得三铰拱的合理轴线方程为

$$y = \frac{M^0}{F_H} = \frac{4f}{l^2}x(l-x)$$

由此可见,在竖向均布荷载作用下,三铰拱的合理轴线是二次抛物线。

同理还可推导出图 11-53a 所示三铰拱在径向均布荷载作用下的合理拱轴线为圆弧线;图 11-53b 所示对称三铰拱在填土荷载作用下的合理拱轴为悬链线。需要注意的是,对于可动荷载并不能得到真正的合理拱轴。实际工程中一般可将主要荷载作用下的合理拱轴线,结合结构构造方面的要求来确定拱轴线的形状,达到在实际荷载情况下拱内的弯矩较小的目的。对于非竖向荷载作用或非平拱的情况,一般不能套用式(11-7),此时可以直接由合理拱轴线的定义确定其数学表达式。

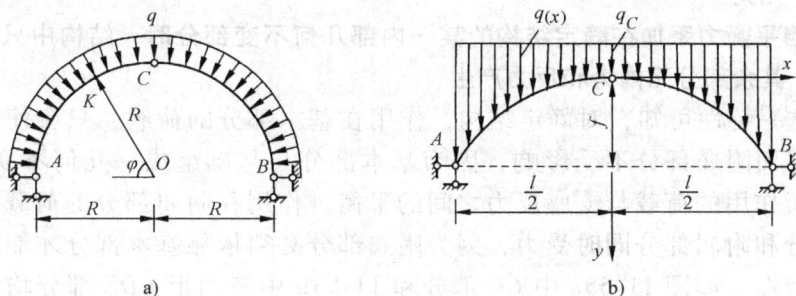

图 11-53 拱在径向及填土荷载下的合理拱轴线

11.7 静定结构的特性

静定结构有静定梁、静定刚架、静定桁架、三铰拱等类型，从以上各节的讨论中可知，虽然这些结构的形式各异，但是有其共同的特性如下：

1. 静定结构解答的惟一性

在几何组成方面，静定结构是无多余约束的几何不变体系；在静力分析方面，静定结构的全部反力均可由静力平衡方程求解，而且得到的解答是惟一的。这是静定结构的基本静力特性，这一静定特性称为**静定结构解答的惟一性定理**。

2. 在静定结构中温度改变、支座移动、制造误差及材料收缩等均不会引起内力和反力

如图 11-54a 所示受温度改变影响的悬臂梁，图 11-54b 所示受支座下沉影响的简支梁，均不产生任何内力和反力。

图 11-54 温度改变及支座移动对静定结构的影响

3. 静定结构的内力和反力与结构的材料、构件的截面形状和尺寸无关

由于静定结构的反力和内力只用静力平衡条件就可以确定，而不需考虑结构的变形条件，平衡方程中不包含这方面有关的物理量，因此，静定结构的反力和内力只与荷载及结构的几何形状及尺寸有关，而与构件所用的材料以及截面的形

状、尺寸无关。

4. 当平衡力系加在静定结构的某一内部几何不变部分时，结构中只有该部分受力，其余部分无内力和反力产生

由这一特性可知，对静定结构，作用在基本部分的荷载，只会使基本部分受力，而附属部分不受影响，因为基本部分与基础组成一几何不变体系，能维持所作用的荷载与支座反力之间的平衡。作用在附属部分的荷载，将使基本部分和附属部分同时受力，因为附属部分必须依靠基本部分才能维持其几何不变性。如图 11-55a 中 *CD* 部分和 11-55b 中三角形 *CDE* 部分均为内部几何不变部分，作用有平衡力系，则只有该部分受力，其余部分均无内力和支座反力产生。

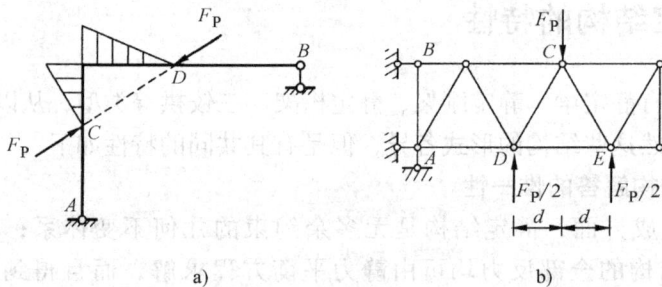

图 11-55　静定结构某几何不变部分受力图

5. 当静定结构的某一内部几何不变部分上的荷载作等效变换时，只有该部分的内力发生变化，其余部分的内力和反力均保持不变

如图 11-56a 所示简支梁在 F_P 作用下，若把 F_P 等效变换成图 11-56b 所示情况。那么除 *CD* 范围内的受力有变化外，其余部分的内力和反力均保持不变。

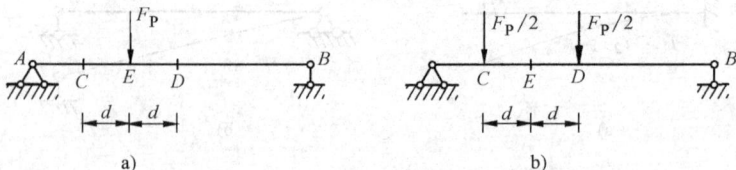

图 11-56　静定结构某一内部几何不变部分上的荷载作等效变换图

6. 当静定结构的某一个内部几何不变部分作组成上的局部改变时，只在该部分的内力发生变化，其余部分的内力和反力均保持不变

如图 11-57a 所示的桁架，若把 *AB* 杆换成图 11-57b 所示的小桁架，而

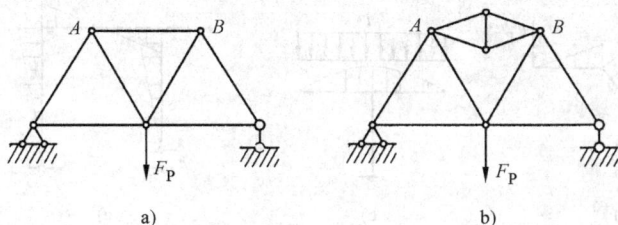

图 11-57　静定结构某一内部几何不变部分
作组成上的局部改变图

其他不变，则只有 *AB* 部分的内力发生变化，其余部分的内力和反力均保持不变。

复习思考题

11-1　什么是结构的计算简图？如何选择结构的计算简图？

11-2　何谓单铰？何谓复铰？平面内一个联结六个刚片的复铰相当于几个约束？

11-3　什么叫约束？什么叫必要约束？什么叫多余约束？几何可变体系一定没有多余约束吗？

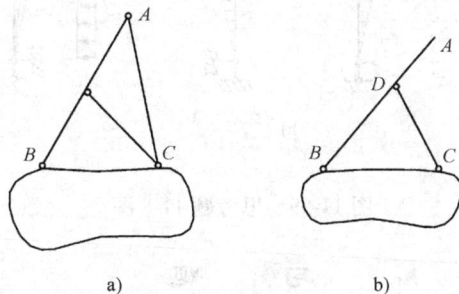

图 11-58　思考题 11-4 图

11-4　二元体的定义是什么？何谓二元体规则？图 11-58a 中结点 *A* 是否为二元体顶点？可否根据二元体规则拆去 *AB* 与 *AC* 二杆？图 11-58b 中 *D* 点是否为二元体顶点？可否根据二元体规则拆去 *AB*、*DC* 二杆？

11-5　桁架中既然有些杆件为零杆，是否可将其从实际结构中撤去？为什么？

11-6　分析拱与梁的受力特点。

11-7　为什么三铰拱式屋架常加拉杆？

11-8　分析图 11-59 所示各静定刚架弯矩图的错误之处，并加以改正。

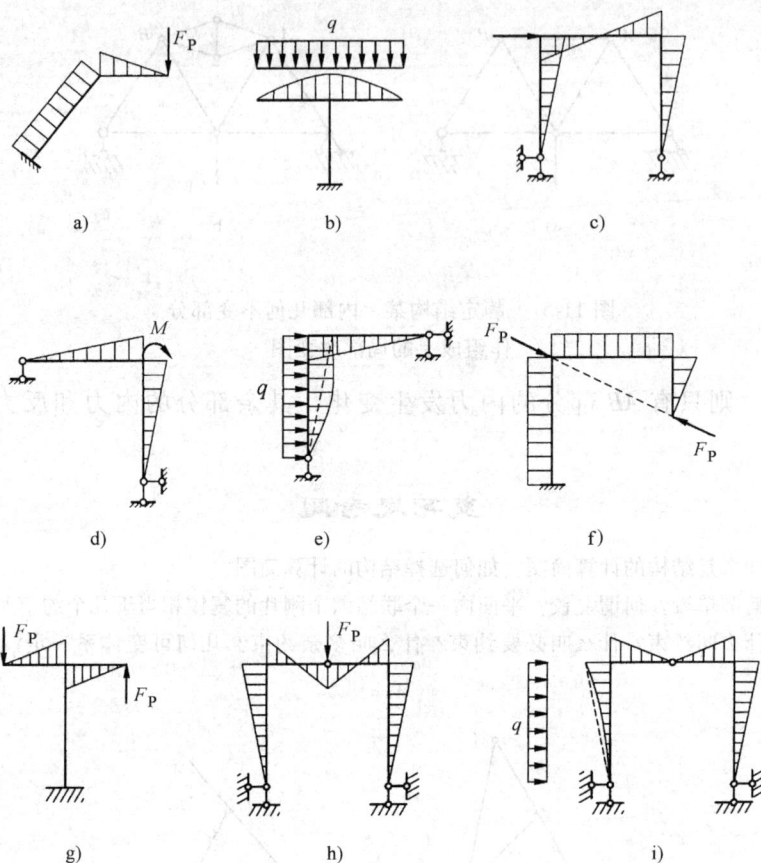

图 11-59　思考题 11-8 图

习　题

11-1　试分析图 11-60 所示体系的几何组成。

11-2　作图 11-61 所示刚架的内力图。

11-3　试指出图 11-62 所示桁架中的零杆。

11-4　试用结点法求图 11-63 所示桁架各杆件的内力。

11-5　试用截面法求图 11-64 所示桁架中 36、35、45 三杆的内力。

11-6　试用较简捷方法求图 11-65 所示桁架各指定杆件的内力。

11-7　图 11-66 所示有拉杆三铰拱的拱轴线方程为 $y=\dfrac{4f}{l^2}x(l-x)$，试求截面 D 的内力 M_D、

F_{QD}、F_{ND} 及 E 点左、右截面的剪力 F_{QE}^{L}、F_{QE}^{R} 和轴力 F_{NE}^{L}、F_{NE}^{R}。

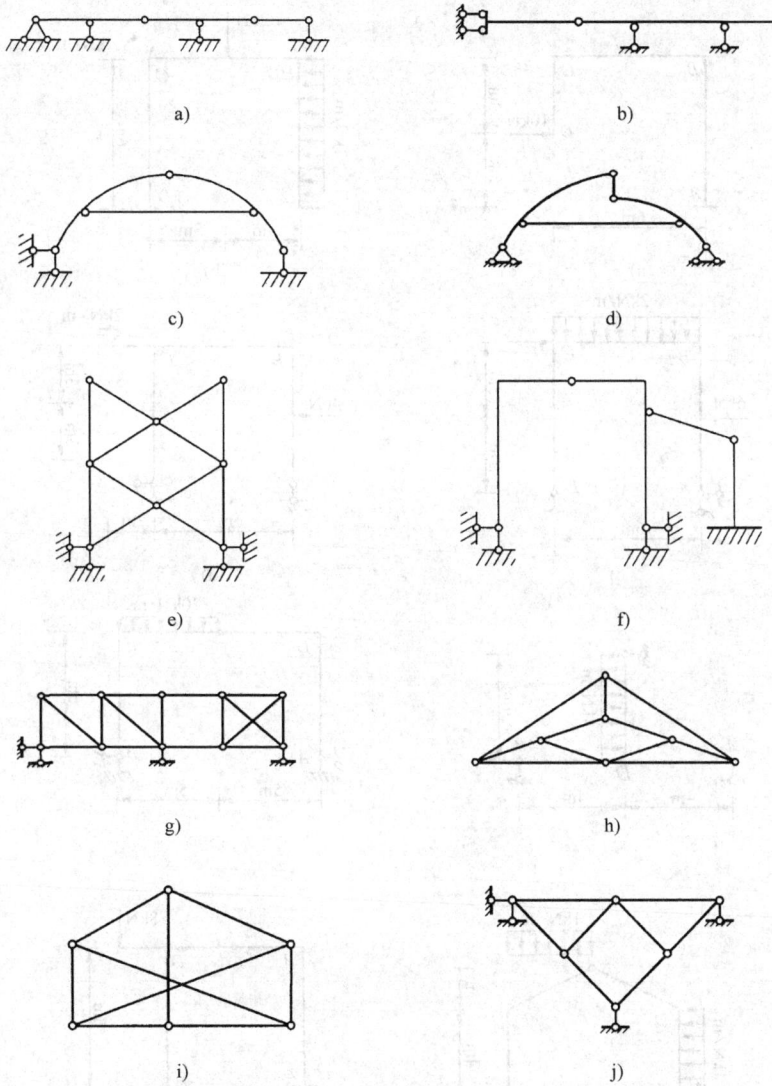

a)

b)

c)

d)

e)

f)

g)

h)

i)

j)

图 11-60　习题 11-1 图

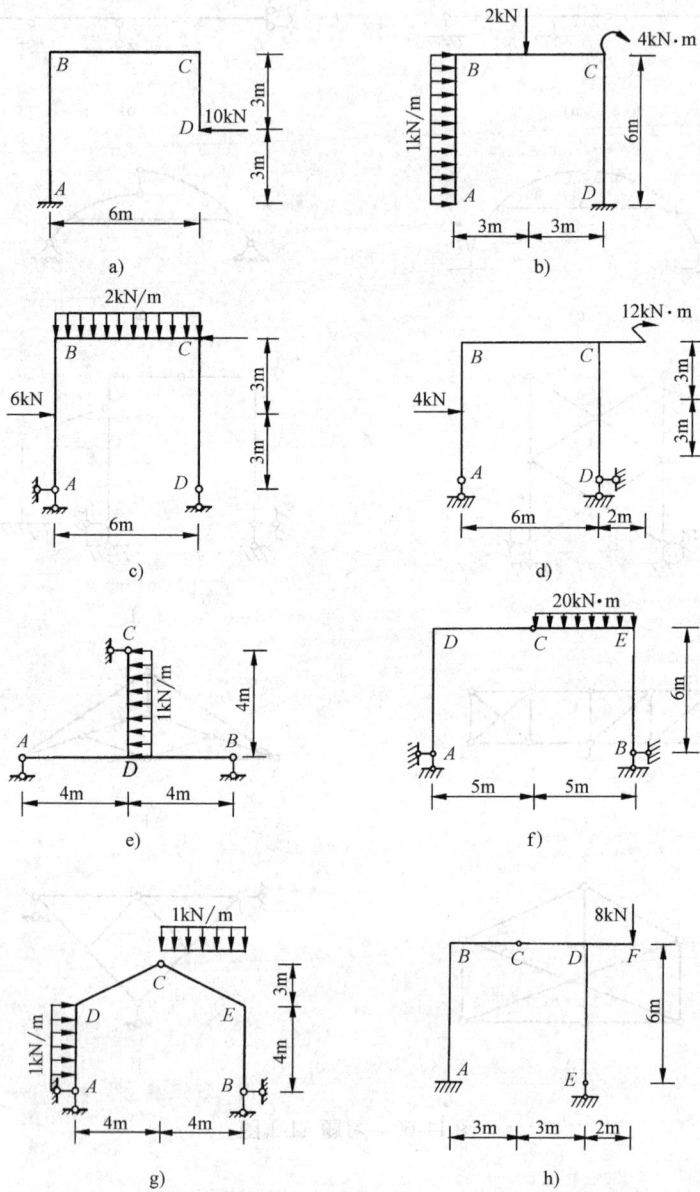

图 11-61　习题 11-2 图

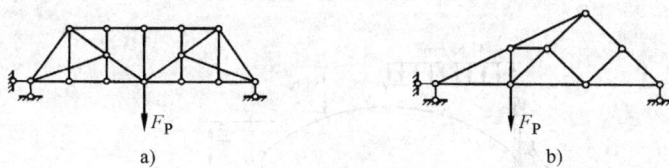

图 11-62　习题 11-3 图

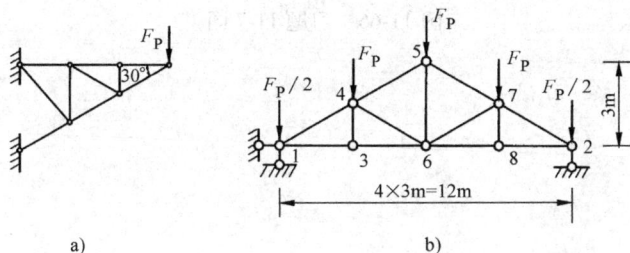

图 11-63　习题 11-4 图

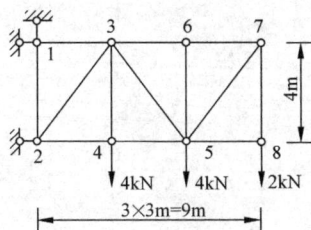

图 11-64　习题 11-5 图

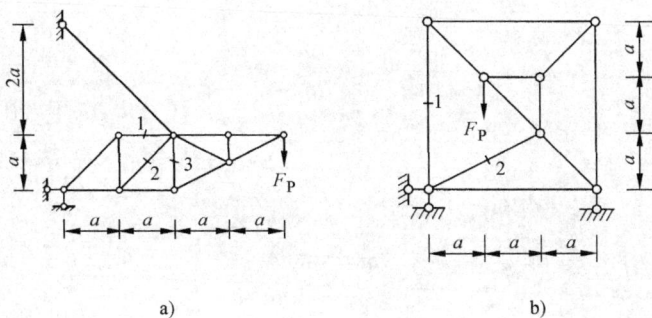

图 11-65　习题 11-6 图

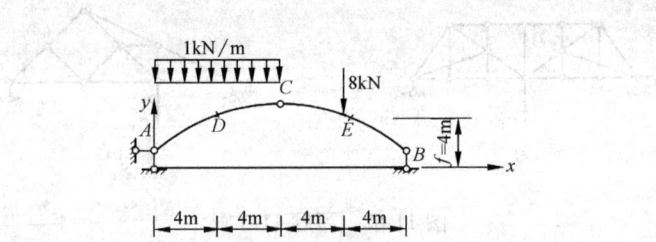

图 11-66　习题 11-7 图

第 12 章
静定结构的位移

12.1 位移计算概述

12.1.1 静定结构的位移

　　杆系结构在荷载作用下产生内力、应力以及应变，并致使结构的形状和尺寸发生变化。结构上点的位置发生移动，截面也可能发生转动。对于静定结构，在支座移动、温度改变、制造误差等因素的影响下，结构虽不产生内力，但会产生位移。截面的移动和转动统称为**结构的位移**。

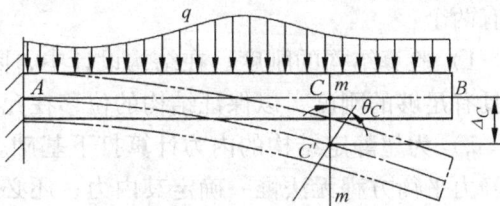

图 12-1　梁位移图

　　如图 12-1 所示的悬臂梁，在荷载作用下，梁发生了弯曲变形，截面 m—m 的形心 C 移动到了 C'，产生竖向位移 Δ_C，称为 C 点的线位移。同时横截面 m—m 转动了一个角度 θ_C，称为 m—m 截面的角位移。

　　又如图 12-2 所示刚架，在荷载 F_P 作用下，发生如双点划线所示的位移，梁端 C 点位移到 C'，$\overline{CC'}$ 是 C 点沿 C—C' 方向的线位移，用 Δ_C 表示。它的水平和竖向两个位移分量分别为 Δ_{Cx}、Δ_{Cy}。

　　图 12-3 表示简支梁的支座 B 发生竖向位移 Δ_B，因此该梁中截面 C 发生了竖向位移 Δ_C 和角位移 θ_C。

　　由此可见，结构的位移可分为线位移和角位移两大类。

　　在计算结构位移时，为了使计算简化，通常采用如下假设：

　　1）结构材料服从胡克定律，应力应变成线性关系。

　　2）结构的变形很小，不影响力的作用。即在计算结构的反力和内力时，可

以认为结构的几何形状和尺寸以及荷载的位置和方向均保持不变。

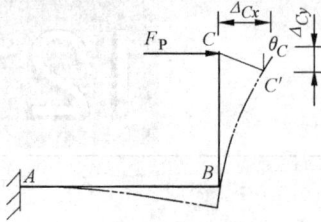

图 12-2　刚架位移图　　　　　　　　图 12-3　支座位移图

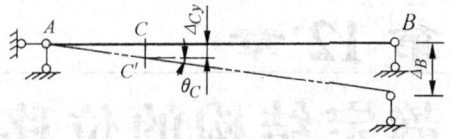

符合上述条件的体系称为**线弹性体系**,该体系当荷载全部撤消后,位移消失,体系恢复原状态。由于荷载与位移呈线性关系,可以应用叠加原理求位移,即多个荷载共同作用下的位移等于各个荷载单独作用下的位移之和。对于荷载与位移不成线性关系的体系,称为**非线性体系**,本章仅讨论线弹性体系。

12.1.2　结构位移计算的目的

在工程结构设计和施工中,位移计算是非常重要的,计算结构位移的目的主要有两个:

1) 验算结构的刚度。在结构设计中,除要满足强度条件外,还必须要求结构具有足够的刚度,以保证结构的位移在允许的范围内。

2) 为超静定结构的内力计算打下基础。由于超静定结构具有多余约束,仅用静力平衡方程无法惟一确定其内力,还必须补充以位移为条件的方程,因此位移计算是超静定结构内力分析计算的基础。

此外在结构的动力计算和稳定计算中,也需要计算结构的位移。

计算结构位移的方法有多种,虚功法是非常有效和简便的方法。下面将根据虚功原理来导出计算结构位移的一般公式。

12.2　虚功原理·结构位移计算的一般公式

12.2.1　虚功的概念

功包含两个要素,力和位移。当作功的力和相应的位移彼此独立无关,就把这种功称为**虚功**。这里强调的是力与相应的位移彼此独立无关,无因果关系这一特性。

如图 12-4a 所示简支梁,在 1 点受 F_{P1} 作用,产生挠曲变形(状态 1)。当该结构在 2 点又受荷载 F_{P2} 作用(荷载 F_{P1} 已经作用在 1 点),此时 1 点又增加位移 Δ_{12}(状态 2),如图 12-4b 所示。这时力 F_{P1} 在位移 Δ_{12} 上所作的功就是虚功,表示为

$$W_{12} = F_{P1}\Delta_{12}$$

即状态 1 的力在状态 2 的位移上做功。

虽然上式仅用了一个集中力表达虚功,实际上,力 F_P 可以是集中力、集中力偶和支座反力等,称为广义力,而位移 Δ 称为和广义力 F_P 相对应的广义位移。

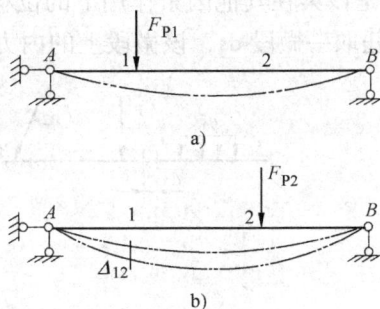

图 12-4　两种位移状态

12.2.2　外力虚功

如图 12-5a 所示刚架,在荷载 F_{P1}、F_{P2} 作用下处于平衡状态,B 支座的反力分别为 F_{R1}、F_{R2}、F_{R3}。A 支座的反力没有标出,把该实际状态称为状态 1。由于某种原因产生状态 2 的位移(见图 12-5b),该状态相对于状态 1 是虚拟状态。状态 1 的外力(包括支座反力)在状态 2 的虚位移上作虚功,即外力虚功 W_e,其表达式

$$W_e = F_{P1}\Delta_1 + F_{P2}\Delta_2 + F_{R1}c_1 + F_{R2}c_2 + F_{R3}c_3$$

一般情况下可写成

$$W_e = \sum F_{Pi}\Delta_i + \sum F_{Rk}c_k \tag{12-1}$$

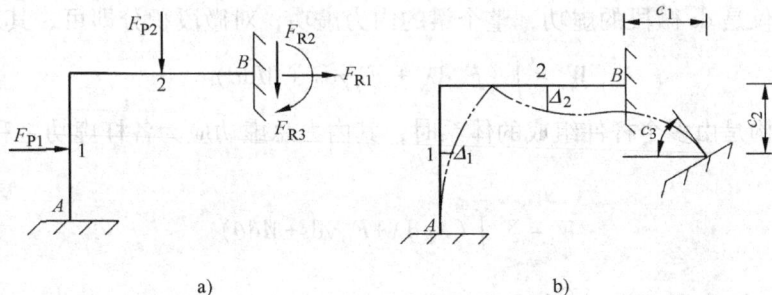

图 12-5　虚功的两种状态

Δ_i、c_k 是和 F_{Pi}、F_{Rk} 相对应的位移,当两者方向相同时,其相乘结果为正,否则为负。两项的乘积应具有功的量纲。

12.2.3　内力虚功

如图 12-6a 所示悬臂梁,在任意荷载作用下处于平衡状态(状态 1)。图 12-

6b 是该梁在其他因素作用下的位移和变形状态（状态 2），即虚拟状态。在状态 1 中任取一微段 ds，该微段上的内力有，F_N、F_Q、M，如图 12-6c 所示。

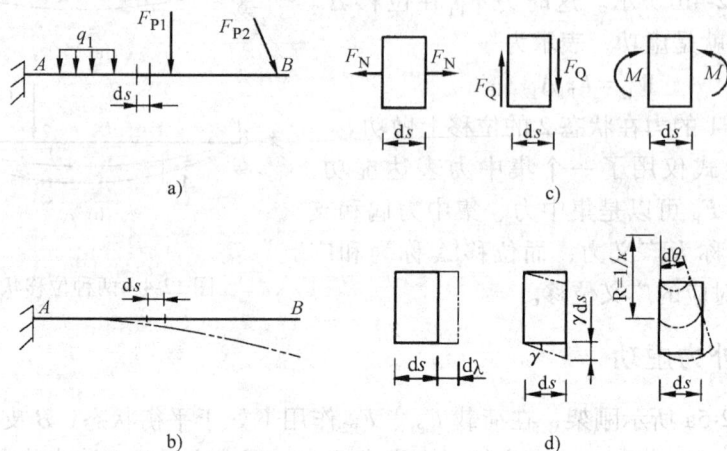

图 12-6　梁的受力及变形图

在状态 2 取同一微段 ds，有轴向、剪切和弯曲变形，如用相对变形表示，则如图 12-6d 所示。对该微段，图 12-6c 的内力在图 12-6d 的位移上所作的虚功为

$$dW_i = F_N d\lambda + F_Q \gamma ds + M d\theta$$

式中 F_N、F_Q、M 为广义内力，$d\lambda$、γds、$d\theta$ 分别为相应的广义位移，广义力与广义位移要相互对应。

上式仅是 ds 微段的虚功，整个梁的内力虚功，对微段积分即可，其表达式

$$W_i = \int_A^B (F_N d\lambda + F_Q \gamma ds + M d\theta)$$

当结构是由多个杆件组成的体系时，其内力总虚功应为各杆虚功之和，其表达式为

$$W_i = \sum \int (F_N d\lambda + F_Q \gamma ds + M d\theta) \tag{12-2}$$

12.2.4　虚功原理与虚功方程

虚功原理是力学中的一个基本原理，它适用于刚体，也适用于变形体。对变形体系的虚功原理可表述为：当变形体系在力系作用下处于平衡状态，该体系由于其他原因产生符合约束条件的微小的连续虚位移，则外力在相应虚位移上所作虚功 W_e 恒等于内力在相应变形上所作的虚功 W_i，即

$$W_e = W_i \tag{12-3}$$

根据能量转换和守恒定律，可推导出外力虚功等于内力虚功的关系式（12-

3)。后面的论述只是着重从物理概念上来论证其必要条件，关于详细的推导及充分性的证明参阅其他文献。

由上式及式(12-1)、式(12-2)可得

$$\sum F_{\mathrm{P}i}\Delta_i + \sum F_{\mathrm{R}k}c_k = \sum \int (F_{\mathrm{N}}\mathrm{d}\lambda + F_{\mathrm{Q}}\gamma\mathrm{d}s + M\mathrm{d}\theta)$$

在应用虚功原理时，虚位移是微小的，且满足结构的约束条件。虚功原理中做功的力系和位移可以彼此独立无关，而且两者之一可以是虚设。它与实功不同，实功中的位移是由做功的力系本身所引起的，力与位移有必然的因果关系。对于一个给定的平衡力系，只有一种对应的位移状态。虚功则不然，位移由其他原因引起，即对于一个给定的平衡力系，根据需要可以有多种的变形状态。

根据图 12-6d 知，位移与变形之间存在如下关系

$$\mathrm{d}\lambda = \varepsilon\mathrm{d}s \qquad \mathrm{d}\theta = \kappa\mathrm{d}s$$

虚功方程可写成

$$\sum F_{\mathrm{P}i}\Delta_i + \sum F_{\mathrm{R}k}c_k = \sum \int (F_{\mathrm{N}}\varepsilon + F_{\mathrm{Q}}\gamma + M\kappa)\,\mathrm{d}s \qquad (12\text{-}4)$$

式中 F_{N}、F_{Q}、M——杆件微段截面的轴力、剪力、弯矩；

ε、γ、κ——微段相应的轴向应变、切应变、弯曲应变。

在推导式(12-4)时，没有涉及到材料的力学性质，因此虚功方程式(12-4)是一个普遍方程，既适用于弹性问题，也适用于非弹性问题，是后面计算结构位移的理论依据。

12. 2. 5 结构位移计算的一般公式

本小节将从杆件结构的虚功方程式(12-4)出发，推导出计算结构位移的一般公式。如图 12-7a 所示一平面刚架，受荷载等作用后将发生变形，如双点划线所示，称为**实际受力状态**。

现在要求结构任一点 C 沿 k—k 方向的位移 $\Delta_{k\mathrm{P}}$（下标 $k\mathrm{P}$ 表示外荷载作用下沿 k 方向的位移）。先在刚架上沿 k—k 方向施加一集中力 $F_{\mathrm{P}k}$，该状态称为**虚拟受力状态**，由于力 $F_{\mathrm{P}k}$ 是虚设的，为简单起见，不妨令 $F_{\mathrm{P}k} = 1$，在此虚拟状态下，截面产生的内力为 $\overline{M}$、$\overline{F}_{\mathrm{Q}}$、$\overline{F}_{\mathrm{N}}$，以及支座反力 $\overline{F}_{\mathrm{R}}$，如图 12-7b 所示（支座反力未表示）。令虚拟状态下的外力、内力、以

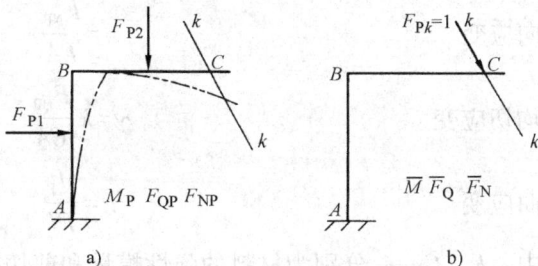

图 12-7 刚架受力和变形状态

及支座反力在真实状态下的相应位移、变形上作虚功。由虚功方程知

$$1 \times \Delta_{kP} + \sum \overline{F}_{Rk} c_k = \sum \int (\overline{F}_N \varepsilon + \overline{F}_Q \gamma + \overline{M} \kappa) \, ds$$

$$\Delta_{kP} = \sum \int (\overline{F}_N \varepsilon + \overline{F}_Q \gamma + \overline{M} \kappa) \, ds - \sum \overline{F}_{Rk} c_k \qquad (12\text{-}5)$$

这就是计算结构位移的一般公式，它具有普遍性。$\overline{M}$、$\overline{F}_Q$、$\overline{F}_N$ 和 $\overline{F}_R$ 都是由虚拟单位力引起的内力和支座反力。

ε、γ、κ、c 为真实状态下的应变和支座位移，应变可以是由荷载引起，也可以是由温度改变或其他因素引起。变形可以是弹性的，也可以是非弹性的。不仅适用于静定结构，也适用于超静定结构。

用式(12-5)计算结构位移的方法通常称为**单位荷载法**。应用该方法每次可以求出一个位移分量，虚拟力的指向可以任意假定，只要计算结果为正值，就表示真实的位移方向和虚拟力的方向相同，否则实际位移方向和虚拟力的方向相反。

12.3　静定结构由荷载引起的位移

12.3.1　荷载作用下的位移计算公式

根据位移计算的一般公式式(12-5)知，当结构没有支座移动，即公式中的 $c_k = 0$，此时结构上仅有荷载作用，则位移公式为

$$\Delta_{kP} = \sum \int (\overline{F}_N \varepsilon + \overline{F}_Q \gamma + \overline{M} \kappa) \, ds \qquad (12\text{-}6)$$

由于是静定结构，在单位荷载作用下的内力 $\overline{M}$、$\overline{F}_Q$、$\overline{F}_N$ 容易求出，关键是要求出在实际荷载作用下结构的轴向应变 ε、切应变 γ 和弯曲应变 κ。由图 12-6a 知，在外荷载作用下杆件任一截面的内力为 M_P、F_{QP}、F_{NP}（下标 P 表示实际荷载作用下的内力），它与相应截面应变 κ、γ、ε 有对应关系。由于所讨论的材料是线弹性材料，由材料力学公式可得内力与应变的关系式

轴向应变　　　　　　　　　　$\varepsilon = \dfrac{F_{NP}}{EA}$　　　　　　　　　　(12-7a)

平均切应变　　　　　　　　　$\gamma = k \dfrac{F_{QP}}{GA}$　　　　　　　　　　(12-7b)

弯曲应变　　　　　　　　　　$\kappa = \dfrac{M_P}{EI}$　　　　　　　　　　(12-7c)

式中　E、G——分别为材料的弹性模量和剪切模量；

　　　A、I——分别为杆件截面的横截面面积和惯性矩；

EA、GA、EI——分别为杆件截面的拉压(拉)刚度、剪切刚度、弯曲刚度。

k 由于切应力沿截面是非均匀分布，若认为均匀分布时，需引入一个等效修正系数，其值与截面形状有关，如矩形截面 $k=1.2$，圆形截面 $k=10/9$，其他截面查有关手册。

将式(12-7)代入式(12-6)，得荷载作用下计算结构弹性位移的一般公式

$$\Delta_{kP} = \sum \int \frac{\overline{F}_N F_{NP}}{EA} ds + \sum \int \frac{k\overline{F}_Q F_{QP}}{GA} ds + \sum \int \frac{\overline{M} M_P}{EI} ds \tag{12-8}$$

在应用该公式时应注意以下几点：

1）严格地讲，上述公式对直杆(曲率半径为无穷大)是正确的，但也可近似用于曲杆，误差一般不大。

2）公式中有两组内力，其中：

$\overline{F}_N$、$\overline{F}_Q$、$\overline{M}$——虚设单位荷载引起的内力；

F_{NP}、F_{QP}、M_P——实际荷载引起的内力。

这两组内力均可事先求出。

3）内力符号规定：

轴力 $\overline{F}_N$、F_{NP} 以拉为正，压为负；

剪力 $\overline{F}_Q$、F_{QP} 使分离体顺时针转为正，反之为负；

弯矩 $\overline{M}$、M_P 不规定具体单项的符号，只规定 $\overline{M}M_P$ 乘积的正负号，即当 $\overline{M}$、M_P 使杆件同一侧的纤维受拉时，其乘积取正，反之取负。

4）式(12-8)不仅可以计算结构的线位移，还可以计算结构的角位移；可以计算结构的绝对位移，还可以计算结构的相对位移。只要虚拟状态下的单位力和所求的位移相对应即可。图 12-8 是几种施加虚拟单位力求位移的情况。

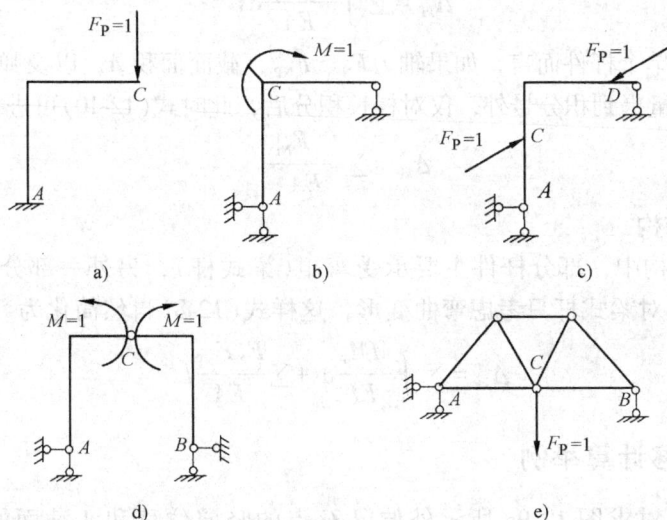

图 12-8　施加单位力求相应位移

图 12-8a 求结构 C 点的竖向位移，图 12-8b 求结构 C 结点的转角位移，图 12-8c 是求 C、D 两点的相对线位移，注意此时应施加一对单位力，方向可以相对，也可相背离，但决不可同一方向，图 12-8d 求 C 点两侧的相对角位移也是如此，应注意一对单位力偶的转向。图 12-8e 是求桁架 C 点的竖向位移。

总之，在施加单位力时，一定要和所求的位移相"匹配"。使单位力与相应位移的乘积具有功的量纲。

12.3.2　各类结构的位移计算公式

式（12-8）是静定结构在荷载作用下求弹性位移计算的一般公式，公式右边的三项分别考虑了结构的轴向变形、剪切变形和弯曲变形的影响。对不同的结构，受力特点不同，如梁、刚架以受弯为主，而桁架的杆件只受轴力作用。不同的结构三种影响在总位移中的比重不同。为使计算简单，略去次要因素，针对不同的结构可得出不同的简化公式。

1. 梁、刚架

在梁和刚架中，位移主要由弯矩引起，轴力和剪力的影响很小，一般情况可略去剪力、轴力的影响。则式（12-8）可简化为

$$\Delta_{kP} = \sum \int \frac{\overline{M}M_P}{EI} ds \qquad (12-9)$$

2. 桁架结构

在桁架结构中，各杆件只受轴力作用。则式（12-8）简化为

$$\Delta_{kP} = \sum \int \frac{\overline{F}_N F_{NP}}{EA} ds \qquad (12-10)$$

对任意一单个杆件而言，如果轴力 $\overline{F}_N$、F_{NP}、截面面积 A，以及弹性模量 E 沿杆长不变，常量提到积分号外，仅对杆长积分后，此时式（12-10）可进一步简化为

$$\Delta_{kP} = \sum \frac{\overline{F}_N F_{NP}}{EA} l \qquad (12-11)$$

3. 组合结构

在组合结构中，部分杆件主要承受弯矩（梁式杆），另外一部分杆件承受轴力（二力杆），对梁式杆只考虑弯曲变形，这样式（12-8）自然简化为

$$\Delta_{kP} = \sum \int \frac{\overline{M}M_P}{EI} ds + \sum \frac{\overline{F}_N F_{NP}}{EA} l \qquad (12-12)$$

12.3.3　位移计算举例

例 12-1　试求图 12-9a 所示外伸梁 C 点的竖向位移和 A 截面的转角（EI = 常数）。

解：（1）求 C 点的竖向位移

1）在 C 点施加单位力 $F_P=1$，如图 12-9b 所示。

2）求弯矩方程 $\overline{M}$、M_P，由图 12-9a、b 求弯矩方程。

AB 段：取 A 点为坐标原点，A 支座的反力 $F_{Ay}=ql/2$。

$$M_P=\frac{ql}{2}x-\frac{q}{2}x^2 \quad (0\leqslant x\leqslant l)$$

由图 12-9b 知，AB 段同样以 A 点为坐标原点

$$\overline{M}=-\frac{1}{3}x \quad (0\leqslant x\leqslant l)$$

BC 段：坐标原点可取在 C 点

$$M_P=0 \quad (0\leqslant x\leqslant l/3)，\quad \overline{M}=-x \quad (0\leqslant x\leqslant l/3)$$

3）计算 C 点的竖向位移 Δ_C，由式（12-9）得

$$\Delta_C=\sum\int\frac{\overline{M}M_P}{EI}\mathrm{d}s=\int_{AB}\frac{\overline{M}M_P}{EI}\mathrm{d}s+\int_{BC}\frac{\overline{M}M_P}{EI}\mathrm{d}s$$

$$=\int_0^l\frac{\left(\dfrac{ql}{2}x-\dfrac{q}{2}x^2\right)\left(-\dfrac{1}{3}x\right)}{EI}\mathrm{d}x+\int_0^{l/3}\frac{-x\times0}{EI}\mathrm{d}x=\frac{-7ql^4}{72EI}（\uparrow）$$

结果为负值，说明实际位移方向和单位力方向相反，即实际位移向上。

（2）求 A 截面的转角

1）在 A 截面处施加单位力偶 $M=1$，如图 12-9c 所示。

2）求弯矩方程 $\overline{M}$、M_P。分别由图 12-9a、12-9c 求两个弯矩方程。AB 段仍然设坐标原点在 A 点

$$M_P=\frac{ql}{2}x-\frac{q}{2}x^2 \quad (0\leqslant x\leqslant l) \qquad \overline{M}=1-\frac{1}{l}x \quad (0\leqslant x\leqslant l)$$

BC 段　$M_P=0 \quad \overline{M}=0$

3）计算 A 截面转角

$$\theta_A=\int_0^l\frac{M_P\overline{M}}{EI}\mathrm{d}x=\int_0^l\frac{\left(\dfrac{ql}{2}x-\dfrac{q}{2}x^2\right)\left(1-\dfrac{1}{l}x\right)}{EI}\mathrm{d}s=\frac{ql^3}{24EI}（顺时针）$$

结果为正，说明实际转角方向和施加单位力偶方向相同，即顺时针转动。

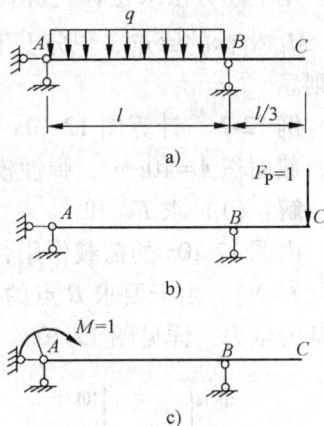

图 12-9　例 12-1 图

用上述方法求位移关键要正确的求出弯矩方程 $\overline{M}$、M_{P}。对同一段杆件而言，$\overline{M}$、M_{P} 坐标的原点、积分上下限应统一，坐标可灵活选取，以计算简单方便为原则。

例 12-2 计算图 12-10a 所示桁架下弦 B 点的挠度。已知各杆的截面面积相同，截面积 $A=10\mathrm{cm}^2$，弹性模量 $E=2.1\times10^5\mathrm{MPa}$。

解：（1）求 F_{NP} 和 $\overline{F}_{\mathrm{N}}$

由图 12-10a 的荷载作用，可求出该静定桁架各杆的轴力，如图 12-10b 所示（单位 kN）。由于要求 B 点的挠度，所以在 B 点施加单位力 $F_{\mathrm{P}}=1$，同理可求出各杆的轴力，详见图 12-10c。

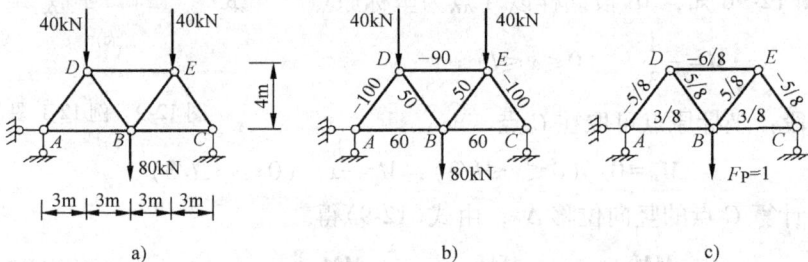

图 12-10 例 12-2 图

（2）求位移 Δ_B，根据桁架位移公式（12-11）

$$\Delta_{kP}=\sum\frac{\overline{F}_{\mathrm{N}}F_{\mathrm{NP}}}{EA}l$$

把各杆的内力、杆长等参数代入公式计算，并对所有的杆件求和，便得到所求的位移 $\Delta_B=0.7679\mathrm{cm}$。详细过程见表 12-1。所得结果为正，表明实际位移方向如单位力所示向下。

表 12-1 挠度 Δ_B 的计算

杆 件	$\overline{F}_{\mathrm{N}}$	$F_{\mathrm{NP}}/\mathrm{kN}$	l/cm	A/cm^2	$E/(\mathrm{kN/cm}^2)$	$\dfrac{\overline{F}_{\mathrm{N}}F_{\mathrm{NP}}}{EA}l/\mathrm{cm}$
AB	$3/8$	60	600	10	2.1×10^4	0.0643
BC	$3/8$	60	600	10	2.1×10^4	0.0643
AD	$-5/8$	-100	500	10	2.1×10^4	0.1488
DB	$5/8$	50	500	10	2.1×10^4	0.0744
BE	$5/8$	50	500	10	2.1×10^4	0.0744
DE	$-6/8$	-90	600	10	2.1×10^4	0.1929
EC	$-5/8$	-100	500	10	2.1×10^4	0.1488
						$\sum=0.7679\mathrm{cm}$

　　用单位荷载法同样可以计算曲杆的位移，剪切变形对位移的影响一般较小，通常可忽略不计，下面通过例题说明应用。

　　例 12-3　如图 12-11a 所示半径为 R 的圆弧曲梁，截面为矩形，求 B 点的竖向位移 Δ_{BP}。

　　解：取圆心 O 为坐标原点，求与 OB 线成 θ 角的截面 C 上的内力，忽略剪力的影响，在外载 F_P 作用下，由图 12-11b 知任一截面的内力为

$$M_P = F_P R \sin\theta, \quad F_{NP} = F_P \sin\theta$$

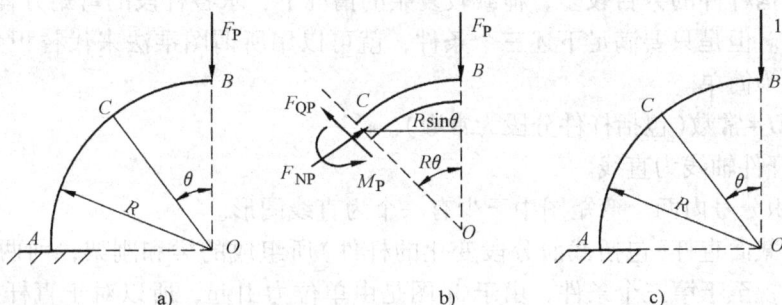

图 12-11　例 12-3 图

　　在单位荷载作用下，如图 12-11c 所示，参见图 12-11b 知，任一截面的弯矩、轴力为

$$\overline{M} = R\sin\theta \qquad \overline{F}_N = \sin\theta$$

位移公式 $\qquad\qquad \Delta_{BP} = \int \dfrac{M_P \overline{M}}{EI} \mathrm{d}s + \int \dfrac{F_{NP}\overline{F}_N}{EA}\mathrm{d}s$

用 Δ_M、Δ_N 分别表示内力 M、F_N 所引起的位移，且 $\mathrm{d}s = R\mathrm{d}\theta$

$$\Delta_M = \int_B^A \frac{M_P \overline{M}}{EI}\mathrm{d}s = \int_0^{\frac{\pi}{2}} \frac{F_P R\sin\theta \cdot R\sin\theta}{EI} R\mathrm{d}\theta = \frac{F_P R^3}{EI}\int_0^{\frac{\pi}{2}} \sin^2\theta \mathrm{d}\theta = \frac{\pi F_P R^3}{4EI}$$

$$\Delta_N = \int_B^A \frac{F_{NP}\overline{F}_N}{EA}\mathrm{d}s = \int_0^{\frac{\pi}{2}} \frac{F_P \sin\theta \sin\theta}{EA} R\mathrm{d}\theta = \frac{F_P R}{EA}\int_0^{\frac{\pi}{2}} \sin^2\theta \mathrm{d}\theta = \frac{\pi F_P R}{4EA}$$

总位移为两者之和：$\qquad \Delta_{BP} = \Delta_M + \Delta_N = \dfrac{\pi F_P R}{4}\left(\dfrac{R^2}{EI} + \dfrac{1}{EA}\right)(\downarrow)$

　　下面分析轴力的影响：

$\dfrac{\Delta_N}{\Delta_M} = \dfrac{I}{AR^2}$，对矩形截面 $\dfrac{I}{A} = \dfrac{h^2}{12}$；$\dfrac{\Delta_N}{\Delta_M} = \dfrac{h^2}{12R^2} = \dfrac{1}{12}\left(\dfrac{h}{R}\right)^2$，截面高度 h 一般情况下比半径 R 小的多，当 $h/R = 1/10$ 时，$\Delta_N/\Delta_M = 1/1200$，可见轴力的影响非常小，实际上剪力的影响也非常小，通常情况下轴力、剪力可忽略不计，仅考虑弯矩一项的影响。

12.4　图乘法

在计算梁和刚架在荷载作用下的位移时，一般忽略剪力、轴力的影响，计算位移可用下式

$$\Delta_{kP} = \sum \int \frac{\overline{M}M_{P}}{EI}ds$$

当结构杆件的数目较多，荷载较复杂的情况下，求各杆段的弯矩方程并积分非常麻烦。但是只要满足下述三个条件，就可以用所谓图乘法来代替积分运算，使计算较为简单。

1）EI = 常数（包括杆件分段为常数）。

2）杆件轴线为直线。

3）积分号内两个弯矩图中至少有一个为直线图形。

对等截面直杆（包括截面分段变化的杆件）所组成的梁和刚架，前两个条件自然满足，至于第三个条件，由于 $\overline{M}$ 图是由单位力引起，所以对于直杆 $\overline{M}$ 图总是由直线组成。至于 M_{P} 图，可能是直线也可能是曲线，视荷载情况而确定。

12.4.1　图乘法的计算公式

当结构满足上述三个条件时，把计算梁和刚架的位移公式进行化简

$$\int \frac{\overline{M}M_{P}}{EI}ds = \frac{1}{EI}\int \overline{M}M_{P}ds \tag{12-13a}$$

考察式（12-13a）中的两个弯矩方程。图 12-12 表示直杆 AB 的两个弯矩图 $\overline{M}$、M_{P}。$\overline{M}$ 图是直线图，假设 M_{P} 为曲线图（也可以是直线图）。$\overline{M}$ 图的直线延长线与 x 轴交点为 O，倾角为 α，当横坐标值为 x 时，$\overline{M}$ 图的弯矩方程可写成

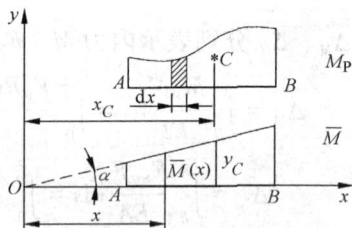

$$\overline{M}(x) = x\tan\alpha$$

图 12-12　图乘法

则积分式可表示为

$$\int_{A}^{B} \overline{M}M_{P}dx = \int_{A}^{B} x\tan\alpha M_{P}dx = \tan\alpha \int_{A}^{B} xM_{P}dx \tag{12-13b}$$

式中 $M_{P}dx$ 是 M_{P} 图在 x 处的微面积 dA，即图 12-12 中的阴影部分，$dA = M_{P}dx$。积分式 $\int_{A}^{B} xM_{P}dx = \int_{A}^{B} xdA$，该式是 AB 杆上 M_{P} 图形的整个面积 A 对 y 轴的面积矩。如以 x_{C} 表示面积 A 的形心 C 到 y 轴的距离，则积分式可写成

$$\int_A^B x M_P \mathrm{d}x = A x_C \qquad (12\text{-}14\text{a})$$

$$\int_A^B \overline{M} M_P \mathrm{d}x = (A x_C)\tan\alpha \qquad (12\text{-}14\text{b})$$

因为 $x_C\tan\alpha = y_C$。y_C 是 M_P 图形的形心对应下的 $\overline{M}$ 图的纵坐标，下面略去下标 C，用 y 表示形心对应的纵标。因此，积分式(12-13a)可简化为

$$\int \frac{\overline{M} M_P}{EI}\mathrm{d}x = \frac{1}{EI}\int \overline{M} M_P \mathrm{d}x = \frac{1}{EI}Ay \qquad (12\text{-}15)$$

这样计算梁和刚架位移的公式(略去 Δ 的下标 kP)可写成下式

$$\Delta = \sum \int \frac{\overline{M} M_P}{EI}\mathrm{d}s = \sum \frac{1}{EI}Ay \qquad (12\text{-}16)$$

由此可见，上述积分式就等于一个弯矩图的面积 A 乘以其形心处所对应的另一个直线弯矩图上的纵坐标 y_C，再除以 EI，这种方法称为**图乘法**。

应用式(12-16)求位移应注意以下几点：

1) 必须满足前面提到的三个条件。

2) 纵坐标 y 必须取自直线的弯矩图中，当两个弯矩图均为直线时，y 可取自任一图中。

3) 面积 A 和相应的纵坐标 y 在杆的同一侧时，乘积 Ay 取正；不在同一侧时，乘积为负。

4) 当 y 所在图形由若干段直线组成时，应该分段考虑。

5) 如遇到弯矩图的形心位置或面积不便于确定，应将该图分解为几个易于确定形心或面积的部分，各部分面积分别同另一图形相对应的纵标相乘，然后把各自相乘结果求代数和。

12.4.2　图乘法的应用

应用图乘法求位移的关键问题是确定弯矩图的面积、形心、以及和形心对应的另一个弯矩图的纵坐标 y。对常见的几种图形的形心位置和面积见图 12-13。对二次抛物线图形应注意顶点的位置，顶点处的切线应与杆轴平行。

遇到折线图形以及分段变刚度情况，应分段进行图乘。对图 12-14，图乘应为

$$\int \frac{\overline{M} M_P}{EI}\mathrm{d}x = \frac{1}{EI}(A_1 y_1 + A_2 y_2 + A_3 y_3)$$

分段图乘应使图乘的 A、y 所在的弯矩方程应有共同的定义域，这也是推导图乘法的依据之一，应同时考虑两个图形的边界。

对图 12-15 所示分段变刚度杆件，在变刚度处应分段图乘，即

$$\int \frac{\overline{M} M_P}{EI}\mathrm{d}x = \frac{1}{EI_1}A_1 y_1 + \frac{1}{EI_2}A_2 y_2$$

a) 三角形 $A = \dfrac{lh}{2}$

b) 二次抛物线 $A = \dfrac{2}{3} lh$

c) 二次抛物线 $A = \dfrac{2}{3} lh$

d) 二次抛物线 $A = \dfrac{lh}{3}$

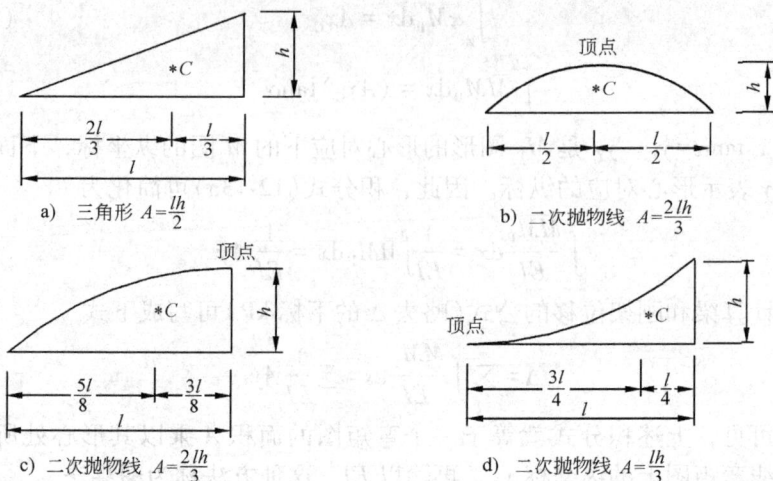

图 12-13 几种图形的面积和形心位置

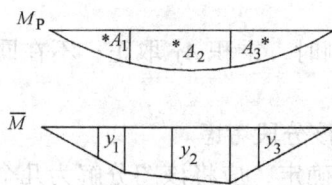

图 12-14 折线图形分段图乘

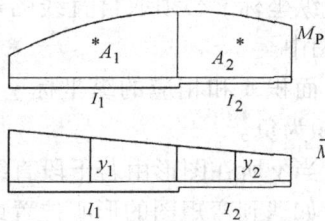

图 12-15 分段变刚度图乘

当 M_P 图形的面积或形心位置不便于确定时，可将复杂图形分解为几个较简单的图形，然后叠加计算。

如图 12-16 所示两个梯形图形相乘时，可不必找梯形的形心，而把梯形图形分解为两个三角形（或一个矩形和一个三角形）。

$$\int \overline{M} M_P \mathrm{d}x = A_1 y_1 + A_2 y_2$$

其中　　　$A_1 = \dfrac{1}{2} al$,　$A_2 = \dfrac{1}{2} bl$,　$y_1 = \dfrac{2}{3} c + \dfrac{1}{3} d$,　$y_2 = \dfrac{2}{3} d + \dfrac{1}{3} c$

当两个图形都是直线变化，但含有不同符号的两部分，如图 12-17 所示。在进行图乘时，可将其中一个图形，如图 12-17a 分解为三角形 ABC（杆轴上），和三角形 ABD（杆轴下）两部分。

$$\int \overline{M} M_P \mathrm{d}x = A_1 y_1 + A_2 y_2$$

其中
$$A_1 = \frac{1}{2}la \; ; \quad y_1 = \frac{2}{3}c - \frac{1}{3}d \; ; \quad A_2 = \frac{1}{2}lb \; ; \quad y_2 = \frac{2}{3}d - \frac{1}{3}c \; 。$$

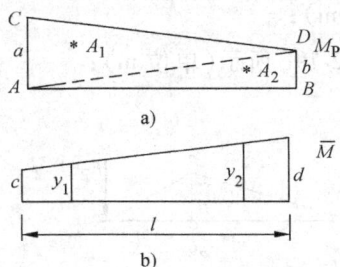

图 12-16　梯形图乘　　　　　　图 12-17　三角形图乘

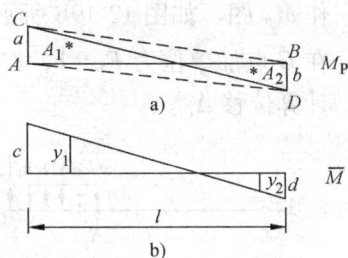

注意区分 A_i 和 y_i 在杆件的同一侧，还是在异侧，以确定其乘积的符号。

弯矩图的叠加是纵坐标的叠加（两个函数的叠加），不能理解为两个图形的简单拼接。应从弯矩方程的函数关系理解叠加。把一个复杂图形分解为若干个简单图形的方式有时可不惟一，采用何种形式以计算简单方便为原则。

例 12-4　用图乘法计算图 12-18a 所示简支梁中点 C 的挠度，EI = 常数。

解：（1）作简支梁在荷载 q 作用下的弯距图 M_P，如图 12-18a 所示。

（2）在 C 点加单位竖向力 $F_P = 1$，并作弯距图 $\overline{M}$，如图 12-18b 所示。

（3）计算挠度 Δ_C。

由于 M_P 图是曲线图形，所以应在 M_P 图上取面积 A，由于 $\overline{M}$ 是由两段直线组成，所以对 M_P 应分成 AC 和 CB 两段，决不可用图 12-18a 的整个面积 A 和形心处对应的纵标 $y = \dfrac{l}{4}$ 相乘来计算位移。

图 12-18　例 12-4 图

由于对称，计算一半再乘以两倍。

$$A = \frac{2}{3} \times \frac{l}{2} \times \frac{1}{8}ql^2 = \frac{ql^3}{24}$$

$$y = \frac{5}{8} \times \frac{l}{4} = \frac{5}{32}l \quad （A 和 y 在杆轴的同一侧）$$

$$\Delta_C = \sum \int \frac{\overline{M}M_P}{EI} \mathrm{d}x = 2 \times \frac{1}{EI}Ay = 2 \times \frac{1}{EI} \times \frac{ql^3}{24} \times \frac{5l}{32} = \frac{5ql^4}{384EI} (\downarrow)$$

本题计算结果与 6.4.4 中利用挠曲线近似微分方程所求的结果是一致的。但利用图乘法显然要简单得多。

例 12-5　用图乘法计算图 12-19a 所示伸臂梁 C 端的竖向位移 Δ_C，和 A 端的

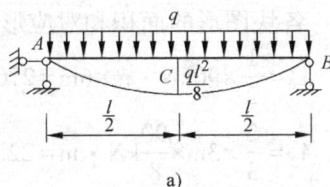

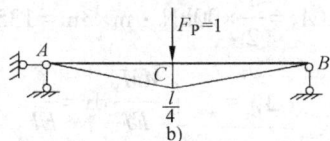

转角 θ_A，设 $EI = 2 \times 10^4 \mathrm{kN \cdot m^2}$。

解：（1）求 Δ_C

1）作 M_P 图，如图 12-19b 所示（单位 $\mathrm{kN \cdot m}$）；

2）在 C 点加单位力 $F_P = 1$，作 $\overline{M}$ 图如图 12-19c 所示（单位 m）；

3）计算位移 Δ_C。

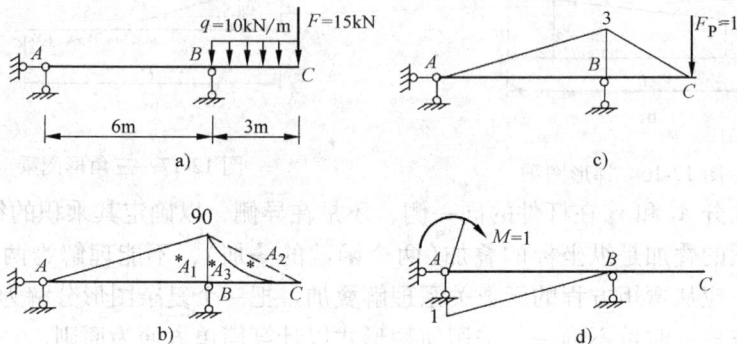

图 12-19 例 12-5 图

各块图形的面积和对应形心的 y 值分别为

$$A_1 = \frac{1}{2} \times 90 \mathrm{kN \cdot m} \times 6\mathrm{m} = 270 \mathrm{kN \cdot m^2}, \quad y_1 = \frac{2}{3} \times 3\mathrm{m} = 2\mathrm{m} \quad (A_1 \text{ 与 } y_1 \text{ 同侧})$$

$$A_2 = \frac{2}{3} \times 3\mathrm{m} \times \frac{90}{8} \mathrm{kN \cdot m} = 22.5 \mathrm{kN \cdot m^2}, \quad y_2 = \frac{1}{2} \times 3\mathrm{m} = 1.5\mathrm{m} \quad (A_2 \text{ 与 } y_2 \text{ 异侧})$$

$$A_3 = \frac{1}{2} \times 90 \mathrm{kN \cdot m} \times 3\mathrm{m} = 135 \mathrm{kN \cdot m^2}, \quad y_3 = \frac{2}{3} \times 3\mathrm{m} = 2\mathrm{m} \quad (A_3 \text{ 与 } y_3 \text{ 同侧})$$

$$\Delta_C = \sum \int \frac{\overline{M} M_P}{EI} \mathrm{d}x = \frac{1}{EI} (A_1 y_1 - A_2 y_2 + A_3 y_3)$$

$$= \frac{1}{EI} (270 \mathrm{kN \cdot m^2} \times 2\mathrm{m} - 22.5 \mathrm{kN \cdot m^2} \times 1.5\mathrm{m} + 135 \mathrm{kN \cdot m^2} \times 2\mathrm{m})$$

$$= \frac{776.25 \mathrm{kN \cdot m^3}}{EI} = \left(\frac{776.25}{2 \times 10^4} \right) \mathrm{m} = 3.88 \times 10^{-2} \mathrm{m}$$

（注意弯矩图 A_2、A_3 的分解关系）

（2）求角位移 θ_A

1）M_P 图与前面相同，如图 12-19b 所示；

2）在 A 点作用单位力偶 $M = 1$，作弯距图 $\overline{M}$，如图 12-19d 所示；

3）求转角 θ_A。

在 M_P 图上取面积 A

$$A_1 = \frac{1}{2} \times 90 \mathrm{kN \cdot m} \times 6\mathrm{m} = 270 \mathrm{kN \cdot m^2}, \quad y_1 = \frac{1}{3} \times 1 = \frac{1}{3} \quad (A_1 \text{ 与 } y_1 \text{ 异侧})$$

由图 12-19d 知，BC 段的 $\overline{M}=0$，该段图乘结果为零。

$$\theta_A = \sum \int \frac{\overline{M}M_P}{EI}\mathrm{d}x = \frac{-1}{EI}A_1 y_1 = \frac{-90\mathrm{kN} \cdot \mathrm{m}^2}{EI} = \left(\frac{-90}{2\times 10^4}\right)\mathrm{rad} = -0.0045\mathrm{rad}$$

结果为负，说明转角方向为逆时针，与假设的单位力偶反方向。

例 12-6　求图 12-20a 所示刚架 C 点的竖向位移 Δ_C，$EI=$常数。

解：（1）作 M_P 图，如图 12-20b 所示；

（2）在 C 点加单位力 $F_P=1$，并作 $\overline{M}$ 图，如图 12-20c 所示；

（3）求 Δ_C。

由于 CD 段的 $\overline{M}=0$，所以 M_P 图应分段考虑，由于两个图形都是直线图形，可在任一个弯矩图上取面积 A。如在图 12-20b 上取面积 A，梯形面积的形心不易计算，可分解成两个三角形，（也可分成一个矩形和一个三角形）。

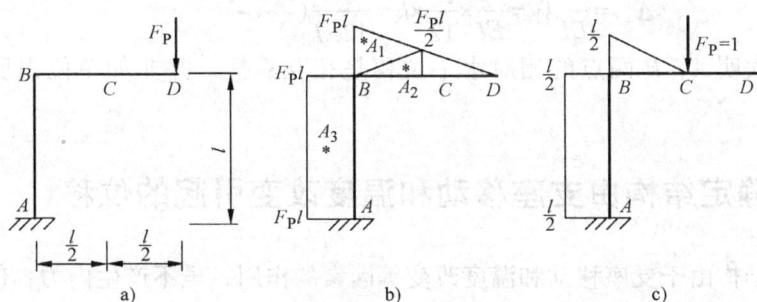

图 12-20　例 12-6 图

$$A_1 = \frac{1}{2}F_P l \times \frac{l}{2} = \frac{1}{4}F_P l^2 \qquad y_1 = \frac{2}{3}\times\frac{l}{2} = \frac{l}{3} \quad (A_1 \text{ 与 } y_1 \text{ 在杆同侧})$$

$$A_2 = \frac{1}{2}\times\frac{1}{2}F_P l\times\frac{l}{2} = \frac{1}{8}F_P l^2 \qquad y_2 = \frac{1}{3}\times\frac{l}{2} = \frac{l}{6} \quad (A_2 \text{ 与 } y_2 \text{ 在杆同侧})$$

$$A_3 = F_P l\times l = F_P l^2 \qquad y_3 = \frac{l}{2} \quad (A_3 \text{ 与 } y_3 \text{ 在杆同侧})$$

$$\Delta_C = \sum \int \frac{\overline{M}M_P}{EI}\mathrm{d}s = \frac{1}{EI}(A_1 y_1 + A_2 y_2 + A_3 y_3)$$

$$= \frac{1}{EI}\left(\frac{1}{4}F_P l^2\times\frac{l}{3} + \frac{1}{8}F_P l^2\times\frac{l}{6} + F_P l^2\times\frac{l}{2}\right) = \frac{29F_P l^3}{48EI}(\downarrow)$$

例 12-7　求图 12-21a 所示刚架 A、B 两点的相对水平位移，$EI=$常数。

解：用图乘法计算结构位移应先作出结构在外荷载作用下的弯矩 M_P 图，如图 12-21b 所示。求 A、B 两点的相对水平位移，要在 A、B 两点加一对水平但方向相反的单位力 $F_P=1$。作弯矩图 $\overline{M}$ 如图 12-21c 所示。利用这两个弯矩图进行图乘。

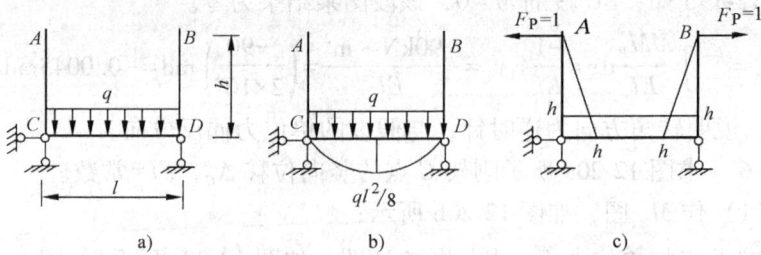

图 12-21　例 12-7 图

因为 AC 杆和 BD 杆的 M_P 为零，所以仅对 CD 杆图乘。

面积　　　　$A = \dfrac{2}{3} \times \dfrac{ql^2}{8} \times l = \dfrac{ql^3}{12}$　$y = h$　（A、y 在杆轴异侧）

$$\Delta_{AB} = \dfrac{-1}{EI} Ay = \dfrac{-1}{EI} \times \dfrac{ql^3}{12} \times h = \dfrac{-qhl^3}{12EI} (\to \leftarrow)$$

负号表明 A、B 两点的相对水平位移是相互靠拢，并非如单位力所示相互背离。

12.5　静定结构由支座移动和温度改变引起的位移

静定结构由于支座移动和温度改变等因素的作用，虽不产生内力，但产生位移。计算这种情况下的位移同样可利用虚功原理。

12.5.1　支座移动引起的位移计算

静定结构是无多余约束的几何不变体系，当支座移动时，将发生刚体位移，不引起应变，无内力产生，利用虚功原理时，选用的虚拟状态和荷载作用下求位移一样。因无内力作用，所以内力虚功为零，外力虚功除单位力作功外，还有单位力作用下的支座反力 $\bar{F}_R$ 在相应支座位移 c 上作的虚功。由式（12-5）知，支座移动引起的位移的计算公式为

$$\Delta_c = -\sum \bar{F}_{Rk} c_k \tag{12-17}$$

当支座反力 $\bar{F}_R$ 和相应位移 c 同方向时，乘积为正，方向相反时乘积为负。

例 12-8　设图 12-22a 所示结构支座 A 发生位移 Δ_x、Δ_y、Δ_θ。试求 k 点的水平位移 Δ_k 和转角 θ_k。

解：（1）求 k 点的水平位移

1）在 k 点施加水平力 $F_P = 1$，并求支座反力，如图 12-22b 所示（注意支座弯矩的方向）。

2）计算 Δ_k，将支座反力代入式（12-17）求位移。

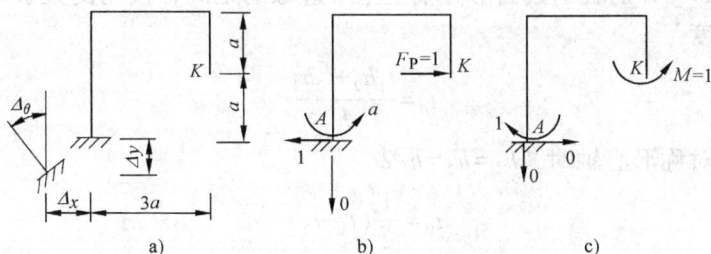

图 12-22　例 12-8 图

$$\Delta_k = -\sum \overline{F}_{Rk}c_k = -(1\times\Delta_x + 0\times\Delta_y + a\times\Delta_\theta) = -(\Delta_x + a\Delta_\theta) \quad (\leftarrow)$$

结果为负，说明实际位移方向与单位力所示方向相反，即方向向左。

（2）求 k 点的转角

1）在 k 点施加单位力偶 $M=1$（方向可任意假设），并求出相应的支座反力 $\overline{F}_R$，如图 12-22c 所示。

2）求转角 θ_k，同理把图 12-22c 的支座反力，以及给定的支座位移代入式（12-17）得

$$\theta_k = -\sum \overline{F}_{Rk}c_k = -(0\times\Delta_x + 0\times\Delta_y - 1\times\Delta_\theta) = \Delta_\theta \quad （逆时针）$$

括号内的 Δ_θ 和相应的支座弯矩反方向，所以前面有一负号。结果为正，表明实际转角的方向和单位力偶的方向相同，即逆时针转。

12.5.2　温度改变引起的位移计算

静定结构由于温度变化不引起内力，但材料会发生膨胀和收缩，从而引起截面的应变，使结构发生变形和位移。有应变而无内力这是静定结构受温度作用的一个特点。同样可以应用单位荷载法求位移，公式（12-6）仍然可利用。求温度作用下的位移公式为

$$\Delta_t = \sum \int (\overline{F}_N \varepsilon + \overline{F}_Q \gamma + \overline{M}\kappa)\,ds \qquad (12\text{-}18)$$

上式中，应变 ε、γ、κ 是由温度改变引起，这是与荷载作用求位移公式的根本区别。

温度改变时，产生的变形分析如下：

从结构的某一杆件上任取一微段 ds，假设上边缘温度上升 $t_1℃$，下边缘温度上升 $t_2℃$。如图 12-23 所示，设 $t_2 > t_1$，并假设温度沿截面高度 h 按直线规律变化，因而变形后的截面仍保持为平面。

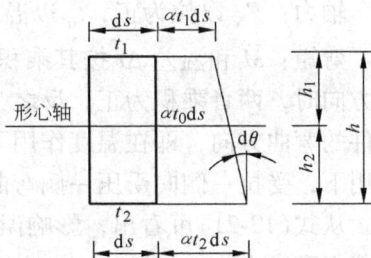

图 12-23　温度改变引起的变形

设 h_1 和 h_2 分别表示截面形心轴至上下边缘的距离，按比例关系可求出截面形心处的温度

$$t_0 = \frac{t_1 h_2 + t_2 h_1}{h} \qquad (12-19)$$

当截面对称形心轴时，$h_1 = h_2 = h/2$

$$t_0 = \frac{1}{2}(t_1 + t_2)$$

截面的变形可分解为沿轴线方向的变形 $d\lambda$ 和截面的转角 $d\theta$。由于温度改变不产生切应变，所以切应变 $\gamma = 0$。

如果材料的线膨胀系数为 α，则 ds 段的轴向变形 $d\lambda$ 和转角 $d\theta$ 分别为

$$d\lambda = \varepsilon ds = \alpha t_0 ds$$

$$d\theta = \kappa ds = \frac{\alpha(t_2 - t_1)}{h} ds = \frac{\alpha \Delta t}{h} ds \quad (\Delta t = t_2 - t_1, \text{上下边缘的温差})$$

把上述的 $d\lambda$、$d\theta$ 代入式（12-18），得出温度作用下的位移计算公式

$$\Delta_t = \sum \int \overline{M} \cdot \frac{\alpha \Delta t}{h} ds + \sum \int \overline{F}_N \alpha t_0 ds \qquad (12\text{-}20a)$$

当 t_0、Δt 沿杆件为常数，可把常量提到积分号外，公式可进一步化简

$$\Delta_t = \sum \frac{\alpha \Delta t}{h} \int \overline{M} ds + \sum \alpha t_0 \int \overline{F}_N ds \qquad (12\text{-}20b)$$

式中 $\int \overline{M} ds$、$\int \overline{F}_N ds$ 分别为杆件 $\overline{M}$ 图和 $\overline{F}_N$ 图沿杆长的积分。

设 $A_M = \int \overline{M} ds$，$A_{F_N} = \int \overline{F}_N ds$，可见 A_M、A_{F_N} 为相应弯矩图和轴力图的面积，则式（12-20b）变为

$$\Delta_t = \sum \frac{\alpha \Delta t}{h} A_M + \sum \alpha t_0 A_{F_N} \qquad (12\text{-}21)$$

应该指出，在计算由于温度变化引起的位移时，不能略去轴向变形的影响。应用式（12-20）、式（12-21）时，正负号的规定如下：

轴力：$\overline{F}_N$ 以拉为正，t_0 以温度升高为正；

弯矩：$\overline{M}$ 和温差 Δt 按其乘积规定正负号，当 $\overline{M}$ 和温差 Δt 引起的弯曲为同一方向时，两者乘积为正，反之为负。特别应注意区分温度改变和弯矩作用引起杆件的弯曲方向，即在温度作用下，温度高的一边向温度低的一边弯曲，在弯矩作用下，受拉一侧向受压一侧弯曲。

从式（12-21）可看出，影响温度作用最主要的两个参数是材料线膨胀系数 α 和截面高度 h。

例 12-9　如图 12-24a 所示刚架，求由于温度变化引起 C 点的水平位移 Δ_{Ct}。

已知刚架的外侧温度无变化，内侧温度升高 15℃，各杆件截面相同，且为矩形截面，截面高度为 h，材料的线膨胀系数为 α。

解：（1）在 C 点施加单位水平力 $F_P = 1$，并作 $\overline{F}_N$ 和 $\overline{M}$ 图，如图 12-24b 和图 12-24c 所示。

（2）计算各杆的温差 Δt 及形心轴处温度 t_0

$$\Delta t = t_2 - t_1 = 15℃$$

$$t_0 = \frac{1}{2}(t_2 - t_1) = 7.5℃$$

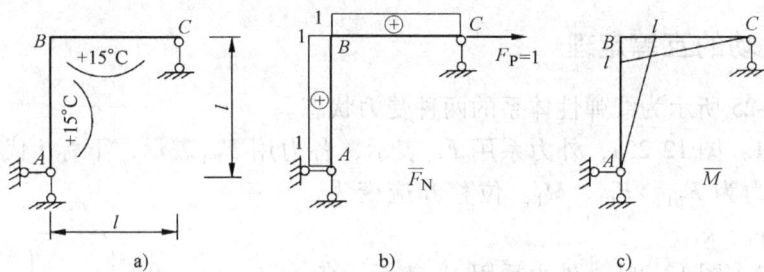

图 12-24 例 12-9 图

（3）求位移 Δ_C，分别计算各杆弯矩图和轴力图的面积

$$A_M = \frac{1}{2} \times l \times l + \frac{1}{2} \times l \times l = l^2$$

$$A_{F_N} = 1 \times l + 1 \times l = 2l$$

由于各杆截面、线膨胀系数、温度作用均相同，可以统一计算面积，否则应分段计算面积。把各已知值代入式（12-21）

$$\Delta_{Ct} = \sum \frac{\alpha \Delta t}{h} A_M + \sum \alpha t_0 A_{F_N}$$

$$= \frac{15 \times \alpha}{h} \times l^2 + \alpha t_0 \times 2l = 15\alpha l \left(\frac{l}{h} + 1 \right) (\rightarrow)$$

结果为正，说明实际位移方向和单位力方向相同。

由于内侧温度升高，向外侧弯曲，$\overline{M}$ 图均为内侧受拉，向外侧弯曲。所以 Δt 和 $\overline{M}$ 的乘积为正，各杆轴力为拉，且 t_0 升高，故乘积也为正。

计算温度作用下的位移，正确的确定各项乘积的符号是关键，并注意量纲的统一。当结构上既有荷载作用，又有支座移动和温度改变，则计算结构的位移公式可进一步写成一般公式

$$\Delta = \sum \int \frac{\overline{F}_N F_{NP}}{EA} \mathrm{d}s + \sum \int \frac{k \overline{F}_Q F_{QP}}{GA} \mathrm{d}s + \sum \int \frac{\overline{M} M_P}{EI} \mathrm{d}s +$$

$$\sum \int \overline{M} \frac{\alpha \Delta t}{h} \mathrm{d}s + \sum \int \overline{F}_N \alpha t_0 \mathrm{d}s - \sum \overline{F}_{Rk} c_k \qquad (12\text{-}22)$$

该公式综合考虑了荷载作用、温度改变及支座移动的影响，实际应用时，未必同时都存在，也未必同时都考虑，应根据具体情况加以选择应用。

12.6 互等定理

这里介绍三个互等定理，功的互等定理、位移互等定理、反力互等定理。其中功的互等定理是基本的互等定理，其他互等定理都可在特定的条件下由功的互等定理导出，这些定理在超静定结构计算中是非常有用的。

12.6.1 功的互等定理

图 12-25 所示为线弹性体系的两种受力状态。

状态 1：图 12-25a，外力系用 F_{P1} 表示，各力用 F_{Pi1} 表示，下标 i 代表位置。相应的内力为 F_{N1}、F_{Q1}、M_1。位移和应变为，Δ_{i1}、ε_1、γ_1、κ_1。

状态 2：图 12-25b，外力系用 F_{P2} 表示，各力用 F_{Pi2} 表示，相应的内力为 F_{N2}、F_{Q2}、M_2。位移和应变为 Δ_{i2}、ε_2、γ_2、κ_2。

令状态 1 的外力在状态 2 的位移上作虚功。根据外力虚功等于内力虚功有

$$W_{12} = \sum F_{P1}\Delta_2 = \sum \int F_{N1}\varepsilon_2 ds + \sum \int F_{Q1}\gamma_2 ds +$$
$$\sum \int M_1\kappa_2 ds$$

虚功 W_{ij} 有两个下标，第一个表示受力状态，第二个表示位移状态。

由式(12-7)知

图 12-25　两个受力状态

$$\varepsilon_2 = \frac{F_{N2}}{EA} \qquad \gamma_2 = k\frac{F_{Q2}}{GA} \qquad \kappa_2 = \frac{M_2}{EI}$$

代入虚功方程

$$W_{12} = \sum F_{P1}\Delta_2 = \sum \int \frac{F_{N1}F_{N2}}{EA}ds + \sum \int \frac{kF_{Q1}F_{Q2}}{GA}ds + \sum \int \frac{M_1M_2}{EI}ds \qquad (12-23)$$

同理，令状态 2 的外力在状态 1 的位移上作虚功 W_{21}。

$$W_{21} = \sum F_{P2}\Delta_1 = \sum \int F_{N2}\varepsilon_1 ds + \sum \int F_{Q2}\gamma_1 ds + \sum \int M_2\kappa_1 ds$$

根据内力和应变的关系也可得出

$$\varepsilon_1 = \frac{F_{N1}}{EA}, \quad \gamma_1 = k\frac{F_{Q1}}{GA}, \quad \kappa_1 = \frac{M_1}{EI}, \quad 代入上式得$$

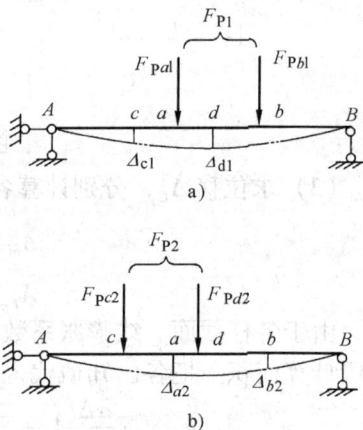

$$W_{21} = \sum F_{P2}\Delta_1 = \sum \int \frac{F_{N2}F_{N1}}{EA}ds + \sum \int \frac{kF_{Q2}F_{Q1}}{GA}ds + \sum \int \frac{M_2M_1}{EI}ds \qquad (12\text{-}24)$$

比较式（12-23）和式（12-24）知，等式右边各项只是相乘的两个内力顺序颠倒，实质是一样的，即

$$\sum F_{P1}\Delta_2 = \sum F_{P2}\Delta_1 \qquad (12\text{-}25a)$$

或写成

$$W_{12} = W_{21} \qquad (12\text{-}25b)$$

这就是**功的互等定理**：在任一线性变形体系中，第一状态的外力在第二状态的位移上所作虚功 W_{12} 等于第二状态的外力在第一状态位移上所作虚功 W_{21}。

12.6.2　位移互等定理

图 12-26 所示两个受力状态，各受力状态仅受一个单位力 $F_P = 1$ 作用。位移 δ_{21} 表示在 1 点施加单位力 $F_{P1} = 1$ 在 2 点产生的位移（状态 1）。δ_{12} 表示在 2 点施加单位力 $F_{P2} = 1$ 在 1 点产生的位移（状态 2），应用功的互等定理式（12-25a），因为各状态只有一个荷载作用，所以

$$F_{P1}\delta_{12} = F_{P2}\delta_{21}$$

由于 $F_{P1} = F_{P2} = 1$，所以有

$$\delta_{12} = \delta_{21} \qquad (12\text{-}26)$$

这就是**位移互等定理**，实质上是功的互等定理的特殊情况，表明作用在结构 1 点的单位力 F_{P1} 在 2 点产生的位移，在数值上等于作用在 2 点的单位力 F_{P2} 在 1 点产生的位移。这里的单位荷载 F_{P1}、F_{P2} 是广义力，则位移 δ_{12}、δ_{21} 是相应的广义位移。

这一互等关系不仅适用于线位移与线位移、角位移与角位移之间，而且也适用于线位移与角位移之间的互等关系。

如图 12-27 所示两种受力及位移状态，由位移互等定理知

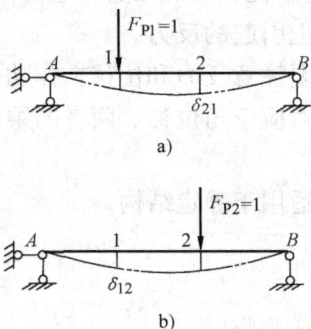

图 12-26　位移互等的两个受力状态　　　图 12-27　角位移与线位移互等

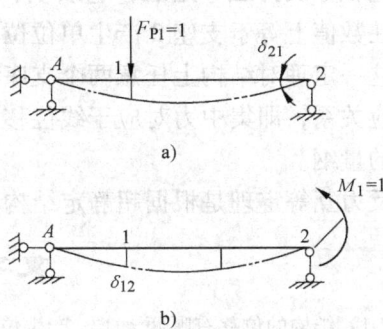

$$\delta_{12} = \delta_{21}$$

由图 12-27 知，δ_{12} 是线位移，而 δ_{21} 是角位移。

需要指出，两者只是数值上相等，量纲则不同。位移互等定理可应用于静定结构，也可应用于超静定结构。

12.6.3 反力互等定理

反力互等定理也是功的互等定理的特殊情况，如图 12-28 所示同一结构的两种位移状态。

状态 1：图 12-28a 表示支座 1 发生单位竖向位移 $c_1 = 1$ 的状态，由于支座 1 的移动使支座 2 产生反力为 k_{21}。（其余支座的反力未标出）

状态 2：图 12-28b 表示支座 2 产生单位位移 $c_2 = 1$，在支座 1 处产生反力 k_{12}。这里支座反力 k_{ij} 的两个下标：第一个下标 i 表示支座的位置，第二个下标 j 表示反力是由于 j 支座位移引起。

对状态 1 和状态 2 应用功的互等定理。除 1、2 支座外，其他支座位移为零。图 12-28b 的反力在图 12-28a 的位移上作

图 12-28 反力互等

的虚功等于图 12-28a 的反力在图 12-28b 的位移上作虚功

$$k_{12}c_1 = k_{21}c_2$$

由于位移 $c_1 = c_2 = 1$，所以

$$k_{12} = k_{21} \tag{12-27}$$

这就是**反力互等定理**，它表明：支座 1 产生单位位移在支座 2 上引起的反力，在数值上等于支座 2 产生单位位移在支座 1 上引起的反力。

这一定理对结构上任意两个支座都适用，但要注意反力和位移在作功关系上的对应关系，即集中力对应于线位移，而力偶则对应于角位移。两者的乘积应具有功的量纲。

反力互等定理是根据超静定结构建立的，不适用于静定结构。

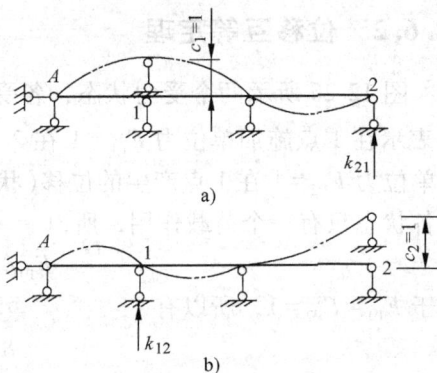

复习思考题

12-1 结构的位移有哪两大类，产生位移的因素主要有哪些?

12-2 虚功的特点是什么?

12-3 怎样理解虚功中做功的力和位移的对应关系?

12-4 没有内力就没有变形此结论是否对？举例说明？

12-5 说明如何判断所求位移的实际方向。

12-6 图乘法的应用条件是什么，如何确定面积 A 和纵坐 y。

12-7 用式（12-21）计算温度改变引起的位移时，如何确定各项的正负号。

12-8 为什么式（12-17）右边前面有一负号，$\overline{F}_{Rk}$、c_k 的符号如何确定？

12-9 如图 12-29 所示，各图乘法所取的 A 和 y 是否正确，如不正确如何改正。

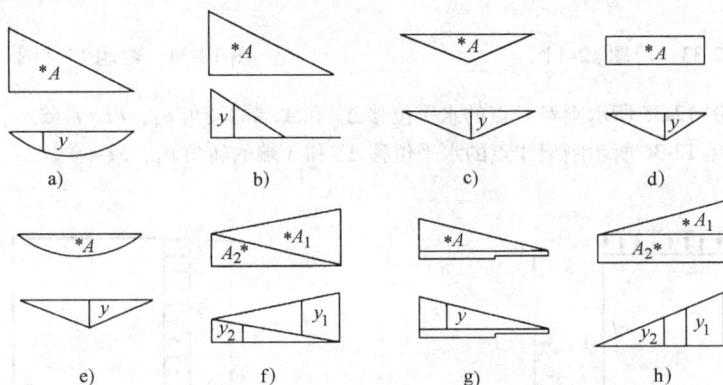

图 12-29 思考题 12-9 图

12-10 图 12-30a、b 给出两组力系，说明位移互等定理，并在图中画出 δ_{12}、δ_{21}，并说明 δ_{12}、δ_{21} 的单位是什么？

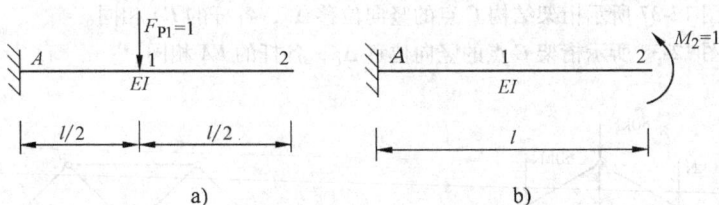

图 12-30 习题 12-10 图

习　题

12-1 用积分法求图 12-31 所示简支梁 C 点的竖向位移 Δ_C，EI = 常数。

12-2 用积分法计算图 12-32 所示悬臂梁 B 端的转角 θ_B，EI = 常数。

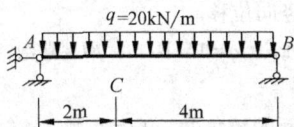

图 12-31 习题 12-1 图

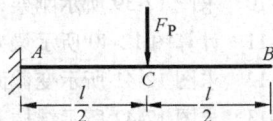

图 12-32 习题 12-2 图

12-3 求图 12-33 所示外伸梁 A 端的转角 θ_A 和 C 点的竖向位移 Δ_C，EI=常数。

12-4 求图 12-34 所示简支梁 A 端的转角 θ_A 和 C 点的竖向位移 Δ_C，EI=常数。

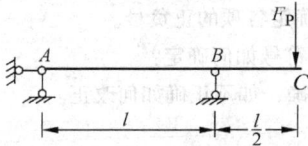

图 12-33 习题 12-3 图

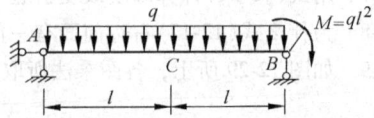

图 12-34 习题 12-4 图

12-5 求图 12-35 所示刚架 C 点的水平位移 Δ_C 和 A 端的转角 θ_A，EI=常数。

12-6 求图 12-36 所示刚架 A 点的水平位移 Δ_A 和 A 端的转角 θ_A，EI=常数。

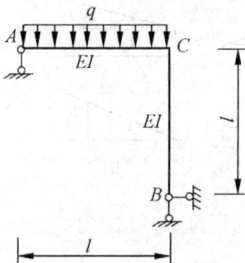

图 12-35 习题 12-5 图

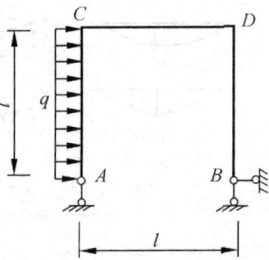

图 12-36 习题 12-6 图

12-7 求图 12-37 所示桁架结构 C 点的竖向位移 Δ_C，各杆的 EA 相同。

12-8 求图 12-38 所示桁架 C 点的竖向位移 Δ_C，各杆的 EA 相同。

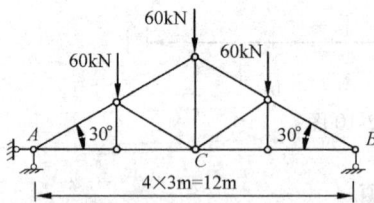

图 12-37 习题 12-7 图

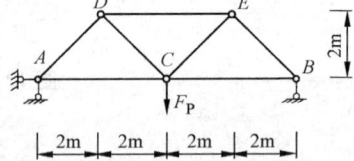

图 12-38 习题 12-8 图

12-9 用图乘法计算习题 12-1、习题 12-2 指定的位移。

12-10 求图 12-39 所示刚架 A 截面的转角 θ_A 和 D 点的竖向位移。

12-11 计算图 12-40 所示梁 C 点的挠度 Δ_C，已知 $F_P=9\text{kN}$，$q=15\text{kN/m}$，EI=常数。

12-12 求图 12-41 所示变截面悬臂梁 B 端的挠度 Δ_B。

12-13 求图 12-42 所示结构 C 点的水平位移 Δ_C 和 A 截面的转角 θ_A，EI=常数。

12-14 求图 12-43 所示刚架 B 点的水平位移。已知 $q=10\text{kN/m}$，$F_P=40\text{kN}$，各杆 EI 相

同，$E = 2.1 \times 10^5 \, \text{MPa}$，$I = 2.4 \times 10^4 \, \text{cm}^4$。

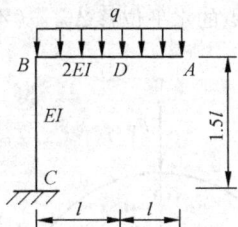

图 12-39　习题 12-10 图

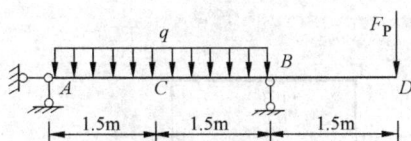

图 12-40　习题 12-11 图

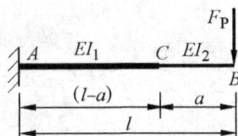

图 12-41　习题 12-12 图

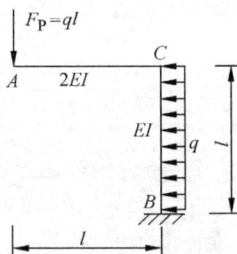

图 12-42　习题 12-13 图

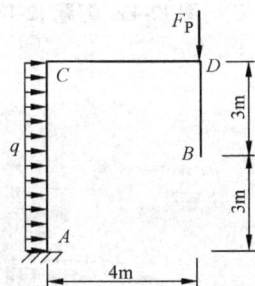

图 12-43　习题 12-14 图

12-15　图 12-44 所示刚架支座 B 下沉 Δ，试求 C 点的水平位移 Δ_C 和 A 截面的转角 θ_A。

12-16　求图 12-45 所示结构由于支座移动引起的 D 点的水平位移 Δ_D。

（1）支座 A 向右移动 2cm；

（2）支座 A 向下移动 1cm；

（3）支座 B 向下移动 1.5cm。

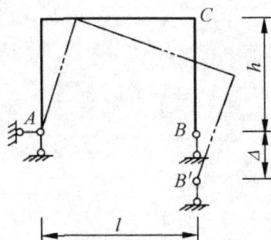

图 12-44　习题 12-15 图

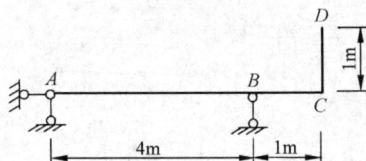

图 12-45　习题 12-16 图

12-17 图 12-46 所示结构，当杆件一边的温度升高 10℃，求 C 点产生的竖向位移 Δ_{Ct}，各杆件的截面相同，且为矩形，高为 h，材料的线膨胀系数为 α。

12-18 图 12-47 所示拱结构为圆弧形，EI＝常数，试求 B 点的水平位移 Δ_{BH}。（不考虑剪力和轴力的影响）

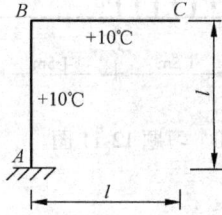

图 12-46　习题 12-17 图

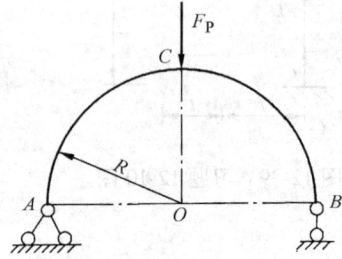

图 12-47　习题 12-18 图

第 13 章

超静定结构

在前面的章节中，讨论了静定结构的计算问题。本章将讨论超静定结构的计算问题。

13.1　超静定结构的一般概念

13.1.1　超静定结构的性质

我们知道，如果一个结构的支座反力和各截面的内力均可以用静力平衡条件惟一确定，则此结构称为静定结构。如图 13-1a 所示的简支梁就是静定结构的一个例子。反之，如果一个结构的支座反力和各截面的内力不能完全由静力平衡条件惟一确定，这种结构就称为**超静定结构**，又称为**静不定结构**。如图 13-1b 所示的连续梁就是超静定结构的一个例子。

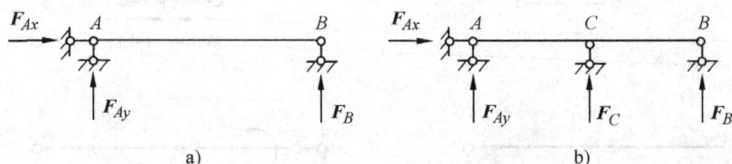

图 13-1　静定结构与超静定结构

对上面两个结构进行几何组成分析，该简支梁和连续梁都是几何不变体系。若从简支梁中撤去支杆 B，就变成了几何可变体系；但若从连续梁中撤去支杆 C，则其仍为几何不变体系。因此，此连续梁中的支杆 C 是多余约束。由此引出结论：静定结构是没有多余约束的几何不变体系；而超静定结构则是有多余约束的几何不变体系。

这里所说的多余约束是指对于保持体系的几何不变性而言，它不是必要的，

属于"多余的"。但多余约束并不是没用的，它可以调整结构的内力和位移，减小弯矩和挠度，故从提高结构承载力的角度来看，它并不是多余的。

根据超静定结构的静力特征和几何特征，**超静定结构的主要性质**如下：

1）仅由平衡条件不能确定所有约束的反力和内力，欲求全部反力和内力除使用平衡条件外，还须考察变形条件；

2）其受力情况与材料的物理性质、截面的几何性质有关；

3）因制造误差、支座移动、温度改变等原因，超静定结构能够产生内力。

13.1.2　超静定次数的确定

超静定结构中多余约束的个数称为**超静定次数**。结构的超静定次数可以这样来确定，如果从原结构中去掉 n 个约束，结构就变为静定结构，则称原结构为 n 次超静定结构。由此，可以采用撤去多余约束使超静定结构成为静定结构的方法，来确定该结构的超静定次数。

1）撤去一根支杆（见图13-2a）或切断一根链杆（见图13-2b），相当于拆掉一个约束。

2）将一个固定端支座改为固定铰支座（见图13-2c）或在连续杆上加一个单铰（见图13-2d），相当于拆掉一个约束。

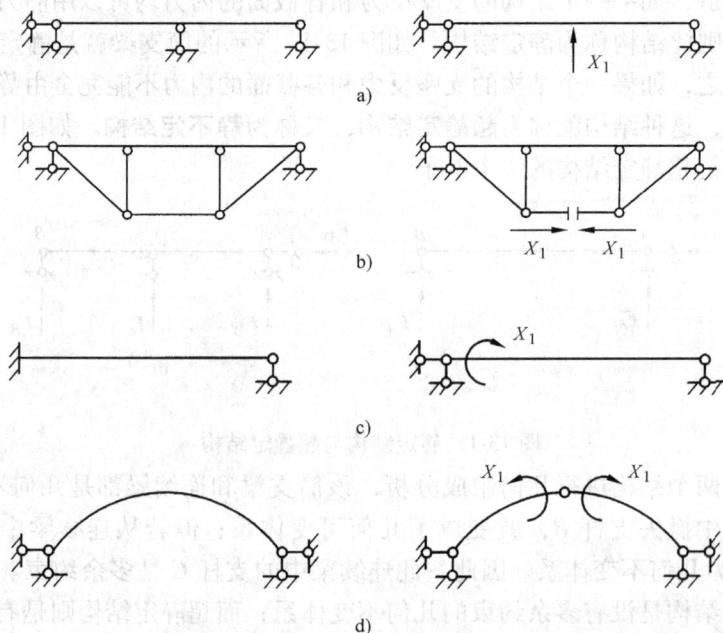

图 13-2　一次超静定结构

3）撤去一个固定铰支座（见图 13-3a）或撤去一个单铰（见图 13-3b），相当于拆掉两个约束。

4）撤去一个固定端支座（见图 13-4a）或切断一个梁式杆（见图 13-4b），相当于拆掉三个约束。

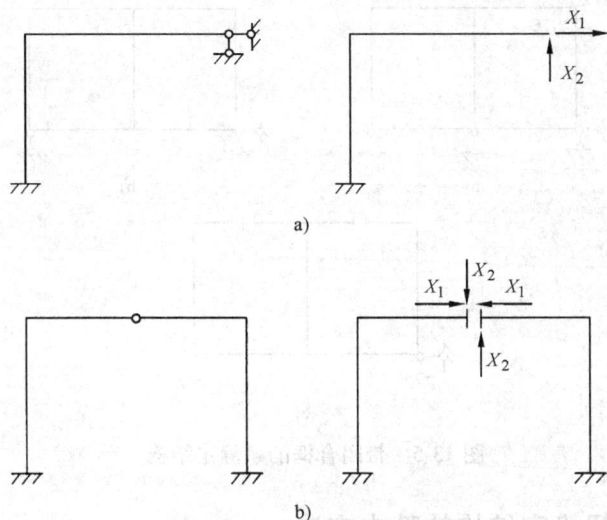

图 13-3　二次超静定结构

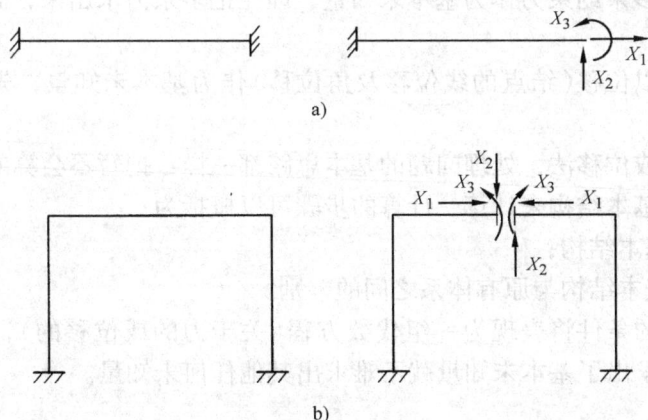

图 13-4　三次超静定结构

在撤去多余约束时，应该注意两点：

1）不要把原结构拆成一个几何可变体系。例如，如果把图 13-2d 所示结构中的任一竖向支杆拆掉，就变成了几何可变体系。

2）要把全部多余约束都拆除。例如图 13-5a 所示的结构，如果只拆去一根竖向支杆（见图 13-5b），则其中的闭合框仍然具有六个多余约束。因此，必须把闭合框再切开两个截面（见图 13-5c），此时才成为静定结构。所以，原结构总共有七个多余约束。

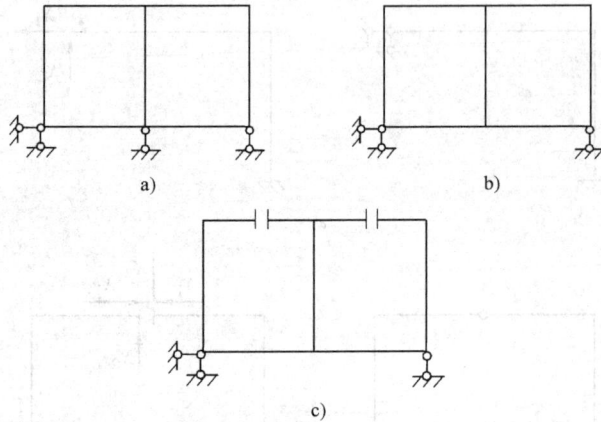

图 13-5　带闭合框的超静定结构

13.1.3　计算超静定结构的基本方法

计算超静定结构的方法很多，但基本方法只有两种——力法与位移法。

力法是以多余约束力作为基本未知量，即先把多余力求出来，而后求出原结构的全部内力。

位移法是以位移（结点的线位移及角位移）作为基本未知量，先求位移，再求结构的内力。

不论力法或位移法，处理问题的基本思路都一样：把暂不会算的超静定结构通过已会算的**基本结构**来计算。计算的步骤可以概括为：

1）选取基本结构；

2）消除基本结构与原有体系之间的差别。

消除差别的条件将表现为一组代数方程（关于力的或位移的），解之可求出基本未知量。求出了基本未知量就不难求出其他任何未知量。

13.2　力法基本原理与力法的典型方程

13.2.1　力法基本原理

图 13-6a 所示为一端固定、另一端铰支的一次超静定梁，受有均布荷载 q 作

用，抗弯刚度 EI 为常数。现以此超静定结构的内力分析过程说明力法的基本原理。

如果把支座 B 作为多余约束撤去，代以一个相应的多余未知力 X_1 的作用，则得到图 13-6b 所示的结构。若设法将 X_1 求出，则原结构就转化为在荷载 q 和 X_1 共同作用下的静定结构的计算问题，然后利用静力平衡条件就可求出原结构的所有支座反力和内力。因此，多余未知力是求解该问题的关键，故在力法当中将处于关键地位的多余未知力称为**力法的基本未知量**。力法之名称即由此而来。

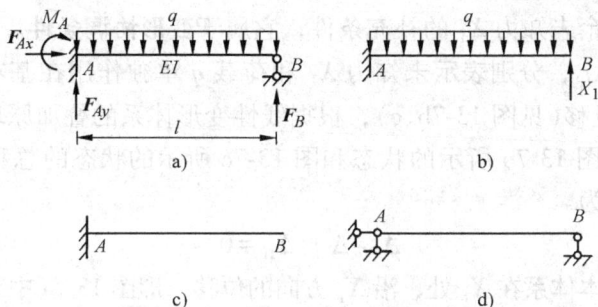

图 13-6 力法的基本体系与基本结构

在力法中，将原超静定结构中去掉多余约束后所得到的静定结构称为力法的**基本结构**，如图 13-6c 所示；而将基本结构在原有荷载和多余未知力共同作用下的体系称为力法的**基本体系**，如图 13-6b 所示。现分析原结构与基本体系的异同。在原结构中（见图 13-6a），支座反力 F_B 是以被动形式出现的，而在基本体系（见图 13-6b）中，多余未知力 X_1 是以主动形式出现的，且基本体系是静定结构，可以通过调节 X_1 的大小使结构的受力和变形状态与原结构完全相同。所以，基本体系是将超静定结构的计算问题转化为静定结构计算问题的桥梁。值得注意的是，基本结构的选取并不是惟一的。只要是将原超静定结构中多余约束去掉后得到的静定结构，均可作为原超静定结构的基本结构。图 13-6d 所示的简支梁也是图 13-6a 结构的一种基本结构。

为了确定 X_1 的数值，必须考虑变形条件以建立补充方程式。图 13-7a 所示的基本体系是在荷载与 X_1 共同作用下的情形。此时，X_1 是主动力，是变量，B 点可以有位移。若 X_1 过大，则梁的 B 端将向上翘；若 X_1 过小，则梁的 B 端将往下垂。只有当梁的 B 端位移正好等于零（与原结构一致）时，基本体系中的变力 X_1 才能正好与原超静定结构中的多余约束力 F_B 相等，此时，基本体系才能转化为原超静定结构。

由此可看出，基本体系转化为原超静定结构的条件是：基本体系沿多余未知力 X_1 方向的位移 Δ_1 应与原结构相同，即

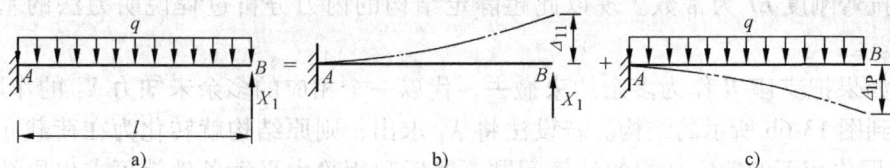

图 13-7 力法基本体系的线性叠加

$$\Delta_1 = 0 \tag{13-1a}$$

上式即为确定多余未知力 X_1 的补充条件，它属于**变形协调条件**。

若以 Δ_{11} 和 Δ_{1P}，分别表示未知力 X_1 和荷载 q 单独作用在基本体系上时，B 点沿 X_1 方向的位移（见图 13-7b、c），根据线性变形体系的叠加原理，图 13-7a 所示的状态应等于图 13-7b 所示的状态和图 13-7c 所示的状态的总和。因此，B 支座处的竖向位移为

$$\Delta_1 = \Delta_{11} + \Delta_{1P} = 0 \tag{13-1b}$$

式中　Δ_1——基本体系在 X_1 处、沿 X_1 方向的位移，即图 13-7a 中 B 的竖向位移；

　　　Δ_{11}——基本结构仅在未知力 X_1 作用下，在 X_1 处、沿 X_1 方向的位移（见图 13-7b）；

　　　Δ_{1P}——基本结构仅在荷载单独作用下，在 X_1 处、沿 X_1 方向的位移（见图 13-7c）。

位移 Δ_1、Δ_{11} 与 Δ_{1P} 的方向均以与所设 X_1 的正方向相同时为正，反之为负。

Δ 的两个下标含意是：第一个下标表示产生位移的地点和方向；第二个下标表示产生位移的原因。

若以 δ_{11} 表示单位力（即 $X_1 = 1$）时基本体系沿 X_1 方向所产生的位移，则

$$\Delta_{11} = \delta_{11} X_1 \tag{13-1c}$$

式中　δ_{11}——基本结构仅在未知力 $X_1 = 1$ 单独作用下，在 X_1 处、沿 X_1 方向的位移（见图 13-8a）。

将式（13-1c）代入式（13-1b），即得

$$\delta_{11} X_1 + \Delta_{1P} = 0 \tag{13-2}$$

这就是线性变形条件下一次超静定结构的**力法基本方程**，简称**力法方程**。

由于力法方程中的系数 δ_{11} 和自由项 Δ_{1P} 都是基本结构即静定结构在已知力作用下的位移，均可采用静定结构的位移计算方法求得。因此，求得 δ_{11} 和 Δ_{1P} 后，即可根据式（13-2）解得基本未知量 X_1。

为了具体计算 δ_{11} 和 Δ_{1P}，首先作出基本结构仅在 $X_1 = 1$ 作用下的 $\overline{M}_1$ 图和基本结构仅在荷载 q 作用下的 M_P 图，如图 13-8 所示。然后应用图乘法，得

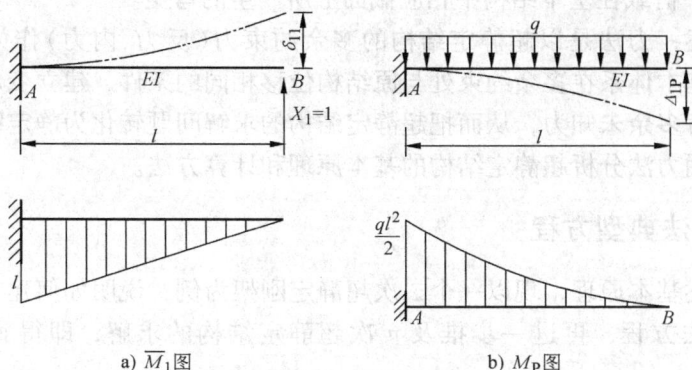

a) $\overline{M}_1$图　　　　　　　b) M_P图

图 13-8　基本体系的 $\overline{M}_1$ 和 M_P 图

$$\delta_{11} = \sum \int \frac{\overline{M}_1 \overline{M}_1}{EI} dx = \sum \int \frac{\overline{M}_1^2}{EI} dx = \frac{1}{EI}\left(\frac{1}{2}l \times l \times \frac{2}{3} \times l\right) = \frac{l^3}{3EI}$$

$$\Delta_{1P} = \sum \int \frac{\overline{M}_1 M_P}{EI} dx = -\frac{1}{EI}\left(\frac{1}{3}l \times \frac{ql^2}{2} \times \frac{3}{4} \times l\right) = -\frac{ql^4}{8EI}$$

再将 δ_{11} 和 Δ_{1P} 之值代入力法方程式（13-2），然后解方程，由此求出多余未知力 X_1 的值

$$X_1 = -\frac{\Delta_{1P}}{\delta_{11}} = -\frac{-\dfrac{ql^4}{8EI}}{\dfrac{l^3}{3EI}} = \frac{3}{8}ql(\uparrow)$$

求得此 X_1 是正号，说明该支座反力 X_1 的方向与所设的方向相同。

多余未知力 X_1 求得后，原结构中其余的支座反力和任一截面的内力均可利用静力平衡条件求出，进而可绘出内力图。此结构的计算结果如图 13-9 所示。

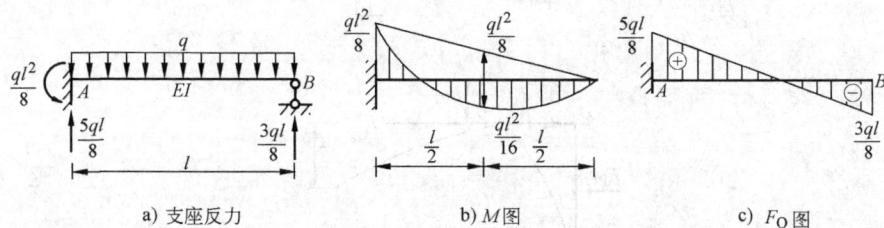

a) 支座反力　　　　　b) M 图　　　　　c) F_Q 图

图 13-9　结构的计算结果

结构任一截面的弯矩 M 也可利用 $\overline{M}_1$ 和 M_P 图由叠加法求出，即

$$M = \overline{M}_1 X_1 + M_P \tag{13-3}$$

式中　$\overline{M}_1$——单位力 $X_1 = 1$ 在基本结构中任一截面上所产生的弯矩；

M_P——荷载在基本结构中相应截面上所产生的弯矩。

综上所述，力法是以超静定结构的多余约束力（反力、内力）作为基本未知量，再根据基本体系在多余约束处与原结构位移相同的条件，建立变形协调的力法方程以求解多余未知力，从而把超静定结构的求解问题转化为静定结构进行分析。这就是用力法分析超静定结构的基本原理和计算方法。

13.2.2　力法典型方程

根据上述基本原理，现以一个二次超静定刚架为例，说明如何建立多次超静定结构的力法方程，再进一步推及 n 次超静定结构的求解，即得到力法典型方程。

图 13-10a 所示刚架为二次超静定结构，分析时必须去掉两个多余约束。现撤除铰支座 B，并代以相应的多余未知力 X_1 和 X_2，得到图 13-10b 所示的基本体系。而 X_1 和 X_2 即为基本未知量。

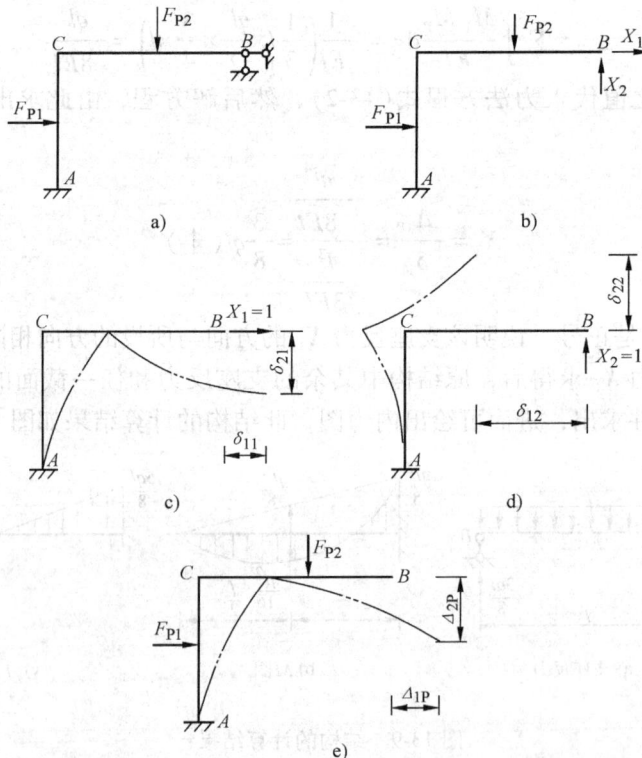

图 13-10　两次超静定结构

由于原结构在支座 B 处没有水平线位移和竖向线位移，因此，基本结构在荷载和多余未知力 X_1、X_2 共同作用下，必须保证同样的变形条件。即 B 点沿 X_1 和 X_2 方向的位移 Δ_1、Δ_2 都应等于零，即

$$\left.\begin{array}{c} \Delta_1 = 0 \\ \Delta_2 = 0 \end{array}\right\} \tag{13-4}$$

式中　Δ_1——基本结构在 X_1、X_2 和荷载共同作用下在 X_1 处、沿 X_1 方向的位移，
　　　　　即 B 点的水平位移；

　　　Δ_2——基本结构在 X_1、X_2 和荷载共同作用下在 X_2 处、沿 X_2 方向的位移，
　　　　　即 B 点的竖向位移。

在线性变形体系中，利用叠加原理，将式（13-4）中的 Δ_1、Δ_2 展开，表示为

$$\left.\begin{array}{l} \Delta_1 = \delta_{11}X_1 + \delta_{12}X_2 + \Delta_{1P} \\ \Delta_2 = \delta_{21}X_1 + \delta_{22}X_2 + \Delta_{2P} \end{array}\right\} \tag{13-5}$$

将式（13-5）代入式（13-4），得

$$\left.\begin{array}{l} \delta_{11}X_1 + \delta_{12}X_2 + \Delta_{1P} = 0 \\ \delta_{21}X_1 + \delta_{22}X_2 + \Delta_{2P} = 0 \end{array}\right\} \tag{13-6}$$

这就是根据位移条件建立的求解多余未知力 X_1、X_2 的联立方程式，即为二次超静定结构的力法方程式。

式（13-6）中的各项系数与自由项的意义如下：

δ_{11}、δ_{21}——基本结构仅在 $X_1 = 1$ 单独作用时，分别在 X_1 处、沿 X_1 方向和在
　　　　　X_2 处、沿 X_2 方向的位移，如图 13-10c 所示；

δ_{12}、δ_{22}——基本结构仅在 $X_2 = 1$ 单独作用时，分别在 X_1 处、沿 X_1 方向和在
　　　　　X_2 处、沿 X_2 方向的位移，如图 13-10d 所示；

Δ_{1P}、Δ_{2P}——基本结构仅在荷载单独作用时，分别在 X_1 处、沿 X_1 方向和在
　　　　　X_2 处、沿 X_2 方向的位移，如图 13-10e 所示。

力法方程中的系数 δ 和自由项 Δ 都是基本结构的位移，即静定结构的位移，均可利用单位荷载法求出，然后利用式（13-6）求出多余未知力 X_1 和 X_2，进而可应用静力平衡条件求出原结构的其余支座反力和全部杆件内力。此外，也可利用叠加原理求内力，如任一截面弯矩 M 的叠加计算公式为

$$M = \overline{M}_1 X_1 + \overline{M}_2 X_2 + M_P \tag{13-7}$$

式中　M_P——荷载在基本结构中任一截面上所产生的弯矩；

　　　$\overline{M}_1$——单位力 $X_1 = 1$ 在基本结构中相应截面上所产生的弯矩；

　　　$\overline{M}_2$——单位力 $X_2 = 1$ 在基本结构中相应截面上所产生的弯矩。

同一结构可以按不同的方式选取力法的基本结构和基本未知量。如图 13-10a 所示的结构，也可选用图 13-11a 或图 13-11b 所示的静定结构作为基本结构。此

时，由于所撤除的多余约束不同，其相应的多余未知力也不同，力法方程在形式上虽与式（13-6）相同，但因 X_1 和 X_2 的含义不同，方程的意义也不同。如图 13-11a 中，X_2 为支座 A 处的反力矩，$\Delta_2 = 0$ 为原结构支座 A 处的转角等于零。而在图 13-11b 中，X_2 为刚结点 C 处两侧截面的内力矩，此时 $\Delta_2 = 0$ 为原结构在点 C 处两侧截面的相对转角等于零。此外，还应注意力法的基本结构一定是几何不变的静定结构，不能将几何可变体系作为基本结构。如图 13-11c 所示的体系就是几何可变体系，不能作为基本结构。

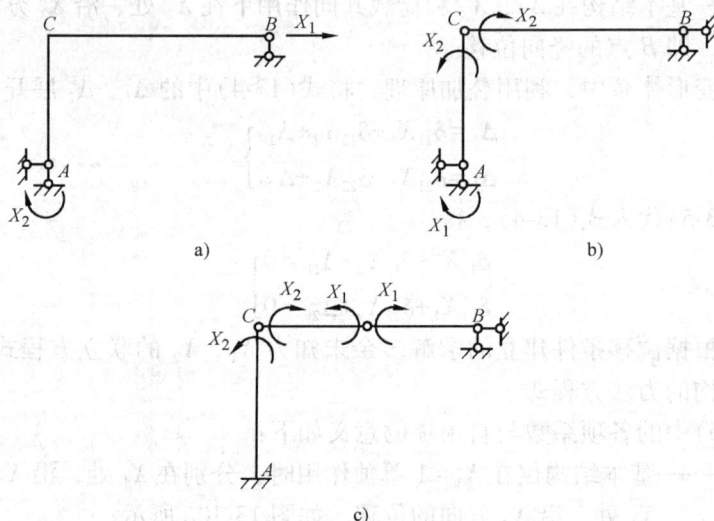

图 13-11　基本结构的选取

对于一个 n 次超静定结构，相应地有 n 个多余未知力，力法的基本体系是从原结构中去掉 n 个多余未知力后所得到的一个静定结构，而每一个多余未知力处两个结构都有一个已知的变形条件相互对应，故可按已知变形条件建立一个含 n 个未知量的代数方程组，从而可解出 n 个多余未知力。在线性变形体系中，根据叠加原理，这 n 个变形条件可写为

$$\left.\begin{aligned}
\delta_{11}X_1 + \delta_{12}X_2 + \cdots + \delta_{1n}X_n + \Delta_{1P} &= 0 \\
\delta_{21}X_1 + \delta_{22}X_2 + \cdots + \delta_{2n}X_n + \Delta_{2P} &= 0 \\
&\cdots \\
\delta_{n1}X_1 + \delta_{n2}X_2 + \cdots + \delta_{nn}X_n + \Delta_{nP} &= 0
\end{aligned}\right\} \tag{13-8}$$

上式为 n 次超静定结构在荷载作用下力法方程的一般形式，通常称为力法典型方程。力法典型方程的物理意义是：基本结构在多余未知力和荷载的共同作用下，多余约束处的位移与原结构相应的位移相一致（位移协调）。

在式（13-8）中，系数与自由项的意义如下：

δ_{ii}——主系数。基本结构仅在单位力 $X_i = 1$ 单独作用时，在 X_i 处沿 X_i 自身方向上所引起的位移，其值恒为正，不会等于零。

$\delta_{ij}(i \neq j)$——副系数。基本结构由于单位力 $X_j = 1$ 的作用，而在 X_i 处沿 X_i 方向所产生的位移，其值可为正、负或为零。

Δ_{iP}——自由项。基本结构由荷载产生的在 X_i 处沿 X_i 方向的位移，其值可为正、负或为零。

根据位移互等定理式(12-26)，副系数 δ_{ij} 与 δ_{ji} 是相等的，即

$$\delta_{ij} = \delta_{ji}$$

典型方程中的各系数和自由项，都是基本结构在已知力作用下的位移，完全可用第 12 章所述方法求得。

将求得的系数与自由项代入力法典型方程，解出各多余未知力 X_1、X_2、…X_n。然后将已求得的多余未知力和荷载共同作用在基本结构上，利用平衡条件，可求出其余的反力和内力。也可利用基本结构的单位内力图与荷载内力图按叠加原理计算出各截面的内力，然后绘制内力图。按叠加原理计算内力的公式为：

$$\left.\begin{aligned}
M &= \overline{M}_1 X_1 + \overline{M}_2 X_2 + \cdots + \overline{M}_n X_n + M_P \\
F_Q &= \overline{F}_{Q1} X_1 + \overline{F}_{Q2} X_2 + \cdots + \overline{F}_{Qn} X_n + F_{QP} \\
F_N &= \overline{F}_{N1} X_1 + \overline{F}_{N2} X_2 + \cdots + \overline{F}_{Nn} X_n + F_{NP}
\end{aligned}\right\} \tag{13-9}$$

式中　$\overline{M}_i$、$\overline{F}_{Qi}$、$\overline{F}_{Ni}$——基本结构由于单位力 $X_i = 1$ 单独作用所产生的内力；

M_P、F_{QP}、F_{NP}——基本结构由于荷载单独作用所产生的内力。

应用式(13-9)求解超静定结构的内力时，也可先用第一式绘出弯矩图，然后再利用静力平衡条件计算 F_Q 和 F_N，从而绘出 F_Q 图和 F_N 图。

13.3　力法计算举例

根据以上所述，可将力法的计算步骤归纳如下：

1）确定结构的超静定次数，选取基本未知量和基本体系；

2）建立力法的典型方程；

3）作出基本结构的各单位内力图和荷载内力图（或写出内力表达式），计算典型方程中的各类系数和自由项；

4）求解典型方程，得出各基本未知量；

5）按分析静定结构的方法，由平衡条件或叠加法绘制结构的内力图；

6）校核。

下面分别以超静定梁、超静定刚架及超静定排架为例，说明力法的具体计算方法，其他结构，如超静定拱、超静定桁架等的计算原理与之类似，具体计算方

法可参阅相关的结构力学教材。

13.3.1 超静定梁和刚架

例 13-1 试计算图 13-12a 所示两端固定梁，并绘制弯矩图 M 和剪力图 F_Q。EI = 常数。

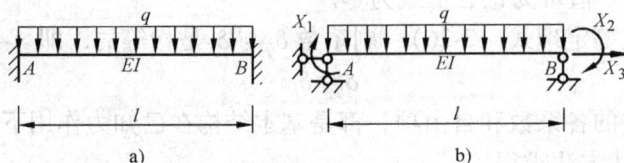

图 13-12 例 13-1 图

解：（1）选择基本体系

图 13-12a 所示梁为三次超静定结构。选基本体系如图 13-12b 所示（基本体系也可以用其他的选取方法）。

（2）列力法方程

根据此基本体系需满足在 A 端、B 端的转角和 B 端的水平位移分别与原结构相一致（原结构中这些位移均等于零）的变形条件，建立力法方程如下

$$\begin{cases} \delta_{11}X_1 + \delta_{12}X_2 + \delta_{13}X_3 + \Delta_{1P} = 0 \\ \delta_{21}X_1 + \delta_{22}X_2 + \delta_{23}X_3 + \Delta_{2P} = 0 \\ \delta_{31}X_1 + \delta_{32}X_2 + \delta_{33}X_3 + \Delta_{3P} = 0 \end{cases}$$

（3）计算系数和自由项

系数和自由项都是基本结构（静定结构）的位移，因只考虑弯曲变形的影响，故可用图乘法计算。为此，需绘出基本结构的 $\overline{M}_1$、$\overline{M}_2$、$\overline{M}_3$ 和 M_P 图，如图13-13所示。

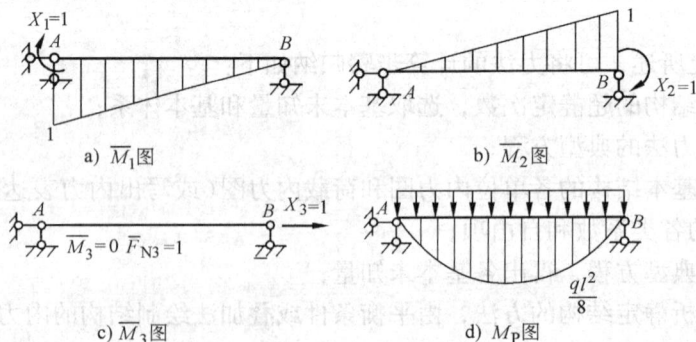

a) $\overline{M}_1$图   b) $\overline{M}_2$图

c) $\overline{M}_3$图   d) M_P图

图 13-13 基本结构内力图

利用图乘法，可得

$$\delta_{11} = \frac{1}{EI}\left[\left(\frac{1}{2}\times l \times 1\right)\times\frac{2}{3}\times 1\right] = \frac{l}{3EI}$$

$$\delta_{22} = \frac{1}{EI}\left[\left(\frac{1}{2}\times l \times 1\right)\times\frac{2}{3}\times 1\right] = \frac{l}{3EI}$$

$$\delta_{12} = \delta_{21} = -\frac{1}{EI}\left[\left(\frac{1}{2}\times l \times 1\right)\times\frac{1}{3}\times 1\right] = -\frac{l}{6EI}$$

$$\Delta_{1P} = \frac{1}{EI}\left[\left(\frac{2}{3}\times l \times\frac{ql^2}{8}\right)\times\frac{1}{2}\times 1\right] = \frac{ql^3}{24}$$

$$\Delta_{2P} = -\frac{1}{EI}\left[\left(\frac{2}{3}\times l \times\frac{ql^2}{8}\right)\times\frac{1}{2}\times 1\right] = -\frac{ql^3}{24}$$

$$\delta_{13} = \delta_{31} = 0$$

$$\delta_{23} = \delta_{32} = 0$$

$$\Delta_{3P} = 0$$

在计算 δ_{33} 时，因为弯矩 $\overline{M}_3 = 0$，故需要考虑轴向变形的影响，因而

$$\delta_{33} = \int\frac{\overline{M}_3^2}{EI}\mathrm{d}x + \int\frac{\overline{F}_{N3}^2}{EA}\mathrm{d}x = 0 + \frac{l}{EA} = \frac{l}{EA}$$

（4）解力法方程，求基本未知量

将系数和自由项代入力法方程，并以 $\dfrac{6EI}{l}$ 乘以各项进行化简，得到

$$\begin{cases} 2X_1 - X_2 + \dfrac{ql^2}{4} = 0 \\[2mm] -X_1 + 2X_2 - \dfrac{ql^2}{4} = 0 \\[2mm] \dfrac{l}{EA}X_3 = 0 \end{cases}$$

由此解得

$$\begin{cases} X_1 = -\dfrac{1}{12}ql^2 \\[2mm] X_2 = \dfrac{1}{12}ql^2 \\[2mm] X_3 = 0 \end{cases}$$

此处 $X_3 = 0$ 表明两端固定梁在垂直于梁轴线的荷载作用下并不产生水平反力，因此也可简化为只需求解两个多余未知力的问题，此时力法方程可直接写为

$$\begin{cases} \delta_{11}X_1 + \delta_{12}X_2 + \Delta_{1P} = 0 \\ \delta_{21}X_1 + \delta_{22}X_2 + \Delta_{2P} = 0 \end{cases}$$

（5）作内力图

1）弯矩图　利用弯矩叠加公式

$$M = \overline{M}_1 X_1 + \overline{M}_2 X_2 + \overline{M}_3 X_3 + M_P$$

计算杆端弯矩，并绘制弯矩图。其结果如图 13-14a 所示。

2）剪力图　利用已作出的弯矩图，取杆件为隔离体，再由平衡条件计算出杆端的剪力，然后作出剪力图。其结果如图 13-14b 所示。

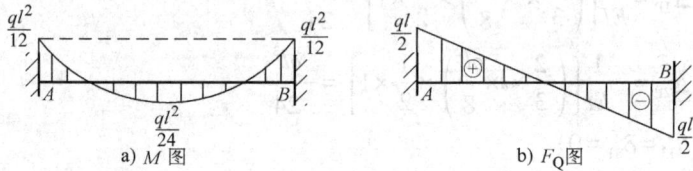

a) M 图　　　　b) F_Q 图

图 13-14　原结构内力图

例 13-2　试计算图 13-15a 所示刚架，并绘制内力图。

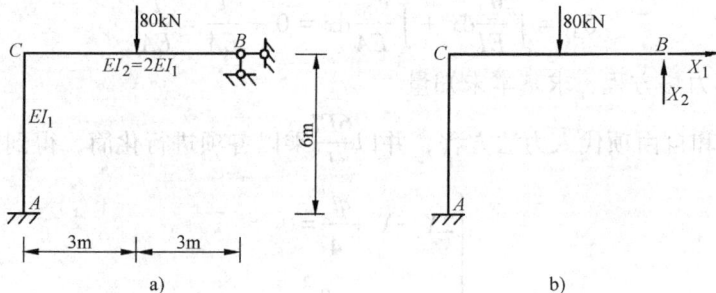

a)　　　　　　　　b)

图 13-15　例 13-2 图

解：（1）选择基本体系

图 13-15a 所示刚架为二次超静定结构。去掉刚架 B 处的两根支座链杆，代以支座反力 X_1 和 X_2，得到基本体系如图 13-15b 所示。

（2）列力法方程

根据此基本体系需满足在 B 端的水平位移和竖向位移与原结构相一致（原结构中这些位移均等于零）的变形条件，建立力法方程如下

$$\begin{cases} \delta_{11} X_1 + \delta_{12} X_2 + \Delta_{1P} = 0 \\ \delta_{21} X_1 + \delta_{22} X_2 + \Delta_{2P} = 0 \end{cases}$$

（3）计算系数和自由项

为利用图乘法计算，需分别绘出基本结构在 $X_1 = 1$、$X_2 = 1$ 和荷载作用下的 $\overline{M}_1$、$\overline{M}_2$ 和 M_P 图，如图 13-16 所示。

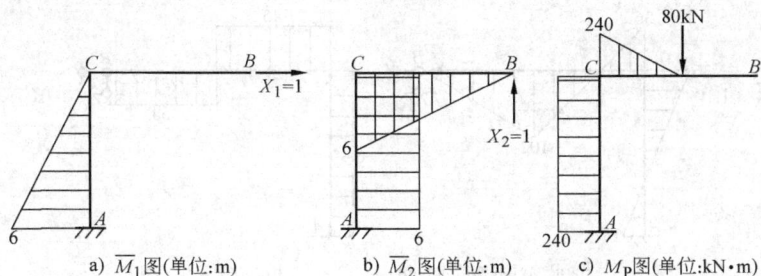

a) $\overline{M}_1$图(单位:m)　　b) $\overline{M}_2$图(单位:m)　　c) M_P图(单位:kN·m)

图 13-16　基本结构内力图

利用图乘法，可得

$$\delta_{11} = \frac{1}{EI_1}\left[\left(\frac{1}{2}\times 6\times 6\right)\times\frac{2}{3}\times 6\right] = \frac{72}{EI_1}$$

$$\delta_{22} = \frac{1}{2EI_1}\left[\left(\frac{1}{2}\times 6\times 6\right)\times\frac{2}{3}\times 6\right] + \frac{1}{EI_1}\left[(6\times 6)\times 6\right] = \frac{252}{EI_1}$$

$$\delta_{12} = \delta_{21} = -\frac{1}{EI_1}\left[\left(\frac{1}{2}\times 6\times 6\right)\times 6\right] = -\frac{108}{EI_1}$$

$$\Delta_{1P} = \frac{1}{EI_1}\left[\left(\frac{1}{2}\times 6\times 6\right)\times 240\right] = \frac{4320}{EI_1}$$

$$\Delta_{2P} = -\frac{1}{2EI_1}\left[\left(\frac{1}{2}\times 3\times 240\right)\times\frac{5}{6}\times 6\right] - \frac{1}{EI_1}\left[(240\times 6)\times 6\right] = -\frac{9540}{EI_1}$$

（4）解力法方程，求基本未知量

将系数和自由项代入力法方程，并消去 $\dfrac{1}{EI_1}$，得

$$\begin{cases} 72X_1 - 108X_2 + 4320 = 0 \\ -108X_1 + 252X_2 - 9540 = 0 \end{cases}$$

由此解得

$$\begin{cases} X_1 = -9\text{kN} \\ X_2 = 34\text{kN} \end{cases}$$

（5）作内力图

1）弯矩图　弯矩叠加公式为

$$M = \overline{M}_1 X_1 + \overline{M}_2 X_2 + M_P$$

由此计算杆端弯矩，绘制弯矩图。其结果如图 13-17a 所示。

2）作剪力图和作轴力图在本例情况下，当各多余力求出以后，可以直接由图 13-15b 所示的基本体系绘出剪力图和轴力图。其结果如图 13-17b、c 所示。

从以上计算可以看出：力法方程的各项都有 EI_1 可以消去。因此，在荷载作用下，多余力以及结构内力的大小只与各杆的刚度比值有关，而与其绝对刚度无关。

a) M图(单位:kN·m)   b) F_Q图(单位:kN)

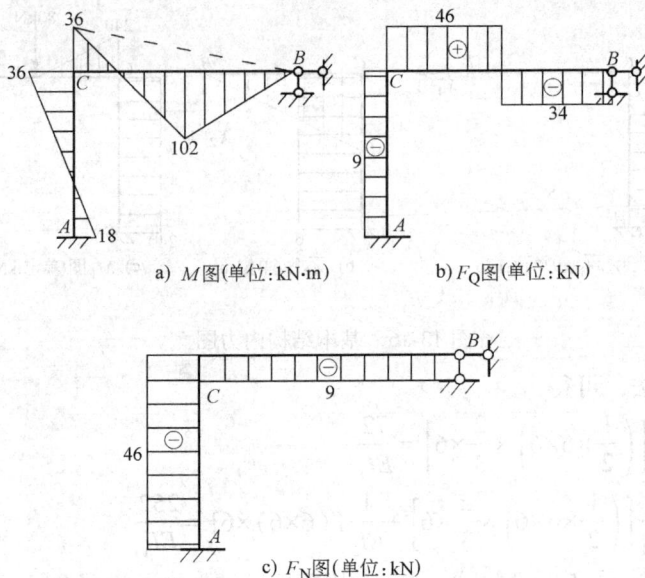

c) F_N图(单位:kN)

图 13-17 原结构内力图

13. 3. 2 铰接排架

单层工业厂房中的排架是由屋架(或屋面梁)、柱和基础共同组成的一个横向承受荷载的结构单元,如图 13-18a 所示。当对排架柱进行内力分析时,通常将屋架(或屋面梁)简化为与柱顶铰接且轴向刚度无限大的链杆,阶梯形变截面柱的上端与链杆铰接、下端与基础刚性连接,称为铰接排架,其计算简图如图 13-18b 所示。铰接排架的超静定次数等于排架的跨数,其基本体系由切断各跨的链杆得到,链杆切断后代以一对大小相等、方向相反的广义力作为多余未知力,如图 13-18c 所示。

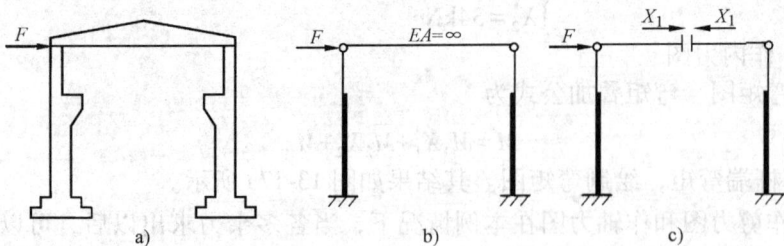

图 13-18 排架

用力法计算铰接排架的原理、步骤，与超静定梁和刚架的计算相同。但因链杆的刚度 $EA \to \infty$，在计算系数和自由项时，不计链杆轴向变形的影响，只考虑柱的弯矩对变形的影响。

例 13-3　如图 13-19a 所示单层单跨厂房排架，$I_1 = I$，$I_2 = 2I$，各杆 E 均相等，试用力法计算图示风荷载作用下所引起的排架柱的弯矩图。

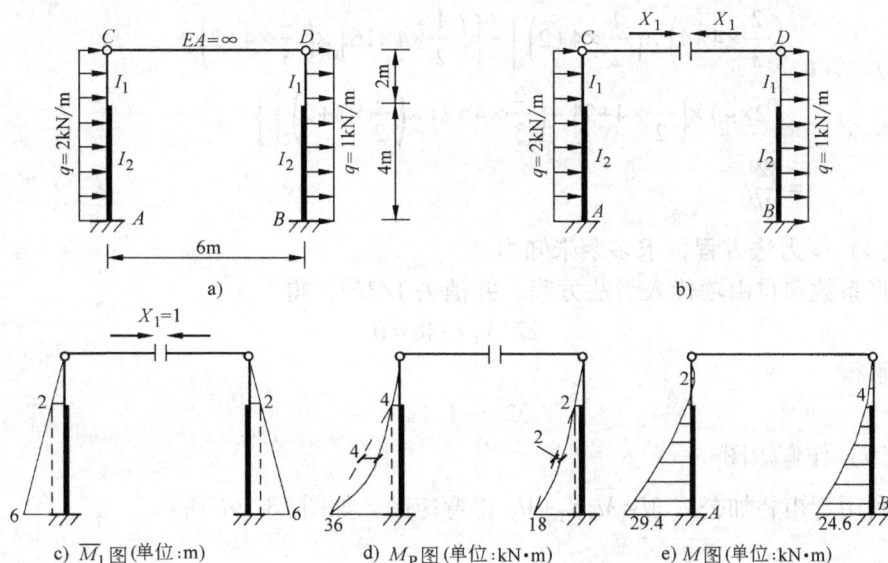

图 13-19　例 13-3 图

解：（1）选择基本体系

此排架为一次超静定结构。切断链杆并代以多余未知力 X_1，得到如图 13-19b 所示的基本体系。

（2）列力法方程

基本体系在荷载和多余未知力共同作用下，应满足的条件是切口处两侧截面沿轴向的相对位移为零，即切口处两侧截面沿轴向应保持连续。故列力法方程如下：

$$\delta_{11}X_1 + \Delta_{1P} = 0$$

（3）计算系数和自由项

绘制基本结构在 $X_1 = 1$ 和荷载作用下的 $\overline{M}_1$ 与 M_P 图，如图 13-19c、d 所示。据此可求得系数和自由项

$$\delta_{11} = \frac{2}{EI}\left[\left(\frac{1}{2} \times 2 \times 2\right) \times \frac{2}{3} \times 2\right] + \frac{2}{2EI}\left[\left(\frac{1}{2} \times 4 \times 4\right) \times \left(\frac{2}{3} \times 4 + 2\right) + \right.$$

$$(2\times4)\times\left(\frac{1}{2}\times4+2\right)\right]=\frac{224}{3EI}$$

$$\Delta_{1P}=\frac{1}{EI}\left\{\left[\left(\frac{1}{3}\times2\times4\right)\times\frac{3}{4}\times2\right]-\left[\left(\frac{1}{3}\times2\times2\right)\times\frac{3}{4}\times2\right]\right\}+$$

$$\frac{1}{2EI}\left\{\left[\left(\frac{1}{2}\times4\times32\right)\times\left(\frac{2}{3}\times4+2\right)+(4\times4)\times\left(\frac{1}{2}\times4+2\right)-\right.\right.$$

$$\left(\frac{2}{3}\times4\times4\right)\times\left(\frac{1}{2}\times4+2\right)\right]-\left[\left(\frac{1}{2}\times4\times16\right)\times\left(\frac{2}{3}\times4+2\right)+\right.$$

$$\left.\left.(2\times4)\times\left(\frac{1}{2}\times4+2\right)-\left(\frac{2}{3}\times4\times2\right)\times\left(\frac{1}{2}\times4+2\right)\right]\right\}$$

$$=\frac{82}{EI}$$

（4）解力法方程，求多余未知力

将系数和自由项代入力法方程，并消去 1/3EI，得

$$224X_1+246=0$$

解得

$$X_1=-1.1\text{kN}$$

（5）作弯矩图

利用弯矩叠加公式 $M=\overline{M}_1X_1+M_P$ 得弯矩图，如图 13-19e 所示。

13.4 对称性的利用

用力法计算超静定结构时，结构的超静定次数愈高，多余未知力就愈多，计算工作量也就愈大。但在实际的建筑结构工程中，很多结构是对称的，可以利用结构的对称性，适当的选取基本结构，使力法典型方程中尽可能多的副系数及自由项等于零(主系数是恒为正且不等于零的)，从而使计算工作得到简化。

13.4.1 结构和荷载的对称性

1. 结构的对称性

结构的对称，是指对结构中某一轴的对称。所以，对称结构必须有对称轴。结构的对称性，包含以下两个方面：

1）结构的几何形状、尺寸和支承情况对某一轴对称；

2）杆件截面尺寸和材料弹性模量(进而杆件截面的刚度 EI、EA、GA)也对此轴对称。

因此，对称结构绕对称轴对折后，对称轴两边的结构图形完全重合。

图 13-20a 所示单跨刚架，有一根竖向对称轴 y—y；图 13-20b 所示矩形涵管

则有两根对称轴 x—x、y—y；图 13-20c 所示刚架有一根斜向对称轴 k—k。

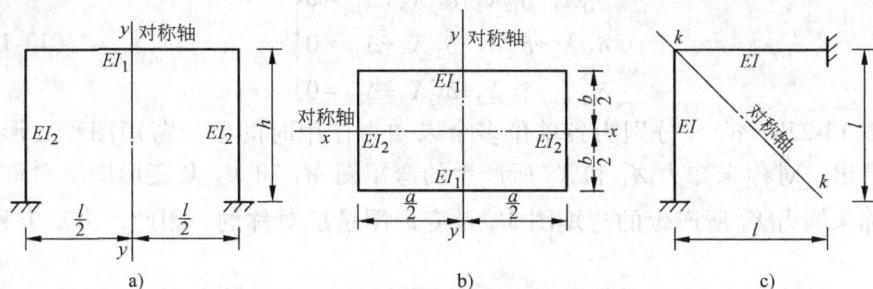

图 13-20 对称结构

2. 荷载的对称性

任何荷载都可以分解为两部分：一部分是对称荷载，另一部分是反对称荷载，如图 13-21 所示。

对称荷载——绕对称轴对折后，对称轴两边的荷载彼此重合（作用点相对应、数值相等、方向相同），如图 13-21b 所示。

反对称荷载——绕对称轴对折后，对称轴两边的荷载正好相反（作用点相对应、数值相等、方向相反），如图 13-21c 所示。

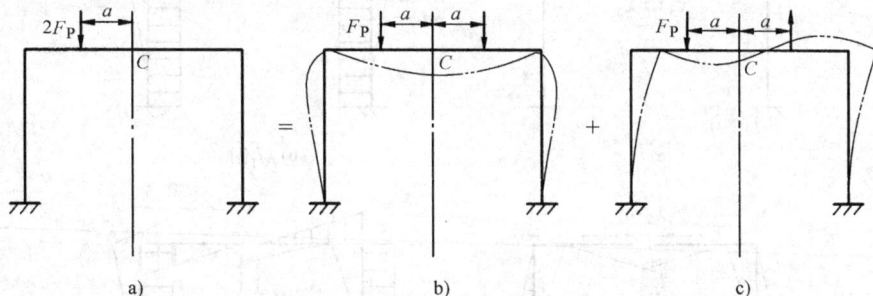

图 13-21 对称荷载与反对称荷载

13.4.2 取对称基本体系的计算

计算对称结构时，应考虑利用对称的基本体系进行计算。对于图 13-21a 所示的三次超静定结构，可沿对称轴上梁的中间截面 C 切开，所得的基本体系是对称的，如图 13-22a 所示。梁的截面 C 切口两侧有三对相互作用的多余未知力：一对弯矩 X_1、一对轴力 X_2、一对剪力 X_3。根据力的对称性分析，X_1、X_2 是对称力，X_3 是反对称力。

由于基本体系在荷载与 X_1、X_2、X_3 共同作用下切口两侧截面的相对转角、

相对水平线位移和竖向线位移应等于零，所以力法方程可写为

$$\left.\begin{array}{l}\delta_{11}X_1+\delta_{12}X_2+\delta_{13}X_3+\Delta_{1P}=0\\\delta_{21}X_1+\delta_{22}X_2+\delta_{23}X_3+\Delta_{2P}=0\\\delta_{31}X_1+\delta_{32}X_2+\delta_{33}X_3+\Delta_{3P}=0\end{array}\right\} \qquad (13\text{-}10a)$$

图 13-22b、c、d 分别为各单位多余未知力作用时的单位弯矩图和变形图。可以看出：对称未知力 X_1 和 X_2 所产生的弯矩图 $\overline{M}_1$ 和 $\overline{M}_2$ 及变形图是对称的；反对称未知力 X_3 所产生的弯矩图 $\overline{M}_3$ 及变形图是反对称的。因此，力法方程的系数

$$\delta_{13}=\delta_{31}=0$$

$$\delta_{23}=\delta_{32}=0$$

于是，力法方程可简化为

$$\left.\begin{array}{l}\delta_{11}X_1+\delta_{12}X_2+\Delta_{1P}=0\\\delta_{21}X_1+\delta_{22}X_2+\Delta_{2P}=0\\\delta_{33}X_3+\Delta_{3P}=0\end{array}\right\} \qquad (13\text{-}10b)$$

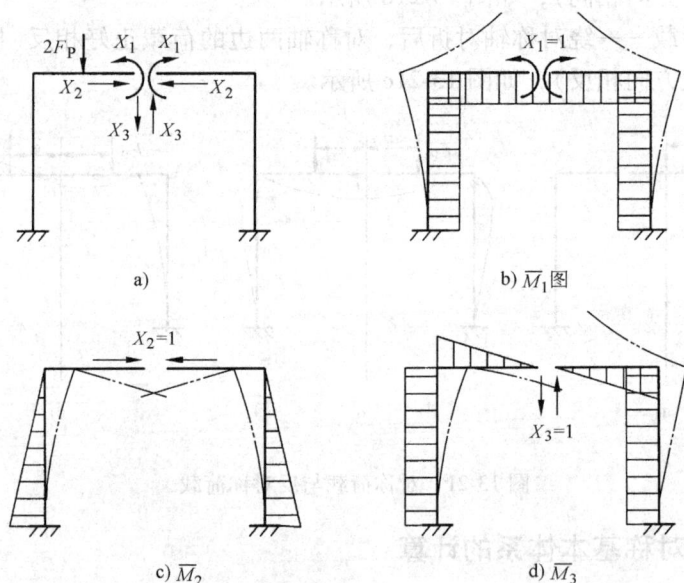

a)

b) $\overline{M}_1$ 图

c) $\overline{M}_2$

d) $\overline{M}_3$

图 13-22　对称基本结构的单位弯矩图及变形图

可以看出，力法方程分解为独立的两组：式(13-10b)的前两式只包含对称力 X_1 和 X_2，而第三式只包含反对称未知力 X_3。

力法方程的自由项，也同样可以简化。

在对称荷载作用下，基本结构的荷载弯矩图 M_P' 和变形图是对称的。如图 13-23a 所示 M_P' 是对称的，而 $\overline{M}_3'$ 图（见图 13-22d）是反对称的。因此

$$\Delta_{3P} = 0$$

由式（13-10b）中第三式可知，反对称未知力 $X_3' = 0$，只需用式（13-10b）前两式计算未知力 X_1' 和 X_2' 即可（见图 13-23b）。

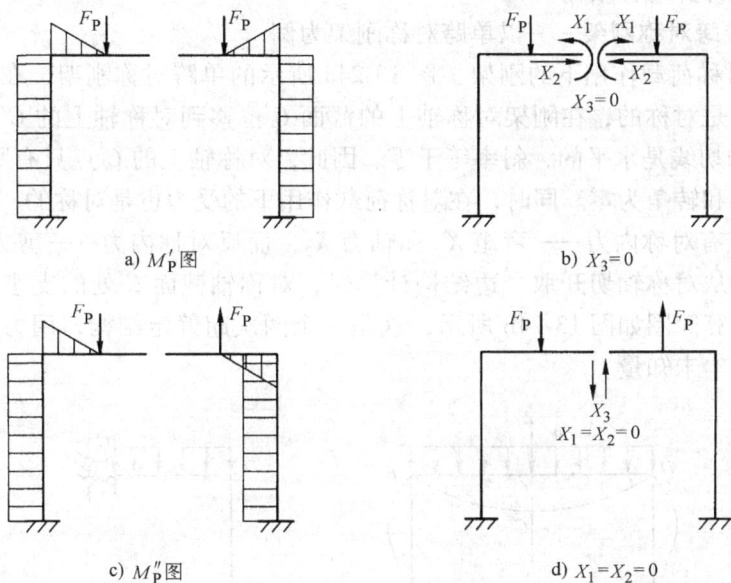

图 13-23　对称基本结构受对称与反对称荷载作用的情形

在反对称荷载作用下，基本结构的荷载弯矩图 M_P'' 和变形图是反对称的。如图 13-23c 所示的 M_P'' 图是反对称的，而 $\overline{M}_1''$ 图和 $\overline{M}_2''$ 图（见图 13-22b、c）是对称的，因此

$$\Delta_{1P}'' = 0$$
$$\Delta_{2P}'' = 0$$

由式（13-10b）的前两式可知，此时，对称未知力 $X_1'' = X_2'' = 0$，只需用式（13-10b）的第三式计算反对称未知力 X_3'' 即可（见图 13-23d）。

从上述分析可得到如下结论：

1）对称结构在对称荷载作用下，变形是对称的（见图 13-21b），支座反力和内力也是对称的。因此，对称的基本体系在对称荷载作用下，反对称的未知力必等于零，只需计算对称未知力。

2）对称结构在反对称荷载作用下，变形是反对称的（见图 13-21c），支座反力和内力也是反对称的。因此，对称的基本体系在反对称荷载作用下，对称的未知力必等于零，只需计算反对称未知力。

3) 若结构对称,外荷载不对称时,可将外荷载分解为对称荷载和反对称荷载而分别计算,然后叠加。

13.4.3 取半边结构计算

根据对称结构在对称荷载和反对称荷载作用下受力和变形的特点,可以利用半边结构来计算对称结构。

1. 奇数跨对称刚架——以单跨对称刚架为例

(1) 对称荷载作用下的刚架 图 13-24a 所示的单跨对称刚架,在对称荷载作用下变形是对称的,在刚架对称轴上的截面 C 位移到对称轴上的 C',变形曲线在 C 点的切线是水平的,斜率等于零。因此,对称轴上的 C 点只有竖向位移,而水平位移和转角为零。同时,在对称荷载作用下的受力也是对称的,在对称轴截面 C 上只有对称内力——弯矩 X_1 和轴力 X_2,而反对称内力——剪力 X_3 等于零。因此,从对称轴切开取半边结构计算时,对称轴截面 C 处的支座可取为定向支座,计算简图如图 13-24b 所示,这是一个两次超静定结构,用力法计算时只有两个基本未知量。

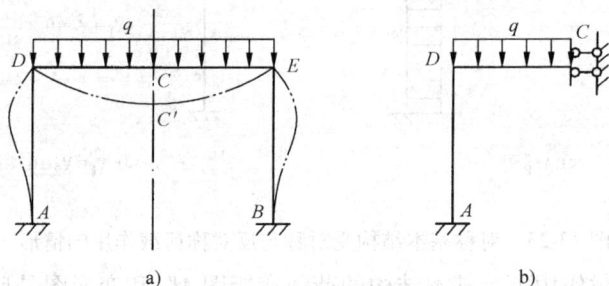

图 13-24 对称荷载作用下奇数跨刚架

(2) 反对称荷载作用下的刚架 图 13-25a 所示的在反对称荷载作用下的单跨对称刚架,变形是反对称的,对称轴上截面 C 位移到 C',C 点有水平位移和

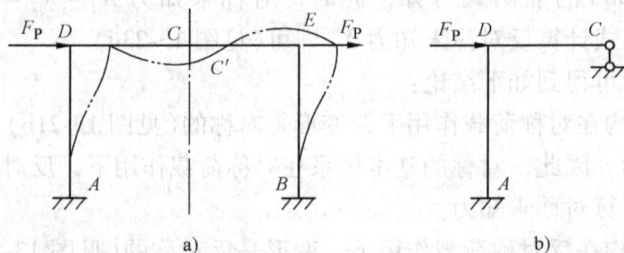

图 13-25 反对称荷载作用下奇数跨刚架

转角，竖向位移为零。在反对称荷载作用下的受力也是反对称的，在对称轴截面 C 上只有反对称内力——剪力 X_3，而对称内力——弯矩 X_1 和轴力 X_2 等于零。因此，取半边结构计算时，C 端可取为可动铰支座，计算简图如图 13-25b 所示，这是一个一次超静定结构，用力法计算时只有一个基本未知量。

2. 偶数跨对称刚架——以两跨对称刚架为例

（1）对称荷载作用下的刚架 图 13-26a 所示为一两跨对称刚架受对称荷载作用，其超静定次数为六次。对称轴上有柱 CD，如果忽略柱 CD 的轴向变形，则 C 点的竖向位移等于零。同时，由变形的对称性可知，C 点的水平位移和转角也等于零。经对称性内力分析可知，柱 CD 将没有弯矩和剪力，只有轴力。而 C 点左右两侧的横梁截面则有一对互相平衡的力矩、轴力以及和柱 CD 轴力平衡的对称的剪力（见图 13-26b）。因此，根据上述变形和受力分析，忽略柱 CD 的轴向变形后，沿对称轴切开取半边结构计算时，C 端可取为固定支座，计算简图如图 13-26c 所示，为三次超静定结构。

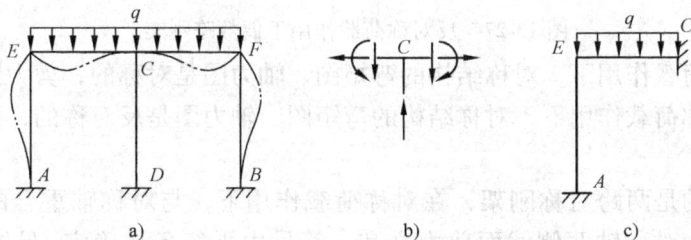

图 13-26 对称荷载作用下偶数跨刚架

（2）反对称荷载作用下的刚架 图 13-27a 所示为一两跨对称刚架受反对称荷载作用，为六次超静定结构。因变形的反对称性，对称柱 CD 有弯曲变形，对称轴上 C 点经变形位移到 C' 点，刚结点 C 有转角，C 点的竖向位移为零。相应的反对称受力情形是在对称轴上的柱 CD 有弯矩和剪力，而无轴力。如果从柱 CD 切开，即将柱 CD 分解为两根位于对称轴两侧而抗弯刚度为 $\dfrac{I}{2}$ 的分柱，则一个两跨对称刚架分为两个对称的单跨半结构刚架，它们之间的相互作用力只存在一对反对称未知剪力 X_3（图 13-27b），对称轴两侧的受力图形如图 13-27c 所示，相应的计算简图可取为图 13-27d。

由图 13-27c 可知，X_3 的作用只是对左、右两半刚架的分柱 C_1D_1、C_2D_2 产生大小相等而方向相反的一对轴力，因此去掉 C_1 处竖向支杆也不影响受力，计算简图可进一步简化为图 13-27e 所示情形，为三次超静定刚架。

当算出半边结构的多余未知力后，就可绘制出半边结构的内力图，而另一侧半边结构的内力图即可根据内力图图形的对称关系或反对称关系画出：

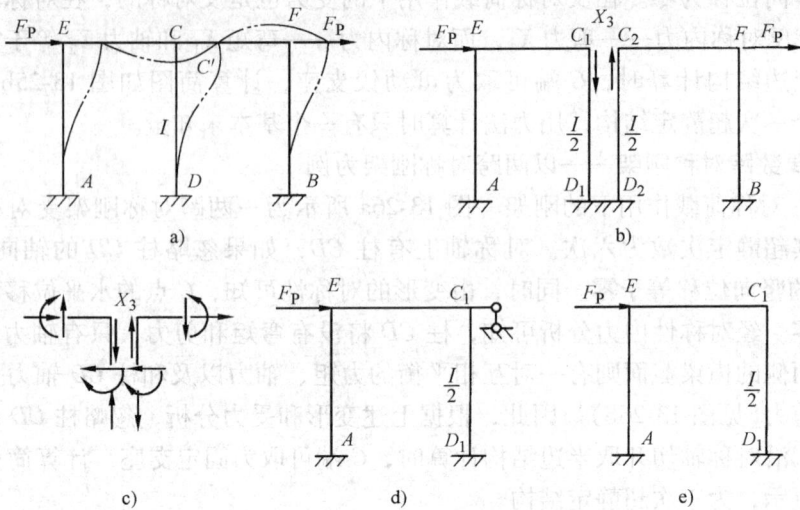

图 13-27 反对称荷载作用下偶数跨刚架

在对称荷载作用下，对称结构的弯矩图、轴力图是对称的，剪力图是反对称的；在反对称荷载作用下，对称结构的弯矩图、轴力图是反对称的，而剪力图是对称的。

应注意的是两跨对称刚架，在对称荷载作用下，与对称轴重合的柱子有轴力，其数值为对称轴两侧截面剪力之和，符号由平衡条件确定（见图 13-26b）。因此，在轴力图中应包括与对称轴重合的中间柱子的轴力图。在反对称荷载作用下，中间柱 CD 的内力应为两个半刚架柱 C_1D_1 和 C_2D_2 内力的总和。因此，柱 CD 的弯矩和剪力分别应为按半刚架计算所得柱 C_1D_1 的弯矩和剪力的两倍，其总轴力应为两个半刚架分柱 C_1D_1 和 C_2D_2 轴力之和，由于轴力是反对称的，两分柱轴力的数值相等而符号相反，故柱 CD 的总轴力为零。

现将对称结构的简化计算小结如下：

（1）采用对称的基本体系计算　此时，基本未知量分为对称未知力和反对称未知力两组，且在力法方程中将有 $\delta_{ij} = 0$（这里，i 为对称未知力方向，j 为反对称未知力方向）。这样，多元方程组将分解为两组低元方程。对于不同类型的荷载，又可分为三种情形：

1）对称荷载作用，则只需计算对称未知力（反对称未知力为零）。

2）反对称荷载作用，则只需计算反对称未知力（对称未知力为零）。

3）任意荷载作用，可将其分解为对称和反对称两种情形分别计算，然后进行叠加得最后结果。也可不分解，直接用非对称荷载计算，但要采用对称的基本体系和基本未知力，力法方程自然分为两组。

（2）采用半边结构（或 1/4 结构）计算　对称结构可分为奇数跨和偶数跨两种情形，它们在对称荷载和反对称荷载作用时，在对称轴上的变形和内力是不同的。此外，采用半边结构（或 1/4 结构）简化计算时，荷载必须是对称荷载或反对称荷载。如果是非对称荷载，则须分解为对称荷载和反对称荷载两种情形，分别采用半边结构（或 1/4 结构）计算简图进行计算，然后叠加得最后结果。

13.4.4　对称结构计算举例

例 13-4　求作图 13-28a 所示单跨对称刚架的弯矩图。

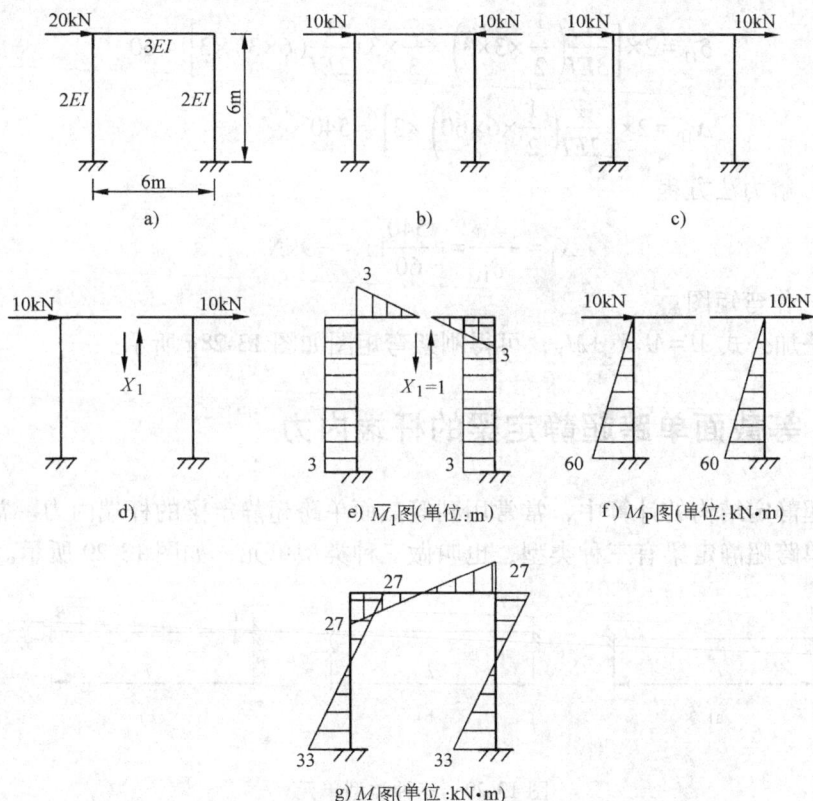

图 13-28　例 13-4 图

解：（1）对称性分析

这是一个三次超静定对称刚架，荷载是非对称荷载，可将其分解为对称荷载和反对称荷载两部分分别计算，如图 13-28b、c 所示。

在对称荷载作用下（见图 13-28b），如果忽略横梁轴向变形，则只有横梁承受压力 10kN，其他杆件无内力。这个内力状态和变形状态，不仅满足平衡条件，

同时也满足变形条件，所以它就是真正的内力状态。因此，为了作原刚架的弯矩图，只需作在反对称荷载（见图13-28c）作用下的弯矩图即可。

（2）基本体系

在反对称荷载作用下，基本体系如图13-28d所示。切口截面的弯矩、轴力均是对称未知力，应为零。只有反对称未知力 X_1 存在。故用力法求解方便。

（3）力法方程

$$\delta_{11}X_1+\Delta_{1P}=0$$

（4）系数和自由项

分别绘制 $\overline{M}_1$ 图和 M_P 图，如图13-28e、f所示，由此得

$$\delta_{11}=2\times\left[\frac{1}{3EI}\left(\frac{1}{2}\times3\times3\right)\times\frac{2}{3}\times3+\frac{1}{2EI}(6\times3)\times3\right]=60$$

$$\Delta_{1P}=2\times\left[\frac{1}{2EI}\left(\frac{1}{2}\times6\times60\right)\times3\right]=540$$

（5）解力法方程

$$X_1=-\frac{\Delta_{1P}}{\delta_{11}}=-\frac{540}{60}kN=-9kN$$

（6）作弯矩图

由叠加公式 $M=\overline{M}_1X_1+M_P$，可得刚架弯矩图如图13-28g所示。

13.5 等截面单跨超静定梁的杆端内力

在超静定结构的计算中，常常用到等截面单跨超静定梁的杆端内力。常用的等截面单跨超静定梁有三种类型，也叫做三种类型单元，如图13-29所示。

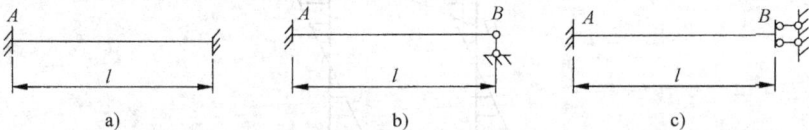

图13-29 三种类型单元

单跨超静定梁由于荷载、支座移动等作用所产生的杆端弯矩和杆端剪力，通常称为固端弯矩（M_{AB} 或 M_{BA}）和固端剪力（F_{QAB} 或 F_{QBA}）。

上述固端力在位移法中经常用到，都可用力法求得其结果。为方便应用，现将其列于表13-1中，以供查阅。

表中 M_{AB}、M_{BA}——分别表示 AB 杆 A 端和 B 端的弯矩，以顺时针转向为正，反之为负；

F_{QAB}、F_{QBA}——分别表示 AB 杆 A 端和 B 端的剪力，以使杆件绕另一端顺时

针旋转者为正，反之为负；

θ_A——固定端 A 的角位移，以顺时针转向为正，反之为负；

Δ——固定端或铰支座的线位移，以使杆件绕另一端顺时针旋转者为正，反之为负；

i——**杆件的线刚度**，其大小为 $i=EI/l$；

表 13-1　等截面单跨超静定梁的杆端弯矩和剪力

编号	简　图	弯　矩		剪　力	
		M_{AB}	M_{BA}	F_{QAB}	F_{QBA}
1		$4i$	$2i$	$-\dfrac{6i}{l}$	$-\dfrac{6i}{l}$
2		$-\dfrac{6i}{l}$	$-\dfrac{6i}{l}$	$\dfrac{12i}{l^2}$	$\dfrac{12i}{l^2}$
3		$-\dfrac{Fl}{8}$	$+\dfrac{Fl}{8}$	$+\dfrac{F}{2}$	$-\dfrac{F}{2}$
4		$-\dfrac{Fab^2}{l^2}$	$+\dfrac{Fa^2b}{l^2}$	$\dfrac{Fb^2}{l^2}\left(1+\dfrac{2a}{l}\right)$	$-\dfrac{Fa^2}{l^2}\left(1+\dfrac{2b}{l}\right)$
5		$-\dfrac{1}{12}ql^2$	$+\dfrac{1}{12}ql^2$	$+\dfrac{ql}{2}$	$-\dfrac{ql}{2}$
6		$-\dfrac{1}{30}ql^2$	$+\dfrac{1}{20}ql^2$	$+\dfrac{3}{20}ql$	$-\dfrac{7}{20}ql$
7		$+\dfrac{b(3a-l)}{l^2}M$	$+\dfrac{a(3b-l)}{l^2}M$	$-\dfrac{6ab}{l^3}M$	$-\dfrac{6ab}{l^3}M$

（续）

编号	简图	弯 矩		剪 力	
		M_{AB}	M_{BA}	F_{QAB}	F_{QBA}
8		$3i$	0	$-\dfrac{3i}{l}$	$-\dfrac{3i}{l}$
9		$-\dfrac{3i}{l}$	0	$\dfrac{3i}{l^2}$	$\dfrac{3i}{l^2}$
10		$-\dfrac{3}{16}Fl$	0	$+\dfrac{11}{16}F$	$-\dfrac{5}{16}F$
11		$-\dfrac{Fb(l^2-b^2)}{2l^2}$	0	$+\dfrac{Fb(3l^2-b^2)}{2l^3}$	$-\dfrac{Fa^2(3l-a)}{2l^3}$
12		$-\dfrac{1}{8}ql^2$	0	$+\dfrac{5}{8}ql$	$-\dfrac{3}{8}ql$
13		$-\dfrac{1}{15}ql^2$	0	$+\dfrac{2}{5}ql$	$-\dfrac{1}{10}ql$
14		$-\dfrac{7}{120}ql^2$	0	$+\dfrac{9}{40}ql$	$-\dfrac{11}{40}ql$
15		$+\dfrac{l^2-3b^2}{2l^2}M$	0	$-\dfrac{3(l^2-b^2)}{2l^3}M$	$-\dfrac{3(l^2-b^2)}{2l^3}M$
16		i	$-i$	0	0

（续）

编号	简 图	弯 矩		剪 力	
		M_{AB}	M_{BA}	F_{QAB}	F_{QBA}
17		$-\dfrac{1}{2}Fl$	$-\dfrac{1}{2}Fl$	$+F$	$B_{左}\ +F$ $B_{右}\ 0$
18		$-\dfrac{Fa}{2l}(2l-a)$	$-\dfrac{Fa^2}{2l}$	$+F$	0
19		$-\dfrac{1}{3}ql^2$	$-\dfrac{1}{6}ql^2$	$+ql$	0
20		$-\dfrac{1}{8}ql^2$	$-\dfrac{1}{24}ql^2$	$+\dfrac{1}{2}ql$	0
21		$-\dfrac{5}{24}ql^2$	$-\dfrac{1}{8}ql^2$	$+\dfrac{1}{2}ql$	0

13.6　位移法基本原理与位移法典型方程

13.6.1　位移法基本原理

力法是以多余约束力作为基本未知量，通过变形条件建立力法方程，求出未知量后，再通过平衡条件来计算结构全部内力的一种计算方法；位移法则是以结构的结点位移作为基本未知量，通过平衡条件建立位移法方程，求出位移后，利用位移和内力之间的关系来计算杆件或结构内力的一种计算方法。

现以图 13-30a 所示结构为例说明位移法的基本原理。

图 13-30a 所示刚架，在给定荷载作用下，杆件 AC 和 CB 将发生变形，在忽略杆件轴向变形条件下，结点 C 只发生角位移 θ_C。当用位移法计算时，将结点角位移 θ_C 作为基本未知量(由刚结点的变形连续条件可知,结构在结点 C 的角位

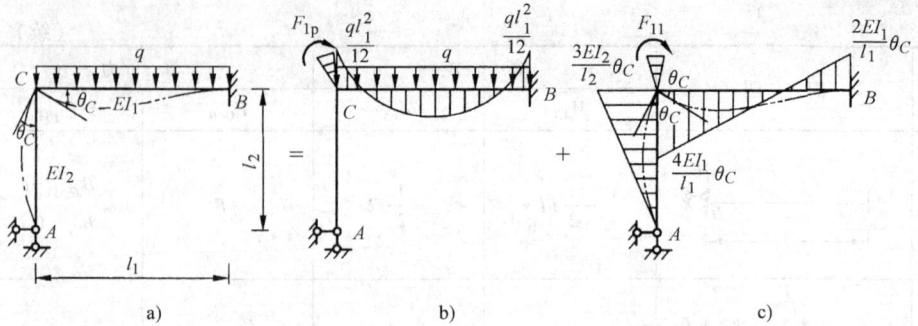

图 13-30　位移法基本原理

移,也就是杆件 CB 和 CA 的杆端角位移)。若能设法将位移 θ_C 求出,则 CB 和 CA 各杆的变形就可求出,从而可求出各杆的内力。

现讨论如何求基本未知量 θ_C 的问题,计算分为两步:

1) 增加约束,将结点位移锁住。即在结点 C 处加一限制转动的约束,使原结构变为两根超静定杆件。在荷载作用下,这两根杆的弯矩可用力法求出,如图 13-30b 所示。这时,在结点 C 处的附加约束上产生了一个约束反力矩 $F_{1P} = -\dfrac{ql_1^2}{12}$, 并规定约束反力矩以顺时针方向为正,图 13-30b 中 F_{1P} 即按正向画出。

2) 为了消除图 13-30b 与 图 13-30a 的差别,使结点 C 产生角位移 θ_C。两根超静定杆在 C 端有转角 θ_C 时弯矩图也可由力法求出,如图 13-30c 所示。这时,由于结点 C 发生转角而在附加约束上产生的约束反力矩用 F_{11} 表示,且 $F_{11} = \left(\dfrac{4EI_1}{l_1}\right)\theta_C + \left(\dfrac{3EI_2}{l_2}\right)\theta_C$,在图 13-30c 中按正向画出。

这里将实际结构的受力和变形(见图 13-30a)分解成了两部分:一部分是荷载单独作用下的结果,如图 13-30b 所示。此时只有荷载作用,而无结点 C 的角位移;另一部分是结点位移单独作用下的结果,如图 13-30c 所示。此时只有结点 C 的角位移,而无荷载作用。反过来,将图 13-30b 和 c 所示两种状态叠加起来,即成为实际结构。而实际结构在结点 C 处是没有约束反力矩的(实际结构在结点 C 处没有附加约束),因此由图 13-30b 和 c 叠加后的结果,在结点 C 处也不应有约束反力矩,即

$$F_{11} + F_{1P} = 0$$

$$\left(\frac{4EI_1}{l_1} + \frac{3EI_2}{l_2}\right)\theta_C - \frac{ql_1^2}{12} = 0 \tag{13-11a}$$

从而求出

$$\theta_C = \frac{\dfrac{ql_1^2}{12}}{\dfrac{4EI_1}{l_1} + \dfrac{3EI_2}{l_2}}$$

将 θ_C 代回图 13-30c，将所得的结果再叠加上图 13-30b 的结果，即得到图 13-30a 所示原结构的解。

从以上分析过程，可得位移法要点如下：

1）位移法的基本未知量是结点位移（见图 13-30a 中结点 C 的角位移 θ_C）。

2）位移法的基本方程是平衡方程（结点 C 的力矩平衡方程式（13-11a））。

3）建立位移法基本方程的方法是：先将结点位移锁住，求各超静定杆件分别在荷载以及在结点位移作用下的结果，将以上两个结果进行叠加，使附加约束中的约束反力等于零，即得位移法的基本方程。

4）求解位移法基本方程，得到基本未知量，从而求出各杆内力。

这就是位移法的基本思路和解题过程。

13.6.2　位移法基本未知量和基本体系

用位移法计算超静定结构时，首先需要确定基本未知量和基本体系。

位移法的基本未知量是结点角位移和结点线位移。位移法的基本体系是将基本未知量通过添加附加约束的方式完全锁住后，得到的超静定杆的综合体。下面讨论如何确定基本未知量和选取基本体系。

图 13-31a 所示刚架，结点 A、B、C、D 都没有线位移。A 和 B 是固定端，转角等于零，D 是刚结点，可以转动，转角为 θ_D；C 是铰结点，转角为 θ_C。设 DA 杆在 D 端的转角为 θ_{DA}；DB 杆在 D 端的转角为 θ_{DB}；DC 杆在 D 端的转角为 θ_{DC}，在 C 端的转角为 θ_{CD}，共有 4 个杆端转角。但根据刚结点上各杆端转角相等的变形连续条件，有

$$\theta_{DA} = \theta_{DB} = \theta_{DC} = \theta_D \qquad (13\text{-}11b)$$

因 C 是铰结点，已知 $M_{CD} = 0$，故 θ_C 可以不取作为基本未知量。

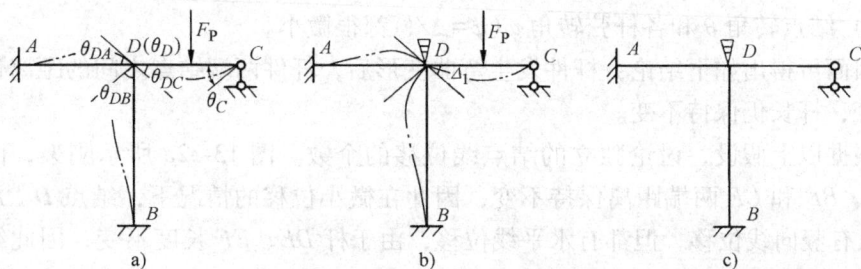

图 13-31　结点角位移基本未知量与位移法基本体系

利用刚结点处的变形连续条件式（13-11b）后，只要计算出结点角位移 θ_D，就可以得到杆端角位移 θ_{DA}、θ_{DB}、θ_{DC}。因此，将刚结点 D 的角位移 θ_D 取作为基

本未知量,用 Δ_1 表示。可见,结点角位移的数目就等于结构刚结点的数目。由此可知,图 13-31a 所示刚架只有一个刚结点 D,故只有一个结点角位移 $\Delta_1(\theta_D)$,因此在结点 D 加一个控制结点 D 转动的附加约束,称为**刚臂**(注意,这种约束不限制结点线位移)。这样得到的无结点位移的结构,称为**原结构的基本结构**,如图 13-31c 所示。把基本结构在荷载和基本未知位移共同作用下的体系,称为**原结构的基本体系**,如图 13-31b 为图 13-31a 的基本体系。由此可知,位移法的基本体系是通过增加约束将基本未知量完全锁住后,在荷载和基本未知位移的共同作用下的超静定杆的综合体。

以上是只有结点角位移情况,现在讨论结点线位移基本未知量的确定。因为平面杆件体系的一个结点在平面内有两个自由度,也就是说,平面内一个结点有两个线位移。如图 13-32a 所示刚架,有三个结点 D、E 和 F,每个结点分别有竖直方向和水平方向两个线位移,则共有六个结点线位移。

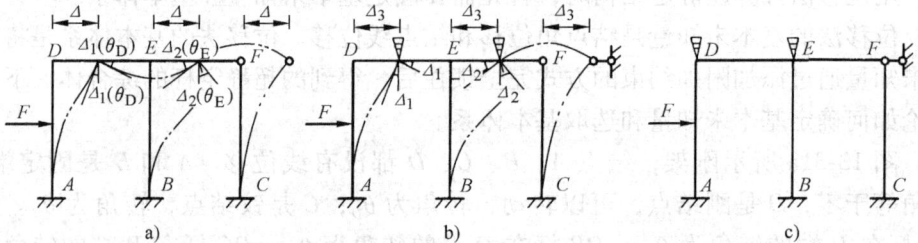

图 13-32 结点线位移基本未知量与位移法基本体系

为减少计算工作量,减少基本未知量的个数,使计算得到简化,作以下假设:

1)忽略各杆轴力引起的轴向变形;

2)结点转角 θ 和各杆弦转角 $\varphi(\varphi=\Delta/l)$ 都很微小。

因而可得出如下结论:杆件发生弯曲变形后,杆件两端结点之间的距离仍保持不变,杆长仍保持不变。

根据以上假设,讨论独立的结点线位移的个数。图 13-32a 所示刚架,由于杆 AD、BE 和 CF 两端距离保持不变,因此在微小位移的情况下,结点 D、E 和 F 都没有竖向线位移,但都有水平线位移,由于杆 DE、EF 长度不变,因此结点 D、E 和 F 的水平线位移相等,可用一个符号 Δ 表示。因此,原来六个结点线位移只剩下一个独立的结点线位移。该刚架的全部基本未知量只有三个:即结点角位移 $\Delta_1(\theta_D)$、$\Delta_2(\theta_E)$ 和独立的结点线位移 $\Delta_3(\Delta)$。因此,对于图 13-32a 所示刚架可在结点 D、E 上分别加一控制结点 D、E 转动的附加约束(附加刚臂),在结点 F 处加一水平支杆(附加链杆),控制结点 D、E 和 F 的水平线位移。这样得到的基本体系如图 13-32b 所示，基本结构如图 13-32c 所示。

由于在刚架计算中，不考虑各杆长度的改变，因而结点独立线位移的数目可用几何组成分析的方法来判定。如果把所有的刚结点(包括固定支座)都改为铰结点，则此铰结体系的自由度就是原结构的独立结点线位移的数目。换句话说，为了使铰结体系成为几何不变而增加的链杆数就等于原结构的独立结点线位移的数目。

以图 13-33a 所示刚架为例，为确定独立结点线位移的数目，可把所有刚结点(包括固定支座)都改为铰结点，得到图 13-33b 所示的铰结杆件体系，该体系必须添加两根链杆后，才能由几何可变成为几何不变，如图 13-33c 所示。由此可知，图 13-33a 所示刚架有两个独立结点线位移。

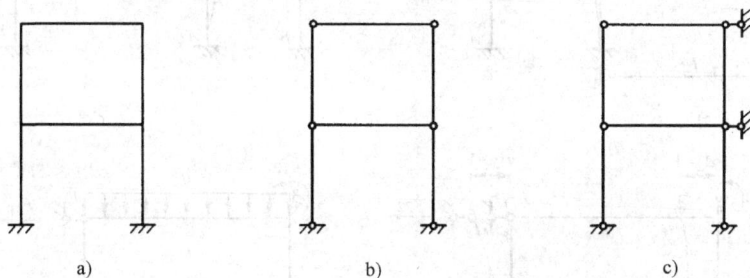

图 13-33 独立结点线位移的确定方法

总括起来说，用位移法计算刚架时，基本未知量包括结点角位移和独立结点线位移。结点角位移的数目等于结构刚结点的数目；独立结点线位移的数目等于将刚结点改为铰结点后得到的铰结体系的自由度数目。

在确定基本未知量时，由于既保证了刚结点各杆杆端转角彼此相等，又保证了各杆杆端距离保持不变。因此，在将分解的杆件再综合为结构的过程中，能够保证各杆杆端位移彼此协调，因此能够满足变形连续条件。

由以上讨论可知，在原结构基本未知量处，增加相应的约束，就得到原结构的基本体系。对于结点角位移，增加控制转动的约束，即附加刚臂；对于结点线位移，则增加控制结点线位移的约束，即附加链杆。这两种约束的作用是相互独立的。因此，基本体系与原结构的区别在于，增加了人为的约束，把原结构变成一个被约束的单杆综合体。

13. 6. 3　位移法典型方程

根据上述基本原理，现以图 13-34a 所示刚架说明位移法方程的建立，再进一步推及具有多个基本未知量的结构，从而建立位移法方程的典型形式。为使位移法方程的表达式具有一般性，将基本未知量(角位移和独立结点线位移)统一

用 Δ 表示。

图 13-34a 所示刚架具有两个基本未知量，即结点 C 的角位移 Δ_1 和结点 D 的线位移 Δ_2，Δ_1 的方向假定是顺时针方向，Δ_2 的方向假定是向右的。在结点 C 施加控制转动的附加刚臂，为约束 1；在结点 D 加一控制水平线位移的约束——附加链杆，为约束 2。得到如图 13-34b 所示的基本体系。下面利用叠加原理建立位移法方程。

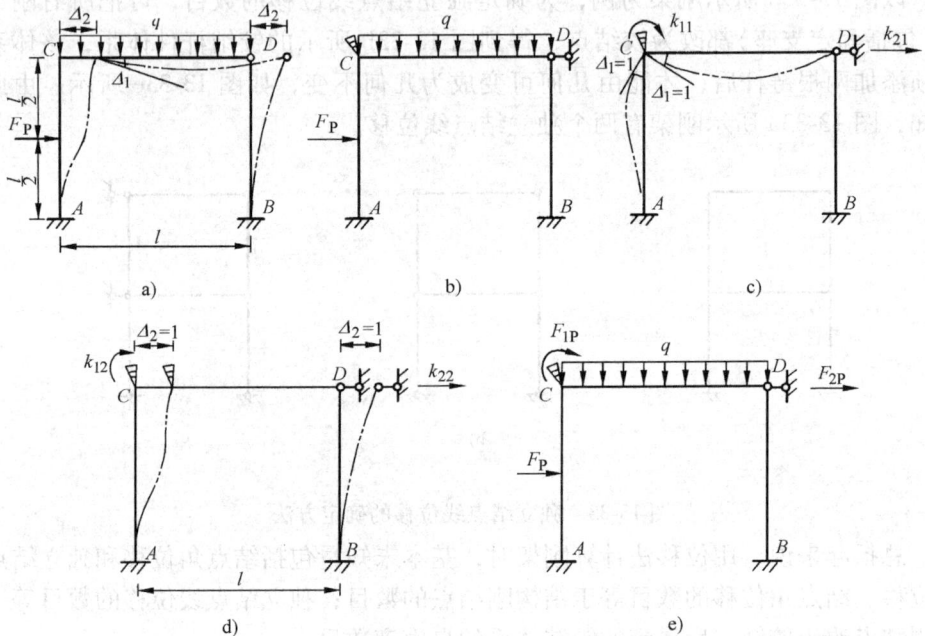

图 13-34 两个基本未知量的刚架

1）基本结构在 Δ_1 单独作用时的计算（见图 13-34c） 使基本结构在结点 C 发生结点位移 Δ_1，但结点 D 仍被锁住。这时，可求出基本结构在杆件 CA 和 CD 的杆端力，以及在两个约束中分别存在的约束力矩 F_{11} 和约束力 F_{21}。

2）基本结构在 Δ_2 单独作用时的计算（见图 13-34d） 使基本结构在结点 D 发生结点位移 Δ_2，但结点 C 仍被锁住。这时可求出基本结构在杆件 AC 和 BD 的杆端力，以及在两个约束中分别存在的约束力矩 F_{12} 和约束力 F_{22}。

3）基本结构在荷载单独作用时的计算（见图 13-34e） 先求出各杆的固端力，然后求约束中存在的约束力矩 F_{1P} 和约束力 F_{2P}。

叠加以上结果，得基本体系在荷载和结点位移 Δ_1、Δ_2 共同作用下的结果。这时基本体系已转化为原结构，虽然在形式上还有约束，但实际上已不起作用，即附加约束中的总约束力应等于零

$$F_1 = 0 \atop F_2 = 0 \Big\} \tag{13-11c}$$

即

$$F_{11} + F_{12} + F_{1P} = 0 \atop F_{21} + F_{22} + F_{2P} = 0 \Big\} \tag{13-11d}$$

式中 F_{11}、F_{21}——基本结构在结点位移 Δ_1 单独作用($\Delta_2 = 0$)时，在附加约束
1 和 2 中产生的约束力矩和约束反力；

F_{12}、F_{22}——基本结构在结点位移 Δ_2 单独作用($\Delta_1 = 0$)时，在附加约束 1
和 2 中产生的约束力矩和约束反力；

F_{1P}、F_{2P}——基本结构在荷载单独作用($\Delta_1 = 0, \Delta_2 = 0$)时在附加约束 1 和 2
中产生的约束力矩和约束反力。

利用叠加原理，可将 F_{11}、F_{21} 等表示为与 Δ_1、Δ_2 有关的量，将式(13-11d)
展开表示为

$$k_{11}\Delta_1 + k_{12}\Delta_2 + F_{1P} = 0 \atop k_{21}\Delta_1 + k_{22}\Delta_2 + F_{2P} = 0 \Big\} \tag{13-12}$$

式中 k_{11}、k_{21}——基本结构在单位结点位移 $\Delta_1 = 1$ 单独作用($\Delta_2 = 0$)时，在
附加约束 1 和 2 中产生的约束力矩和约束力；

k_{12}、k_{22}——基本结构在单位结点位移 $\Delta_2 = 1$ 单独作用($\Delta_1 = 0$)时，在附加
约束 1 和 2 中产生的约束力矩和约束力。

式(13-12)就是具有两个基本未知量的位移法方程，由此可求出基本未知量
Δ_1 和 Δ_2。

对于具有 n 个基本未知量的结构，仍然应用上述思路作同样的分析，并根据
每一附加约束内总的反力矩或总的反力都应等于零的条件，可得位移法的典型方
程如下

$$\begin{aligned} k_{11}\Delta_1 + k_{12}\Delta_2 + \cdots + k_{1n}\Delta_n + F_{1P} &= 0 \\ k_{21}\Delta_1 + k_{22}\Delta_2 + \cdots + k_{2n}\Delta_n + F_{2P} &= 0 \\ &\cdots \\ k_{n1}\Delta_1 + k_{n2}\Delta_2 + \cdots + k_{nn}\Delta_n + F_{nP} &= 0 \end{aligned} \Bigg\} \tag{13-13}$$

式中 k_{ii}——基本结构在单位结点位移 $\Delta_i = 1$ 单独作用(其他结点位移 $\Delta_i = 0$)
时，在附加约束 i 中产生的约束力($i = 1, 2, \cdots, n$)；

k_{ij}——基本结构在单位结点位移 $\Delta_j = 1$ 单独作用(其他结点位移 $\Delta_j = 0$)时，在
附加约束 i 中产生的约束力($i = 1, 2, \cdots, n; j = 1, 2, \cdots, n, i \neq j$)；

F_{iP}——基本结构在荷载单独作用(结点位移 $\Delta_1、\Delta_2、\cdots、\Delta_n$ 都锁住)时，在

附加约束 i 中产生的约束力（$i=1、2、\cdots、n$）。

式（13-13）中的每一方程表示：基本体系中与每一基本未知量相应的附加约束处约束反力等于零的平衡条件。具有 n 个基本未知量的结构，基本体系就有 n 个附加约束，也就有 n 个附加约束处的平衡条件，即 n 个平衡方程。显然，可由 n 个平衡方程解出 n 个基本未知量。

在建立位移法方程时，基本未知量 Δ_1、Δ_2、$\cdots$、Δ_n 均假设为正号，即假设结点角位移为顺时针转向，结点线位移使杆产生顺时针转动。计算结果为正时，说明 Δ_1、Δ_2、$\cdots$、Δ_n 的方向与所设方向一致；计算结果为负时，说明 Δ_1、Δ_2、$\cdots$、Δ_n 的方向与所设方向相反。

式（13-13）中处于主对角线上的系数 k_{ii} 称为主系数，其值恒大于零；处于主对角线两侧的 k_{ij}，称为副系数，其值可大于零，可小于零，或等于零；F_{iP} 称为自由项，其值可大于零，可小于零，或等于零。主系数和副系数也称为结构的刚度系数，由反力互等定理式（12-27）可知

$$k_{ij}=k_{ji}$$

由此可减少副系数的计算工作量。

为了求得典型方程中的系数和自由项，需分别绘出基本结构中由于单位位移引起的单位弯矩图 $\overline{M}_i$ 和由于外荷载引起的 M_P 图。由于基本结构的各杆都是单跨超静定梁，其弯矩图可利用表 13-1 进行绘制。绘出 $\overline{M}_i$ 和 M_P 图后，即可利用静力平衡条件求出各系数和自由项。它们可分为两类：

1）代表附加刚臂上的反力矩，可取结点为隔离体，利用 $\sum M=0$ 的条件求出；

2）代表附加链杆上的反力，可作一截面截取结构的某一部分为隔离体，再利用平衡条 $\sum F_x=0$ 或 $\sum F_y=0$ 进行计算。

系数和自由项确定后，代入典型方程就可解出各个基本未知量，然后再按叠加原理作原结构的最后弯矩图。

13.7　位移法计算举例

现通过例题说明如何应用位移法计算无侧移刚架和有侧移刚架。

例 13-5　用位移法计算图 13-35a 所示无侧移刚架的内力图。

解：（1）确定基本未知量和基本体系

此刚架无结点线位移，故称为无侧移刚架。有两个刚结点 D 和 E，基本未知量为结点 D 和 E 的转角 Δ_1、Δ_2，在结点 D 和 E 处分别加上附加刚臂，得到基本体系如图 13-35b 所示。

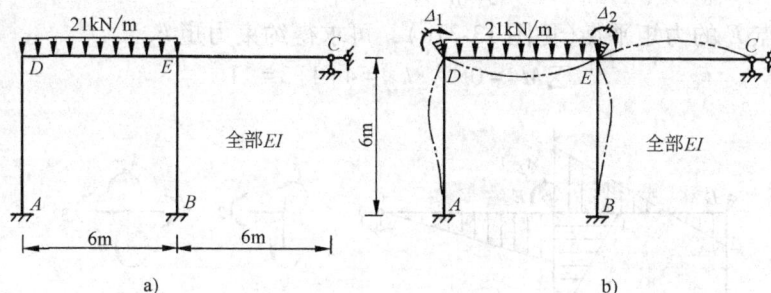

图 13-35　例 13-5 图

（2）列位移法方程

$$k_{11}\Delta_1 + k_{12}\Delta_2 + F_{1P} = 0$$
$$k_{21}\Delta_1 + k_{22}\Delta_2 + F_{2P} = 0$$

（3）计算系数和自由项

由于超静定结构的内力只与各杆刚度的比值有关，因此，可设 $EI = 6$，则

$$i_{AD} = i_{DE} = i_{EB} = i_{EC} = \frac{EI}{l} = \frac{6}{6} = 1$$

1）基本结构在单位转角 $\Delta_1 = 1$ 单独作用（$\Delta_2 = 0$）下的计算。利用表 13-1 可绘出基本结构的 $\overline{M}_1$ 图，如图 13-36a 所示。

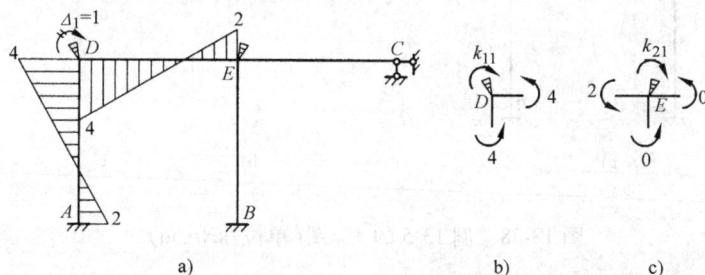

图 13-36　例 13-5 的 $\overline{M}_1$ 图

由结点 D 的力矩平衡（见图 13-36b），可求得约束力矩 k_{11}

$$\sum M_D = 0 \qquad k_{11} = 4 + 4 = 8$$

由结点 E 的力矩平衡（见图 13-36c），可求得约束力矩 k_{21}

$$\sum M_E = 0 \qquad k_{21} = 2$$

2）基本结构在单位转角 $\Delta_2 = 1$ 单独作用（$\Delta_1 = 0$）下的计算。利用表 13-1 可绘出基本结构的 $\overline{M}_2$ 图，如图 13-37a 所示。

由结点 D 的力矩平衡（见图 13-37b），可求得约束力矩 k_{12}

$$\sum M_D = 0 \qquad k_{12} = 2$$

由结点 E 的力矩平衡（见图 13-37c），可求得约束力矩 k_{22}

$$\sum M_E = 0 \qquad k_{22} = 4 + 4 + 3 = 11$$

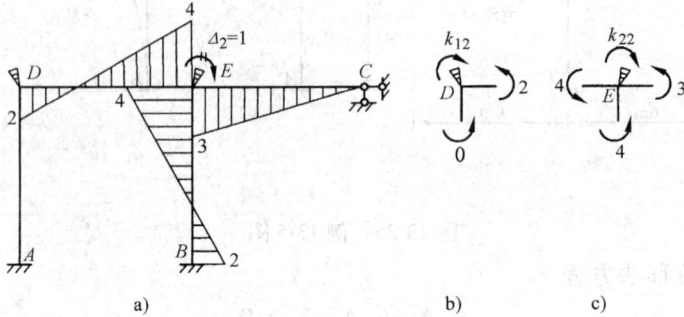

图 13-37　例 13-5 的 $\overline{M}_2$ 图

3）基本结构在荷载单独作用（$\Delta_1 = 0$、$\Delta_2 = 0$）下的计算。利用表 13-1 可计算各杆固端弯矩，并可绘出基本结构的 M_P 图，如图 13-38a 所示。

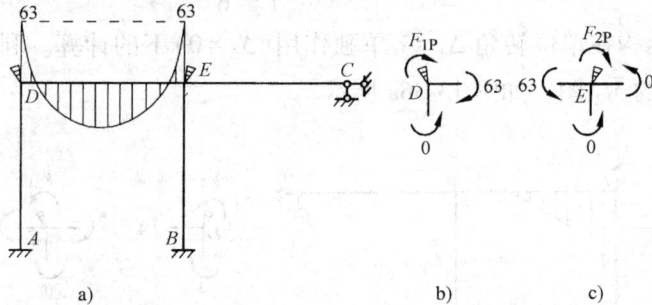

图 13-38　例 13-5 的 M_P 图（单位：kN·m）

由结点 D 的力矩平衡（见图 13-38b），可求得约束力矩 F_{1P}

$$\sum M_D = 0 \qquad F_{1P} + 63 = 0 \qquad F_{1P} = -63 \text{kN·m}$$

由结点 E 的力矩平衡（见图 13-38c），可求得约束力矩 F_{2P}

$$\sum M_E = 0 \qquad F_{2P} - 63 = 0 \qquad F_{2P} = 63 \text{kN·m}$$

（4）解位移法方程，求基本未知量

将各系数和自由项代入位移法方程，有

$$8\Delta_1 + 2\Delta_2 - 63 = 0$$

$$2\Delta_1 + 11\Delta_2 + 63 = 0$$

解此联立方程得

$$\Delta_1 = \frac{39}{4} \qquad \Delta_2 = -\frac{15}{2}$$

（5）作内力图

1）作弯矩图

利用叠加公式：$M = \overline{M}_1 \Delta_1 + \overline{M}_2 \Delta_2 + M_P$，可得杆端弯矩值

$$M_{AD} = 2\Delta_1 = \left(2 \times \frac{39}{4}\right) \text{kN} \cdot \text{m} = 19.5 \text{kN} \cdot \text{m}$$

$$M_{DA} = 4\Delta_1 = \left(4 \times \frac{39}{4}\right) \text{kN} \cdot \text{m} = 39 \text{kN} \cdot \text{m}$$

$$M_{BE} = 2\Delta_2 = \left[2 \times \left(-\frac{15}{2}\right)\right] \text{kN} \cdot \text{m} = -15 \text{kN} \cdot \text{m}$$

$$M_{EB} = 4\Delta_2 = \left[4 \times \left(-\frac{15}{2}\right)\right] \text{kN} \cdot \text{m} = -30 \text{kN} \cdot \text{m}$$

$$M_{EC} = 3\Delta_2 = \left[3 \times \left(-\frac{15}{2}\right)\right] \text{kN} \cdot \text{m} = -22.5 \text{kN} \cdot \text{m}$$

$$M_{DE} = 4\Delta_1 + 2\Delta_2 - 63 = \left[4 \times \frac{39}{4} + 2 \times \left(-\frac{15}{2}\right) - 63\right] \text{kN} \cdot \text{m} = -39 \text{kN} \cdot \text{m}$$

$$M_{ED} = 2\Delta_1 + 4\Delta_2 + 63 = \left[2 \times \frac{39}{4} + 4 \times \left(-\frac{15}{2}\right) + 63\right] \text{kN} \cdot \text{m} = 52.5 \text{kN} \cdot \text{m}$$

由此绘制原结构的最后弯矩图，如图 13-39a 所示。

2）作剪力图和轴力图

分别取杆件 *AD*、*DE*、*EB*、*EC* 为隔离体，建立平衡方程，计算各杆杆端剪力。剪力图如图 13-39b 所示。

分别取结点 *D*、*E* 为隔离体，建立平衡方程，计算各杆杆端轴力。轴力图如图 13-39c 所示。

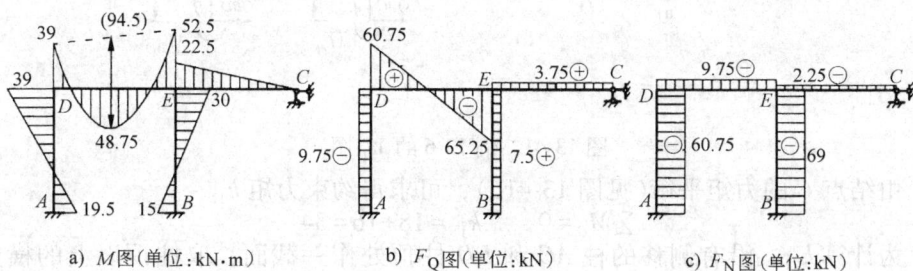

a) *M* 图（单位：kN·m）　　b) F_Q 图（单位：kN）　　c) F_N 图（单位：kN）

图 13-39　例 13-5 的内力图

例 13-6　用位移法计算图 13-40a 所示有侧移刚架的弯矩图。

解：（1）确定基本未知量和基本体系

此刚架有两个基本未知量，刚结点 C 的角位移 Δ_1 和结点 D 处的线位移 Δ_2，在刚结点 C 处加上附加刚臂，为约束 1；在结点 D 处加上附加链杆，为约束 2。得到基本体系如图 13-40b 所示。

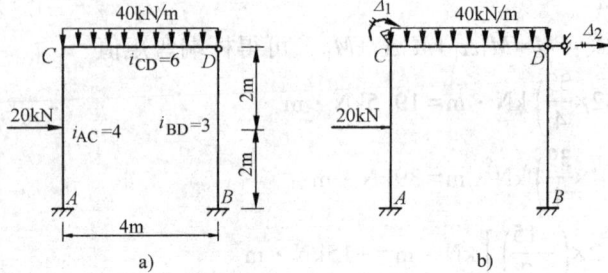

图 13-40 例 13-6 图

（2）列位移法方程

$$k_{11}\Delta_1 + k_{12}\Delta_2 + F_{1P} = 0$$
$$k_{21}\Delta_1 + k_{22}\Delta_2 + F_{2P} = 0$$

（3）计算系数和自由项

1）基本结构在单位转角 $\Delta_1 = 1$ 单独作用（$\Delta_2 = 0$）下的计算。利用表 13-1 可绘出基本结构的 $\overline{M}_1$ 图，如图 13-41a 所示。

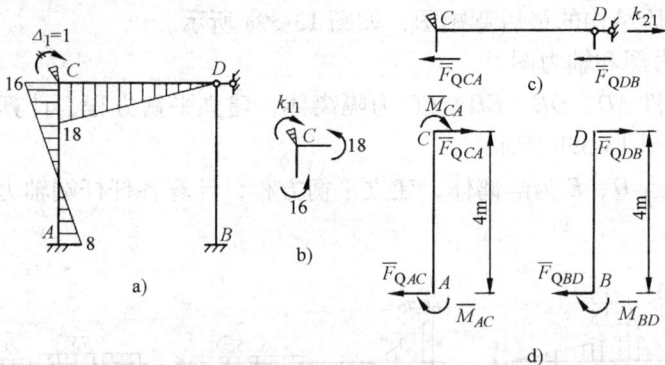

图 13-41 例 13-6 的 $\overline{M}_1$ 图

由结点 C 的力矩平衡（见图 13-41b），可求得约束力矩 k_{11}

$$\sum M_C = 0 \qquad k_{11} = 18 + 16 = 34$$

为计算 k_{21}，沿有侧移的柱 AC 和 BD 柱顶处作一截面，取柱顶以上的横梁 CD 为隔离体（见图 13-41c），建立水平投影方程

$$\sum F_x = 0 \qquad \overline{F}_{QCA} + \overline{F}_{QDB} = k_{21} \qquad\qquad (\text{a})$$

再建立以柱 AC、BD 为隔离体（见图 13-41d）的平衡方程计算 $\overline{F}_{QCA}$、$\overline{F}_{QDB}$。

柱 AC：

$$\sum M_A = 0 \qquad \overline{F}_{QCA} \times 4 + \overline{M}_{CA} + \overline{M}_{AC} = 0$$

$$\overline{F}_{QCA} = -\frac{(\overline{M}_{CA} + \overline{M}_{AC})}{4} = -\frac{(16+8)}{4} = -6$$

柱 BD：

$$\sum M_B = 0 \qquad \overline{F}_{QDB} \times 4 + \overline{M}_{BD} = 0 \qquad \overline{F}_{QDB} = 0$$

将 $\overline{F}_{QCA}$、$\overline{F}_{QDB}$ 代入式本题(a)，得

$$k_{21} = -6$$

2）基本结构在单位线位移 $\Delta_2 = 1$ 单独作用（$\Delta_1 = 0$）下的计算。利用表 13-1 可绘出基本结构的 $\overline{M}_2$ 图，如图 13-42a 所示。

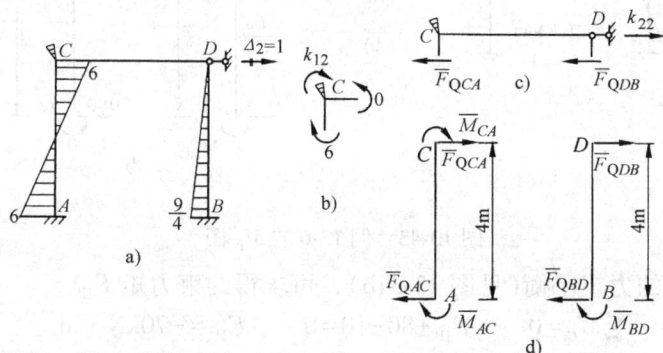

图 13-42　例 13-6 的 $\overline{M}_2$ 图

由结点 C 的力矩平衡（见图 13-42b），可求得约束力矩 k_{12}

$$\sum M_C = 0 \qquad k_{12} + 6 = 0 \qquad k_{12} = -6$$

同理，取柱顶以上的横梁 CD 为隔离体（见图 13-42c），建立水平投影方程，可求 k_{22}

$$\sum F_x = 0 \qquad \overline{F}_{QCA} + \overline{F}_{QDB} = k_{22} \qquad\qquad (b)$$

建立以柱 AC、BD 为隔离体（见图 13-42d）计算 $\overline{F}_{QCA}$、$\overline{F}_{QDB}$

$$\overline{F}_{QCA} = -\frac{(\overline{M}_{CA} + \overline{M}_{AC})}{4} = -\frac{(-6-6)}{4} = 3$$

$$\overline{F}_{QDB} = -\frac{\overline{M}_{BD}}{4} = -\frac{\left(-\dfrac{9}{4}\right)}{4} = \frac{9}{16}$$

将 $\overline{F}_{QCA}$、$\overline{F}_{QDB}$ 代入本题式(b)，得

$$3 + \frac{9}{16} = k_{22} \qquad k_{22} = \frac{57}{16}$$

3）基本结构在荷载单独作用（$\Delta_1 = 0$、$\Delta_2 = 0$）下的计算。利用表 13-1 可计算

各杆固端弯矩，并可绘出基本结构的 M_P 图，如图 13-43a 所示。

$$M_{AC}^F = -M_{CA}^F = -\frac{1}{8}F_P l = -\left(\frac{20 \times 4}{8}\right) \text{kN} \cdot \text{m} = -10 \text{kN} \cdot \text{m}$$

$$M_{CD}^F = -\frac{1}{8}ql^2 = -\left(\frac{40 \times 4^2}{8}\right) \text{kN} \cdot \text{m} = -80 \text{kN} \cdot \text{m}$$

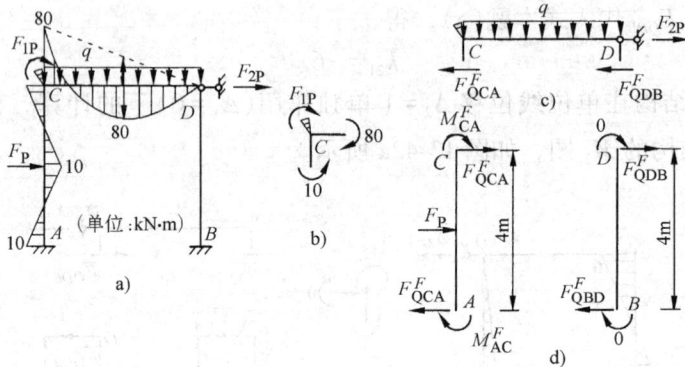

图 13-43　例 13-6 的 M_P 图

由结点 D 的力矩平衡（见图 13-34b），可求得约束力矩 F_{1P}

$$\sum M_C = 0 \qquad F_{1P} + 80 - 10 = 0 \qquad F_{1P} = -70 \text{kN} \cdot \text{m}$$

以柱顶以上的横梁 CD 为隔离体（图 13-43c），建立水平投影方程

$$\sum F_x = 0 \qquad F_{QCA}^F + F_{QDB}^F = F_{2P} \tag{c}$$

$$F_{QCA}^F = -\frac{M_{CA}^F + M_{AC}^F + F_P \times 2}{4} = -\left(\frac{10 - 10 + 20 \times 2}{4}\right) \text{kN} = -10 \text{kN} \qquad F_{QDB}^F = 0$$

将 F_{QCA}^F、F_{QDB}^F 代入本题式（c），得

$$F_{2P} = -10 \text{kN}$$

（4）解位移法方程，求基本未知量

将各系数和自由项代入位移法方程，有

$$34\Delta_1 - 6\Delta_2 - 70 = 0$$

$$-6\Delta_1 + \frac{57}{16}\Delta_2 - 10 = 0$$

解此联立方程得

$$\Delta_1 = 3.63 \qquad \Delta_2 = 8.93$$

（5）作弯矩图

利用叠加公式：$M = \bar{M}_1 \Delta_1 + \bar{M}_2 \Delta_2 + M_P$，可得杆端弯矩值

$$M_{AC} = 8\Delta_1 - 6\Delta_2 + M_{AC}^F = (8 \times 3.63 - 6 \times 8.93 - 10) \text{kN} \cdot \text{m} = -34.5 \text{kN} \cdot \text{m}$$

$$M_{CA} = 16\Delta_1 - 6\Delta_2 + M_{CA}^F = (16 \times 3.63 - 6 \times 8.93 + 10) \text{kN} \cdot \text{m} = 14.5 \text{kN} \cdot \text{m}$$

$$M_{BD} = -\frac{9}{4}\Delta_2 = -\left(\frac{9}{4}\times 8.93\right) \text{kN} \cdot \text{m} = -20.1 \text{kN} \cdot \text{m}$$

$$M_{CD} = 18\Delta_1 + M_{CD}^F = (18\times 3.63 - 80) \text{kN} \cdot \text{m} = -14.5 \text{kN} \cdot \text{m}$$

由此绘制原结构的最后弯矩图，如图 13-44 所示。

例 13-7　用位移法作图 13-45a 所示对称刚架的弯矩图。

解：（1）确定基本未知量和基本体系

图 13-45a 所示刚架有三个结点位移，两个结点角位移和一个结点线位移。但此刚架是对称刚架，在对称荷载作用下，可取半边结构进行计算，计算简图如图 13-45b 所示，此半边结构只有一个刚结点 C 的转角位移 Δ_1。故用位移法求解方便，基本未知量为结点 C 的角位移 Δ_1，在结点 C 处加上附加刚臂，得到基本体系如图 13-45c 所示。

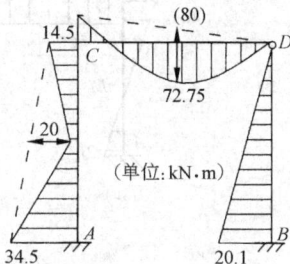

图 13-44　例 13-6 的 M 图

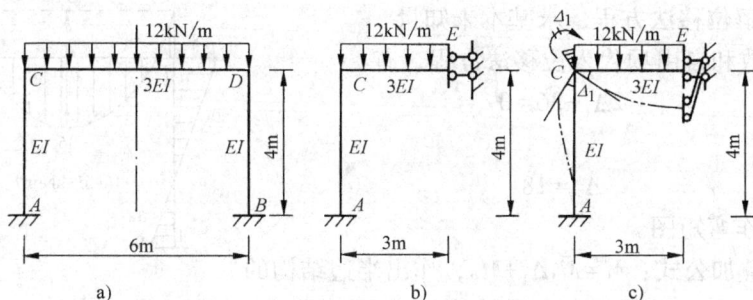

图 13-45　例 13-7 图

（2）列位移法方程

$$k_{11}\Delta_1 + F_{1P} = 0$$

（3）计算系数和自由项

1）基本结构在单位转角 $\Delta_1 = 1$ 单独作用下的计算。利用表 13-1 可绘出基本结构的 $\overline{M}_1$ 图，如图 13-46a 所示，由结点 C 的力矩平衡条件（见图 13-46b），可求得约束力矩 k_{11}（令 $EI = 1$）

$$k_{11} = 4i_{CA} + i_{CE} = 4\frac{EI}{4} + \frac{3EI}{3} = 2$$

2）基本结构在荷载单独作用下的计算。利用表 13-1 可计算各杆固端弯矩，并可绘出基本结构的 M_P 图，如图 13-46c 所示。

$$M_{CE}^F = -\frac{1}{3}ql^2 = -\left(\frac{1}{3}\times 12\times 3^2\right) \text{kN} \cdot \text{m} = -36 \text{kN} \cdot \text{m}$$

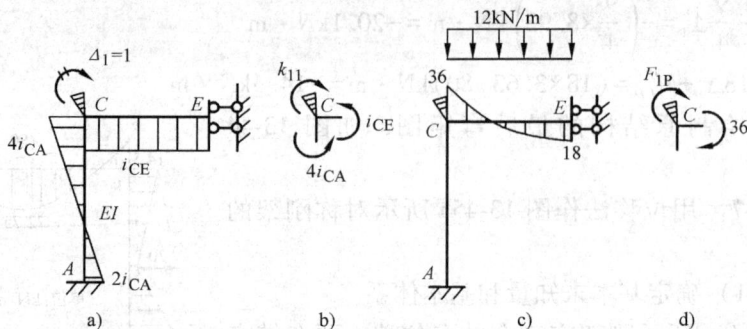

图 13-46　例 13-7 中半边结构的 $\overline{M}_1$、M_P 图

$$M_{EC}^F = -\frac{1}{6}ql^2 = -\left(\frac{1}{6}\times12\times3^2\right)\text{kN}\cdot\text{m} = -18\text{kN}\cdot\text{m}$$

由结点 C 的力矩平衡条件（见图 13-46d），可求得约束力矩 F_{1P}

$$F_{1P} = -36\text{kN}\cdot\text{m}$$

（4）解位移法方程，求基本未知量

将系数和自由项代入位移法方程，有

$$2\Delta_1 - 36 = 0$$

所以

$$\Delta_1 = 18$$

（5）作弯矩图

利用叠加公式：$M = \overline{M}_1\Delta_1 + M_P$，作出半边结构的 M 图，另一半按对称画出，原结构的 M 图如图 13-47 所示。

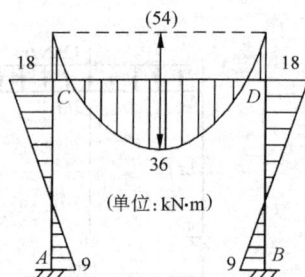

图 13-47　例 13-7 的弯矩图

例 13-8　利用对称性作图 13-48a 所示对称刚架的弯矩图。已知：EI = 常数，$q = 60\text{kN/m}$。

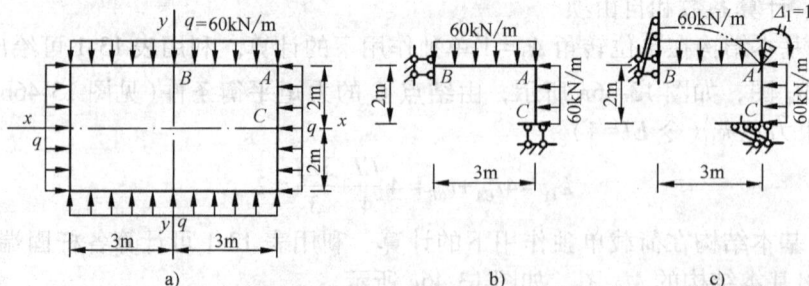

图 13-48　例 13-8 图

解：（1）确定基本未知量和基本体系

图 13-48a 所示结构为一封闭的矩形框，有四个结点位移，但此结构关于 x—x 轴和 y—y 轴均对称。在对称荷载作用下，可取 1/4 结构进行计算，计算简图如图 13-48b 所示，此 1/4 结构只有一个刚结点 A 的转角位移 Δ_1。所以，用位移法求解方便。在结点 A 处加上附加刚臂，得到基本体系如图 13-48c 所示。

（2）列位移法方程

$$k_{11}\Delta_1 + F_{1P} = 0$$

（3）计算系数和自由项

1）基本结构在单位转角 $\Delta_1 = 1$ 单独作用下的计算。利用表 13-1 可绘出基本结构的 $\overline{M}_1$ 图，如图 13-49a 所示，由结点 C 的力矩平衡条件（见图 13-49b），可求得约束力矩 k_{11}（令 $EI = 1$）为

$$k_{11} = i_{AB} + i_{AC} = \frac{EI}{3} + \frac{EI}{2} = \frac{1}{3} + \frac{1}{2} = \frac{5}{6}$$

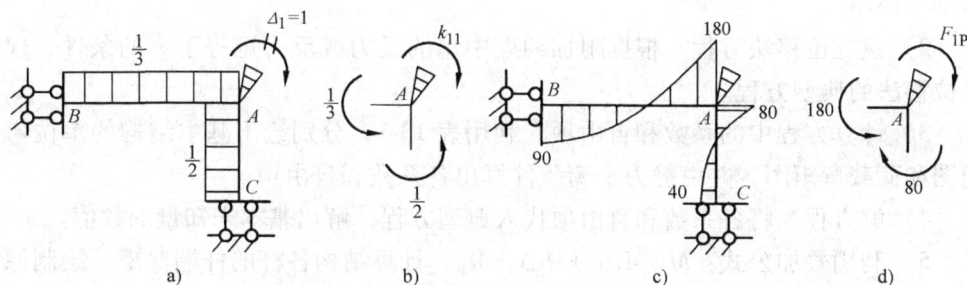

图 13-49　例 13-8 $\frac{1}{4}$ 结构的 $\overline{M}_1$、M_P 图

2）基本结构在荷载单独作用下的计算。利用表 13-1 可计算各杆固端弯矩，并可绘出基本结构的 M_P 图，如图 13-49c 所示。

$$M^F_{AB} = \frac{1}{3}ql^2 = \left(\frac{1}{3}\times 60\times 3^2\right) \text{kN}\cdot\text{m} = 180\text{kN}\cdot\text{m}$$

$$M^F_{BA} = \frac{1}{6}ql^2 = \left(\frac{1}{6}\times 60\times 3^2\right) \text{kN}\cdot\text{m} = 90\text{kN}\cdot\text{m}$$

$$M^F_{AC} = -\frac{1}{3}ql^2 = -\left(\frac{1}{3}\times 60\times 2^2\right) \text{kN}\cdot\text{m} = -80\text{kN}\cdot\text{m}$$

$$M^F_{CA} = -\frac{1}{6}ql^2 = -\left(\frac{1}{6}\times 60\times 2^2\right) \text{kN}\cdot\text{m} = -40\text{kN}\cdot\text{m}$$

由结点 A 的力矩平衡条件（见图 13-49d），可求得约束力矩 F_{1P}

$$F_{1P} = (180 - 80)\text{kN}\cdot\text{m} = 100\text{kN}\cdot\text{m}$$

（4）解位移法方程，求基本未知量

将系数和自由项代入位移法方程，有

$$\frac{5}{6}\Delta_1 + 100 = 0$$

所以

$$\Delta_1 = -120$$

（5）作弯矩图。

利用叠加公式：$M = \overline{M}_1\Delta_1 + M_P$，作出 $\frac{1}{4}$ 结构的 M 图，然后根据对称性，画出原结构的 M 图，如图 13-50 所示。

图 13-50　例 13-8 的弯矩图

综上所述，用位移法计算超静定结构内力的步骤可简要归纳如下：

1）选取基本体系。确定基本未知量数目，相应地加上附加刚臂或链杆约束，从而得到位移法基本体系。

2）建立位移法方程。根据附加约束中总的反力或反力矩等于零的条件，建立位移法的典型方程。

3）计算方程中的系数和自由项。利用表 13-1，分别绘出基本结构的单位弯矩图和荷载弯矩图，并由静力平衡条件算出各系数和自由项。

4）解方程。将各系数和自由项代入典型方程，解出基本未知量的数值。

5）利用叠加公式：$M = \overline{M}_1\Delta_1 + \overline{M}_2\Delta_2 + M_P$，计算结构各杆的杆端弯矩，绘制原结构的最后弯矩图。利用平衡条件计算杆端剪力和轴力，作剪力图和轴力图。

6）校核。由于变形连续条件在选取基本未知量时已得到满足，因此，重点应校核平衡条件。

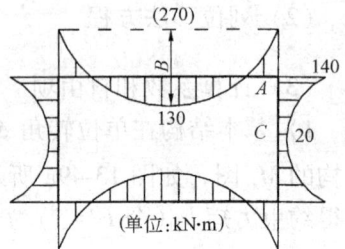

13.8　超静定结构的特性

与静定结构相比，超静定结构具有下列重要特性：

1）静定结构只有在荷载作用下才产生内力，其他外因不产生内力；超静定结构则除荷载外，其他任何因素，如温度改变、支座位移、制造误差、材料收缩等，都可能引起内力的产生。这是因为任何因素所引起的超静定结构的变形，在其发生的过程中会受到多余约束的作用，从而产生了相应的内力。

2）静定结构在任一约束被破坏后，即变成几何可变体系而失去承载能力；但超静定结构在多余约束被破坏后，仍能维持几何不变性，还具有一定的承载能力。因此，从抵抗突然破坏的角度看，超静定结构具有较强的防护能力。在设计防护结构及选择结构型式时，应考虑这一点。

3）局部荷载的作用，对超静定结构的影响范围一般比对静定结构的影响范围要大，内力的分布比在相应的静定结构中要均匀些，内力的峰值和结构的变形都要小些。如图 13-51 所示。

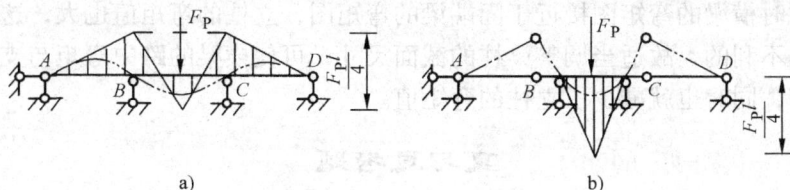

图 13-51 内力分布、峰值及变形的比较

4）对于超静定结构来说，约束作用越强，内力与变形的最大值也就越小，如图 13-52 所示为不同约束的三种单跨梁的最大挠度值。由图可知，在均布荷载作用下，简支梁的最大挠度为一端固定、另一端铰支梁的 2.4 倍，而为两端固定梁的 5 倍。可见超静定结构具有较强的刚度和稳定性。

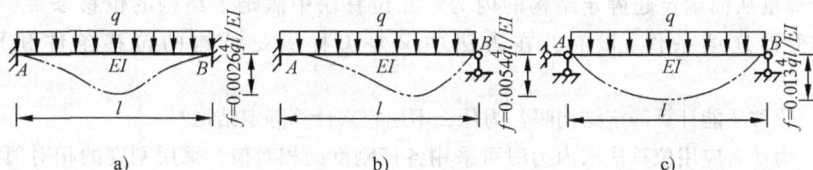

图 13-52 最大挠度的比较

5）在静定结构中，改变各杆的刚度比值，结构的内力分布没有任何改变。在超静定结构中，各杆刚度比值若有任何改变，都会使结构的内力重新分布。因此在设计超静定结构时，须事先假设截面尺寸才能求出内力，然后再根据内力来重新选择截面。也就是需要经过一个试算的过程，而静定结构则无此问题。另一方面，还可以利用超静定结构的这一特性，通过改变杆件刚度来达到调整内力状态的目的。如图 13-53a 所示为一门式刚架及其弯矩图。若增大横梁的截面尺寸

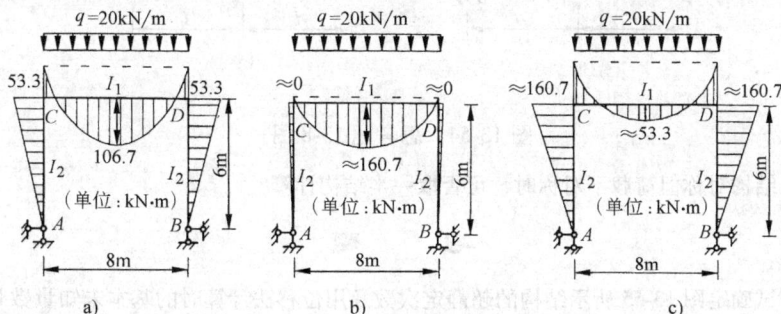

图 13-53 刚度改变时的内力变化

而减小立柱的截面尺寸，则弯矩图趋向于图 13-53b 所示情况，此时横梁的弯矩图接近于简支梁的弯矩图，跨中弯矩很大，这种内力状态是很不利的。反之，若增大立柱的截面尺寸而减小横梁的截面尺寸，则弯矩图将趋向于图 13-53c 所示情况，此时横梁的弯矩图接近于固端梁的弯矩图，立柱的弯矩值也大，这种内力状态也是不利的。故适当调整梁柱的截面尺寸，可使横梁的跨中弯矩与支座弯矩大致相等，同时也就减少了立柱的弯矩值。

复习思考题

13-1 为什么力法典型方程中主系数恒大于零，而副系数则可能为正值、负值或为零？

13-2 力法典型方程的右端是否一定为零？在什么情况下不为零？

13-3 为什么静定结构的内力状态与 EI 无关，而超静定结构的内力状态与 EI 有关？为什么在荷载作用下超静定梁和刚架的内力与各杆 EI 的相对值有关，而与其绝对值无关？

13-4 位移法的典型方程是平衡条件，那么在位移法中是否只用平衡条件就可以确定基本未知量从而确定超静定结构的内力？在位移法中满足了结构的位移条件（包括支承条件和变形连续条件）没有？在力法中又是怎样满足结构的位移条件和平衡条件的？

13-5 位移法能计算静定结构吗？为什么不用它来计算静定结构？

13-6 为什么应用位移法求内力时可采用各杆刚度的相对值？采用刚度的相对值所得到的解答 Δ_1、Δ_2 是真实的结点位移吗？由此得到的内力是真实的内力吗？

13-7 在位移法中，为什么铰支座处的角位移不选作基本未知量？

13-8 什么是对称结构？图 13-54a、b 所示结构是否对称？为什么？

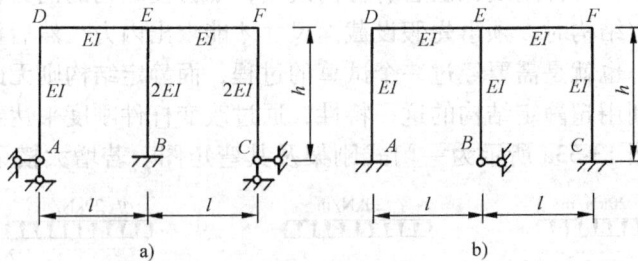

图 13-54 思考题 13-8 图

13-9 结构对称但荷载不对称时，可否取一半结构计算？

习 题

13-1 试确定图 13-55 所示结构的超静定次数及用位移法计算时的基本未知量数目，并分别画出力法及位移法的基本结构。

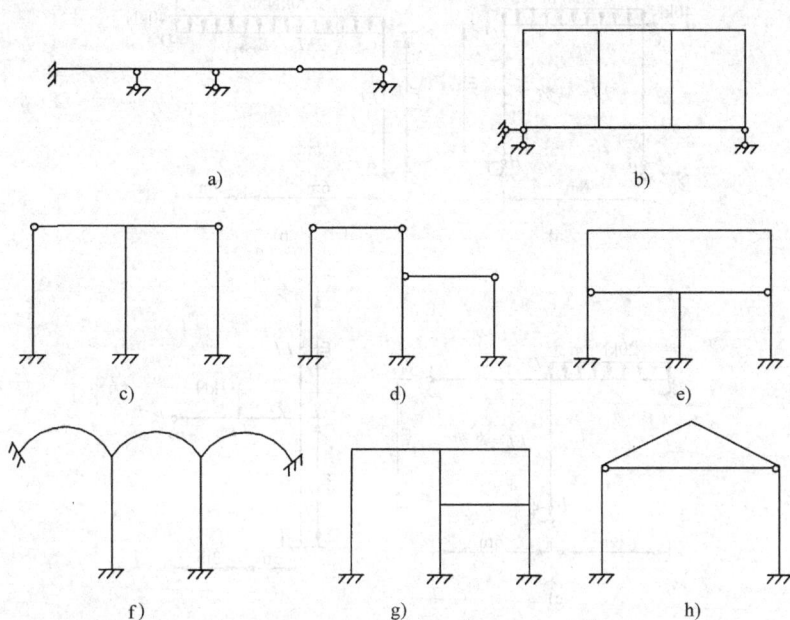

图 13-55　习题 13-1 图

13-2　用力法计算图 13-56 所示结构，并作 M、F_Q 图。

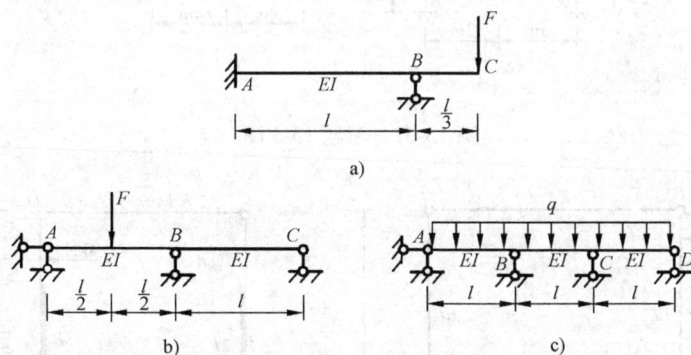

图 13-56　习题 13-2 图

13-3　用力法计算图 13-57 所示刚架，并作 M、F_Q、F_N 图。

13-4　用力法计算图 13-58 所示排架，并作 M 图。

13-5　用位移法作图 13-59 所示刚架的 M 图。

13-6　利用对称性，作图 13-60 所示刚架的 M 图。EI=常数。

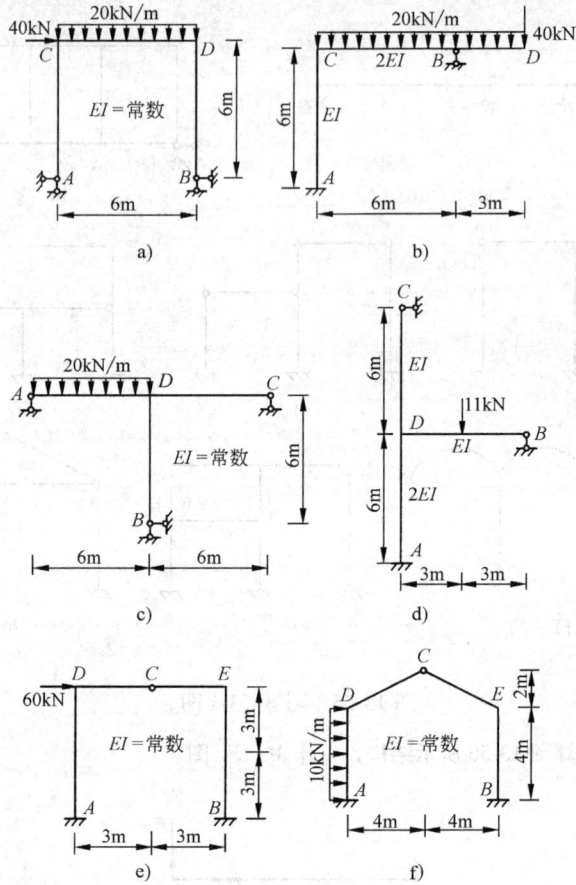

图 13-57 习题 13-3 图

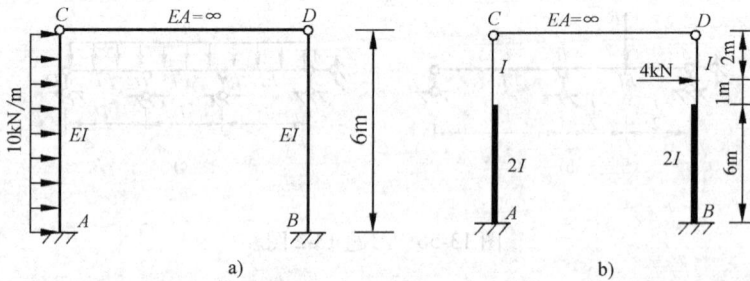

图 13-58 习题 13-4 图

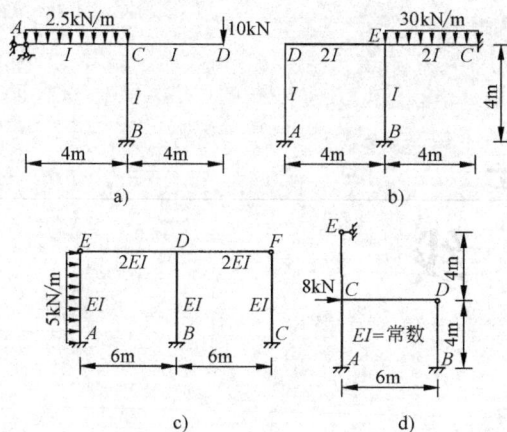

图 13-59　习题 13-5 图

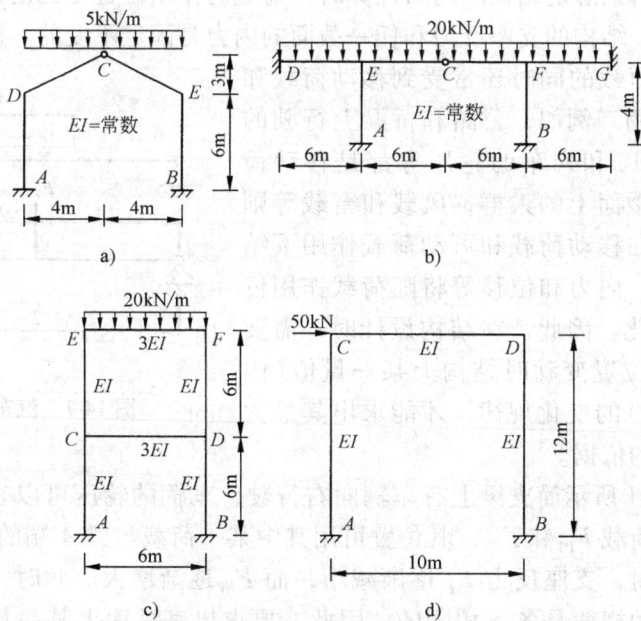

图 13-60　习题 13-6 图

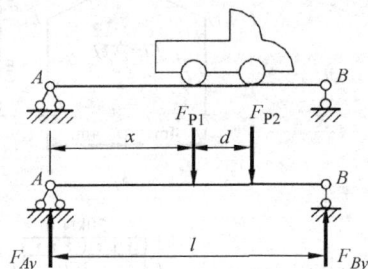

*第14章

影 响 线

14.1 影响线的概念

前面各章讨论静定结构的内力计算时，荷载的作用位置是固定不变的。在这种恒载作用下，结构的支座反力和任一截面的内力是固定不变的。但是，一般工程结构在承受恒载的同时还常受到移动荷载和可动荷载的作用。例如，公路和桥梁上行驶的汽车(见图 14-1)和列车的轮压等都是移动荷载；又如房屋楼面上的人群、风载和雪载等则是可动荷载。在移动荷载和可动荷载作用下结构的支座反力、内力和位移等将随荷载作用位置的不同而变化。因此，在结构设计时，需要研究荷载作用位置变动时结构上某一量值(内力、反力或位移)的变化规律，才能求出其最大值以作为设计的依据。

图 14-1 汽车荷载

例如图 14-1 所示简支梁上有车辆向右行驶，车辆的轮压可以表示为两个间距不变的竖向荷载 F_{P1} 和 F_{P2}，其位置可用其中某一荷载与梁 A 端的距离 x 表示。车辆向前行驶时，支座反力 F_{Ay} 逐渐减小，而 F_{By} 逐渐增大。此时，梁内不同截面处内力变化的规律是各不相同的。因此，要求出某截面上某一量值中的最大值，必须先确定产生这种最大值的荷载位置。这一位置称为该量值的**最不利荷载位置**。然后再求出相应的**最不利值**。

实际工程中移动荷载的种类很多，常见的是一组间距不变的平行荷载，我们不可能逐一进行研究。为此，可先研究竖向单位集中荷载 $F_P = 1$ 沿结构移动时，对某一量值的影响，即影响线问题。然后应用叠加原理，进而求得移动荷载组作用下的支座反力和内力并解决最不利荷载位置的确定问题。下面用简例说明影响线的概念。

图 14-2a 所示简支梁，当单位移动荷载 $F_P=1$ 在梁上移动时，研究支座反力 F_{By} 的变化规律。

取 A 点为坐标原点，以 x 表达单位移动荷载 $F_P=1$ 的作用位置。显然，当 $x=0$ 时，$F_{By}=0$；$x=l$ 时，$F_{By}=1$；当 x 在 A、B 之间变化时，由平衡方程 $\sum M_A=0$ 可求出

$$F_{By}=\frac{x}{l} \quad (0\leqslant x\leqslant l)$$

上式是 F_{By} 的影响线方程，于是，可以作出如图 14-2b 所示 F_{By} 的影响线，y 表示影响线的纵坐标。它形象地表明了支座反力 F_{By} 随单位荷载 $F_P=1$ 的移动而变化的规律：当荷载 $F_P=1$ 从 A 点开始，逐渐向 B 点移动时，支座反力 F_{By} 则相应地从零开始，逐渐增大，最后达到最大值 $F_{By}=1$。

图 14-2 影响线的概念

由此，我们引出影响线的定义如下：当一个指向不变的单位集中荷载 $F_P=1$ 沿结构移动时，表示结构上某一量值 S（称为**影响量**）变化规律的图形，就称为该量值的**影响线**。

绘制影响线图形时，规定将正值画在基线上方，负值画在基线下方，并标明正负号。由于 $F_P=1$ 无单位，因此，某量值 S 影响线纵坐标的单位等于 S 值的单位除以力的单位，如 F_{By} 的影响线的纵坐标无单位，即纯数。

影响线是研究移动荷载和可动荷载作用效应的基本工具。下面先讨论影响线的绘制方法，然后再讨论影响线的应用。

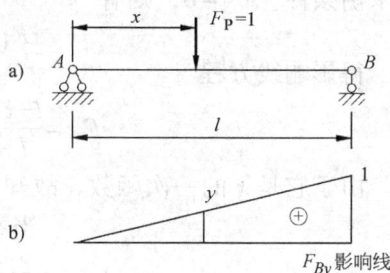

14.2 静力法作单跨静定梁的影响线

绘制影响线的基本方法有两种，即静力法和机动法。

用**静力法**绘制影响线，就是利用静力平衡条件首先列出某指定量值 S（代表某项内力或反力）随单位荷载 $F_P=1$ 作用位置的移动而变化的数学表达式，称为影响线方程，然后再按影响线方程作出量值 S 的影响线。

14.2.1 简支梁的影响线

1. 支座反力影响线

现以图 14-3a 所示简支梁为例，设要绘制支座反力 F_{Ay} 和 F_{By} 的影响线。可取 A 为坐标原点，x 轴向右为正，以坐标 x 表示荷载 $F_P=1$ 的位置。当 $F_P=1$ 在梁

上任意位置即$(0 \le x \le l)$时，取全梁为隔离体，并设反力方向以向上为正，由力矩平衡条件$\sum M_B = 0$，则有

$$F_{Ay}l - F_P(l-x) = 0$$

得影响线方程

$$F_{Ay} = \frac{l-x}{l}F_P = \frac{l-x}{l} \quad (0 \le x \le l)$$

由于它是x的一次函数，故知F_{Ay}的影响线是一段直线。只需定出两点：

$$当 x = 0, \quad F_{Ay} = 1$$
$$当 x = l, \quad F_{Ay} = 0$$

利用这两点的纵标便可绘出F_{Ay}的影响线如图14-3b所示。

为了绘制反力F_{By}的影响线，由$\sum M_A = 0$有

$$F_{By}l - F_Px = 0$$

得影响线方程

$$F_{By} = \frac{x}{l} \quad (0 \le x \le l)$$

由于它是x的一次函数，故知F_{By}的影响线是一段直线。只需定出两点：

$$当 x = 0, \quad F_{By} = 0$$
$$当 x = l, \quad F_{By} = 1$$

利用这两点的纵标便可绘出F_{By}的影响线如图14-3c所示。

计算可知，由于荷载$F_P = 1$量纲为1，所以反力影响线的量纲也为1。

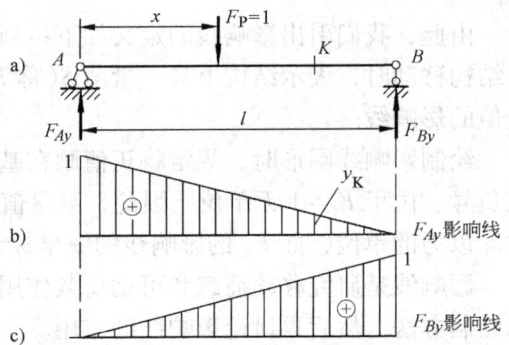

图 14-3 简支梁的反力影响线

2. 弯矩影响线

设要绘制梁截面C处的弯矩影响线。如图14-4a所示，仍取A为原点，以坐标x表示荷载$F_P = 1$的位置。当$F_P = 1$在截面C以左的梁段AC上移动时，即令$0 \le x \le a$，为计算简便，可取截面C以右部分为隔离体，并设弯矩以使梁下边纤维受拉为正，由CB段平衡条件$\sum M_C = 0$，可得

$$M_C = F_{By}b = \frac{x}{l}b \quad (0 \le x \le a)$$

故知M_C的影响线在截面C以左部分是一段直线。只需定出两点：

$$当 x = 0, \quad M_C = 0$$
$$当 x = a, \quad M_C = \frac{ab}{l}$$

于是可绘出当 $F_P = 1$ 在截面 C 以左的梁段上移动时 M_C 的影响线如图 14-4b 所示(左直线)。

当单位荷载 $F_P = 1$ 在截面 C 以右的梁段 CB 上移动时,即($a \le x \le l$),上面求得的影响线方程则不再适用。此时可取截面 C 以左部分为隔离体,由平衡条件 $\sum M_C = 0$,可得

$$M_C = F_{Ay} a = \frac{l-x}{l} a \quad (a \le x \le l)$$

可见 M_C 的影响线在截面 C 以右部分也是一段直线。

当 $x = a$, $\qquad M_C = \dfrac{ab}{l}$

当 $x = l$, $\qquad M_C = 0$

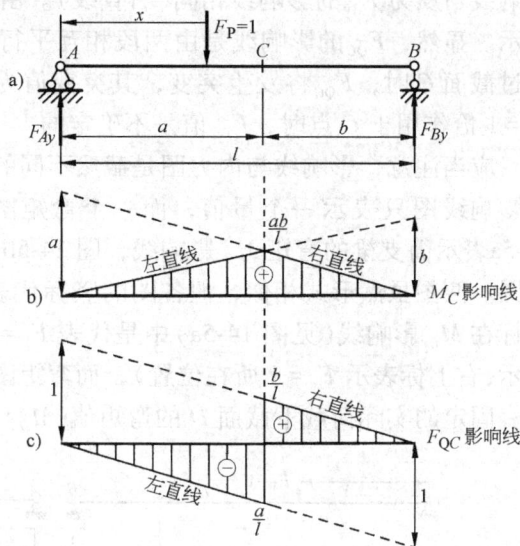

图 14-4 简支梁内力影响线

于是可绘出当 $F_P = 1$ 在截面 C 以右的梁段上移动时 M_C 的影响线如图 14-4b 所示(右直线)。

可见 M_C 的影响线在 C 点以左和以右对应不同的方程,它由两段直线组成,呈三角形,两直线的交点即三角形的顶点恰位于截面 C 处,其竖标可以利用上述影响线方程中的任一个求得,为 ab/l。我们常称截面 C 以左的直线为左直线,截面 C 以右的直线为右直线。弯矩影响线的量纲应为长度的量纲。

由上述 M_C 影响线方程还可看出,其左直线可由反力 F_{By} 影响线的竖标乘以 b 并取其 AC 段得到。右直线可由反力 F_{Ay} 影响线的竖标乘以 a 并取其 CB 段得到。这种利用已知量值的影响线来作其他量值的影响线的方法较为方便,以后会经常用到。

3. 剪力影响线

绘制梁截面 C 处的剪力影响线。设剪力以绕隔离体顺时针方向转动为正,当 $F_P = 1$ 在截面 C 以左移动时,取截面 C 以右部分为隔离体,由平衡条件 $\sum F_y = 0$ 可得

$$F_{QC} = -F_{By} = -\frac{x}{l} \quad (0 \le x \le a)$$

可见在 AC 段 F_{QC} 影响线只需将反力 F_{By} 的影响线反号便可得到(左直线)。

同理,当 $F_P = 1$ 在截面 C 以右移动时,取截面 C 以左部分为隔离体,F_{QC} 的

影响线与反力 F_{Ay} 的影响线相同(右直线)。由此可以作出 F_{QC} 的影响线如图14-4c所示。显然, F_{QC} 的影响线是由两段相互平行的直线组成的,当移动荷载 $F_P = 1$ 越过截面 C 时, F_{QC} 将发生突变,其突变值为1。剪力影响线的量纲为1。而当 $F_P = 1$ 恰作用于 C 点时, F_{QC} 值是不确定的。

应当注意,影响线与内力图是截然不同的,初学者容易把它们混淆起来。一个影响线图只表示一个量值,而一个弯矩图表示了各个截面的量值。例如图14-5a表示简支梁的弯矩 M_C 影响线,图 14-5b 表示荷载 $F_P = 1$ 作用于 C 点时的弯矩图。两图虽然形式相似,但各图的竖标代表的含义却截然不同。例如 D 点的竖标在 M_C 影响线(见图 14-5a)中是代表 $F_P = 1$ 作用于 D 点时 M_C 的大小(以 M_C^D 表示,右上标表示 $F_P = 1$ 所在位置),而弯矩图(见图 14-5b)中在 D 点的竖标则是代表固定的实际荷载下截面 D 的弯矩值(M_D)。

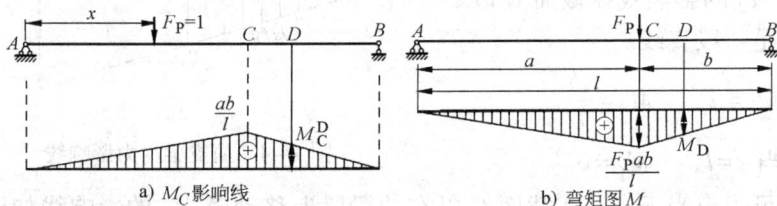

图 14-5 影响线与内力图的区别

14.2.2 外伸梁的影响线

1. 支座反力影响线

图 14-6a 所示外伸梁,设要绘制反力 F_{Ay} 和 F_{By} 的影响线。设反力以向上为正,取 A 为原点, x 轴向右为正,以坐标 x 表示荷载 $F_P = 1$ 的位置。由静力平衡条件分别求得支座反力 F_{Ay} 和 F_{By} 为

$$\left. \begin{aligned} \sum M_B = 0, \quad F_{Ay} = \frac{l-x}{l} \\ \sum M_A = 0, \quad F_{By} = \frac{x}{l} \end{aligned} \right\} \quad (-l_1 \leqslant x \leqslant l+l_2)$$

注意到当 $F_P = 1$ 位于 A 点以左时, x 为负值,故以上两方程在梁的全长范围内都是适用的。由于上面两式与简支梁的反力影响线方程完全相同,因此只需将简支梁的反力影响线向两个外伸部分延长,即得外伸梁的反力影响线,如图14-6b、c 所示。

2. AB 跨内弯矩和剪力的影响线

为求两支座间的任一指定截面 C 的弯矩和剪力影响线,可将它们表示为 F_{Ay}

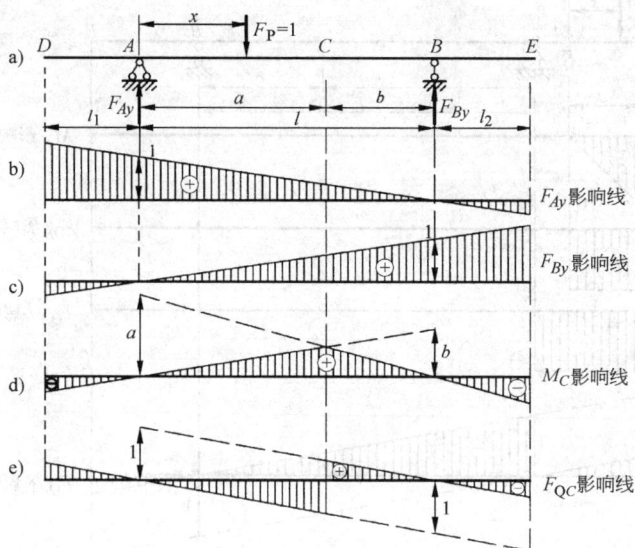

图 14-6　外伸梁的影响线

和 F_{By} 的函数如下：当 $F_P = 1$ 在截面 C 以左移动时，取截面 C 以右部分为隔离体，有

$$M_C = F_{By}b, \qquad F_{QC} = -F_{By}$$

当 $F_P = 1$ 在截面 C 以右移动时，取截面 C 以左部分为隔离体，有

$$M_C = F_{Ay}a, \qquad F_{QC} = F_{Ay}$$

由此可以作出 M_C 和 F_{QC} 的影响线如图 14-6d、e 所示。可见，只需将简支梁相应截面的弯矩和剪力影响线的左、右直线分别向左、右两外伸部分延长，即得外伸梁的 M_C 和 F_{QC} 影响线。

3. 外伸部分弯矩和剪力的影响线

讨论外伸段上任一指定截面 K（见图 14-7a）的弯矩和剪力影响线，为了方便起见，可以将荷载作用位置参数 x 的原点取在 K 截面处，当 $F_P = 1$ 在 DK 段移动时，取截面 K 以左部分为隔离体，有

$$M_K = -x, \qquad F_{QK} = -1$$

当 $F_P = 1$ 在 KE 段移动时，仍取截面 K 以左部分为隔离体，有

$$M_K = 0, \qquad F_{QK} = 0$$

由此可以作出 M_K 和 F_{QK} 的影响线如图 14-7b、c 所示。

如果指定截面取在支座 A 处，绘制 M_A 的影响线时只需在 M_K 影响线中取 $d = l_1$ 即可得到。对于支座截面处的剪力影响线，因在支座处剪力会发生突变，

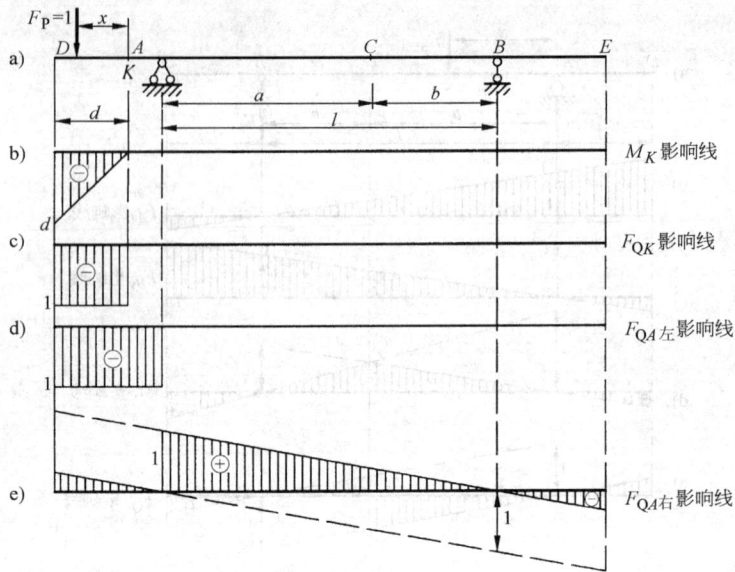

图 14-7 外伸梁的影响线

所以必须按支座以左和以右两个截面分别绘制，因为这两侧的截面是分别属于外伸部分和跨内部分的。例如支座 A 处其左、右截面的剪力可分别记为 F_{QA}^L 和 F_{QA}^R。F_{QA}^L 的影响线可由 F_{QK} 的影响线使截面 K 趋近于截面 A 左而得到；F_{QA}^R 的影响线则应由 F_{QC} 的影响线使截面 C 趋近于截面 A 右而得到，分别如图 14-7d、e 所示。

通过以上简支梁和外伸梁影响线的绘制，我们得到用静力法作静定结构某量值影响线的步骤如下：

1）将单位荷载 $F_P = 1$ 放在结构上的任意位置，适当选择坐标原点，以 $F_P = 1$ 作用位置 x 为变量；

2）用截面法截取隔离体，通过平衡方程，或用截面法直接按内力算式，求出所求量值的影响线方程；

3）根据影响线方程，作影响线。

最后指出，对于静定结构，其反力和内力的影响线方程都是荷载位置参数 x 的一次函数，故静定结构的反力和内力影响线都是由直线所组成。而静定结构的位移，以及超静定结构的各种量值的影响线则一般为曲线。

例 14-1 试用静力法作图 14-8a 所示梁的反力 F_{By} 及弯矩 M_C 的影响线。

解：（1）作反力 F_{By} 的影响线

由整体平衡条件 $\sum F_y = 0$ 得

$$F_{By} = 1$$

即 $F_P = 1$ 作用在梁上任何位置时 F_{By} 恒等于 1，于是 F_{By} 的影响线如图 14-8b 所示为一水平线。

（2）作弯矩 M_C 的影响线

当 $F_P = 1$ 在 C 之左时，由 CD 段的平衡条件 $\sum M_C = 0$，得

$$M_C = F_{By}a = a$$

当 $F_P = 1$ 在支点 B 时，有 $M_C = 0$。于是 C、B 两点纵标连线并向外延伸，可得 M_C 影响线如图 14-8c 所示。

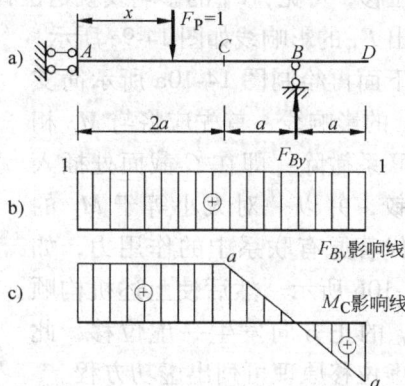

图 14-8 例 14-1 图

14.3 机动法作静定梁的影响线

机动法作影响线的依据是**虚位移原理**，即体系在力系作用下处于平衡的必要和充分条件是：体系在任何可能的无限小的虚位移中，力系所作虚功的总和为零。下面以图 14-9a 所示简支梁的反力 F_{Ay} 的影响线为例，来说明机动法作影响线的原理和步骤。

14.3.1 机动法作简支梁的影响线

设要绘制图 14-9a 所示梁支座反力 F_{Ay} 的影响线，可先将与 F_{Ay} 相应的支座链杆撤除，代之以支座反力 F_{Ay}。此时，体系仍处于平衡状态，但原先的静定结构已转化为具有一个自由度的机构。现使上述机构顺着 F_{Ay} 正方向发生虚位移如图 14-9b 所示，并以 δ_A 和 δ_P 分别表示梁 A 点处和移动荷载 $F_P = 1$ 作用点处的虚位移。按虚位移原理，由于体系在力 F_{Ay}、F_{By} 和 F_P 的共同作用下处于平衡，故它们所作的虚功总和应为零，此时可列出虚功方程

$$-1 \times \delta_P + F_{Ay} \times \delta_A = 0$$

由此可得

$$F_{Ay} = \frac{\delta_P}{\delta_A}$$

若使 $\delta_A = 1$，则 $F_{Ay} = \delta_P$，而 δ_P 就是单位荷载 $F_P = 1$ 移动时，荷载所在点的竖

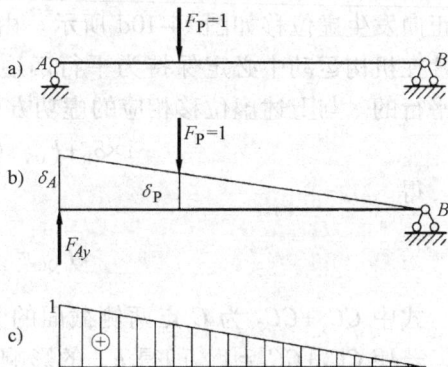

图 14-9 虚位移原理作影响线

向虚位移，可见，F_{Ay} 的影响线就是位移图 δ_P，其变化规律如图 14-9b 所示。于是可作出 F_{Ay} 的影响线如图 14-9c 所示。

下面再绘制图 14-10a 所示简支梁 M_C 的影响线，首先应将与 M_C 相应的联系撤除，即在 C 截面处插入一个铰，并以一对大小等于 M_C 的力矩代替原有联系中的作用力，如图 14-10b 所示。然后使上述机构顺着 M_C 的正方向发生一虚位移，此时按虚位移原理可列出虚功方程

$$-1 \times \delta_P + M_C \times (\alpha + \beta) = 0$$

得

$$M_C = \frac{\delta_P}{\alpha + \beta}$$

式中 $\alpha + \beta$ 为铰 C 处杆件的折角，即与 M_C 相应的广义位移。若使 $\alpha + \beta = 1$，即可得到 M_C 的影响线如图 14-10c 所示。影响线图中的竖标可以按照几何关系求得。

设要绘制梁截面 C 剪力 F_{QC} 的影响线，则应在 C 截面撤除与 F_{QC} 相应的联系，即在 C 处插入一个滑动铰，并以 F_{QC} 代替原有联系中的作用。然后，使上述机构顺着 F_{QC}

图 14-10 机动法作简支梁的影响线

的正向发生虚位移如图 14-10d 所示。由于组成滑动铰的两根等长链杆和两侧的刚片在机构运动中必定保持为平行四边形，因此在虚位移图中 AC_1 与 C_2B 必定是平行的。与上述虚位移相应的虚功方程为

$$-1 \times \delta_P + F_{QC} \times (CC_1 + CC_2) = 0$$

得

$$F_{QC} = \frac{\delta_P}{CC_1 + CC_2}$$

式中 $CC_1 + CC_2$ 为 C 点两侧截面的竖向相对线位移，即与 F_{QC} 相应的广义位移。若使 $CC_1 + CC_2 = 1$，即得 F_{QC} 的影响线如图 14-10e 所示。图中影响线的竖标同样可按几何关系求得。

综上所述，机动法作静定结构反力和内力 S 的影响线的步骤归纳如下：

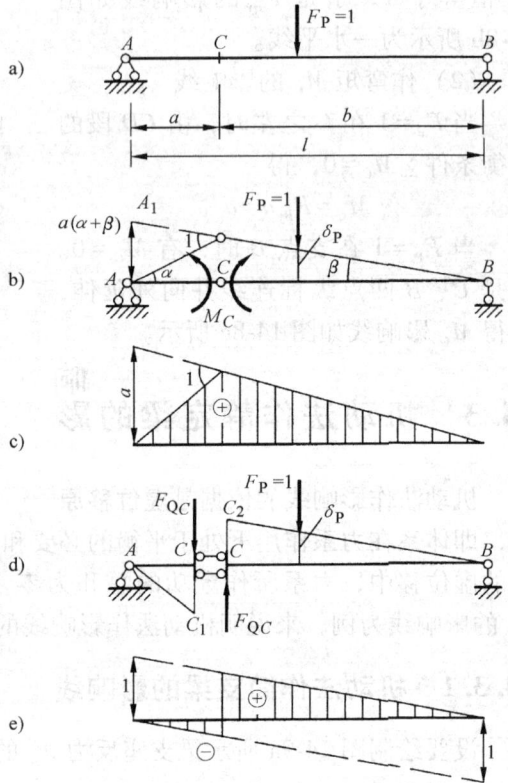

1）将与 S 相应的约束去掉，代以约束力 S，形成一个机构；

2）使所得体系沿 S 的正方向发生单位位移，形成虚位移图（即 δ_P 图），可定出影响线的形状；

3）横坐标轴以上的图形，影响线纵坐标取正号，横坐标轴以下的图形，则取负号。

14.3.2 机动法作多跨静定梁的影响线

对多跨静定梁，可结合前面所学基本部分和附属部分之间的组成关系与传力路径，再利用单跨静定梁的已知影响线即可绘出。只是应注意撤去约束后虚位移图的特点：若在基本部分形成机构，则除基本部分引起虚位移外，还将影响它的附属部分；若在附属部分形成机构，则虚位移图仅涉及附属部分。现以例题说明。

例 14-2 用机动法作图 14-11a 所示多跨静定梁 M_K、F_{QK}、F_{QB}、F_{QC}^L、F_{Fy} 和 M_J 的影响线。

解：（1）M_K 的影响线

撤除与 M_K 相应的约束，即在 K 截面处插入一个铰，并以一对大小等于 M_K 的力矩代替原有联系中的作用力，然后使上述机构顺着 M_K 的正方向发生一虚位移，此时 AK 与基础相连，几何不变，不能发生虚位移，刚片 KB 绕铰相对转动 1，即得 M_K 影响线如图 14-11b 所示。各控制点的影响系数可按比例关系求得。在横坐标以上的图形为正号，以下的图形为负号。

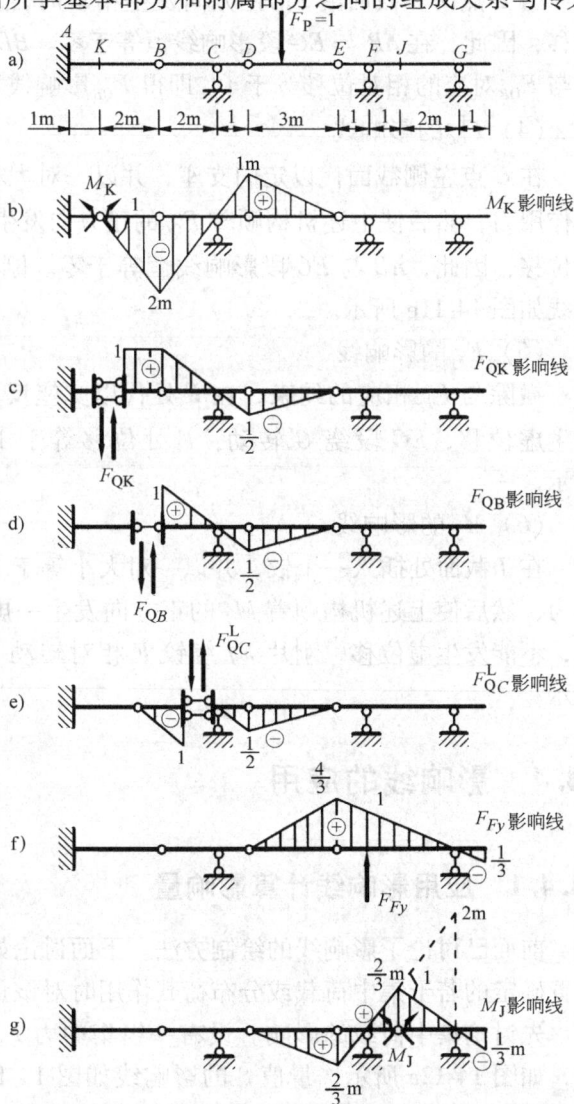

图 14-11 例 14-2 图

（2） F_{QK} 的影响线

撤除与 F_{QK} 相应的约束，在 K 截面处代以定向支座，并以一对大小等于 F_{QK} 的力代替原有联系中的作用力，然后使上述机构顺着 F_{QK} 的正方向发生一虚位移，此时 AK 与基础相连，几何不变，不能发生虚位移，刚片 KB 平行上移位移 1；BD 绕 C 转动，EG 几何不变，不能发生虚位移，即得 F_{QK} 影响线如图 14-11c 所示。

（3） F_{QB} 的影响线

当 B 点两侧截面沿 F_{QB} 正方向发生错动时，基本部分 AB 与 EG 不能发生虚位移，因此，在 AB 与 EG 段影响线恒等于零。BD 段绕 C 转动，DE 段绕 E 转动，令与 F_{QB} 对应的相对位移等于 1，即得 F_{QB} 影响线如图 14-11d 所示。

（4） F_{QC}^{L} 的影响线

在 C 点左侧截面代以定向支座，并以一对大小等于 F_{QC}^{L} 的力代替原有联系中的作用力，然后使上述机构顺着 F_{QC}^{L} 的正方向发生一虚位移，AB 与 EG 不能发生虚位移，因此，AB 与 EG 段影响线恒等于零。刚片 BC 与 CD 平行，即得 F_{QC}^{L} 影响线如图 14-11e 所示。

（5） F_{Fy} 的影响线

撤除与 F_{Fy} 相应的约束，在 F 处代以支座反力，AD 部分为几何不变，不能发生虚位移，EG 段绕 G 转动，F 处位移等于 1，即得 F_{QC}^{L} 影响线如图 14-11f 所示。

（6） M_J 的影响线

在 J 截面处插入一个铰，并以一对大小等于 M_J 的力矩代替原有联系中的作用力，然后使上述机构顺着 M_J 的正方向发生一虚位移，此时 AD 部分为几何不变，不能发生虚位移，刚片 EJ 绕铰 F 相对转动 1；即得 M_J 影响线如图 14-11g 所示。

14.4　影响线的应用

14.4.1　应用影响线计算影响量

前面已讨论了影响线的绘制方法。下面讨论如何利用某量值的影响线来求当位置确定的若干集中荷载或分布荷载作用时对该量值的影响。

先讨论集中荷载的影响。设有一组集中力 F_{P1}，F_{P2}，$\cdots$，F_{Pn} 作用于已知位置，如图 14-12a 所示，量值 S 的影响线如图 14-12b，其在荷载作用位置的相应竖标分别为 y_1，y_2，$\cdots$，y_n，要求由于这些集中力作用所产生的量值 S 的大小。

由于影响线上的竖标 y_1 代表荷载 $F_P = 1$ 作用于该处时量值 S 的大小，若该处作用荷载不是 1 而是 F_{P1}，则产生的量值 S 应为 $F_{P1}y_1$。因此，根据叠加原理，集中荷载组所产生的影响量 S 应等于各荷载所产生影响量的代数和，即有

$$S = \sum_{i=1}^{n} F_{Pi}y_i \qquad (14-1)$$

应注意式中的影响线纵标 y_i 的正负号，计算时应根据纵标的正负具体情况来求各项的代数和。

以集中荷载的影响线为依据，也可求出分布荷载的影响。设有给定位置的分布荷载，其变化规律为已知，如图 14-13a 所示；结构的某个量值 S 的影响线亦为已知。现将分布荷载沿其长度分成许多微段，则每一微段 dx 上的荷载 $q(x)dx$ 看作一个集中荷载，故在影响线的 AB 区段内，根据微积分原理，影响量 S 可以表达为

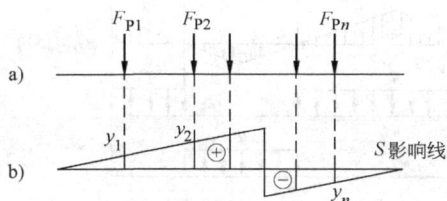

图 14-12　集中力的影响　　　　图 14-13　分布荷载的影响

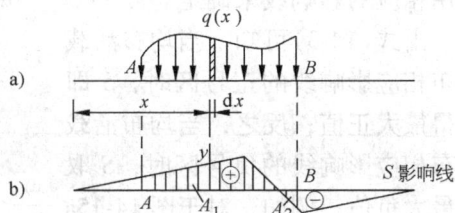

$$S = \int_A^B q(x)y\,dx \qquad (14-2)$$

若为均布荷载即 $q(x) = q$ 时，则上式成为

$$S = q\int_A^B y\,dx = qA_0 \qquad (14-3)$$

式中 A_0 表示 S 影响线在均布荷载范围内面积的代数和，即图 14-13b 中的阴影面积 $(A_1 - A_2)$。

综上所述，若要计算集中荷载组和分布荷载同时作用下的某一量值，则可用叠加方法

$$S = \sum F_{Pi}y_i + \sum \int q(x)y\,dx \qquad (14-4)$$

例 14-3　试利用图 14-14a 所示简支梁的 F_{QC} 影响线求 F_{QC} 值。

解：（1）作 F_{QC} 影响线如图 14-14b 所示，并算出有关竖标值。

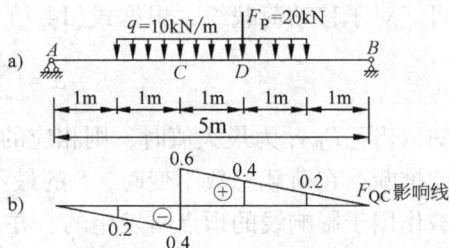

图 14-14　例 14-3 图

（2）求 F_{QC} 值

按叠加原理可得

$$F_{QC} = F_D y_D + qA_0$$

$$= \left[20\times10^3\times0.4 + 10\times10^3\times\left(\frac{0.6+0.2}{2}\times2 - \frac{0.2+0.4}{2}\times1 \right) \right] \text{N}$$

$$= 13\times10^3\text{N} = 13\text{kN}$$

14.4.2 确定最不利荷载位置

1. 可动均布荷载

可动均布荷载即可以任意布置的均布荷载。在工程设计中，一般将楼面活载如人群、货物等简化为可以任意间断布置的均布荷载来考虑。此时，使某一量值 S 达到最大值的最不利活载分布可利用相应的影响线来确定。

由式（14-3）可知，当均布活载满布相应影响线的正号区时，S 即取得最大正值；反之，当均布活载满布相应影响线的负号区时，S 取得最大负值。例如，对于图 14-15a 所示的多跨静定梁，M_D 的影响线如图 14-15b 所示，欲求在均布活

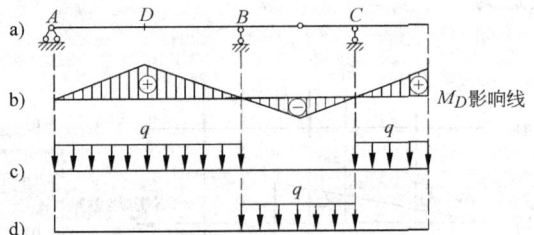

图 14-15 可动均布荷载的最不利位置

载作用下截面 D 的最大正弯矩和最大负弯矩，则最不利活载的布置应分别如图 14-15c、d 所示。确定了均布活载的最不利布置之后，便可应用静力学方法或是直接利用上式求得相应的最不利值。

2. 移动荷载组

当荷载的情况比较简单时，最不利荷载位置凭直观即可确定。例如单个集中荷载作用时，借助于某一量值 S 的影响线，确定单个集中荷载使 S 达到最大正值或最大负值时的作用位置，只需将该集中荷载置于影响线正、负竖标值最大之处即可。对于移动荷载组，根据式（14-1）

$$S = \sum_{i=1}^{n} F_{Pi} y_i$$

可知，当 $\sum F_{Pi} y_i$ 为最大值时，则相应的荷载位置即为量值 S 的最不利荷载位置。由此推断，在荷载总数不变时，S 的最不利值是在数值较大而又比较密集的集中荷载作用于影响线的顶点时发生的。并且可进一步论证：量值 S 的极值对应于有一个集中荷载恰好作用于影响线的顶点。通常将这一位于影响线顶点的集中荷载称为**临界荷载**。

例 14-4 试求图 14-16a 所示多跨静定梁在图示吊车竖向荷载作用下 B 支座的最大反力。设其中一台吊车轮压为 $F_{P1} = F_{P2} = 426.6$ kN，另一台轮压为 $F_{P3} = F_{P4} = 289.3$ kN，轮距及车挡限位的最小车距如图所示。

解：先作出 B 支座反力 F_{By} 影响线。据前述推断，只有当 F_{P2} 或 F_{P3} 作用在影响线顶点时 F_{By} 可能达到最大值。分别计算对应的 F_{By} 值，并加以比较，即可得出 F_{By} 的最大值。

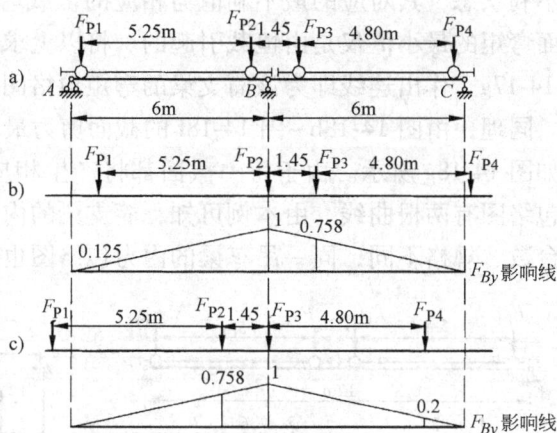

图 14-16 例 14-4 图

先考虑 F_{P2} 作用于 B 点的情况（见图 14-16b），此时 F_{P4} 已越出梁右端，有

$$F_{By} = 426.6 \text{kN} \times 0.125 + 426.6 \text{kN} \times 1 + 289.3 \text{kN} \times 0.758 = 699.20 \text{kN}$$

再考虑 F_{P3} 作用于 B 点的情况，此时 F_{P1} 已越出梁左端，有

$$F_{By} = 426.6 \text{kN} \times 0.758 + 289.3 \text{kN} \times 1 + 289.3 \text{kN} \times 0.20 = 670.52 \text{kN}$$

比较以上两者可知，当 F_{P2} 作用于 B 点时为最不利荷载位置，相应 B 支座的最大反力 $F_{By(\max)} = 699.20 \text{kN}$。

14.5 简支梁的内力包络图

在设计承受移动荷载的结构时，必须求出在恒载和移动活荷载共同作用下各截面上内力的最大值（最大正值和最大负值）。将结构杆件各截面的最大和最小（或最大负值）内力值按同一比例标在图上，连成曲线，则这种曲线图形就称为**内力包络图**。内力包络图实际上表达了各截面上内力变化的上、下限，它是结构设计中重要的工具，在吊车梁、楼盖的连续梁和桥梁的设计中应用很多。

现以简支吊车梁为例介绍内力包络图的绘制方法。

在绘制内力包络图时，一般是将杆件分成若干等分，对每一分点所在的截面均按前面所述方法利用影响线求出其内力的上、下限值，最后再连成曲线。

图 14-17a 所示为一跨度为 12m 的简支吊车梁，承受图示两台同吨位的吊车荷载，吊车轮压为 $F_{P1} = F_{P2} = F_{P3} = F_{P4} = 285$ kN，取动力系数 $\mu = 1.1$。吊车梁自重 $q = 12$ kN/m。为求作内力包络图，一般将梁分成若干等分，现取梁的 8 个等分点进行计算，对每一等分点所在截面利用影响线求出其最大弯矩（利用对称性，只需计算梁左半部分即可）。图 14-17c ~ 图 14-17f 所示分别为 1 至 4 截面上弯矩的

最不利状态,其对应的最不利值与相应的恒载弯矩值之和即为截面的最大弯矩。截面弯矩的最小值仅是由恒载引起的。将以上求得的各截面最大和最小弯矩标于图 14-17g,作出连线即为该简支梁的弯矩包络图。

同理,由图 14-18b~图 14-18f 的截面剪力最不利状态可作出该梁的剪力包络图如图 14-18g 所示。由于每一截面都将产生相应的最大剪力和最小剪力,故剪力包络图有两根曲线。由本例可知,简支梁的内力包络图与荷载情况有关,吊车的台数、规格不同,同一吊车梁的内力包络图也将不同。

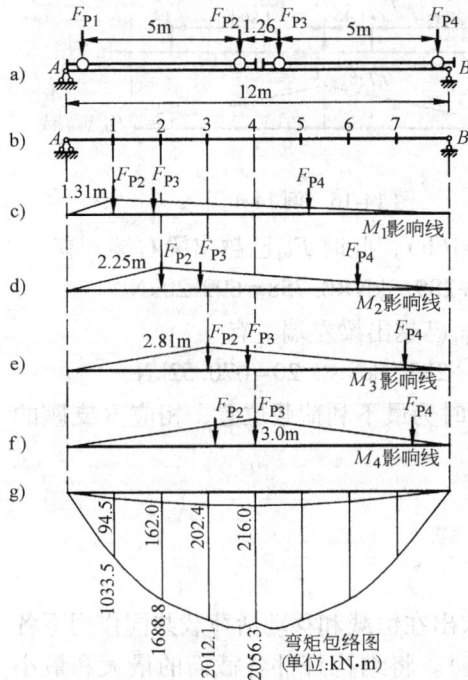

图 14-17 简支梁弯矩包络图

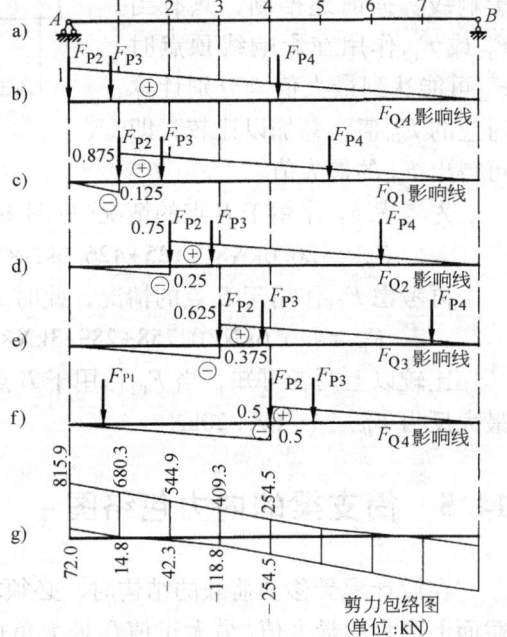

图 14-18 简支梁剪力包络图

复习思考题

14-1 影响线的含义是什么?它在某一位置的竖标代表什么物理意义?

14-2 试从图形自变量的含义、竖标的意义、量纲以及图形的范围等方面说出影响线与内力图之间的区别。

14-3 影响线的应用条件是什么?

14-4 机动法作静定结构反力或内力影响线的理论基础是什么?函数 δ_P 的含义是什么?

14-5 当单位移动荷载 $F_P = 1$ 是水平方向或斜向时,影响线怎么绘制?

14-6 内力包络图与内力图有什么区别?

习　题

14-1　试用静力法绘制图 14-19 所示结构中指定量值 F_{Ay}、M_A、M_C 及 F_{QC} 的影响线。

14-2　试用静力法求图 14-20 所示斜梁 F_{Ay}、M_C、F_{QC}、F_{NC} 的影响线。

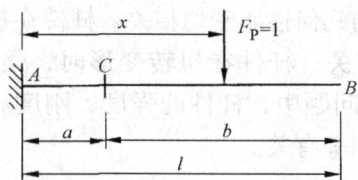

图 14-19　习题 14-1 图　　　　　　　　　　图 14-20　习题 14-2 图

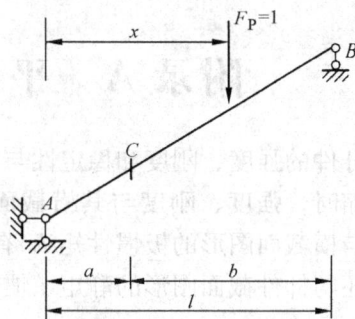

14-3　试用机动法求图 14-21 所示多跨静定梁 M_E、F_{QB}^L、F_{QB}^R 的影响线。

14-4　对于图 14-22 所示荷载作用下的外伸梁，试分别利用其 F_{QC}、M_C 影响线求截面 C 的剪力和弯矩。

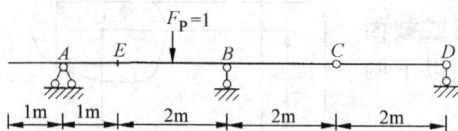

图 14-21　习题 14-3 图　　　　　　　　　　图 14-22　习题 14-4 图

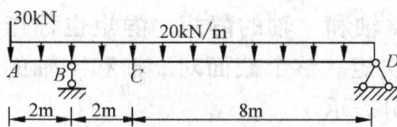

14-5　试求图 14-23 所示简支梁在移动荷载作用下的 F_{Ay}、M_C 和 F_{QC} 的最大值。

14-6　图 14-24 所示连续梁中各跨除承受均布荷载 $q = 10\text{kN/m}$ 外，还受均布活载 $p = 20\text{kN/m}$ 的作用。试绘制其弯矩和剪力的包络图。

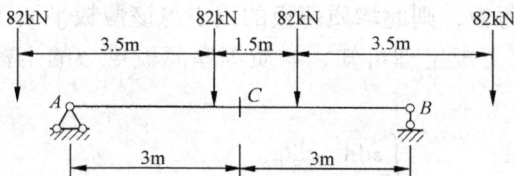

图 14-23　习题 14-5 图　　　　　　　　　　图 14-24　习题 14-6 图

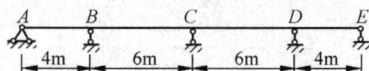

附　　录

附录 A　平面图形的几何性质

　　杆件的强度、刚度和稳定性与杆件横截面的几何性质密切相关。杆件在拉伸与压缩时，强度、刚度与其横截面的面积 A 有关；杆件在扭转变形时，强度、刚度与横截面图形的极惯性矩 I_P 有关；在弯曲问题中，杆件的强度、刚度和稳定性还与杆件截面图形的静矩、惯性矩和惯性积等有关。

A.1　截面的面积矩和形心的位置

　　任意形状的截面如图 A-1 所示，其截面面积为 A，y 轴和 z 轴为截面所在平面内的坐标轴。在截面中坐标为 (y,z) 处取一面积元素 $\mathrm{d}A$，则 $y\mathrm{d}A$ 和 $z\mathrm{d}A$ 分别称为该面积元素 $\mathrm{d}A$ 对于 z 轴和 y 轴的**静矩**，静矩也称作**面积矩**或**截面一次矩**。整个截面对 z 轴和 y 轴的静矩用以下两积分表示

$$S_z = \int_A y\mathrm{d}A, \quad S_y = \int_A z\mathrm{d}A \qquad （\text{A-1}）$$

此积分应遍及整个截面的面积 A。

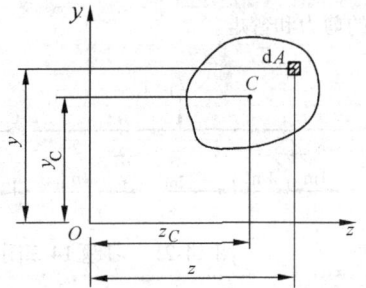

图 A-1　静矩和形心

　　截面的静矩是对于一定的轴而言的，同一截面对于不同的坐标轴其静矩是不同的。静矩可能为正值或负值，也可能等于零，其常用的单位为 m^3 或 mm^3。

　　如果图 A-1 是一厚度很小的均质薄板，则此均质薄板的重心与该薄板平面图形的形心具有相同的坐标 y_C 和 z_C，由力矩定理可知，均质等厚薄板重心的坐标 y_C 和 z_C 分别是

$$y_C = \frac{\displaystyle\int_A y\mathrm{d}A}{A}, \quad z_C = \frac{\displaystyle\int_A z\mathrm{d}A}{A} \qquad （\text{A-2}）$$

这也是确定该薄板平面图形的形心坐标的公式。由于上式中的 $\displaystyle\int_A y\mathrm{d}A$ 和 $\displaystyle\int_A z\mathrm{d}A$ 就是截面的静矩，于是可将上式改写成为

$$y_C = \frac{S_z}{A}, \quad z_C = \frac{S_y}{A} \tag{A-3}$$

因此，在知道截面对于 z 轴和 y 轴的静矩以后，即可求得截面形心的坐标。若将上式写为

$$S_z = A y_C, \quad S_y = A z_C \tag{A-4}$$

则在已知截面的面积 A 和截面形心的坐标 y_C、z_C 时，就可求得该截面对于 z 轴和 y 轴的静矩。

由以上两式可见，**若截面对于某一轴的静矩等于零，则该轴必通过截面的形心；反之，截面对于通过其形心的轴的静矩恒等于零。**

当截面由若干简单图形例如矩形、圆形或三角形等组成时，由于简单图形的面积及其形心位置均为已知，而且，从静矩的定义可知，截面各组成部分对于某一轴的静矩的代数和，就等于该截面对于同一轴的静矩，于是，得整个截面的静矩为

$$S_z = \sum_{i=1}^{n} A_i y_{Ci}, \quad S_y = \sum_{i=1}^{n} A_i z_{Ci} \tag{A-5}$$

式中，A_i 和 y_{Ci}，z_{Ci} 分别代表任一简单图形的面积及其形心的坐标；n 为组成截面的简单图形的个数。

若将按式（A-5）求得的 S_z 和 S_y 代入式（A-2），可得计算组合截面形心坐标的公式为

$$y_C = \frac{\displaystyle\sum_{i=1}^{n} A_i y_{Ci}}{\displaystyle\sum_{i=1}^{n} A_i}, \quad z_C = \frac{\displaystyle\sum_{i=1}^{n} A_i z_{Ci}}{\displaystyle\sum_{i=1}^{n} A_i} \tag{A-6}$$

例 A-1　试计算图 A-2 所示三角形截面对于与其底边重合的 z 轴的静矩。

解：取平行于 z 轴的狭长条（见图）作为面积元素，因其上各点到 z 轴的距离 y 相同，故 $\mathrm{d}A = b(y)\,\mathrm{d}y$。由相似三角形关系，可知 $b(y) = \dfrac{b}{h}(h-y)$，因此有 $\mathrm{d}A = \dfrac{b}{h}(h-y)\,\mathrm{d}y$。将其代入式（A-1），即得

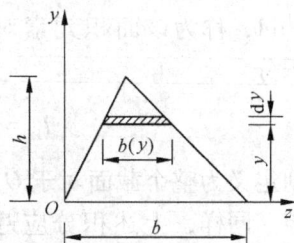

图 A-2　例题 A-1 图

$$S_z = \int_A y\,\mathrm{d}A = \int_0^h \frac{b}{h}(h-y)y\,\mathrm{d}y = b\int_0^h y\,\mathrm{d}y - \frac{b}{h}\int_0^h y^2\,\mathrm{d}y = \frac{bh^2}{6}$$

例 A-2　试计算图 A-3 所示 T 型截面的形心位置。

解：由于 T 型截面关于 y 轴对称，形心必在 y 轴上，因此 $z_C = 0$，只需计算 y_C。T 型截面可看作由矩形 I 和矩形 II 组成，C_{I}，C_{II} 分别为两矩形的形心。两

矩形的截面面积和形心纵坐标分别为

$$A_{\mathrm{I}} = A_{\mathrm{II}} = 20\mathrm{mm} \times 60\mathrm{mm} = 1200\mathrm{mm}^2$$

$$y_{C_{\mathrm{I}}} = 10\mathrm{mm} , \quad y_{C_{\mathrm{II}}} = 50\mathrm{mm}$$

由式(A-6)得

$$
\begin{aligned}
y_C &= \frac{\sum A_i y_{C_i}}{\sum A_i} \\
&= \frac{A_{\mathrm{I}} y_{C_{\mathrm{I}}} + A_{\mathrm{II}} y_{C_{\mathrm{II}}}}{A_{\mathrm{I}} + A_{\mathrm{II}}} \\
&= \frac{1200\mathrm{mm}^2 \times 10\mathrm{mm} + 1200\mathrm{mm}^2 \times 50\mathrm{mm}}{1200\mathrm{mm}^2 + 1200\mathrm{mm}^2} \\
&= 30\mathrm{mm}
\end{aligned}
$$

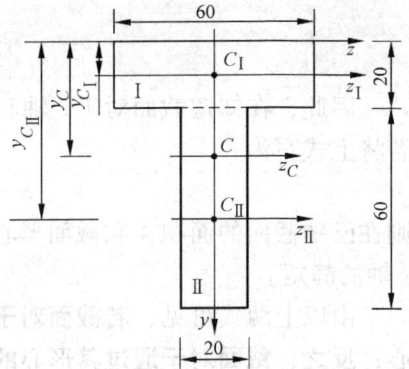

图 A-3　例题 A-2 图

A. 2　截面的惯性矩、极惯性矩、惯性积、惯性半径

设一面积为 A 的任意形状截面如图 A-4 所示。从截面中取一面积元素 $\mathrm{d}A$，则 $\mathrm{d}A$ 与其至 z 轴或 y 轴距离平方的乘积 $y^2\mathrm{d}A$ 或 $z^2\mathrm{d}A$ 分别称为该面积元素对 z 轴或 y 轴的**惯性矩**或**截面二次轴矩**。而以下两积分

$$I_z = \int_A y^2 \mathrm{d}A , \qquad I_y = \int_A z^2 \mathrm{d}A \qquad (\text{A-7})$$

则分别定义为整个截面对于 z 轴或 y 轴的惯性矩。上述积分应遍及整个截面面积 A。

面积元素 $\mathrm{d}A$ 与其至坐标原点距离平方的乘积 $\rho^2\mathrm{d}A$，称为该面积元素对 O 点的极惯性矩。而以下积分

$$I_{\mathrm{P}} = \int_A \rho^2 \mathrm{d}A \qquad (\text{A-8})$$

则定义为整个截面对于 O 点的**极惯性矩**或**截面二次极矩**。同样，上述积分应遍及整个截面面积 A。显然，惯性矩和极惯性矩的数值均恒为正值，其单位为 m^4 或 mm^4。

图 A-4　惯性矩和极惯性矩

由图 A-4 可见，$\rho^2 = y^2 + z^2$，故有

$$I_{\mathrm{P}} = \int_A \rho^2 \mathrm{d}A = \int_A (y^2 + z^2) \mathrm{d}A = I_z + I_y \qquad (\text{A-9})$$

即任意截面对一点的极惯性矩的数值，等于截面以该点为原点的任意两正交坐标轴的惯性矩之和。

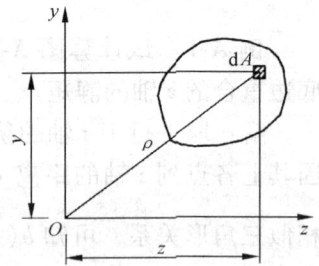

面积元素 dA 与其分别至 z 轴和 y 轴距离的乘积 $yzdA$，称为该面积元素对于两坐标轴的惯性积。而将以下积分

$$I_{yz} = \int_A yz\,dA \tag{A-10}$$

定义为整个截面对于 z，y 两坐标轴的**惯性积**，其积分也应遍及整个截面的面积。

从上述定义可见，同一截面对于不同坐标轴的惯性矩或惯性积一般是不同的。惯性矩的数值恒为正值，而惯性积则可能为正值或负值，也可能等于零。若 z，y 两坐标轴中有一为截面的对称轴，则其惯性积 I_{yz} 恒等于零。如图 A-5 所示，图中 y 轴是对称轴，在对称轴的两侧有处于对称位置的两面积元素 dA，这两个面积元素对 y 轴和 z 轴的惯性积正、负号相反，而数值相等，其和为零，所以整个截面对 y 轴和 z 轴的惯性积必等于零。惯性积的单位与惯性矩的单位相同，也为 m^4 或 mm^4。

在某些应用中，将惯性矩除以面积 A，再开方，定义为**惯性半径**，用 i 表示，其单位为 m 或 mm。所以对 z 轴和 y 轴的惯性半径分别表示为

$$i_z = \sqrt{\frac{I_z}{A}}, \qquad i_y = \sqrt{\frac{I_y}{A}} \tag{A-11}$$

例 A-3 试计算图 A-6 所示矩形截面对于其对称轴(即形心轴)z 和 y 的惯性矩 I_z 和 I_y，及其惯性积 I_{yz}。

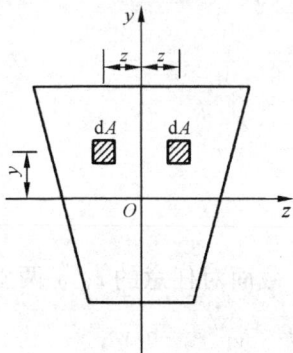

图 A-5 y 轴是对称轴时 I_{yz} 恒等于零

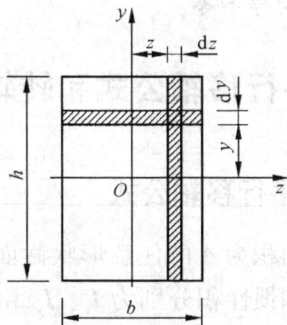

图 A-6 例题 A-3 图

解：取平行于 z 轴的狭长条作为面积元素 dA，则 $dA = b\,dy$，根据式(A-7)的第一式，可得

$$I_z = \int_A y^2\,dA = \int_{-\frac{h}{2}}^{\frac{h}{2}} by^2\,dy = \frac{bh^3}{12}$$

同理，在计算对 y 的惯性矩 I_y 时，取平行于 y 轴的狭长条作为面积元素 dA，则 $dA = h\,dz$，根据式(A-7)的第二式，可得

$$I_y = \int_A z^2 \mathrm{d}A = \int_{-\frac{b}{2}}^{\frac{b}{2}} hz^2 \mathrm{d}z = \frac{b^3 h}{12}$$

因为 z 轴（或 y 轴）为对称轴，故惯性积

$$I_{yz} = 0$$

例 A-4 试计算图 A-7 所示圆形截面对 O 点的极惯性矩 I_P 和对于其形心轴（即直径轴）的惯性矩 I_y 和 I_z。

解：以圆心为原点，选坐标轴 z、y 如图所示。在离圆心 O 距离为 ρ 处，取厚度为 $\mathrm{d}\rho$ 的圆环作为面积元素 $\mathrm{d}A$，即 $\mathrm{d}A = 2\pi\rho\mathrm{d}\rho$，故

图 A-7 例题 A-4 图

$$I_P = \int_A \rho^2 \mathrm{d}A = \int_0^{\frac{d}{2}} \rho^2 (2\pi\rho\mathrm{d}\rho) = \frac{\pi d^4}{32}$$

由于圆截面对任意方向的直径轴都是对称的，故

$$I_y = I_z$$

于是，利用公式 $I_P = I_z + I_y$，并将 $I_P = \frac{\pi d^4}{32}$ 代入，得

$$I_y = I_z = \frac{I_P}{2} = \frac{\pi d^4}{64}$$

由此可知，对于矩形和圆形截面，由于 z、y 两轴都是截面的对称轴，故其惯性积 I_{yz} 均等于零。

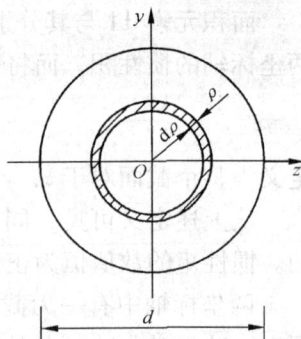

A.3 平行移轴公式和转轴公式

A.3.1 平行移轴公式

设一面积为 A 的任意形状截面如图 A-8 所示。截面对任意的 z，y 两坐标轴的惯性矩和惯性积分别为 I_z、I_y 和 I_{yz}。另外，通过截面的形心 C 有分别与 z、y 两轴平行的 z_C、y_C 轴，称为形心轴。截面对于形心轴的惯性矩和惯性积分别为 I_{z_C}、I_{y_C} 和 $I_{y_C z_C}$。

由图 A-8 可见，截面上任一面积元素 $\mathrm{d}A$ 在两坐标系内的坐标 (y, z) 和 (y_C, z_C) 之间的关系为

$$y = y_C + a, \quad z = z_C + b \qquad (A-12a)$$

式中，a，b 是截面形心在 Oyz 坐标系内的坐标值。将式（A-12a）中的 y 代入式（A-7）中的第一式，经展

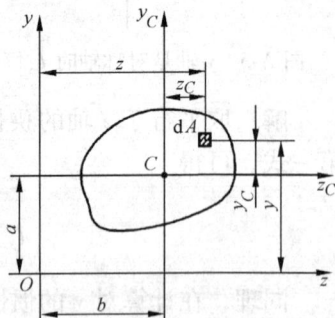

图 A-8 平行移轴公式

开并逐项积分后，可得

$$I_z = \int_A y^2 dA = \int_A (y_C + a)^2 dA = \int_A y_C^2 dA + 2a \int_A y_C dA + a^2 \int_A dA \qquad (A\text{-}12b)$$

根据惯性矩和静矩的定义，上式右端的各项积分分别为

$$\int_A y_C^2 dA = I_{z_C}, \qquad \int_A y_C dA = S_{z_C}, \qquad \int_A dA = A$$

其中，S_{z_C} 为截面对 z_C 轴的静矩，但由于 z_C 轴通过截面形心 C，因此 S_{z_C} 等于零。于是，式（A-12b）可写作

$$I_z = I_{z_C} + a^2 A \qquad (A\text{-}13a)$$

同理

$$I_y = I_{y_C} + b^2 A \qquad (A\text{-}13b)$$

$$I_{yz} = I_{y_C z_C} + ab A \qquad (A\text{-}13c)$$

注意，上式中的 a，b 两坐标值有正负号，可由截面形心 C 所在的象限来确定。

式（A-13）称为惯性矩和惯性积的**平行移轴公式**。应用上式即可根据截面对于形心轴的惯性矩或惯性积，计算截面对于与形心轴平行的坐标轴的惯性矩或惯性积，或进行相反的运算。

例 A-5　试计算例题 A-2 中图 A-3 所示截面对于其形心轴 z_C 的惯性矩 I_{z_C}。

解：由例题 A-2 的结果可知，截面的形心坐标 y_C 和 z_C 分别为

$$z_C = 0$$

$$y_C = 30\text{mm}$$

然后用平行移轴公式，分别求出矩形 I 和 II 对 z_C 轴的惯性矩 $I_{z_C}^{\mathrm{I}}$ 和 $I_{z_C}^{\mathrm{II}}$，最后相加，即得整个截面的惯性矩 I_{z_C}。

$$I_{z_C}^{\mathrm{I}} = \left[\frac{1}{12} \times 60 \times 20^3 + (30-10)^2 \times 60 \times 20 \right] \text{mm}^4 = 52 \times 10^4 \text{mm}^4$$

$$I_{z_C}^{\mathrm{II}} = \left[\frac{1}{12} \times 20 \times 60^3 + (50-30)^2 \times 20 \times 60 \right] \text{mm}^4 = 84 \times 10^4 \text{mm}^4$$

整个截面的惯性矩 I_{z_C}

$$I_{z_C} = I_{z_C}^{\mathrm{I}} + I_{z_C}^{\mathrm{II}} = (52+84) \times 10^4 \text{mm}^4 = 136 \times 10^4 \text{mm}^4$$

A.3.2　转轴公式

设一面积为 A 的任意形状截面如图 A-9 所示。截面对于通过其上任意一点 O 的两坐标轴 z，y 的惯性矩和惯性积已知为 I_z，I_y 和 I_{yz}。若坐标轴 z，y 绕 O 点旋转 α 角（α 角以逆时针向旋转为正）至 z_1，y_1 位置，则该截面对于新坐标轴

z_1，y_1 的惯性矩和惯性积分别为 I_{z_1}，I_{y_1} 和 $I_{y_1z_1}$。

由图 A-9 可见，截面上任一面积元素 $\mathrm{d}A$ 在新、老两坐标系内的坐标 (y_1, z_1) 和 (y, z) 之间的关系为

$$y_1 = \overline{AC} = \overline{AD} - \overline{EB} = y\cos\alpha - z\sin\alpha$$

$$z_1 = \overline{OC} = \overline{OE} + \overline{BD} = z\cos\alpha + y\sin\alpha$$

将 y_1 代入式（A-7）中的第一式，经过展开并逐项积分后，即得该截面对于坐标轴 z_1 的惯性矩 I_{z_1} 为

图 A-9 转轴公式

$$I_{z_1} = \cos^2\alpha \int_A y^2 \mathrm{d}A + \sin^2\alpha \int_A z^2 \mathrm{d}A - 2\sin\alpha\cos\alpha \int_A yz \mathrm{d}A$$

$$（A\text{-}14）$$

根据惯性矩和极惯性矩的定义，上式右端的各项积分分别为

$$\int_A y^2 \mathrm{d}A = I_z, \qquad \int_A z^2 \mathrm{d}A = I_y, \qquad \int_A yz \mathrm{d}A = I_{yz}$$

将其代入式（A-14）并改用二倍角函数的关系，即得

$$I_{z_1} = \frac{I_z + I_y}{2} + \frac{I_z - I_y}{2}\cos 2\alpha - I_{yz}\sin 2\alpha \qquad （A\text{-}15a）$$

同理

$$I_{y_1} = \frac{I_z + I_y}{2} - \frac{I_z - I_y}{2}\cos 2\alpha + I_{yz}\sin 2\alpha \qquad （A\text{-}15b）$$

$$I_{y_1z_1} = \frac{I_z - I_y}{2}\sin 2\alpha + I_{yz}\cos 2\alpha \qquad （A\text{-}15c）$$

以上三式就是惯性矩和惯性积的**转轴公式**。

将式（A-15a）和（A-15b）中的 I_{z_1} 和 I_{y_1} 相加，可得

$$I_{z_1} + I_{y_1} = I_z + I_y \qquad （A\text{-}16）$$

上式表明，**截面对于通过同一点的任意一对相互垂直的坐标轴的两惯性矩之和为一常数，并等于截面对该坐标原点的极惯性矩**（见式（A-9））。

利用惯性矩和惯性积的转轴公式可以计算截面的主惯性轴和主惯性矩。

A.4 截面的主惯性轴和主惯性矩

由上节式（A-15c）可知，当坐标轴旋转时，惯性积 $I_{y_1z_1}$ 将随着 α 角作周期性变化，并且有正有负。因此，必有一特定角度 α_0，使截面对于新坐标轴 y_0，z_0 的惯性积等于零。若截面对某一对坐标轴的惯性积等于零，则称该对坐标轴为**主惯性轴**。截面对于主惯性轴的惯性矩，称为**主惯性矩**。当一对主惯性轴的交点与

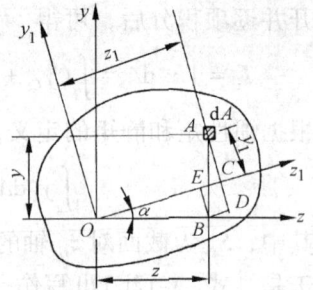

截面的形心重合时，则称为**形心主惯性轴**。截面对于形心主惯性轴的惯性矩，则称为**形心主惯性矩**。

A.4.1　主惯性轴位置

设 α_0 角为主惯性轴与原坐标轴之间的夹角（参阅图 A-9），将 α_0 角代入惯性积的转轴公式（A-15c）并令其等于零，即

$$\frac{I_z-I_y}{2}\sin2\alpha_0+I_{yz}\cos2\alpha_0=0$$

上式可改写成为

$$\tan2\alpha_0=-\frac{2I_{yz}}{I_z-I_y} \tag{A-17}$$

由上式可求出两个角度 α_0 和 $\alpha_0+90°$ 的数值，从而确定两主惯性轴 z_0 和 y_0 的位置。

A.4.2　主惯性矩公式

将由式（A-17）所得的 α_0 值代入式（A-15a）和（A-15b），可求出截面的主惯性矩的数值。为计算方便，下面导出直接计算主惯性矩数值的公式。将式（A-17）变形，可得

$$\cos2\alpha_0=\frac{1}{\sqrt{1+\tan^2 2\alpha_0}}=\frac{I_z-I_y}{\sqrt{(I_z-I_y)^2+4I_{yz}^2}} \tag{A-18a}$$

$$\sin2\alpha_0=\frac{\tan2\alpha_0}{\sqrt{1+\tan^2 2\alpha_0}}=\frac{-2I_{yz}}{\sqrt{(I_z-I_y)^2+4I_{yz}^2}} \tag{A-18b}$$

将以上两式代入式（A-15a）和（A-15b），经简化后即得**主惯性矩的计算公式**

$$\left.\begin{array}{l}I_{z_0}=\dfrac{I_z+I_y}{2}+\dfrac{1}{2}\sqrt{(I_z-I_y)^2+4I_{yz}^2}\\[2mm]I_{y_0}=\dfrac{I_z+I_y}{2}-\dfrac{1}{2}\sqrt{(I_z-I_y)^2+4I_{yz}^2}\end{array}\right\} \tag{A-19}$$

另外，由惯性矩的表达式也可导出上述主惯性矩的计算公式。由式（A-15a）和（A-15b）可见，惯性矩 I_{z_1} 和 I_{y_1} 都是 α 角的正弦和余弦函数，而 α 角可在 0° 到 360° 的范围内变化，故 I_{z_1} 和 I_{y_1} 必然有极值。由于截面对通过同一点的任意一对相互垂直的坐标轴的两惯性矩之和为一常数，因此，此两惯性矩中的一个将为极大值，另一个则为极小值。故将式（A-15a）和（A-15b）对 α 求导，且使其等于零，即

$$\frac{\mathrm{d}I_{z_1}}{\mathrm{d}\alpha}=0\quad\text{和}\quad\frac{\mathrm{d}I_{y_1}}{\mathrm{d}\alpha}=0$$

由此解得的使惯性矩取得极值的坐标轴位置的表达式与式(A-17)完全一致。从而可知，**截面对于通过任一点的主惯性轴的主惯性矩之值，也就是通过该点所有轴的惯性矩中的极大值 I_{max} 和极小值 I_{min}。** 从式(A-19)可见，I_{z_0} 就是 I_{max}，而 I_{y_0} 则为 I_{min}。

式(A-17)和(A-19)也可用于确定形心主惯性轴的位置和用于形心主惯性矩的计算，但此时式中的 I_z，I_y 和 I_{yz} 应为截面对于通过其形心的某一对轴的惯性矩和惯性积。

若通过截面形心的一对坐标轴中有一个为对称轴（如 T 形、槽形截面），则该对称轴就是形心主惯性轴。对于这种具有对称轴的组合截面，则包括此轴在内的一对互相垂直的形心轴就是形心主惯性轴。此时，只需利用移轴公式(A-13)即可求得截面的形心主惯性矩。

对于无对称轴的组合截面，必须首先确定其形心的位置，然后通过该形心选择一对便于计算惯性矩和惯性积的坐标轴，算出组合截面对于这一对坐标轴的惯性矩和惯性积。将结果代入式(A-17)和式(A-19)，即可确定表示形心主惯性轴位置的角度 α_0 和形心主惯性矩的数值。

例如 Z 形和 L 形截面，其形心主惯性轴的方位角 α_0 可由式(A-17)求出，其形心主惯性矩的数值可由式(A-19)求出。Z 形和 L 形截面的形心主惯性轴大致位置见图 A-10。

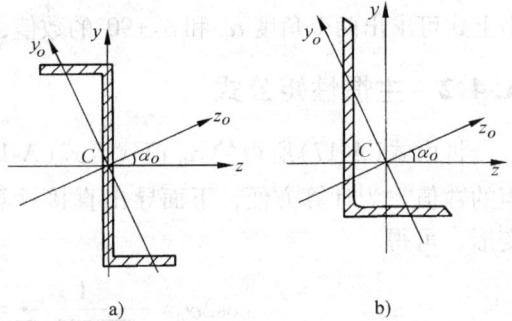

图 A-10 Z 形和 L 形截面的形心主惯性轴的位置

习 题

A-1 试求图 A-11 所示各图形的阴影线面积对 z 轴的静矩，图中尺寸单位：mm。

A-2 试确定图 A-12 所示各截面的形心位置，图中尺寸单位：mm。

A-3 试求图 A-13 所示各截面对其对称轴 z 的惯性矩，图中尺寸单位：mm。

A-4 试求图 A-14 所示各截面对其形心轴 z_C 的惯性矩 I_{z_C}，图中尺寸单位：mm。

A-5 画出图 A-15 所示各图形形心主惯性轴的大致位置，并在每个图形中区别两个形心主惯性矩的大小。

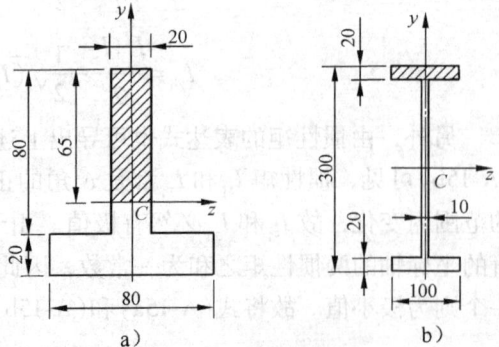

图 A-11 习题 A-1 图

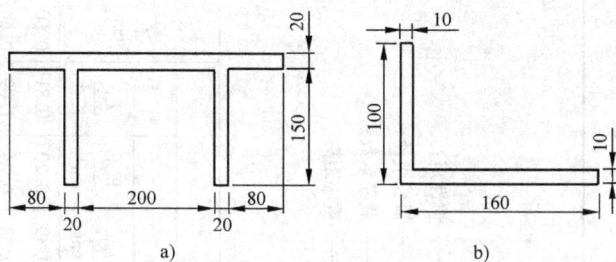

图 A-12 习题 A-2 图

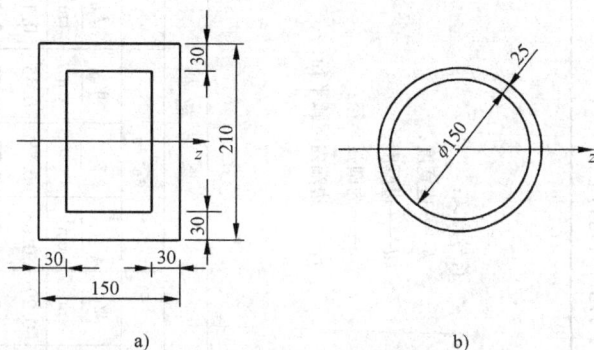

图 A-13 习题 A-3 图

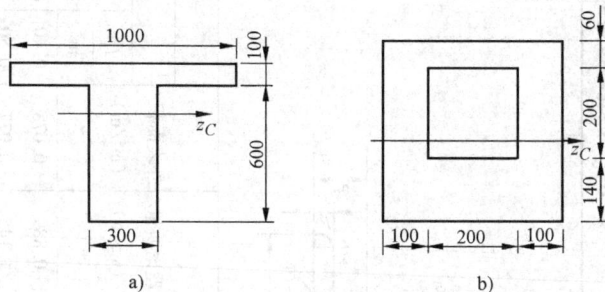

图 A-14 习题 A-4 图

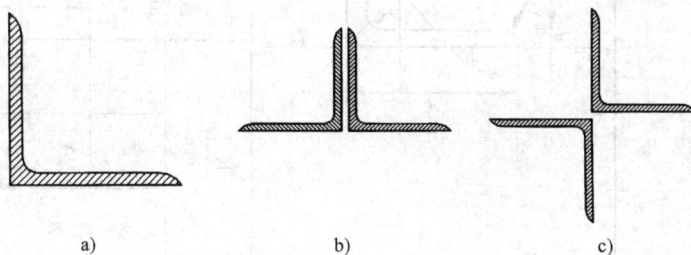

图 A-15 习题 A-5 图

附录 B 型 钢 表

表 B-1 热轧等边角钢(GB/T 9787—1988)

符号意义:

b——边宽度;
d——边厚度;
r——内圆弧半径;
r_1——边端内圆弧半径;
I——惯性矩;
i——惯性半径;
W——截面系数;
z_0——重心距离。

角钢号数	尺寸 mm			截面面积 cm²	理论质量 (kg/m)	外表面积 (m²/m)	参考数值										
							x—x			x_0—x_0			y_0—y_0			x_1—x_1	z_0
	b	d	r				I_x cm⁴	i_x cm	W_x cm³	I_{x0} cm⁴	i_{x0} cm	W_{x0} cm³	I_{y0} cm⁴	i_{y0} cm	W_{y0} cm³	I_{x1} cm⁴	cm
2	20	3	3.5	1.132	0.889	0.078	0.40	0.59	0.29	0.63	0.75	0.45	0.17	0.39	0.20	0.81	0.60
		4		1.459	1.145	0.077	0.50	0.58	0.36	0.78	0.73	0.55	0.22	0.38	0.24	1.09	0.64
2.5	25	3	3.5	1.432	1.124	0.098	0.82	0.76	0.46	1.29	0.95	0.73	0.34	0.49	0.33	1.57	0.73
		4		1.859	1.459	0.097	1.03	0.74	0.59	1.62	0.93	0.92	0.43	0.48	0.40	2.11	0.76
3.0	30	3	4.5	1.749	1.373	0.117	1.46	0.91	0.68	2.31	1.15	1.09	0.61	0.59	0.51	2.71	0.85
		4		2.276	1.786	0.117	1.84	0.90	0.87	2.92	1.13	1.37	0.77	0.58	0.62	3.63	0.89

（续）

角钢号数	尺寸/mm			截面面积/cm²	理论质量/(kg/m)	外表面积/(m²/m)	参　考　数　值														
	b	d	r				$x-x$			x_0-x_0			y_0-y_0			x_1-x_1	z_0/cm
							I_x/cm⁴	i_x/cm	W_x/cm³	I_{x0}/cm⁴	i_{x0}/cm	W_{x0}/cm³	I_{y0}/cm⁴	i_{y0}/cm	W_{y0}/cm³	I_{x1}/cm⁴	
3.6	36	3	4.5	2.109	1.656	0.141	2.58	1.11	0.99	4.09	1.39	1.61	1.07	0.71	0.76	4.68	1.00
		4		2.756	2.163	0.141	3.29	1.09	1.28	5.22	1.38	2.05	1.37	0.70	0.93	6.25	1.04
		5		3.382	2.654	0.141	3.95	1.08	1.56	6.24	1.36	2.45	1.65	0.70	1.09	7.84	1.07
4.0	40	3	5	2.359	1.852	0.157	3.59	1.23	1.23	5.69	1.55	2.01	1.49	0.79	0.96	6.41	1.09
		4		3.086	2.422	0.157	4.60	1.22	1.60	7.29	1.54	2.58	1.91	0.79	1.19	8.56	1.13
		5		3.791	2.976	0.156	5.53	1.21	1.96	8.76	1.52	3.01	2.30	0.78	1.39	10.74	1.17
4.5	45	3	5	2.659	2.088	0.177	5.17	1.40	1.58	8.20	1.76	2.58	2.14	0.90	1.24	9.12	1.22
		4		3.486	2.736	0.177	6.65	1.38	2.05	10.56	1.74	3.32	2.75	0.89	1.54	12.18	1.26
		5		4.292	3.369	0.176	8.04	1.37	2.51	12.74	1.72	4.00	3.33	0.88	1.81	15.25	1.30
		6		5.076	3.985	0.176	9.33	1.36	2.95	14.76	1.70	4.64	3.89	0.88	2.06	18.36	1.33
5	50	3	5.5	2.971	2.332	0.197	7.18	1.55	1.96	11.37	1.96	3.22	2.98	1.00	1.57	12.50	1.34
		4		3.897	3.059	0.197	9.26	1.54	2.56	14.70	1.94	4.16	3.82	0.99	1.96	16.60	1.38
		5		4.803	3.770	0.196	11.21	1.53	3.13	17.79	1.92	5.03	4.64	0.98	2.31	20.90	1.42
		6		5.688	4.465	0.196	13.05	1.52	3.68	20.68	1.91	5.85	5.42	0.98	2.63	25.14	1.46
5.6	56	3	6	3.343	2.624	0.221	10.19	1.75	2.48	16.14	2.20	4.08	4.24	1.13	2.02	17.56	1.48
		4		4.390	3.446	0.220	13.18	1.73	3.24	20.92	2.18	5.28	5.46	1.11	2.52	23.43	1.53
5.6	56	5	7	5.415	4.251	0.220	16.02	1.72	3.97	25.42	2.17	6.42	6.61	1.10	2.98	29.33	1.57
		8		8.367	6.568	0.219	23.63	1.68	6.03	37.37	2.11	9.89	9.89	1.09	4.16	47.24	1.68
6.3	63	4	7	4.978	3.907	0.248	19.03	1.96	4.13	30.17	2.46	6.78	7.89	1.26	3.29	33.35	1.70
		5		6.143	4.822	0.248	23.17	1.94	5.08	36.77	2.45	8.25	9.57	1.25	3.90	41.73	1.74
		6		7.288	5.721	0.247	27.12	1.93	6.00	43.03	2.43	9.66	11.20	1.24	4.46	50.14	1.78
		8		9.515	7.469	0.247	34.46	1.90	7.75	54.56	2.40	12.25	14.33	1.23	5.47	67.11	1.85
		10		11.657	9.151	0.246	41.09	1.88	9.39	64.85	2.36	14.56	17.33	1.22	6.36	84.31	1.93
7	70	4	8	5.570	4.372	0.275	26.39	2.18	5.14	41.80	2.74	8.44	10.99	1.40	4.17	45.74	1.86
		5		6.875	5.397	0.275	32.21	2.16	6.32	51.08	2.73	10.32	13.34	1.39	4.95	57.21	1.91
		6		8.160	6.406	0.275	37.77	2.15	7.48	59.93	2.71	12.11	15.61	1.38	5.67	68.73	1.95
		7		9.424	7.398	0.275	43.09	2.14	8.59	68.35	2.69	13.81	17.82	1.38	6.34	80.29	1.99
		8		10.667	8.373	0.274	48.17	2.12	9.68	76.37	2.68	15.43	19.98	1.37	6.98	91.92	2.03

（续）

角钢号数	尺寸/mm b	d	r	截面面积/cm²	理论质量/(kg/m)	外表面积/(m²/m)	I_x/cm⁴	i_x/cm	W_x/cm³	I_{x0}/cm⁴	i_{x0}/cm	W_{x0}/cm³	I_{y0}/cm⁴	i_{y0}/cm	W_{y0}/cm³	I_{x1}/cm⁴	z_0/cm
7.5	75	5	9	7.367	5.818	0.295	39.97	2.33	7.32	63.30	2.92	11.94	16.63	1.50	5.77	70.56	2.04
		6		8.797	6.905	0.294	46.95	2.31	8.64	74.38	2.90	14.02	19.51	1.49	6.67	84.55	2.07
		7		10.160	7.976	0.294	53.57	2.30	9.93	84.96	2.89	16.02	22.18	1.48	7.44	98.71	2.11
		8		11.503	9.030	0.294	59.96	2.28	11.20	95.07	2.88	17.93	24.86	1.47	8.19	112.97	2.15
		10		14.126	11.089	0.293	71.98	2.26	13.64	113.92	2.84	21.84	30.05	1.46	9.56	141.71	2.22
8	80	5	9	7.912	6.211	0.315	48.79	2.48	8.34	77.33	3.13	13.67	20.25	1.60	6.66	85.36	2.15
		6		9.397	7.376	0.314	57.35	2.47	9.87	90.98	3.11	16.08	23.72	1.59	7.65	102.50	2.19
		7		10.860	8.525	0.314	65.58	2.46	11.37	104.07	3.10	18.40	27.09	1.58	8.58	119.70	2.23
		8		12.303	9.658	0.314	73.49	2.44	12.83	116.60	3.08	20.61	30.39	1.57	9.46	136.97	2.27
		10		15.126	11.874	0.313	88.43	2.42	15.64	140.09	3.04	24.76	36.77	1.56	11.08	171.74	2.35
9	90	6	10	10.637	8.350	0.354	82.77	2.79	12.61	131.26	3.51	20.63	34.28	1.80	9.95	145.87	2.44
		7		12.301	9.656	0.354	94.83	2.78	14.54	150.47	3.50	23.64	39.18	1.78	11.19	170.30	2.48
		8		13.944	10.946	0.353	106.47	2.76	16.42	168.97	3.48	26.55	43.97	1.78	12.35	194.80	2.52
		10		17.167	13.476	0.353	128.58	2.74	20.07	203.90	3.45	32.04	53.26	1.76	14.52	244.07	2.59
		12		20.306	15.940	0.352	149.22	2.71	23.57	236.21	3.41	37.12	62.22	1.75	16.49	293.76	2.67
10	100	6	12	11.932	9.366	0.393	114.95	3.01	15.68	181.98	3.90	25.74	47.92	2.00	12.69	200.07	2.67
		7		13.796	10.830	0.393	131.86	3.09	18.10	208.97	3.89	29.55	54.74	1.99	14.26	233.54	2.71
		8		15.638	12.276	0.393	148.24	3.08	20.47	235.07	3.88	33.24	61.41	1.98	15.75	267.09	2.76
		10		19.261	15.120	0.392	179.51	3.05	25.06	284.68	3.84	40.26	74.35	1.96	18.54	334.48	2.84
		12		22.800	17.898	0.391	208.90	3.03	29.48	330.95	3.81	46.80	86.84	1.95	21.08	402.34	2.91
		14		26.256	20.611	0.391	236.53	3.00	33.73	374.06	3.77	52.90	99.00	1.94	23.44	470.75	2.99
		16		29.627	23.257	0.390	262.53	2.98	37.82	414.16	3.74	58.57	110.89	1.94	25.63	539.80	3.06

参考数值

（续）

角钢号数	尺寸/mm			截面面积/cm²	理论质量/(kg/m)	外表面积/(m²/m)	参考数值											
							x-x			x0-x0			y0-y0			x1-x1	z0/cm
	b	d	r				I_x/cm⁴	i_x/cm	W_x/cm³	I_{x0}/cm⁴	i_{x0}/cm	W_{x0}/cm³	I_{y0}/cm⁴	i_{y0}/cm	W_{y0}/cm³	I_{x1}/cm⁴	
11	110	7	12	15.196	11.928	0.433	177.16	3.41	22.05	280.94	4.30	36.12	73.38	2.20	17.51	310.64	2.96
		8		17.238	13.532	0.433	199.46	4.04	24.95	316.49	4.28	40.69	82.42	2.19	19.39	355.20	3.01
		10		21.261	16.690	0.432	242.19	3.38	30.60	384.39	4.25	49.42	99.98	2.17	22.91	444.65	3.09
		12		25.200	19.782	0.431	282.55	3.35	36.05	448.17	4.22	57.62	116.93	2.15	26.15	534.60	3.16
		14		29.056	22.809	0.431	320.71	3.32	41.31	508.01	4.18	65.31	133.40	2.14	29.14	625.16	3.24
12.5	125	8	14	19.750	15.504	0.492	297.03	3.88	32.52	470.89	4.88	53.28	123.16	2.50	25.86	521.01	3.37
		10		24.373	19.133	0.491	361.67	3.85	39.97	573.89	4.85	64.93	149.46	2.48	30.62	651.93	3.45
		12		28.912	22.696	0.491	423.16	3.83	41.17	671.44	4.82	76.96	174.88	2.46	35.03	783.42	3.53
		14		33.367	26.193	0.490	481.65	3.80	54.16	763.73	4.78	86.41	199.57	2.45	39.13	915.61	3.61
14	140	10	14	27.373	21.488	0.551	514.65	4.34	50.58	817.27	5.46	82.56	212.04	2.78	39.20	915.11	3.82
		12		32.512	25.522	0.551	603.68	4.31	59.80	958.79	5.43	96.85	248.57	2.76	45.02	1099.28	3.90
		14		37.567	29.490	0.550	688.81	3.28	68.75	1093.56	5.40	110.47	284.06	2.75	50.45	1284.22	3.98
		16		42.539	33.393	0.549	770.24	4.26	77.46	1221.81	5.36	123.42	318.67	2.74	55.55	1470.07	4.06
16	160	10	16	31.502	24.729	0.630	779.53	4.98	66.70	1237.30	6.27	109.36	321.76	3.20	52.76	1365.33	4.31
		12		37.441	29.391	0.630	916.58	4.95	78.98	1455.68	6.24	128.67	377.49	3.18	60.74	1639.57	4.39
		14		43.296	33.987	0.629	1048.36	4.92	90.95	1665.02	6.20	147.17	431.70	3.16	68.24	1914.68	4.47
		16		49.067	38.518	0.629	1175.08	4.89	102.63	1865.57	6.17	164.89	484.59	3.14	75.31	2190.82	4.55
18	180	12	16	42.241	35.159	0.710	1321.35	5.59	100.82	2100.10	7.05	165.00	542.61	3.58	78.41	2332.80	4.89
		14		48.896	38.388	0.709	1514.48	5.56	116.25	2407.42	7.02	189.14	625.53	3.56	88.38	2723.48	4.97
		16		55.467	43.542	0.709	1700.99	5.54	131.13	2703.37	6.98	212.40	698.0	3.55	97.83	3115.29	5.05
		18		61.955	48.634	0.708	1875.12	5.50	145.64	2988.24	6.94	234.78	762.01	3.51	105.14	3502.43	5.13
20	200	14	18	54.642	42.894	0.788	2103.55	6.20	144.70	3343.26	7.82	236.40	863.83	3.98	111.82	3734.10	5.46
		16		62.013	48.680	0.788	2366.15	6.18	163.65	3760.89	7.79	265.93	971.41	3.96	123.96	4270.39	5.54
		18		69.301	54.401	0.787	2620.64	6.15	182.22	4164.54	7.75	294.48	1076.74	3.94	135.52	4808.13	5.62
		20		76.505	60.056	0.787	2867.30	6.12	200.42	4554.55	7.72	322.06	1180.04	3.93	146.55	5347.51	5.69
		24		90.661	71.168	0.785	2338.25	6.07	236.17	5294.97	7.64	374.41	1381.53	3.90	166.55	6457.16	5.87

注：截面图中的 $r_1 = \frac{1}{3}d$ 及表中 r 值的数据用于孔型设计，不作交货条件。

表 B-2 热轧不等边角钢（GB/T 9788—1988）

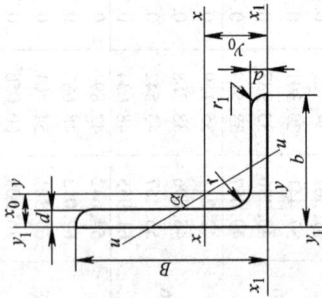

符号意义：

B——长边宽度；　　　　b——短边宽度；
d——边厚度；　　　　　r——内圆弧半径；
r₁——边端内圆弧半径；　I——惯性矩；
i——惯性半径；　　　　W——截面系数；
x₀——重心距离；　　　　y₀——重心距离。

| 角钢号数 | 尺寸 mm | | | | 截面面积 cm^2 | 理论质量 (kg/m) | 外表面积 (m^2/m) | $x{-}x$ | | | $y{-}y$ | | | $x_1{-}x_1$ | | $y_1{-}y_1$ | | $u{-}u$ | | | |
	B	b	d	r				I_x cm^4	i_x cm	W_x cm^3	I_y cm^4	i_y cm	W_y cm^3	I_{x1} cm^4	y_0 cm	I_{y1} cm^4	x_0 cm	I_u cm^4	i_u cm	W_u cm^3	$tan\alpha$
2.5/1.6	25	16	3	3.5	1.162	0.912	0.080	0.70	0.78	0.43	0.22	0.44	0.19	1.56	0.86	0.43	0.42	0.14	0.34	0.16	0.392
			4		1.499	1.176	0.079	0.88	0.77	0.55	0.27	0.43	0.24	2.09	0.90	0.59	0.46	0.17	0.34	0.20	0.381
3.2/2	32	20	3		1.492	1.171	0.102	1.53	1.01	0.72	0.46	0.55	0.30	3.27	1.08	0.82	0.49	0.28	0.43	0.25	0.382
			4		1.939	1.522	0.101	1.93	1.00	0.93	0.57	0.54	0.39	4.37	1.12	1.12	0.53	0.35	0.42	0.32	0.374
4/2.5	40	25	3	4	1.890	1.484	0.127	3.08	1.28	1.15	0.93	0.70	0.49	6.39	1.32	1.59	0.59	0.56	0.54	0.40	0.386
			4		2.467	1.936	0.127	3.93	1.26	1.49	1.18	0.69	0.63	8.53	1.37	2.14	0.63	0.71	0.54	0.52	0.381
4.5/2.8	45	28	3	5	2.149	1.687	0.143	4.45	1.44	1.47	1.34	0.79	0.62	9.10	1.47	2.23	0.64	0.80	0.61	0.51	0.383
			4		2.806	2.203	0.143	5.69	1.42	1.91	1.70	0.78	0.80	12.13	1.51	3.00	0.68	1.02	0.60	0.66	0.380
5/3.2	50	32	3	5.5	2.431	1.908	0.161	6.24	1.60	1.84	2.02	0.91	0.82	12.49	1.60	3.31	0.73	1.20	0.70	0.68	0.404
			4		3.177	2.494	0.160	8.02	1.59	2.39	2.58	0.90	1.06	16.65	1.65	4.45	0.77	1.53	0.69	0.87	0.402

参 考 数 值

（续）

角钢号数	尺寸/mm				截面面积/cm²	理论质量/(kg/m)	外表面积/(m²/m)	x—x			y—y			x₁—x₁		y₁—y₁		u—u			
	B	b	d	r				I_x/cm⁴	i_x/cm	W_x/cm³	I_y/cm⁴	i_y/cm	W_y/cm³	I_{x1}/cm⁴	y_0/cm	I_{y1}/cm⁴	x_0/cm	I_u/cm⁴	i_u/cm	W_u/cm³	$\tan\alpha$
5.6/3.6	56	36	3	6	2.743	2.153	0.181	8.88	1.80	2.32	2.92	1.03	1.05	17.54	1.78	4.70	0.80	1.73	0.79	0.87	0.408
			4		3.590	2.818	0.180	11.45	1.79	3.03	3.76	1.02	1.37	23.39	1.82	6.33	0.85	2.23	0.79	1.13	0.408
			5		4.415	3.466	0.180	13.86	1.77	3.71	4.49	1.01	1.65	29.25	1.87	7.94	0.88	2.62	0.78	1.36	0.404
6.3/4	63	40	4	7	4.058	3.185	0.202	16.49	2.02	3.87	5.23	1.14	1.70	33.30	2.04	8.63	0.92	3.12	0.88	1.40	0.398
			5		4.993	3.920	0.202	20.02	2.00	4.74	6.31	1.12	2.71	41.63	2.08	10.86	0.95	3.76	0.87	1.71	0.396
			6		5.908	4.638	0.201	23.36	1.96	5.59	7.29	1.11	2.43	49.98	2.12	13.12	0.99	4.34	0.86	1.99	0.393
			7		6.802	5.339	0.201	26.53	1.98	6.40	8.24	1.10	2.78	58.07	2.15	15.47	1.03	4.97	0.86	2.29	0.389
7/4.5	70	45	4	7.5	4.547	3.570	0.225	23.17	2.26	4.86	7.55	1.29	2.17	45.92	2.24	12.26	1.02	4.40	0.98	1.77	0.410
			5		5.609	4.403	0.225	27.95	2.23	5.92	9.13	1.28	2.65	57.10	2.28	15.39	1.06	5.40	0.98	2.19	0.407
			6		6.647	5.218	0.225	32.54	2.21	6.95	10.62	1.26	3.12	68.35	2.32	18.58	1.09	6.35	0.98	2.59	0.404
			7		7.657	6.011	0.225	37.22	2.20	8.03	12.01	1.25	3.57	79.99	2.36	21.84	1.13	7.16	0.97	2.94	0.402
(7.5/5)	75	50	5	8	6.125	4.808	0.245	34.86	2.39	6.83	12.61	1.44	3.30	70.00	2.40	21.04	1.17	7.41	1.10	2.74	0.435
			6		7.260	5.699	0.245	41.12	2.38	8.12	14.70	1.42	3.88	84.30	2.44	25.37	1.21	8.54	1.08	3.19	0.435
			8		9.467	7.431	0.244	52.39	2.35	10.52	18.53	1.40	4.99	112.50	2.52	34.23	1.29	10.87	1.07	4.10	0.429
			10		11.590	9.098	0.244	62.71	2.33	12.79	21.96	1.38	6.04	140.80	2.60	43.43	1.36	13.10	1.06	4.99	0.423
8/5	80	50	5	8	6.375	5.005	0.255	41.96	2.56	7.78	12.82	1.42	3.32	85.21	2.60	21.06	1.14	7.66	1.10	2.74	0.388
			6		7.560	5.935	0.255	49.49	2.56	9.25	14.95	1.41	3.91	102.53	2.65	25.41	1.18	8.85	1.08	3.20	0.387
			7		8.724	6.848	0.255	56.16	2.54	10.58	16.96	1.39	4.48	119.33	2.69	29.82	1.21	10.18	1.08	3.70	0.384
			8		9.867	7.745	0.254	62.83	2.52	11.92	18.85	1.38	5.03	136.41	2.73	34.32	1.25	11.38	1.07	4.16	0.381

（续）

角钢号数	尺寸 mm B	b	d	r	截面面积 cm²	理论质量 kg/m	外表面积 m²/m	x-x Ix cm⁴	x-x ix cm	x-x Wx cm³	y-y Iy cm⁴	y-y iy cm	y-y Wy cm³	x1-x1 Ix1 cm⁴	x1-x1 y0 cm	y1-y1 Iy1 cm⁴	y1-y1 x0 cm	u-u Iu cm⁴	u-u iu cm	u-u Wu cm³	tanα
9/5.6	90	56	5	9	7.212	5.661	0.287	60.45	2.90	9.92	18.32	1.59	4.21	121.32	2.91	29.53	1.25	10.98	1.23	3.49	0.385
			6		8.557	6.717	0.286	71.03	2.88	11.74	21.42	1.58	4.96	145.59	2.95	35.58	1.29	12.90	1.23	4.18	0.384
			7		9.880	7.756	0.286	81.01	2.86	13.49	24.36	1.57	5.70	169.66	3.00	41.71	1.33	14.67	1.22	4.72	0.382
			8		11.183	8.779	0.286	91.03	2.85	15.27	27.15	1.56	6.41	194.17	3.04	47.93	1.36	16.34	1.21	5.29	0.380
10/6.3	100	63	6	10	9.617	7.550	0.320	99.06	3.21	14.64	30.94	1.79	6.35	199.71	3.24	50.50	1.43	18.42	1.38	5.25	0.394
			7		11.111	8.722	0.320	113.45	3.29	16.88	35.26	1.78	7.29	233.00	3.28	59.14	1.47	21.00	1.38	6.02	0.393
			8		12.584	9.878	0.319	127.37	3.18	19.08	39.39	1.77	8.21	266.32	3.32	67.88	1.50	23.50	1.37	6.78	0.391
			10		15.467	12.142	0.319	153.81	3.15	23.32	47.12	1.74	9.98	333.06	3.40	85.73	1.58	28.33	1.35	8.24	0.387
10/8	100	80	6	10	10.637	8.350	0.354	107.04	3.17	15.19	61.24	2.40	10.16	199.83	2.95	102.68	1.97	31.65	1.72	8.37	0.627
			7		12.301	9.656	0.354	122.73	3.16	17.52	70.08	2.39	11.71	233.20	3.00	119.98	2.01	36.17	1.72	9.60	0.626
			8		13.944	10.946	0.353	137.92	3.14	19.81	78.58	2.37	13.21	266.61	3.04	137.37	2.05	40.58	1.71	10.80	0.625
			10		17.167	13.476	0.353	166.87	3.12	24.24	94.65	2.35	16.12	333.63	3.12	172.48	2.13	49.10	1.69	13.12	0.622
11/7	110	70	6	10	10.637	8.350	0.354	133.57	3.54	17.85	42.92	2.01	7.90	265.78	3.53	69.08	1.57	25.36	1.54	6.53	0.403
			7		12.301	9.656	0.354	153.00	3.53	20.60	49.01	2.00	9.09	310.07	3.57	80.82	1.61	28.95	1.53	7.50	0.402
			8		13.944	10.946	0.353	172.04	3.51	23.30	54.87	1.98	10.25	354.39	3.62	92.70	1.65	32.45	1.53	8.45	0.401
			10		17.167	13.476	0.353	208.39	3.48	28.54	65.88	1.96	12.48	443.13	3.70	116.83	1.72	39.20	1.51	10.29	0.397
12.5/8	125	80	7	11	14.096	11.066	0.403	277.98	4.02	26.86	74.42	2.30	12.01	454.99	4.01	120.32	1.80	43.81	1.76	9.92	0.408
			8		15.989	12.551	0.403	256.77	4.01	30.41	83.49	2.28	13.56	519.99	4.06	137.85	1.84	49.15	1.75	11.18	0.407
			10		19.712	15.474	0.402	312.04	3.98	37.33	100.67	2.26	16.56	650.99	4.14	173.40	1.92	59.45	1.74	13.64	0.404
			12		23.351	18.330	0.402	364.41	3.95	44.01	116.67	2.24	19.43	780.39	4.22	209.67	2.00	69.35	1.72	16.01	0.400

（续）

角钢号数	尺寸/mm B	b	d	r	截面面积/cm²	理论质量/(kg/m)	外表面积/(m²/m)	x-x I_x/cm⁴	i_x/cm	W_x/cm³	y-y I_y/cm⁴	i_y/cm	W_y/cm³	x₁-x₁ I_{x1}/cm⁴	y₀/cm	y₁-y₁ I_{y1}/cm⁴	x₀/cm	u-u I_u/cm⁴	i_u/cm	W_u/cm³	tanα
14/9	140	90	8	12	18.038	14.160	0.453	365.64	4.50	38.48	120.69	2.59	17.34	730.53	4.50	195.79	2.04	70.83	1.98	14.31	0.411
			10		22.261	17.475	0.452	445.50	4.47	47.31	146.03	2.56	21.22	913.20	4.58	245.92	2.12	85.82	1.96	17.48	0.409
			12		26.400	20.724	0.451	521.59	4.44	55.87	169.79	2.54	24.95	1096.09	4.66	296.89	2.19	100.21	1.95	20.54	0.406
			14		30.456	23.908	0.451	594.10	4.42	64.18	192.10	2.51	28.54	1279.26	4.74	348.82	2.27	114.13	1.94	23.52	0.403
16/10	160	100	10	13	25.315	19.872	0.512	668.69	5.14	62.13	205.03	2.85	26.56	1362.89	5.24	336.59	2.28	121.74	2.19	21.92	0.390
			12		30.054	23.592	0.511	784.91	5.11	73.49	239.06	2.82	31.28	1635.56	5.32	405.94	2.36	142.33	2.17	25.79	0.388
			14		34.709	27.247	0.510	896.30	5.08	84.56	271.20	2.80	35.83	1908.50	5.40	476.42	2.43	162.23	2.16	29.56	0.385
			16		39.281	30.835	0.510	1003.04	5.05	95.33	301.60	2.77	40.24	2181.79	5.48	548.22	2.51	182.57	2.16	33.44	0.382
18/11	180	110	10	14	28.373	22.273	0.571	956.25	5.80	78.96	278.11	3.13	32.49	1940.40	5.89	447.22	2.44	166.50	2.42	26.88	0.376
			12		33.721	26.464	0.571	1124.72	5.78	93.53	325.03	3.10	34.32	2328.38	5.98	538.94	2.52	194.87	2.40	31.66	0.374
			14		38.967	30.589	0.570	1286.91	5.75	107.76	369.55	3.08	43.97	2716.60	6.06	631.95	2.59	222.30	2.39	36.32	0.372
			16		44.139	34.649	0.569	1443.06	5.72	121.64	411.85	3.06	49.44	3105.15	6.14	726.46	2.67	248.94	2.38	40.87	0.369
20/12.5	200	125	12	14	37.912	29.761	0.641	1570.90	6.44	116.73	483.16	3.57	49.99	3193.85	6.54	787.74	2.83	285.79	2.74	41.23	0.392
			14		42.867	34.436	0.640	1800.97	6.41	134.65	550.83	3.54	57.44	3726.17	6.62	922.47	2.91	326.58	2.73	47.34	0.390
			16		49.739	39.045	0.639	2023.35	6.38	152.18	615.44	3.52	64.69	4258.86	6.70	1058.86	2.99	366.21	2.71	53.32	0.388
			18		55.526	43.588	0.639	2238.30	6.35	169.33	677.19	3.49	71.74	4792.00	6.78	1197.13	3.06	404.83	2.70	59.18	0.385

注：1. 括号内型号不推荐使用。

2. 截面图中的 $r_1 = \dfrac{1}{3} d$ 及表中 r 的数据用于孔型设计，不作交货条件。

表 B-3　热轧槽型钢（GB/T 707—1988）

符号意义：

h——高度；
b——腿宽度；
d——腰厚度；
t——平均腿厚度；
r——内圆弧半径；

r_1——腿端圆弧半径；
I——惯矩；
W——截面模量；
i——惯性半径；
z_0——y-y 轴与 y_1-y_1 轴间距。

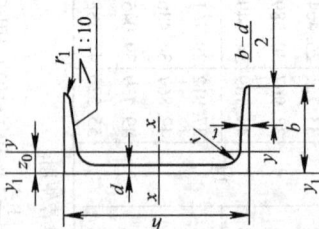

型号	尺寸 mm						截面面积 $\dfrac{}{cm^2}$	理论质量 $\dfrac{}{(kg/m)}$	参考数值							
									x-x			y-y			y_1-y_1	z_0
	h	b	d	t	r	r_1			$\dfrac{W_x}{cm^3}$	$\dfrac{I_x}{cm^4}$	$\dfrac{i_x}{cm}$	$\dfrac{W_y}{cm^3}$	$\dfrac{I_y}{cm^4}$	$\dfrac{i_y}{cm}$	$\dfrac{I_{y1}}{cm^4}$	$\dfrac{z_0}{cm}$
5	50	37	4.5	7	7	3.5	6.93	5.44	10.4	26	1.94	3.55	8.3	1.1	20.9	1.35
6.3	63	40	4.8	7.5	7.5	3.75	8.444	6.63	16.123	50.786	2.453	4.50	11.872	1.185	28.38	1.36
8	80	43	5	8	8	4	10.24	8.04	25.3	101.3	3.15	5.79	16.6	1.27	37.4	1.43
10	100	48	5.3	8.5	8.5	4.25	12.74	10	39.7	198.3	3.95	7.8	25.6	1.41	54.9	1.52
12.6	126	53	5.5	9	9	4.5	15.69	12.37	62.137	391.466	4.953	10.242	37.99	1.567	77.09	1.59
14a	140	58	6	9.5	9.5	4.75	18.51	14.53	80.5	563.7	5.52	13.01	53.2	1.7	107.1	1.71
14b	140	60	8	9.5	9.5	4.75	21.31	16.73	87.1	609.4	5.35	14.12	61.1	1.69	120.6	1.67
16a	160	63	6.5	10	10	5	21.95	17.23	108.3	866.2	6.28	16.3	73.3	1.83	144.1	1.8
16b	160	63	8.5	10	10	5	25.15	19.74	116.8	934.5	6.1	17.55	83.4	1.82	160.8	1.75
18a	180	68	7	10.5	10.5	5.25	25.69	20.17	141.4	1272.7	7.04	20.03	98.6	1.96	189.7	1.88
18b	180	70	9	10.5	10.5	5.25	29.29	22.99	152.2	1369.9	6.84	21.52	111	1.95	210.1	1.84

（续）

型号	尺寸/mm						截面面积/cm²	理论质量/(kg/m)	参考数值							
									x-x			y-y			y₁-y₁	z₀
	h	b	d	t	r	r_1			W_x/cm³	I_x/cm⁴	i_x/cm	W_y/cm³	I_y/cm⁴	i_y/cm	I_{y1}/cm⁴	/cm
20a	200	73	7	11	11	5.5	28.83	22.63	178	1780.4	7.86	24.2	128	2.11	244	2.01
20b	200	73	9	11	11	5.5	32.83	25.77	191.4	1913.7	7.64	25.88	143.6	2.09	268.4	1.95
22a	220	77	7	11.5	11.5	5.75	31.84	24.99	217.6	2393.9	8.67	28.17	157.8	2.23	298.2	2.1
22b	220	79	9	11.5	11.5	5.75	36.24	28.45	233.8	2571.4	8.42	30.05	176.4	2.21	326.3	2.03
25a	250	78	7	12	12	6	34.91	27.47	269.597	3369.62	9.823	30.607	175.529	2.243	322.256	2.065
25b	250	80	9	12	12	6	39.91	31.39	282.402	3530.04	9.405	32.657	196.421	2.218	353.187	1.982
25c	250	82	11	12	12	6	44.91	35.32	295.236	3690.45	9.065	35.926	218.415	2.206	384.133	1.921
28a	280	82	7.5	12.5	12.5	6.25	40.02	31.42	340.328	4764.59	10.91	35.718	217.989	2.333	387.566	2.097
28b	280	84	9.5	12.5	12.5	6.25	45.62	35.81	366.46	5130.45	10.6	37.929	242.144	2.304	427.589	2.016
28c	280	86	11.5	12.5	12.5	6.25	51.22	40.21	392.594	5496.32	10.35	40.301	267.602	2.286	426.597	1.951
32a	320	88	8	14	14	7	48.7	38.22	474.879	7598.06	12.49	46.473	304.787	2.502	552.31	2.242
32b	320	90	10	14	14	7	55.1	43.25	509.012	8144.2	12.15	49.157	336.332	2.471	592.933	2.158
32c	320	92	12	14	14	7	61.5	48.28	543.145	8690.33	11.88	52.642	374.175	2.467	643.299	2.092
36a	360	96	9	16	16	8	60.89	47.8	659.7	11874.2	13.97	63.54	455	2.73	818.4	2.44
36b	360	98	11	16	16	8	68.09	53.45	702.9	12651.8	13.63	66.85	496.7	2.7	880.4	2.37
36c	360	100	13	16	16	8	75.29	50.1	746.1	13429.4	13.36	70.02	536.4	2.67	947.9	2.34
40a	400	100	10.5	18	18	9	75.05	58.91	878.9	17577.9	15.30	78.83	592	2.81	1067.7	2.49
40b	400	102	12.5	18	18	9	83.05	65.19	932.2	18644.5	14.98	82.52	640	2.78	1135.6	2.44
40c	400	104	14.5	18	18	9	91.05	71.47	985.6	19711.2	14.71	86.19	687.8	2.75	1220.7	2.42

注：截面图和表中标注的圆弧半径 r、r_1 的数据用于孔型设计，不作交货条件。

表 B-4　热轧工字钢（GB/T 706—1988）

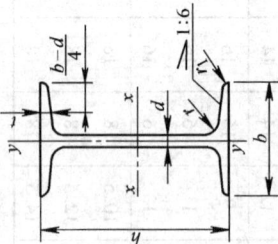

符号意义：

h——高度；
b——腿宽度；
d——腰厚度；
t——平均腿厚度；
r——内圆弧半径；
r₁——腿端圆弧半径；
I——惯性矩；
W——截面系数；
i——惯性半径；
S——半截面的静矩。

型号	尺寸/mm						截面面积 cm²	理论质量 (kg/m)	参考数值						
									x—x				y—y		
	h	b	d	t	r	r_1			I_x cm⁴	W_x cm³	i_x cm	$I_x:S_x$ cm	I_y cm⁴	W_y cm³	i_y cm
10	100	68	4.5	7.6	6.5	3.3	14.3	11.2	245	49	4.14	8.59	33	9.72	1.52
12.6	126	74	5	8.4	7	3.5	18.1	14.2	488.43	77.529	5.195	10.85	46.906	12.677	1.609
14	140	80	5.5	9.1	7.5	3.8	21.5	16.9	712	102	5.76	12	64.4	16.1	1.73
16	160	88	6	9.9	8	4	26.1	20.5	1130	141	6.58	13.8	93.1	21.2	1.89
18	180	94	6.5	10.7	8.5	4.3	30.6	24.1	1660	185	7.36	15.4	122	26	2
20a	200	100	7	11.4	9	4.5	35.5	27.9	2370	237	8.15	17.2	158	31.5	2.12
20b	200	102	9	11.4	9	4.5	39.5	31.1	2500	250	7.96	16.9	169	33.1	2.06
22a	200	110	7.5	12.3	9.5	4.8	42	33	3400	309	8.99	18.9	225	40.9	2.31
22b	220	112	9.5	12.3	9.5	4.8	46.4	36.4	3570	325	8.78	18.7	239	42.7	2.27
25a	250	116	8	13	10	5	48.5	38.1	5023.54	401.88	10.18	21.58	280.046	48.283	2.403
25b	250	118	10	13	10	5	53.5	42	5283.96	422.72	9.938	21.27	309.297	52.423	2.404
28a	280	122	8.5	13.7	10.5	5.3	55.45	43.4	7114.14	508.15	11.32	24.62	345.051	56.565	2.495
28b	280	124	10.5	13.7	10.5	5.3	61.05	47.9	7480	534.29	11.08	24.24	379.496	61.209	2.493

（续）

型号	尺寸 mm						截面面积 cm²	理论质量 (kg/m)	参考数值						
									x—x				y—y		
	h	b	d	t	r	r_1			I_x cm⁴	W_x cm³	i_x cm	$I_x:S_x$ cm	I_y cm⁴	W_y cm³	i_y cm
32a	320	130	9.5	15	11.5	5.8	67.05	52.7	11075.5	692.2	12.84	27.46	459.93	70.758	2.619
32b	320	132	11.5	15	11.5	5.8	73.45	57.7	11621.4	726.33	12.58	27.09	501.93	75.989	2.614
32c	320	134	13.5	15	11.5	5.8	79.95	62.8	12167.5	760.47	12.34	26.77	543.81	81.166	2.608
36a	360	136	10	15.8	12	6	76.3	59.9	15760	875	14.4	30.7	552	81.2	2.69
36b	360	138	12	15.8	12	6	83.5	65.6	16530	919	14.1	30.3	582	84.3	2.64
36c	360	140	14	15.8	12	6	90.7	71.2	17310	962	13.8	29.9	612	87.4	2.6
40a	400	142	10.5	16.5	12.5	6.3	86.1	67.6	21720	1090	15.9	34.1	660	93.2	2.77
40b	400	144	12.5	16.5	12.5	6.3	94.1	73.8	22780	1140	15.6	33.6	692	96.2	2.71
40c	400	146	14.5	16.5	12.5	6.3	102	80.1	23850	1190	15.2	33.2	727	99.6	2.65
45a	450	150	11.5	18	13.5	6.8	102	80.4	32240	1430	17.7	38.6	855	114	2.89
45b	450	152	13.5	18	13.5	6.8	111	87.4	33760	1500	17.4	38	894	118	2.84
45c	450	154	15.5	18	13.5	6.8	120	94.5	35280	1570	17.1	37.6	938	122	2.79
50a	500	158	12	20	14	7	119	93.6	46470	1860	19.7	42.8	1120	142	3.07
50b	500	160	14	20	14	7	129	101	48560	1940	19.4	42.4	1170	146	3.01
50c	500	162	16	20	14	7	139	109	50640	2080	19	41.8	1220	151	2.96
56a	560	166	12.5	21	14.5	7.3	135.25	106.2	65585.6	2342.31	22.02	47.73	1370.16	165.08	3.182
56b	560	168	14.5	21	14.5	7.3	146.45	115	68512.5	2446.69	21.63	47.17	1486.75	174.25	3.162
56c	560	170	16.5	21	14.5	7.3	157.85	123.9	71439.4	2551.41	21.27	46.66	1558.39	183.34	3.158
63a	630	176	13	22	15	7.5	154.9	121.6	93916.2	2981.47	24.62	54.17	1700.55	193.24	3.314
63b	630	178	15	22	15	7.5	167.5	131.5	98083.6	3163.38	24.2	53.51	1812.07	203.6	3.289
63c	630	180	17	22	15	7.5	180.1	141	102251.1	3298.42	23.82	52.92	1924.91	213.88	3.268

注：截面图和表中标注的圆弧半径 r，r_1 的数据用于孔型设计，不作交货条件。

附录 C 习题参考答案

第 2 章

2-1 $F_R = 853N$

2-2 $F_R = 68.8N$，指向左上方且与水平成 $88°28'$

2-3 $F_R = 8.2kN$，$F_2 = 4.24kN$

2-4 （1）投影：$F_x = 8.66N$，$F_y = 5N$，分力：$F_x = 8.66N$，$F_y = 5N$

　　（2）投影：$F_{x'} = 8.66N$，$F_{y'} = 7.07N$，分力：$F_{x'} = 7.32N$，$F_{y'} = 5.18N$

2-6 $F_A = 1075N$

2-7 $F_{BC} = 5kN$（拉），$F_{AC} = 10kN$（压）

2-8 $F_A = F_B = 0.707F$

2-9 $M_O(F_1) = 336.4N \cdot m$，$M_O(F_2) = -672.8N \cdot m$

2-10 $M_A = -1500N \cdot m$

2-11 （1）$M_O = -500N \cdot m$　（2）$F_2 = 577.4N$　（3）$F_{min} = 500N$，方向垂直 OA

2-12 $M_A(F_{P1}) = -156kN \cdot m$，$M_A(F_{P2}) = -54kN \cdot m$，$M_A(F_1) = -209kN \cdot m$，$M_A$
　　　$(F_2) = 147kN \cdot m$

2-13 $200N \cdot m$

2-14 （a）$F_A = F_B = M/l$　（b）$F_A = F_B = M/l$　（c）$F_A = F_B = M/l\cos\alpha$

2-15 $F_A = F_C = M/2\sqrt{2}a$

第 3 章

3-1 $F' = F$，$M_C = 60N \cdot m$，$M_A = -15N \cdot m$

3-2 $F'_R = 336.7N$，$M_A = 937N \cdot m$

3-3 $F'_R = 45.4kN$，$\alpha = 82°24'$　F'_R　$M_O = 54.8kN \cdot m$

3-4 $F_A = -\dfrac{F_1 a + F_2 b}{c}$，$F_{Bx} = \dfrac{F_1 a + F_2 b}{c}$，$F_{By} = F_1 + F_2$

3-5 $F_{Ax} = 2.4kN$，$F_{Ay} = 1.2kN$，$F_B = 848N$

3-6 （a）$F_{Ax} = 1.414F$，$F_{Ay} = F_B = 0.707F$　（b）$F_{Ax} = F_{Ay} = 0.5F$，$F_B = 0.707F$

　　　（c）$-F_A = F_B = 0.8N$　（d）$F_A = 3.8kN$，$F_B = 4.2kN$

3-7　(a) $F_{Ax}=0$, $F_{Ay}=2F$, $M_A=2Fa$

　　(b) $F_{Ax}=0$, $F_{Ay}=F-0.5qh$, $M_A=1/6qh^2-Fh$

3-8　(a) $F_{Ax}=0$, $F_{Ay}=-\dfrac{1}{2}\left(F+\dfrac{M}{a}\right)$; $F_B=\dfrac{1}{2}\left(3F+\dfrac{M}{a}\right)$

　　(b) $F_{Ax}=0$, $F_{Ay}=-\dfrac{1}{2}\left(F+\dfrac{M}{a}-\dfrac{5}{2}qa\right)$; $F_B=\dfrac{1}{2}\left(3F+\dfrac{M}{a}-\dfrac{1}{2}qa\right)$

3-9　(a) $F_{Ax}=-3\text{kN}$, $F_{Ay}=-0.25\text{kN}$, $F_B=4.25\text{kN}$

　　(b) $F_{Ax}=0$, $F_{Ay}=6\text{kN}$, $M_A=5\text{kN}\cdot\text{m}$

3-10　$F_{Ax}=0$, $F_{Ay}=6\text{kN}$, $M_A=-14\text{kN}\cdot\text{m}$

3-11　$F_{Ax}=0$, $F_{Ay}=53\text{kN}$, $F_B=37\text{kN}$

3-12　$F_{Ax}=0$, $F_{Ay}=3.75\text{kN}$, $F_B=-0.25\text{kN}$

3-13　(a) $F_A=F/4$, $F_C=5F/4$, $F_H=-F/2$　(b) $F_A=-qa/2$, $M_A=qa^2$, $F_D=3qa/2$

3-14　$F_{Ax}=30\text{kN}$, $F_{Ay}=15\text{kN}$, $F_B=0$, $F_D=15\text{kN}$

3-15　$F_{Ax}=-3\text{kN}$, $F_{Ay}=9\text{kN}$, $F_{Bx}=-9\text{kN}$, $F_{By}=15\text{kN}$, $F_{Cx}=9\text{kN}$, $F_{Cy}=3\text{kN}$

3-16　$F_T=Fa/4h$

3-17　$F_{AB}=F_{BD}=-0.83\text{kN}$, $F_{AC}=F_{CD}=0.67\text{kN}$, $F_{BC}=1\text{kN}$

3-18　滑块处于平衡状态,摩擦力 $F_s=5\text{N}$,沿斜面指向上方

3-19　$F_P=282\text{kN}$

3-20　(1) 不滑动　(2) 不翻倒

第 4 章

4-1　$F_x=-70.7\text{N}$, $F_y=35.35\text{N}$, $F_z=-61.2\text{N}$

4-2　$F_{AB}=3.2\text{kN}$

4-3　$F_{OA}=F_{OB}=F_P/3$, $F_{OC}=-2F_P/\sqrt{3}$（压）

4-4　$F_B=F_C=26.4\text{kN}$, $F_D=33.5\text{kN}$

4-5　$F_2=800\text{N}$, $F_{Ax}=320\text{N}$, $F_{Az}=-480\text{N}$, $F_{Bx}=-1120\text{N}$, $F_{Bz}=-320\text{N}$

4-6　$F_G=F_H=28.3\text{kN}$, $F_{Ax}=0$, $F_{Ay}=20\text{kN}$, $F_{Az}=69\text{kN}$

4-7　$F_{CE}=200\text{N}$, $F_{Ax}=86.6\text{N}$, $F_{Ay}=150\text{N}$, $F_{Az}=100\text{N}$, $F_{Bx}=F_{Bz}=0$

4-8　$F_{Ax}=-10\text{kN}$, $F_{Ay}=17.32\text{kN}$, $F_{Az}=10\text{kN}$, $M_{Ax}=0$, $M_{Ay}=20\text{kN}\cdot\text{m}$, $M_{Az}=-34.64\text{kN}\cdot\text{m}$

4-9　(a) $x_C=3.33\text{mm}$　(b) $y_C=36.1\text{mm}$　(c) $x_C=11.875\text{mm}$　(d) $y_C=175\text{mm}$

4-10　$x_C=71.4\text{mm}$, $y_C=135.7\text{mm}$, $z_C=142.9\text{mm}$

第 5 章

5-1　(a) $F_{Nmax}=F$　(b) $F_{Nmax}=10\text{kN}$　(c) $F_{Nmax}=ql$　(d) $F_{Nmax}=F$

5-2　（a）$M_{xmax} = 3T$　（b）$M_{xmax} = 700kN \cdot m$　（c）$M_{xmax} = 500N \cdot m$

5-3　$M_{xmax} = 1273N \cdot m$

5-4　（a）$F_{Q1-1} = \dfrac{3}{4}qa$，$M_{1-1} = \dfrac{5}{4}qa^2$；$F_{Q2-2} = -\dfrac{5}{4}qa$，$M_{2-2} = \dfrac{5}{4}qa^2$

　　（b）$F_{Q1-1} = -20kN$，$M_{1-1} = -20kN \cdot m$

　　（c）$F_{Q1-1} = \dfrac{1}{2}qa$，$M_{1-1} = qa^2$；$F_{Q2-2} = -\dfrac{1}{2}qa$，$M_{2-2} = \dfrac{1}{2}qa^2$

　　（d）$F_{Q1-1} = 0$，$M_{1-1} = \dfrac{9}{2}qa^2$

　　（e）$F_{Q1-1} = -\dfrac{1}{12}q_0 a$，$M_{1-1} = 0$

　　（f）$F_{Q1-1} = \dfrac{1}{24}q_0 a$，$M_{1-1} = \dfrac{1}{16}q_0 a^2$

5-5　（a）$F_{Qmax} = \dfrac{ql}{2}$，$M_{max} = \dfrac{1}{8}ql^2$

　　（b）$|F_{Qmax}| = qa$，$M_{max} = \dfrac{1}{2}qa^2$

　　（c）$F_{Qmax} = F$，$|M_{max}| = Fa$

　　（d）$F_{Qmax} = qa$，$M_{max} = qa^2$

　　（e）$F_{Qmax} = \dfrac{ql}{2}$，$M_{max} = \dfrac{9}{8}ql^2$

　　（f）$F_{Qmax} = 20kN$，$|M_{max}| = 20kN \cdot m$

5-6　（a）$|F_{Qmax}| = 6kN$，$|M_{max}| = 14kN \cdot m$

　　（b）$F_{Qmax} = \dfrac{qa}{2}$，$M_{max} = \dfrac{5}{8}qa^2$

　　（c）$F_{Qmax} = qa$，$|M_{max}| = \dfrac{3}{2}qa^2$

　　（d）$|F_{Qmax}| = 30kN$，$M_{max} = 52.5kN \cdot m$

　　（e）$F_{Qmax} = qa$，$M_{max} = qa^2$

　　（f）$F_{Qmax} = \dfrac{qa}{2}$，$|M_{max}| = \dfrac{7}{24}qa^2$

5-7　$F_{Qmax} = \dfrac{qa}{2}$，$M_{max} = \dfrac{1}{4}qa^2$

5-8　（a）$F_{Qmax} = F$，$M_{max} = Fa$

　　（b）$|F_{Qmax}| = 12kN$，$|M_{max}| = 8kN \cdot m$

（c） $|F_{Qmax}| = \dfrac{M_e}{l}$，$M_{max} = \dfrac{5M_e}{3}$

（d） $|F_{Qmax}| = 25kN$，$M_{max} = 31.5kN \cdot m$

5-9 $\dfrac{qa^2}{2}$（逆时针）

5-10 （a） $F_{P1} = 2F$，$F_{P2} = F$，$F_{Qmax} = \dfrac{5F}{3}$

（b） $q = 10kN/m$，$F_p = 10kN$，$F_{Qmax} = 20kN$

第 6 章

6-1 （1） $\sigma_{max} = 950MPa$ （2） $\sigma_{max} = 404MPa$

6-2 $\sigma_{CD} = 53.1MPa$

6-3 $E = 73.4GPa$，$\nu = 0.326$

6-4 $F = 1931kN$

6-5 $\Delta_{Cy} = 0.14mm$

6-6 $\Delta_{Cx} = 0.476mm(\rightarrow)$，$\Delta_{Cy} = 0.476mm(\downarrow)$

6-7 $\tau_1 = 31.4MPa$，$\tau_2 = 0MPa$，$\tau_3 = 47.2MPa$，$\gamma = 0.59 \times 10^{-3} rad$

6-8 6.67%

6-9 （1） $\tau_{max1} = 35.5MPa$ （2） $\varphi = 0.01143rad$

6-10 $a = 402mm$

6-11 （1） $M_x = 6.43kN \cdot m$ （2） $\varphi_B = 1.07°$

6-12 $\rho_1 = 1215m$，$\rho_2 = 2142m$

6-13 $\rho = 85.7m$

6-14 （1） 21% （2）腹板约 15.9%，翼缘约 84.1%

6-15 （a） $\sigma_{max} = \dfrac{3}{4}\dfrac{ql^2}{a^3}$ （b） $\sigma_{max} = \dfrac{3}{2}\dfrac{ql^2}{a^3}$ （c） $\sigma_{max} = \dfrac{3}{4}\dfrac{ql^2}{a^3}$

6-16 $F = 85.8kN$

6-17 $\tau_{a-a} = 0$，$\tau_{b-b} = 1.75MPa$

6-18 $\sigma = 55.8MPa$，$\tau = 15.9MPa$

6-19 $\tau = 1MPa$

6-20 a） $\theta_C = -\dfrac{7Fl^3}{6EI}$，$w_C = \dfrac{Fl^3}{EI}$

b） $\theta_C = -\dfrac{Fa^2}{12EI}$，$w_C = -\dfrac{Fa^3}{12EI}$

c) $w_D = \dfrac{6Fl^3}{EI}$

d) $\theta_C = \dfrac{5ql^3}{16EI}$, $w_C = \dfrac{13ql^4}{48EI}$

6-21 a) $\theta_A = 0$、$w_A = 0$、$w_B = 0$ 及 $w_C^+ = w_C^-$

b) $\theta_A = 0$、$w_A = 0$、$\theta_B^+ = \theta_B^-$ 及 $w_B^+ = w_B^-$

c) $w_A = 0$、$\theta_D^+ = \theta_D^-$、$w_D^+ = w_D^-$ 及 $w_B = \dfrac{Fl}{2EA}$

6-22 a) $\theta_C = \dfrac{13Fl^2}{6EI}$, $w_C = \dfrac{71Fl^3}{24EI}$

b) $\theta_B = \dfrac{23Fl^2}{12EI}$, $w_C = \dfrac{5Fl^3}{12EI}$

c) $w_B = \dfrac{11ql^4}{24EI} + \dfrac{Fl^3}{6EI}$, $w_C = \dfrac{21ql^4}{48EI} + \dfrac{Fl^3}{4EI}$, $\theta_D = -\dfrac{9ql^3}{16EI} - \dfrac{Fl^2}{3EI}$

第 7 章

7-1 $[F] = 45.24$kN

7-2 $A_1 = 0.576\text{m}^2$, $A_2 = 0.665\text{m}^2$

7-3 (1) $d = 79$mm (2) $d_1 = 66$mm, $d_2 = 79$mm, $d_3 = 79$mm, $d_4 = 50$mm

7-4 (1) $d_1 = 85$mm, $d_2 = 75$mm (2) $d = 85$mm

7-5 $T_1 = 5.23$kN·m, $T_2 = 10.5$kN·m

7-6 $F = 13.1$kN

7-7 $\sigma_{\text{tmax}} = 28.8$MPa, $\sigma_{\text{cmax}} = 46.1$MPa

7-8 $d = 266$mm

7-9 $q = 15.7$kN/m

7-10 No14a 槽钢

7-11 18 层

7-12 $\tau = 84.88$MPa, $d = 33$mm

7-13 $F_1 = 240$kN·m, $F_2 = 190.4$kN·m

7-14 10 只

第 8 章

8-1 (a) $\sigma_\alpha = 7.32$MPa, $\tau_\alpha = -7.32$MPa

(b) $\sigma_\alpha = 159.8$MPa, $\tau_\alpha = 323.2$MPa

(c) $\sigma_\alpha = -12.5$MPa, $\tau_\alpha = 64.95$MPa

8-2 $\sigma_x = 91.25\text{MPa}$, $\alpha = 20.6°$

8-3 （a） $\sigma_1 = 115.44\text{MPa}$, $\sigma_2 = 0$, $\sigma_3 = -55.44\text{MPa}$, $\alpha_0 = -34.72°$, $\tau_{max} = 85.44\text{MPa}$

（b） $\sigma_1 = 102.62\text{MPa}$, $\sigma_2 = 0$, $\sigma_3 = -52.62\text{MPa}$, $\alpha_0 = -7.47°$, $\tau_{max} = 77.62\text{MPa}$

8-4 $\sigma_1 = 160\text{MPa}$, $\tau_x = \pm69.3\text{MPa}$

8-5 $\sigma_1 = 120\text{MPa}$, $\sigma_2 = 0$, $\sigma_3 = 0$

8-6 $\sigma_1 = 72.15\text{MPa}$, $\sigma_2 = 0$, $\sigma_3 = -56.25\text{MPa}$

8-7 $\sigma_1 = 100.7\text{MPa}$, $\sigma_2 = 49.35\text{MPa}$, $\sigma_3 = -4\text{MPa}$

8-8 $T = 573\text{kN} \cdot \text{m}$

8-9 （a） $\sigma_1 = 110\text{MPa}$, $\sigma_2 = 60\text{MPa}$, $\sigma_3 = 10\text{MPa}$, $\tau_{max} = 50\text{MPa}$

（b） $\sigma_1 = 52.2\text{MPa}$, $\sigma_2 = 10\text{MPa}$, $\sigma_3 = -42.16\text{MPa}$, $\tau_{max} = 47.2\text{MPa}$

（c） $\sigma_1 = 100\text{MPa}$, $\sigma_2 = \sigma_3 = -100\text{MPa}$, $\tau_{max} = 100\text{MPa}$

8-10 $\tau_x = 40\text{MPa}$, $\sigma_2 = 20\text{MPa}$, $\sigma_3 = 10\text{MPa}$, $\tau_{max} = 55\text{MPa}$

8-11 $\varepsilon_{45°} = -4.69 \times 10^{-5}$

8-12 $\varepsilon_1 = 3.75 \times 10^{-4}$, $\varepsilon_2 = 0$, $\varepsilon_3 = -3.75 \times 10^{-4}$

8-13 $\sigma_1 = 0\text{MPa}$, $\sigma_2 = -19.8\text{MPa}$, $\sigma_3 = -60\text{MPa}$

8-14 $\sigma_{r1} = 22.5\text{MPa} < [\sigma_t] = 30\text{MPa}$

8-15 危险程度相同

8-16 $\sigma_{r1} = 200\text{MPa} < \sigma_b = 300\text{MPa}$, $\sigma_{r3} = 300\text{MPa} < \sigma_s = 500\text{MPa}$, $\sigma_{r4} = 264.6\text{MPa} < \sigma_s = 500\text{MPa}$

8-17 $\sigma_{r3} = 100\text{MPa} < [\sigma] = 160\text{MPa}$

8-18 $n = 3.72$

第 9 章

9-1 $\sigma_{max} = 9.799\text{MPa}$

9-2 （1） $\sigma_{max} = 9.88\text{MPa}$ （2） $\sigma_{max} = 10.5\text{MPa}$

9-3 $\sigma_{tmax} = 5.09\text{MPa}$, $\sigma_{cmax} = 5.29\text{MPa}$

9-4 $b = 5.81\text{m}$

9-5 （1） $\sigma_{tmax} = \dfrac{8F}{a^2}$, $\sigma_{cmax} = \dfrac{4F}{a^2}$, 8 倍

（2） $\sigma_{tmax} = 28.62 \dfrac{F}{\pi d^2}$, $\sigma_{cmax} = 21.01 \dfrac{F}{\pi d^2}$, 7.16 倍

9-6 略

9-7 $\sigma_{左} = -1.13\text{MPa}$, $\sigma_{右} = -1.73\text{MPa}$

9-8 $\sigma_A = 31.33$MPa

9-9 $F = 24.9$kN

9-10 略

9-11 $W = 0.788$kN

9-12 $\delta = 2.65$mm

9-13 $\sigma_{r3} = 161$MPa

9-14 $\sigma_{r3} = 132$MPa

9-15 $\sigma_{r3} = 161$MPa

第 10 章

10-1 （a）$F_{cr} = 9.5$kN （b）$F_{cr} = 52.6$kN （c）$F_{cr} = 601.5$kN

10-2 $F_{cr} = 100.7$kN

10-3 $\lambda_a = 70$，$\lambda_b = 80$，杆 b 容易失稳

10-4 c 最大，b 最小

10-5 矩形：实心圆：正方形：空心圆为 1：1.91：2.0：5.6

10-6 $F_{cr} = 98.1$kN，$[F] = 24.5$kN

10-7 $\varphi[\sigma]A = 65.5$kN$>F$，安全

10-8 $[F] = 781$kN

第 11 章

11-1 （a）几何不变且无多余约束 （b）几何不变且无多余约束

（c）几何不变且无多余约束 （d）几何不变且无多余约束

（e）几何不变且无多余约束 （f）几何不变有一多余约束

（g）几何不变有一多余约束 （h）瞬变体系

（i）几何不变且无多余约束 （j）瞬变体系

11-2 （a）$M_B = M_C = 30$kN·m（外侧受拉），$F_{QBC} = 0$，$F_{NBC} = -10$kN（压力）

（b）$M_D = 16$kN·m（左侧受拉），$F_{QD} = 6$kN，$F_{ND} = -2$kN（压力）

（c）$M_B = 6$kN·m（外侧受拉），$F_{QBC} = 7$kN，$F_{NBC} = -4$kN（压力）

（d）$M_{CB} = 36$kN·m（外侧受拉），$F_{QCB} = -4$kN，$F_{NCB} = -4$kN（压力）

（e）$M_{DC} = 8$kN·m（左侧受拉），$F_{QDC} = 0$，$F_{NDC} = 0$

（f）$M_{DA} = 125$kN·m（左侧受拉）

（g）$M_D = 2.66$kN·m（内侧受拉），$F_{QDA} = -1.34$kN

（h）$M_{BC} = 16$kN·m（上侧受拉）

11-3 （a）9 根 （b）4 根

11-4 （a）腹杆均为零杆，上弦杆轴力均为 $\sqrt{3}F_P$，下弦杆轴力均为 $-2F_P$

（b）$F_{N13} = 3F_P$，$F_{N14} = -3.35F_P$，$F_{N45} = -2.23F_P$，$F_{N46} = -1.12F_P$，$F_{N56} = -2.24F_P$

11-5　$F_{N13} = 13.5\text{kN}$，$F_{N23} = -12.5\text{kN}$，$F_{N35} = 7.5\text{kN}$，$F_{N45} = -6\text{kN}$

11-6　（a）$F_{N1} = \dfrac{F_P}{3}$，$F_{N2} = \dfrac{\sqrt{2}}{3}F_P$，$F_{N3} = F_P$

　　　（b）$F_{N1} = -F_P$，$F_{N2} = 0.745F_P$

11-7　$M_D = 0$，$F_{QD} = 0$，$F_{ND} = 9\text{kN}$（压力），$F_{QE}^L = 3.6\text{kN}$，$F_{QE}^R = -3.6\text{kN}$，$F_{NE}^L = 7.16\text{kN}$（压力），$F_{NE}^R = 10.73\text{kN}$（压力）

第 12 章

12-1　$\Delta_c = \dfrac{2320}{9EI}$（向下）

12-2　$\theta_b = \dfrac{F_P l^2}{8EI}$（顺时针）

12-3　$\theta_A = \dfrac{F_P l^2}{12EI}$（逆时针），$\Delta_C = \dfrac{F_P l^3}{8EI}$（向下）

12-4　$\theta_A = 0$，$\Delta_C = \dfrac{ql^4}{24EI}$（向上）

12-5　$\Delta_C = \dfrac{ql^4}{24EI}$（向左），$\theta_A = \dfrac{ql^3}{24EI}$（顺时针）

12-6　$\Delta_A = \dfrac{29ql^4}{24EI}$（向右），$\theta_A = \dfrac{ql^3}{2EI}$（逆时针）

12-7　$\Delta_C = \dfrac{1}{EA}\left(1320\sqrt{3} + 1620\right)$（向下）

12-8　$\Delta_c = \dfrac{1}{EA}\left(4\sqrt{2} + 6\right)F_P$（向下）

12-9　见习题 12-1、12-2 答案

12-10　$\theta_A = \dfrac{ql^3}{48EI}$（逆时针），$\Delta_D = \dfrac{161ql^4}{48EI}$（向下）

12-11　$\Delta_C = \dfrac{8.2266}{EI}$（向下）

12-12　$\Delta_B = \dfrac{F_P(l^3 - a^3)}{3EI_1} + \dfrac{F_P a^3}{3EI_2}$（向下）

12-13　$\Delta_C = \dfrac{5ql^4}{8EI}$（向左），$\theta_A = \dfrac{5ql^3}{3EI}$（逆时针）

12-14　$\Delta_B = 8.333 \times 10^{-3}\,\mathrm{m}$

12-15　$\Delta_C = \dfrac{h}{l}\Delta$（向右），$\theta_A = \dfrac{\Delta}{l}$（顺时针）

12-16　（1）$\Delta_D = 2\mathrm{cm}$（向右）　（2）$\Delta_D = 0.25\mathrm{cm}$（向左）　（3）$\Delta_D = 0.25\mathrm{cm}$（向右）

12-17　$\Delta_{Ct} = \left(15\alpha\,\dfrac{l^2}{h} + 5\alpha l\right)$（向上）

12-18　$\Delta_{BH} = \dfrac{F_P R^3}{2EI}$（→）

第 13 章

13-1　（a）2次，3个　（b）9次，9个　（c）4次，2个　（d）2次，3个　（e）7次，7个　（f）9次，4个　（g）9次，7个　（h）4次，5个

13-2　（a）$M_{AB} = \dfrac{Fl}{6}$（下边受拉）

　　　（b）$M_{BA} = \dfrac{3Fl}{32}$（上边受拉）

　　　（c）$M_{BC} = \dfrac{ql^2}{10}$（上边受拉）

13-3　（a）$M_{CA} = 84\mathrm{kN\cdot m}$（右侧受拉），$M_{DB} = 156\mathrm{kN\cdot m}$（右侧受拉）

　　　（b）$M_{CA} = 2.14\mathrm{kN\cdot m}$（右侧受拉）

　　　（c）$M_{DA} = M_{DC} = 45\mathrm{kN\cdot m}$（上侧受拉），$M_{DB} = 0$

　　　（d）$M_{AD} = 0$，$M_{DA} = 4.5\mathrm{kN\cdot m}$（左侧受拉），$M_{DC} = 4.5\mathrm{kN\cdot m}$（右侧受拉）

　　　（e）$M_{AD} = 104.43\mathrm{kN\cdot m}$（左侧受拉），$M_{BE} = 36.99\mathrm{kN\cdot m}$（左侧受拉）

　　　（f）$M_{AD} = 49.04\mathrm{kN\cdot m}$（左侧受拉），$M_{BE} = 11.52\mathrm{kN\cdot m}$（左侧受拉）

13-4　（a）$M_{AC} = 112.5\ \mathrm{kN\cdot m}$（左侧受拉）

　　　（b）$M_{AC} = 11.76\ \mathrm{kN\cdot m}$（左侧受拉）

13-5　（a）$M_{CB} = 20\mathrm{kN\cdot m}$（左侧受拉），$M_{CD} = 40\mathrm{kN\cdot m}$（上侧受拉），$M_{CA} = 20\mathrm{kN\cdot m}$（上侧受拉）

　　　（b）$M_{DE} = 2.86\mathrm{kN\cdot m}$（下侧受拉），$M_{ED} = 14.29\mathrm{kN\cdot m}$（上侧受拉），$M_{EC} = 22.86\mathrm{kN\cdot m}$（上侧受拉），$M_{CE} = 48.57\mathrm{kN\cdot m}$（上侧受拉），$M_{EB} = 8.57\mathrm{kN\cdot m}$（左侧受拉）

　　　（c）$M_{AE} = 35.35\mathrm{kN\cdot m}$（左侧受拉），$M_{BD} = 22.5\mathrm{kN\cdot m}$（左侧受拉），$M_{CF} = 12.85\mathrm{kN\cdot m}$（左侧受拉），$M_{DB} = 19.2\mathrm{kN\cdot m}$（右侧受拉），$M_{DE} = 9.6\mathrm{kN\cdot m}$（上侧受拉）

（d）$M_{CE}=7.53$kN・m（右侧受拉），$M_{CD}=1.25$kN・m（下侧受拉），$M_{CA}=-8.78$kN・m（右侧受拉），$M_{AC}=-10.04$kN・m（左侧受拉），$M_{BD}=-5.65$kN・m（左侧受拉）

13-6　（a）$M_{AD}=17.47$kN・m（左侧受拉）

　　　（b）$M_{DE}=0$，$M_{ED}=180$kN・m（上侧受拉），$M_{EC}=360$kN・m（上侧受拉）

　　　（c）$M_{EF}=22.94$kN・m（上侧受拉），$M_{AC}=1.77$kN・m（左侧受拉），$M_{CE}=8.82$kN・m（右侧受拉）

　　　（d）$M_{AC}=171.4$kN・m（左侧受拉），$M_{CA}=128.6$kN・m（右侧受拉）

第　14　章

14-1　$\overline{F}_{Ay}=1$，$\overline{M}_{A}=-x$，

　　　$\overline{M}_{C}=\begin{cases}0 & (0\leqslant x\leqslant a)\\ -(x-a) & (a\leqslant x\leqslant l)\end{cases}$

　　　$\overline{F}_{QC}=\begin{cases}0 & (0\leqslant x\leqslant a)\\ 1 & (a\leqslant x\leqslant l)\end{cases}$

14-2　$\overline{F}_{Ay}=\overline{F}_{Ay}^{0}$，$\overline{M}_{C}=\overline{M}_{C}^{0}$，$\overline{F}_{QC}=\overline{F}_{QC}^{0}\cos\alpha$，$\overline{F}_{NC}=-\overline{F}_{QC}^{0}\sin\alpha$。其中上标加"0"者为平梁有关量的影响线

14-3　$\overline{M}_{E}=-0.667$m（C 点的值），$F_{QB}^{L}=-0.667$（C 点的值），$F_{QB}^{R}=1$（C 点的值）

14-4　$F_{QC}=70$kN，$M_{C}=80$kN・m

14-5　$F_{Ay(max)}=157.2$kN，$M_{C(max)}=184.5$kN・m，$F_{QC(max)}=61.5$kN

附　录　A

A-1　（a）$S_{z}=42.25\times10^{3}$mm^{3}　（b）$S_{z}=280\times10^{3}$mm^{3}

A-2　（a）距上边 $y_{C}=46.4$mm　（b）距下边 $y_{C}=23$mm，距左边 $z_{C}=53$mm

A-3　（a）$I_{z}=9.05\times10^{7}$mm^{4}　（b）$I_{z}=5.37\times10^{7}$mm^{4}

A-4　（a）$I_{zC}=1.337\times10^{10}$mm^{4}　（b）$I_{zC}=1.915\times10^{9}$mm^{4}

A-5　略

参考文献

［1］重庆建筑大学. 建筑力学：第一分册理论力学［M］. 3 版. 北京：高等教育出版社，1999.

［2］干光瑜，等. 建筑力学：第二分册材料力学［M］. 3 版. 北京：高等教育出版社，1999.

［3］李家宝. 建筑力学：第三分册结构力学［M］. 3 版. 北京：高等教育出版社，1999.

［4］周国瑾，等. 建筑力学［M］. 上海：同济大学出版社，1992.

［5］武清玺，等. 静力学基础［M］. 南京：河海大学出版社，2001.

［6］徐道远，等. 材料力学［M］. 南京：河海大学出版社，2001.

［7］单辉祖. 材料力学（Ⅰ）［M］. 北京：高等教育出版社，1999.

［8］哈工大理论力学教研室. 理论力学：上册［M］. 北京：高等教育出版社，1997.

［9］陈永龙. 建筑力学：上册［M］. 北京：高等教育出版社，2000.

［10］沈伦序. 建筑力学：下册［M］. 北京：高等教育出版社，1989.

［11］朱慈勉. 结构力学：上册［M］. 北京：高等教育出版社，2003.

［12］胡兴国. 结构力学［M］. 武汉：武汉工业大学出版社，1998.

［13］孙俊，张长领. 结构力学Ⅰ［M］. 重庆：重庆大学出版社，2001.

［14］龙驭球，包世华. 结构力学［M］. 2 版. 北京：高等教育出版社，1994.

［15］李廉锟. 结构力学［M］. 3 版. 北京：高等教育出版社，1996.

［16］包世华. 结构力学：上册［M］. 武汉：武汉工业大学出版社，2000.

［17］包世华. 结构力学：下册［M］. 武汉：武汉工业大学出版社，2001.

［18］王焕定，章梓茂，景瑞. 结构力学［M］. 北京：高等教育出版社，2000.

［19］孙训方，方孝淑，关来泰. 材料力学［M］. 3 版. 北京：高等教育出版社，1994.

［20］李前程，安学敏. 建筑力学［M］. 北京：中国建筑工业出版社，1998.

［21］梁圣复. 建筑力学［M］. 北京：机械工业出版社，2001.

［22］刘寿梅. 建筑力学(少学时)［M］. 北京：高等教育出版社，2002.

信息反馈表

尊敬的老师：

　　您好！感谢您对机械工业出版社的支持和厚爱！为了进一步提高我社教材的出版质量，更好地为我国高等教育发展服务，欢迎您对我社的教材多提宝贵意见和建议。另外，如果您在教学中选用了《建筑力学》（刘成云主编），欢迎您提出修改建议和意见。索取课件的授课教师，请填写下面的信息，发送邮件即可。

一、基本信息

姓名：_____ 性别：_____ 职称：_____ 职务：_____

单位：

邮编：_____ 地址：_____

任教课程：_____ 电话：____—_____(H)_____(O)

电子邮件：_____ 手机：_____

QQ：_____

二、您对本书的意见和建议

　　　　（欢迎您指出本书的疏误之处）

三、您对我们的其他意见和建议

请与我们联系：

100037　北京百万庄大街 22 号

机械工业出版社·高等教育分社　冷彬　收

Tel：010-8837 9720(O)

E-mail：myceladon@yeah. net

http：//www. cmpedu. com（机械工业出版社·教育服务网）

http：//www. cmpbook. com（机械工业出版社·门户网）

http：//www. golden-book. com（中国科技金书网·机械工业出版社旗下网站）